寒地食用菌

张介驰　马云桥　王延锋　主编

黑龙江科学技术出版社

图书在版编目（CIP）数据

寒地食用菌 / 张介驰, 马云桥, 王延锋主编. -- 哈
尔滨：黑龙江科学技术出版社, 2022.10
ISBN 978-7-5719-1638-1

Ⅰ. ①寒… Ⅱ. ①张… ②马… ③王… Ⅲ. ①寒冷地
区－食用菌－蔬菜园艺 Ⅳ. ①S646

中国版本图书馆 CIP 数据核字(2022)第 179118 号

寒地食用菌

HANDI SHIYONGJUN

张介驰　马云桥　王延锋　主编

责任编辑　梁祥崇

封面设计　单　迪

出　　版　黑龙江科学技术出版社

地址：哈尔滨市南岗区公安街 70-2 号　邮编：150007

电话：（0451）53642106　传真：（0451）53642143

网址：www.lkcbs.cn

发　　行　全国新华书店

印　　刷　哈尔滨市石桥印务有限公司

开　　本　889 mm×1 194 mm　1/16

印　　张　26.75

字　　数　600 千字

版　　次　2022 年 10 月第 1 版

印　　次　2022 年 10 月第 1 次印刷

书　　号　ISBN 978-7-5719-1638-1

定　　价　125.00 元

《寒地食用菌》编委会

前　　言

黑龙江省南北跨 10 个纬度,分为中温带和寒温带两个气候带。年平均气温在 -4~4 ℃,气温由南向北降低,南北差约 8 ℃,是我国寒地气候的典型代表。在这片肥沃的黑土地上,雨量充沛,气候冷凉,农林副产物资源丰富,农业单季耕种,农闲时间长,为食用菌生产提供了"天时、地利、人和"的独特优势。借此先天优势条件,加之几代人的努力,近年来黑龙江省食用菌栽培规模和年产量一直位居全国前列,其中黑木耳、猴头菇、滑菇和元蘑等特色品种的产量及品种多样性更是处于领先地位。在此发展进程中,黑龙江省食用菌产业界积累了丰富的经验技术、丰硕的科研成果以及宝贵的资源数据等等,是一笔巨大的无形财富资源。那么如何留住这些珍贵的资源? 如何让这些技术成果在促进农民脱贫致富和发展林下经济等方面发挥重要作用? 如何让其在不断推进食用菌产业可持续发展的过程中日新月异、丰富更新,一直保持勃勃生机呢?

这一连串的问题给我们这些科研人员提出了新课题,也让我们思考,探寻。

出于保存留住这些资源数据的目的和初衷,黑龙江省食用菌产业技术协同创新推广体系和国家食用菌产业技术体系专门组织业界科技人员,历经一年多的时间,编写了本书。

本书系统地总结黑龙江省食用菌产业发展经验和整体数据,汇集产业行业信息、生产和研究技术、种质资源、企业及研究机构信息等。这些经验技术和成果数据对中国东北和西北省区发展寒地食用菌产业具有重要的借鉴意义。

本书从宏观角度全面梳理了黑龙江省食用菌产业的整体情况,详细介绍各个分支行业的发展情况,为读者勾画出整个产业概览和发展蓝图。为了让读者更快地对食用菌生产加工及生物特性有一个全面清晰的认识,本书从整体宏观角度对各种食用菌品种的种质资源保护、良种选育、栽培特性和加工技术方法等方面进行了深入浅出的阐述和讲解。

在微观方面,重点介绍黑木耳、猴头菇等地产大宗食用菌品种的高效栽培技术和毛尖蘑、榛蘑等野生珍稀食用菌品种的驯化进展及栽培技术创新情况,对适宜黑龙江及寒地栽培的 20 多个省外引进食用菌品种的栽培技术也做了系统介绍。另外,本书以代表品种黑木耳为主线,系统介绍黑龙江省食用菌产业形势、发展历程,同时简要介绍省内主要研发机构和骨干生产企业,以及其对产业发展的平台支撑作用。

本书可作为技术及资源数据的工具书,适合食用菌生产技术人员、农技推广人员和产业管理人员选择阅读,提供基础数据及思路启发,助力寒地省区发展优势木腐食用菌产业、推进草腐食用菌规模化栽培和野生珍稀食用菌驯化人工栽培,进一步延伸产业链条、优化食用菌品种结构和产业布局,也为我国寒地省区的食用菌栽培品种多元化发展提供指导帮助。

本书在编纂过程中,得到了国家食用菌产业技术体系和黑龙江省食用菌产业技术协同创新推广体系中多位岗位专家和团队成员的大力支持,在此一并表示诚挚的感谢。

由于以往食用菌产业相关的统计工作并不很完善,本书编著者难以在有限的时间内获得更加系统完整的基础数据信息,部分数据和记述可能由于时间久远难以充分考证,加之数据搜集、编写和交稿的时间仓促,书中难免有疏漏和不足之处,恳请读者朋友不吝赐教,不胜感激!

张介驰

2022.03

目　录

授予：东宁市

全国特色产业百佳县

（东宁黑木耳）

中国县镇经济交流促进会

二〇一九年十一月

黑龙江省海林市

中国猴头菇之乡

中国食用菌协会

二〇〇七年六月

第一章

黑龙江省食用菌产业概述

第一节 全国食用菌产业发展现状

食用菌（Edible fungi）是指可供人们食用的一类大型真菌，一般包括食药兼用和药用大型真菌。其中多属担子菌亚门（Basidiomycotina），如双孢蘑菇、香菇、草菇、牛肝菌等；少数属于子囊菌亚门（Ascomycotina），如羊肚菌、块菌等。食用菌具有肉质或胶质的子实体，具有肉眼可见、徒手可采和不同形状的特点。这些子实体生于地上的倒木树桩、粪草土壤、植物根茎上面或者地下土壤中，俗称"菇""蕈""蘑""菌""耳""芝""伞"等，如平菇、香菇、白灵菇、草菇、大杯蕈、榛蘑、口蘑、松口蘑、羊肚菌、块菌、木耳、灵芝、黄伞等。

一、食用菌认识与利用

中国是认识和利用食用菌最早的国家，其历史可以追溯到公元前 4 000 年到公元前 3 000 年的仰韶文化时期。《吕氏春秋·本味篇》有"味之美者，越骆之菌"的记载。古农书中关于种菌法的最早记载可以追溯到唐代韩鄂所著的《四时纂要》中"种菌子"的一段："取烂构木及叶，于地埋之。常以泔浇令湿，两三日即生。"又法："畦中下烂粪，取构木可长六七尺，截断磓碎。如种菜法，于畦中匀布，土盖。水浇长令润。如初有小菌子，仰杷推之，明旦又出，亦推之。三度后，出者甚大，即收食之。"这一记述，虽仅寥寥几十字，却含有现代食用菌栽培技术的基本要素——基质、菌种、温湿度控制。著名农史学家石声汉先生考证认为，从这一培植方法看，记载所指应是现称为金针菇的食用菌。金针菇在我国也曾俗称构菌。早在公元 7 世纪，我国人民就提出了木耳的人工接种和培植的方法。这在唐代苏恭所著《唐本草注》中有所记述："桑、槐、楮、榆、柳，此为五木耳，……煮浆粥，安诸木上，以草覆之，即生蕈耳。"香菇栽培起源于 800 年前我国浙江省庆元、景宁、龙泉一带。吴三公发明了砍花栽培法，随之又发明了"敲木惊蕈"促菇技术（张金霞　等，2015）。

二、食用菌驯化与栽培

据估测，自然界的菌物有 150 万种以上，其中大型真菌至少有 14 万种（Hawksworth，2001）。目前，世界范围内存在的真菌种类约有 10 万种（Kirk et al. 2008），其中 2 300 余种为食药用菌（Boa，2004）。目前我国菌物 1.6 万种（戴玉成和庄剑云，2010），其中食用菌近 1 000 种（戴玉成等，2010），广泛食用的有 200 种左右（王向华　等，2004）。在远古时代，人类对食用菌的利用完全来自野生环境采集。经历几千年对食用菌形态、生境、习性的仔细观察，人类开始了食用菌驯化栽培，截至 2004 年，有约 200 种可以试验性培养，约 100 种可以人工栽培或培养（Chang & Miles，2004），近年又增加了尖顶羊肚菌（杜习慧等，2014）和暗褐网柄牛肝菌（曹旸　等，2011）。实现商业化栽培的有 60 种左右，规模化商业栽培的有 10 余种（Chang & Miles，2004）。人工栽培的食用菌绝大多数是木腐菌，少数是草腐菌、土生菌、虫生菌。规模化商业栽培的种类几乎全部是木腐菌和草腐菌。

三、我国食用菌产业现状

我国传统食用菌生产多年一直沿用"砍树砍花"的自然接种法，在自然界生长香菇、木耳、银耳较多的森林中，每年砍伐树木，倒于林中，待自然接种。20 世纪 60 年代，我国菌种制备技术基本成熟，双孢蘑菇、香菇人工接种成功并获得显著增产，20 世纪 70 年代初开始推广人工接种技术。制种和人工接种技术的成熟和推广应用，促进了我国食用菌的驯化工作和可栽培种类的增加，从 20 世纪 70 年代的香菇、黑木耳、双孢蘑菇、银耳 4 种增加到 2000 年的 50 种（卯晓岚，2000；黄年来　等，2010）。1972 年，刘纯业发明了棉籽壳栽培糙皮侧耳技术（张金霞，2009），开启了我国食用菌栽培的技术革命，为木腐型食用菌基质原料的开发开辟了新思路。此后玉米芯、大豆秸等多种作物秸秆广泛应用于食用菌生产，促进了食用菌产业规模扩大。20世纪80年代初,彭兆旺发明了人造菇木栽培香菇技术(张金霞,2009),以后逐渐被扩大应用到多种食用菌栽培中,改变了多年代料栽培的块栽,继而形成了多种类的袋式立体栽培,栽培设施利用率倍增,促进了产业效益的大幅升高。

近年来,我国食用菌产业发展迅速,已成为全球主要的生产国和消费国。据统计,2018年,我国食用菌年产量近4 000万吨,在全球总产量中占到75%以上。随着我国改革开放以来经济的快速发展,我国居民的可支配收入和消费性支出持续快速增长,2019年全国城镇居民人均可支配收入为42 359元,城镇居民人均消费支出为28 063元;2019年全国农村居民人均可支配收入为16 021元,农村居民人均消费支出为13 328元。2020年,我国食用菌总产量已达4 081万吨。在居民收入和消费增长的背景下,居民对于食品类消费的支出也稳步增长。食用菌成为不少地方的主导优势产业,是农村发展一二三产业融合的典型和精准扶贫的重要抓手,而食用菌作为现代农业优势产业,具有"投资小、周期短、回报率高"等特性以及循环、生态的独特优势,是增收致富的好产业,使得食用菌栽培迅速成为各地特别是贫困地区和贫困农户脱贫致富的首选,食用菌产业逐渐成为贫困地区脱贫主导产业。

1. 全国各省食用菌产量

我国食用菌产业是伴随着改革开放而迅速发展起来的,先后历经房前屋后的庭院经济、特种蔬菜生产、成片的集约化和工厂化生产四大阶段。据中国食用菌协会对全国28个省、自治区、直辖市(不含宁夏、青海、海南和港澳台)的统计调查(图1-1-1),2019年全国食用菌总产量3 933.8万吨(鲜品,下同),产值3 126.67亿元。食用菌产量在300万吨以上的有5个省:河南省(540.9万吨)、福建省(440.8万吨)、山东省(346.4万吨)、黑龙江省(342.9万吨)、河北省(310万吨)。产量在300万吨以下、100万吨以上的有7个省:吉林省(256万吨)、四川省(240万吨)、江苏省(210万吨)、湖北省(134万吨)、江西省(133万吨)、陕西省(133万吨)、辽宁省(120万吨)。

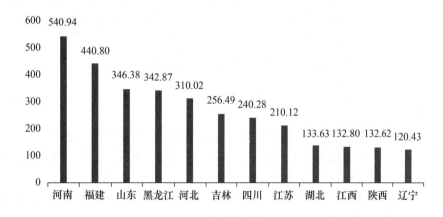

图1-1-1　2019年全国食用菌优势产区食用菌产量(单位:万吨)

2. 全国各省食用菌产值

据中国食用菌协会对全国28个省、自治区、直辖市(不含宁夏、青海、海南和港澳台)的统计调查,2019年食用菌产值(图1-1-2)超过100亿元的有:河南省(397.70亿元)、云南省(242.82亿元)、河北省(232.39亿元)、福建省(229.41亿元)、山东省(215.17亿元)、黑龙江省(202.63亿元)、吉林省(201.50亿元)、四川省(200.27亿元)、江苏省(182.98亿元)、江西省(129.41亿元)、湖北省(128.28亿元)、广东省(118.79亿元)、陕西省(102.37亿元)等13个省。低于100亿元、超过50亿元的依次是:辽宁省(93.83亿元)、安徽省(77.99万元)、广西壮族自治区(73.18亿元)、湖南省(68.33亿元)、浙江省(61.02亿元)等5个省(自治区)。

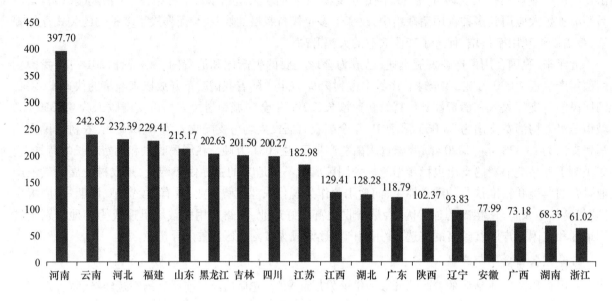

图 1-1-2　2019 年全国食用菌优势产区食用菌产值(单位:亿元)

3. 主要品种及产量

2019 年产量超过 100 万吨的品种依次是:香菇(1 115.9 万吨)、黑木耳(701.8 万吨)、平菇(686.5 万吨)、金针菇(258.9 万吨)、双孢蘑菇(231.3 万吨)、杏鲍菇(203.5 万吨)和毛木耳(168.4 万吨)。排在前 7 位的品种总产量占全年全国食用菌总产量的 85%,是我国食用菌生产的常规主品种。产量低于 100 万吨但高于 30 万吨的品种依次是茶薪菇、滑菇、银耳、秀珍菇、真姬菇 5 个品种。河南省香菇产量 312.3 万吨,占全国香菇年产量的 28%。黑龙江省黑木耳产量 319.5 万吨,占全国总产量的 45.52%;吉林省黑木耳产量 171 万吨,占全国总产量的 24.36%。山东省平菇产量 115.8 万吨,河南省平菇产量 115.2 万吨,分别占全国总产量的 16.89%、16.79%。

4. 市场与品牌

全国食用菌优势产区及消费城市周边建成了一批规模较大的专业交易市场,如浙江庆元香菇市场、河南西峡双龙香菇批发市场、福建古田食用菌批发市场、北京新发地农贸批发市场菌类交易大厅和黑龙江东宁黑木耳批发市场等,在产品集散、供求调节和价格形成等方面发挥了不可替代的作用,承担着全国交易总额的 50% ~ 80%(中国食用菌产业"十三五"发展规划)。全国知名食用菌地理标识产品有"庆元香菇""西峡香菇""随州香菇""平泉香菇"和"东宁黑木耳"等。

第二节　黑龙江食用菌概况

黑龙江省从南向北跨 10 个纬度,依温度指标可分为中温带和寒温带两个气候带;从东向西跨 14 个经度,依干燥度指标可分为湿润区、半湿润区和半干旱区。黑龙江省属温带、寒带之间的大陆性季风气候,气候主要特征是春季低温干旱、夏季温热多雨、秋季易涝早霜、冬季寒冷漫长,无霜期短,气候地域性差异大。年平均气温在 -4 ~ 4 ℃,气温由南向北降低,南北差约 8 ℃。气候特点,尤其是温度特点,不仅影响农业和林业的发展,也是影响食用菌产业发展的重要因素。黑龙江省具有良好的生态环境、宝贵的黑土资源、独特的气候条件,为绿色优质食用菌发展奠定了坚实基础。黑龙江省食用菌产业发展经验和成果对中国东北和西北省区发展寒地食用菌产业具有重要的借鉴意义。

一、自然资源条件

1. 食用菌种质资源丰富

黑龙江省是全国最大的林业省份之一,天然林资源主要分布在大小兴安岭和长白山脉及完达山。黑龙江省林业经营总面积 317 500 km²,占全省土地面积的 2/3。有林地面积 200 700 km²,活立木总蓄积 1.5×10^9 m³,森林覆盖率达 43.6%,森林面积、森林总蓄积和木材产量均居全国前列,是国家最重要的国有林区和最大的木材生产基地。森林树种达 100 余种,利用价值较高的有 30 余种。黑龙江省森林资源丰富,产品天然,林分质量好,具有发展林下经济的资源优势。植被有以落叶松、樟子松、红松为主体的针叶林及阔叶林,外生菌根的食用菌以牛肝属较突出,代表性栽培品种有黑木耳、滑菇、平菇、香菇等。据统计,黑龙江省共有林下植物资源 2 200 余种,分属 186 科、737 属,形成 20 多个重要林菌品种,涉及黑木耳、香菇、松茸、羊肚菌等。

2. 农林牧副产物资源充分

黑龙江省是农业大省,也是畜牧大省,每年产生的农作物秸秆资源和畜禽粪便资源十分丰富。农作物秸秆开发食用菌产业具有"不与农争时,不与人争粮,不与粮争地,不与地争肥,少占地、少用水、少投资、见效快"等优势,培养基废料(菌渣)还可作为良好的农业有机肥料,为发展生态农业开辟一条有效且持久的途径。农作物秸秆开发食用菌产业可以促进农业生态环境优化和生态环境良性循环,彻底改变农作物秸秆资源的浪费和焚烧的污染,实现"点草成金、化害为利、变废为宝、无废生产、循环利用、优化生态"的目的。据估算,黑龙江省秸秆年产量可达 1 亿吨以上,其中玉米秸秆 7 200 万吨、豆秸 865 万吨、稻草 287 万吨,黑龙江省年产畜禽粪便 8 000 万吨,这些资源为黑龙江省发展菇类生产提供了重要物质基础。

3. 自然气候条件优越

黑龙江省是全国地理位置最北、最东,纬度最高、经度最东的省份,西起 121°11′E,东至 135°05′E,南起 43°26′N,北至 53°33′N,东西跨 14 个经度,南北跨 10 个纬度、2 个气候带;东西跨 14 个经度、3 个湿润区,面积 473 000 km²(含加格达奇区和松岭区)。

黑龙江省地貌特征为"五山一水一草三分田"。地势大致是西北、北部和东南部高,东北、西南部低,主要由山地、台地、平原和水面构成。西北部、北部邻外兴安岭等,西北部为东北—西南走向的大兴安岭山地,北部为西北—东南走向的小兴安岭山地,东南部为东北—西南走向的张广才岭、老爷岭、完达山脉。兴安山地与东部山地的山前为台地,东北部为三江平原(包括兴凯湖平原),西部是松嫩平原。黑龙江省山地海拔高度大多在 300 ~ 1 000 m 之间,面积约占全省总面积的 58%;台地海拔高度在 200 ~ 350 m 之间,面积约占全省总面积的 14%;平原海拔高度在 50 ~ 200 m 之间,面积约占全省总面积的 28%。

黑龙江省四季分明,雨热同季,属大陆性季风气候。食用菌生长季节昼夜温差和湿度较大,气候湿润,阳光充足,非常适合黑木耳、猴头菇等食用菌生长。黑龙江多林区、山区,自然环境优越,没有重工业及环境污染,加之气候冷凉,病虫害发生率低,生产的食用菌品种多样,可以达到绿色、有机食品的标准。特殊的地理环境和独特的气候条件,为生产绿色高品质食用菌奠定了坚实的基础。

二、产业发展基础

1. 食用菌产业历史悠久

黑龙江省食用菌生产历史悠久,尤其是牡丹江地区东宁县的黑木耳最具代表性和影响力。清咸丰十年(1860 年)就开始伐木采耳,东宁老黑山镇的木耳在民国以前就久负盛名。

1949 年以后,黑木耳生产仍是黑龙江东部山区人民传统副业。每年经林业部门批准指定地段采树。1956 年高级合作社化后,以集体经营为主。

1970 年以前,黑木耳的生产是以每年冬季阴历"三九"天砍树,自然接种产耳的半人工栽培生产方式,黑木耳年产量较低,主要供应北京、上海和天津等大城市。

1971 年,东宁县果品公司从上海市农业科学院引进黑木耳菌种,生产罐头瓶装木耳菌种,建立了中国东北三省第一个黑木耳菌种厂——东宁县食用菌站。生产试验成功后,1972 年开始采用椴木打孔接种技术人工种植黑木耳,在老黑山镇九佛沟村和煤矿村搞黑木耳种植基地。人工种植当年就可以采摘,并可将木耳段堆放在房前屋后,就地采摘;还可以将木耳段堆放在塑料大棚里,调节温度,产量大幅度增加。

1984 年 11 月,东宁"黑山"牌黑木耳获国家商业部优质产品奖。

1986 年,商业部食品局把全国 21 个生产县列为黑木耳重点县,黑龙江的林口、海林、东宁位列其中。

1990 年,黑龙江省年初留存木耳段 100 742 千段,当年新增 23 959 千段,年末留存 77 948 千段,全年总产量为 5 406 吨。

20 世纪 90 年代初,随着柞树资源大量减少和国家"天保工程"实施,发展段栽木耳受到限制。耳农利用代料栽培木耳菌袋在庭院吊袋、挂袋和平地摆放出耳获得成功。1994 年,有部分耳农到辽宁省朝阳市学习地栽黑木耳技术获得成功。

1995 年,黑龙江省将发展重点转移到代料栽培上。

1997 年,食用菌代料栽培技术发展日趋成熟。

1999 年,各地充分利用当地资源和技术优势,调整了品种结构,改变过去只有单一黑木耳生产的历史,而呈现出黑木耳生产快速增长,香菇、平菇、滑菇、金针菇、猴头菇全面开花,姬松茸、鸡腿蘑、杏鲍菇等区域性规模发展的格局。

2001 年 6 月,黑龙江省黑木耳产业推进会在东宁县召开,时任中国食用菌协会副会长蒋润浩参加。蒋润浩在东宁县食用菌试验中心视察时说"东宁的食用菌(黑木耳和灵芝)栽培技术已达到国内先进水平",并题词"东宁黑木耳,中华第一品"。

2002 年,东宁县食用菌代料栽培总量超过 1 亿袋,总产量 4 200 吨,实现总收入 1.34 亿元,占农村经济总收入的 13.3%,被中国食用菌协会确定为全国十大食用菌生产基地县之一。

2002 年 7 月 3 日,绥阳黑木耳野菜批发大市场正式开业运营,时任《中国特产报》社长、总编刘真和时任中华全国供销合作总社副主任林乃基、时任黑龙江省人民政府副秘书长曹震等领导参加开业典礼并致辞。

2004 年后,在黑龙江省各级政府扶持和引导下,食用菌产业增长势头强劲,生产模式也从段木栽培为主发展到袋栽为主体,栽培场所从最初的单一室内生产走向多样化,各种优良栽培模式也广泛推广,木耳栽培由室内吊袋转移到室外地栽。食用菌生产也由一家一户的零星分散种植逐步向一个村、一个乡、一个场为单位的大规模集约化生产发展,效益不断提高。

2005 年,黑龙江省已拥有黑木耳超 1 000 万袋的乡(镇)14 个,超 100 万袋的村 66 个,超 5 万袋的专业户 3 000 多户。食用菌生产规模达到 14.8 亿袋,总产量 72.9 万吨(鲜品),产值 22.35 亿元。其中黑木耳规模达到 11.4 亿袋,占食用菌总量的 80.3%,滑菇 1.2 亿袋,平菇 1.12 亿袋,香菇 0.26 亿袋,猴头 0.18 亿袋,其他食用菌规模达到 0.64 亿袋。食用菌产业进入大跨越式发展阶段。

2009 年,尚志市建立了苇河黑木耳批发大市场,被农业部认定为"农产品定点市场",成为全国重要的黑木耳产品的集散中心、销售中心、交流中心、展览中心。

2015 年,国家质量监督检验检疫总局命名尚志市为国家级出口黑木耳质量安全示范区。

2016 年,素有"中国猴头菇之乡"的海林市猴头菇生产规模总量突破 5 000 万袋,产量突破 2.5 万吨,约占全国总产量的 1/4,从业农户突破 1 000 户,全市有超千万袋生产规模的猴头菇专业村 1 个,有猴头菇标准化示范园区 6 个,其中国家级标准化示范园区 1 个,全市猴头菇年产值实现 1.54 亿元,纯收入 1.1 亿元。

2017 年 3 月,经黑龙江省政府批准,经过加工的黑木耳产品在东宁口岸出口时,可享受增值税征收 17% 退还 15% 的出口退税优惠政策。

2017 年 5 月,国家质检总局批准对"海林猴头菇"实施地理标志产品保护。

2017 年 6 月 13—14 日,国家食用菌产业技术体系暨黑龙江省食用菌产业大会在哈尔滨召开,此次大会是黑龙江省食用菌行业历年规模最大、展品最多、内容最丰富的重要国家级会议。黑龙江省政府、农业部种植业司、国家食用菌协会、黑龙江省科学院、哈尔滨市政府领导及中国工程院院士李玉出席会议。

2020 年 5 月 20 日,"海林猴头菇"入选 2020 年第一批全国名特优新农产品名录。

2020—2022 年,黑龙江食用菌产业集群项目启动实施,有力推动了黑龙江省食用菌产业高质量发展。

2021 年 6 月 8 日,由中国食用菌协会、佳木斯市人民政府主办的"小木耳,大产业"高质量发展(佳木斯)大会在佳木斯市召开。

2021 年 8 月 19 日,黑龙江省首个特色农业经济专业博物馆——东宁黑木耳博物馆(图 1-2-1)正式开馆,全景展示了东宁黑木耳产业发展历史,也是黑龙江食用菌产业发展的一个缩影。

图 1-2-1　牡丹江爱民黑木耳园区

2. 食用菌产业规模大

黑龙江是食用菌产业大省,生产规模居全国第四位,其中黑木耳产量居全国之首,在全国具有重要地位。目前,食用菌产业已成为黑龙江省农业结构优化调整、农民增收致富的重要支柱产业之一,在乡村振兴、产业扶贫和促进县域经济发展方面具有突出作用。黑龙江省食用菌产业从 2007 年开始连续 7 年以每年新增近 40 万吨(鲜品)的速度爆发式增长,成为继山东、河南之后,全国第三大省。近五年,呈现出在 320 万吨上下波动的趋势,位列全国第四位。2020 年,栽培规模达到 63 亿袋,总产量(鲜品)362 万吨,其中黑木耳栽培规模和产量居全国首位。2019 年,黑龙江省日产万袋以上的规模菌包企业 368 家,年生产量 17 亿袋以上,占食用菌总规模的近 28.3%,其中日产能力在 10 万袋以上的菌包企业 21 家。目前,黑龙江省建成食用菌国家级无公害示范园区 1 个、国家级标准园 4 个、省级标准化生产基地 167 个。黑龙江省食用菌流通主要以一级批发市场为主,只有 10%~20% 由超市零售,消费 80% 集中在餐饮环节。黑龙江省黑木耳地头交易量占 70% 以上,中小基地和菌农主要依托东宁雨润、尚志苇河两大市场和东北黑木耳强大的区域品牌优势,以散货干品就地批发销售为主。东宁雨润、尚志苇河两大市场中地产黑木耳年交易量 215 万吨(折鲜),占总交易的 65.2%。

3. 区域品牌具有全国影响力

"东宁黑木耳""穆棱黑木耳""海林黑木耳""尚志黑木耳""嘉荫黑木耳""呼玛黑木耳""海林猴头

菇"获国家地理标志认证。其中,"东宁黑木耳"入选首批中欧互认地理标志产品名录、中国农业品牌目录和"中国百强农产品区域公用品牌",2021 年以 181.27 亿元品牌价值位列中国品牌价值地理标志产品区域品牌榜第 19 名,蝉联全国地标产品食用菌板块第一名殊荣。东宁市建立了 100 km² 全国绿色食品原料(黑木耳)标准化生产基地,登记地理标志保护面积 80 km²。穆棱市建立了 66.67 km² 全国绿色食品原料(黑木耳)标准化生产基地,总产绿色食品黑木耳原料 1.27 万吨。2021 年 4 月,黑龙江省拥有绿色食品食用菌 173 个、中绿华夏有机食用菌 109 个。知名黑木耳品牌有黑森、北大荒绿源、维多宝、绥阳耳、珍珠山、北味、林都、天锦等。海林市被誉为"中国猴头菇之乡",产量约占全国总产量的 1/4,位居全国首位。

第三节 黑龙江省食用菌产业现状

一、产区分布与总体规模

(一)哈尔滨

哈尔滨市地处高寒高纬度地区,森林、湿地、河流等自然资源丰富,中温带大陆性季风气候特点,四季分明,夏季暖热多雨,冬季寒冷干燥。昼夜温差大,是水、土、热资源最佳配置区域,有利于食用菌产业的发展。哈尔滨市充分发挥食用菌产业区域比较优势,集中突出地方特色,合理优化产业布局,以"一圈两区"区域发展食用菌产业布局已基本形成。

"一圈",即在道里、道外、南岗等六城区,充分利用区位、科技、信息、市场优势,重点打造香菇、平菇、滑子菇、金针菇等鲜食菌类产销 1 小时城市经济圈。"两区",即在东部山区,尚志、五常等县(市),充分发挥资源优势、人才优化、技术优势,重点打造集黑木耳标准化生产、加工、销售于一体,一二三产业相融合的黑木耳产业发展优势区,打造哈尔滨市黑木耳产业品牌;在西部平原地区,巴彦县、呼兰区、双城区,充分利用粮食生产优势区、畜牧业发达区,利用作物秸秆、畜禽粪便充足的优势,重点打造大球盖菇、双孢蘑菇、草菇、羊肚菌等草腐菌产业优势区,丰富城市"菜篮子"。

截至 2020 年,哈尔滨市食用菌面积 69.33 km²,栽培 10 亿袋,鲜品产量 65 万吨。食用菌产业总产值 36 亿元。全市设施食用菌面积达到 12 km²,栽培 6.3 亿袋,其中黑木耳 10.66 km²、5.6 亿袋。建成标准化、规模化设施食用菌园区 36 个,其中 3.3 hm² 以上的设施园区 25 个,6.7 hm² 以上的园区 7 个,13.3 hm² 以上的设施园区 4 个。全市 60 个水稻育苗小区开展食用菌栽培试验示范 1 500 栋。新建与完善规模 500 万袋以上菌包厂 15 个,其中尚志的三道菌业公司、珍珠山、苇沙河农业,依兰的惠民农业公司生产规模都在 3 000 万袋以上。

(二)牡丹江

黑龙江省牡丹江市被中国食用菌协会、国际食用菌学会授予"中国食用菌之城""世界黑木耳之都"等多项荣誉称号,牡丹江市食用菌产业以优质、高产的优势领跑全国。牡丹江生态条件优越,素有"林海雪原"和"天然植物基因库"的美誉。全市现有林地面积 30 200 km²,森林覆盖率高达 62.3%,平均相对湿度 64%,牡丹江、穆棱河、绥芬河三大水系水量充沛,年光照 2 339.8 h,光照充足,昼夜温差大,是全国最适合黑木耳种植的地区之一,适合黑木耳生长的基料树种分布广泛,为食用菌产业实现可持续发展提供了充足的原料储备。得天独厚的生态优势,为食用菌生产质量提供了可靠保障。

牡丹江市食用菌园区总数 110 个,食用菌加工型龙头企业发展到 50 多户,专业村 217 个,已建成黑木耳绿色无公害标准化示范区 6 个。2020 年,牡丹江市食用菌栽培量 23 亿袋(块),鲜品产量 114 万吨,产值 64 亿元,拉动农民人均纯收入 1 680 元。其中,黑木耳、猴头菇产量位居全国首位,形成了以东宁"中国优质黑木耳第一县"、海林"中国猴头菇之乡"、穆棱"全国食用菌产业化建设示范市（县）"、林口"全国食用菌行业优秀基地县"为代表的一批食用菌产业基地。

（三）佳木斯

佳木斯位于祖国东北边陲的松花江、黑龙江、乌苏里江汇流而成的三江平原腹地。佳木斯地区丰富的林业资源，良好无污染的原料，适宜的气温，丰足适宜的江水，独特的光、热条件和自然生态环境等条件，为木耳生长提供了良好的健康发育环境，为安全、营养、高活性、优感官的佳木斯木耳产品生产提供了得天独厚的资源优势。佳木斯已成为闻名全国的东北木耳典型代表产地之一，建成黑木耳专业生产大棚 3 500 栋，规模化菌袋生产企业 6 家，年产超亿袋企业 2 家。佳木斯市极好的生态环境和资源孕育出多家绿色产品加工龙头企业，产品获得国家无公害农产品标识认证，部分企业的木耳还获得有机认证和绿色证书。

"佳木斯木耳"2018 年 7 月获得了中华人民共和国农产品地理标志登记证书，并获得"2019 黑龙江省十大农产品区域品牌"称号。2018 年，佳木斯市汤原县黑龙江亮子奔腾生物科技有限公司黑木耳标准化种植示范基地和汤原波巴布生物科技有限公司的"波巴布"品牌分别被黑龙江省农业委员会、中国蔬菜流通协会评为"黑龙江省十大标准化蔬菜生产基地""黑龙江省最具影响力蔬菜品牌"。

（四）绥化

绥化市位于黑龙江省中南部，属于哈尔滨、大庆、齐齐哈尔、伊春都市经济圈，素有"黑土明珠"美誉和"北国大粮仓"之称，全市面积 35 000 km²，是国家重要的商品粮基地、草食畜牧业基地、绿色食品生产基地，先后被授予"中国寒地黑土特色农业物产之乡"国家级生态建设示范区和国家现代农业示范区荣誉称号。

绥化市地处松嫩平原腹地"寒地黑土"核心区、北大荒生态区，四季分明，地势平坦，土壤肥沃，有机质含量是黄土的 10 倍；处于北纬 47°，平均日照 2 700 h，年降雨量 430 ~ 570 mm，无霜期 118 ~ 148 d，雨热同季，适合作物生长；地下水质优良，酸碱度中性；属寒温带大陆性季风气候，昼夜温差大，冻融交替，是生产绿色食用菌的天然宝地。

2020 年，绥化市食用菌生产规模达 17.33 km²，产量 24.2 万吨，产值 9.2 亿元，形成了以肇东市、明水县、绥棱县、海伦市等主产基地带动整个绥化市的势头，食用菌生产正从分散种植逐步向集约化、规模化方向发展。

目前，绥化市食用菌生产经营主体已达 34 家，其中食用菌工厂化生产企业 8 家、食用菌专业合作社 23 个、销售企业和家庭农场 3 个。经营主体通过与菇农建立有效的利益联结机制，增强了菇农风险抵御能力，并让菇农分享到食用菌生产、流通等多层次、多环节的增值收益，促进了自身数量逐年增加。

经过多年的发展，绥化市已由过去的黑木耳、平菇单一品种生产，发展到现在的黑木耳、平菇、香菇、滑子菇、金针菇、双孢蘑菇、杏鲍菇、大球盖菇等多品种并存、均衡发展的局面，并且在发展大宗传统栽培品种的基础上，注重珍稀菌类品种的开发，极大地提高了食用菌品种的丰富度。

绥化市近年来打造了很多食用菌知名品牌，如"峰硕""远山""森华源"等，以及肇东市肇东镇石坚村香菇种植园区、青冈县昌盛乡兴东村盛菇智能食用菌园区等独特的主题园区。绥化市通过食用菌品牌和主题园区的打造，积极带动了流通网络的建立，形成了线下覆盖全国各大商超、线上覆盖各大电商和直销平台的销售网络，现有的食用菌产品除销往全国各地之外，还远销韩国、俄罗斯、捷克、澳大利亚、美国等多个国家。

（五）伊春

伊春市位于黑龙江省东北部，东部与鹤岗市、佳木斯市相接，南部与哈尔滨市接壤，西部与黑河市和绥化市毗邻,北部与俄罗斯阿穆尔州、犹太州隔黑龙江相望,界江长245.9 km。全市行政区划面积 32 759 km²。伊春属北温带大陆性季风气候。年平均气温1 ℃,气温偏低;无霜期110~125 d,无霜期短;一年四季分明。春季为4、5月两个月,夏季为6~8月三个月,秋季为9、10月两个月,冬季为11月至翌年3月。四季气候特点:春、秋两季时间短促,冷暖多变,升降温快,大风天多;夏季湿热多雨;冬季严寒漫长,降雪天较多。年平均降水量750~820 mm,降水量较充沛。伊春地貌特征为"八山半水半草一分田",整个地势西北高、东南低,南部地势较陡,中部较缓,北部较平坦,海拔高度平均600 m。境内千米以上高峰77座,最高山为平顶山,海拔1 423 m。

伊春森林面积大,森林覆被率高,食用菌产业发展优势明显,是重要的食用菌生产基地。伊春市食用菌栽培以黑木耳为主,猴头菇、榆黄蘑、平菇、大球盖菇等菌类为辅。2020年食用菌总规模28 435万袋,总产量(鲜品)19.9万吨,总产值11.2亿元。黑木耳栽培以露地为主,大棚为辅,黑木耳栽培棚室5 000栋,其中较大规模的有伊林集团2 100栋,乌翠区1 000栋,友好区310栋。黑木耳露地栽培单袋产量达到55 g(干品),按667 m²栽培10 000袋计,每667 m²产量550 kg;大棚黑木耳单袋产量50 g(干品),每栋大棚挂1.7万袋,每栋大棚产850 kg。

近年来,伊春市加大废弃食用菌包治理和综合利用,市人大常委会制定了《伊春市废弃食用菌包污染环境防治条例》,并于2019年7月1日正式实施。

(六)鸡西

鸡西市位于黑龙江省东南部,因市区地处鸡冠山西麓而得名,东、东南以乌苏里江和松阿察河为界与俄罗斯隔水相望,西、南与牡丹江市接壤,北与七台河市相连。市域总面积22 500 km²。鸡西市境内地势起伏,地形以山地、丘陵、平原为主,地貌特征为"四山一水一草四分田"。土壤类型多,以暗棕土壤为主。鸡西属于中温带大陆性季风气候区。四季气候变化明显,春季易干旱、多大风,夏热短促雨水集中,秋季寒潮降温,常有冻害发生,冬季寒冷漫长且干燥。全市年平均气温在3.5~4.2 ℃之间,由南向北递减。全市≥10 ℃的积温在2 450~2 720 ℃·d。全市无霜期在140 d左右,大部分地区初霜冻在9月下旬出现,终霜冻在5月上旬结束。全市年平均降水量多介于520~550 mm,夏季降水占全年降水量60%以上。年平均相对湿度为65%左右。

鸡西市林业经营总面积8 630 km²,有林地6 860 km²,活立木总蓄积3.551 7×10⁷ m³(不含森工、农垦系统),年净生长量1.161×10⁶ m³;其中天然林蓄积2.083×10⁶ m³,年净生长量4.76×10⁵ m³。森林覆盖率达到28.7%。山地和丘陵地带比较适宜发展黑木耳等食用菌生产。2020年,全市共有木耳种植小区(10万袋以上)97个,全市食用菌种植6 555.7万袋,种植户数为408户。其中春耳5 397.7万袋,秋耳1 158万袋。2020年全市共销售食用菌约3 500吨,销售额为2.45亿元。

(七)大庆

大庆市位于黑龙江省西部,松辽盆地中央坳陷区北部。市区地理位置北纬45°46′至46°55′,东经124°19′至125°12′之间,东与绥化地区相连,南与吉林省隔江(松花江)相望,西部、北部与齐齐哈尔市接壤。滨洲铁路从市中心穿过,东南距哈尔滨市159 km,西北距齐齐哈尔市139 km,有绥满高速和大广高速穿过,利于食用菌运输与分销。大庆光照充足,降水偏少,冬长严寒,夏秋凉爽。大庆市年平均气温4.2 ℃,最冷月平均气温−18.5 ℃,极端最低气温−39.2 ℃;最热月平均气温23.3 ℃,极端最高气温39.8 ℃,年均无霜期143 d;年均风速3.8 m/s,年>16级风天数为30 d;年降水量427.5 mm。大庆耕地面积6 670 km²,其中玉米种植面积4 000 km²,具有丰富的秸秆资源,为发展草腐菌提供了基础原料。目前大庆市萨尔图区、龙凤区、大同区、林甸县有食用菌种植,主要品种为平菇、双孢蘑菇、金针菇、赤松茸和木耳等,现有食用菌生产经营主体40个,食用菌工厂化生产企业4个、专业合作社5个,食用菌年产量6.7万吨,总产值6 000多万元。

（八）鹤岗

鹤岗市位于黑龙江省东北部，地处小兴安岭和三江平原的缓冲地带，南临松花江与佳木斯市毗邻，北界与俄罗斯的犹太自治州隔江相望。鹤岗市属北温带大陆性季风气候。年平均气温为 3.8 ℃，极端最高温度为 37.7 ℃，极端最低温度为 −34.5 ℃。年平均降水量为 651.5 mm，年无霜期平均值为 147 d。年积温平均值为 2 471.1 ℃·d。主要气候特征是冬季寒冷漫长，降水时空分布悬殊；春季少雨多大风，气温变化剧烈；夏季雨热同季；秋季雨水较少，降温快，初霜冻早。鹤岗市是黑龙江省重要林区和木材产区之一。鹤岗市行政区域内共有林地面积 8 500 km²，占鹤岗市面积的 58%。林木蓄积量 5.257×10^7 m³，年生产木材约 2.7×10^5 m³。

鹤岗市食用菌栽培在 2 000 万袋左右，总产量 1 000 吨，实现产值 0.5 亿元。生产品种主要有黑木耳、白木耳、平菇、猴头、滑子菇等，其中木耳生产量占到 95% 以上。食用菌专业生产合作社 12 家，市区 3 家，萝北县 4 家，绥滨县 5 家，生产量达到 800 万袋，其他食用菌生产主要为农户分散生产形式。栽培方式主要有地栽和大棚挂袋两种方式。食用菌龙头企业 2 户，其中黑龙江鼎尊生物科技有限公司专业生产食用菌菌包，建设 3 条菌包自动生产线，设计生产能力 5 000 万袋。黑龙江银沐生物科技有限公司是以生产菌包、种植、销售于一体的全产业链生产企业，"银沐"牌黑木耳已通过国家绿色食品认证。

（九）中国龙江森林工业集团有限公司

中国龙江森林工业集团有限公司是 2018 年 6 月 30 日由原中国龙江森林工业集团（总公司）改组成立，为大型国有公益性企业，所辖重点国有林区位于北纬 43°30′至 49°01′、东经 127°01′至 134°05′之间，包括小兴安岭和完达山、老爷岭、张广才岭等山脉。森林经营总面积 65 856 km²，占黑龙江省国土面积的 14.5%，其中林地面积 5 57 61 km²、活立木总蓄积 6.56 亿 m³、森林覆盖率 84.67%。龙江森工集团以林区资源为依托，大力发展营林、木材生产、林产工业、种植养殖、森林食品、北药、森林生态旅游、清洁能源"八大产业"，加快建设特色养殖、食用菌、北药、山野菜等基地。组建完成的黑森绿色食品集团，其品牌"黑森"被认定为黑龙江省著名商标，新型产业体系初步形成，产业结构不断优化，以绿色、特色为主的非木产业发展迅速。森工林区近年来栽培多种食用菌，主要种类有黑木耳、香菇、平菇、猴头菇、榆黄菇、滑菇等，2020 年黑木耳栽培数量为 4.2 亿袋，产量为 2.2 万吨，其他菇类合计栽培数量 529 万袋，产量为 67.2 吨，食用菌栽培总产值为 15.31 亿元。现有食用菌加工企业 7 家，食用菌加工产量 420 吨，产值 1.294 亿元。

二、食用菌生产强县强区

（一）东宁

东宁市位于黑龙江省东南部，森林覆盖率 85.3%，大小河流 160 余条，境内为"九山半水半分田"地貌，适宜的气候条件、肥沃的土壤、茂密的深林、丰沛的水源，使食用菌产业基础得天独厚。东宁市被全国食用菌协会命名为全国十大食用菌生产基地县之一，被农业部确定为全国第二批无公害农产品（黑木耳）生产示范基地。

21 世纪初，东宁市逐渐成为全国最大的黑木耳产业龙头和集散中心，是中国食用菌协会黑木耳分会会长单位。其研发的黑木耳栽培技术全国领先，创造了一流的产品品质，被中国食用菌协会授予"中国黑木耳第一县"殊荣。东宁市建立了 100 km² 全国绿色食品原料（黑木耳）标准化生产基地，登记地理标志保护面积 80 km²。由江苏雨润集团投资建设的雨润绥阳黑木耳交易大市场，年均交易黑木耳 10 万吨，交易额 60 亿元，被农业部批准为国家级木耳批发市场，是全国重要的黑木耳交易集散中心。"东宁黑木耳"2017 年荣获中国百强农产品区域公用品牌，入选 2019 年中国农业品牌目录。2019 年"东宁黑木耳"获评"黑龙江省品牌价值评价信息发布"区域品牌(地理标志产品)前十强,品牌价值达173.47亿元,荣登央视农产品地理标志大型纪录片《源味中国》被深度宣传报道。2000年以来,随着代料栽培技术不断成熟,黑木耳产业逐渐发展成为东宁农村第一富民支柱产业,并自2009年始连续12年拉动东宁农民人均纯收入增长,稳居龙江榜首、全国前列。

2020年,东宁市黑木耳种植规模达9.1亿袋、产量3.9万吨,助力10万余农民人均增收1.5万余元,成为全市第一富民支柱产业。东宁市创建了39个黑木耳标准化栽培示范园,发展精深加工企业10余户,开发木耳酱、即食木耳、木耳脆片、木耳粉等几十种产品,建成年交易额60亿元的全国最大的黑木耳交易大市场,成为全国特色产业富民增收的示范样板。东宁先后荣获"中国黑木耳第一县""绿色黑木耳生产基地县""全国食用菌行业优秀基地县""全国食用菌文化产业建设先进县""全国食用菌餐饮文化示范县""中国特色农产品优势区"和"全国特色产业百佳县"等20余项国家级殊荣(表1-3-1,图1-3-1,图1-3-2)。

表1-3-1　东宁食用菌产业"十三五"成就

荣誉名称	颁发部门	时间
黑龙江省农产品地理标志十大区域品牌	黑龙江省绿色食品发展中心	2017年
2017年中国百强农产品区域公用品牌	农交会组委会	2017年
全国供销合作社系统先进集体	中华全国供销合作总社	2018年
首届中国农民丰收节100个品牌农产品	农业农村部	2018年
2018年中国区域农业品牌影响力排行榜食用菌类第一名	中国区域农业品牌研究中心	2018年
黑龙江省东宁市东宁黑木耳中国特色农产品优势区	农业农村部等九部委	2019年
2019中国品牌价值地理标志产品区域品牌榜第19名	中国品牌建设促进会	2019年
2019年地理标志农产品保护提升工程	黑龙江省绿色食品发展中心	2019年
中国农业品牌目录2019农产品区域公用品牌	中国绿色食品发展中心等	2019年
全国特色产业百佳县	中国县镇经济交流促进会	2019年
"2019黑龙江省品牌价值评价信息发布"区域品牌(地理标志产品)前十强	黑龙江品牌节组织委员会 黑龙江省品牌战略促进会 黑龙江品牌研究院	2019年
金扁担改革贡献奖(集体)(东宁市食用菌协会)	中华合作时报社、中华全国供销合作总社信息中心、中华全国供销合作总社声像中心	2019年

图1-3-1　东宁黑木耳"全国特色产业百佳县"

图 1-3-2 东宁"中国黑木耳第一县"

(二)尚志

尚志市以"稳量提质、升级增效"为目标,挖掘资源优势,调优栽培结构,加大政策扶持,实施质量提升,完善产业链条,提高了规模化、标准化、产业化水平,加快了食用产业转型升级步伐,筑牢了乡村产业振兴基础。2020 年,全市年栽培食用菌量在 8.1 亿袋左右,黑木耳栽培量在 6.9 亿袋(春耳 5.4 亿袋、秋耳 1.5 亿袋),年产黑木耳鲜品 35 万吨,主要通过苇河黑木耳批发市场销往全国各地,销售收入 20 亿元。滑子菇、平菇、榆黄蘑和元蘑等 1.2 亿袋,大球盖菇栽培面积达到 73 hm²,年产菇类(大球盖菇、滑子菇、平菇、榆黄蘑和元蘑)12 万吨,销售收入 11 亿元。

2020 年,尚志市为提升食用菌产业规模化、标准化、产业化生产水平,加快促进食用菌产业转型升级,出台了《尚志市 2020 年食用菌产业发展扶持办法(试行)》,对水稻育苗大棚综合利用和新建食用菌大棚(室)的园区(10 栋以上)进行重点扶持。

(三)海林

海林市位于黑龙江省东南部,地处长白山余脉,森林和水源丰富。冷凉的气候,清新的空气,充足的日照和适宜的昼夜温差以及富有氧离子的空气,使这里成为猴头菇生产的黄金地带。猴头菇是我国八大"山珍"之一,是药食同源、滋补圣品。原国家质检总局通过对海林市猴头菇的近千项数据的评审,结果发现海林市猴头菇的药用、营养价值要远远高于其他地区,并批准海林市猴头菇为国家地理标志产品,所以海林市被誉为"中国猴头菇之乡"。海林市地貌特征为"九山半水半分田",森林覆盖率达 78%,是业界知名的"中国食用菌之乡"、猴头菇会长级单位。"海林猴头菇"被中国食用菌协会评为 2016 年度"中国食用菌行业最具投资产地品牌","雪乡第一村"猴头菇产品已进入国宴。

2020 年,全市食用菌总量完成 6 亿袋,其中黑木耳总量达到 4.25 亿袋;猴头菇总量达到 1.5 亿袋;灵芝、香菇、平菇等多元化菌类总量达到 0.25 亿袋。食用菌鲜品可产 28 万吨,产值可实现 18 亿元,菌业拉动农民人均纯增收实现 0.4 万元,食用菌成为全市第一富民支柱产业。海林市创建了 1 个省级食用菌现代农业产业园,建成了食用菌标准化示范园区 125 个、亿袋乡镇 3 个、千万袋村 20 个、年生产能力 300 万袋以上菌包厂 20 个。培育食用菌省级龙头企业 5 家,研了猴头菇原浆及饮品、黑木耳原浆及饮品、猴头菇黑木耳灵芝超微破壁粉、食用菌压片糖果、猴头菇咖啡等几十种产品。

海林的食用菌产业强劲发展,海林先后被中国食用菌协会授予"中国猴头菇之乡""小蘑菇新农村建设优秀团体""全国食用菌行业优秀基地县""全国食用菌餐饮文化示范市""全国食用菌文化产业建设先进县""全国食用菌产业化建设示范县""全国十佳食用菌行业管理组织"。海林镇被授予"猴头菇特产乡",二道河镇被授予"中国黑木耳之乡"荣誉称号。"海林猴头菇""海林黑木耳"获得农业部地理标志产品认证。

（四）穆棱

穆棱市地形为丘陵浅山区,地貌特征为"七分山水三分田",属于中纬度北温带大陆性季风气候。林木蓄积量达 $2.2 \times 10^8 \ m^3$,森林覆盖率达75%。境内山区河流众多,有大小河流1 323条,全市水资源总量 $8.84 \times 10^8 \ m^3$。市域内有奋斗水库、团结水库和清河水库三座水库。得天独厚的发展食用菌的自然条件,使得生产出的食用菌品质极佳,"穆棱黑木耳""穆棱冻蘑"被授予中国地理标志产品。穆棱市先后被授予全国食用菌产业示范市、十万亩绿色黑木耳原料标准化示范基地、黑木耳基地县等荣誉。

2020年,穆棱市食用菌种植规模达到2.7亿袋,食用菌产业总产值17.25亿元,其中一产产值9.25亿元,拉动全市农民人均收入增加6 428元。全市黑木耳种植棚室发展到2 000余栋,日产2万袋菌包厂达到20家,食用菌加工企业6家,食用菌种植园区、基地30个。全市通过有机认证的食用菌品种达到11种。下城子镇悬羊村被授予全国黑木耳产业"一村一品示范村镇"。鑫北农业科技公司双孢蘑菇产业现已初具规模,成为东三省首家草腐菌工厂化对俄加工出口企业。食用菌机械加工厂"镇兴"牌装袋机入驻陕西省柞水县金米村木耳博物馆。"龙穆耳"被评为牡丹江市知名商标。

（五）汤原

汤原县发展食用菌产业具有自然资源优势、产业基础优势、劳动力优势。一是自然资源优越。汤原县系小兴安岭余脉地区,森林覆盖率33.6%,为半山区农业县,拥有8个国有林场,林地面积646 km^2。二是气候优势。年平均降水量550 mm左右,常年蒸发量为1 168 mm,年活动积温2 400~2 650 ℃·d,年平均气温3~4 ℃,无霜期137 d左右,寒温带大陆性季风气候,雨热同季,昼夜温差大,土质肥沃,水域清洁,环境清新,适宜各种食用菌生长。三是劳动力资源丰富。全县27万人口中,城镇闲置职工和农村剩余劳动力丰富,适合发展密集型的食用菌产业,具有较大的劳动力资源优势。

汤原县人工栽培食用菌的品种有黑木耳、平菇、滑菇、大球盖菇、元蘑、灵芝等10余个品种。食用菌产业是汤原县林区及各乡镇农民发展林下经济、增收致富的重点项目。2020年9月,汤原县被中国食用菌协会评为全国木耳十大主产基地县之一。2020年,全县现已建设食用菌大棚2 112栋,面积66.7 hm^2,食用菌栽培总量1.7亿袋,产量7 700吨,产值4.6亿元。

（六）桦南

桦南县结合气候特点及自然资源分布情况,统筹规划,合理布局,发展黑木耳100多个行政村。例如群英村采取集中种植和分散种植相结合的方式实行连片规划,统筹安排基础设施项目和黑木耳种植产业项目,实现跨村联动开发种植,形成了一定规模的黑木耳种植片区。通过规范标准、塑造形象、提升质量等举措,全力打造"东极山朵""东北秋木耳"等黑木耳品牌。目前,全县从事黑木耳生产加工省级农业产业化龙头企业1家,专业种植合作社26家,年加工菌包1.2亿袋,探索建立了"龙头企业＋基地＋合作社＋农户"的经营模式,发展标准化、设施化种植基地153 hm^2,辐射带动发展黑木耳种植面积1 733 hm^2。2020年,桦南县黑木耳年栽培达到1.2亿袋,总产量1万吨。

三、产业发展趋势

（一）产业优势

1. 产业支持力度大

黑龙江省委、省政府历来高度重视食用菌产业的发展,将其列为黑龙江现代农业优势产业之一予以推进,《黑龙江农业强省战略规划》(2020—2025年)提出打造三百亿级食用菌产业集群。目前,食用菌产业已成为黑龙江省农业结构优化调整、农民增收致富的重要支柱产业之一,在乡村振兴、产业扶贫和促进县域经济发展方面具有突出作用。2020 年,黑龙江食用菌产业集群成功入选全国 2020 年优势特色产业集群建设名单〔《农业农村部 财政部关于公布 2020 年优势特色产业集群建设名单的通知》(农产发〔2020〕2 号)〕。黑龙江省食用菌产业集群地处黑龙江省东南部,主要包括尚志市、海林市、穆棱市和东宁市,逐步向汤原县、桦南县、海伦市等食用菌新兴潜力区拓展。

2. 产品认可度高

黑龙江省通过打造东宁黑木耳全自动智能温室基地等一批典型示范基地,利用物联网技术实施精准栽培,带动食用菌质量进一步提升。东宁黑木耳获得首批 35 个中欧互认地理标志产品之一。尚志黑木耳、嘉荫黑木耳、呼玛黑木耳等 8 个地区食用菌获得农产品地理标志登记。黑龙江省黑木耳产品农残检测合格率多年保持在 99% 以上。据农业部谷物及制品监督检验测试中心(哈尔滨)检测,黑龙江生产的黑木耳多糖含量、蛋白质含量均高于南方地区黑木耳。

3. 社会分工细化

黑龙江省食用菌产业链初步形成,原料供应、菌种研发、菌包制作、生产加工、流通销售等环节实现了专业化分工。特别是"黑木耳菌包厂 + 农户"的生产模式被广泛应用,黑木耳菌包率先实现工厂化生产。

4. 经济效益显著

黑龙江省建成食用菌国家级无公害示范园区 1 个、国家级标准园 4 个、省级标准化生产基地 167 个。通过标准化、规模化栽培,黑龙江省食用菌生产效益稳步提高,抗御市场风险能力显著增强。2018 年,黑龙江省食用菌产值 182.6 亿元,其中黑木耳产值 160 亿元,食用菌产业在县域经济发展中作用突出。

5. 营销方式多样

黑龙江省食用菌流通主要以一级批发市场为主,只有 10%～20% 走超市,消费 80% 集中在餐饮环节。中小基地和菌农主要依托东宁雨润、苇河两大市场和东北黑木耳强大的区域品牌优势,以散货干品就地批发销售为主,黑龙江省黑木耳地头交易量占 70% 以上。

(二)产业扶贫减贫

黑龙江省有扶贫任务的县(市、区)2016 年至 2020 年共投入资金 50 多亿元发展食用菌产业,其中财政投入资金 10 多亿元。5 年间,食用菌扶贫产业共生产食用菌超 20 亿袋,实现产量超 130 万吨,产值达 70 多亿元,带动 10 万余贫困人口脱贫。

(三)发展机遇

1. 符合政策扶持方向

近几年,国家十分关注秸秆焚烧造成的环境危害和资源浪费问题。近几年,国家安排中央财政资金开展整县推进秸秆综合利用试点,力争到 2020 年,东北地区秸秆综合利用率达到 80% 以上,新增秸秆利用能力 2 700 多万吨。为草腐食用菌品种栽培和木腐食用菌利用秸秆栽培的产业化进程提供了巨大发展机遇。食用菌产业链接城乡,可以带动种植业、畜牧业、林产业发展,在工业化、城镇化和农业现代化方面能够发挥重要作用。

2. 生产技术趋于成熟

一方面,以双孢蘑菇、草菇、鸡腿菇、大球盖菇为主导品种的草腐菌已经在我国南方地区广泛栽培,其中双孢蘑菇更是国际上主流的食用菌产品。近年来,北方地区栽培技术也日渐成熟,栽培规模逐年扩大。另一方面,以省科学院微生物研究所、省农科院为代表的科研院所致力于农作物下脚料种植食用菌开发,在秸秆菌基生产食用菌方面获得省科技进步奖,在草菇、大球盖菇栽培技术研究方面取得突破。东北农业大学在北方寒地隧道发酵技术、智能菇房建造技术等领域已研发出较成熟的实用新技术。黑木耳培养料配方、C/N、不同生长期环境因子调控等方面的研究也取得新进展,为进一步加快精准化栽培应用提供技术支撑。

3. 市场开拓潜力巨大

黑龙江省气候冷凉,昼夜温差大,利于生产高品质食用菌产品。生产原料及环境安全度高,具有良好口碑,产品竞争优势明显。黑龙江省夏季清爽宜人,适宜食用菌生长,发展大球盖菇、香菇等产业优势明显,可填补南方盛夏食用菌季节性短缺。黑龙江省与俄罗斯水陆相连的边境线上分布着 15 个口岸,俄罗斯食用菌产量仅占本国市场需求量的 20%,黑龙江发展俄罗斯人喜好的双孢蘑菇、杏鲍菇、秀珍菇等食用菌新品种生产,利用天然地域优势,对俄出口潜力无限。

4. 原料成本优势明显

黑龙江省主要资源优势在于农作物秸秆、草炭土、畜禽粪便丰富,据估算,秸秆年产量可达 1 亿吨以上,其中玉米秸秆 7 200 万吨、豆秸 865 万吨、稻草 287 万吨,大量秸秆资源亟待转化利用。

（四）产业布局

按照"集聚集约、控量提质、转型升级"的要求,实施"重点做强特色木腐菌、积极发展适宜草腐菌、努力开发特色野生菌"的产业发展战略,以加快食用菌产业工业化步伐为抓手,推进食用菌精准栽培和产品保鲜储运及精深加工,打造中国食用菌产业基地,以崭新的姿态继续向前迈进,逐步实现从"食用菌产业大省"向"食用菌产业强省"转变。

1. 南部滨绥沿线特色食用菌产业带

滨绥沿线是食用菌生产最适宜区。该地区资源丰富、品种多样、营养料丰富充足、产品品质好,属重点发展区域。主要分布于哈尔滨市南岗区、尚志市、五常市、宾县、方正县和牡丹江市东宁市、海林市、林口县、宁安市、穆棱市。主要品种包括黑木耳、滑子菇、平菇、香菇、猴头菇、双孢蘑菇、真姬菇。

2. 北部大小兴安岭黑木耳产业带

沿大小兴安岭形成黑木耳产业带。该区域资源环境保护良好,野生资源丰富,气候冷凉,昼夜温差大,产品质量佳,适宜绿色无公害产品生产。主要分布于伊春市金林区、丰林县、嘉荫县、铁力市和大兴安岭地区新林区、呼中区、呼玛县及鹤岗市郊区和佳木斯市汤原县、桦南县。

3. 西部草腐菌产业带

沿西部农牧发达地区形成草腐菌产业带。该区域多为平原地区,农作物秸秆、畜禽粪便原材料丰富,适宜发展双孢蘑菇、大球盖菇、鸡腿菇等草腐类食用菌品种。主要分布于大庆市大同区,齐齐哈尔市富裕县、讷河市,哈尔滨市双城区和绥化市兰西县、安达市等西部农牧发达地区。

参 考 文 献

[1]张金霞,陈强,黄晨阳,等.食用菌产业发展历史、现状与趋势[J].菌物学报,2015,34(4):524-540.
[2]中国食用菌协会.2019 年度全国食用菌统计调查结果分析[J].中国食用菌,2021,40(6):104-110.
[3]修海玉.黑木耳产业发展研究[M].哈尔滨:黑龙江人民出版社,2005.

第二章

黑龙江省食用菌种质资源

第一节　黑龙江省食用菌种质资源

种质是亲代传递给后代稳定的遗传物质，可为利用和改良生物提供物质基础，是育种的原始材料和生命科学研究的基础材料。种质资源指具有种质并能繁殖的生物体的统称。种质资源是选育优良品种的基础。食用菌种质资源是国家重要的生物资源，是食用菌生产、科研工作的基础。拥有种质资源的数量和质量，以及对其研究程度深浅是决定育种效果的重要前提，也是衡量一个国家或者一个单位育种水平的重要标志。黑龙江省历经数十年的发展，现已形成了黑木耳、榆黄蘑、香菇、平菇等多品种竞争生产的市场形势，同时还有白灵菇、滑菇、鸡腿菇以及杏鲍菇、双孢蘑菇等品种。

一、黑龙江省食用菌资源状况

黑龙江是林业大省，森林特产资源异常丰富，食用菌是其中之一。自从天然林保护工程实施以来，这一资源得到了大力开发与利用，成为现代林业发展中林业产业体系的重要组成部分。在社会经济发展中扮演着越来越重要的角色，成为林区及广大农区致富的主要途径之一。

黑龙江省食用菌资源十分丰富。据初步统计，大约有23科114种，其中有几十种目前已开发利用。比较著名的如松茸、榛蘑、猴头菇、榆黄蘑、元蘑和黑木耳等，多数具有食用、药用价值。黑龙江省也是食用菌生产大省，据统计，2019年中国共有12个省市食用菌产量超过百万吨，其中河南省食用菌产量居全国首位，达到540.94万吨；其次为福建省，食用菌产量为440.8万吨；山东省排名第三，产量为346.38万吨；黑龙江省紧随其后，产量为342.87万吨。

目前，食用菌产业化开发已成为黑龙江省林业产业体系的重要组成部分和新的经济增长点。初步形成了以市场为导向、以加工企业为龙头、以龙头带基地的产业化开发形式，出现了食用菌栽培示范基地、食用菌加工产品、黑木耳交易大市场等区域特色经济，为推动我省由林业大省向林业强省的转变发挥了重要作用。

二、黑龙江省食用菌资源调查

2009年，黑龙江省科学院微生物研究所食用菌研究团队对我省大型真菌资源进行调查，选择了塔河、带岭、尚志林区为代表，主要森林类型有大兴安岭（塔河）天然落叶松混交林、杨桦混交林，小兴安岭林区（带岭国家凉水森林自然保护区）的阔叶红松林，及长白山植物区系长白山系支脉张广才岭西北部小岭余脉帽儿山林带（尚志市东北林业大学帽儿山实验林场）的杨桦次生林及人工落叶松、红松林区。现已鉴定整理出154种（食用菌、药用菌、外生菌根菌、木材腐朽菌、毒菌），隶属担子菌门5目27科75属145种，子囊菌门3目6科9属9种，黏菌门1科1属1种。

小兴安岭位于黑龙江省东北部，是我国最大的林区之一，这里森林植物种类丰富，腐殖质层肥厚，雨量充沛，各种活立木和倒木交错叠生，为不同生态习性的真菌种群提供了优良的生存条件，生长了种类繁多的大型真菌。伊春市多种经营局养殖采集科刘旭东踏遍了小兴安岭的21个县（市）、区（局）的高山、草地，经过整整20年，行程近万千米，采集真菌样本600余种，编写图文并茂的《小兴安岭经济植物彩色图鉴》及《中国野生大型真菌彩色图鉴》（上下册），成为小兴安岭慧眼识菌第一人。《中国野生大型真菌彩色图鉴》书中共收录了小兴安岭极具代表性的真菌种类466种，其中食用菌226种，药用菌33种，食药兼用菌55种，有毒菌52种，其他菌100种，几乎囊括了小兴安岭所有的真菌。

吴薇等对仙翁山国家森林公园保护区的大型野生真菌资源进行了野外采集、专访周边农户、贸易调查、市场走访等形式的调查，参照文献对采集的菌株进行分类鉴定。采集到食用菌类共48种，隶属18科，其中白蘑科、红菇科、伞菌科、锈伞科种类居多，为该地区的优势种。分析了保护区内食用菌资源情况，并提出科学的规划和管理，合理的开发建议，使该保护区食用菌资源得到保护与利用。

王蕊等调查了黑龙江省药用大型真菌资源概况。黑龙江省大型真菌共546种,隶属于53科13目6纲2亚门。食用真菌320种,具有药用价值的真菌214种,药用价值中具有抗癌作用真菌167种,木腐菌141种,外生菌根菌141种,毒菌88种,食毒不明的大型真菌67种,大型真菌资源开发利用前景广阔。

2012年,黑龙江省农业科学院牡丹江分院食用菌研究团队在黑龙江省牡丹江市的牡丹峰发现了黑松露,2013—2015年陆续在牡丹江市镜泊湖森林保护区、依兰县、宝清县、密山市等地也发现了黑松露,2016~2017年将黑松露样品分2次邮寄到吉林农业大学李玉院士团队进行测序,2019年邮寄到云南农科院苏开美团队进行检测鉴定,检测鉴定结果为台湾块菌(*Tuber Formosarum*)。

三、食用菌种质资源调查技术

开发利用食用菌种质资源首先要从调查研究入手。调查的目的在于确切地掌握食用菌种质资源的种类、生态习性、分布特点,并采集标本分离菌株,科学保藏种质基因,建立食用菌种质资源基因库,为科学开发利用新野生食用菌种质资源、菌种选育、基因工程等提供物质基础和科学依据。调查材料的真实性决定于调查工作的细致程度,调查工作的质量取决于所用的工作方法和技术的掌握熟练程度。

(一)真菌资源调查的类别

真菌资源调查基本可分为两大类:普查和专门调查。真菌资源普查包括食用菌、药用菌、毒菌、外生菌根菌、木材腐朽菌等大型经济真菌资源普查,调查面要广泛;在普查的基础上,对具有潜在经济开发价值的种类或可被用于实现一定目标的种类,就可以安排进行专门调查。

(二)食用菌种质资源调查的程序

食用菌种质资源调查程序可分为准备工作、外业工作、内业工作三个阶段。

(三)准备工作

1. 收集有关资料制定计划

收集调查地区森林类型、林木资源、自然环境、地形、土壤、气象、真菌资源等资料,对森林经理学报告、地形图、施业区略图等均应详细阅读。根据以上资料拟订调查计划和制定调查方法。

2. 采集标本用具

采集用具以坚固轻便、便于携带为原则。常用的仪器和用具有:GPS、指南针、海拔仪、望远镜、照相机、扩大镜、采集箱、小纸盒、塑料袋、布袋、手铲、手锯、修枝剪、小刀、小尺、铅笔、菌类野外采集记录表、记录本、废报纸、号牌及野外子实体组织分离用具用品等。

3. 技术培训

统一调查人员的调查方法和技术要求。

(四)外业工作

主要是按既定的工作计划在预定的调查地区开展工作。工作结束后要求获得足以说明调查地区不同时期、不同森林类型的食用菌种类和分布特点等原始资料和标本。

1. 标本采集方法

采集食用菌标本的目的是为研究、认识、分离种质资源、掌握菌类开发利用提供基本资料。因此,采集标本要完整,记录要详细,要拍摄彩色生态照片。

食用菌大多数是肉质,水分多,颜色易变,随着子实体的成熟,水分也就逐渐消失,形态、颜色、大小也逐渐变化,有的种类变化很大,失去原样。应及时将标本轻轻放入临时做的漏斗形纸袋中,菌柄朝下,保持子实体部分完整,放入号牌,包好后再放入采集箱中。

食用菌一般生长在森林中的树木、朽木及腐殖质的地面上。在采集树干或木质材料上的子实体时,可用短刀或手锯,从子实体的基部或带些树皮割取,也可以连枝干截取一段。采集地上生的菌类时,可用手铲连土一起铲取。

2. 采集时注意事项

(1)填"菌类野外采集记录表"——采集标本应随即填"菌类野外采集记录表",有时还需要描绘草图。每种标本要采足适当的数量,以便满足日后鉴定、分离菌株、研究、保藏及交换之用。

(2)重要种类采集不同发育阶段标本——对于重要种类,还须注意采集它的各个发育阶段,以便比较分析。有的供生理生态研究用的标本,需要仔细观察记载其生境,并采集其基物。

(3)采集有代表性子实体——各种菌类要采集有代表性的子实体,并保持其完整性,有些菌类子实体的下部结构是重要特征,只有完整的标本才易于鉴定。对那些外形相像而离得稍远地方的标本,应各自编号和用纸包裹。

(4)采集标本不能损坏子实体任何部分——用手拿取已采下的标本时,要轻拿轻放,不能碰掉子实体的任何部分,如易碎的菌环和菌托。因为这些都是鉴定时极其重要的依据。同时,也不能在菌盖及菌柄的表面留下指纹印,否则就会损坏子实体固有的特征,影响分类鉴定。

3. 采集记录

(1)及时填写记录表——随采随即填表记录,只有详细记录的标本,才是完整的标本,记录内容见表 2 - 1 - 1。

(2)做孢子印——采集伞菌需做孢子印。孢子的形态、颜色以及孢子印的颜色是鉴定上不可缺少的根据之一。制作孢子印的方法是切去菌柄,将菌盖覆置于白色和黑色并拢的纸上,用玻璃钟罩或其代用器皿罩住,在室温下,一般只需 5~10 h,孢子就会弹射在纸上,从而获得与菌褶排列方式一致的孢子印。

较为重要的标本,最好用载玻片做成孢子印,保藏于玻片盒中。

孢子印的编号与标本一致,作为重要的实物档案,以备标本鉴定时用。

(3)拍摄生态彩照——记录子实体的特征及表达它的生态,除了在采集地绘图和详细描述之外,也要连同它们的周围环境一起拍摄彩照。

(4)完整的标本资料要求——每种完整的标本,应包括子实体、记录表、彩色照片、孢子印 4 种资料,其编号必须一致。

(五)内业工作

1. 标本制作

新鲜标本经过制作才能应用和保存。制作的质量影响标本保存时间的长短。制作方法一般采用干制和液浸两种。

(1)标本整理

整理方法要求——标本采集后,立即带到工作室进行整理和鉴定。在整理标本时,首先在桌上铺白纸,然后小心地将全部标本都放在白纸上。按不同的特征进行初步分类,在同一个地方采得的相同种放在一起。放置子实体时,应将菌褶朝上,以防孢子脱落在白纸上。除了清除标本上的泥土和杂物外,与标本生长有关的黏附在子实体上的枝、叶、木屑或昆虫尸体等,均应保持其自然状态,不必弄掉,以供鉴定时参考。在淘汰破损残缺的标本后,一般标本大致必须保留 10~15 个子实体。体积较大的木质性非褶状菌,每种标本只需保存 2~3 个子实体。特大的子实体,保留子实体的一部分。

初步鉴定——标本经初步整理后,根据记录及标本的特征,作初步鉴定,将一批能定名的标本及时定名。然后,根据标本的质地和种类,选择最完整的标本制成干标本或液浸标本。

表 2-1-1　菌类野外采集记录

编号：		年　　月　　日　　图　　　照片		
菌名	中名：		地方名：	
	学名：			
产地			海拔(m)：	
生境	□针叶林　□阔叶林　□混交林　□灌丛 □草地　□草原　□阳坡　□阴坡		□基物地上腐木 □立木粪上朽叶	
习性	□单生　□散生　□群生　□丛生　□簇生　□叠生			
菌盖	直径(cm)：　　　　颜色：　　边缘：　　中间：		□黏　□不黏	
	形状：□钟状　□斗笠形　□半球形　□漏斗形　□平展		边缘：□有条纹　□无条纹	
	□块鳞　□角鳞　□丛毛鳞片　□纤毛　□疣粉末　□丝光　□蜡质　□龟裂			
菌肉	颤色：　　气味：　　伤变色：　　汁液变色：			
菌褶	宽度(mm)：　　　　颜色：　　　　密度：□稀　□中　□密			□离生 □弯生 □直生 □延生
	□等长　□不等长　□分叉　□网状　□横脉			
菌管	管口大小(mm)：	管口形状：□圆形　□角形		
	管面颜色：　　管里颜色：　　□易分离　□不易分离　□放射　□非放射			
菌环	□膜状　□丝膜状	颜色：　　条纹：　　□脱落　□不脱落　□活动上中下		
菌柄	长(cm)：　　　粗(cm)：		颜色：	
	□圆柱形　□棒状　□纺锤形		基部根状：□膨大　□圆头状　□杆状	
	鳞片腺点：□丝光肉质　□纤维质　□脆骨质　□实心　□空心			
菌托	颜色：□苞状　□杯状　□浅杯状　□大型　□小型			
	数圈颗粒组成：　　环带组成：　　□消失　□不易消失			
孢子印	□白色　□粉色　□红色　□锈色　□褐色　□青褐色　□紫褐色　□黑色			
备注				
采集人：		定名人：		

（2）干标本的制作

自然干燥及烘干方法和要求——干制标本一种是自然干燥,即将标本放在通风干燥的地方晾干,或放在阳光下曝晒。另一种是借助炭火或电烘箱等微火缓慢地烘干。为了防止标本皱缩变形,在烘烤前,应将标本先晾一会,使其失去一部分水分,再进行由低温到高温,即由 30 ℃逐渐上升到 50 ~ 60 ℃,进行均匀地固定。注意温度不宜突然升高,而且不能用高温处理,以防止标本变形或烤焦。烘烤时借助热风循环,将湿气排除,经过 8 ~ 12 h,标本含水量达到 12% ~ 14%时,即符合保藏要求。

小型或大型标本制作方法——对于体形小、菌盖薄、菌柄纤细的标本,整体放在吸水纸上,上、下多夹几张吸水纸,然后用标本夹夹住,使标本的水分逐渐被纸吸收。开始每天换 2 ~ 3 次吸水纸,以后,每天换 1 次,直到标本完全干燥为止。对于体型较大或菌盖较厚的新鲜标本,可用刀片按子实体的平行方向,纵切为厚约 0.5 cm 的薄片,用吸水纸吸出水分,频频换纸,迅速将大部分水吸去,然后晒干或烘干。

标本盒保存——标本经干制后,再放在标本盒中保存。为了防止虫蛀和潮湿,可在标本盒中放樟脑和吸湿剂,最后在标本盒的左下方贴上标签。

(3)液浸标本的制作

将子实体浸入浸渍液中,即成液浸标本。此法可保持标本的原形,制作方法简单,便于鉴定。但是,保存这种标本占用的面积大,保存的时间较短。保存大量标本不宜采用这种方法。

浸制的标本要保持原有色泽,关键在于保存液的选择。

白色、灰色、浅黄或淡褐色的标本。可选用下列防腐的浸渍液。可选用:甲醛 25 mL + 乙醇(95%)150 mL + 水 1 000 mL;甲醛 5 mL + 水 1 000 mL;70% 乙醇。

保持子实体色素的浸渍液。子实体色素不溶于水的标本可选用:①硫酸锌 25 g + 甲醛 10 mL + 水 1 000 mL;②醋酸汞 10 g + 冰醋酸 5 mL + 水 1 000 mL;③甲醛 5 mL + 冰醋酸 5 mL + 50% 乙醇 90 mL;④ 5% 甲醛浸渍液。子实体色素溶于水的标本可用醋酸汞 1 g + 中性醋酸铅 10 g + 冰醋酸 10 mL + 90% 乙醇 1 000 mL 浸渍液。

标本固定法——液浸标本可保存在玻璃瓶或标本瓶中。为了固定标本,避免其在溶液中漂动或移动,在浸泡前,可将标本用线拴在玻片或玻棒上固定,然后,再放入浸渍液中。

标本瓶封口法——浸渍液大都是易挥发或易氧化的。为了保持药液的效果,玻璃瓶或标本瓶口的密封很重要。密封封口有临时和永久两种。

临时封口法——将蜂蜡和松香各 1 份,分别溶化后混合,加少量凡士林调成胶状,涂在瓶盖边缘,将盖压紧封口,或将明胶 4 份,在水中浸泡几小时,滤去水后加热溶化,加石蜡 1 份,溶化后即成胶状物,趁热使用。

永久封口法——将明胶 28 g 在水中浸几小时,滤去水分,加热溶化,加重铬酸钾 0.324 g 和适量的熟石膏调成糊状,即可封口。也可用二甲苯溶解泡沫塑料,使之成胶状,立即封口。

制成的标本,立即贴上标签,放置暗处保存。

2. 标本鉴定

鉴定标本是一件重要而复杂的工作。采集的标本只有经过鉴定,定出属名和种名后,才有科学价值。

(1)鉴定依据——鉴定时,要对标本的外部形态、内部结构、生态特点并参考野外采集记录,进行宏观和微观的观察、比较、分析,借助于专门的书籍和文献资料,定出属名和种名。

(2)伞菌的鉴定,必须注意观察比较子实体的生态条件;菌盖的形状和质地;菌褶(或菌管)的形状、它与菌柄的着生关系;菌肉的分层及质地;菌柄的形态和着生情况;菌环和菌托的有无、形态及颜色;孢子及孢子印的形态和颜色;子实层的构造特点和包被的层数、特点、开裂方式等。同时,还要用显微镜测量孢子、担子和囊状体的大小,绘制线条图。

(3)木耳属的分种,除了根据子实体的外部形状、大小、质地和颜色来进行鉴定外,还要依靠子实体横切面成层现象,将所有的木耳分成有髓层和无髓层,但有中间层两大组。每一组内又根据各层次的不同特征以及宽度,鉴定成不同的种。

(4)鉴定后的标本装入符合规格的纸袋或硬纸盒中,贴上标签,并连同野外采集记录表格及孢子印,三位一体地登记统一编号,经过用甲基溴熏蒸后,入库保藏。

3. 标本管理

标本经过制作和鉴定,就必须放在标本室保藏。标本室应设置在朝南、通风、干燥的房内。室内安放若干标本柜和一个工作台。

(1)标本柜

标本柜分为盒装干标本柜、瓶装浸渍标本柜和玻片标本柜三个类型。

盒装标本柜:应分上、下两层,每层设若干个抽屉。抽屉的大小应根据标本盒的大小、排列紧密而定,抽屉的外壁(正面)钉一个标签卡,便于分类时装卡片。柜门为木质。

浸渍标本柜:内分若干层,按梯形设置,玻璃门。

玻片标本柜:分上、下两层,每层设存放玻片的抽屉。抽屉的大小和厚度依玻片设计,抽屉内沿要有槽,槽的宽度依玻片的厚度而定,以便直立插放玻片标本。

(2)标本盒

每种干标本存放在纸盒内,选用纸盒的大小根据标本的大小而定。标本盒可以定为三种规格,大号标本盒是中号标本盒的2倍,是小号标本盒的4倍。以小号的使用数量最多。从事研究工作的单位,标本盒的种类可适当增加。怕震动的标本,可以在盒底垫一层棉花或泡沫塑料。

(3)标本瓶

每种浸渍标本可以存放在标本瓶里,标本瓶的规格不一,型号也不同,有圆柱形的,也有玻璃缸式的,圆柱形的使用数量最多。

(4)标签

任何形式存放标本,都应加贴标签。盒装标本的标签可直接放在盒内,瓶装标本的标签贴在瓶壁正中,玻片标本的标签贴在玻片的左方。标签的式样见图2-1-1。

图2-1-1 标签样式

(5)菌类索引卡片

每一个菌制成一个卡片。卡片上有菌号、学名和产地,如图2-1-2。

图2-1-2 标签样式

(6)标本的保藏

制成的标本,保藏在标本柜里。为了便于寻得标本,标本在柜内排列的方式有三种:第一种按寄主类别排列;第二种按菌类分类排列;第三种按标本号排列。如果从事真菌分类研究,则采取按菌类排列的方式,即在大类的基础上,按属名的拉丁字母顺序排列。如果从事教学或一般科研工作,则采取按标本号排列的方式,这样便于补充和清查,只是在取用时较为麻烦。

第二节 食用菌种质资源保护

一、食用菌菌种保藏技术

食用菌具有丰富的营养价值,仅从食用中的口感角度分析,也是一种具有良好食用价值的食品。由于菌类的特殊性质和保存中对环境方面的要求,不同的菌种在保存方式上也有所差异,为了充分利用食用菌在药用、食用等多方面的价值,了解不同类型菌种的保存方法是非常重要的。选择适当的保存方法,并注意取得良好保存效果的合理化操作,是食用菌保藏中需要重视的一个核心问题。食用菌菌种的规范性保藏对于微生物菌种资源的安全、高效保藏及共享具有重要意义。

食用菌种质资源保藏方法很多,但原理基本一致。菌种保藏的原理是通过低温、干燥、隔绝空气和断绝营养等手段,以达到最大限度地降低菌种的代谢强度,抑制菌丝的生长和繁殖,使其生命活动降低到极低的程度或处于休眠状态,从而延长菌种的保藏时间。具体常用的保藏方法有:斜面低温保藏法、液体石蜡保藏法、-80 ℃低温冷冻保藏法、液氮超低温保藏法。

(一)斜面低温保藏法

斜面低温保藏法是常用的最简便的保藏方法,它是将菌种定期在新鲜琼脂斜面培养基上、液体培养基中或穿刺培养,然后在4~6 ℃低温条件下保存。此方法简单易行,只需普通冰箱,但易发生培养基干枯、菌体自溶、基因突变、菌种退化、菌株污染等不良现象。此方法一般不宜用于菌种长期保藏,一般保存时间为3~4个月。

1. 保藏设备和材料

4 ℃冰箱、超净工作台、高压消毒器、菌种培养箱、酒精灯、三角瓶、接种针、试管、培养皿、漏斗、烧杯、吸管、琼脂粉等等。

2. 斜面的制备

(1)器皿的准备

在斜面制备的过程中要用到的一些玻璃器皿,如试管、培养皿、三角瓶、漏斗等,使用前洗净,并于80 ℃烘干备用。

(2)培养基的制备

在烧杯中倒入500 mL水,按配方称取材料,依次加入水中,逐个溶解,最后定容至1 L(在加料过程中,先加缓冲化合物,然后是主要元素、微量元素,最后加维生素等)。冷却至室温,调pH值。然后将琼脂粉加入煮沸的液体培养基中,不断搅拌至融化为止,最后补足蒸发的水分。

(3)分装

将配好的固体培养基趁热进行分装,装入试管中的培养基不宜超过试管高度的四分之一。在分装过程中应注意勿使培养基沾污管口,以免弄湿棉塞造成污染。

(4)灭菌与摆放斜面

将包扎好的培养基灭菌(0.1 MPa,30 min)。灭菌完毕后摆放斜面时,斜面长度不得超过试管管长的一半。

(5)无菌检查

将制备好的斜面放入30 ℃培养箱中培养3 d,做无菌检查。

3. 接种

在超净工作台上,用无菌接种针挑取菌丝体连同少量培养基,接种于适宜的无菌新鲜培养基斜面上,在管壁或小瓶外壁上分别贴好标签,标明菌株编号(或名称),然后置于适宜温度的培养箱中培养。

4. 培养

培养 4~30 d 后,根据菌落的形态和其他培养特征,判断新培养物是否为原菌种,并注意有无杂菌污染现象。检查无误后,进行保藏。

5. 低温保藏

培养好的斜面于 4~6 ℃保藏,相对湿度通常在 50%~70%。

6. 保藏时间

一般 3~6 个月。

7. 菌种的转接

将斜面培养物转接到适宜的新鲜斜面上,在适宜的培养条件下进行培养。

8. 菌种的复壮

如果发现菌种有退化现象,应将退化的菌种引入原来的生活环境中使其生长和繁殖,然后再进行纯种分离,例如在宿主体内生长等方法进行复壮。

9. 斜面低温保藏法应注意事项

每次转接时,应仔细核对各菌株的编号、所用培养基等,发现错误立即纠正。

每次转接培养后,应对照原保藏的菌株和菌种顺序号卡片名录,检查其培养特征,核实无误后,再行存放。

斜面低温保藏的菌种,一般每个菌株应保藏相继的三代培养物,以便对照。

(二)液体石蜡保藏法

液体石蜡保藏法是指将菌种接种在适宜的斜面培养基上,在最适条件下培养至菌种长出健壮菌落后注入灭菌的液体石蜡,使其覆盖整个斜面,再直立放置于 4 ℃~15 ℃进行保存的一种菌种保藏方法。

1. 液体石蜡

将液体石蜡分装加棉塞,用牛皮纸包好,0.1 MPa 灭菌 30 min 后取出,置于 40 ℃恒温箱蒸发水分,经无菌检查后备用。

2. 斜面培养物的制备

不同菌种应根据要求选择适合的培养基进行培养,斜面宜短,不超过试管三分之一为宜。

3. 灌注石蜡

无菌条件下将灭菌的液体石蜡注入刚培养好的斜面培养物上,液面高出斜面顶部 1 cm 左右,使菌体与空气隔绝。

4. 保藏

将注入石蜡油的菌种斜面直立存放于低温(4~15 ℃)干燥处,保藏时间为 2~10 年不等。

5. 恢复培养

恢复培养时,挑取少量菌体转接在适宜的新鲜培养基上,生长繁殖后,再重新转接一次。

6. 注意事项

(1)应选用优质化学纯液体石蜡;

(2)液体石蜡易燃,在对液体石蜡保藏菌种进行操作时注意防止火灾;

(3)保藏场所应保持干燥,防止棉塞污染;

（4）保藏期间应定期检查，如培养基露出液面，应及时补充灭菌液体石蜡。

（三）-80 ℃低温冷冻保藏法

-80 ℃低温冷冻保藏法是先培养食用菌菌丝体块，然后加入等体积的20%甘油或10%二甲亚砜冷冻保护剂，混匀后分装入冷冻指管或安瓿中，于-80 ℃超低温冰箱中保藏。超低温冰箱的冷冻速度一般控制在1~2 ℃/min。

1. 安瓿管或冻存管准备

安瓿管材料以中性玻璃为宜。安瓿管干燥后，贴上标签，标上菌号及时间，加入脱脂棉塞后，121 ℃下高压灭菌15~20 min，备用。

2. 保护剂准备

保护剂种类要根据微生物类别选择。配制保护剂时，应注意其浓度及pH值，以及灭菌方法。如血清，可用过滤灭菌；牛奶要先脱脂，用离心方法去除上层油脂，一般在100 ℃间歇煮沸2~3次，每次10~30 min，备用。

3. 冻干样品准备

在最适宜的培养条件下将细胞培养至静止期或成熟期，进行纯度检查后（参见《微生物菌种纯度检测技术规程》），与保护剂混合均匀，分装。分装安瓿管时间尽量要短，最好在1~2 h内分装完毕并预冻。分装时应注意在无菌条件下操作。

4. 冻结保藏

将安瓿管或塑料冻存管置于-80 ℃冰箱中保藏。

5. 保藏周期

一般1~5年。

6. 复苏方法

从冰箱中取出安瓿管或塑料冻存管，应立即放置38~40 ℃水浴中快速复苏并适当快速摇动。直到内部结冰全部溶解为止，需50~100 s。开启安瓿管或塑料冻存管，将内容物移至适宜的培养基上进行培养。

（四）液氮超低温保藏法

液氮超低温保藏法是将准备保存的菌种密封于安瓿管内，经控制速度冻结后，贮存于-196 ℃的液态氮超低温罐中。用该法保藏的菌种的存活率远比其他保藏方法高，且回复突变的发生率极低，已成为有一定实力的研究单位食用菌菌种保藏的有效方法。

1. 保藏设备和材料

液氮罐、程控降温仪、超净工作台、高压消毒器、菌种培养箱、酒精灯、培养皿、打孔器、安瓿管（圆底硼硅玻璃制品或螺旋口的塑料管）、10%甘油或5%或10%的二甲基亚砜、马铃薯、葡萄糖、琼脂粉等。

2. 安瓿管的清洗和消毒

安瓿管（2 mL）使用前先用自来水冲洗，再用蒸馏水漂洗，于80 ℃烘箱烘干。将标签放入安瓿管上部，灭菌（0.103 MPa，30 min），备用。

3. 保护剂的配制和灭菌

一般常用甘油或二甲基亚砜作保护剂。将甘油配成10%的溶液，灭菌（0.1 MPa，30 min），备用；或二甲基亚砜配成5%或10%的溶液，过滤灭菌，备用。

4. 菌种的准备

将菌种接种于马铃薯葡萄糖琼脂或综合马铃薯培养基平板上,20~28 ℃下培养,待菌丝长满后,用无菌打孔器从平板上切取大小均匀的小块(直径 5~10 mm),转入安瓿管中;或在安瓿管中加 1.2~2.0 mL的琼脂培养基,接种,培养 2~10 d。最后加 1.5 mL 保护剂,封口。

5. 冻结

一般冷冻速度控制在以每分钟下降 1 ℃为好,使样品冻结到 -80 ℃。

目前常用的有三种控温方法:

程控降温法:应用电子计算机程序控制降温装置,可以稳定连续降温,能很好地控制降温速率。

分段降温法:将菌体在不同温级的冰箱或液氮罐口分段降温冷却,或悬挂于冰的气雾中逐渐降温。一般采用二步控温,先将安瓿管或塑料小管置于 -40~ -20 ℃冰箱中 1~2 h,然后取出放入液氮罐中快速冷冻。这样冷冻速率每分钟下降 1.0~1.5 ℃。

对于耐低温的微生物,可以直接放入气态或液态氮中。

6. 保藏

在气相中 -150 ℃,液相中 -196 ℃。

7. 保藏时间

一般 10 年以上。

8. 转接方法

从液氮罐中取出安瓿管,立即放入 38~40 ℃温水中,快速复苏。为了防止污染,用 75% 酒精洗安瓿管表面,待表面干燥后,用已消毒过的剪刀在安瓿管一端敲开或开启塑料小管,将内容物移至适宜的培养基上,并置于适宜温度的培养箱中进行培养。

9. 液氮保藏应注意事项

防止冻伤,操作注意安全,戴面罩及皮手套;

安瓿管要用圆底的,若用塑料管一定要拧紧管盖;

运送液氮时一定要用专用特制的容器,绝不可用密闭容器存放或运输液氮,切勿使用保温瓶存放液氮;

注意存放液氮容器的室内通风,防止吸入过量氮气使人窒息;

当从液氮容器取出安瓿管时,要特别小心,防止破裂爆炸;

注意观察液氮容器中液氮的残存量,定期填充液氮。

二、国家微生物资源平台

(一)国家菌种资源库

国家菌种资源库(National Microbial Resource Center,NMRC)是国家科技资源共享服务平台的重要组成部分,作为基础支撑与条件保障类国家科技创新基地,负责国家微生物菌种资源的研究、保藏、管理与共享,保障微生物菌种资源的战略安全和可持续利用,为科技创新、产业发展和社会进步提供支撑。菌种库的主要任务包括:围绕国家重大需求和科学研究开展菌种资源的收集、整理、保藏工作;承接科技计划项目实施所形成的菌种资源的汇交、整理和保藏任务;负责微生物菌种资源标准的制定和完善,规范和指导各领域微生物菌种资源的保护利用;建设和维护国家菌种资源在线服务系统,开展菌种实物和信息资源的社会共享;根据创新需求研发关键共性技术,创制新型资源,开展定制服务;面向社会开展科学普及;开展菌种资源国际交流合作,参加相关国际学术组织,维护国家利益与安全。

国家菌种资源库(以下简称菌种库)以原国家科委指定相关部委设立的国家级专业菌种保藏中心为基础,2002年开始组建,2011年成为科技部、财政部首批认定的23家国家科技基础条件平台之一,2019年优化调整定名。

截止到2018年,平台库藏资源总量达235 070株,备份320余万份。其中可对外共享数量达150 177株,分属于2 484个属,13 373个种,占国内可共享资源总量的80%左右,资源拥有量位居全球微生物资源保藏机构首位,涵盖了国内微生物肥料、微生物饲料、微生物农药、微生物环境治理、食用菌栽培、食品发酵、生物化工、产品质控、环境监测、疫苗生产、药物研发等各应用领域的优良微生物菌种资源,同时也保藏有丰富的开展生命科学基础研究用的各种标准和模式微生物菌种材料。菌种库近年来更是注重特殊生境来源的微生物资源的收集,包括来源于世界三极(南极、北极和青藏高原)、深海大洋、沙漠、盐碱等环境中的微生物资源的收集。目前保藏有约6 700株的极地微生物资源以及2.3万余株的海洋微生物资源,海洋微生物菌种库藏量全球最大。

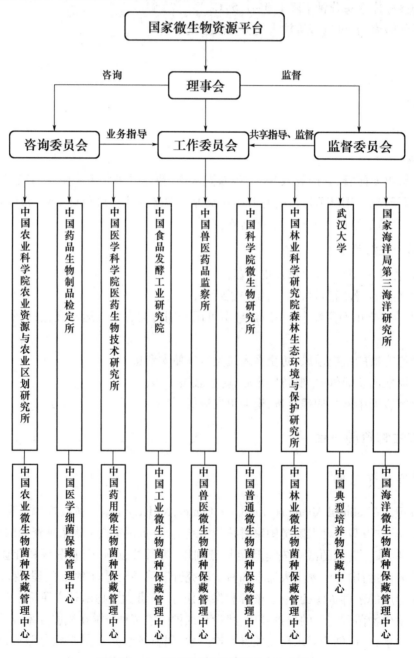

图2-2-1 国家微生物资源平台组织架构

平台建设工作分别以中国农业、医学、药用、工业、兽医、普通、林业、典型培养物、海洋九个国家专业微生物菌种管理保藏中心为核心单位。国家微生物资源平台是保证国家微生物资源库藏安全的重要载体,工作宗旨是根据社会科技或行业发展的要求,收集、保藏各类微生物资源,持续扩充平台共享实物资源量,对资源信息进行规范性整理、整合,通过数据化和网络化手段进行及时有效的共享,促进带动资源的共享利用,积极服务于社会发展和科技进步。

(二)平台下设机构介绍

1. 中国农业微生物菌种保藏管理中心(ACCC)

中国农业微生物菌种保藏管理中心(Agricultural Culture Collection of China,ACCC)是中国国家级农业微生物菌种保藏管理专门机构。负责全国农业微生物菌种的收集、鉴定、评价、保藏、供应及国际交流任务。农业菌种中心成立于1980年,设在中国农业科学院土壤肥料研究所。农业菌种中心设有液氮菌种保藏库、冷冻干燥菌种保藏库、矿油斜面菌种保藏库。编入中国农业菌种目录(2001年第二版)的库藏菌种有2 490株,包括:细菌、放线菌、丝状真菌、酵母菌和大型真菌(主要是食用菌),共166个属510种(亚种或变种)。农业菌种中心是世界菌种保藏联合会(WFCC)成员,与国外菌种中心有密切联系。

2. 中国医学细菌保藏管理中心(CMCC)

中国医学细菌保藏管理中心建立于1979年,目前依托于中国食品药品检定研究院,为国家级医学细菌保藏管理中心,20世纪80年代中期加入世界菌种保藏联合委员会(WFCC)。在中检院设有钩端螺旋体、霍乱弧菌、脑膜炎奈瑟氏菌、沙门氏菌、大肠埃希氏菌、布氏杆菌、结核分枝杆菌、绿脓杆菌等专业实验室。中心现拥有103属、601种、11 056株、282 763多份国家标准医学菌(毒)种,涵盖几乎所有疫苗等生物药物的生产菌种和质量控制菌种。中心承担医学菌种的研究、收集、鉴定,保藏、分发与管理任务;承担生产和检定用菌种质量标准的技术复核;承担相应品种标准物质研究和标定工作;开展相应技术方法研究及技术人员培训等工作。

3. 中国药用微生物菌种保藏管理中心(CPCC)

中国药用微生物菌种保藏管理中心(China Pharmaceutical Culture Collection,CPCC)始建于1958年,是国家级药用微生物菌种保藏管理专门机构,也是国际菌种保藏联合会(WFCC)和中国微生物菌种保藏管理委员会成员之一,承担着药用微生物菌种负责的收集、鉴定、评价、保藏、供应与国际交流等任务。收藏菌种以放线菌为特色,具有抗病毒、抗真菌、抗耐药菌、抗结核、抗肿瘤和酶抑制剂等多种生物活性。菌种主要包括以下四类:已知微生物药物产生菌、历年筛选过程中获得的各类生物活性物质产生菌、生物活性检定菌株和模式菌株、新药筛选菌株。可提供菌种共享、菌种保藏、保藏技术培训等服务。

4. 中国工业微生物菌种保藏管理中心(CICC)

中国工业微生物菌种保藏管理中心(China Center of Industrial Culture Collection,CICC)始建于1953年,隶属于中国食品发酵工业研究院有限公司,国家微生物资源平台核心单位,国际菌种保藏联合会(WFCC)和中国微生物菌种保藏管理委员会成员之一,专业从事工业微生物资源的收集、保藏、鉴定、评价、共享、技术开发和国际合作。中心保藏各类工业微生物菌种资源12 000余株,300 000余份备份,主要包括:细菌、酵母菌、霉菌、大型丝状真菌、噬菌体和质粒,涉及食品发酵、生物化工、健康产业、产品质控和环境监测等领域,提供标准菌株、生产菌株和益生菌等资源,以及芽孢悬液、霉菌孢子悬液和质控微生物等菌种产品。

5. 中国兽医微生物菌种保藏管理中心(CVCC)

中国兽医微生物菌种保藏管理中心主要采用超低温冻结和真空冷冻干燥保藏法,长期保藏细菌、病毒、虫种、细胞系等各类微生物菌种。已收集保藏的菌种达230余种(群)、3 000余株。为国内科研院所、高等院校及兽医生物制品的生产企业提供了6万多株各类兽医微生物菌种,为国民经济建设、工农业生产、环境保护和科研教育发挥了重要的作用,产生了巨大的社会效益和经济效益。

6. 中国普通微生物菌种保藏管理中心(CGMCC)

中国普通微生物菌种保藏管理中心(China General Microbiological Culture Collection Center,CGMCC)成立于1979年,是以提供专业技术服务为主的公益性机构,是我国唯一同时提供一般菌种资源服务和专利生物材料保存的国家级保藏中心。中心设立在中国科学院微生物研究所。已保存各类微生物资源超过5 000种、46 000余株,用于专利程序的生物材料7 100余株,微生物元基因文库约75万个克隆。国内首家通过质量、环境、职业健康安全管理体系认证的菌种保藏中心。

7. 中国林业微生物菌种保藏管理中心(CFCC)

中国林业微生物菌种保藏管理中心(China Forestry Culture Collection Center,CFCC)成立于1985年,挂靠在中国林业科学研究院森林生态环境保护研究所。保藏资源有松茸、松露等野生大型高等真菌,松材线虫、杨树溃疡病菌等重要林木病原物,苏云金杆菌、昆虫病毒等林木生防菌,以及木腐菌、固氮菌等功能微生物资源。中心拥有与国际接轨的资源实物库、数据信息库以及一套规范、规程、制度等运行管理体系,为我国林业生态文明、科技创新和经济发展提供了重要的基础支撑。

8. 中国典型培养物保藏中心(CCTCC)

中国典型培养物保藏中心(China Center for Type Culture Collection,CCTCC)是1985年成立的专业培养物保藏机构。已加入世界培养物保藏联盟(World Federation for Culture Collections, WFCC),成为布达佩斯条约(Budapest Treaty)确认的国际培养物保藏单位(International Depository Authority,IDA),在国际上具有保藏专利培养物的资质。CCTCC的保藏范围包括细菌、放线菌、真菌、单细胞藻类、动植物病毒、噬菌体、人和动物细胞系、转基因修饰细胞系、杂交瘤、植物组织培养、植物种子、克隆载体、基因片段和基因文库等生物材料。迄今已保藏27个国家和地区的各类培养物40 000余株,其中专利培养物12 000余株、非专利培养物中微生物菌种30 000余株、微生物模式菌株(Type strain)1 500余株、动物细胞系1 500余株、动植物病毒300余株,克隆载体、基因片段和基因文库400余份。

9. 中国海洋微生物菌种保藏管理中心(MCCC)

海洋微生物菌种保藏管理中心(Marine Culture Collection of China,MCCC)成立于2004年,挂靠自然资源部第三海洋研究所,是专业从事海洋微生物菌种资源保藏管理的公益基础性资源保藏机构,负责全国海洋微生物菌种资源的收集、整理、鉴定、保藏、供应与国际交流。库藏海洋微生物2.1万株,其中细菌933个属3 491个种,酵母43个属141个种,真菌123个属251个种。MCCC海洋菌种资源已经涵盖了国内海洋微生物的所有的分离海域和生境,还包括三大洋及南北极。有较多的嗜盐菌、嗜冷菌、活性物质产生菌、重金属抗性菌、污染物降解菌、模式弧菌、光合细菌、海洋放线菌、海洋酵母以及海洋丝状真菌等。

三、黑龙江省微生物资源平台

黑龙江省有很多从事微生物研究的高校和科研机构,如东北农业大学、东北林业大学、哈尔滨工业大学、黑龙江大学、齐齐哈尔大学、黑龙江省科学院、黑龙江省农业科学院、黑龙江省林业科学院、黑龙江省农垦科学院等,都保藏一定数量的微生物菌种。2021年黑龙江省农业农村厅(黑农厅函〔2021〕1040号)将黑龙江省科学院微生物研究所和东北农业大学列入首批黑龙江省农业微生物种质资源保护单位。东北农业大学被命名为"黑龙江省微生物东北农业大学种质资源保藏中心",黑龙江省科学院微生物研究所被命名为"黑龙江省农业微生物种质资源保藏管理中心",并被赋予农业微生物种质资源保藏相应管理职能。

黑龙江省微生物种质资源保藏中心前身是黑龙江省科学院微生物研究所菌种保藏研究室(成立于

1971年)。1984年黑龙江省科委依托微生物所设立黑龙江省菌种保藏委员会、黑龙江省菌种标准化委员会,成立黑龙江省菌种保藏中心。2018年黑龙江省种子管理局批准设立黑龙江省微生物种质资源保藏中心,2021年被黑龙江省农业农村厅列为黑龙江省农业微生物种质资源保护单位,设立黑龙江省农业微生物种质资源保藏管理中心。主要从事微生物种质资源收集、分离、鉴定、保藏等工作,并开展相关应用研究。设有普通微生物菌种库和专业微生物菌种库,库容50 000株,现保藏有各类微生物种质资源5 000余株,遗传物质、代谢产物近千份。保藏微生物种质资源覆盖了农业、医药、食品与发酵、环保、林业等行业领域。主要保藏种类包括食药用真菌、铜绿假单胞菌、酵母菌、大豆根瘤菌、小型丝状真菌、放线菌、枯草芽孢杆菌、植物病原菌等,为黑龙江省内最大的公益性专业菌种保藏机构,每年为生产、科研、教学等机构提供大量菌种。中心具备完善的保藏工作流程和科学化管理办法,人才队伍完备,技术手段先进,主要开展微生物种质资源保藏、鉴定及生物学评价等工作。能满足保藏微生物资源的安全性、溯源性和便捷性等要求。

同时设有黑龙江省菌种保藏委员会、国家绿脓假单胞菌专业实验室菌种保藏中心、欧盟大豆根瘤菌保藏中心亚洲分中心,已加入到世界微生物数据中心全球保藏信息数据库(WDCM CCINFO)。

第三节　食用菌良种选育与应用

"国以农为本,农以种为先",种子是食用菌发展的先导产业,是农业重要的生产资料,推广良种良法是促进食用菌生产最直接、最有效的途径。目前我国栽培的食用菌种类达50多种,其中商业化栽培的种类30余种,栽培品种数百个。黑龙江省食用菌规模化生产始于20世纪70年代,目前规模化生产的有黑木耳、平菇、滑菇、香菇、猴头、金针菇、双孢菇、元蘑、榆黄蘑、杏鲍菇、松杉灵芝等十几种。在40多年的发展中,在广大科技工作者和生产者的不懈努力下,选育出了适应不断改变的栽培设施和条件,适应不同生态区域、不同季节、不同市场需求的具有东北特色的新品种。新品种的使用和推广在产业进步中发挥了重要作用。然而,受食用菌分散的生产方式限制,菌种的生产远未实现规范化和专业化。大量的栽培者不规范的自引、自繁、自用、代繁、串种,导致品种随意冠名,出现了大量的同物异名和同名异物,严重制约了菌种质量的提高,影响了食用菌良种化的进程。菌种质量也成为制约我国食用菌生产发展的重要瓶颈问题(张金霞,2012)。

食用菌育种的基本目标是高产、优质、抗逆性强。随着社会的发展和消费水平的提高,人们对食用菌提出了更高的要求,食用菌的发展目标从单纯的食品菜肴向精深加工、医疗健康发展。营养价值、药用功效、风味口感、质地品相等成为食用菌育种的新指标,新品种要适应不同的生产及应用方式。同时,一些新的种类不断被开发成为食用菌生产的新宠,如羊肚菌、牛肝菌、蜜环菌、离褶伞、长根菇、绣球菌、桑黄等珍稀菌类逐渐实现规模化生产。

一、食用菌良种选育方法

食用菌较常见的育种方法有人工选择育种、杂交育种、原生质体融合、诱变育种、分子育种等。

(一)人工选择育种

人工选择育种,是人工定向选择自然条件下发生的有益变异,通过长期去劣存优逐步选育出新品种的方法。人工选择是人类获得栽培菇种的重要途径,是食用菌发展初期选育优良品种简单而有效的方法之一,是各种育种方法的基础。自然条件下不同极性的孢子相互接触后会产生多种基因重组,为食用菌育种提供了最初的原始材料,以野生食用菌为标本通过组织分离获得菌种,经品比试验和逐年自然筛选,选育出符合生产要求的新优良品种,目前绝大多数食用菌栽培品种都是通过野生驯化获得。

（二）杂交育种

杂交育种是食用菌常用育种方法，是选用具有亲和性且不同遗传性状的菌株进行交配，使遗传基因重新组合，从而产生遗传变异并能够形成新性状的新组合，进而达到育成新品种的育种方法。杂交育种适用于异宗结合类食用菌的种内不同品种间进行，食用菌杂交育种有单单杂交、双单杂交和多孢杂交。杂交育种着眼于双亲性状的优势互补或借助其中一个亲本的优点去克服另一亲本的缺点，方向性和目的性都比较明确。杂交育种是目前食用菌育种中应用最广泛、收效最显著的育种方法（陈世通等，2012），在金针菇、香菇等菇种中取得较好的效果。

（三）原生质体融合育种

原生质体融合是通过去除细胞壁后不同遗传类型的原生质体在融合剂的诱导下进行细胞融合，而使整套或者部分基因组交换和重组，从而产生新品种的方法。与上述育种方法相比，原生质体融合育种有显著优点，即它能克服远缘杂交不亲和障碍，扩大现有品种的遗传变异范围。原生质体一般用菌丝体来制备，也可以采用担孢子。目前，种内融合成功的食用菌有侧耳、草菇、香菇、毛木耳、黑木耳、裂褶菌等。

（四）诱变育种

诱变育种是利用诱变剂处理细胞群体，强制使其中少数细胞遗传物质的分子结构发生改变，从中选出少数具有优良性状的菌株。诱变育种的优势是可以有效提高突变的频率产生大量的变异，从而使人们可以在较大范围内选择优良的菌株。诱变方法主要分为物理诱变和化学诱变，物理诱变剂有：紫外线、^{60}Co-γ射线、X射线、激光、离子束等，化学诱变剂有：亚硝酸、亚硝酸胍、氮芥、硫酸二乙酯等。诱变育种具有速度快、收效显著、方法简便等优点，在生产上已得到广泛应用。

（五）基因工程育种

基因工程是在基因水平上进行遗传操作实现菌种改良，借助人为方法从某一供体生物中提取所需目的基因，在离体条件下用适当的限制性核酸内切酶切割，将其与载体连接后一并导入受体细胞中进行复制与表达，从而达到选育新品种的目的，选育出新品种，可完成超远缘杂交。基因工程育种具有很强的目的性，极大地缩短了育种周期。近年来完成了多种食药用真菌的全基因组测序和功能基因组分析，截至2017年5月，已测序的担子菌门和子囊菌门的食药用真菌包括12个目89个物种，基因组学为食药用真菌提高基质利用效率、改善农艺性状、优化品种、生物活性物质高表达等研究提供了依据和方向，对于食药用真菌栽培、遗传育种、次级代谢的研究等具有重要的意义（凌志琳等，2018）。

（六）分子标记辅助育种

分子标记技术是通过检测生物个体在基因或基因型上的变异来反映生物个体间的差异（王印肖等，2006）。RAPD、RFLP、ISSR、SRAP、AFLP、SCAR、SNP、ITS、SCoT等是食用菌遗传育种研究中最常用的标记方法，广泛用于遗传多样性与亲缘关系分析、杂交亲本选择与杂交子鉴定、功能基因克隆、遗传图谱构建与农艺性状QTL定位等方面（赵妍等，2015）。

二、食用菌菌种的管理与保护

（一）食用菌菌种法规与标准

2006年，农业部颁布了《食用菌菌种管理办法》，规范了食用菌菌种的种质资源、良种选育、生产与流通、质量与监督等要求与管理,成为食用菌菌种行业的根本法规。我国还陆续颁布了一系列与菌种相关的国家和农业行业标准,对菌种的选育、生产、质量、审定、管理进行规范,建立了我国食用菌菌种标准体系。国家(行业)现有标准有:GB 19169 – 2003《黑木耳菌种》、GB 19170 – 2003《香菇菌种》、GB 1971 – 2003《双孢蘑菇菌种》、GB 19172 – 2003《平菇菌种》、GB/T 21125 – 2007《食用菌品种选育技术规范》、GB/T 23599 – 2009《草菇菌种》、NY/T 528 – 2002《食用菌菌种生产技术规程》、NY 862 – 2004《杏鲍菇和白灵菇菌种》、NY/T 1742 – 2009《食用菌菌种通用技术要求》、NY/T 1098 – 2006《食用菌品种描述技术规范》、NY/T 1844 – 2010《农作物品种审定规范食用菌》、NY/T 1846 – 2010《食用菌菌种检验规程》、GB/T 35880 – 2018《银耳菌种质量检验规程》、NY/T 1730 – 2009《食用菌菌种真实性鉴定 ISSR 法》、NY/T 1743 – 2009《食用菌菌种真实性鉴定 RAPD 法》、NY/T 1097 – 2006《食用菌菌种真实性鉴定酯酶同工》、NY/T 1845 – 2010《食用菌菌种区别性鉴定拮抗反应》。这些标准对菌种质量、菌种生产、菌种的鉴定与检测、品种认定等进行规范化管理。

(二)食用菌品种认定与登记

2006 年我国开始实施食用菌品种认定,截至 2016 年通过国家认定的食用菌品种 120 多个。与此同时,北京、山东、湖北、浙江、吉林、黑龙江等地也相继开展了省级的食用菌品种鉴定、认定、审定、登记工作,黑龙江省有 8 个黑木耳品种通过国家认定。食用菌品种认定为清理食用菌菌种的混乱奠定了基础。

黑龙江省是实施食用菌品种审定较早的省份,在 2001 年开始食用菌品种认定。当年生产中使用规模较大的黑耳 1 号(8808)、黑耳 2 号(黑 29)、伊耳 1 号、林耳 1 号等 4 个黑木耳菌株成为第一批通过黑龙江省认定的品种。截止到 2016 年,有黑木耳、猴头菇、滑菇等近 30 个特色品种通过省品种认定(登记),对规范食用菌菌种市场、促进产业发展起到促进作用。2016 年新《种子法》实施后,食用菌不再进行品种认定工作。食用菌作为非主要农作物,尚未列入非主要农作物登记目录,新品种进入市场无须进行登记。

(三)食用菌新品种权保护

植物新品种是世贸组织承认的知识产权形式之一,属于国际知识产权保护条约保护范围。食用菌食品作为一种具有自身商业价值和特色的产品,应受到法律对其品种权益的保护(谢蓉,2020),2019 年修订的《中华人民共和国植物新品种保护条例》第二章第六条指出:"完成育种的单位或者个人对其授权品种,享有排他的独占权。任何单位或者个人未经品种权所有人(以下称品种权人)许可,不得为商业目的生产或者销售该授权品种的繁殖材料,不得为商业目的将该授权品种的繁殖材料重复使用于生产另一品种的繁殖材料。"以明确的法律条文规范食用菌菌种的管理。为了保护食用菌育种者权益,国家鼓励申请植物新品种权。食用菌新品种获得植物新品种权应满足:①在新品种保护名录内;②该品种是人工选育或者发现的野生菌种加以改良的;③具备新颖性、特异性(可区别性)、一致性、稳定性和适当命名。目前,食用菌有 16 个种(属)被列入新品种保护名录的,可以申请品种权的分别是白灵侧耳、羊肚菌属、香菇、黑木耳、灵芝属、双孢蘑菇、金针菇、蛹虫草、长根菇、猴头菌、毛木耳、蝉花、天麻、真姬菇、平菇、秀珍菇等,商业化栽培的食用菌 60% 种属受品种权保护。

我国食用菌品种保护申请机构:农业部植物新品种保护办公室、农业部科技发展中心;申请程序:申请—初审—审查—测试—公告—领取品种权证书—缴纳年费。植物新品种权保护期限为自授权之日起 15 年。

(四)食用菌菌种专利保护

国际上,无性繁殖作物既可以申请植物专利、发明专利,也可以申请植物新品种保护。食用菌属于真菌,利用菌丝无性繁殖,在分类上既不属于动物也不属于植物,所以既可以选择单一形式保护,也可以选择多种形式保护(李媛媛等,2020)。《专利法》既可以对食用菌菌种的培育方式授予发明专利,保护"无形"知识产权,也可以对食用菌菌种本身进行保护,保护"有形"知识产权。食用菌必须在经过选育,并具有特定工业用途时,食用菌本身及其菌种才属于专利法的保护客体,未经任何技术处理存在于自然界的食用菌属于科学发现,不能被授予专利权。专利权保护,需要满足新颖性、创造性和实用性等要求,保护期限为自申请日起 20 年,申请专利的生物材料需到国家知识产权局认可的保藏单位进行保藏,保护范围在权利要求书中明确。

二、食用菌优良品种应用

据统计,目前在我省食用菌生产品种中,有国家认定黑木耳品种 8 个,获得植物新品种权黑木耳品种 3 个,黑龙江省登记(认定)黑木耳品种 26 个、元蘑 1 个、猴头菇 3 个、滑菇 1 个。有 7 个黑木耳品种被列入黑龙江省 2020 年和 2021 年优质高效农作物品种区划布局,作为黑木耳主生产导品种推广,分别为:黑威伴金、黑威 15、黑威单片、黑威 16 号、牡耳 1 号、158 - 8、新世纪 4 号。

以下为黑龙江省食用菌部分生产品种介绍:

(一)黑木耳

1. 品种名称:黑耳 1 号(8808)

选育或引进单位:黑龙江省科学院微生物研究所。

菌种来源:黑龙江省伊春市汤旺河野生黑木耳品种驯化育成。

品种认定(登记):2001 年黑龙江省品种认定(黑认 2001 - 15),2007 年通过国家品种认定(国品认菌 2007017)。

品种特点:子实体聚生,菊花状;木耳朵形大,耳根较大,耳片稍小;耳片腹面黑色、有光泽,背面灰褐色,绒毛短、密度中等(图 2 - 3 - 1)。早熟品种,割口后 7 ~ 10 d 出耳芽,现耳芽后 50 d 左右采收完毕。养菌期应避光,以免引起菌块不定向出芽。菌袋不需后熟培养,长满菌袋即可割口催芽。

适宜栽培区域和模式:东北地区及相似生态区,春季栽培。

图 2 - 3 - 1　黑耳 1 号(8808)

2. 品种名称:黑耳 2 号(黑 29)

选育或引进单位:黑龙江省科学院微生物研究所。

菌种来源:黑龙江省尚志市鱼池乡野生黑木耳驯化育成。

品种认定(登记):2001 年通过黑龙江省品种认定(黑认 2001 - 16),2007 年通过国家认定(国品认菌 2007018),2003 年获得黑龙江省科技进步三等奖,被评为高新技术产品和全国名牌产品,"黑29"已商标注册(注册号:4888433)。

品种特点:东北单片黑木耳的典型代表品种,大"V"字口出耳时子实体簇生,牡丹花状;大片型,耳根较小,子实体单朵直径6~12 cm,可分成单片,厚0.5~1.0 mm;耳脉多而明显;耳片呈碗状,正反面差异大;腹面黑色、有光泽,背面灰褐色,绒毛短、密度中等。小孔出耳,单片,无根,碗状、黑灰色、筋脉粗大,正反面差别明显(图2-3-2)。中晚熟品种,出耳较晚,不齐,没有明显的耳潮间隔。耐高温、抗杂性强、高产稳产,适合春秋两季栽培。

适宜栽培区域和模式:东北地区及相似生态区,春、秋季代料栽培。

图 2-3-2 黑耳 2 号(黑 29)

3.品种名称:黑耳 4 号(931)

选育或引进单位:黑龙江省科学院微生物研究所。

菌种来源:亲本 Au86,黑龙江省呼玛县野生黑木耳品种,通过双核菌丝脱壁再生育成。

品种认定(登记):2007 年通过国家品种认定(国品认菌 2007019)。

品种特点:子实体聚生,菊花状;朵形大,单朵直径6~10 cm,厚度0.5~0.8 mm,耳根较大,耳片稍小;腹面黄褐色、有光泽,背面灰褐色,绒毛短、密度中等(图2-3-3)。早熟品种,出耳快、齐,生长期短,不耐高温,子实体水分少时不易开片,45~50 d 采收完毕。

适宜栽培区域和模式:东北地区及相似生态区,春季代料栽培。

图 2-3-3 黑耳 4 号(931)

4. 品种名称:黑耳 5 号(Au86)

选育或引进单位:黑龙江省科学院微生物研究所。

菌种来源:黑龙江省呼玛县三卡林场野生黑木耳驯化育成。

品种认定(登记):2007 年通过国家品种认定(国品认菌 2007020)。

品种特点:子实体聚生,菊花状;朵形大,耳根大,耳片稍小;耳片直径 6~12 cm,厚 0.5~0.8 mm;腹面黑色有光泽,背面灰褐色,绒毛短,密度和粗细中等(图 2-3-4)。栽培中菌丝体耐受最高温度 35 ℃、最低温度 -20 ℃;子实体耐受最高温度 30 ℃、最低温度 5 ℃。肉质脆嫩、柔滑清香。早熟品种,抗杂能力弱,水分小时不易展片,耳根较大。

适宜栽培区域和模式:东北地区及相似生态区,春季代料栽培。

图 2-3-4　黑耳 5 号(Au86)

5. 品种名称:黑耳 6 号(黑威 9 号)

选育或引进单位:黑龙江省科学院微生物研究所。

菌种来源:黑龙江省牡丹江东宁县野生黑木耳品种驯化育成。

品种认定(登记):2007 年通过国家品种认定(国品认菌 2007021)。

品种特点:子实体簇生,牡丹花状;大片型,单朵直径 6~12 cm,可分成单片,厚度 0.5~1.0 mm,耳根较小,耳片呈碗状;有耳脉;正反面差异大,腹面黑色、有光泽,背面灰褐色,绒毛短、密度中等(图 2-3-5)。晚熟品种,出耳较晚,耳根小、单片状,肉质厚。

适宜栽培区域和模式:适合东北地区,春、秋季,地摆和大棚代料栽培。

图 2-3-5　黑耳 6 号(黑威 9 号)

6. 品种名称:黑威981

选育或引进单位:黑龙江省科学院微生物研究所。

菌种来源:大兴安岭呼中林场野生黑木耳。

品种认定(登记):2008年通过国家品种认定(国品认菌2008003)。

品种特点:子实体聚生,牡丹花状;子实体大片型,耳片呈碗状,正反面差异大;耳片直径4~12 cm,耳片腹面为黑色有光泽,背面为灰褐色,绒毛短(图2-3-6)。晚熟品种,出芽时间18~22 d。

适宜栽培区域和模式:适合东北地区,春、秋季,地摆和大棚代用料栽培。

图2-3-6 黑威981

7. 品种名称:黑威10号

选育或引进单位:黑龙江省科学院微生物研究所。

菌种来源(或采集地点):黑龙江省大兴安岭野生黑木耳。

品种认定(登记):2015年通过黑龙江省品种登记(黑登记2015052)。

品种特点:根小片大,碗状圆边,背面筋脉明显,正反面差别大,中熟,出耳快、整齐、出芽率高,大口和小口出耳皆宜,产量高(图2-3-7)。

适宜栽培区域和模式:适合东北地区,地摆和大棚代用料栽培。

图2-3-7 黑威10号

8. 品种名称:黑威 11 号

选育或引进单位:黑龙江省科学院微生物研究所。

菌种来源(或采集地点):黑龙江省牡丹江野生黑木耳。

品种认定(登记):2016 年通过国家品种认定(国品认菌 2016003)。

品种特点:单片,耳片舒展,片大,无根,颜色黝黑,肉质肥厚,边缘整齐,筋脉明显(图 2 - 3 - 8)。中晚熟品种,出耳整齐,耐大水、耐高温,抗杂能力强,高产。

适宜栽培区域和模式:适合东北地区春、秋季,地摆和大棚代用料栽培。

图 2 - 3 - 8　黑威 11 号

9. 品种名称:黑威 15 号

选育或引进单位:黑龙江省科学院微生物研究所。

菌种来源(或采集地点):黑龙江省大兴安岭。

品种认定(登记):2014 年获国家发明专利(ZL 201410004033.3),2015 年通过黑龙江省品种登记(黑登记 2015053),2020 年、2021 年列为黑龙江省优质高效黑木耳种植主导品种。

品种特点:单片、碗状、大筋脉、黑灰色(图 2 - 3 - 9)。出芽较快,出耳整齐,单片率高,适合钉子眼和大棚出耳;抗杂能力强,产量高。

适宜栽培区域和模式:适合东北地区春、秋季,地摆和大棚代用料栽培。

图 2 - 3 - 9　黑威 15 号

10. 品种名称:黑威 16 号

选育或引进单位:黑龙江省科学院微生物研究所。

菌种来源(或采集地点):黑龙江省大兴安岭。

品种认定(登记):2010 年获国家发明专利(ZL 201010101529.4),2020 年、2021 年列为黑龙江省优质高效黑木耳种植主导品种。

品种特点:中熟,出耳快、整齐、出芽率高,根小片大,碗状圆边,背面筋脉明显,正反面差别大(图2-3-10)。大口和小口出耳皆宜,产量高。

适宜栽培区域和模式:适合东北地区,春、秋季,地摆和大棚代用料栽培。

图 2-3-10 黑威 16 号

11. 品种名称:黑威伴金

选育或引进单位:黑龙江省科学院微生物研究所。

菌种来源(或采集地点):黑龙江省大兴安岭。

品种认定(登记):2020 年、2021 年列为黑龙江省优质高效黑木耳种植主导品种。

品种特点:单片无根、鲜耳碗状、圆边、筋脉少(半筋)(图2-3-11)。干耳形好,易卷边,黑灰色,商品性好,售价高;中熟品种,出芽快、整齐、耐水、抗杂,适合大棚挂袋和地摆。

适宜栽培区域和模式:适合东北地区,春、秋季,地摆和大棚代用料栽培。

图 2-3-11 黑威伴金

12. 品种名称:黑威单片

选育或引进单位:黑龙江省科学院微生物研究所。

菌种来源(或采集地点):黑龙江省大兴安岭。

品种认定(登记):2020年、2021年列为黑龙江省优质高效黑木耳种植主导品种。

品种特点:单片、无筋型新品种(图2-3-12)。特点:单片、无根、耳片平滑、无筋或少筋、肉厚、边缘圆整;干耳腹面黑色、背面灰色,易形成茶叶菜,商品性极佳;中熟、耐高温、耐大水,抗杂性强,适合小口和大棚出耳。

适宜栽培区域和模式:适合东北地区,春、秋季地摆和大棚代用料栽培。

图2-3-12 黑威单片

13. 品种名称:牡耳1号

选育或引进单位:黑龙江省农业科学院牡丹江分院。

菌种来源(或采集地点):黑龙江省东宁市老爷岭余脉老黑山南侧太阳沟。

品种认定(登记):2013年通过黑龙江省品种登记(黑登记2013056)。2020年、2021年列为黑龙江省优质高效黑木耳种植主导品种。

品种特点:子实体单片、无根、元宝状、色黑,耳片边缘整齐(图2-3-13);干耳背、腹面明显,腹面呈黑色,光滑,发亮,背部青褐色,外被有短绒毛,多脉状褶皱(多筋),口感软糯,弹性好,胶质成分丰富。抗杂能力强,尤其是抗"流耳"能力强。属于中早熟品种。

适宜栽培区域和模式:适宜东北地区全光地栽和棚室立体吊袋栽培。

图2-3-13 牡耳1号

14. 品种名称：牡耳 2 号

选育或引进单位：黑龙江省农业科学院牡丹江分院。

菌种来源（或采集地点）：长白山脉和完达山脉相交的老爷岭山系牡丹峰红松阔叶混交林。

品种认定（登记）：2016 年通过黑龙江省品种登记（黑登记 2016053）。

品种特点：子实体单片、根小、色黑、碗状、圆边、耳厚（图 2 - 3 - 14）；干耳背、腹面明显，腹面呈黑色，光滑，发亮，背部青褐色，外被有短绒毛，少脉状褶皱（少筋），弹性好，胶质成分丰富。

适宜栽培区域和模式：适宜黑龙江、吉林、辽宁、内蒙古、河北、山东等地，棚室立体栽培和地摆栽培。

图 2 - 3 - 14　牡耳 2 号

15. 品种名称：东黑 1 号

选育或引进单位：东北农业大学。

菌种来源（或采集地点）：黑龙江省大兴安岭。

品种认定（登记）：2016 年通过黑龙江省品种登记（黑登记 2016051）。

品种特点：中早熟品种。菌丝体洁白、粗壮、浓密、呈绒毛状、菌落边缘整齐。子实体朵小（直径 3 ~ 6 cm）、均一、耳片厚、碗状，耳片腹面呈黑色，背部浅棕色有灰色短绒毛，两表面色差显著，耳片微有筋，根细小（图 2 - 3 - 15）。需 30 ~ 35 d 培养成熟，出耳温度为 20 ~ 25 ℃。适合小孔栽培，露地栽培时子实体长势强、抗杂、耐高温、抗烂耳。

适宜栽培区域和模式：黑龙江省各地，棚式挂袋或地摆栽培。

图 2 - 3 - 15　东黑 1 号

16. 品种名称: 东黑 2 号

选育或引进单位: 东北农业大学。

菌种来源(或采集地点): 黑龙江省大兴安岭。

品种认定(登记): 2016 年通过黑龙江省品种登记(黑登记 2016052)。

品种特点: 早熟品种, 出耳期比对照品种黑 29 早 8~10 d。子实体呈碗状、有耳筋脉、朵小、均一、耳片厚、边缘整齐、耳形好, 腹面黑色, 背部浅棕色有灰色短绒毛, 两面颜色反差明显, 耳根细小(图 2-3-16)。耳片色黑、口感柔软而有弹性、菌香浓郁、长期浸泡无烂耳。

适宜栽培区域和模式: 适宜黑龙江省各地秋季栽培。

图 2-3-16 东黑 2 号

17. 品种名称: 林科 1 号(林科 03)

选育或引进单位: 黑龙江省伊春林科院原生态食用菌研究所。

菌种来源: 采集小兴安岭森林野生品种驯化而来。

品种认定(登记): 2012 年通过黑龙江省品种登记(黑登记 2012051)。

品种特点: 子实体耳黑, 肉厚, 圆边, 腹面为灰色, 筋脉多, 抗杂, 耐水性较好, 袋料栽培成熟耳片最大朵 14~17 cm, 厚度 2.0~2.3 mm(图 2-3-17)。26 ℃下培养, 40~45 d 满袋, 15 ℃散射光培养, 催芽 10 d 左右, 即可形成耳芽, 出耳时间集中, 从形成原基至采摘结束(20~25 ℃)约为 40 d。

适宜栽培区域和模式: 全国各地均可栽培, 棚式挂袋木耳或地摆木耳栽培均可。

图 2-3-17 林科 1 号(林科 03)

18. 品种:林科 6 号

选育或引进单位:黑龙江省伊春林科院原生态食用菌研究所。

菌种来源:采集小兴安岭森林里的野生品种与黑 29 杂交选育的品种。

品种认定(登记):2013 年通过黑龙江省品种登记(黑登记 2013057)。

品种特点:子实体耳片黑褐色,背面有筋脉,腹面筋脉较少,出耳快,抗杂,耐水性强,袋料栽培成熟耳片最大朵 12 ~ 15 cm,厚度 1.8 ~ 2.1 mm(图 2 - 3 - 18)。15 ℃ 散射光培养,催芽 15 d 左右,即可形成耳芽,出耳时间集中,从形成原基至采摘结束(20 ~ 25 ℃)约为 35 d。

适宜栽培区域和模式:适宜东北地区,棚式挂袋或地摆栽培均可。

图 2 - 3 - 18 林科 6 号

19. 品种名称:兴安 1 号

选育或引进单位:大兴安岭农林科学院。

菌种来源(或采集地点):大兴安岭农林科学院。

品种认定(登记):2011 年通过黑龙江省品种登记(黑登记 2011043)。

品种特点(可以包括栽培特殊要求):晚熟品种,多筋,抗性好,耳片软糯(图 2 - 3 - 19)。

适宜栽培区域和模式:适宜春季出耳,催耳至采收结束 70 ~ 80 d。

图 2 - 3 - 19 兴安 1 号

20. 品种名称：兴安 2 号

选育或引进单位：大兴安岭农林科学院。

菌种来源（或采集地点）：大兴安岭农林科学院。

品种认定（登记）：2012 年通过黑龙江省品种登记（黑登记 2012052）。

品种特点：中晚熟品种，多筋，抗性好，耳片软糯（图 2-3-20）。催耳至采收结束 65~75 d。

适宜栽培区域和模式：适宜黑龙江省各地区，春季出耳。

图 2-3-20　兴安 2 号

21. 品种名称：黑木耳特产 1 号（黑木耳特产 2 号）

选育或引进单位：黑龙江省林副特产研究所。

菌种来源（或采集地点）：黑龙江省牡丹江市。

品种认定（登记）：2009 年通过黑龙江省品种登记（黑登记 2009049）。

品种特点：晚熟型，单片，展片好，形状好。耐高温，耐大水，抗杂菌能力强，产量较高。

适宜栽培区域和模式：黑龙江省，春季代用料栽培。

22. 品种名称：特产 6 号

选育或引进单位：黑龙江省林副特产研究所。

菌种来源（或采集地点）：黑龙江省牡丹江市。

品种认定（登记）：2006 年通过牡丹江市品种登记（牡登菌 2006-017）。

品种特点：晚熟型，单片，展片好，形状好。耐高温，耐大水，抗杂菌能力强，产量较高。

适宜栽培区域和模式：黑龙江省牡丹江市。

23. 品种名称：伊耳 1 号

选育或引进单位：伊春市友好食用菌研究所。

菌种来源：黑龙江省小兴安岭伊春市友好区北山野生木耳分离。

品种认定（登记）：2001 年通过黑龙江省品种认定（黑认 2001-13）。

品种特点：原基形成温度 10~15 ℃，子实体单片，展片至成熟温度 16~24 ℃。该品种子实体形成温度较低，但展片快，耐高温，产量稳定，商品价值高（图 2-3-21）。

适宜栽培区域和模式：适宜黑龙江省各地，大地摆袋或大棚吊袋栽培。

图 2-3-21 伊耳 1 号

24. 品种名称:雪梅一号

选育或引进单位:牡丹江市雪梅食用菌研究所、海林市柴河镇冬梅食用菌厂。

菌种来源:由黑龙江省林口县的野生黑木耳菌株驯化而成。

品种认定(登记):2008 年通过黑龙江省品种登记(黑登记 2008019),2016 年通过国家品种认定(国品认菌 2016004)。

品种特点:子实体片厚、色黑、抗逆性强、高产(图 2-3-22)。

适宜生产区域和模式:适宜于东北地区,代料栽培和木段栽培。

图 2-3-22 雪梅一号

25. 品种名称:黑尊 3 号

选育或引进单位:吉林黑尊生物科技股份有限公司。

菌种来源(或采集地点):吉林省。

品种认定(登记):2016 年获得植物新品种权(CNA20162225.3)。

品种特点:菌丝适宜生长温度 15～32 ℃,子实体单片簇生,耳根少,耳片圆整似耳状,正反面差异大,背面生有微细短绒毛,腹面黑色有光泽(图 2-3-23)。

适宜生产区域和模式:适宜于东北地区,代料栽培。

图 2-3-23 黑尊 3 号

26. 品种名称:黑尊 4 号

选育或引进单位:吉林黑尊生物科技股份有限公司。

菌种来源(或采集地点):吉林省。

品种认定(登记):2016 年获得植物新品种权(CNA20162226.2)。

品种特点:中早熟品种,温度 15～25 ℃、管理正常情况下 8～15 d 出芽,出芽齐,耳型圆,碗状,微筋,正反面分明,适合小孔打眼,适时采收,晒出的菜鼠耳状,产量高(图 2-3-24)。

适宜生产区域和模式:适宜于东北地区,代料栽培。

图 2-3-24 黑尊 4 号

27. 品种名称:黑尊 5 号

选育或引进单位:吉林黑尊生物科技股份有限公司

菌种来源(或采集地点):吉林省

品种认定(登记):2016 年获得植物新品种权(CNA20162227.1)

品种特点:菌丝适宜生长温度 15~33 ℃。正常管理 10~12 d 出芽,子实体单生,耳根少,半耳脉,耳片圆整,背面生有微细短绒毛,瓦灰色,正面黑色有光泽,耐水,耐温(图 2-3-25)。

适宜生产区域:适宜于东北地区代料栽培。

图 2-3-25 黑尊 5 号

28. 品种名称:绥学院 1 号

选育或单位:绥化学院食用菌研究所。

菌种来源(或采集地点):黑龙江省牡丹江市东京城林业局东方红林场 9 号林班。

品种认定(登记):2013 年通过黑龙江省品种登记(黑登记 2013058)。

品种特点:该品种菌丝体在 PDA 培养基上洁白浓密、生长整齐、健壮、半匍匐型。栽培袋划孔 120~160 个,子实体黑褐色至褐色,耳片直径 8~12 cm,耳根小、单片、肉厚、圆边、碗状,商品性状好,腹背有明显色差。干湿比 1:15。该品种属于腐生性中温型,中早熟品种,催芽后,从上畦摆袋到子实体生长至采收需 30 d,从接种到采收第一潮耳需 90 d。

适宜栽培区域和模式:黑龙江省各地区,适宜季节均可以进行栽培

29. 品种名称:绥学院 2 号

选育或引进单位:绥化学院食用菌研究所。

菌种来源(或采集地点):黑龙江省绥棱林业局七一林场 5 号林班采集的野生子实体为分离材料,进行组织分离,获得野生菌株驯化而成。

品种认定(登记):2013 年通过黑龙江省品种登记(黑登记 2013058)。

品种特点:子实体色黑、肉厚(1.3~1.5 mm),耳根小、单片、圆边、碗状,根细有筋,商品性状好。该品种属于中熟品种,催芽后,从上畦摆袋到子实体生长至采收需 35 d,从接种到采收第一潮耳需 95 d。

适宜栽培区域和模式:黑龙江省各地区,适宜季节均可以进行栽培。

30. 品种名称:农经木耳 1 号(农苑 06)

选育或引进单位:黑龙江农业经济职业学院。

菌种来源:2004 年在黑龙江省牡丹江市温春镇江东四道沟山上采野生黑木耳子实体。

品种认定(登记):2010年通过黑龙江省品种登记(黑登记2010042)。

品种特点:该品种为单片朵生,耳基细小,耳片大(直径10~15 cm)而厚(1.5~2.6 mm),属大朵大片细根单片型,耳片腹凹面黑色,背面黑灰色,腹、背两面色差明显,耳筋明显,抗杂性强,不流耳,高产稳产(袋产干耳50~60 g),干鲜比1:10。

适应栽培区域和模式:适宜全国各地,可春秋两季栽培出耳。

31. 品种名称:宏大1号(黑木耳2009)

选育或引进单位:牡丹江宏大食用菌研究所。

菌种来源(或采集地点):黑龙江省牡丹江市东宁市。

品种认定(登记):2009年通过黑龙江省品种登记(黑登记2009048)。

品种特点:出芽早,展耳快。阴阳面清晰,背面瓦灰色,边缘整齐,圆形小耳,小根,性状稳定(图2-3-26)。耐高温,耐低温,耐大水,连雨天不烂耳,抗杂菌能力强。产量高并且稳定。

适宜栽培区域和模式:东北地区,代用料、大棚栽吊袋和地摆栽培。

图2-3-26　宏大1号(黑木耳2009)

32. 品种名称:宏大2号(新世纪1号)

选育或引进单位:牡丹江宏大食用菌研究所。

菌种来源(或采集地点):黑龙江省牡丹江市东宁市。

品种认定(登记):2011年通过黑龙江省品种登记(黑登记2011044)。

品种特点:看似无筋,又有微筋,圆朵形状佳,边缘整齐,阴阳面清晰,背面瓦灰色(图2-3-27)。耐高温,耐大水,抗杂菌能力强,产量较高并且稳定。

适宜栽培区域和模式:东北地区,代用料栽培。

图2-3-27　宏大2号(新世纪1号)

33. 品种名称:康达 1 号

选育或引进单位:黑龙江省牡丹江市海丰食用菌研究所。

品种认定(登记):2011 年通过黑龙江省品种登记(黑登记 2011045)。

菌种来源(或采集地点):黑龙江省海林市大海林林业局,长白山山脉。

品种特点:根小,子实体正反面明显,抗杂性强,品相好,有较高的商品性(图 2 - 3 - 28)。

适宜栽培区域和模式:东北及相似生态地区,地摆和挂袋。

图 2 - 3 - 28　康达 1 号

34. 品种名称:德金 1 号(东 A9809)

选育或引进单位:东宁县必得金食用菌研究所。

菌种来源:黑龙江省东宁市野生黑木耳分离驯化

品种认定(登记):2008 年通过黑龙江省品种登记(黑登记 2008040)。

品种特点:早熟品种。子实体单片聚生,耳片少筋、颜色黑、正反面差别较小(图 2 - 3 - 29)。出耳快,集中。

适宜栽培区域和模式:黑龙江省各地,袋栽。

图 2 - 3 - 29　德金 1 号(东 A9809)

35. 品种名称:伊耳多筋

选育或引进单位:伊春市友好食用菌研究所。

菌种来源:小兴安岭阔叶林中野生木耳分离选育。

品种特点:子实体在木椴上耳片单生,袋栽为丛生,根细、片大,耳片背面有明显的筋脉;耳片腹面呈黑褐色,边缘是裙褶状。开口半月后形成耳芽(图2-3-30)。出耳较慢,抗逆性强,产量高且稳定。在高温、高湿条件下不易流耳。

适宜栽培区域和模式:东北地区,地摆和吊袋栽培。

图2-3-30 伊耳多筋

36. 品种名称:西藏六号

选育或引进单位:黑龙江大学。

菌种来源(或采集地点):西藏自治区林芝市野生木耳分离。

品种特点:木耳出芽齐,产量高,质量优质,可提早采摘。

适宜栽培区域和模式:东北地区浅山区栽培。

37. 品种名称:988

选育或引进单位:牡丹江宏大食用菌研究所。

菌种来源(或采集地点):黑龙江省尚志市苇河镇。

品种特点:出芽快,展片好,形状好(图2-3-31)。耐高温,耐大水,抗杂菌能力强,产量较高。

适宜栽培区域和模式:东北地区,代用料栽培和木椴栽培。

图2-3-31 988

38. 品种名称:黑山

选育或引进单位:黑龙江省牡丹江市宁安市李德高。

菌种来源(或采集地点):黑龙江省牡丹江市宁安市。

品种特点:中早熟型,子实体单片,无筋或微筋,正反面颜色差别大,干制后容易卷曲形成"三角菜",有较高的商品性,市场覆盖率较大(图2-3-32)。

适宜栽培区域和模式:东北及相似生态地区,地摆和挂袋。

图2-3-32　黑山

39. 品种名称:黑元帅

选育或引进单位:东北林业大学。

菌种来源(或采集地点):东北林业大学(牡丹江)。

品种特点:该品种属于中早熟品种,菌丝白色透着一点青色,耳芽形成极快且整齐,耳片生长速度较快,色质黑厚,基本无筋脉(图2-3-33)。晾晒后正反面明显,耐大雨,不容易烂耳,干湿比小,适应温度较高,商品价值高。

适宜栽培区域和模式:适宜黑龙江省东宁、尚志、伊春,吉林省汪清、延吉等地,林下栽培、全光照地栽、棚室栽培。

图2-3-33　黑元帅

40. 品种名称：东林青瓦

选育或引进单位：东北林业大学。

菌种来源(或采集地点)：东北林业大学(大兴安岭)。

品种特点：该品种属于中早熟品种，菌丝较细弱，基本颜色白色，有点蛋青色，耳芽形成极快且整齐（图2-3-34）；耳片生长速度较快，在阳光充足，大棚吊袋中色质瓦青色，不容易红根，基本无筋脉，晾晒后正反面明显，耐大雨，不容易烂耳，干湿比小，适应温度较广。

适宜栽培区域和模式：适宜黑龙江省东宁、尚志、伊春，吉林省汪清、延吉等地，林下栽培、全光照地栽、棚室栽培。

图2-3-34　东林青瓦

41. 品种名称：青瑞

选育或引进单位：东北林业大学、尚志市远成菌业有限公司。

菌种来源：东北林业大学、尚志市远成菌业有限公司。

品种特点：该品种属于中早熟品种，耳芽形成极快且整齐，耳片生长速度较快，色质青灰半筋品种（图2-3-35）。晾晒后正反面明显，耐大雨，不容易烂耳，干湿比小，商品价值高。

适宜栽培区域和模式：适宜黑龙江省东宁、尚志、伊春，吉林省汪清、延吉等地，林下栽培、全光照地栽、棚室栽培。

图2-3-35　青瑞

42. 品种名称:海丰 1 号

选育或引进单位:黑龙江省牡丹江市海丰食用菌研究所。

菌种来源(或采集地点):黑龙江省海林市大海林林业局,长白山山脉。

品种特点:子实体片大,正反面明显,抗杂性强,抗大水,产量高(图2-3-36)。

适宜栽培区域和模式:东北及相似生态地区,地摆和挂袋。

图 2-3-36 海丰 1 号

(二)大球盖菇

1. 品种名称:黑农球盖菇 1 号。

选育或引进单位:黑龙江省农业科学院畜牧研究所。

菌种来源:从四川省绵竹县民间引进,经扩繁、组培、分离、筛选而成。

品种认定(登记):2015 年通过黑龙江省品种登记(黑登记 2015054)。

品种特点:子实体中等大小,菌盖酒红色,具白色鳞片,平均直径 6.0~7.0 cm。菌褶直生,污白色;菌柄平均长 6.0~8.0 cm,粗 2.5~5.0 cm,菌柄粗壮,色白(图 2-3-37)。质地紧密,不易开伞,保鲜期长,商品性好。耐低温,出菇温度广,最适出菇温度 15~22 ℃,以各种农作物下脚料为主要栽培原料。产量高,转潮快,生物学效率达 50%以上。

适宜栽培区域和模式:适宜黑龙江省各地,露地和保护地栽培。

图 2-3-37 黑农球盖菇 1 号

（三）猴头菇

1. 品种名称：黑猴1号（黑威9910）

选育或引进单位：黑龙江省科学院微生物研究所。

菌种来源：大兴安岭野生种，通过常规人工选择育成。

品种认定（登记）：2012年获发明专利（ZL201010605117.4），2016年通过黑龙江省品种登记（黑登记2016055）。

品种特点：子实体呈单体球形，单个子实体重150～250 g，直径7～15 cm。乳白色，菌刺短且适中，菇形圆整，菌肉致密（图2-3-38）。低温早熟型猴头品种。菌丝体的适宜生长温度22～27 ℃；子实体适宜的生长温度15～22 ℃，生长周期48～55 d。产量高，适应性强，易于管理。

适宜栽培区域和模式：适合东北地区，春、秋季，大棚代用料栽培。

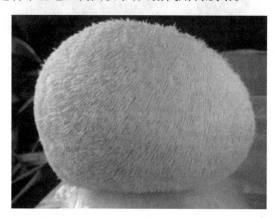

图2-3-38 黑猴1号（黑威9910）

2. 品种名称：兴安猴头1号

选育或引进单位：大兴安岭农林科学院。

菌种来源（或采集地点）：大兴安岭农林科学院。

品种认定（登记）：2016年通过黑龙江省品种登记（黑登记2016056）。

品种特点：中晚熟品种，菇型椭圆、扁半球，菌肉白色，肉刺长1～2 cm（图2-3-39）。

适宜栽培区域和模式：适宜春季出菇。

图2-3-39 兴安猴头1号

3. 品种名称：猴头 8415

选育或引进单位：黑龙江省科学院微生物研究所。

菌种来源（或采集地点）：黑龙江省伊春市汤旺河。

品种特点：子实体单生，球大，乳白色，菌刺适中，商品性好（图 2 - 3 - 40）。

适宜栽培区域和模式：适合东北地区春、秋季栽培。

图 2 - 3 - 40　猴头 8415

4. 品种名称：牡育猴头 1 号

选育或引进单位：黑龙江省农业科学院牡丹江分院。

菌种来源（或采集地点）：黑龙江省牡丹江市三道林场施业区张广才岭东坡。

品种认定（登记）：2014 年通过黑龙江省品种登记（黑登记 2014044）

品种特点：子实体单生，圆整、头状、结实、菌刺长、乳白色、个头较大，无柄、质地细密，商品性好（图 2 - 3 - 41）。

适宜栽培区域和模式：适宜在海林市为代表的黑龙江、吉林、内蒙古等地区，棚室层架式或林下仿野生栽培。

图 2 - 3 - 41　牡育猴头 1 号

5. 品种名称：H188

选育或引进单位：伊春市友好食用菌研究所。

菌种来源：小兴安岭柞树立木上子实体组织分离。

品种特点：子实体圆形或椭圆形，球心实、毛刺较长，菇潮多（图 2 - 3 - 42）。出菇温度 15 ~ 23 ℃，湿度 80% 左右，光照强度 80 ~ 140 lux。

适宜栽培区域和模式：在东北地区春夏均可栽培。全国其他省份要避开高温期，选择凉爽的早春、晚秋均可栽培。

图 2 - 3 - 42　H188

（四）榆黄蘑

1. 品种名称：83520

选育或引进单位：黑龙江省科学院微生物研究所。

菌种来源（或采集地点）：黑龙江省伊春市汤旺河。

品种特点：菌盖金黄色，漏斗形，边缘内卷，丛生，产量高（图 2 - 3 - 43）。

适宜栽培区域和模式：适合东北地区春、秋季栽培。

图 2 - 3 - 43　83520

2. 品种名称:榆黄 2 号

选育或引进单位:黑龙江省科学院微生物研究所。

菌种来源(或采集地点):黑龙江省伊春市野生。

品种特点:菌盖金黄色,叶片较大,丛生,产量高(图 2 - 3 - 44)。

适宜栽培区域和模式:适合东北地区春、秋季栽培。

图 2 - 3 - 44　榆黄 2 号

3. 品种名称:榆黄蘑 996

选育或引进单位:伊春市友好食用菌研究所。

菌种来源:小兴安岭榆树枯立木子实体组织分离选育。

品种特点:子实体丛生或叠生,菌盖初期半球形,展开后漏斗形或扁扇形,直径 3 ~ 10 cm,色金黄至浅黄,味清香鲜美,表面光滑易破损,柄偏生,纤维性强(图 2 - 3 - 45)。菌丝体生长适宜,温度 20 ~ 28 ℃,最适温度 23 ~ 26 ℃,子实体形成温度 15 ~ 25 ℃,最适温度 18 ~ 24 ℃,湿度 85% ~ 95% 最适。

适宜栽培区域和模式:榆黄蘑适宜性强,在全国各省基本都可栽培。床栽及袋栽均可。

图 2 - 3 - 45　榆黄蘑 996

（五）滑菇

1. 种名称：滑菇特产1号

选育或引进单位：黑龙江省林副特产研究所。

菌种来源（或采集地点）：黑龙江省牡丹江市。

品种认定（登记）：2014年通过牡丹江市品种登记（牡登菌2006-018）。

品种特点：不祥。

适宜栽培区域和模式：黑龙江省牡丹江市。

2. 品种名称：牡滑1号

选育或引进单位：黑龙江省农业科学院牡丹江分院。

菌种来源（或采集地点）：牡丹江市三道林场施业区张广才岭东坡、安纺山脉之末。

品种认定（登记）：2014年通过黑龙江省品种登记（黑登记2014043）。

品种特点：子实体丛生，菌盖半球形，菌柄粗壮，菌盖橙红色（图2-3-46）。具有出菇整齐、集中、不易开伞、抗逆能力强等特点。

适宜栽培区域和模式：适宜在东北三省、内蒙古、河北等地区，棚室长（短）棒墙式、长（短）棒层架式、层架盘式、短棒吊袋、长棒立式栽培。

图2-3-46　牡滑1号

3. 品种名称：早壮

选育或引进单位：黑龙江省科学院微生物研究所。

菌种来源（或采集地点）：选优品种。

品种特点：橘黄色，菌柄长、粗壮，出菇早、不易开伞（图2-3-47）。

适宜栽培区域和模式：适合东北地栽培。

图2-3-47　早壮

4. 品种名称: 西羽

选育或引进单位: 黑龙江省科学院微生物研究所。

菌种来源(或采集地点): 选优品种。

品种特点: 橘黄色, 菌柄长、粗壮, 不易开伞(图 2-3-48)。

适宜栽培区域和模式: 适合东北地栽培。

图 2-3-48　西羽

(六)元蘑

1. 品种名称: 牡元 08

选育或引进单位: 黑龙江省农业科学院牡丹江分院。

菌种来源(或采集地点): 黑龙江省绥阳县中俄边境黑木耳保育区针阔混交林。

品种认定(登记): 2016 年通过黑龙江省品种登记(黑登记 2016054)。

品种特点: 子实体覆瓦状叠生(或丛生), 菌盖扁半球形, 后平展成扇形、肾形或半圆形。颜色呈黄褐色、暗灰色或深褐色, 菌柄短粗, 基部表面有一层白色短绒毛(图 2-3-49)。菌肉白色、较厚、质地细嫩、味极鲜。广温型, 出菇整齐、抗杂能力强、产量高, 区域试验和生产试验平均产鲜菇 495~600 g/袋。

适宜栽培区域和模式: 适宜在东北三省、内蒙古、河北等地区, 棚室长(短)棒墙式栽培、棚室短棒吊袋栽培以及遮阴覆盖短棒立式地栽。

图 2-3-49　牡元 08

2. 品种名称:元蘑 H-2

选育或引进单位:黑龙江省科学院微生物研究所。

菌种来源(或采集地点):黑龙江省伊春市汤旺河野生元蘑驯化。

品种特点:子实体覆瓦状丛生,菌盖圆整,扇形或贝壳型,黄色微灰绿(图2-3-50)。

适宜栽培区域和模式:适合东北地区,吊袋栽培。

图 2-3-50 元蘑 H-2

3. 品种名称:元蘑 DL-1 号

选育或引进单位:东北林业大学。

菌种来源(或采集地点):东北林业大学(尚志市)。

品种特点:菌丝最适生长温度为 23~24 ℃,最适 pH 值为 5.0~7.0(图2-3-51)。

适宜栽培区域和模式:适宜东北地区和华北地区栽培。

图 2-3-51 元蘑 DL-1 号

（七）灵芝

1. 品种名称:泰山1号(赤芝)

选育或引进单位:黑龙江省科学院微生物研究所。

菌种来源(或采集地点):山东省泰安市。

品种特点:颜色深红、鲜艳,菇型圆整(图2-3-52)。

适宜栽培区域和模式:适合东北地区,代料和木段栽培。

图2-3-52　泰山1号(赤芝)

2. 品种名称:赤芝DL-1号

选育或引进单位:东北林业大学。

菌种来源(或采集地点):东北林业大学(尚志市)。

品种特点:菌丝最适生长温度26 ℃,代料和段木均可栽培(图2-3-53)。

适宜栽培区域和模式:黑龙江省及相似生态地区,棚室代料栽培和段木栽培。

图2-3-53　赤芝DL-1号

3. 品种名称:松杉灵芝1号

选育或引进单位或个人:黑龙江省大兴安岭漠河县邢宗杰。

菌种来源(或采集地点):黑龙江省大兴安岭图强林业局施业区,落叶松的树干基部。

品种特点:子实体中等至大。菌盖半圆形、扇形、肾形,木栓质,直径4.5~28.0 cm、厚0.8~4.0 cm、表面深红色、皮壳亮、有漆样光泽、有环纹带,部分不十分明显,有不规则的皱褶、边缘有棱纹(图2-3-54)。菌肉白色、厚0.5~3.0 cm、管孔16~25个,面白色、后变肉桂色。柄短而粗、侧生或偏生、有与菌盖相同的漆壳,长3~6 cm、粗3~4 cm;该灵芝属高度腐生菌,只有寄生木材被菌丝高度浸染,储藏大量养分后才能产生子实体,人工代料栽培时第二年才可发生大量子实体。

适宜栽培区域和模式:适合东北地区,木屑、椴木棚式覆土及林下仿野生栽培。

图2-3-54 松杉灵芝1号

(八)其他种类

1. 种类:虫草

品种名称:蛹虫草DL-1号。

选育或引进单位:东北林业大学。

菌种来源(或采集地点):东北林业大学(小兴安岭)。

品种特点:蛹虫草DL-1号菌丝最适生长温度25 ℃,培养一段时间菌丝呈橘黄色。

适宜栽培区域和模式:适宜各地栽培,国内可实现工厂化栽培。

2. 种类:桦褐孔菌 *Inonotus obliquus*(Fr.)Pilat(多孔菌科、褐卧孔菌属)

品种名称:桦褐孔菌1号。

选育或引进单位:黑龙江省科学院微生物研究所。

种源单位(或采集地点):黑龙江省伊春市嘉荫野生桦褐孔菌分离驯化。

品种特点:菌丝粗壮浓密,生长速度快,15~20 d形成菌核,菌核大,颜色深,生物学效率高,平均产量可达30.0 g/袋。

适宜栽培区域和模式:东北地区,棚室代料栽培、椴木栽培。

3. 种类:姬松茸

品种名称:日巴。

选育或引进单位:黑龙江省科学院微生物研究所。

菌种来源(或采集地点):日本引进。

品种特点:子实体粗壮,菌盖半球形,表面有淡褐色至栗色鳞片。菌肉白色,菌柄圆柱状,中实(图2-3-55)。

适宜栽培区域和模式:适合东北及相似地区,发酵料栽培。

图 2 - 3 - 55　日巴

4.种类:桑黄

品种名称:暴马桑黄

选育或引进单位:东北林业大学。

菌种来源(或采集地点):东北林业大学(黑龙江省小兴安岭)。

品种特点:野生暴马桑黄只生长在暴马丁香活立木上(图 2 - 3 - 56)。人工驯化:暴马桑黄子实体适宜生长温度 25 ~ 28 ℃。可通过代料栽培和段木栽培,代料栽培长出子实体较快,只能产出一年生子实体。段木栽培的子实体生长缓慢,可以产出多年生子实体。

适宜栽培区域和模式:适宜东北和华北地区,棚室代料和段木栽培。

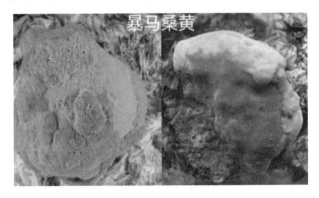

图 2 - 3 - 56　暴马桑黄

参 考 文 献

[1]于娅.榆耳种质资源评价及优良品种选育的研究[D].长春:吉林农业大学,2013.

[2]李慧.我国栽培平菇种质资源评价及核心种质构建[D].福州:福建农林大学,2012.

[3]王傲雪,付宁,李景富.基因工程创造植物种质资源的研究进展[J].科学中国人,1998,(11):57 - 60.

[4]刘昕哲.对于食用菌种质资源保藏方法的探究[J].种子科技,2020,38(10):34 - 35.

[5]王蕊,李佳宾,王振月.黑龙江省药用大型真菌资源概况及综合利用[J].中国中药杂志,2017,42(7):1277 - 1280.

[6]付立忠,吴学谦,吴庆其,等.我国食用菌种质资源现状及其发展趋势[J].浙江林业科技,2005,

（5）:45－50.

[7]鲍大鹏.我国食用菌遗传学的发展及展望[J].菌物学报,2021,40(4):1－16

[8]陈世通,李荣春.食用菌育种方法的研究现状·存在的问题及展望[J].安徽农业科学,2012,40（10）:5850－5852.

[9]李永江,张盼,张晓辉,等.食用菌分子生物学研究进展[J].安徽农业科学,2019,47(14):4－6.

[10]凌志琳,赵瑞琳.基因组学在食药用菌栽培育种中的研究进展[J].食用菌学报,2018,25(1):93－106.

[11]李媛媛,韩威威,韩瑞玺.食用菌知识产权保护探讨[J].中国种业,2020,(8):12－14.

[12]庞杰,孙国琴,王海燕,等.我国黑木耳国认品种种质基础及黑木耳育种技术现状[J].江苏农业科学,2017,45(24):13－16.

[13]杨和川,谭一罗,苏文英,等.基于低能离子束注入的食用菌育种研究进展[J].农业工程,2019,9(12):103－106.

[14]张妍,黄晨阳,高巍.食用菌分子育种研究进展[J].菌物研究,2019,17(4):229－239.

[15]赵妍,林锋,宋春艳,等.香菇主要育种技术研究进展[J].生物学杂志,2015,32(2):92－95.

（戴肖东、马银鹏）

第三章

食用菌栽培管理

第一节　食用菌栽培特性概述

一、食用菌生物学特性

(一)食用菌的一般特征

食用菌是高等真菌中可食用种类的总称,与其他微生物不一样,食用菌肉眼可见,手可摘,具有肉质或胶质的子实体。在分类上属于真菌门(Eumycota)中的子囊菌亚门(Ascomycotina)和担子菌亚门(Basidiomycotina),常见的食用菌多属于担子菌亚门。

食用菌是微生物中的巨人,大小相差悬殊,1877年在美国纽约曾发现直径达163 cm的马勃;1946年美国发现一株柔软锐齿菌,直径达142 cm;个体较小的如小皮伞属、小菇属的某些种类,菌盖直径只有2~4 mm。大部分食用菌直径通常在几厘米到十几厘米之间。

食用菌在自然界中形状多种多样,有伞状、喇叭状、笔状、头状、舌状、盘状、掌状、珊瑚状、马鞍状、陀螺状、蹄状、叶状、花瓣状等等,其中以伞状最为常见。食用菌既有单色,如较为素淡的白色、灰色,也有颜色绚丽的红色、褐色等等。食用菌颜色是重要的分类依据,有时与它的生存环境有很大的关系,如草原上的食用菌白色的较多,而森林中菌体的颜色就丰富多了。

自然界中,不同生境都有食用菌分布,尤其是森林中种类最为丰富,分布也广泛。据统计,70%~75%的食用菌为森林种,生长在旷野和草原的食用菌较少,这与森林中多年腐质物积累、湿度、光照等环境更适合食用菌生长相关。由于各地的生境条件不同,食用菌的种类分布也有区域性,如:鸡枞菌是典型的热带种,虽然与之共生的白蚁分布较广,但是鸡枞仅分布于长江以南;而有些品种,如蘑菇属的一些品种,不论是森林、草原,南方、北方均有分布,属于广布种。

食用菌在生长条件适宜时就可以大量繁殖,当食用菌菌丝发育到一定程度,很快就可以形成子实体,自然界中雨后采菇就是这个道理。虽然生长迅速,但是食用菌的寿命一般较短,多数肉质菌子实体从原基到成熟需3~6 d,长一些的可维持8~12 d。有的甚至不超过0.5 h。多孔菌的子实体可生长几年或数年。人工栽培的木腐食用菌,如黑木耳、香菇等从成熟到采收可维持1~3 d,而草腐食用菌往往维持几个小时就达到成熟。食用菌一旦成熟就要释放亿万计的孢子,孢子排放后子实体重量显著减轻,同时开始衰亡。自然界中,食用菌依靠大量孢子排放繁衍个体,在严酷的自然条件下,孢子存活率较低,仅有二亿分之一的孢子可以发育成子实体。

(二)食用菌的形态结构

食用菌是由菌丝体和子实体组成,子实体也是组织化的菌丝体。菌丝体是营养结构,存在于基质内,其主要功能是分解基质,吸收、运输、贮存营养。子实体是繁殖结构,是在一定的条件下经过菌丝扭结分化形成,作用是产生、释放孢子,繁衍后代。食用菌栽培的主要目的就是生产子实体,供人类食用。

1.菌丝体

食用菌菌丝是管状细胞组成的丝状物,由孢子萌发而成。菌丝为多细胞,以顶端部分进行生长,但每一个细胞都具有潜在的生长能力。食用菌细胞同植物细胞一样,起支撑作用的是细胞壁。与其他生物不同的是,食用菌的体细胞大多有多个细胞核,细胞核有的相同,有的则不同。细胞中含有一个核的菌丝称单核菌丝,有两个核的菌丝称双核菌丝,有多个核的菌丝称多核菌丝。绝大多数食用菌菌丝是双核菌丝。按照菌丝体的发育顺序可分为初生菌丝、次生菌丝和三生菌丝。初生菌丝由孢子萌发而来,又称一次菌丝,只含有一个核,是单核菌丝。但是双孢菇例外,它的担孢子萌发有两个核。初生菌丝一般不能形成子实体。由两个初生菌丝经过质配(原生质体融合)形成次生菌丝,菌丝内含有两个核,故称双核菌丝,具有结实能力。食用菌生产中使用的菌种主要都是双核菌丝。三次菌丝是次生菌丝进一步发育而成,又称结实菌丝,是组织化的双核菌丝。担子菌子实体一般都是由双核菌丝组成,从理论上讲,切取子实体任何一部分都可以培养出纯菌种,这是组织分离的理论根据。

2. 菌丝组织体

菌丝体在发育的过程中,某种食用菌在生长的一定阶段会菌丝互相扭结,形成特化的组织结构,是一种特殊形态的菌丝体。这些菌丝体组织不同于子实体。常见的菌丝体组织有以下几种形式。

(1)菌核。菌核是由无数菌丝紧密聚集、交结、脱水而成,具有一定形状的休眠体。菌核经休眠后,在适宜环境下可以萌发菌丝,或是在菌核上直接产生子实体。如蒙古口蘑、香杏口蘑,在气温降至-30 ℃时,便以菌核形式过冬,第二年地温回升,就可以萌发菌丝并产生新的子实体。

(2)子座。子座是某些子囊菌从营养生长阶段到生殖生长阶段的过渡形式,是容纳子囊果的褥座。冬虫夏草的子座多呈棒状,子囊壳密生于前半部的表面。

(3)菌索。菌索是菌丝体组成的绳状结构,表面色暗,由排列紧密的菌丝体组合而成,菌索前端不断延长,长度可达数厘米至数百厘米。蜜环菌在PDA培养基中可通过乙醇诱导增加菌索的形成。

(4)菌丝束。菌丝束是由大量菌丝平行排列组成的白色疏松线状物,略有分支。菌丝束是特化的输导组织,能够运送营养到子实体,它不同于菌索,不形成皮壳,其前端没有生长点。

(5)菌根。有些种类的食用菌能和高等植物根系形成共生的菌根。已知80%的植物都能与真菌形成菌根。能与植物形成菌根的真菌称菌根真菌。菌根真菌广泛分布于子囊菌中的块菌科和地菇科、大团囊菌科以及担子菌中的牛肝菌科、鹅膏菌科、红菇科等。

除此之外,菌丝体还可在基质表面、树皮下或寄主组织内形成特化的膜状、毡状、垫状菌丝体组织。菌丝老化常形成菌膜,对菌种移植造成不利。香菇栽培中形成菌膜,倒伏转色,对提高产量、抗杂有重要意义。

3. 子实体

子实体是食用菌繁衍后代的特化结构,不同的食用菌子实体的形状、质地差别很大。典型的伞菌子实体由菌盖、菌褶、菌柄、菌环、菌托几个部分构成。不同类型的伞菌形态结构不同,同一种类的不同发育阶段其形态结构也有较大变化。在进行分类鉴定时,通常以发育成熟的形态结构特征作为鉴定依据。图3-1-1是伞菌结构模式图。

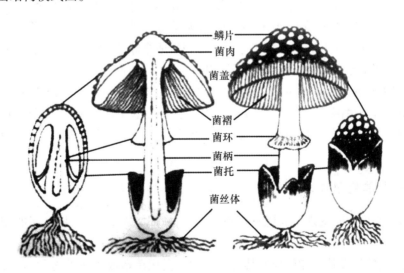

图3-1-1 伞菌结构模式(卯晓岚,1999)

(1)菌盖。菌盖又称菌帽,是食用菌最主要的利用部分。伞菌菌盖质地有肉质、纤维质、蜡质、革质、胶质等几种类型。根据菌盖大小,通常将直径小于6 cm 的称为小型菇,6～10 cm 的称为中型菇,大于10 cm 的称为大型菇。子实体内部构造是菌丝结合和分化的结果,可形成各种组织。

菌盖下面辐射状生长的薄片是菌褶。食用菌种类不同,其菌褶的数目相差很大;菌褶一般无色,由于孢子的颜色,使其呈现应有的色彩。但有些种类,如多汁乳菇,其菌褶的颜色是由囊状体具色而形成的。

(2)菌柄。菌柄是子实体的支撑部分,联系和支撑着菌盖、输送营养和水分。少数伞菌和多数多孔菌以其菌盖的一侧或基部着生于基质上,往往没有菌柄或仅有极不明显的菌柄。按照菌柄在菌盖上的着生部位,可分为中生、偏生、侧生三类。菌柄表面一般光滑,有的具纵向条纹、沟纹、网纹等特征,并附有鳞片、茸毛或颗粒等附着物,有的具有菌环或菌托。

(3)菌环。有些伞菌的子实体在幼年时菌盖与菌柄间存在包膜,称为内菌幕。子实体长大后,内菌幕破裂,部分会残留在菌盖边缘,其他部分残留在菌柄上称为菌环。

(4)菌托。鹅膏属、苞脚菇属的子实体发育早期,整体被一层外菌幕包被着,在生长发育过程中外菌幕不断增厚,对幼嫩菌体组织具有保护机能,当菌盖扩展,菌柄伸长时,外菌幕胀破,残留在菌盖表面的部分形成鳞片状斑块,残留在菌柄基部部分的形成杯状或袋状物即菌托。

二、食用菌生态习性

自然界中食用菌生长是各种环境因素综合作用的结果。了解食用菌在自然界中分布规律和生态习性,对食用菌野生资源驯化和栽培利用具有指导意义。

(一)食用菌习性与生境

食用菌属于异养生物,营养类型多,适应能力强,能够利用多种有机物,在特定环境中生长繁衍。

根据主要营养类型,食用菌可分为腐生性真菌、寄生性真菌和共生性真菌。腐生性真菌占据主要类型,它们分泌各种胞外酶,将死亡有机体进行分解、吸收、利用,用于菌体生长或从中吸取能量。绝大多数食用菌都属于腐生菌,它们维持着自然界中物质的转化和循环。寄生性真菌中绝大多数会引起植物病害,有的甚至可以导致人畜皮肤病,在食用菌中,只有个别属于寄生或是兼性寄生,如蜜环菌、假蜜环菌。共生性真菌与植物共生关系,如美味牛肝菌、松茸、松乳菇、黑孢块菌等。

影响食用菌生长与发育的因素包括理化因素和生物因素。前者包括温度、水分和湿度、酸碱度(pH 值)、氧气和二氧化碳浓度、光照条件、营养物质量效;后者包括微生物间的相互关系。在食用菌繁衍发育过程中,对各单项理化因素有着各自特定适应范围和最适指标,每种食用菌都分为营养生长和生殖生长两个阶段,每个阶段对于理化因素的要求也不相同。

生态环境是多因素的综合体现,各环境因素对食用菌生长都有特殊作用,同时各种因素又是相互关联的,如通风对温度和环境湿度的影响等。自然界中食用菌生长的生态环境包括地理环境和气候环境,食用菌分布与地理纬度、海拔高度、地形地貌、植被类群、土壤结构、土壤肥力、土壤微生物等都有密切关系。

(二)食用菌与其他微生物的关系

自然界中,微生物区系除受理化环境影响外,还受生物环境影响,微生物之间的相互关系就是其中之一。

食用菌人工栽培的过程就是如何控制其他微生物对食用菌造成破坏的过程,包括杂菌竞争营养问题、直接造成食用菌染病等问题,但也有一些微生物对食用菌的生长起到协助作用,对子实体形成也有促进作用。

徐碧如(1983)研究证明了银耳与香灰菌的密切关系。后来多位学者研究表明,银耳菌丝对纤维素、木质素、淀粉等复杂化合物几乎没有分解能力,因此在自然条件下,只有在香灰菌伴生的情况下,才能正常的完成生长、发育全过程。伴生菌香灰菌属于子囊菌,能将大分子化合物分解成简单化合物,供银耳菌丝吸收利用。

三、食用菌繁殖与生长发育

(一)食用菌的繁殖

生物的生殖方式通常情况下可分为有性生殖、无性生殖两大类。通过减数分裂产生两性生殖细胞,结合而产生新的个体,称为有性繁殖;有性繁殖的新个体包含了双亲的遗传信息,新个体生命力更强,变异也更大。不经过生殖细胞的结合而由亲代直接产生新的个体,称为无性繁殖。其特点是能够反复进行,产生新个体。无性繁殖的新个体保持了原有生命的遗传信息,变异小。食用菌生产通过组织分离得到新个体、通过扩大菌丝培养获得子实体,都是利用的无性繁殖。

食用菌的无性繁殖多数是由无性孢子来完成,这些无性孢子有很多种,包括次生孢子、分生孢子、粉孢子、节孢子、芽生孢子、马蹄形分生孢子、厚垣孢子等。

不通过减数分裂而导致基因重组的生长方式,称为准性繁殖。主要存在于丝状真菌中,在担子菌及子囊菌中也有发现。主要过程包括形成易核体、双倍体的形成、体细胞交换和单元化。准性生殖与有性生殖一样都是导致基因重组的生殖过程,也可用于食用菌的杂交育种。

(二)食用菌的有性生殖类型

根据同一担孢子萌发的初级菌丝能否自行交配这一特征,食用菌的有性生殖可分为同宗结合、异宗结合两大类。

1. 同宗结合

由同一担孢子萌发的菌丝,能通过自体结合而产生有性孢子,这种自交可孕的生殖方式称为同宗结合。同宗结合在形成孢子时,仍发生核配及减数分裂。在已研究的担子菌种约有10%属于同宗结合。常见的草菇、双孢蘑菇的生殖方式就属于同宗结合。

2. 异宗结合

同一担孢子萌发的初生菌丝,带有一个不亲和的细胞核,不能自行交配,只有两个不同交配型的担孢子萌发的初生菌丝之间进行交配,才能完成有性生殖过程,这种自交不孕的有性生殖方式称为异宗结合,异宗结合较为普遍,在已研究的担子菌中约有90%属于异宗结合。

在研究中发现,有些异宗结合的食用菌,如:糙皮侧耳、滑菇、金针菇,金针菇的某些单核菌丝体也具有产生单核子实体的能力,但一般情况下与双核子实体相比个体较小,多伴有菌盖发育不良、畸形等特点。

理解食用菌的有性生殖及遗传特点,在生产实践特别是育种上具有重要的实践意义。例如:同宗结合的草菇、双孢菇可以在适合的品种内进行育种,提高群体的同源性,单孢萌发的菌丝体就可以自交配对,形成子实体。异宗结合的香菇、黑木耳等品种则需要通过种间的育种能提高群体的异源性。利用无性繁殖的进行组织分离获得菌株与实践生产都存在直接的关系。

(三)食用菌生活史

食用菌生活史是指由孢子萌发,经过菌丝发育、融合、形成子实体,又形成孢子的循环过程。其完整的生活史包括无性生活史和有性生活史。担子菌的典型生活史包括以下9个阶段(图3-1-2)。①担孢子萌发,生活史开始;②单核菌丝(初生菌丝)开始发育;③两条可亲和的单核菌丝融合(质配);④形成异核的双核菌丝(次生菌丝);⑤在适宜的条件下,形成结实性菌丝(三次菌丝体),并组织化产生子实体;⑥子实体菌褶表面的双核菌丝顶端形成担子;⑦来自两个亲本的一对不同交配型的单倍体细胞核在担子内融合(核配),形成双倍体细胞核;⑧双倍体立即进行两次成熟分裂,其中包括一次减数分裂,使两个来自亲本的细胞核遗传物质进行分离、重组;再经过一次有丝分裂,形成4个单倍体核,形成4个担孢子;⑨担孢子弹射,待条件成熟进入下一个生活史循环。

从食用菌的生活史可以看出,食用菌栽培是利用了食用菌的无性繁殖特性,在生活史的第④⑤阶段大量繁殖具有结实能力的双核菌丝体,在人工干预的情况下形成大量子实体的过程。要获得稳定的产量及优秀的品质,就要全面掌握食用菌的生活史,选育优质菌株,提供适宜的菌丝生长发育的条件,提高栽培水平。

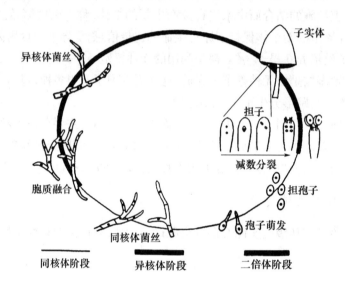

图 3 - 1 - 2　食用菌生活史模式图

(Sonnenberg,et al. 2011)

(四)食用菌生长发育

食用菌在适宜的环境下,吸收营养生长、繁殖,进行新陈代谢。菌丝细胞不断延长、分裂成同类细胞,其细胞数量增加,但不伴有个体数目增加,只属于生长;又通过形成新的子实体、形成孢子,引起个体数目增加的过程才能称之为繁殖。一般情况下,生长与繁殖交替进行。食用菌从孢子萌发直至子实体释放成熟孢子的过程。大体可分为营养生长阶段和生殖生长阶段,即菌丝体生长和子实体发育两个阶段。

1. 菌丝体生长阶段

在适宜的条件下,食用菌菌丝生长速度较快。在琼脂培养基上,菌丝从发育中心成辐射状向平面方向生长,形成菌落;在液体培养基中,菌丝呈立体生长,形成菌丝球。食用菌的菌丝其顶端部分称为生长点,生长点细胞是食用菌生长最旺盛的部位。菌丝生长点不断延伸,形成锁状联合,进行菌丝细胞的增殖。

同宗结合的食用菌不形成锁状联合,但是异宗结合的食用菌双核菌丝顶端细胞常常形成锁状联合,这是双核菌丝结实能力的重要标志。锁状联合是担子菌双核菌丝细胞分裂的一种特殊形式。它的形成过程是:先在顶端细胞两核之间的细胞壁上产生一个喙状突起,双核中的一个核移入喙突的基部;双核同时分裂(双核并裂),两个核形成4个核,其中两个核留在细胞上部,一个核留在细胞下部,另一个核进入喙突;在原细胞两核之间产生隔膜,把细胞分为上下两部分,上部细胞为双核,下部细胞及喙突均为单核;喙突尖端与下细胞壁接触沟通,喙突中的核移入下部细胞,形成双核细胞,从而使一个双核细胞分裂成为两个双核细胞,两个细胞间残留一个喙状痕迹,形似锁臂,因此称锁状联合(图 3 - 1 - 3)。凡是具有锁状联合的菌丝,可以判定为双核菌丝。

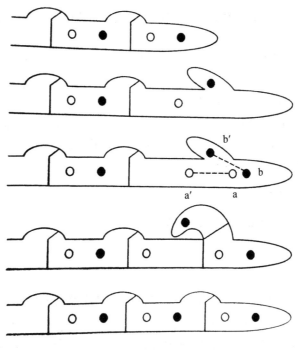

图 3 - 1 - 3 锁状联合形成示意图

菌丝在基质上生长,一般可分为三个时期:①生长迟缓期,这个时期是菌种适应新环境的时期。如果接种菌丝片段,在菌丝碎片形成新的生长点后开始生长,而且只有菌丝碎片中新物质积累了一定的程度,有了足够的能量,才能够进行生长。这一时期是菌丝伸长的准备期,看不到明显的生长。生长迟缓期的长短与接种物的遗传性、菌龄、培养基成分、环境等有关。菌龄小,则迟缓期短,菌种老化,则迟缓期长。原来所处的环境与新环境差别越大,则迟缓期越长。②快速生长期,菌丝在生长迟缓期适应了所处的环境,开始快速生长,菌丝呈顶端生长。菌丝生长的速度与菌丝顶端细胞数目、供给菌丝顶端养分的速率有关。快速生长期在某一时间段菌丝会呈指数增长,如果能够稳定地保持快速生长的条件,菌丝生物量会呈直线上升,但实践中营养物质不会持续供给,营养物质消耗、菌丝本身有害代谢物积累等因素都会导致生长速度逐渐变慢。③生长停止期,在这个时期,菌丝体干重逐渐减少,生理老化,最后停止生长,出现活力降低、菌丝老化、自溶。

菌丝生长过程中会出现拮抗现象。不同种的食用菌,在其生长发育中会相互限制另一方的生长蔓延,产生拮抗,在两种菌丝交汇处会形成拮抗线。不但不同种之间可以产生拮抗,同种内不同菌株也会产生拮抗。

2. 子实体发育阶段

子实体形成首先要形成原基,由组织化的双核菌丝组成。通常是在栽培基质的表面或具表面较近的基质内形成粒状、片状或是团状的原始体。原基进一步发育,形成子实体。原基数目一般较多,但是只有条件适合、处于生长优势的才能够发育成熟。原基形成标志着菌丝已经从营养生长转入生殖生长。

不同食用菌发育方式不同,根据子实体形态发生及生理变化可分为子实体分化和子实体成熟两个发育阶段。张树庭(1978)、黄年来(1977)将草菇子实体形态发生的进程分为钉头期、小钮期、钮期、蛋形期、伸长期、成熟期。汤华光(1986)将糙皮侧耳的子实体形态结构发育分为桑葚期、珊瑚期、伸展期、成熟期。其他伞菌子实体的生长发育,在形态结构和生理变化上也大致具有相似的特点。按照子实体形态构建的顺序,依次是菌柄、菌盖、菌褶,菌褶生理年龄最小,是子实体组织生命最活跃的部分。

大多数食用菌在分化完成之前,子实体生长靠细胞分裂增殖;当分化结束后,细胞数量没有多大变化,而子实体生长主要靠细胞的增大。Bonner 等(1956)、Borross 等(1934)通过对双孢蘑菇、灰盖鬼伞子实体生长的研究表明,子实体生长后期的迅速伸长,几乎完全是细胞扩大的结果,而伸长最迅速的部位则是子实体幼原基紧靠菌盖下的那一段菌柄。

关于食用菌子实体营养成分的转移,Weisel 在研究食用菌的营养代谢后指出,在原基形成时,菌丝可以从培养基中吸取碳源,而氮源则需由菌丝贮藏的养分来供给;当菌盖和菌柄分化时,碳源和氮源都不能从培养基中吸取,而要分别从菌丝细胞贮存的营养物质、附近发育不良的子实体中摄取。

子实体形成需要足够的菌丝体,一个松口蘑的形成大约需要 10 c m³ 的菌根和菌丝(王坚柯,1982)。在食用菌生产中,获得高产需要创造良好的发菌条件以增加菌丝生长量;原基分化后要及时去除生长过密的菇蕾;子实体发育过程中要注意调节各种环境因子。只有满足了食用菌的生理需求,才能够增加菌丝营养储备、减少营养消耗、提高产量和质量。

四、食用菌生长发育的营养条件和环境条件

(一)营养与基质

食用菌属于异养型生物,不能进行光合作用,是靠吸收基质的营养生存。食用菌通过分泌多种胞外酶将基质的纤维素、半纤维素、木质素、蛋白质等大分子物质分解成小分子成分,由菌丝体吸收后在菌体内重新合成新的糖类、蛋白、核酸等生长必需成分。营养成分主要分为能量和结构物质(各类碳水化合物,碳源)、生命活动物质(蛋白质,氮源)及生命活动激活物质(各类维生素、矿物质及生物素类);各类营养物质的吸收和合成都是在以水为介质的环境中进行。

1. 碳源

碳源是构成使用菌细胞的重要结构物质,并供给食用菌生长发育所需的能量。自然界中食用菌在木材、落叶、秸秆等富含碳源的基质上生长并繁殖,其中木质纤维素类是主要的碳源。但是有的食用菌只能利用纤维素和半纤维素,不能利用木质素,如:双孢蘑菇、草菇。

在能够利用的碳源中,小分子的葡萄糖、麦芽糖等可以被直接吸收利用,常用于母种培养基的配制;而大分子的淀粉、纤维素、半纤维素、木质素等需要在酶的作用下,分解成可溶性糖及小分子物质后,才能被吸收利用。谷粒、木屑、秸秆等农林副产物是碳源的主要提供者,被作为栽培主料常用来生产原种及栽培种。

2. 氮源

氮是食用菌重要的营养源之一,是构成菌体蛋白、核酸及酶类的重要成分,是生命活动物质的重要成分。食用菌优先利用有机氮,如各种氨基酸、多肽、蛋白胨等。在自然界中,食用菌氮源主要来自树木、秸秆、农业废弃物及其他腐殖质中的有机氮。人工栽培时,常添加麦麸、豆饼(粉)、米糠等增加氮源。由于人工添加的量要大于自然状态,食用菌栽培基质营养更加丰富,因此人工栽培的子实体营养成分、产量及质量一般优于自然野生状态。

碳和氮是食用菌生产中用量最大的营养元素,碳氮比(C/N)是指培养基中总碳和总氮的比值。不同发育阶段,食用菌对碳氮比的要求是不一样的,一般来说,子实体发育阶段需要的氮量要少些。碳氮比太小,营养越充分,菌丝易徒长,不易结实;碳氮比过大,子实体生长缓慢,产量低。有些食用菌,如平菇氮源添加量大,可以有效提高产量、转化的潮次,出菇后劲足;而有些品种,如黑木耳,氮源过多不但增加生产成本,还造成不出耳或出耳困难。

3. 维生素

维生素是食用菌生长必需的微量有机物质,但是食用菌对维生素类物质的需要量很小,一些天然基质中自然存在的维生素已经可以满足食用菌生长的需要,不需要另外添加。食用菌不能自身合成硫胺素(维生素 B_1),一些菌丝生长较弱的食用菌,如黑木耳可以在母种培养基中加入 $0.01 \sim 0.1$ mg/L 的维生素 B_1,可以显著促进菌丝生长。

4. 矿质元素

食用菌生长发育既需要大量元素磷、硫、镁、钾、钙等,适宜浓度在 $50 \sim 500$ mg/L;又需要微量元素铁、铜、钼、锰、锌等,适宜浓度在 0.1 mg/L 左右。微量元素能够促进菌丝生长。一般情况下,水和基质中都含有微量元素,不需要特别添加,只需要补充大量元素。常在栽培生产中加入氧化钙(石灰)、硫酸钙(石膏),除提供矿质营养外,还可缓解菌丝生长产生的有机酸造成的培养基 pH 值下降,具有酸性的缓冲作用。在培养基中加入一定量的磷酸二氢钾、硫酸镁可以改善菌丝的生长状态,起到增产、提质效果。

5. 基质

基质即培养基或培养料,是食用菌生长所需营养的来源和赖以生存的场所。不同食用菌对基质的要求不同。按照在基质中占比可以将基质分为主料、辅料和添加料。主料主要提供碳源,木屑、棉籽壳、农作物秸秆等农林副产品都是很好的主料。辅料是基质中用量较少、含氮量较高的物质,一般为麦麸、米糠、豆饼(粉)、玉米粉等。主料和辅料选择应考虑生产原料的经济性,即因地制宜、就近取材。添加剂主要是提供多种矿质营养的无机盐类,如:石灰、石膏、磷酸二氢钾、硫酸镁等。

菌种基质不同,菌丝生长速度和状态都有所不同。含氮量较低的木屑菌种生长慢,但是可以保持较强活力的时间长;而含氮量高的谷粒培养基,在室温条件下很快老化,保持活力的时间较短,需要在长满后 5d 之内使用。

(二)环境条件

食用菌生长发育与温度、湿度、空气、酸碱度、光照等环境条件密切相关。

1. 温度

温度是影响食用菌生长、产量和质量的主要因子。任何一种食用菌都有固定的生长温度范围,包括适宜温度范围、最适温度范围和致死温度。在适宜温度范围内,随着温度升高,菌丝生长速度会加快,但达到最高生长温度后,会随着温度上升而生长速度下降,直到温度更高时停止生长甚至死亡。温度过高,菌丝徒长,易老化;温度过低,生长速度下降,菌丝生物量增加较慢,影响子实体的产量。

在菌种培养过程中,要注意培养室内"三温"的变化,所谓"三温"即室温、堆温、料温。室温是指培养室内空间温度,堆温是指培养菌袋之间的温度;料温是指培养菌袋袋内的温度。菌丝培养的最适温度是指菌丝最终接触到的温度,即料温。菌袋培养开始时,"三温"是一致的,随着培养时间延长,菌丝体生物量增加,堆温、料温逐渐开始高于室温,三者之间可分别相差 $0 \sim 4$ ℃。因此在培养过程中,要注意"三温"的变化,培养前期室温高些,后期随培养时间的延长,室温下降。

实践证明,在适宜温度范围内,偏低的温度条件,菌种生长速度虽然有所下降,但是菌种更健康,更强壮,抵御不良环境的能力更强,作为接种物使用时,萌发快、长势好。因此,生产中多采用低温养菌,如金针菇培养温度 14 ℃、黑木耳 $24 \sim 26$ ℃、白灵菇菌种培养温度也仅为 20 ℃。

2. 湿度(水分)

食用菌生长离不开水。必须在一定的湿度情况下才能够生长。包括两个方面,即环境中的空气相对湿度和栽培基质中的含水量。

对于菌种生产来说，基质含水量的影响要远大于环境湿度的影响；而子实体生长阶段，足够的空气相对湿度也是子实体发生的必要条件。含水量适宜时菌丝生长速度快，反之都会使菌丝生长缓慢，甚至停滞、死亡。生产实践证明，在适宜的含水量范围内，采用偏干培养基，菌种虽然长速稍慢，但是更为健壮，污染率也会降低，后期使用时萌发快，长势好。

不同种类的食用菌子实体生长都需要较高的空气相对湿度，一般在85%以上。在潮湿环境中食用菌的生长速度加快。

3. 光照

多数食用菌营养生长阶段不需要光，生殖生长需要散射光。营养生长阶段，过多的光线会诱导食用菌产生原基；生殖生长阶段，有的食用菌在没有光的情况下也可以出菇，如金针菇，但是蓝色光线会有利于金针菇出菇。黑木耳子实体生长时光线强，则子实体颜色深、品质好。香菇在有光照条件下培养菌丝体，可以加快菌丝转色，是子实体形成的前提；出菇阶段光线弱，香菇子实体的颜色就会浅，严重光线不足甚至会出现浅白色香菇。

4. 氧气和二氧化碳

食用菌是好气型真菌，在生长的不同阶段对氧气的需求是不一样的。一般认为，食用菌生长发育的最适 CO_2 浓度在 0.03% ~ 0.3%。研究表明，一定浓度的 CO_2 具有促进菌丝生长的作用。一般在子实体发生阶段需要较高的氧气浓度。氧气不足会对菌丝造成不可逆的伤害。特别是高温情况下，如果氧气充足，对菌丝的伤害就会大大减小，反之会造成菌丝缺氧死亡或菌丝活力显著下降，后期出菇会受到严重影响。因此在食用菌栽培中一定要强化通风增氧，包括培养基料粗细、含水量、基质松紧度、封口透气、培养间菌袋排放、通风管理、出菇室菌袋密度等方面。

在生长阶段通风不良会造成分化困难、畸形菇的发生。如菌柄增长、不易开伞等都是通风不良和 CO_2 浓度过高的表现。在生产中利用这一点可以调控某些食用菌生产。如金针菇生产中，可人为调高 CO_2 浓度，刺激菌柄生长，满足产品质量要求。

5. 酸碱度

酸碱度通常以氢离子浓度的负对数即 pH 值来表示。食用菌生长的 pH 值范围很广，多数在 3.5 ~ 8.5 之间，但多数集中在 5.0 ~ 6.8 的偏酸性范围内。只有少数食用菌喜欢中性或微碱性环境，如：草菇、鸡腿菇。

食用菌培养基中不同原料材质、不同生产批次和放置时间方式等都会对基质的 pH 值造成影响。培养基 pH 值影响着菌丝萌发及生长，偏差过大，会造成菌丝吃料困难或是不吃料。生产中培养料加入石灰就是为了调节 pH 值。

6. 环境条件综合调节

食用菌生长环境是由温度、湿度、光照、气体等多种不同因素组成的综合环境条件。自然界中只有各种条件都满足，食用菌才能够出菇，因此野生状态下食用菌生长既有偶发性，也有区域性。

各种环境条件彼此之间不可替代，但又相互依赖及制约。在人工栽培过程中应该通过综合调节来创造最佳的综合环境条件，以获得理想的生产效果。

第二节　食用菌栽培原理

食用菌栽培是指人为创造食用菌生长发育条件，按照完整的工序和技术手段，获得食用菌产品的过程。食用菌栽培学为微生物学科研究领域，其栽培原理与农作物有很大差别，栽培环节也有独特的技术要求。

一、菌种生产

(一)菌种

菌种是指应用于生产中的食用菌菌丝体,属于无性繁殖体。并不是实际意义上的种子(孢子),而是通过孢子萌发或组织分离获得的菌丝体,进行扩大繁殖而成的。

优良菌种主要表现在高产、优质、抗逆性强,高纯度,健壮。

菌种生产也称作制种,是在严格的无菌条件下,通过无菌操作手段培养繁殖菌种的过程。

菌种根据生产类型主要分为固体菌种、液体菌种,其中固体菌种为主要农业生产模式类型菌种,液体菌种为工厂化生产模式类型菌种。

(二)菌种分级

菌种根据生产阶段可分为母种(一级菌种)、原种(二级菌种)和栽培种(三级菌种)。

(1)母种:也称作一级菌种、试管种,是通过育种手段获得的菌丝体,经过出菇试验后,确定为优良菌种,即为原始母种。

(2)原种:也称作二级菌种,是通过母种扩繁而来,作为中间过渡类型菌种,主要用于扩大培养,用于栽培种的种源,也可以直接用于栽培。

(3)栽培种:也称作三级菌种,通过原种扩繁而来,菌丝健壮,分解能力强,用于播种或直接进行出菇(耳)。

(三)制种设施

1.原料加工设备

主要有木屑削片、粉碎一体机,秸秆粉碎机等粉碎机械,根据不同食用菌制种要求,选择不同粒径加工。

2.拌料设备

原料混拌、加水调整湿度和调整基质酸碱度的专用设备。根据规模选择设备型号,确保原料混拌均匀。

3.装袋(瓶)设备

包括装袋、装瓶机械,能有效提高生产效率与质量。

4.灭菌设施

适合基质、菌包和辅材高压或常压湿热灭菌的专用设施。

(1)高压灭菌锅:在加热排净锅内冷空气的条件下,锅内水蒸气压力升高,使蒸汽温度相应提高到120～130 ℃,以达到彻底灭菌的目的。常见有手提式高压锅、立式自控高压灭菌器、大型卧式高压灭菌锅。

(2)常压灭菌灶:在自然条件下产生100 ℃蒸汽进行灭菌,是小规模制种及农户生产的主要灭菌方式。灭菌时间长,效果低于高压灭菌锅。

5.接种设施

指在无菌状态下,通过人工或机械装置完成菌种转接扩繁过程的相关设备设施。

(1)无菌室:包括冷却室和接种室两部分。

①冷却室是指灭菌后的培养基在无菌状态下进行降温的场所,是保证接种成功的关键之一。农法

制种的冷却一般是在开放环境下进行的,容易造成菌种瓶(袋)表面的二次污染,在接种环节就会使杂菌进入,而影响接种成功率。工厂化制种是密闭无菌环境冷却,通过空气过滤、紫外线杀菌、臭氧杀菌等方式,确保空间洁净。

②接种室是进行菌种转接的场所,洁净度要求是最高的,工厂化一般要达到百级净化程度。相对应的配备接种设备,接种箱、超净工作台、自动化接种机等。

无菌室要求严密、光滑、清洁。设有缓冲间,进行换衣及人员、物品消毒工作,与无菌室相连处设置风淋门。无菌室内除必要的物品外,不要放置其他物品。

(2)接种箱:农法制种不可缺的设备,是创造局部无菌空间的设备。有木制、铁制及简易接种帐等,空间合理,便于操作及确保无菌环境。

(3)超净工作台:通过高效过滤及稳定的气流形成局部洁净空间,多用于少量制种及科研使用。在大规模菌种厂,使用百级层流罩超净台的自动接种装置,接种速度快,成功率高。

6.培养设施

为菌丝菌种接种后萌发、生长、成熟而提供的必要设施。

(1)恒温箱:是母种和少量原种培养所用设备,主要是电热控温模式,体积小,控温精确。

(2)培养室:是专门用于培养菌种的场所,具有远离污染源、洁净,温湿度、光照、气体可控。根据要求内部设有培养架。

(四)菌种生产工艺

1.母种生产

(1)培养基制备

①配方:PDA通用培养基,去皮马铃薯200 g,葡萄糖20 g,琼脂粉17 g,加水定容1 000 mL。其他培养基配方根据不同菇种、不同用途选配。

②煮汁分装:将鲜马铃薯去皮洗净,切成1 cm方块,加入1 000 mL水加热,文火煮沸约20 min,马铃薯块软而不烂。用8层纱布进行过滤,定容至1 000 mL,加入琼脂粉溶化充分,加入葡萄糖溶解后,趁热分装。使用200 mm×20 mm或180 mm×18 mm玻璃试管,每只8~10 mL,避免污染管口。使用棉塞或硅胶塞封口。

③灭菌:将分装好的试管立放到高压锅内,封严锅体打开放气阀加热至100 ℃,待放气阀大量排气,冷空气排净,关闭放气阀。温度升至121 ℃,压力0.11 MPa,保持30 min。降压至0.01 MPa时,逐渐打开放气阀,防止形成负压。打开锅盖留有缝隙,用锅内余热烘干潮湿的棉塞。

④摆斜面:温度降到60 ℃左右将试管取出,在平台上放上1 cm左右高度的木条,将试管放到木条处调节角度,保证斜面长度占试管1/2左右,不要沾染棉塞。斜面凝固后,随机取2~3支放入恒温箱中做灭菌效果检测合格后,用于母种生产。

(2)接种培养

在无菌条件下,以酒精灯火焰封口方式,挑去原始母种菌丝,迅速转接到空白培养基上,及时封口,一般一支原始母种可以转接100支以上。接种后的试管放到25 ℃的恒温条件下进行培养,24 h后陆续萌发,大约7~15 d长满试管,其间要不断观察,剔出有杂菌及生长不良的试管,长满的试管成为母种进行生产或销售。

2.原种与栽培种生产

原材料:食用菌原种、栽培种在生产原料上基本相同,使用阔叶木屑、棉籽壳、麦草、枝条、麦粒(玉米粒、谷粒、稻粒)等。

（1）配方

通用配方为木屑 78%，麸皮 20%，石膏 1%，蔗糖 1%，pH 值自然，含水量 60%，除此之外，根据不同菇种、不同栽培模式配方有所变化，将在第四章阐述。

（2）拌料装袋

将木屑、麸皮按照比例称取，进行混匀，将石膏、白糖溶入水中充分溶解后分次加入搅拌，确保均匀，含水量为 60% 左右。拌料后要及时装袋（瓶），原种菌种袋需要较厚的聚丙烯菌袋，菌种瓶则以聚丙烯塑料瓶或玻璃瓶，使用专用菌种装袋（瓶）机械可以提高生产效率。

（3）灭菌接种

菌种生产主要采用高压灭菌方式。首先要排净冷空气，确保无灭菌死角。当温度达到 126 ℃（0.15 MPa）开始计时，维持 120～150 min，停止加热后自然降至 102 ℃ 左右时逐渐开阀放气，趁热出锅，进入冷却室，确保在无菌状态下冷却到 25 ℃ 进行接种。

原种接种少量的可在超净工作台、接种箱内进行。母种提前酒精擦拭消毒后，在酒精灯火焰口拔去棉塞，用专用接种工具切取 1～2 cm^2 的菌种块迅速转接到袋（瓶）中，每只母种可以转接 3～5 袋（瓶）原种，可采用多点接种法，能加快菌种生长点，缩短培养时间。接种后及时封口，转入培养室培养。

栽培种接种量大，在接种室内进行人工或专用接种机械接种，接种前对原种袋（瓶）进行表面消毒，每袋转接 10～20 g 菌种块，颗粒菌种转接量会相对增多。一般 1 袋（瓶）原种可以转接 50～100 袋栽培种，菌种袋中间有接种孔的可以采用多点接种，加快菌丝生长。

（4）培养

接种后的菌袋（瓶）及时移入到培养室内，为促进菌丝尽快恢复生长，前 3 d 温度控制在 28～30 ℃，并观察菌丝萌发状态，菌丝吃料后，根据不同菇种控制培养温度在 23～28 ℃，木屑菌种温度可以稍高些，麦粒菌种培养温度要相对低，确保菌种健壮。室内黑暗通风，确保足够的氧气供应。在培养阶段要及时观察菌丝的生长状态，对有杂菌污染、菌丝退菌的菌种要及时剔除，防止后期菌丝遮盖后，不易辨别，会造成接种后大量污染。经过 20～50 d 左右培养，菌丝全部长满，既可用于接种或播种栽培。长满后的菌种保存要在 4 ℃ 左右温度下避光保存，时间不宜超过 30 d。

（5）谷粒菌种制种工艺（以麦粒为例）

谷粒菌种可用于多种食用菌制种，具有接种后损伤恢复快，能均匀分布接种面，很快生长封面，菌丝营养足，长势旺，尤其是草腐菌栽培中的优选。

选用新鲜的麦粒，进行去尘、清洗后用 30 ℃ 温水按照 2% 的比例加入白灰，浸泡 24 h 左右，每隔 2 h 翻动一次，促进吸水。麦粒泡至无白心状态，捞出后清水过滤，投入沸水中煮制 10～20 min，要文火煮沸，防止麦粒破胀。当麦粒从米黄色转为浅褐色，手捏有弹性为止。捞出摊撒促进表面水分蒸发，以不烫手为宜。按照木腐菌加入麦粒干重 5% 的细木屑、1.5% 的轻质碳酸钙，草腐食用菌加入 5% 的预湿后的牛粪粉、3% 的轻质碳酸钙，混拌均匀。

选用标准的菌种瓶进行装瓶，边装边抖动，促进瓶内麦粒分布均匀，装瓶高度为瓶高的 2/3 左右，整理平整后表面覆盖 2 cm 的木屑（木腐菌）、粪草（草腐菌）培养基，稍加压实，清理瓶口后塞棉塞。麦粒菌种主要采取高压灭菌，排净冷空气后温度 126 ℃，0.14 MPa 的压力灭菌 2h，缓慢排气，使其自然冷却到 30 ℃。若趁热取出则需进行无菌条件下覆盖保温，防止瓶壁冷凝水过多造成麦粒胀破。接种后及时移入培养室培养，经常检查萌发成长状况，若急于使用，可在 7 d 左右进行拍瓶，能有效缩短培养期。

采用其他谷粒制种，玉米粒浸泡时间要达到 48 h 左右，谷粒、高粱粒等要相对缩短浸泡和蒸煮时间，防止淀粉析出。谷粒菌种营养丰富，菌丝生长旺盛，不易久存，要尽快使用。

（6）枝条菌种

枝条菌种近几年发展速度较快，主要应用在黑木耳栽培上，其他木腐食用菌也在不断扩大使用量。枝条菌种的优点是菌丝健壮、接种快速、萌发快、透气好、接种量大等。枝条选用硬杂木加工而成，也可以直接使用冰棍杆,一般长度在15 cm左右,一个标准菌种袋可以装填200支左右。

将枝条用1%的石灰水浸泡24 h左右,充分吸足水分,用细木屑按照栽培种的配方配制后,与枝条进行混匀,使枝条表面尽可能附着木屑培养基。处理后的枝条打捆后填充到栽培袋中,做到紧实透气,整齐一致,表面附上少量的木屑培养基。使用带有瓶肩的无棉盖体封口,袋面清理干净后,装筐上架进行高压灭菌,排净冷空气后温度128 ℃,0.15 MPa的压力灭菌2 h,缓慢排气,趁热出锅,及时移入到冷却室,使其自然冷却到25 ℃,即可进行接种,上架培养。

(五)液体菌种生产应用

1. 液体菌种概念

液体菌种指用液体培养基,在生物发酵罐中,通过深层培养(液体发酵)技术生产的液体形态的食用菌菌种。

利用生物发酵原理,给菌丝生长提供一个最佳的营养、酸碱度、温度、供氧量,使菌丝快速生长,迅速扩繁,在短时间达到一定菌球数量,完成一个发酵周期,即培养完毕。液体菌种应用于食用菌生产,对于食用菌行业从传统生产上的繁琐复杂、周期长、成本高、凭经验、拼劳力、手工作坊式向自动化、标准化、规模化升级具有重大意义。

液体菌种接入料包,具有流动性、易分散、萌发快、发菌点多等特点,较好地解决了固体菌种接种速度慢、萌发时间长、易污染的问题,菌种可进行工业化生产。液体菌种不分级别,可以用来做母种生产原种,还可以作为栽培种直接用于栽培袋接种。液体菌种具有成本低、周期短、纯度高、自动化程度高,接种后萌芽快、生长快、污染少、菌龄短,菌丝健壮,是工厂化食用菌生产的主要菌种类型。但是,发酵设备成本高,制种、接种条件要求严格,制种操作技术要求熟练,必须有专门的技术人员,要求高纯度,否则会造成大量污染,菌丝成熟后不宜储存,需尽快使用。

2. 液体菌种生产设备

(1)发酵系统

发酵系统由发酵罐主体及罐体附属设备构成(图3-1-4),发酵罐可分为气升式、机械搅拌式(含磁力搅拌)、自吸式等多种,在食用菌液体制种中,最常用的是气升式,气体在发酵罐内均匀分布,菌种供氧均衡,菌种质量明显提高。发酵罐可采用电和蒸气两种灭菌方式,占地面积小,移动方便。

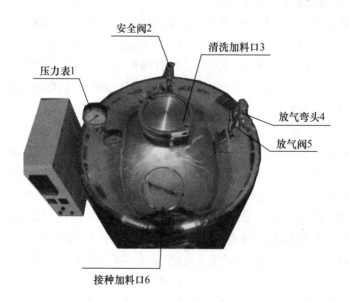

图3-1-4a 发酵罐上部

控制箱14

加水位置7

视镜观察孔8

把手9

标牌10

表箱架13

定向轮

定向轮11

前轮（移动式）12

图 3 - 1 - 4b　发酵罐前部

减压排气口24

上过滤器接口15

三通16

气泵管接口17

下过滤器接口18

传感器接口〔表箱内传感器直接插入〕19

冷却水排水口20

温度计插口（用于校正反表温度时使用）21

保湿加热器接口（1 500 W加热器）22

培养器冷却时进水口23

图 3 - 1 - 4c　发酵罐后部

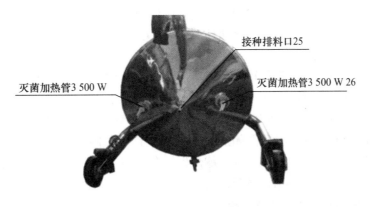

接种排料口25

灭菌加热管3 500 W

灭菌加热管3 500 W 26

图 3 - 1 - 4d　发酵罐底部

发酵罐体应内部抛光有利于清洗,防止污染,保证通气顺畅。根据容量可分为小型 50~200 L、中型 200~1 000 L、大型 1 000 L 以上,不同生产规模,选配相应规格罐体,有助于协调生产,减少生产消耗。

罐体附属主要有上部的入料口、接种口、压力表、放气阀、安全阀等,底部是蒸汽进气口(接种排料口)、电加热器及带轮支架,中部为自控装置、夹层保温、降温、气体过滤控制、观察孔等。

(2)控制系统

控制系统由主控制箱和部件组成,主要是控制培养基灭菌及接种后发酵过程中的温度,确保灭菌彻底,接种温度适宜,培养恒温满足菌种扩大繁殖。主控箱内由 PLC 自动控制模板及控制接触器、电子元件组成,表面有操作面板、显示器及开关控制按钮。部件主要由感温探头、电加热管等组成。

(3)通气系统

通气系统包括空压机组、储气罐、冷干机和过滤器等。空压机组是为发酵罐内菌种生长提供氧气和搅拌动力,该设备采用无油润滑设计,压缩空气纯净。大型液体制种中使用螺杆自动无油空压机配大型储气罐,确保充足的气源。冷干机将湿热空气进行冷却干燥,防止对过滤器造成损害,冷干机功率要与空压机配套,在运行过程中确保排气、排水控制正常运行,并且定期进行维护。过滤器由管道过滤器和罐体过滤器两部分组成,采用高科技膜过滤技术,保证空气清洁无菌,制种无污染。在罐体过滤器前端安装单向阀,是用来短时间内防止培养基倒流(发酵罐内压力大于气管内的压力时,培养基会倒流)。

3. 液体菌种生产工艺

生产操作工艺流程:摇瓶菌种制作→罐体的清洗和检查→空消→培养基的制作→上料→培养基的灭菌→降温→发酵罐接种→培养→检验。

(1)摇瓶种制作

按液体培养基的配料办法制作培养基(马铃薯 20%、麸皮 4%~5%、红糖 1.2%~1.5%、葡萄糖 1.5%、磷酸二氢钾 0.2%、硫酸镁 0.1%、蛋白胨 0.3%、维生素 B_1 20 mg/L)。每瓶装料 20%~40%,棉塞封口。棉塞外包纱布和牛皮纸,高压锅内 121~126 ℃(0.11~0.15 MPa)条件下灭菌 30 min。

培养基温度降至 30 ℃以下时接种,每瓶接入 10~20 块 0.1~0.2 cm² 的母种菌块。接好种的摇瓶在 23~25 ℃的条件下振荡培养,一般 7~10 d 即可长好,出现大量均匀菌球。

摇瓶菌种质量鉴定。菌球形态大小均匀、活力旺盛、毛刺明显,静置 5 min 后菌球占菌液体积的 80% 以上或不分层。菌液中除菌球以外无其他固形物,菌液由前期的微浑浊变得澄清透明,多数是浅黄橙黄色,个别菇种会呈现不同颜色。菌液气味为特有的清香味。还可将菌种放在 20~25 ℃的条件下静置 48 h 左右,若表层菌种子萌发明显且无其他颜色的孢子,则多为正常,若有其他特殊颜色则可能是染菌。

(2)罐体清洗检查

每罐生产结束后和再次生产前用清水冲洗或清洗剂清洗。除去罐壁的残余菌球、菌块、料液等污物及加热棒上的糊料。检查阀门、加热棒、控制箱、空压机组等是否正常,如有故障需及时排除。

初次使用、上一罐染菌时及更换生产品种时应对发酵罐内彻底灭菌,也称作发酵罐空消。技术操作方法:

①开启发酵罐电源,关闭保温按钮;锁紧罐口,打开夹层冷却水进、出口,放空夹层水,打开排气阀;确认蒸汽压力不低于 0.4 MPa,且分汽缸和蒸汽管道内没有冷凝水。

②缓慢打开蒸汽开始加热;待罐压升至 0.15 MPa,关闭蒸汽,待压力降为 0.1 MPa,再通入蒸汽,此过程重复多次;直到罐温升至 122 ℃时,关闭蒸汽进汽阀,关闭排气阀。

③当罐温升至 122 ℃时,开始计时 40 min;罐压保持在 0.11~0.15 MPa,保温期间的罐压依靠底部的蒸汽进汽阀开合来控制;计时结束后,微开排气阀等其自然冷却。至此空消完成。

正常生产时只需将罐洗净,就可进入下批生产。

(3)培养基制作

培养基主要原料使用比例及操作按照如下要求(表3-1-1)。

①马铃薯按10%的比例加入,要求新鲜、无霉烂、不生芽、不变绿,挖芽去皮洗净后切2~4 mm的条或片煮至酥而不烂时,用8层纱布或100目不锈钢网过滤取滤液。

②麦麸占比为3%~5%,要求新鲜、无霉味、无腊味,15目至20目,加水煮沸持续30 min。后用8层纱布或100目不锈钢网过滤取滤液。

③红糖(赤砂糖)占比1.2%~2.0%。

④葡萄糖1.0%~1.5%。

⑤蛋白胨0.15%~0.30%。

⑥草腐食用菌加入0.2%酵母膏。

⑦磷酸二氢钾、硫酸镁等占比0.1%~0.2%。

⑧维生素 B_1 10 mg/L,碾成细末加入搅匀。

⑨消泡剂:聚氧丙烯甘油(泡敌)使用量0.3 mL/L,直接加入培养基内,也可以使用食用油替代。

表3-1-1 食用菌液体菌种不同品种配方中1L培养液的营养加量

成分\品种	马铃薯(g)	赤砂糖(g)	葡萄糖(g)	麦麸(g)	蛋白胨(g)	酵母膏(g)	KH_2PO_4(g)	$MgSO_4$(g)	维生素 B_1(mg)	消泡剂(ml)
平菇	100	15	10	30	1.5	-	1.5	0.75	1	0.3
黑木耳	100	15	10	40	2.0	-	2.0	1.0	1	0.3
金针菇	100	15	10	40	2.0	-	2.0	1.0	1	0.3
杏鲍菇	100	15	10	40	2.0	-	2.0	1.0	1	0.3
香菇	100	15	10	40	2.0	-	2.0	1.0	1	0.3
秀珍菇	100	15	10	40	2.0	-	2.0	0.75	1	0.3
榆黄菇	100	12	10	40	2.0	-	1.5	0.75	1	0.3
鸡腿菇	100	12	10	40	2.0	-	1.5	1.0	1	0.3
白灵菇	100	15	10	40	2.0	-	1.5	1.0	1	0.3
真姬菇	100	15	10	50	2.5	-	1.5	1.0	1	0.3
灵芝	100	12	12	40	2.0	-	2.0	1.0	1	0.3
猴头	100	15	10	40	2.5	-	2.0	1.0	1	0.3
滑菇	100	15	12	50	2.5	-	2.0	1.0	1	0.3
双孢菇	100	15	10	50	2.0	1.0	2.0	1.0	1	0.3
草菇	100	20	10	50	2.0	2.0	2.0	1.0	1	0.3
灰树花	100	15	15	40	3.0	-	2.0	1.0	1	0.3
姬松茸	100	14	14	50	1.0	2.0	2.0	1.0	1	0.3
金福菇	100	15	15	50	2.0	-	2.0	1.0	1	0.3
茶树菇	100	15	10	40	2.5	-	2.0	1.0	1	0.3

制作过程先加主料马铃薯和麦麸滤液;再加入磷酸二氢钾等其溶解后加入硫酸镁,待硫酸镁溶解后再加入其他原料,红糖、葡萄糖、蛋白胨、维生素 B_1,最后加入消泡剂。

（4）上料

关闭进气阀和接种阀，将料液倒入发酵罐中后加水调整料液至标准量，上料后罐内溶液量为罐体容积的75%～90%。拧紧接种盖、打开放气阀，即可灭菌。

（5）培养基灭菌冷却

培养基灭菌也称作发酵罐实消，技术操作方法：

①专用培养基提前用冷水稀释、搅拌、过滤后再加入发酵罐内（不可有结块和杂质），水位定容在两个过滤器中间的位置，开启发酵罐电源，关闭保温按钮，锁紧罐口，打开夹层冷却水进、出口，放空夹层水，打开排气阀，确认蒸汽压力不低于0.4 MPa，排掉分汽缸和蒸汽管道内的冷凝水。

②打开空气进气阀，调整进气压力为0.1 MPa，进行通气搅拌，打开蒸汽管道球阀，打开罐底部蒸汽进气阀（若蒸汽压力高，打开1/2即可），待罐温升至90 ℃时，关闭空气进气阀，待罐温升至123 ℃时，先关闭蒸汽进气阀，再关闭排气阀（升温过程中排气阀始终完全打开）。

③温度稳定在122～123 ℃，并开始计时70～80 min，当罐温降至122 ℃时先打开排气阀，再打开蒸汽进气阀，罐温升至123 ℃时，再反顺序依次关闭蒸汽进气阀和排气阀，当计时结束后，先打开排气阀，再打开蒸汽进气阀最后通入10秒钟左右（升温阶段和保温阶段中，分气缸压力不可低于0.4 MPa，以免培养基回流）。

④关闭底部蒸汽进气阀，打开排气阀泄压，夹层接入循环水或自来水开始冷却，待罐压低于0.05 MPa时，打开空气进气阀通气搅拌，调整进气压力为0.1 MPa。排气阀关闭1/2，待温度降至培养温度时，关闭夹层进水和出水口，冷却结束（冷却过程中罐压不可为零，以免空气倒吸）。

（6）发酵罐接种培养

把接种用物品如手套、菌种（瓶体、瓶口）用75%酒精充分擦拭消毒，接种火圈备好并浇足95%酒精。逐渐开大排气阀待培养器压力降至接近0时，迅速关闭排气阀并点燃火圈，旋开接种盖（注：气泵不能关闭），摇瓶在火焰上方将棉塞旋转拔下，快速倒入菌种，旋紧接种盖，调整培养器罐压至0.02 MPa左右或无压，并检查培养温度即可进入培养阶段。

根据不同品种设定培养温度（一般为20～28 ℃），罐压0.02 MPa左右。培养24 h后每隔12 h从接种口取样一次，观察菌种萌发和生长情况。

（7）质量检验

菌种质量检验包括感观检测、显微检测、培养皿检测、料包（瓶）检测等。

感官检测时取样静置5 min，菌球体积占80%～100%。菌球与菌液界线分明，周边毛刺明显。料液香甜味前期较浓，随培养时间延长会越来越淡，取而代之的是菌丝特有味道。料液颜色变浅、澄清透明，营养消耗殆尽，不再有小的颗粒或絮状物。

显微检验在无菌环境下进行，无菌水稀释菌液后观察菌丝形态，确定菌丝特征、是否具有锁状联合等。同时检查是否感染杂菌。

培养皿检测是在无菌条件下，将菌液挑取接种到PDA平皿培养基上，28 ℃培养24～72 h观察菌丝生长及杂菌情况；另一组接种蛋白胨平皿培养基，37 ℃培养24 h观察细菌是否存在。

料包检测是取灭菌后的料包（瓶）2袋，在无菌条件下接入菌液20 mL左右，置于28 ℃条件下培养，观测菌丝萌发、吃料情况。一般接种后12 h萌发、24 h吃料为健壮菌种。

通过以上检验，确定液体菌种达到质量要求后即可接种。

4. 液体菌种制作日常工作管理流程

（1）生产前发酵罐取样评定检测

①对当天用于生产的发酵罐进行无菌取样。

②每罐用无菌瓶取样300 ml左右，贴好标签；另外再用一个三角瓶取500 ml，贴好标签。

③无菌瓶样品用于显微镜观察、糖度检测、PH测试。

④另外 500 ml 样品放置桌面,静置 10 min 观测密度。

⑤在生化培养箱内找出当天要用的每罐的细菌检测样本、霉菌检测样本、栽培检测样本进行观察辨别。

⑥当所有检测结果都符合要求才可以把发酵罐推向待接种室,然后配合接种人员接好管道,定好接种量。

（2）空压机房巡视

①确认空压机和冷干机的运行是否正常。

②检查空压机润滑水的水量是否满桶。

③储气罐排水。

④过滤器排水。

（3）母种及摇瓶种筛选

①观察母种生长情况和生长速度,有污染的及时挑出处理,总结污染原因并做好记录。

②观察摇瓶种生长情况和生长速度,有污染的及时挑出处理,总结污染原因并做好记录。

（4）发酵罐接种、检测、巡视

①选用筛选后的合格摇瓶种接到前一天灭菌并冷却完全的发酵罐。调好温度、通气量。

②对发酵 96 h 后的发酵罐要及时进行无菌取样。每罐用无菌瓶取样 300 ml 左右,做细菌检测、霉菌检测、栽培检测、镜检、pH 值测试。

③巡视内容:每天对所有罐进行不定时的检测温度、压力、气味、通气量、二氧化碳浓度,并做好记录。

④接种和取样期间要关闭所有房门,关停净化内循环和制冷机,保证室内空气是静止的。

（5）母种、摇瓶种和发酵罐种制作

①提前根据要求合理安排各级菌种制作计划。

②按计划执行各项任务。

③每级种子要做到有备用。

④每级种子要做到有标签、有编号、有记录。

⑤培养基配置完成后到灭菌前的等待时间不得超过 4 h。

（6）卫生管理

①用完的发酵罐、接种枪和接种管及时清洗。

②配料室要保持干燥,配完料要及时清理。

③工作期间产生的工作垃圾及时处理。

④每间隔三天用消毒水擦洗墙壁和天花板。

⑤下班之前所有房间的地面打扫干净,并用消毒水拖洗。

⑥下班清洗洁净服和拖鞋,清洗结束后挂在更衣室晾干。

⑦所有人员离开后关闭照明灯,开启紫外线。

5. 液体菌种生产专用种

(1)液体菌种生产专用种的特点和优势

液体菌种生产专用种是一种固体专用种,使用时只需把专用种用无菌水溶解、直接接入到培养罐即可。菌种在培养罐内密闭无压或低压培养,迅速萌发、快速生长。操作简单、成功率高。专用种采用匀质化、易分散的颗粒状原材料,菌种萌发点多、菌球量大、细小均匀、菌龄一致,且富含纤维素酶、木质素酶等同功酶,生产的液体种接入菌袋后对营养分解利用率高、结实性好。

(2)液体菌种生产专用种制作

①参照液体菌种生产工艺要求培养摇瓶菌种。

②制备固休颗粒培养基。木腐食用菌配方建议配为：硬杂木屑 73% ~ 78%、麸皮 20% ~ 25%、红糖 1%、KH_2PO_4 0.2%、$MgSO_4$ 0.1%、石膏 1%、含水量 60% ~ 63%；草腐食用菌参考配方为：谷粒 40% ~ 50%、麸皮 20% ~ 25%、红糖 1%、木屑 20% ~ 25%、KH_2PO_4 0.2%、$MgSO_4$ 0.1%、石膏 1% ~ 2%、含水量 60% ~ 63%。其中杂木屑和麸皮用 20 ~ 40 目的细小颗粒。可选用 500 ml 三角瓶容器，装料 450 ml、约 150 g 干料。灭菌后冷却，25 ~ 30 ℃ 时无菌操作接入培养好的摇瓶菌种 10 ~ 20 ml。

③液体菌种生产专用种培养。根据不同食用菌类的培养温度要求，培养至菌丝长满后可使用，一般培养温度为 24 ~ 26 ℃。培养期间定期检查菌丝生长情况，菌丝应生长良好、无任何杂菌。

（3）液体菌种生产专用种制作注意事项

①制定生产计划，合理安排各级菌种的生产时间，保持生产连续性和保证菌种在最佳状态时应用。

②严格执行生产操作程序，保证菌种纯度达标。

③液体菌种生产专用种在 1 ~ 5 ℃ 条件下避光保存，在一个月之内使用。

④液体菌种生产专用种生产的设施条件：接种室、培养室（摇床室）、生产操作间各 1 间，面积 10 ~ 12 m^2；摇床、空调等设备。器械包括漏斗、胶管、止水夹、镊子、酒精灯、接种钩（铲）、移液管、吸球、接种机、紫外线灯。烧瓶、三角瓶、试管等。药品等材料包括葡萄糖、KH_2PO_4、$MgSO_4$、蛋白胨、琼脂、医用纱布、脱脂棉、线绳、牛皮纸、赤砂糖、麦麸、木屑、马铃薯等。

二、料包生产

料包是指在菌种接入以前菌包的统称。料包的生产环节主要是基质选择、原料混拌、装袋灭菌及冷却接种等过程。

（一）基质选择。

基质是食用菌生长的主要载体，不同的食用菌对基质的要求有差异，各种基质的物理性质、营养成分等也有很大不同，必须要了解所栽培的食用菌种类对基质的适应性，确保菌丝生长健壮、出菇（耳）产量高、质量好。

1. 主料

食用菌基质中占比最大的部分，满足食用菌生长发育对木质素、纤维素等碳源的需求，主要以木屑、农作物秸秆、畜禽粪便等占比超过 80% 以上。

（1）木屑。木材加工或粉碎后的颗粒状木质原料，是木腐类食用菌基质的主要成分，以柞树、曲柳、榆树、桦树、枫树、椴树等硬杂木为好，杨树木屑次之。松树、柏树等树种的木屑含有芳香族化合物，会抑制食用菌菌丝生长，除特殊种类以外不宜使用。新鲜木屑应堆放 1 ~ 2 个月，或加水堆制发酵后使用效果较好。

（2）玉米芯。黑龙江省是玉米主产区，玉米芯是栽培多种食用菌的极好原料，对于平菇、滑菇、金针菇等多种菇类适应性强，可以单独使用。对于黑木耳、猴头等可与一定比例木屑混合使用。选择玉米芯最好用当年的，根据不同菇种的要求粉碎成 0.5 ~ 2.0 cm 颗粒。玉米芯吸水速度慢，质地较松软，在使用前要进行充分预湿。

（3）棉籽壳。棉籽榨油后的剩余物，由籽壳和附在壳表面的短绒棉、以及少量混杂的破碎棉籽仁组成。棉籽壳含有多聚戊糖、纤维素、木质素等成分，具有营养充足、质量稳定、结构疏松、透气性好、使用方便等特点。含绒多的棉籽壳不宜选用，选用标准是灰白色、绒少，手握稍有刺感，并发出沙沙响声，保证充分干燥、新鲜、无霉变。

2. 辅料

（1）麦麸（米糠）。麦麸（米糠）是食用菌栽培中氮源的主要提供者。麦麸要求新鲜、纯正面粉加工后的红麸,麸皮中含有丰富的维生素,能有效促进食用菌菌丝的生长。米糠是以稻糠为代表的谷物加工后谷壳及少量淀粉组成,其中以米业加工时的细糠(除去谷壳部分,又称油糠)为好,含有大量促生因子,分解速度快。材料要求新鲜,无霉变。基质中添加量一般为5%~30%。

(2)豆粉。豆粉是氮源的主要提供者,可以替代部分的麦麸和米糠,添加量一般为1%~3%。使用豆粉时粒度要尽量小,拌料时要均匀一致,防止结块。

(3)碳酸钙。碳酸钙是食用菌栽培中钙离子的主要提供者,也是调节培养料酸碱度和维持酸碱平衡的调节剂,不同菇种可以使用石膏、轻质碳酸钙等。其添加量依据原料的不同而适当调整比例,添加量一般为1%~3%。

(二)原料混拌

1. 配方选择

(1)通用配方:阔叶木屑78%,麸皮20%,豆粉1%,碳酸钙1%。

(2)高氮配方:阔叶木屑30%,玉米芯20%,棉籽壳20%,麸皮20%,玉米粉5%,豆粉3%,碳酸钙2%。适合金针菇、杏鲍菇、海鲜菇、蟹味菇等工厂化栽培菇种。

(3)低氮配方:阔叶木屑88%,麸皮8%,豆粉2%,碳酸钙2%。适合黑木耳、玉木耳等木腐食用菌。

(4)新型配方:玉米芯70%,木屑10%,麸皮15%,豆粉3%,碳酸钙2%。适合平菇、滑菇等熟料栽培。

2. 预混

根据菇种和栽培模式选择适合的配方,按照比例称取主料和辅料,对颗粒干木屑、玉米芯等难于吸水的要在混拌前进行预湿,使其颗粒完全吸足水分,木屑可以采用集中喷洒翻堆,使其湿度达到50%左右,玉米芯可以采取料斗浸泡方法,确保充足吸水。先将辅料与部分主料进行混拌,确保均匀后,再进行正对混拌。对于机械混拌可以将所有组分按比例加入拌料仓,进行预混。

3. 混拌

预混完成后根据不同培养基需水情况进行加水调湿,如果基质预混后湿度较稳定,可以采用定量给水,否则需要原料搅拌程度判断含水量。为保证原料均匀,需要30 min以上的搅拌,多次判定水分情况。可以采用水分速测仪进行判定,也可通过具有经验的技术人员判定。水分低的情况下,适当增加给水量,水分超标则需要加入混匀的干料进行调节。

(三)装袋灭菌

1. 装袋(瓶)

一般选择耐高压的聚丙烯塑料菌袋和广口瓶,如金针菇、蟹味菇、杏鲍菇等。需要刺口出菇(耳)的多采用较柔软的聚乙烯菌袋,如黑木耳、元蘑等。规格常见的有18 cm×36 cm、16 cm×36~39 cm、15 cm×45~55 cm等,塑料瓶以600 mL、1 100 mL较为常见。

装袋(瓶)要求按标准松紧度、高度、重量一致。料包封口方式有塑料棒打孔封口、无棉盖体三件套以及卡扣捆扎等,在灭菌时塑料棒封口菌包要倒立周转筐内,防止在灭菌过程中袋内积水。装袋后要及时灭菌,防止培养料酸败。

2. 灭菌

一般小型农户生产常用的灭菌方式,料包进入后,温度在4 h内升高到100 ℃以上,排净冷空气,维持8~12 h,期间不可以出现掉温现象。

工厂化及大型菌包厂采用高压灭菌,配套高压蒸汽锅炉,灭菌彻底,效率高。灭菌温度115~

125 ℃,维持 2～3 h。防止突然排气及温度、压力过高,造成菌袋(瓶)胀袋破损或融化。

及时进行灭菌效果检测。随机抽取灭菌后的料包放到 28 ℃条件下培养 72 h,如无杂菌出现、无异味等不正常表现,则说明灭菌彻底;否则根据所检验料包的情况找出原因,进行相应处理。

(四)冷却接种

1.冷却

灭菌后料包焖锅 2 h 左右或温度降到 80 ℃时及时排潮、出锅,进入冷却室。冷却一般分为两个阶段,第一阶段进行自然冷却到 70 ℃左右,主要是通过过滤进新风与排出热气相结合,保证相对无菌环境。第二阶段进行强冷,使用大功率空调降温,以内循环为主,将料包温度降到 25 ℃。要求冷却室内过滤进风口与回风口设置合理,不要出现局部降温不良情况。降温过程配合紫外线、臭氧杀菌,保证冷却阶段的洁净,防止料包二次污染。

2.接种

接种是料包转为菌包的重要手段,要确保接种成功率,需要在净化度极高的接种室内进行。接种人员提前做好个人卫生,进入缓冲室,进行手部酒精擦拭消毒,换上无菌工作服,戴好口罩、无菌帽,通过风淋门进入接种室。菌种提前擦拭消毒后移入接种室,接种工具、用品等都需要消毒处理。

在无菌接种线或高效过滤器下,打开菌种,使用接种枪、接种勺、接种耙等将菌种接入料包。一般两人配合,接种后迅速封口,减少开口后停留时间。大型菌包厂及工厂化栽培多使用全自动无人固体、液体接种机,翻筐、拔棒(打孔、开盖)、接种、封口自动完成,无菌程度高,接种均匀一致,接种成功率接近 100%。

冷却及接种室要定期进行无菌检验,一般 3 d 左右检验 1 次。使用平面培养皿,选择五点法打开培养皿盖,经 15 min、20 min、30 min 暴露后再盖好,做好位置、时间标记,以没有开盖的为对照,置于 32 ℃恒温箱内培养 3 d,观察菌落数,依据下面公式计算:

$$杂菌数/m^3 = 1\,000 \div (A/100 \times t \times 10/5) \times N$$

其中:A 为平板面积(cm^2),t 为暴露于空气的时间(min),N 为培养后的杂菌数。开盖 30 min、菌落数不得超过 3 个为合格。

三、发酵料生产

发酵料是草腐菌主要培养基处理方式,通过微生物发酵原理,进行培养基熟化、杀菌的过程。代表性的双孢菇、草菇、姬松茸、大球盖菇等都属于发酵料栽培菇种。

(一)发酵料基质配制

1.发酵料基质

(1)麦草。草腐食用菌主要培养基组分,包括麦秸、稻草、玉米秸等农作物秸秆,含有丰富的纤维素、半纤维素,营养成分经过调配后适合草腐菌生长。选择新鲜、无霉变的麦草,麦秸、稻草等经过水池充分浸泡后使用,玉米秸需要进行揉碎后使用。

(2)畜禽粪。草腐菌的主要氮源,包括马粪、牛粪、猪粪及家禽粪便,其中马粪为好,粪便纤维化好,养分高,易发热,建堆发酵后高温维持时间长,物理、化学性状稳定。其次是牛粪,C/N 比较低,质地厚重,游离氨含量高,需要提前进行沤制,否则堆制后播种,易造成菌丝"氨中毒"。猪粪中速效氮含量高,菌丝利用快,出菇密,但菇体小易早衰;鸡粪则含氮量过高,要充分发酵后使用,以免引起病害。不论使用哪种粪便,均需暴晒晾干,鲜粪不宜使用。处理方法是粪便收集后,晒干至半湿时,用机械打碎呈颗粒状,便于预湿。

（3）辅料。主要包括麸皮、米糠、豆粉、尿素、碳酸钙等。

2. 配方

（1）干麦草 1 000 kg、干牛粪 1 000 kg、豆饼粉 50 kg、尿素 20 kg，碳酸钙 20 kg、石膏 20 kg、石灰 25 kg，适合于双孢菇、大球盖菇等。

（2）干玉米秸 1 000 kg，干鸡粪 500 kg，豆饼粉 30 kg，尿素 20 kg，碳酸钙 20 kg、石膏 20 kg、石灰 40 kg，适合于姬松茸、草菇等。

（3）干玉米秸 1 000 kg，尿素 20 kg，石灰 30 kg，适合于姬松茸、大球盖菇轻简化栽培。

培养基配方要求 C/N 比为 30∶1，含氮量为 1.5% 左右，每平方米投入干料量为 30 kg 左右。

（二）建堆

1. 场地选择

发酵料堆制一般选用地势平坦、高燥的水泥场地为好，距离菇房及水源较近，避风向阳，远离畜禽舍和饲料库，有利于机械化操作，有足够倒堆空间。

2. 培养料预湿

由于干粪草吸水速度较慢，培养料基数大，直接浇淋很难达到要求湿度，水分会大量流失，也不均匀，所以在建堆前进行预湿处理。先将麦草切断、碾压使其茎秆破碎，随后散开撒石灰，并反复浇水淋湿，做成简易堆。粪干采取边淋水、边翻拌的方法调湿，块大的要打碎，不可以有干块，否则会造成后期杂菌污染。预湿后的培养料湿度为 65% 左右，预湿时间为 2 d 左右。

3. 建堆

建堆时间确定在播种前 20 d 左右，按照堆宽 2 m、高 1.8 m，长度根据料量确定的标准，在水泥地上均匀铺放一层 20 cm 预湿过的麦草，往麦草上均匀撒一层预湿过的畜禽粪，将麦草完全覆盖，将其他辅料混匀后按比例撒匀，再铺 20 cm 厚麦草，再撒一层粪和辅料。直至达到 1.8 m 高左右，对两侧尽量垂直，呈长方体形状。在堆中部插入一个空心管，放入温度计，用于监测堆温变化情况，建堆时如果粪草湿度不足，可以根据情况进行浇水，保证成堆后堆底部有水溢出。建好堆上部要覆盖薄膜保温保湿，并防止雨淋，保证每天多次掀动薄膜，促进堆内氧气供应。

4. 前发酵过程

建堆后，首先由中温微生物参与发酵，微生物活动促使堆温不断上升，3 d 左右中温微生物逐渐死亡，此时嗜热微生物群（放线菌）取代中温微生物活动，继续降解粗硬的原材料，并使堆温维持在 60 ℃以上的高温状态，从而杀灭病菌、害虫，软化原料，提高粪草的持水力。这些微生物不但消耗堆料中易被竞争性杂菌利用的可溶性小分子营养物质，将其同化为只有食用菌才能分解的多糖和菌体蛋白质，而且将原料降解过程中游离出来的对食用菌有害的氨气，转化为蛋白质化合物，并与多糖、酚类等有机物聚合，形成几乎只有食用菌才能分解吸收的木质素 - 腐殖质复合体，从而合成了食用菌特异营养源，使堆肥更适合食用菌生长发育的基质。

根据发酵原理模型（图 3 - 1 - 5），料堆内形成四个分区，从外至内依次为干燥冷却区，与外界空气直接接触，散热蒸发快，既干又冷，厚度大约为 20 cm，自上而下分布不均，是料堆的保护层；向内是放线菌高温区，此区放线菌活动旺盛，温度较高，可达 50 ℃以上，显著特征是有白色的放线菌斑点，此区厚薄与含水量相关，水多则层薄、白斑少不易发现，水少则层厚、白斑多，堆中心温度增高，甚至出现烧堆现象；再向内为最适发酵区，是发酵最好的区域，料温可达 60 ℃以上，该区越大，发酵效果越好；最内层是厌氧发酵区，该区缺氧，产生厌氧发酵，温度低、水分多，发黏甚至变黑、发臭，是最不理想的发酵区域，其范围随料堆的含水量增加而扩大。

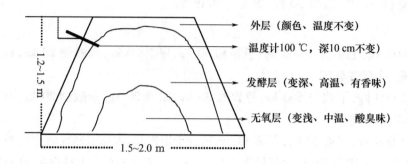

图 3-1-5　发酵料原理结构示意图

　　发酵料在发酵过程中需要大量的氧气,而料堆内的氧气一般在建堆数小时内就被好氧微生物消耗殆尽,后期氧气供给主要靠料堆的"烟囱"效应来完成。当料堆中间热气上升,从堆顶散出,出现气压差,促使新鲜空气从料堆周围向中间渗透,加温后继续向上流动,从而拉动有效的气体循环。这个过程不易过快,否则会因为氧气过于充足,而造成放线菌繁殖过快,料温过高而烧堆,同时也不能过慢,会造成大面积厌氧发酵,影响原料降解及杀灭病虫效果。

（三）翻堆

　　发酵料建堆后,随着时间推移,微生物分解使料堆逐渐变得紧实,堆温一旦下降,就需要立即翻堆,使料堆恢复松软状态,有更多的氧气供给微生物繁殖。同时,翻堆可以改变发酵料各区的理化性质,使各个部分都能在温度、水分、氧气等因素适宜的条件下得到充分、均匀的发酵。

　　翻堆还有利于散发废气,随着发酵时间推移,堆肥内原料不断软化,在重力作用下,料堆内部变得密实、紧凑,气体交换受影响,微生物活动所产生的二氧化碳浓度不断增加,微生物活动受阻,造成堆温到一定时间后就停滞并开始下降,因此,当堆温下降时是翻堆的最佳时机。

　　翻堆方法有横向翻堆和纵向翻堆,人工翻堆多采用纵向翻堆,操作起来方便省力,机械翻堆则多为横向,有利于机械操作。

　　翻堆次序是先将外层干燥冷却区翻下,抖松做成新的料堆底层,将放线菌区和最适发酵区混合放到一边,将厌氧区抖松,放到最适发酵区位置,最后将混合料铲到上部,每次倒堆都按这个次序进行,确保发酵彻底。

　　通过翻堆,料堆体积不断变小。如果水分较少时,在翻堆同时补足水分,厌氧区较大时,可以在料堆底部铺设稻草捆,增强透气。一般每隔 3 d 左右翻 1 次,共翻 3 次。根据实际情况结合翻堆进行灭菌、杀虫,要使用有机、无残留的杀虫杀菌剂。

　　经过前发酵的发酵料含水量适宜,麦草茎秆柔软有弹性,粪草色泽呈黄褐色到棕褐色,有发酵香味,手握松软,闻不到刺鼻的氨味和粪臭味,含水量65%左右。

（四）后发酵

　　前发酵结束后,培养料部分养分已经被微生物消耗,且有害微生物没有被彻底杀灭,继续自然发酵会造成营养大部分流失及发酵料特异性降低。需要人工方法进行干预,这就是后发酵。

1. 过程原理

　　包括巴氏消毒和控温培养两个阶段,将前发酵料搬入密闭程度较好的菇房内,通过蒸汽外热辅助使料温达到 60 ℃左右,维持 8 h,进行巴氏消毒;接着进行通风降温,使料温维持在 50 ℃左右,培养 6 d。

　　高温下使大部分病原菌及害虫的卵、幼虫及成虫受热死亡,可以有效地减少栽培过程中病虫害的发生。高温条件下,促使嗜热微生物大量繁殖,分泌水解酶类,促进发酵料的分解。在高温条件和酶的作用下,前发酵阶段未完全分解的粪草继续分解,形成腐殖质,供食用菌菌丝分解吸收利用。经过通风降温,发酵料内氧的供应得到有效改善,为嗜热微生物繁殖提供了最佳生态条件,将发酵料中残留的氨转化为氮源,同时对基质进行降解,产生聚糖类物质、B族维生素及氨基酸等。继续杀灭前发酵中残留的病原菌。

2. 发酵方法

(1)进料:发酵料采用趁热进棚的方式,一般选择晴天,关闭菇房的所有门窗及通风口,将前发酵完成的培养料趁热迅速移入菇房(棚)内,层架式尽量将料放到中层,尽量短时间内完成。

(2)加热:使用蒸汽锅炉或土锅炉,将管道引入菇房(棚)内,管道每隔20 cm打出气孔,有利于蒸汽均匀分布室内,用轴流风机在室内进行蒸汽循环,确保快速升温。

(3)控制:加温初期,料温高于室温,为使室温短时间内上升,宜用大蒸汽量增温,待料温达到60 ℃时,稳定保持8 h,利用外界温度好时,开窗通风换气,当料温逐渐降到50 ℃左右,关闭门窗,保持6 d。发酵好的培养料呈深褐色,料内均匀分布白色放线菌,具有发酵香味,手握有弹性,分散度好。结束后通风降温,发酵好的培养料调水、调酸后,散料上床,准备播种。

(五)生料栽培

生料栽培是指培养料按照一定比例配比后,直接上床播种的栽培模式。适合于平菇、大球盖菇等低温播种、养菌,省时省力。

生料栽培的关键是培养料要轻简化、减少氮源,加大石灰用量,抑制杂菌生长。主要利用新鲜无霉的玉米芯、玉米秸秆等为主料,用3%的石灰水充分浸泡,含水量达到65%以上。在菌床温度低于20 ℃的条件下播种,播种量为10%左右,播种后覆膜保湿,并定期通风透氧,防止料温升高,对出现污染的地方可以使用生石灰处理,防止扩散。

四、发菌管理

发菌管理是指接种后的菌包在适宜的温度、湿度、光照、气体等条件下,菌丝萌发、生长,分解积累营养物质,直到菌丝成熟的过程。不同的菇种发菌管理有明显差异,时间长短不一,如平菇、杏鲍菇、金针菇等速生菇种,发菌时间30 d左右即可出菇;而黑木耳、滑菇等需要60 d左右;香菇、海鲜菇等则需要100 d以上的时间菌丝才会完全成熟。所以,应针对不同菇种和不同栽培方式进行合理的发菌管理。

(一)菌丝萌发阶段

培养室要求提前杀菌消毒,减少杂菌污染概率。为防止农残影响食用菌产品质量,培养室消毒采用物理、化学方式相结合,先清洁室内四壁、地面,及时更换进风过滤网,工厂化净化培养间要更换过滤器、清理新风管道。使用移动式臭氧机消毒2 h,再使用无残留的熏蒸杀菌剂进行杀菌处理,并进行平板检测,确保培养室洁净。

菌包要及时移入培养室内,一般最多叠放不超过4层,菌包培养密度一般为150袋/m³。过密会造成中后期菌包乏氧情况。预留通风间隙和人员通道,保证室内没有通风死角,确保培养室各位置空间环境条件一致。单个培养室面积不宜过大,尽量在2 d内装满。

菌包进入后培养室内温度保持在适宜温度上限促进菌丝萌发。注意培养架上下保持温度均衡,大型净化培养间利用循环风确保室内温度一致,小型培养室可使用顶部风扇或轴流风机均衡室温。

接种后12 h左右萌发阶段菌丝生长量小,需氧量少,保持培养室内空气清新、氧气充足。重点以保温为主,湿度控制在40%左右。萌发阶段是杂菌侵染的重要阶段,注意防止封口、袋壁微孔滋生杂菌。干燥的空气可以将微孔局部干燥,有利于控制杂菌孢子萌发。菌包培养阶段一般不需要任何光照。

萌发阶段要注意检查菌种萌发情况,对于接种污染、接种后菌种死亡及漏接等菌包要及时处理,进行重新灭菌回接。

(二)菌丝生长阶段

大多数菇类菌丝经过 5～7 d 就可以完全萌发并开始吃料,从而转入生长阶段,在此阶段菌丝有加速生长、旺盛生长和减缓生长三个阶段。

1. 加速生长阶段

菌丝萌发后,逐步向培养基质内生长,菌丝开始分解利用培养基内的营养物质,生长速度逐渐加快,菌丝生长活动产生生物热造成基内温度逐渐升高。所以菌包上架 7 d 后,培养室温度适当下调。对于低温种类温度可以降到 20～22 ℃,如平菇、滑菇、元蘑等。呼吸强度增加,培养室内氧气消耗量增大,要根据二氧化碳浓度调节通风时间和通风量,保证足够氧气供应。此时可以适当增加培养室内湿度减少呼吸消耗水分,但不能超过 60%。

培养 10～15 d 后各种污染的菌包陆续表现,要经常检查,及时挑选和移出培养室。对于单个或小的污染点,可以采用注射浓石灰水的方法控制扩散。

2. 旺盛生长阶段

经过 10～15 d 生长,菌丝在培养基内分解吸收及合成营养物质,生长量快速增加,产生大量生物热,使菌包及周围温度迅速升高,若不采取降温措施,温度可以升高至 40 ℃ 以上,产生"烧菌"现象。因此应继续下调培养室温度、加强通风,防止菌丝受害甚至死亡。有些菇类的菌包需要刺孔增氧,如香菇、平菇等,确保菌丝快速生长的氧气。如果层架式培养的菌包温度过高,应及时进行倒堆,疏散摆放,防止料温过高。

菌丝旺盛生长一般会持续 7～15 d,要做好培养室内温度调控,结合通风管理,湿度维持在 60% 左右即可,若是高温高湿会造成菌包大量污染。

3. 减缓生长阶段

经过 20～30 d 培养,菌包内菌丝逐步长满,菌丝生长速度减缓,料温趋于稳定或开始降温。此期维持较低的培养温度,促进菌丝健壮,增加对基质的分解积累营养物质的能力。虽然生长速度减缓,但是由于菌丝基数增量,呼吸作用依然很强,必须做好培养室内通风换气,保证氧气充足。由于菌丝遍布菌包表面,对光照反应敏感,必须维持暗光条件,否则大部分菇类会造成未成熟菌包过早形成原基,影响后期出菇。

(三)成熟阶段

经过 30～50 d 培养,菌丝已经长满,但内部菌丝数量仍在不断增加,分解基质能力进一步加强,出菇所需营养物质进一步积累。在菌丝满袋后要开始降温,低温类 10 ℃ 左右、中温类 15 ℃ 左右、高温类 20 ℃ 左右,保证菌丝缓慢生长,逐步由营养生长转向生殖生长,进行扭结形成原基。

大型专业工厂化菌包生产的菌包培养可采取两区或三区制模式,有效利用设备、空间,节能增效。接种后的菌包集中在萌发室培养,高净度、加温保温效果好、空间利用率高。萌发生长合格的菌包按照生产批次次序进入大型培养间,控制适宜培养温度,空间大、通风换气、控湿条件一致,形成菌丝生长节段优越环境条件。可以再设低温培养间,对于即将成熟菌包进行降温培养,有利于菌丝健壮。

(四)草腐菌发菌管理

草腐菌多采用发酵料床架栽培,发菌过程在播种床上进行,而且草腐菌都需要覆土出菇,所以发菌管理也包括覆土过程。

1. 播种后到覆土前

菇床播种压实后,维持菇房内空气湿度,有利于菌种萌发,湿度低时可以向四周喷水,温度保持品种适宜温度。要定时通风换气,保证菇房内空气清新。

播种后菌丝开始萌发,恢复生长,检查播种菌块或颗粒菌种长出白色绒毛状菌丝,则说明已经萌发,若没有菌丝长出,继续观察,如果仍然没有萌发,就要分析造成的原因,及时补种。

菌丝萌发后,迟迟不能长入培养料,究其原因,一是培养料过湿,发酵不彻底,发黏发酸,甚至料中还有少量的游离态氨的存在,而抑制菌丝吃料;二是培养料偏干,应在发酵后期进行水分调整,避免过干或过湿;三是培养料发酵不均匀,部分培养料没有充分发酵,上床后继续升温,造成料温过高,影响菌丝吃料;四是菌种老化,生长势弱,无法分解培养料;五是使用不合格的石灰造成危害,要选用合格的碳酸钙、石膏等矿物成分,大面积栽培前可以进行小试。出现以上情况下,进行相应的处理。

播种后待食用菌菌丝恢复生长后,保持培养料表面呈干燥状态,即使空间内杂菌孢子落在表面也不会萌发侵染,虽然影响菌丝向上生长,却有效地抑制了杂菌孢子萌发,确保培养料内部菌丝充分蔓延生长,直至覆土前,分次向培养料表面喷水调湿,菌丝会很快生长到培养料表层。

2. 覆土及覆土后管理

草腐菌菌丝在培养料内长到一定程度时要在培养料表面均匀覆盖一层土粒。

草腐菌覆土是保证出菇的重要手段,土壤中的微生物代谢产物对菌丝体生长和子实体的发育有着促进作用,同时改变了覆土与培养料之间氧气、二氧化碳等比例,促进食用菌菌丝从营养生长向生殖生长转化。覆土中水分提供给幼菇膨大与生长所需要的高湿条件,并且对菇体生长起到支撑、固定作用。

覆土应使用具有团粒结构,孔隙多、保水力强,含有适量腐殖质,不带病菌害虫的中性、成粒的黏壤土,以泥炭土(草炭土)最佳。在覆土前需要进行相应的混拌、造粒及杀菌、杀虫处理。先覆粗土再覆细土,覆土厚度以品种要求为准。

覆土初期菌丝仍然继续生长,栽培架底部可看到绒毛状菌丝。菇房温度适宜,使菌丝尽快爬上粗土层。定时向床面轻喷水,保持覆土湿润。

五、出菇管理

食用菌出菇管理是由营养生长转向生殖生长的过程,是生产食用菌产品的过程。环境条件温度、湿度、光照、通风等对食用菌产品的产量及品质起到决定性作用,各种环境因素不是单独对出菇起决定性作用,各种环境因素相互制约、相互配合,才能够生产出优质、高产的食用菌产品。

(一)温度

适宜的温度是食用菌生长发育的重要保证,根据出菇需要的温度差异,分为低温、中温、高温以及广温类食用菌。根据出菇对温差的要求,又有恒温、变温的区别。了解不同种类食用菌对温度的要求是出菇温度管理的关键。

菌包培养成熟后进入出菇阶段,应根据菇种温度要求进行催菇处理。多数食用菌在催菇时需要进行温度控制,变温的给予10 ℃以上温差变化,低温的维持15 ℃左右温度刺激,高温的则需在30 ℃或更高温度才可以形成菇蕾。

菇蕾形成后应保持稳定的适宜温度,有利于食用菌子实体生长,温度剧烈变化则会造成子实体畸形,甚至死亡。有些食用菌通过温度控制来改变食用菌子实体的生长状态,获得理想的产品。子实体在生长过程中温度降低会抑制生长,菇体变厚、变色、生长减缓及菇柄增粗,孢子发育受阻,甚至不形成孢子。香菇、杏鲍菇、金针菇等都采用低温控制为主来获得优质产品。温度升高则子实体生长加快,易开伞,菇体脆,易散发大量孢子,提前成熟,产孢灵芝就是通过高温控制,促进孢子成熟散粉。温度过高则会使菌丝体和子实体受热死亡。

（二）湿度

食用菌子实体生长都需要较高的湿度，除了对基质水分要求外，更主要的是空气相对湿度。子实体形成阶段空气相对湿度大多为70%～80%，过大湿度反而会抑制子实体形成，并且容易引起杂菌滋生。所以在催菇阶段，以空气增湿与通风相结合，保证湿度有利于菇蕾原基形成；湿度过低则会造成培养基表面失水干燥，不形成菇蕾原基或造成已形成的原基干缩死亡。工厂化栽培可以用催蕾阶段的湿度变化来控制菇蕾的密度及生长状态，如金针菇的抑蕾。

当子实体进入生长阶段时相应提高空气相对湿度，一般为85%～95%，保证子实体生长发育所需要的水分供应，一般以空气加湿为主，使用空气加湿器、微喷及人工喷水等方式进行，多数菇类要求在浇水时尽量不要淋到子实体上，会造成斑点菇；胶质类则需要大水、长时间喷淋，如黑木耳耳片充分吸水才能够生长良好。

在湿度管理中有恒湿和变湿的差异。大多数菇类要求恒湿条件，在整个生长过程中均保持在85%～95%的范围内，湿度变化会造成子实体水分饱和或菇体失水减缓或停止生长，甚至死亡。胶质类子实体则多喜欢干湿交替的生长环境，如黑木耳的"干长菌丝湿长耳"，通过干湿管理才能优质高产。有些菇类通过干湿交替管理模式获得特殊的子实体。在香菇子实体发育阶段，通过干湿变化"催花"手段，使子实体表皮开裂，形成不同品质的花菇。

子实体采收前一般需要降低湿度，使子实体表面相对干燥，有利于采摘晾晒、包装运输。湿度过大会造成水浸菇，不易保存，易引起腐烂变质。

（三）光照

食用菌子实体生长需要在弱光条件，一般0.1～1.0 lx的弱光就可以诱导子实体原基发生，光照过强会造成子实体变色、萎蔫甚至死亡。胶质食用菌耐强光能力较强，尤其黑木耳在生长阶段适当增强光照(1 300～2 400 lx)强度有利于耳片颜色深、光泽度好。有的食用菌在弱光下菇体型正、光滑，口感脆嫩，如金针菇、海鲜菇等。还有的食用菌生长过程中不需要光照，如茯苓、块菌等土生菌在黑暗条件下可以完成生活史。

不同的光质影响也很大，如北虫草在黄橙光照下草体色黄、长势均匀，海鲜菇喜欢蓝光等。熟知食用菌对光质的需求、在子实体生长发育阶段提供适宜的光照是获得优质高产的重要手段。

光照时间同样会影响食用菌子实体生长发育。大部分菇类需要长时期光照，如香菇、平菇、草菇、双孢菇等，短时间光照可以形成原基，但子实体生长则需要持续光照。有些菇类黑暗时可以形成子实体，但大多数畸形，不形成菌盖、不产生孢子，代表菇类有金针菇、灵芝等。

（四）气体

菌丝开始扭结分化形成原基时，较高的二氧化碳浓度能诱导原基形成。原基形成后就要加强通风，增加氧气供应，降低二氧化碳浓度，确保原基正常发育成菇(耳)。高浓度的二氧化碳会造成畸形菇。灵芝子实体形成时，二氧化碳浓度达到0.1%时，就不会形成菌盖，而发育成鹿角状。黑木耳在通风不足时不开片，形成拳耳、鸡爪耳。有些菇类则通过人为控制获得特殊的子实体。是在金针菇和杏鲍菇原基形成后，通过增加出菇环境中二氧化碳浓度可以有效抑制菌盖开伞，促进菌柄伸长。

根据子实体对二氧化碳的敏感度，可分为敏感型食用菌与不敏感型食用菌。前者主要有双孢菇、灵芝、黑木耳、香菇等，这类食用菌子实体生长过程中二氧化碳浓度增加会造成畸形，影响品质；后者包括金针菇、平菇、杏鲍菇等，二氧化碳浓度对子实体发育影响较小，还有利于形成优质菇。

六、采收干制与保鲜

(一)采收标准

当子实体发育达到人们食用及药用程度就要及时采收,而不是成熟后采收。大多数菇(耳)类要求在孢子散发前采收,产孢灵芝、药用马勃等要求在孢子完全成熟后才可以采收。通用标准是子实体生长到一定阶段,生长势减缓,显现本品种特征,符合食用药用要求时及时采收。多数食用菌要遵循"宁早勿晚、宁小勿大、宁干勿湿"的采收原则,做到应收尽收。

(二)采收

采收是栽培管理技术的收尾工作,大多数菇(耳)类也是此阶段用工最多的。黑木耳、滑菇、双孢菇等用工占整个管理用工一半以上,甚至超过80%的用工量。

当菇(耳)体生长到商品成熟期,整个菇床(袋)并不是整体一致的采收,要分期分次进行,所以人工采收是获得优质高产的关键。要提前对采收工人进行采收技术培训,从标准、方法及注意事项方面掌握。遵循"采大留小"的原则,采收时尽量做到不伤害没有达到采收标准的菇体,确保每潮采收都能获得最大的产量与合格的品质。对于工厂化生产金针菇、杏鲍菇、海鲜菇等采用一次采收完成,有利于量产及缩短栽培周期。

机械化采收现在多用于双孢菇工厂化生产,随着技术和自动化水平的进步,很快就会在多数菇种的采收使用机械化,减少人工投入,降低生产成本。

(三)干制

食用菌干制是指食用菌子实体干燥脱水过程,子实体含水量一般减至13%以下,可以抑制酶活和微生物侵染,延长保存周期。干制可以分为自然晾晒与烘干,有些菇类也采取低温冻干或高压速干技术。

自然晾晒是最节约能源的干制方式,将采收后的食用菌子实体在自然条件下进行晾晒或阴干。不同的菇类要求自然晾晒的方式方法有一定的差别,如黑木耳主要是以全光照晾晒为主,结合阴干技术,改善耳片形状与色泽;香菇则是在晾晒的基础上结合烘干才可以达到色、香、味俱全的优质香菇,多数食用菌经过强光照射后,可以使尚在活动期的菌丝体合成维生素 D 增加,提高食用菌的功效。

自然晾晒要求晴天进行,使用透气的纱网,晾晒厚度不易过厚。干燥空气是保证子实体快速脱水的重要条件之一。食用菌在采收前控制水分,降低子实体的含水量,既保证了干制速度快,又有效改善干制后产品质量。如黑木耳控水采收后晾晒,色黑、光泽度好,耳边内卷,正反面色差明显;再如滑菇适当控水采收后,晾晒出的子实体色泽金黄,菇盖平整光滑,香气浓郁。

自然晾晒过程要进行人工翻动,前期要间隔短一些,随着菇体脱水,可以适当延长翻动间隔。翻动时要根据不同阶段、不同菇种的特点进行,如果翻动方法不当,会造成粘连、破碎等,影响产品品质。

对于子实体后生长明显的菇种,晾晒前要进行灭活或切片晾晒,防止在晾晒过程中开伞、腐烂等情况发生。如大球盖菇等草腐菌,可以采收后进行蒸煮灭活后晾晒,也可以及时进行切片后晾晒,保证菇体的形状和品质。

在自然晾晒过程中要防雨、防风沙,可以使用晾晒棚。前期加大通风透光,使子实体快速失水,后期覆盖遮阳网,阴干锁住营养。由于有薄膜的保护,既防雨又防风沙。露天晾晒床,要使用简易支架,备好薄膜,以防风沙、降雨。

烘干是使用人工热源,以干燥空气在封闭空间内循环进行加热、排湿的过程,使食用菌子实体在一定时间内脱水。烘干是多数菇类干制的重要手段,分为直接加热烘干与间接加热烘干,其中间接加热烘干是高品质产品烘干的主要方式。

直接加热烘干是将用燃料燃烧产生的干热空气直接导入干燥区内,与子实体充分接触,脱水速度快,控制不好会造成子实体高温,出现碳化菇,烘干后的产品质量相对降低。间接加热烘干是热源加热隔层空气,再导入烘干室内进行循环,干燥空气温度可控,没有烟尘等杂质影响,脱水过程可控性高,干燥均匀。

烘干后,随着菇体温度下降可能会出现回潮现象,尤其在夏季高湿季节。要注意防止烘干后菇体回潮,确保烘干质量。

低温冻干是先将子实体的水分在低温条件下冻成冰晶,然后在较高真空条件下将冰直接汽化而脱水的过程。在真空充氮的状态下可以做到长时间保存。方法是将食用菌子实体放在 -20 ℃条件下进行速冻后,在较高真空条件下缓慢升温 10～12 h,使子实体中水分结冰汽化,逐渐干燥。按照规格进行真空保存,长时间保存可以进行充氮处理。冻干食用菌营养成分完全保持鲜菇状态,经过吸水复原后,恢复鲜菇固有风味。现已成为双孢菇、滑菇等出口加工的主要方式之一。

高压速干是利用高温常压干燥系统,将子实体放入密闭干燥器内,导入高压干燥空气流,在干燥器内循环流动,由于高湿度差迫使子实体内的水分迅速向空气中散失,5 min 左右,迅速排出高压气流,如此重复 3～5 次,即可达到干燥的水分标准。既节省了干制的时间,又有效地保持了食用菌营养与风味不变,在塑封密闭的条件下,可以长时间保存,多数菇类可以保存长达 3～5 年。干品复水速度快,在沸水中煮 3～5 min 即可变软,恢复子实体原有形态、风味,进行烹调即可。避免了烘干、自然晾晒的食用菌泡发速度慢,品质没有鲜品的风味等缺点。需要专门的加工设备和成熟的技术,是干制的发展方向。

(四)保鲜

食用菌子实体采收后,适当降低水分及环境温度来减小子实体内酶的活性,从而降低子实体的呼吸强度,以及提高包装物内二氧化碳浓度等多项措施,来达到子实体的保鲜效果。不同种类食用菌对低温贮藏要求有区别,多数食用菌可以在 2～5 ℃低温下贮藏,但高温食用菌如草菇就不适宜低温贮藏,需要在 20 ℃条件下,低于 18 ℃就会造成菇体渗水。

食用菌保鲜方法主要有冷藏、气调、化学、辐射等。

七、病虫害防治

(一)食用菌病虫害类型

食用菌在生长发育、运输贮藏过程中,因为遭到不同的病原生物、虫类的侵害或受到不良环境因素的影响,引起了外部形态、内部构造、生理机能等发生异常变化,严重时引起菌丝体或子实体死亡,造成食用菌产量降低、品质变差,甚至导致绝产。

1. 传染性病害

由各种病原生物侵害食用菌引起。使食用菌发生传染性病害的生物称为病原物,包括真菌、细菌、病毒、线虫等,引起的病害是可传染的,会使病害的发生由少到多、由点到面具有明显的扩张蔓延特性。根据不同病原物的侵害,又分为真菌性病害、细菌性病害、病毒病害和线虫病害。生产中杂菌是指与食用菌争夺营养、污染菌种、培养基、子实体等有害微生物。

(1)真菌性病害

与食用菌近缘,营养体都为菌丝体,达到成熟后或在某一阶段出现各类型孢子,病害孢子以无性孢子为主,在高温高湿、通风不良的条件下快速生长繁殖。

从危害的方式上,可分为寄生性、竞争性和兼性竞争三大类。

寄生性病害是病原微生物直接从食用菌菌丝体或子实体内吸取养分,使食用菌正常代谢受到阻碍,从而引起产量及品质下降,或病原微生物分泌某种对食用菌有害的物质,杀伤或杀死食用菌,从中吸收养分。代表性的有褐腐病、菇脚粗糙病、软腐病及浅红酵母病等。

竞争性病害是病原微生物生长在培养基中,与食用菌争夺养分和生存空间,从而导致食用菌产量、品质下降。是真菌病害的主要种类,包括污染菌包的毛霉、曲霉、根霉、青霉、链孢霉等;草腐菌培养基中常见的棉絮状杂霉、胡桃肉状杂霉、白色石膏霉、鬼伞等;段木中常见的有非褶食用菌等。

兼性竞争病害是病原微生物既能在培养基中与食用菌争夺养分和生存空间,影响食用菌生长发育,又能直接从食用菌菌丝体或子实体内吸取养分,使食用菌无法进行正常代谢活动,造成菌丝体、子实体死亡。有代表性的是木霉,是食用菌生产中极具危害性的杂菌。

（2）细菌性病害

引起食用菌发病的病原菌为细菌的一类病害。细菌是单细胞微生物,营养体与繁殖体都是单细胞,个体小,以裂殖方式繁殖,速度极快。引起细菌病原发生的条件为高温高湿,特别是在子实体表面有水膜的条件下,极易引起发病。细菌适宜在中性到偏碱性的环境中生长繁殖,通过浇水传染成为主要途径,培养基灭菌不彻底或接种过程中环境不洁净,都易引起细菌滋生繁殖,而且细菌在低温条件下,生长极缓慢,没有感染表现,称为细菌隐性污染,只有通过平板培养或显微镜观察才可以判定。但一旦温度适合,快速侵染,造成菌包及子实体发病。

由于灭菌不彻底,填料过松,灭菌压力温度不足或存在灭菌死角,灭菌后无菌环境没有达到要求,造成倒吸感染,接种过程更是细菌感染的重要环节,工厂化液体菌种检测控制不好,更容易造成大批量细菌感染。

细菌感染可以在高倍显微镜下观测到球状、棒状的细菌菌落,个别会出现乳白、黄褐等肉眼可见菌落,被污染的菌包菌丝生长稀疏,逐渐出现细菌斑以及吐黄水现象,污染严重的会造成菌包发酸发臭,菌丝死亡。

常见的细菌病害有细菌性褐斑病、菌褶滴水病、蘑菇黄色单胞杆菌病、干腐病、金针菇锈斑病等多种。

（3）病毒性病害

病毒是一种极微小的病原微生物,是以核酸为中心,外壳为蛋白的非细胞形态的微生物。既没有细胞核,也没有细胞壁,却具有很强的侵染活力和增殖能力,具有严格的寄生性,寄生在食用菌菌丝体、子实体的细胞内。

由于病毒粒子非常微小,在普通显微镜下无法发现,必须借助高倍电子显微镜才可以看到形状,大部分为球状结构,直径 25~50 nm 之间,除此之外,还有短杆状和线状病毒。繁殖方式主要是侵入食用菌菌丝体或子实体细胞后,利用食用菌细胞蛋白质进行复制,将食用菌细胞蛋白通过转录和复制变成病毒蛋白质使食用菌无法进行正常代谢活动,表现出病毒危害症状。

病毒病害最早发现的是蘑菇病毒病,以后相继发现香菇、平菇、银耳等多种食用菌上都有病毒病,引起食用菌子实体畸形,产量品质严重下降,甚至失去商品价值。菌种带毒进行扩大传播是危害最严重的传播途径,子实体带毒后通过孢子传播以及害虫传播等。病毒病一旦感染,无药可治,只有通过过程控制,做到食用菌生产过程中不感染病毒。

（4）线虫病害

线虫是寄生性传染病害的一种病原生物,属于线形动物门、线虫纲,白色、线状,体长只有 1 mm 左右,放大 100 倍后才可以观察到。线虫食量大,繁殖能力强生活在潮湿或水湿的环境中,能在水中自由活动。

线虫在菇体内繁殖很快,幼虫经过 2~3 d 就可以发育成熟,并再生幼虫,10 多天就繁殖一代。线虫噬食菌丝,侵害子实体后,菇体软腐水渍状,菌盖变黄,形成柄长盖小的畸形菇,虫源主要来自于培养料及覆土。

2. 非传染性病害

食用菌正常的生长发育需要一定的环境条件,不同的食用菌种类、不同的生长发育阶段对环境条件有不同的要求,当环境中一个或几个因子超出了食用菌所能承受的范围,正常的生理活动就会受到影响,甚至遭到破坏而产生病害,不具有生物传染性,纯生理性的,也称为生理病害。

造成的因素包括营养物质、培养基水分、酸碱度、空气相对湿度等生长发育条件过高或过低,二氧化碳及有害气体浓度超限,农药与生长调节剂等使用不当,高温、冻害等,菌丝生长受阻、子实体发育畸形甚至死亡。

3. 虫害

食用菌在生长发育过程中,会不断遭受某些动物的伤害和取食,通常以昆虫类发生最大、危害最重,由于害虫的作用,造成食用菌菌丝、子实体及培养基质被损伤、取食,所以习惯上称为食用菌虫害,造成危害的动物称为害虫。主要有螨类、线虫、蝇蚊、蛞蝓等。

（1）危害性

取食培养料,并致其霉变,影响菌丝体的生长分解,严重时会导致菌包无法出菇,主要是粪蚊、菌蚊等幼虫;取食危害菌种及菌丝,引起退菌,主要是螨虫、线虫;取食食用菌子实体,形成缺刻或毁坏整个子实体,失去商品价值,主要是跳虫、蛞蝓等;携带传播病虫害,不仅危害食用菌,还将其他杂菌、螨虫进行传播,主要是菌蚊、果蝇等;危害食用菌贮藏干制品,引起霉变、虫蛀,失去商品价值,主要是欧洲谷蛾、印度谷螟等。

（2）发生条件

①温度:是害虫发生的首要因素,昆虫属于变温动物,温度高低决定了某种害虫能否存活及发育快慢,影响害虫种群分布、发生早晚及发生代数。常见的食用菌虫害发生适宜温度为 18～30 ℃,在此范围内,温度越高,发育越快,年发生代数增多,寿命缩短,超出此范围,生长发育就会受阻,高于 40 ℃就会引起虫体发育滞育,低于 5 ℃发育极缓,低于 0 ℃则虫体组织液结冰,引起死亡。

②湿度:水分是虫体发育最基本的物质条件,在适温范围内,湿度就是害虫生存的含水量,变化可以影响生存、发育和繁殖。获取水分主要是通过从培养基及菌丝中获得,也可吸收环境中的水分。培养基含水量是定值,所以其生育繁殖与环境湿度关联密切,在潮湿的条件下,易发生虫害。

③营养:主要取食食用菌的菌丝体、子实体,维持昆虫生命活动的能量来源,害虫多、食物少会影响虫体发育,在管理中加强环境控制,减少虫害发生概率。多数食用菌可在低营养的条件下进行生产,有效控制害虫危害。

（二）病虫害发生特点

自然界中,对食用菌生产造成威胁的病虫害种类繁多,其中传染性病害超过 100 种以上,非传染性有 10 多种,有 15 个目 46 种以上的昆虫能直接危害菌丝和子实体。这些病虫害以不同的方式与食用菌争夺营养、侵蚀菌丝及子实体。

（1）营养丰富的培养基为病虫害发生的提供食源,大多数害虫与病菌都是以腐熟的有机质作为营养来源,发酵料容易滋生病虫害,就是其条件符合病虫害发生的营养条件,如跳虫、螨虫、瘿蚊、线虫等。

（2）病害与食用菌同属于微生物,生活条件相似,适宜的出菇环境,同时为病虫害发生提供了优越条件,大多数食用菌菌丝生长、子实体发育的温度为 10～25 ℃之间,培养基湿度 65% 左右,出菇期间空气湿度 85% 以上,这些条件都符合了病虫害的发生条件,是控制病虫害重点目标。

（3）培养基是病虫害传播的主要载体,大部分病虫害的寄主是树木、农作物秸秆、畜禽粪便等食用菌基质,存在大量病菌孢子、菌体及虫卵等,所以,充分的灭菌与发酵是避免病虫害发生的关键。

（4）多种病虫害同时侵染,亦有单独发生,食用菌种类与生长发育阶段,对感染病虫害有一定差别,如在培养阶段发生的病虫害,会直接在子实体发育时进行传染,害虫啃食后造成伤害,易感染杂菌,感染杂菌后的菌包、子实体同样会为虫害、螨类等发生提供优越条件。

(5)病虫害发生具有重复性,栽培时间越长的场地,发生病虫害的几率越高。主要是病虫害基数的积累和扩大,逐年加重,因此要做好菇房、菇棚、菇床的清洁消毒,消除残存的病虫源。

(三)传播途径与诊断

1. 传播途径

病原物由传播媒介(空气、流水、昆虫、人及生产用具等)在适宜的条件下,传播到菌丝体或子实体上引起感染,成为初侵染。病原物经过越冬、越夏后,再次侵染食用菌,形成再侵染,由此形成侵染循环,会使病虫害越来越重。

(1)由培养料或覆土带入菇房,尤其是生料栽培或发酵不彻底,料中含有许多杂菌孢子和虫卵,覆土没有经过杀菌除虫也是重要携带者,在适宜的条件下,杂菌孢子、虫卵萌发、孵化后,逐渐侵染扩大,造成危害。

(2)自然传播,环境中大量的病菌孢子,在食用菌制种、培养过程中,稍有疏忽就会侵染培养基,害虫则在生产区周围的杂草、废料、枯枝落叶中潜伏,适当时机就会侵入菇房,进行繁殖危害。

(3)菌种带杂,由于制种环节不当,母种、原种、栽培种都可能夹带杂菌和虫卵,作为菌种使用,就会造成大量感染病虫害。

2. 症状诊断

食用菌感染病虫害后,会有异常表现,要及时发现诊断,确定感染源及感染途径,做好预防,防止大发生。

(1)在适宜的条件下,菌丝生长缓慢,不吃料,菌丝不均匀、稀疏,生长良好的菌丝逐渐减少或消失。

(2)菌丝颜色变黄,萎缩甚至死亡,培养料变黑腐烂,散发出霉味、臭味及酒糟味等异味。

(3)培养料表面出现不同颜色的霉状物、粉状物,或形成一层白色、粉红色、橘黄色的菌被。

(4)出菇延迟,甚至不形成子实体原基。

(5)子实体生长畸形,出现菜花状、弯柄状、菌柄分叉及菌盖变小、形状不正,出现裂痕等。

(6)子实体出现斑块或水渍状条纹、斑纹,出现干腐或湿腐,变色萎缩,甚至腐烂。

(7)子实体或原基颜色异常,萎缩干枯,僵化等。

(四)防治原则

食用菌病虫害的防治,必须贯彻"预防为主,综合防治"的方针。选用抗病、虫品种,保持场地卫生,栽培技术(温度、湿度、光照、气体等条件适宜食用菌生长发育)得当,采用物理(空气过滤、高温、高压、紫外线灭菌、臭氧等)、化学处理(各种杀菌剂、杀虫剂和消毒剂的使用)。多种防治措施的协调运用,才能起到综合防治的效果。

防治方法:主要从清洁环境、预防发生和综合防治三方面入手。方法包括物理防治、生物防治、农业防治和化学药剂防治。

1. 物理防治法

物理防治法是通过空气过滤、高低温处理、射线照射、臭氧等物理方法,对食用菌生产过程中所感染的病虫害进行预防和防治的方法,也是有效、常用、经济实惠、不污染环境与产品的防治法。

(1)空气过滤:在冷却、接种、培养等阶段以及工厂化生产出菇管理过程中,采用初、中、高效过滤系统,阻挡、过滤空气中的杂菌、虫害等进入操作空间,在洁净的环境下进行生产。在过滤过程中,配合除湿处理,控制环境湿度。

（2）高低温处理：通过培养基高温湿热杀菌、发酵料巴氏杀菌、高温焖棚、低温冷冻等方式，抑制、杀灭病虫害的方法，是培养基主要处理方式，从根本上解决食用菌病虫害的侵染、萌发危害。

2. 生物防治法

生物防治法主要是以菌抑菌、以菌治虫、以虫治虫等采用生物技术进行食用菌病虫害防治方法。常见的是发酵料中的放线菌能有效抑制多种病原菌的萌发与侵染，使用细菌抑制剂、阿维菌素等防治害虫，使用伪步行虫防治蜗牛、蛞蝓等效果明显。

3. 农业防治法

农业防治法主要是通过管理技术手段，来创造适合食用菌生长的环境条件。从选用抗病虫品种、适合的栽培场所、保持环境清洁、进行菌场、菌床的轮作、设施设备定期维护及通过自动控制来创造食用菌生长发育适宜条件。

4. 化学药剂防治法

化学药剂防治法是最有效直接的防治病虫害的方法，使用化学药剂，对不同种类的病虫害进行直接杀灭。会不同程度地造成对环境、产品的农残，影响产品质量，方法不当还会对人员造成伤害，要有专门的植保人员，确保安全有效。采用熏蒸、喷洒、拌料等方式进行。

参 考 文 献

[1]张金霞.中国食用菌栽培学[M].北京:中国农业出版社,2020.

[2]张金霞.中国食用菌菌种学[M].北京:中国农业出版社,2011.

[3]杨新美.中国食用菌栽培学[M].北京:中国农业出版社,1988.

[4]罗信昌.中国菇业大典[M].北京:清华大学出版社,2010.

[5]黄毅.食用菌栽培[M].北京:高等教育出版社,2008.

[6]徐碧如.耳友菌促进银耳生长的研究[J].微生物学通报,1983,10(1):7－8＋49.

（张丕奇、宋长军、陈虎）

第四章

栽培技术

第一节　白　灵　菇

一、概述

（一）分类与分布

白灵菇，中文学名白灵菇（*Pleurotus tuoliensis*），在分类上属于真菌界，白灵菇在分类上属于真菌界（Mycota），真菌门（Eumycota），担子菌亚门（Basidiomycotina），伞菌纲（Agaricomycetes），伞菌目（Agaricales），侧耳科（Pleurotaceae）侧耳属（*Pleurotus*）。

野生白灵菇自然分布于新疆塔城、阿勒泰、木垒等地，分布于山地和山前平原、冲积扇的阿魏滩上，海拔 800 ~ 900 m，是当地的一种名贵土特产品。生长于新疆的阿魏属植物的根上，当地人称为"白阿魏蘑"。

（二）营养价值和功效

白灵菇菇体洁白，肉质细腻，口感似鲍鱼，有"素鲍鱼"之美誉。国家食品质量监督检验中心检测表明，白灵菇子实体干品中蛋白质、脂肪、粗纤维和碳水化合物的含量分别为 14.70%、4.31%、15.40% 和 43.30%。肖淑霞等分别测定了白灵菇菇蕾期、发育期和成熟期的营养成分，结果表明鲜白灵菇子实体中粗蛋白占 2.92%、粗纤维占 1.11%、灰分占 0.68%。白灵菇含有 17 种氨基酸，其中包括 8 种人体必需氨基酸，占氨基酸总量的 35%，白灵菇中氨基酸的构成有利于人体的吸收。除此以外，白灵菇含有丰富的人体必需的常量元素 Ca、P、K、Na 和微量元素 Mg、Fe、Zn、Mn、Cu、Co、Ni、Se、Cr 等。

由于白灵菇自然发生在药用植物阿魏上，民间认为其具有中药阿魏的药用功效，能消积、消炎等，此外，白灵菇的多糖等活性提取物具有抗氧化、增强免疫力等功效。

（三）栽培发展史

1987 年，中国科学院新疆生物土壤沙漠研究所牟川静等成功驯化白灵菇，随后由陈忠纯在福建等省推广栽培。1997 年在北京实现规模化商业栽培。白灵菇产量从 2001 年的 7 343 吨增长到 2011 年的 31 万吨（中国食用菌协会数据），增长了 42 倍，其受市场欢迎程度可想而知。但是，近年来白灵菇产量有所下降，2017 年全国白灵菇总产量比 2016 年下降了 25.88%，2018 年比 2017 年又下降 19.25%。

二、生物学特性

（一）形态与结构

自然界中的白灵菇子实体多单生，由于气候干旱，菌盖表面粗糙，常有龟裂状斑纹，菌肉白色、细嫩、厚。菌褶白色，后期带粉黄色，延生，长短不一，网纹有或无。菌柄长 3 ~ 8 cm，直径 2 ~ 3 cm，侧生，稀偏生，罕中生，上粗下细或上下等粗，白色，中实，质较嫩脆。孢子印白色。孢子无色，光滑，含油滴，长方椭圆形或椭圆形。

白灵菇菌丝体分单核菌丝和双核菌丝。单核菌丝较细，可亲和的单核菌丝相互结合形成双核菌丝。双核菌丝较粗，有分支，锁状联合结构明显。在培养皿上培养时，菌丝多匍匐紧贴于培养基表面生长，气生菌丝少，菌落舒展、均匀、稀疏。菌丝体浅白色。正常温度下，12 d 左右可长满 PDA 试管斜面。

（二）繁殖特性

白灵菇是四极性异宗结合食用菌。其生活史从担孢子开始，担孢子在一定温度和营养条件下萌发形成初生菌丝,初生菌丝经不同性别的菌丝相互结合,发生质配后形成较粗的双核菌丝。双核菌丝在适宜条件下生长,互相扭结形成原基,原基经过分化,进一步发育成幼小子实体,幼小子实体逐渐发育成熟,产生新的担孢子,在适宜条件下,孢子萌发,开始新的生活史。有的菌株在双核菌丝体生长中产生大量的分生孢子。

(三)生长发育条件

侧耳属真菌种类大多是木腐菌,但是白灵菇具有弱寄生性,现将白灵菇的生长发育条件介绍如下:

1. 营养条件

(1)碳源。白灵菇能够利用多种碳源,单糖、多糖、淀粉、纤维素、半纤维素、木质素、甘油以及醇类等。在实际栽培过程中,主要以棉籽壳、豆秸、玉米芯、杂木屑和甘蔗渣作为主料提供白灵菇生长所需的碳素条件。

(2)氮源。白灵菇对氮源营养的选择不严格,蛋白胨、酵母膏、氨基酸、铵盐和硝酸盐等都是白灵菇的氮素来源。在实际的生产当中主要通过添加麦麸、米糠、豆饼和玉米粉等辅料来作为氮素营养的来源。

(3)其他。钙、磷、硫、镁、锰和铁等矿质元素和维生素类物质的添加能够促进白灵菇菌丝的生长发育,可以通过添加相应的无机盐(如碳酸钙、硫酸镁、磷酸二氢钾、石灰和石膏)等获得。

2. 环境条件

(1)温度。温度是影响白灵菇生长发育最活跃、最重要的因素之一,白灵菇菌丝生长的温度范围为5～32 ℃,适宜温度为20～27 ℃,最适温度为25 ℃。35～36 ℃时菌丝停止生长,20 ℃以下时生长速度明显下降,5 ℃以下基本停止生长。白灵菇是一种变温结实性食用菌,子实体形成需要低温刺激,没有低温刺激,子实体原基不能形成。子实体形成和生长的的温度范围为5～22 ℃,最适温度15～18 ℃,优质商品子实体生长的适宜温度较低,以8～13 ℃更适。

(2)湿度。栽培白灵菇的培养料中的含水量应控制在60%～65%。菌丝生长阶段的空气相对湿度应控制在40%左右,过高容易滋生杂菌;原基分化阶段空气的相对湿度应该提高到80%～90%;子实体发育期间空气的相对湿度应以80%左右为宜,湿度过高容易烂菇,湿度过低菌盖易龟裂。

(3)光照。菌丝生长阶段不需要光线。子实体原基形成、分化和生长都需要一定的散射光,光照不足,影响原基的形成和分化,并影响色泽。光照不足时,子实体色泽暗淡、不鲜亮,商品品质下降。但应避免日光直射,以防菌盖龟裂。

(4)pH 值。白灵菇菌丝在 pH 值为5～11 的基质上都能生长,但最适的 pH 值为5.5～6.5。

(5)氧气和二氧化碳。白灵菇是好气型真菌,生长需要氧气。但其菌丝对二氧化碳不敏感。菌丝可以在半厌气条件下生长,但必须保证氧气的供应,否则菌丝生产会受到影响。白灵菇原基分化和子实体发育要求的通风量大大高于其他食用菌,当缺氧和二氧化碳浓度高时,形成的子实体菌柄较长、菌盖较小,甚至长不出菌盖,形成畸形菇,有的甚至难以形成子实体,已形成的子实体也会畸变或死亡,因此在这一阶段,要特别注意通风。

三、栽培技术

(一)栽培设施与栽培季节

1. 场地设施

白灵菇栽培场所应选择向阳、通风、干燥、清洁、卫生的场所。传统的农法栽培根据当地气候,选择季节在各种菇棚内或者各类常见的砖混或其他材料建造的房屋内栽培,以人工或者自动、半自动的设备装袋,常压或高压灭菌后接种。农法栽培设备设施简单,投入少,需要大量的人力辅助。工厂化生产需要综合考虑较长的栽培周期与能源消耗,按照白灵菇特有的要求进行厂房和工艺设计,以及精准化的各环节工艺和技术的配套。

2. 栽培季节

白灵菇栽培季节的选择要依据子实体生长发育所需的温度和生育时间来决定,白灵菇子实体发生发育要求 8~20 ℃,最适温度 10~18 ℃。子实体形成前还需要 25~45 d 的后熟期和 0~10 ℃低温刺激 7~20 d。根据黑龙江省自然条件,一般在 4 月至 5 月出菇,往前推 4~5 个月接种。一般在 12 月至 1 月接种。

(二)栽培原料与配方

栽培原料必须具备营养性、透气性和持水性。要求新鲜未霉变和不含任何有害物质。棉籽壳、木屑和玉米芯等都是栽培白灵菇较好的主料,其中以棉籽壳为最优。麦麸、玉米粉、米糠等是很好的辅料。此外,需准备一定量的糖、石膏、石灰和碳酸钙等。常见的栽培配方有:

(1)棉籽壳 40%、杂木屑 40%、麦麸 10%、玉米粉 8%、石膏 1%、石灰 1%。

(2)棉将壳 40%、玉米芯 40%、麦麸 18%、石膏 1%、石灰 1%。

(3)杂木屑 78%、麦麸 20%、红糖 1%、碳酸钙 1%。

(4)棉籽壳 40%、玉米芯 20%、木屑 20%、麦麸 8%、豆饼粉 7%、石灰 2%、石膏 1%、过磷酸钙 1%、糖 1%。

(5)棉籽壳 62%、木屑 20%、麦麸 12%、玉米粉 5%、石灰粉 1%。

(6)棉籽壳 85%、麦麸 10%、玉米粉 3%、石灰粉 2%。

(三)料包制备

1. 制备

塑料袋规格宜选用高密度低压聚乙烯袋或聚丙烯袋,规格一般为 15 cm×30 cm 或 17 cm×35 cm。杂木屑、玉米芯等原材料需要提前暴晒后预湿,与其他辅料按配方比混匀,调节培养料含水量,调节 pH 值为 7.5~8.0。装好的料包需上下一致,松紧适宜,料面平整,袋口整洁。

2. 灭菌接种

农法栽培的白灵菇一般采用常压灭菌,灭菌时菌袋之间一定要有间隔,保证热蒸汽能在菌袋间流通。如果灭菌锅或灭菌包内菌袋摆放拥挤,热蒸汽无法穿透,会导致灭菌不彻底,成品率降低。灭菌时间根据菌袋数量和菌袋大小而定,当灶内温度达到 100 ℃,维持 12~14 h。

料包灭菌后移入冷却室,冷却至 28 ℃以下后即可接种。由于白灵菇菌丝抗杂能力较弱,配料中营养素又很丰富,因此,接种应严格按无菌操作在接种箱、接种室或接种帐内进行。白灵菇的接种量以偏多为宜,以便提前封面,减少菌袋污染率。出锅与接种的间隔时间越短,污染的概率越小,菌袋成品率越高。

(四)发菌管理

发菌期间,培养室的温度应控制在 20~26 ℃。发菌初期(7~10 d)温度可略高(24~26 ℃),以利于菌种定植萌发。当菌丝封面后,可将室温降至 20~23 ℃,整个发菌期间,袋内温度不宜超过 28 ℃。发菌期间,将空气相对湿度控制在 40% 左右为好,避光培养菌袋。

白灵菇菌丝刚长满时,菌丝稀疏,菌袋较软,不能立即出菇,需要一段较长时间的生理后熟期。后熟期的长短与品种的种性有关,同时也与发菌期温度的高低有关。后熟培养非常重要,只有当料内菌丝达到生理成熟后,白灵菇才能正常长出。后熟期应将温度控制在 18~25 ℃,空气相对湿度保持在 70%,适当给予少量的散射光,在此条件下继续培养 30~50 d,菌袋即可达到生理成熟。

（五）出菇管理

达到生理成熟的菌袋表层菌丝色泽浓白,手触有坚实感。当外界气温适宜时,将其移入出菇棚、温室或专用菇房内顺码成墙式催蕾出菇,其中主要有棚室架式出菇(图 4 - 1 - 1)和地摆平铺出菇(图 4 - 1 - 2)。

图 4 - 1 - 1　白灵菇棚室架式出菇

图 4 - 1 - 2　白灵菇棚室地摆平铺出菇(王延锋拍摄)

（1）催蕾

催蕾适宜环境条件为最高气温 15~22 ℃,最低气温 5~10 ℃,空气相对湿度 85%~90%,光照强度在 500 lx 以上,菇棚通风良好,氧气充足。催蕾由搔菌和低温刺激两个步骤组成。

搔菌的具体做法是:解开袋口,用小铁耙扒掉料中心菌块及周围 2 cm 范围内的老化菌皮。其他部位不要动。搔菌有利于原基早现,把出菇点定位于中央。搔菌面不能过大,否则现蕾数目多,需要疏蕾,不仅费工费时还浪费养分。搔菌后,袋口向外拉,重新扎好,袋口不要扎得过紧,松松的,使里面形成一个既保湿又通风的小环境,以刺激菇蕾的形成。

搔菌后给予一定的温差刺激,最佳温差为 12 ℃ 以上,持续 8~10 d。在上述措施的综合作用后,一般搔菌 15 d 左右即可在料面上形成肉眼可见的白色颗粒状原基。

（2）子实体发育期管理

原基出现后,再次拉长袋口,加大原基生长空间,保证小环境通风、保湿条件良好。当原基长至蚕豆大小,此时如果发现原基过多,应进行疏蕾,每袋保留 1~2 个健康的小蕾。当幼蕾长至乒乓球大小,要及时将塑料袋口挽起,让幼菇完全暴露在菇棚大环境中生长发育。幼蕾期,温度应控制低一些,以8~12℃为好,空气湿度为85%~95%,氧气充足,光照500 lx以上,此后,子实体进入快速生长发育期。对于快速生长发育期的子实体,栽培者必须认真协调好温度、湿度、光照、通风等环境条件。此阶段宜于子实体发育的温度是12~15℃。最适于形成盖大柄小优质菇的温度是8~12℃。空气相对湿度80%~90%,光照强度600 lx以上,O_2量充足。管理时应综合考虑,统筹兼顾。

(六)采收加工

正常管理情况下,白灵菇从现蕾到采收需10~15 d,不同品种稍有差异。一般应在菌盖充分展开、内卷,边缘圆整且未散射孢子时采收(图4-1-3)。采收时用手指捏住菌柄,轻轻旋下即可。采收时一定要小心谨慎,不能对子实体表面造成机械性损伤从而影响商品特性。白灵菇生长周期较长,产量较低,一般采一潮菇的生长周期要100~150 d,生物学效率为30%~40%。

图4-1-3 子实体采收标准(王延锋拍摄)

(七)病虫害防治

1. 生理性病害

农法栽培的白灵菇多发生在低温季节,子实体发育期间,温度低于8℃时,易形成盖小柄长的畸形菇。白灵菇原基形成和分化阶段,要经常注意调节菇棚内空气相对湿度在80%~90%,过于干燥,子实体表面容易发黄、龟裂,湿度过大,通风不良,又在子实体表面形成黄斑,影响商品性状。所以子实体生长发育期间,需要充分协调好温度、湿度、光照、O_2条件,减少畸形菇的发生。

2. 虫害

由于白灵菇生长温度偏低,菇蚊等虫害较少,只要注意栽培环境的干净卫生,各环节操作规范,虫害一般不会爆发。

参 考 文 献

[1]董洪新,吕作舟.阿魏侧耳酸提水溶性多糖的研究[J].微生物学报,2004,44(1):101-103.

[2]甘勇,吕作舟.阿魏蘑多糖理化性质及免疫活性研究[J].菌物系统,2001,20(2):228-232.

[3]黄晨阳,陈强,邓旺秋,等.中国栽培白灵菇学名的订正[J].植物遗传资源学报,2011,(5):825-827.

[4]黄晨阳,陈强,张金霞,等.图说白灵菇栽培关键技术[M].北京:中国农业出版社,2011.

[5]贾身茂,秦淼.我国白阿魏蘑的驯化与栽培[J].中国食用菌,2006,(3):3-7.

[6]吕作舟.食用菌栽培学[M].北京:高等教育出版社,2006.

[7]牟川静,曹玉清,马金莲.阿魏侧耳一新变种及其培养特征[J].真菌学报,1987,6(3):153-156.

[8]李何静,陈强,图力古尔,等.中国白灵菇自然群体的交配型因子分析[J].菌物学报,2013,32(2):248-252.

[9]肖淑霞,郑立威,唐航鹰,等.白灵菇营养价值研究[C]//中国菌物学会第三届会员代表大会暨全国第六届菌物学学术讨论会.北京:2003.

[10]张金霞,黄晨阳,胡小军,等.中国食用菌品种[M].北京:中国农业出版社,2012.

[11]郑琳,蒲训,毕玉蓉.白阿魏侧耳子实体抗氧化活性的研究[J].中国食用菌,2003,22(1):23-25

[12] Wang S, Rong C, Ma Y, et al. First report of hodotorulaglutinis – induced red spotdisease of Pleurotusnebrodensis in China [J]. Journal of plant pathology, 2015,97(1): 218

[13]Zhao M R, Zhang J X, Chen Q, et al. The famous cultivated mushroom Bailinggu is a separate species of the Pleurotuseryngii species complex[J]. Scientific reports,2016, 6:33066.

(潘春磊)

第二节　草　菇

一、概述

(一)分类与分布

草菇(*V. olvacea*),又称中国蘑菇、兰花菇、苞脚菇、贡菇、南华菇、麻菇等,属于担子菌纲,无隔担子菌亚纲,伞菌目,光柄菌科,小包脚菇属。根据 Shaffer 对北美的调查,认为全世界苞脚菇属有 100 多种、亚种或变种。对于我国草菇种类,邓叔群(1962)记载了 4 种,即草菇、银丝草菇、黏盖草菇、矮小草,卯晓岚(1998)又增加了 2 种,即美味草菇、美丽草菇。上述 6 个种只有草菇是商业化人工栽培种。

草菇喜温喜湿,腐生于粪草、秸秆等纤维类基质上。我国草菇栽培区域多产于两广、福建、江西、台湾。近几年随着设施利用、栽培品种创新和栽培技术日趋完善,草菇生产呈现"南菇北移"的趋势。现在山东、北京、河北等黄河以北的地区也已成为草菇主要产区。

(二)营养与功效

草菇味道鲜美,肉质脆嫩,香味浓郁,其营养丰富,食药兼用。每 100 g 鲜菇含糖分 2.6 g,粗蛋白 2.68 g,脂肪 2.24 g,灰分 0.91 g,维生素 C 207.7 mg。草菇蛋白质中人体 8 种必需氨基酸含量高,占氨基酸总量的 38.2%。此外,草菇还含有丰富的磷、钾、钙、铁、钠等多种矿质元素。草菇的维生素 C 含量高,能促进人体新陈代谢,提高机体免疫力,增强抗病能力。草菇具有解毒作用。草菇中多糖类化合物和凝集素蛋白物质均具有明显的抗肿瘤作用。另外,它能够减慢人体对碳水化合物的吸收,是糖尿病患者的良好食品。

(三)栽培历史与现状

草菇人工栽培起源于我国,距今已有 300 多年的历史。道光二年(1822 年)《广东通志》就有人工栽培记载:"南华菇,南人谓菌为蕈,豫章、岭南又谓之菇。产于曹溪南华寺者名南华菇,亦家蕈也。其味不减于北地蘑菇。"其在 20 世纪 30 年代传至世界各国,是一种重要的热带亚热带菇类。

我国既是最早栽培草菇的国家,也是草菇生产大国,我国草菇总产量占世界总产量的 70%～80%。最早栽培草菇是利用稻草,一直到 20 世纪 60 年代以前都是室外大田堆草式栽培,产量很低,生物转化率也只有7%左右,产区主要集中在广东、福建、台湾等南方省份。张树庭等1971年首次将稻草改为废棉渣,尝试在室内控制条件下栽培草菇,使草菇的生物转化率从7%提高到了30%,改变了草菇单一的室外栽培模式,草菇栽培面积和范围不断扩大,中国蘑菇传遍东南亚。草菇栽培经历了20世纪70年代以稻草为基质的生料堆式栽培,80年代以稻草、废棉渣等为基质的保温房床架式栽培,90年代开始有袋式栽培,随后多种栽培方式共存。进入21世纪开始有机械化操作,以保温房周年栽培和挖畦生料地栽为主。

二、生物学特性

(一)形态与结构

草菇菌丝白色至淡黄色,透明或半透明,细胞长度不一,46~400 μm,直径6~18 μm,被隔膜分隔为多细胞菌丝,大多数只有一个细胞核,也有两个细胞核或多个细胞核。无锁状联合。有少量或极大量的厚垣孢子,厚垣孢子淡黄色或紫红褐色,圆球形或椭圆状球形,直径35~45 μm(图4-2-1)。草菇子实体丛生或单生,由外膜、菌盖、菌柄、菌褶、菌托等构成。外膜又称包被,顶部灰黑色或灰白色,往下渐淡,基部白色,未成熟子实体被包裹其间,随着子实体增大,被突破的外膜遗留在菌柄基部而成菌托。草菇菌盖灰色至灰黑色,张开前钟形,展开后伞形,最后呈碟状,直径5~12 cm,大者达21 cm;菌盖中央颜色较深,四周渐浅,具有辐射状暗色纤毛状线条(图4-2-2)。菌褶白色,成熟过程中渐变为粉红色,最后呈深褐色。孢子印粉红色,担孢子椭圆形,(6.0~8.4)μm×(4.0~5.6)μm。菌柄白色、中生,圆柱形,直径0.8~1.5 cm,长3~8 cm。

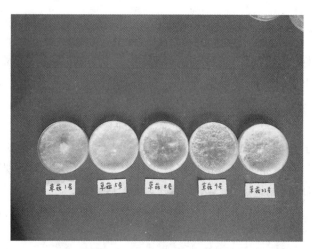

图4-2-1 草菇菌丝形态

图4-2-2 草菇子实体形态

（二）繁殖特性与生活史

草菇子实体成熟时弹射出无数担孢子，担孢子在适宜条件下萌发又开始新的生活周期，草菇完成一个生活周期的时间为 4~6 周，其中从播种到采收仅需要 2 周左右。草菇的生活史中，除了从担孢子至担孢子的大循环之外，还有一个次生菌丝与厚垣孢子之间的小循环，即草菇的次生菌丝在其生长的某一时期可形成呈休眠状态的厚垣孢子，可抵抗恶劣的环境。在适宜的条件下，厚垣孢子又可萌发成次生菌丝参与到生活史中的大循环。

（三）生长发育条件

草菇是一种高温型草腐真菌，以分解纤维素、半纤维素等基质获取营养物质，栽培技术简便粗放：可生料栽培，抗杂能力强，易获得成功。

1. 营养要求

草菇是一种腐生菌，所需营养主要包括碳源（主料）、氮源和无机盐（辅料）等。草菇能利用多种碳源，其中以单糖最好，双糖其次，多糖再次。玉米芯、稻草、麦秸、棉絮、棉籽壳、豆秸等农作物副产品均可作为草菇栽培的碳源。草菇菌丝通过胞外纤维素酶和半纤维素酶将其降解吸收利用，不同原料影响草菇口味。草菇能很好地利用有机氮和铵态氮，而对硝态氮利用较差，麸皮、米糠、豆粉、粪肥（牛粪、鸡粪等）均可作为草菇栽培的氮源，粪肥最常用。控制培养料含氮量以 0.6%~1.0% 为宜，麸皮、米糠添加量在 15% 以内，粪肥（牛粪、鸡粪）添加量为 30%~40%。草菇生长也需要无机盐，生产中只需补充少量元素，可添加少量的石灰、硫酸镁、磷酸二氢钾、碳酸钙即可；微量元素一般不特殊添加。

2. 环境条件

（1）温度。草菇是高温型真菌，孢子萌发的最适温度为 40 ℃左右，低于 25 ℃或高于 45 ℃孢子都不萌发。菌丝生长的温度为 12~43 ℃，适宜温度为 30~35 ℃，高于 44 ℃或低于 12 ℃，菌丝生长极微弱，10 ℃停止生长，呈休眠状态，5 ℃以下菌丝易死亡，草菇菌种不能在 4 ℃冰箱中保存。子实体发生温度为 25~38 ℃，适宜温度为 28~32 ℃，低于 20 ℃或高于 35 ℃，子实体都难以形成。在适温范围内，菌蕾在偏高的温度中发育较快，但个体小，质量差；在偏低的温度中发育稍慢，朵大质优。草菇属恒温结实菇类，对温度反应敏感，北方栽培避免昼夜气温剧烈变化，否则产量不稳定。

（2）湿度。草菇适宜在较高湿度条件下生长，培养料含水量在 70% 左右，出菇空气相对湿度以 85%~95% 为适宜。空气湿度低于 80% 时子实体生长缓慢，表面粗糙无光泽，高于 96% 时菇体容易坏死和发生病害。

（3）空气。草菇是好氧真菌，出菇快，足够的氧气是草菇生长发育的重要条件。氧气不足，二氧化碳积累太多，易导致菌丝生长停止或死亡、出菇时产生肚脐菇。栽培时应选择空气缓慢对流的场所，通风不宜过强，二氧化氮浓度控制在 0.1% 以下。

（4）光照。草菇孢子的萌发和菌丝的生长完全不需要光照，但子实体的形成需要一定的散射光。光照强，子实体颜色深黑而有光泽，健壮，抗病力强，组织致密；光照不足，子实体灰色而暗淡，甚至白色，菇体组织也较疏松。但强烈的直射光对子实体有严重的抑制作用。草菇栽培时，控制光照 300~500 lx。

（5）酸碱度。草菇是一种喜碱性环境的真菌，孢子萌发的适宜 pH 值为 7.4~7.8，菌丝体 pH 值在 4.0~10.3 均可生长，适宜的 pH 值为 7.0~8.0；子实体在 pH 值为 7.0~8.5 可正常生长发育，在 pH 值 7.5 的环境中生长最好。

三、栽培技术

（一）栽培品种

草菇分布于中国、韩国、日本、泰国、新加坡、马来西亚、印度尼西亚和印度等热带和亚热带高温多雨地区,栽培品种多样。目前我国主栽的草菇有两个品系,即白色品系(如屏优1号)和黑色品系(如V23、V35、V9715)。在黑龙江省,黑色品系草菇产量较高、耐低温、菇体厚实、圆润、个大、口感脆嫩;白色品系不耐低温、产量低、菇质较松、口味略差。

(二)栽培季节

草菇是高温型真菌,且属恒温结实菇类,对温度反应敏感,栽培温度要高于25 ℃。黑龙江省进行草菇栽培,简易棚室生产需6月上中旬处理秸秆、发酵牛粪,同时生产麦粒二级种,7月初播种,7月中旬开始采收,8月中旬采收完毕;保温效果较好的暖棚栽培可6月初播种,采收至9月下旬,可生产两个周期。

(三)栽培场地及处理方法

栽培场地应设在地势较高,开阔向阳,背北朝南地段。可利用夏天闲置的蔬菜大棚、水稻育秧棚、木耳吊袋大棚,或闲置的暖棚、旧仓库进行生产。要求能进行缓慢对流通风,能保湿,棚外盖遮阴网,光照强度500 lx以下。

栽培场地处理:栽培前去除杂草、地面清理干净,翻地20 ~ 30 cm,密闭棚室,盖薄膜,撤去遮阳网,强光暴晒10 ~ 15 d。并用浓石灰水或波尔多液进行彻底消毒,起到杀虫卵杀菌作用。减少栽培时病虫害的发生。

(四)栽培原料

栽培原料包括新鲜无霉变的玉米芯、稻草,晒干的牛粪、鸡粪、碱性石灰等。生料地栽草菇每亩地用干料:玉米芯或稻草4 ~ 6 t,牛粪或鸡粪2 ~ 3 t,生石灰0.8 ~ 1.5 t。

(五)原料处理

1. 玉米芯、稻草处理方法

选择干燥无霉变的整棒玉米芯或稻草,生产前暴晒2 ~ 3 d。在菇棚附近挖一个深坑,宽5 ~ 6 m,深1.0 ~ 1.2 m,长度依玉米芯或稻草的量而定。在坑内铺一层厚塑料膜,将玉米芯装入塑料网袋(蔬菜常用),铺入浸泡池,摆完一层玉米芯撒一层石灰,最上层撒石灰(图4 - 2 - 3),生石灰用量是玉米芯重量的30% ~ 40%;如果是稻草原料,铺一层稻草撒一层石灰,生石灰用量是稻草重量的20% ~ 30%,上面加压重物防止玉米芯或稻草漂浮,最后往土坑里灌水,直至没过原料。玉米芯需浸泡10 ~ 12 d,直至其横截面无白芯、呈黄色为止,稻草浸泡5 ~ 7 d即可。无需灭菌,直接用于栽培草菇。

图4 - 2 - 3 玉米芯处理方法

2. 牛粪或鸡粪发酵处理方法

将牛粪或鸡粪晒干粉碎保存,发酵时添加清水使牛粪含水量达60%左右,鸡粪添加20%左右的土再加清水使其含水量达55%左右,然后堆积起来进行发酵,当堆温达到65 ℃以上后维持24 h,然后上下、里外翻堆,继续发酵。如此进行3~4次,至物料呈黑褐色,没有臭味,即完成发酵目的,发酵时间一般为10~12 d。播种前添加3%~5%生石灰拌匀方可使用。

(六)栽培方式及播种

1. 生料挖畦地栽

播种前将菌种打散备用。挖畦深度20 cm左右,宽1.0~1.2 m,长度依棚而定,将畦面整平压实,两畦间距40~60 cm,便于采菇。播种前1 d,畦内要灌透水,播种时先将畦床底部撒一层石灰,再喷辛硫磷500倍液进行消毒杀虫。将泡透的玉米芯捞起,沥水半小时后将料直接铺在畦床上,先铺一层整棒玉米芯(10 cm左右),撒一层发酵牛粪(含水量60%),撒播第一层栽培种(用总量的1/3)。再铺一层整棒玉米芯(10 cm左右),再覆一层牛粪,把剩余的2/3菌种在四周和表面均匀撒一层。以稻草为基质栽培草菇,先铺一层稻草,撒一层生石灰,再撒一层发酵牛粪,播一层栽培种,重复操作一次,生石灰用量占稻草干重的5%左右。然后用木板整平压实,将培养料面做成龟背形,再喷洒菊酯类农药,盖地膜保温保湿,再盖一层草帘或遮阴网,完成播种(图4-2-4A,图4-2-4B,图4-2-5)。用种量每平方米1~2瓶(袋),用种量多可缩短菌丝布满料面时间,减少污染。此种栽培方式投资少、成本低、操作简单,但土地利用率低。

图4-2-4A 挖畦地栽草菇

图4-2-4B 挖畦地栽草菇播种后覆膜

图4-2-5 挖畦地栽草菇出菇情况

2. 层架式立体栽培

床架一般3~4层,床架层间距50~60 cm,菇床宽1.0~1.2 m,底层离地面20 cm左右,两排床架之间留60~70 cm过道,床面用网绳或竹片铺搭。播种方式与挖畦地栽相同,铺料厚度20 cm左右。这一栽培方式使土地利用率提高了3~4倍,也有利于菇房保温。

（七）发菌管理

播种后保持栽培棚内黑暗,培养料含水量保持在65%~70%,空气相对湿度控制在70%~80%。播种3 d后每天通风1~2次。接种后第二天开始萌发吃料,在4 d内栽培棚内温度最好控制在30~35 ℃,料温保持30~32 ℃,料温超过35 ℃,应及时揭膜通风散热。5~6 d菌丝长满料面掀开地膜,层架式栽培,次日去掉地膜。挖畦地栽可在菌床上搭小拱棚,高度80 cm左右,保湿保温。

（八）出菇管理

接种后6~8 d菌丝体开始扭结形成菇蕾(形如小米粒的白色小颗粒),即可进行出菇管理。

1. 温度

草菇是恒温结实性菌类,在子实体发育阶段,对外界温度变化敏感,短时间内温差超过5 ℃就能致菇蕾死亡。出菇阶段菇房温度保持在28~35 ℃,温度超过35 ℃应适量通风降温。

2. 湿度

培养料含水量控制在65%~70%,空气相对湿度85%~95%,湿度低于60%,子实体发育停止;湿度降至40%~50%时,小菇蕾会枯萎死亡。但相对湿度不能过高,超过95%,易引起杂菌生长,也容易造成子实体腐烂。调整湿度时,尽量喷雾增湿,不能往小菇蕾上直接喷水。

3. 酸碱度

接种时培养料pH值在8.0~8.5。随着草菇菌丝的生长及其他微生物的活动,草菇种植的培养料pH值逐渐下降,出完第一潮草菇后,培养料需补充石灰水。

4. 通风

菇棚需通风换气,缓和的对流风最好,尽量高温时通风,每天通风2次,每次1~2 h,温度低的夜里和早晚不通风。通风不良易形成肚脐菇(图4-2-6)。

图 4 - 2 - 6　通风不良形成的肚脐菇

5. 光照

出菇阶段需散射光,300 ~ 500 Lx,强光照射对子实体有严重的抑制作用,光线太弱,子实体颜色浅。

(九)采收加工

1. 采收

接种后 9 ~ 11 d,当菌蕾的基部较宽、顶部稍尖的宝塔形变为卵形,菇体饱满光滑,手捏略感变软,颜色由深变浅,包膜未破裂即可采收。一般早、晚各采收 1 次。采收时一手按着料堆,一手轻轻把菌蕾拧下,切勿伤及幼蕾;也可用小刀从菇体基部割下,不要留下受伤的小菌蕾,以免其腐烂引起病害,影响下批出菇。第一潮菇采完后及时清理料面,干燥 1 d,菇床重喷一次 1 %的石灰水,水温 30 ℃,喷水量根据菇床干湿程度灵活掌握。再覆盖薄膜,每天掀膜通风 2 次,3 d 左右即有菇蕾出现,一般可采 4 ~ 6 潮菇。

2. 鲜销及加工

(1)鲜销。采下的菇及时切除腐草和泥沙,送市场鲜销。草菇鲜销产品必须保存在 15 ~ 20 ℃的干燥环境中,可保存 1 ~ 2 d。

鲜草菇分级标准:一级,菇粒周长 8 ~ 11 cm,实粒;二级,菇粒周长 6 ~ 8 cm,实粒;三级,菇粒周长 6 ~ 8 cm,包皮稍裂;菇花,包被开裂不超过 0.5 cm;级外,菇粒周长 5 ~ 6 cm,有部分菇花。

(2)干制。将草菇去杂物,纵切成相连的两半,切口朝下,晴天曝晒 1 d,送入烤房,初期以 40 ~ 45 ℃,经 4 ~ 5 h,逐渐升温至 60 ℃烤至干。经烘烤后的草菇水分含量为 12%左右,要及时收藏在清洁干燥的罐内或塑料薄膜袋里,注意不要回潮。

干菇分级:一级,肉厚,横量 3.0 cm 米以上,直量 5.0 cm 以上;二级,肉厚,横量 2.5 cm,直量 4.0 cm 以上;三级,肉薄,横量小于 1.8 cm,直量 3.0 cm 以上。横量是对半破开,烘干后在菇脚向上 1.0 ~ 1.5 cm 处量。直量是由菇脚量至菇顶。

(3)盐渍草菇。盐渍草菇是草菇加工的常用方法,加工步骤:①清洗,采收后,用小刀削净菇体基部泥沙,用清水漂洗并拣除杂质;②杀青,杀青必须用不锈钢锅或铝锅,不能用铁锅,先在锅内加入 10%的盐水烧开,盐水量应为待加入子实体的 2 ~ 3 倍,将草菇倒入,煮沸 10 min 左右,剖开看菇芯无白色为宜,熟而不烂;③冷却,杀青好的菇,捞出立即浸入流动的冷水中,充分冷却,待菇体中心温度降至 30 ℃以下时,即可进行盐渍;④盐渍,将杀青好的草菇沥去多余的水分,按菇重 30%的盐粒逐层将菇腌制,先在瓦缸或塑料桶底部撒一层盐,再放入 8 cm 左右厚度的草菇,然后再依次撒一层盐、一层菇,直至满缸(桶),满缸后覆一层盐封顶,表面用双层纱布覆盖,上压一定量的重物,防止菇体露于空气中;⑤装桶,将腌制好的草菇(盐渍 20 d 以上)捞出、沥干、称重,分别装进专用塑料桶中,用饱和食盐水加满,加盖,即可储存。

(十)病虫害及防治

1. 常见病害

常见的病害有鬼伞菌、木霉、链孢霉等,其与草菇生长所需的温湿度条件较为接近,大多数杂菌菌丝生长速度快,争夺草菇的水分及养分,导致减产,甚至绝收。菇床上发生的鬼伞有墨汁鬼伞、粪污鬼伞、长根鬼伞等,鬼伞菌丝蔓延及出菇速度均比草菇快,生活周期一般比草菇早2~3 d,子实体白色,开伞很快,随后变黑并自溶如墨汁;木霉侵染的培养料表面初始时出现白色、致密、形状不固定的菌落,后来从菌落中心到边缘逐渐出现浅绿色至深绿色,并产生粉状的分生孢子,在25~27 ℃时,这些菌落很快扩展,直至出现大片的绿色霉层;链孢霉生长前期为白或灰色,后期则呈粉红或橘黄色絮状。

防治措施:草菇出菇时间短且病害扩散速度快,以预防为主,①选用新鲜无霉变的培养料,使用前于阳光下暴晒2~3 d;②培养料处理时,牛粪或鸡粪发酵彻底,玉米芯或稻草浸泡处理时生石灰用量要足,浸泡时间适当;③播种时在发酵的牛粪、鸡粪及浸泡过的稻草中添加5%的生石灰,培养料 pH 值控制在10以上;④控制培养料的含氮量,添加发酵畜禽粪便的量不要超过生料玉米芯或稻草的20%;⑤当料面出现霉菌侵染时,在污染区撒一层生石灰粉,控制污染扩散;⑥栽培初期菇床上发生鬼伞时应及时摘除销毁,以免其成熟后孢子传播。此外,选用抗杂能力强品种,要控制好出菇棚室的温度、湿度,加强通风。

2. 常见虫害

草菇生长过程中较常出现的虫害有菇蝇类、线虫和菇螨等。菇蝇主要有黑腹果蝇、菌蝇、菌蝇等,以幼虫为害草菇,幼虫白色,头尖尾钝,常出现在栽培料上,取食草菇菌丝,导致其死亡或子实体营养不良;线虫细长,两端尖细,幼虫透明、乳白色,似菌丝,老熟呈褐色或棕色,有较强的生存能力,通过吸食草菇的菌丝或子实体危害草菇,被害处极易招致细菌生长,使培养料变黑、黏湿,有刺鼻的腐臭味,被害菇有腥臭味;菇螨形体极小,分散时不易看见,聚集时呈白粉状,多存在培养料中,咬断菌丝,使菌丝枯萎、衰退,严重时会使菌丝消失,出现"退菌"现象,继而感染杂菌,造成极大损失,菇螨危害菌蕾和幼菇时,会使菌蕾和幼菇畸形甚至死亡。

预防措施:草菇虫害以预防为主,①搞好菇房及出菇场地内外的卫生,栽培棚室远离仓库、鸡舍,及时清理死菇和废料;②选用干燥、新鲜、无霉变的原料,使用前暴晒;③畜禽粪便发酵时处理温度超过65 ℃,可有效杀死原料内虫卵;④栽培棚室需装网纱帘,防止害虫入侵;⑤播种后料面喷一些低毒、低残留的杀虫剂,并用塑料薄膜覆盖;⑥如果菇房内已出现成虫,可利用其趋光性射灯诱杀,或在菌床上插黏虫黄板。

3. 生产中常见的死菇问题

草菇生产过程中常见到菇蕾枯败死亡,特别是第二潮菇发生后,死菇更为严重,导致草菇减产。

预防措施:①控制湿度,培养料含水量控制在65%~70%,出菇期空气相对湿度控制在90%左右,头潮菇结束后培养料用1%石灰水补足水分;②温度掌控,草菇在幼蕾期对温度敏感,要维持出菇房内温度在28~32 ℃,另外给培养料补水的温度控制在30 ℃左右,不能用深井冷水直接喷洒;③调好 pH 值,草菇适于碱性环境,培养料 pH 值控制在7.5~8.5,采完头潮菇后,补水可喷1%石灰水,以确保培养料的 pH 值在8左右;④采摘细心,采摘草菇时动作要轻,一手按住菇的生长部位,保护好幼菇,另一手将成熟菇拧转摘起。如有密集簇生菇,则可一起采下,以免由于个别菇的撞动造成多数未成熟菇的死亡。

参 考 文 献

[1]马庆芳,张介驰,张丕奇,等.寒地整棒玉米芯生料栽培草菇试验初报[J].食用菌,2014,36(04):

46 – 47.

[2]牛贞福,国淑梅,张晓南.整玉米芯林地草菇栽培技术[J].北方园艺,2012,4(11):182 – 183.

[3]黄静,王云.北方塑料拱棚栽培草菇高产技术[J].食用菌,2002,4(02):32.

[4]李军.草菇周年生产中病害发生原因浅析[J].中国食用菌,2010,29(01):66 – 67.

[5]李建勇.利用蔬菜种植空闲期的大棚栽培草菇技术[J].上海蔬菜,2020,4(02):63 – 64.

(马庆芳)

第三节 长 根 菇

一、概述

(一)分类地位

长根菇(*Oudemansiella radicata*)又名长根小奥德蘑、卵孢长根菇、卵孢小奥德蘑、长根金钱菌、露水鸡等,商品化用名为黑皮鸡枞,隶属真菌门、担子菌亚门、层菌纲、伞菌目、白蘑科、小奥德蘑属,是我国传统的食药用真菌(图4 – 3 – 1)。野生资源主要分布在温带、亚热带和热带地区,在我国主要分布在云南、四川、广东、广西、江苏、浙江、安徽、福建和吉林等地。子实体在夏秋季生于土壤酸性、腐殖质较厚的阔叶树林、灌木林、竹林或针阔叶混交林等林地上,假根一般与地下腐木相连,也生于腐根周围。

图4 – 3 – 1 黑皮鸡枞子实体(贺国强拍摄)

(二)营养与功效

长根菇味道鲜美、嫩滑可口,子实体富含蛋白质、人体必需氨基酸、维生素和微量元素等,具有很高的营养价值。经测定发现,长根菇子实体氨基酸总量为干重的14% ~ 15%,其中人体必需氨基酸和支链氨基酸含量丰富,硫氨基酸含量分别比大杯蕈和虎奶菇高出1.67倍和1.07倍,而含硫氨基酸在人体代谢中可以用来结合胆碱和肌酸,前者具有护肝解毒作用,后者可以恢复肌肉疲劳,增加肌肉力量。此外,长根菇子实体含有多糖、三萜、小奥德蘑酮、黏蘑菇菌素等多种活性物质,其药理作用广泛,如抗肿瘤、抗氧化、降血压、降血脂、抗菌消炎等。

（三）栽培历史与现状

1850年长根菇（卵孢小奥德蘑）被发现于印度锡金，1970年Umezawa等在研究长根菇活性成分时首次报道了栽培技术。长根菇在我国的栽培历史比较短，1982年自产于云南昆明商品黑皮鸡枞被纪大干等鉴定为长根小奥德蘑，并进行了生物学描述和木屑栽培研究，取得了良好的效果。20世纪90年代，福建三明真菌研究所、四川农业科学院等机构相继开展了长根菇生物学性质、栽培技术与加工等方面的研究。目前，我国长根菇的栽培技术已发展成熟，并形成了室外大棚覆土栽培、林下仿野生栽培、室内层架式栽培和工厂化栽培等多种栽培模式，其中广东、云南、四川和山东等地已实现了商业化栽培。

二、生物学特性

（一）形态与结构

长根菇子实体单生或群生。菌盖直径2.2~16.0 cm，生长初期呈半球形，后期平展、边缘翻卷，中央明显凸起且多褶皱，表面光洁，湿时微黏滑，呈茶褐色、黑褐色至黑灰色，菌肉白色，无伤变色。菌褶离生或贴生，较稀疏，不等长，白色。菌柄中生，上细下粗，形似保龄球，长4.5~19.0 cm，粗0.6~1.8 cm，浅褐色、浅灰色至灰色，表皮质脆，肉部纤维质、松软，老熟时中下部纤维化程度高，基部稍膨大，有细长的假根向下延伸。孢子无色、光滑，卵圆形至宽圆形，大小为（13~18）μm×（10~15）μm，孢子印呈白色。菌丝具有分枝分隔，有索状联合，菌丝体呈白色、绒毛状、浓密，老熟后分泌色素，产生暗褐色菌皮。在PDA培养基上菌丝生长旺盛，而在固体培养基上气生菌丝长势较弱。

（二）繁殖特性

2012年李浩首次报道了长根菇的生活史，经研究发现长根菇存在四孢担子和双孢子两种类型的菌株，推测其可能存在两种生活史：四孢长根菇具有多数食用菌的异宗结合生活时，即经历从担孢子萌发、单核菌丝、双核菌丝到形成子实体，再次形成孢子的过程；双孢长根菇的单核菌丝若未发生核配，可形成双孢子实体，然后在双孢子实体的担子中进行有丝分裂，产生两个担孢子，最终完成生活史。

（三）生长发育条件

1. 营养物质

长根菇属于土生型木腐菌，分解木质纤维素的能力较强，野生子实体常依靠假根从林下土壤、腐木、植物根系中吸取营养物质，以满足菌丝体和子实体生长发育的营养需求。

（1）碳源。糖类物质是长根菇的主要碳源，菌丝生长以纤维二糖效果最佳，其次是葡萄糖、麦芽糖、蔗糖、果糖等，在半乳糖和乳糖培养基中菌丝不能生长，醇类物质和甘油等也可作为碳源，但其对乙醇的利用效果较差。在实际生产中，木屑、棉籽壳和玉米芯等农副产品下脚料常作为碳源材料培养长根菇。

（2）氮源。长根菇对氮源的选择范围较宽，酵母膏、蛋白胨、豆饼粉、干酪素等都可以作为氮源，其中以酵母膏效果最佳，在含蛋白胨、豆饼粉和谷氨酸的培养基上菌丝也可以正常生长。生产中常用的氮源为麸皮、米糠和玉米粉等有机氮源。

2. 温度

长根菇属于中高温结实性食用菌。菌丝生长温度范围13~31 ℃，最适温度23~26 ℃，子实体生长发育温度范围15~35 ℃，最适温度25~28 ℃，最适覆土地温22~25 ℃。

3. 水分与湿度

培养基质的适宜含水量为65%左右，栽培原料粗细及种类不同而有差异，原料细、持水力差的含水量宜低,原料粗、持水力好的含水量宜高。如用到较细的木屑,基质含水量为60%较适宜;对于棉籽壳为主的培养基质,含水量以65%为宜。基质含水量低于60%或高于70%菌丝生长会受到抑制。在菌丝生长阶段,室内空气相对湿度在70%以下即可;在子实体生长阶段,适宜空气相对湿度为85%~95%。

4. 空气

长根菇属于好气性真菌,菌丝生长和子实体发育均需要新鲜的空气,二氧化碳浓度应控制在0.35%以下,尤其在出菇阶段,更需要充足的氧气。通风不良,二氧化碳浓度过高,菌丝生长速度降低,子实体生长发育受阻,菇体瘦弱。

5. 光照

长根菇属喜光型菌类,菌丝生长阶段不需要光线,但在出菇阶段一定的散射光可促进原基的形成,子实体在100~500 lx光照强度范围内均可以正常生长。子实体生长发育期间不宜阳光直射,出菇棚(房)应控制三分阳七分阴。

6. 酸碱度

长根菇喜微酸性至中性生长环境,培养基质pH值5.5~7.2较适宜,菌丝长势较好;基质pH值低于5.5或高于8.5时,菌丝生长受抑制。由于培养料灭菌后pH有所降低,因此在拌料时应调节pH值7左右。

三、栽培技术

(一)栽培季节

长根菇属于中高温型食用菌,一般出菇时间在每年4月至11月,成熟周期一般要求适温下菌龄达60 d以上,制种可根据出菇季节提前3~4个月。东北地区大棚栽培可选择在每年1月上旬制种,5~9月进行出菇管理。在控温设施较好的条件下,基本可以实现周年化生产。

(二)栽培场地与设施

1. 发菌场所

发菌场所要求弱光或完全避光、通风良好、控温排湿性好。农户小规模生产时,可利用空置房屋、庭院发菌,也可以在菇棚就地发菌就地出菇,大规模生产则需要建造专门的发菌室。

2. 出菇场地

栽培场地要求地势平坦,空气清新、生态良好,水源充足,水质符合饮用水卫生要求,通风及排水通畅,光线适宜,利于控温保湿,交通方便,便于生产作业,远离"工业三废"、禽畜舍、垃圾场、污水等污染源。

3. 栽培设施

目前我国长根菇的栽培模式以室外大棚栽培和室内层架栽培为主,适宜的栽培设施较多,包括临时搭建的大棚或小拱棚、日光温室大棚、半地下冬暖大棚、菌菜阴阳复合棚和周年化出菇房等。大棚顶部覆盖遮阳网、保温被、黑白膜等以控制温度,配备浇水或微喷系统、照明、卷帘机等设备。周年化出菇房采用钢架结构建造,覆盖具有外膜、内膜和中间为玻璃纤维的3层保温材料,封闭性、隔温性及节能性好,利于控温、保湿、通风和防控病虫害。

(三)培养基质配方

长根菇宜采用熟料栽培,北方地区常用以下培养料配方:①阔叶木屑43%,玉米芯20%,玉米粉

10%,麸皮 25%,石灰 1%,石膏 1%。②阔叶木屑 68%,麸皮 20%,玉米粉 4%,棉籽粉 4%,蔗糖 1%,过磷酸钙 1%,碳酸钙 1%,石膏 1%。③阔叶木屑 45%,棉籽壳 20%,玉米芯 18%,麦麸 12%,豆粕粉 3.5%,石膏粉 1%,生石灰粉 0.5%。

(四)料包制备

1. 装袋

木屑、玉米芯等大颗粒原料需提前 12 h 预湿,然后按常用配方比例混合、搅拌均匀,调整含水量至 65% 左右,料水比 1:(1.2~1.3)。装料时可采用人工或机械装袋,将培养料均匀压实。根据灭菌方式的不同,可选用耐高温高压的聚丙烯塑料袋或常压聚乙烯塑料袋装料,多地采用 17 cm×33 cm 的短袋,用无棉盖体封口。

2. 灭菌

装好的料包应尽快灭菌,以免袋内细菌增多。长根菇适宜熟料栽培,高压灭菌或常压灭菌均可。若采用高压灭菌,在 0.14~0.15 MPa、126 ℃ 条件下保持 1.5~2.0 h。若采用常压灭菌,温度达到 100 ℃ 维持 12 h,焖锅一晚。灭菌时料袋摆放要留有缝隙,灭菌完成后转移到洁净的冷却室降温,待袋内温度降至 28 ℃ 以下,移入无菌室(接种箱)内接种。

3. 接种

接种严格按照无菌操作规程进行,采用一头接种,一袋 1 kg 的原种一般可转接 50~60 个菌包。大型菌种厂接种时通常使用液体菌自动接种机,接种前各工作部件用 75% 酒精喷雾与擦拭消毒,接种工具用酒精灯火焰灭菌,接种量为 30 mL/袋,同一批灭菌的料包一次性接完。

4. 发菌管理

接种后将菌包摆放在床架或地面上,行间距约为 80 cm。根据气温确定菌包堆放层数,气温较高时堆放 2~3 层,气温较低时堆放 4~5 层,如条件允许可以使用网格培养架发菌。发菌期间控制室温 23~25 ℃,完全避光培养,环境相对湿度保持在 70% 以下。同时保持室内空气新鲜,经常通风换气,以防止二氧化碳浓度过高影响菌丝的生长。菌丝长满菌袋需 25 d 左右,长满后还需要继续培养 25~35 d,当培养基表面出现黑褐色菌皮或组织时,标志着菌丝已生理成熟,可以转入出菇管理阶段。发菌期间也要经常查看菌丝生长情况,发现杂菌感染的菌包要及时挑除。

(四)出菇管理

1. 室外大棚栽培模式

室外大棚栽培模式主要利用闲置果蔬大棚、临时搭建的出菇棚,使用遮阳网或盖草遮阳,这种栽培模式简便易行,产量稳定,便于示范推广。

(1)菌袋覆土。夏季对栽培场地松土、平整,将场地整理成宽度 1.0~1.2 m,长度视田块大小而定的畦床,床底铺撒一层生石灰。覆土材料可直接选取畦面的土壤,每 667 m² 加入生石灰 100~150 kg,拌匀、敲细,备用。若畦土中结块较多可先用 1.5 cm 筛网过筛,再添加生石灰消毒。覆土时先用小刀将成熟的菌包剥掉塑料袋,然后用二氯异氰尿酸钠消毒液浸沾菌包,随即取出,接种口朝下,竖直地排放在畦面上,保持袋间距 3~5 cm,最后用加入石灰的畦土填充缝隙,覆盖菌棒,覆土厚度 2~4 cm。

(2)出菇管理。出菇期对温度、湿度和空气等环境因子的调控是管理的关键。菇棚温度应控制在 20~28 ℃,始终保持覆土层处于湿润状态,覆土略干燥时,应在每天早晚向覆土层喷水,切忌不要浇灌;菇棚早晚要掀膜通气一次,始终保持菇棚内空气新鲜,二氧化碳控制在 0.35% 以内。在正常情况下一般覆土后 20~25 d 可形成菇蕾。当覆土层有大量菇蕾发生时,应增加喷水次数,以细喷多次为原则,且宜在早晚喷,同时加强通风换气,保证氧气的供应,若氧气供给不足会导致菌柄细长,影响子实体品相(图4-3-2)。长根菇子实体生长成熟速度很快,从出现菇蕾到菌盖开伞只需10 h左右,气温偏高时一天可采收3~4次。

图4-3-2　黑皮鸡枞大棚内出菇(贺国强拍摄)

2.室内层架式栽培模式

室内层架式栽培模式常用日光温室大棚或周年化出菇房,室内设有出菇床架。床架规格可根据菇棚(房)的大小调整,床架3~4层,宽1.0~1.2 m,层间距50~60 cm,最底层离地面25~30 cm,留出80 cm过道,以便于管理和物料运输。床架边缘也可加PVC挡板,高25 cm,厚5 mm,长度视床架长度而定。这种模式可降低生产成本,提高出菇管理效率,达到高产优质,周年出菇的目的。

(1)土壤消毒。提前准备土质松软干净的壤土或沙壤土,日光曝晒,或添加适量低毒低残留的药剂或石灰等消毒。施放药剂的土壤先用塑料薄膜密封2~3 d,待药味散发后揭膜覆土。根据土质情况,可在每立方米土中可添加20~30 kg泥炭土,以促进菌丝生长。

(2)菌袋覆土。当菇棚(房)温度稳定在22℃以上时,移入菌包进行脱袋覆土。菌包脱袋以后可竖排也可横放,摆好后在表面覆土2~3 cm。也可采用袋内覆土的方式,即将袋口反卷4 cm,袋口料表面覆土3 cm。无论采用哪种方式覆土,覆土后都需要一次性浇透水,然后每相隔7~8 d,待覆土层表面略干燥时再次浇水,一般在出菇前需浇水2~3次,以保证土壤含水量适宜,促使菌丝恢复活力。另外,覆土后要及时通风换气,为菌丝生长提供充足的氧气。

覆土培菌期间空气相对湿度保持在85%~90%,环境温度可控制23~30℃,昼夜温差应制在8℃以内,覆土地温20~25℃。当覆土层表面有白色菌丝出现时,应适量喷水并加大通风,环境温度可控制在24~28℃,土壤温度20~25℃,昼夜温差不宜超过5℃,以促进菌丝扭结和菇蕾形成。

(3)出菇管理。在菇蕾分化阶段,室内光照强度保持在100~300 lx,少量通风,保持室内温度、湿度相对稳定,待菇蕾陆续形成时,初期适度多通风,至幼菇生长期逐渐减少通风,室内二氧化碳控制在0.2%~0.3%。大量出菇时,可适当提高光照强度至200~500 lx,室内温度应控制在25~29℃,最高不超过30℃,而覆土地温应保持在22~25℃,最高不超过26℃,否则易导致菇体发育不良,影响其商品性。空气相对湿度宜保持在90%左右,湿度低于60%,菌柄表面易开裂,而湿度高于95%,容易增加木霉等杂菌病害的发生率。层架式栽培出菇需注意最下层的空气流通性,下层空气二氧化碳浓度应控制在0.3%以下,大量出菇时要加强通风换气,一般每天通风1~2次,每次30 min。

(五)采收

当长根菇菌盖长至2~3 cm,略微扁平时最适宜采收,若采收过迟,菌柄伸长、菌盖开裂,孢子粉弹射,商品性大大降低。采收时,握住菌柄下半部轻轻拔起,然后及时用刀片去掉菌基部的泥土,根据大小进行分级,削根后的长根菇可置于4~10℃下保存。采收结束后应及时清理培养料表层,去除残余物,将表面用泥土填平,保持覆土表面整洁卫生。采收完第一潮菇,应停止喷水3~5 d,让菌丝恢复生长,并保持土壤湿润,第二潮菇长出后及时采收。一般可采摘2~4潮子实体,总生物学效率可达75%~90%。

(六)病虫害防治

1. 木霉

在长根菇夏季栽培时,菇棚(房)内容易形成高温高湿的环境,导致木霉菌滋生和扩散。尤其在覆土以后,若通风不及时,环境湿度过大,菌棒很容易受到木霉感染。一旦菌棒发生了木霉感染,应立即清除污染源,同时采用生石灰进行局部消毒,避免发生扩散。

2. 黏菌

黏菌在覆土层发生后,会迅速蔓延,造成培养料腐烂,菌丝受到抑制而逐渐死亡,严重影响长根菇的产量。黏菌的防治首先要在栽培前做好场地的消毒工作,保持环境清洁、干燥,采用清洁的水源;其次,培养料新鲜、无霉变;最后,出菇管理期间要保持通风透气,控制好温度和湿度。一旦发生黏菌病害,要通过停止喷水和加强通风来降低土壤和环境温度以抑制黏菌的生长,早期可通过撒石灰或喷施300倍波尔多液等方式杀灭黏菌。

3. 虫害

菇蚊、菇蝇的幼虫对长根菇生长危害较大,成虫可在腐烂的菇体或培养料上产卵,出生的幼虫会啃食菌丝和子实体,抑制出菇,造成产量和品质降低。对于菇蚊、菇蝇的防治,可通过安装纱窗、纱门的方式阻止成虫进入,在室内可放置黄板或诱虫灯进行诱杀。菇房使用前用甲醛等药物熏蒸,或喷洒3 000倍液的溴氰菊酯。

参 考 文 献

[1]李玉,李泰辉,杨祝良,等.中国大型菌物资源图鉴[M].郑州:中原农民出版社,2015.

[2]张金霞,蔡为明,黄晨阳.中国食用菌栽培学[M].北京:中国农业出版社.2020.

[3]陈诚,李小林,刘定权.黑皮鸡枞病虫害防治技术[J].四川农业科技,2019(10):33-34.

[4]陈建飞,程萱,周爱珠,等.长根菇化学成分及药理作用研究进展[J].食药用菌,2018,26(4):222-224.

[5]李瑞.长根菇生活史研究[D].长沙:湖南师范大学,2012.

[6]刘瑞璧.长根菇生物学特性及栽培技术要点[J].食用菌,2017(2):46-47.

[7]杜娜,胡惠萍,谢意珍,等.卵孢小奥德蘑的研究进展[J].中国食用菌,2020,39(10):1-5,10.

[8]万鲁长,李晓博,赵敬聪,等.北方地区长根菇大棚地栽周年生产标准化技术[J].食药用菌,2020,27(2):135-138.

[9]万鲁长,任海霞,任鹏飞,等.长根菇控温菇房周年化立体栽培关键技术[J].食药用菌,2020,42(1):49-50,53.

[10]巫素芳,张红红,肖自添,等.长根菇床架栽培技术[J].食药用菌,2020,28(4):280-282.

[11]张季军,肖千明,张敏,等.黑皮鸡枞日光温室栽培技术[J].辽宁农业科学,2020(2):91-92.

(张鹏)

第四节 茶 树 菇

一、茶树菇概述

茶树菇，又名茶薪菇、油茶菇，属担子菌亚门、层菌纲、伞菌目、粪伞菌科、田蘑属。拉丁文名：*Agrocybe cylindracea*。茶树菇菇体肥厚、口感极佳，营养极其丰富，含有18种氨基酸和多种矿物质，其中有8种人体必需的氨基酸。茶树菇具有较高的药用价值，其性平、味甘、无毒，有利尿渗湿健脾止泻之功效，并且可以抗衰老、降低胆固醇、提高免疫力。

茶树菇分布广泛，欧洲、亚洲、美洲均有分布，我国对茶树菇的人工驯化及栽培历史相对较短。茶树菇在我国主要分布于云南、广东、海南、台湾、福建、江西、浙江、四川、贵州、西藏、青海等地。国内最早对野生茶树菇进行驯化培育的是福建三明真菌研究所，该所研究人员于1972年从福建省油茶树上分离出了我国第一株野生茶树菇纯菌种。经过30多年的驯化、筛选及选育种工作，已获得许多茶树菇优良品种。

（一）生物学特性

茶树菇分为菌丝体与子实体两部分，成熟子实体见（图4-4-1）。

图4-4-1 茶树菇子实体（张鹏拍摄）

1.菌丝体

菌丝体在基质中吸收营养，不断进行分裂繁殖和营养贮藏，为子实体形成奠定基础。在自然界里，茶树菇菌丝体呈丝状，菌丝为白色、茸毛状、极细，在基质中向各个方向分向延伸，以便利用基质营养，繁衍自己，组成菌丝群。由孢子萌发产生的菌丝叫初生菌丝。初生菌丝开始是多核的，到后来产生隔膜，把菌丝隔成单核的菌丝。单核菌丝纤细，分枝角度小，生长缓慢，生活力较差。初生菌丝生长到一定阶段，当两个不同性别的可亲和的单核菌丝，通过菌丝细胞的接触，彼此通过原生质融合在一起，形成锁状联合与细胞分裂同步发生。分裂后每个细胞中含有两个细胞核，故又称双核菌丝或次生菌丝。这种菌丝分枝角度大，粗壮，繁茂，生活力旺盛。当它生长到一定的数量，达到生理成熟时，加上适宜的环境条件，菌丝体便缠结在一起，形成子实体。

2.子实体

子实体为伞状，单生、双生或丛生，大多数丛生。子实体由菌盖、菌柄、菌褶和菌环四部分组成。在菌盖与菌柄间连生着一层保护菌褶及孢子的菌膜。随着茶树菇的开伞生长,菌膜成为留在菇柄上的菌环。

(1)菌盖,又叫菇盖和菇伞,为茶树菇的帽状部分。初时为半球形,直径 1.0 ~ 1.5 cm,边缘内卷。随着成熟长大,逐渐开伞,直到展平。菌盖直径为 3 ~ 10 cm。菌盖从上至下由表皮、菌肉、菌褶三部分组成。菌盖表面平滑或有皱纹,初为暗红褐色,后变为褐色或浅土黄褐色,并带丝绸光泽。菌盖边缘淡褐色,有浅皱纹。成熟后,菌盖反卷。菌肉白色,未开伞时肉厚,开伞后肉变薄。菌盖是主要食用的部分。

(2)菌褶,又叫菇叶和菇鳃,着生在菌盖下面,由菌柄处向四周伸展,初为白色,成熟后呈现黄锈色至咖啡色(着生孢子),密集,几乎直生。菌盖完全开展后,菌褶与菌盖分离成箭头状。菌褶表面着生子实层,生有许多棒状体的担子和隔胞。每个担子顶端有 4 个担子小梗,每个梗上着生 1 枚孢子,共 4 枚不同交配型的孢子。菌褶是担孢子产生的场所和保护器官。

(3)菌柄,又叫菇柄和菇脚,近圆柱体,直立或弯曲而生。菌柄长 3 ~ 10 cm,直径为 3 ~ 16 mm。中实,纤维质,脆嫩。表面纤维状,近白色,基部常污褐色。成熟期菌柄变硬。菌柄着生在菌盖下面中央处,既支撑菌盖的生长,又起着输送营养和水分的作用。

(4)菌环,是内菌幕残留在菌柄上的环状物,为菌盖与菌柄间连生着的一层菌幕膜质,淡白色。其上表面有细条纹,开伞后留在菌柄上部,或黏附于菌盖边缘,或自动脱落,内表面常落满孢子而呈锈褐色。

(二)生态习性

茶树菇在欧洲、亚洲、美洲均有分布,我国对茶树菇的人工驯化及栽培历史相对较短。茶树菇一般在春、秋两季自然发生于杨、柳、枫、榕、小叶榕等阔叶树的枯死树,腐朽的树桩或埋于土内的树根上。在我国主要分布于云南、广东、海南、台湾、福建、江西、浙江、四川、贵州、西藏、青海等地。

(三)生长发育营养条件和环境条件

茶树菇正常生长需要充足的营养来源

在自然条件下,茶树菇可在杨树、茶树、柳树等树种的枯树枯桩上生长,属于木腐菌,其分解利用木质素的能力较弱,而分解利用蛋白质的能力很强。在生产中,营养主要来自阔叶树木屑、油茶枝、油茶壳、玉米芯、麦麸、玉米面。

茶树菇正常生长需要适应环境

茶树菇生长所需要的环境条件主要是:温度、水分、空气及光照。

1. 温度

菌丝生长的最适温度为 23 ~ 28 ℃,温度超过 34 ℃时菌丝停止生长,子实体生长的最适温度为 13 ~ 28 ℃之间,温度过低时子实体生长慢,但组织结实、菇型较好;温度过高时子实体容易开伞,形成长柄薄盖菇,商品性较差。

2. 水分

培养料的水分要求在 60% ~ 65% 之间;菌丝生长阶段空气湿度以 75% ~ 85% 为宜;出菇阶段空气湿度保持在 90% ~ 95% 之间,可提高茶树菇的品质,延长保鲜期。

3. 空气

好气性菌类,特别是在子实体形成以后,要注意通风换气,保持空气流通顺畅。通气不良、二氧化碳浓度过高会造成菌丝生长缓慢,子实体菌柄粗长、菌盖小、开伞,长出畸形菇,甚至幼菇死亡等现象。

4. 光照

需光型菌类,适宜的散射光是茶树菇正常生长的必要条件,是子实体分化的前提条件,但子实体的生长过程不需要太强的光照。

二、栽培技术

(一)栽培场地与设施

栽培场地应交通运输便利、地势较高、水源充足、排水方便、有电源、远离垃圾堆、禽畜养殖场以及油漆厂、化工厂、农药厂等易污染的区域。

栽培设施主要包括接种室、发菌室和出菇房(菇棚)等以及相应的配套生产设备。

茶树菇室内栽培可以利用现有的空房、地下室、防空洞、民房等改造成出菇房,也可以建造新的菇房来进行栽培。菇房可以配套相应的控温、加湿、通风和光照等设施。为了充分利用菇房空间,菇房内可以建造多层床架进行立体栽培。也可以搭建菇棚栽培,菇棚以角钢、木料、毛竹、水泥柱等材料搭建骨架,菇棚顶外面用黑色塑料薄膜遮盖,菇顶内面用白色薄膜覆盖,大棚顶内外之间利用泡沫、芦苇等隔热材料隔热。不论菇房还是菇棚,都应在通风窗和门口处安装防虫网。茶树菇出菇温度高于多数食用菌,应格外注意,特别是在设施建设中充分考虑应用物理措施避免害虫进入,阻断虫源,对害虫防治至关重要。

(二)栽培模式

北方地区茶树菇的栽培方法是棚室内床架立袋出菇。茶树菇立式出菇如图4-4-2。

图4-4-2 茶树菇立式出菇(张鹏拍摄)

(三)栽培季节

黑龙江地区属北温带大陆性季风气候,四季分明。栽培茶树菇采用温室大棚模式,多以秋季栽培为主,基本在9月中旬进行栽培。

(四)培养料配方

根据地区差异,北方地区主料以木屑为主,下面是黑龙江省栽培茶树菇的主要培养料方式。

配方1:杂木屑75%,麦麸20%,蔗糖2%,过磷酸钙1%,碳酸钙1%,石膏粉1%。

配方2:杂木屑68%,麦麸15%,稻糠15%,蔗糖1%,石膏粉1%。

配方3:杂木屑75%,麦麸15%,玉米粉5%,蔗糖2%,过磷酸钙1%,碳酸钙1%,石膏粉1%。

(五)菌包制作

1. 拌料

按常规称量配料,含水量60%左右,料水比约1.0∶1.2,灭菌前pH值7左右。待水分渗透均匀后装袋。

2. 装袋

袋栽主要采用(16~17)cm×(36~38)cm聚乙烯塑料袋装料,每袋装湿料800~850 g,料高16 cm,整平料面,擦净袋口后套上塑料套环,盖上防水型透气盖(或者窝口插棒)。从拌料至上灶灭菌全程不超过4 h,以防培养料"酸化"。

3. 灭菌

高压灭菌或常压灭菌两种方式。高压灭菌压力1.5Pa,料温达到126 ℃后保持1.5~2.0 h。常压灭菌料温达到100 ℃后保持8~10 h。灭菌结后,锅内温度降至60~70 ℃,趁热出锅、冷却、接种。

4. 接种

料袋冷却灭菌结束后,取出料袋放在洁净的冷却室内冷却,当料袋中心温度降至30 ℃以下时接种。

(六)发菌管理

发菌室要求环境卫生,空气干燥,通风、避光、保温条件良好。发菌室在使用前要进行清洁、消毒和杀虫处理。菌袋可墙式堆码也可立式摆放培养架上。如图4-4-3。

图4-4-3 茶树菇培养室养菌(张鹏拍摄)

发菌期间要注意调节室温和堆温。接种后头3 d,室温可调节到25~27 ℃,以促进菌种萌发定植。5~7 d后,菌丝开始吃料,将室温降至23~25 ℃,当菌丝长到料深的一半时,由于菌丝量增加,生长旺盛,呼吸作用强,料温往往高出室温2~3 ℃,要及时疏袋散热,加强通风,使发菌温度再次降至17~23 ℃。在此温度下菌丝生长虽缓慢,但健壮有力,密度大,积累营养多,有利于提高产量。

发菌室内不可有明亮的光照,光照过强对菌丝生长有抑制作用,还会促使菌袋过早出现原基或加快菌丝老化。发菌期要经常保持室内清洁,杜绝污染源。菌袋进房之前要用硫黄或甲醛密闭熏蒸菇房;不能密闭的场所,在地面撒生石灰粉或石灰粉与漂白粉的混合粉剂。经50~60 d培养,菌丝在袋内长满并达到生理成熟,菌袋表面菌丝稍变褐色,手捏菌袋感到柔软、有弹性,基质颜色变淡,含水量增加到70%以上,表明菌丝已由营养生长转生殖生长,可以进行催蕾管理。

（七）出菇管理

1. 开袋

不同出菇方式的开袋方法不同。立式出菇,解开菌袋扎绳或拔出棉塞和脱掉盖体,拉直菌袋袋口后再稍收拢;墙式出菇,在齐菌袋绳线扎口处或套环处去菌袋袋口塑料袋,让袋口稍呈收拢状态,避免菌袋袋口料面完全暴露于空气中而导致菌袋料面过度失水。

2. 催蕾

解开袋口,拉直出菇袋,使出菇袋与料面分离,并用铲子将料面铲下一层,将已萌发的幼小无盖的子实体铲掉,此时向地面洒水保持室内湿度在85%~90%。此时增大温差,可以有效促进菇蕾形成,可使出菇整齐。可采用白天关闭门窗,夜间凌晨开门窗,使昼夜温差在10℃左右,直到菌袋表面出现白色颗粒状原基,即催蕾成功。

3. 出菇

形成小菇时,室内湿度控制在70%左右,不可向料面喷水,防止菇体腐烂或死亡,并每天通风3~5次,保证室内空气新鲜。出菇时的光照度要保持在500~1 000 lx,不能低于250 lx。光照不足时,子实体生长慢,菌盖薄,色泽淡;光照过强时对菌盖生长有抑制作用,表面干燥,产量下降。由于茶树菇子实体具趋光性,在生长期间不要随意移动菌袋,也不可使进入菇棚的光源杂乱,否则会导致生长畸形。出菇期需2~3个月,可连采3~4潮菇。生物学效率一般在60%~70%,高产者可达90%~100%。

（八）采收

茶树菇子实体从菇蕾形成到成熟,一般需5~7 d,低温情况下需要7~10 d。茶树菇长至八分熟时最适宜,当菌盖颜色由暗红褐色变为浅肉褐色、菌膜尚未破裂时,为采收适期,采收时尽量用手捏住子实体基部,不要破坏菌盖,以免影响其商品性,采下后用刀将基部的培养料消干净,按层次放入采摘箱中,将采摘箱放入3~8 ℃的冷库中,供鲜销或加工。

图4-4-4 茶树菇成熟子实体(张鹏拍摄)

（九）病虫害防治

茶树菇易发生黏菌病和软腐病,治疗黏菌病可用青霉素和0.15%霉灵混合使用;治疗软腐病可在发病菌袋上撒石灰,或用2%~5%的甲醛液喷。霉菌的发生与高温高湿有关。为避免霉菌发生,应经常通风换气,若霉菌已经发生,应将菌棒送到远离菇室且通风良好的空地,用镊子或剪刀剔除霉菌发生的部分,再洒一薄层石灰粉,处理完毕后放回菇房,这样是防止霉菌孢子扩散到整个菇房。

茶树菇虫害以菇蝇为主。菇蝇大多以幼虫为害,一旦发生应停止加水,料面干燥,幼虫因缺水而死亡。菇蝇成虫危害时,可用味精 8 g、白糖 40 g、敌敌畏 0.4 ml,加水 1 000 ml 混匀后诱杀。

参 考 文 献

[1]林铃.茶树菇液体菌种应用及配套栽培技术研究[J].食药用菌,2020,28(5):340-343.

[2]闫玲.沈阳地区茶树菇栽培管理技术[J].辽宁农业科学,2017,(3):89-90.

[3]张金霞,蔡为明,黄晨阳.中国食用菌栽培学[M].北京:中国农业出版社,2020.

[4]张金霞,王波.图说茶树菇栽培关键技术[M].北京:中国农业出版社,.

[5]黄年来.食用菌新品种[J].食用菌,1984(1):1-3.

[6]周会明,柴红梅,赵永昌.田头菇属真菌研究进展[J].中国食用菌,2009,28(6):3-8.

[7]张传华.茶树菇菌包工厂化生产技术[J].食药用菌,2017,25(2):141-142.

(史磊)

第五节 大 球 盖 菇

一、概述

(一)分类与分布

大球盖菇(*Stropharia rugosoannulata* Farl. Ex Murill),属于伞菌纲、伞菌目、球盖菇科、球盖菇属。又名皱环球盖菇、皱球盖菇、裴氏球盖菇、裴氏假黑伞、裂环球盖菇等,也有称酒红球盖菇、益肾菇、彩云菇,市场商品又称赤松茸。

大球盖菇自然分布于欧洲、北美洲和亚洲等地,在我国主要分布在西南地区的云南、四川、西藏以及东北的吉林、黑龙江等省区,常生长于草丛、林缘、园地等含有丰富腐殖质的土地上。

(二)营养和保健功能

大球盖菇色鲜味美,脆滑爽口,营养丰富,是适于各种烹饪的好食材。据检测,每 100 g 干品中含粗蛋白 29.1 g,糖类 44.0 g,脂肪 0.66 g,粗纤维 9.9 g,有高蛋白、低脂肪、高纤维特点,包含氨基酸 17 种,其中各种必需氨基酸是平菇和香菇的 2 倍多,还含有人体所需的多种矿物质,如磷、钙、铁、镁、硒等,铁含量是平菇的 7 倍以上,硒含量超过绝大多数食用菌,是天然富硒食品。子实体含有的丰富膳食纤维,有助消化和润肠的功能;含的多种氨基酸和微量元素能起到强身健体,调节生理平衡,缓解精神疲劳的作用;含的多糖类物质,能增强肌体免疫力,具有抗病毒、抗肿瘤的作用,而且具有降低血胆固醇、预防心肌梗死和动脉硬化的功效。大球盖菇是具有多种保健功能,有益健康的食用菌。

(三)发展历程

大球盖菇于 1922 年由美国人首先发现并报道,1930 年以后在德国和日本也发现其野生种群,1969 年德国首先进行人工驯化栽培成功,而后波兰、匈牙利等国也进行引种栽培。1980 年,上海农业科学院食用菌研究所许秀莲等从波兰引种并试栽成功。20 世纪末和本世纪初,浙江省丽水市林业科学研究所刘跃钧和福建省三明真菌研究所颜淑婉等人的大量栽培研究取得良好的效益。随后四川等南方部分省区也相继开始了试验和生产。黑龙江省农业科学院倪淑君研究团队2009年在黑龙江省引种和试种,筛选株系,2015年审定登记新品种"黑农球盖菇1号",主导的大球盖菇"南菇北移"取得了成功,为草腐菌在寒地的推广提供了有益借鉴。2017年以来国内各地陆续有成功栽培报道,到2019年全国种植规模迅速扩大,产量比2018年增长149.9%,接近15万吨,在草腐菌中仅次于双孢蘑菇和草菇,位居第三,首次超过姬松茸和鸡腿菇。目前栽培方式以棚室、林地、露地为主,多依靠自然气候条件的季节生产,工厂化生产正在尝试中。

(四)发展现状与前景

大球盖菇是许多欧美国家人工栽培的食用菌之一,也是联合国粮农组织(FAO)向发展中国家推荐栽培的食用菌之一,在国际菇菌交易市场上已上升至前10位。大球盖菇能利用多种农牧废弃物作基料进行栽培,原料来源丰富,用生料或发酵料栽培,不需要制备菌包,不用高温灭菌,出菇后菌糠直接回田培肥地力,改良土壤。

大球盖菇外观美丽,营养丰富,易被消费者接受,市场认可度不断提高。大球盖菇生产门槛低,产量高,有投入少、见效快的特点,并符合生态化循环农业要求,因此发展极为迅速,已从局部零星种植向全国多省区发展。黑龙江是粮食大省,作为大球盖菇培养料的农作物秸秆等原料多,适合栽培的大棚温室、水稻育秧棚、林地等场地,气候冷凉,土质肥沃,生产天然条件好,高温期反季节生产能弥补全国市场短缺,自然优势突出,大球盖菇作为草腐菌在黑龙江省的发展壮大,为丰富食用菌种类、改善木腐菌和草腐菌比重失衡、缓解"菌林矛盾"显现重要意义。

大球盖菇出菇期集中,鲜品货架期较短,目前除鲜品外,还有腌渍品、干品、速冻品等主流产品。相对于其他大菇种,研究基础比较薄弱,尚有不少科学技术问题有待攻克,优良品种、高产、标准化栽培、保鲜、加工等技术和产业都亟待开发。

二、生物学特性

(一)形态特征

1.菌丝体

菌丝体白色,在PDA培养基上的气生菌丝相对较少,呈白丝状,紧贴培养基蔓延生长,菌落形态有绒状、毡状或絮状,有的有同心轮纹,有的有放射纹,初期生长较慢,纤细,后变粗壮、浓密,双核菌丝具有锁状联合。

2.子实体

单生、丛生或群生,菌盖肉质肥厚,接近半球形,商品菇直径3~5 cm,成熟后趋于扁平,直径4~15 cm,个别可达25 cm。子实体生长初期为白色,常有乳头状小凸起,随着子实体长大,菇盖颜色逐渐变为红褐色至暗褐色或葡萄酒红色,常具白色纤毛状鳞片,子实体长大后常消失,湿润时菌盖平滑、稍黏。成熟子实体菌盖边缘内卷并在菌柄与菌盖之间有白色菌幕残片。菌褶直生、排列密集,不等长,初为污白色,后变灰白色,随着菌盖开伞平展,逐渐变成褐色或紫黑色。菌环位于菌柄中上部,膜质,白色,常脱落。菌柄长5~15 cm,直径1~5 cm,近圆柱形,近基部稍膨大,菌环以上部分白色,近光滑,菌环以下部分带黄色细条纹,成熟时呈淡黄色,易中空。孢子椭圆形,孢子印紫黑色,孢子大小为(11~16)μm×(9~11)μm。

(二)生长发育条件

1.营养与基质

(1)碳源。碳源是大球盖菇生长发育过程中需求量最大的营养源,它不但作为糖类及蛋白质合成的基本物质,而且能够提供细胞正常生命活动所需能量。大球盖菇可以利用葡萄糖、蔗糖、淀粉、纤维素、半纤维素和木质素作为碳源。在栽培生产中,用稻草、麦秆、豆秆、玉米秸秆、玉米芯、木屑、树叶等为主要原料。此外,麸皮、米糠等也能提供部分速效碳源。

(2)氮源。氮源是大球盖菇合成自身所需核酸、蛋白质的重要营养源。适宜的氮源有氨基酸、蛋白胨、酵母膏、尿素等,在生产中使用一定量的粪肥、麸皮、米糠等主要是为大球盖菇提供氮源。大球盖菇比其他的草腐菌,如双孢蘑菇所需的氮源少,适宜栽培双孢蘑菇的粪草料、棉籽壳等不是大球盖菇适宜的培养料。

此外,大球盖菇还需要从培养料和覆土中吸取矿物质、维生素和其他生长因子。如果不覆土,难以形成子实体或产量很低。

2. 环境条件

(1)温度。温度是大球盖菇菌丝生长及子实体形成的关键因子之一,其菌丝生长的温度范围为5~36 ℃,最适温度为24~27 ℃,5 ℃以下停止生长,12 ℃以下菌丝生长速度缓慢,超过30 ℃菌丝虽然能够生长,但长势减弱,当温度升高到32 ℃时,虽然不能造成菌丝死亡,但当温度恢复到适宜温度时使菌丝受到不可逆转的伤害,活力明显下降。36 ℃菌丝停止生长,并能使菌丝死亡。原基形成和子实体发育温度范围是4~30 ℃,适宜范围是12~25 ℃,最佳温度16~18 ℃,在适宜温度范围内,温度越低子实体发育越慢,但菇体肥厚,不易空心,不易开伞,品质好。相反,温度越高时生长速度加快,柄长盖薄,易开伞,品质差。

大球盖菇怕高温不怕低温,虽然温度低生长较慢,但温度上升适宜范围,又能正常生长。因此,高温期种植最易伤热减产,而在一般情况下,黑龙江省生产大球盖菇可以安全越冬。

(2)湿度。湿度也是控制大球盖菇菌丝生长和子实体发育的重要因子。培养基含水量高低与菌丝的生长及产量有直接关系。培养料最佳含水量为65%~70%,含水量过大,透气不良,菌丝难以正常生长,甚至会使原来的菌丝萎缩,生产中要防止菌床被水浸泡时间长,要注意及时排水。养菌期空气相对湿度65%~75%,而出菇期要保持85%~95%。菌丝从营养生长阶段转入到生殖生长阶段要求提高空气的相对湿度,可以刺激出菇,并提高出菇质量。

(3)空气。大球盖菇是好气真菌,新鲜而充足的空气是保证正常生长发育的重要环境条件之一。在菌丝生长阶段,对通气要求敏感度较低,但也需要一定的透气条件,空气中二氧化碳浓度可以在0.5%~1%;在子实体生长发育阶段,要求空气中的二氧化碳浓度要低于0.15%。当空气不流通,氧气不足时,菌丝生长和子实体发育均会受到抑制,特别是大量出菇时,要注意保持场地通风,保持床面空气新鲜,达到高产优质的目的,避免产生畸形菇。

(4)光照。大球盖菇菌丝生长阶段不需要光照,但子实体形成阶段需要一定的散射光刺激,适宜于100~500 lx,散射光能促进子实体的生长健壮并提高产量。在实际生产中,要为栽培场地创造半遮阳的条件,避免直射光照射,这样的光线条件可以提高地温并能通过水蒸发促进培养基中气体交换,以满足菌丝和子实体对营养、温度、水分、空气等多方面的要求,菇体色泽艳丽,菇体健壮。直射光会因光过强造成空气湿度降低,使得正在发育的子实体菌柄失水变空,菌盖龟裂,颜色浅,无光泽,降低品质。

(5)酸碱度(pH值)。大球盖菇喜欢中性偏酸的环境,但菌丝在pH值4.5~9.0的范围内均可生长,其中pH值5.5~7.5为适宜范围;pH值为6.0时,菌丝生长最快、最健壮。在实际栽培中,要将培养料覆土的pH适当调高到7.0~7.5,随着菌丝生长,其代谢产物中的有机酸会使培养基的pH值下降至适宜范围,初期适当调高基料pH值,还有利于防止喜酸性的霉菌滋生污染,使得菌丝快速占据主导地位,提高成功率。

(6)土壤。大球盖菇菌丝营养生长阶段没有土壤能正常生长,但覆土能促进子实体形成。因此,不覆土则不出菇或出菇晚、出菇少、出菇差,这与土中营养和微生物有关。覆盖土要求含腐殖质,质地松软,具有较高的持水性和保水性,草炭土最佳,其次为山土、田土、壤土和沙壤土为好,沙质土和黏土不适宜。

三、栽培技术

(一)菌种生产

大球盖菇菌种一般分三级:母种、原种、栽培种。

1. 母种培养

菌源从具典型性状的子实体组织分离或从专业机构获得。

母种培养基参考配方:

(1)马铃薯300 g,琼脂20 g,葡萄糖10 g,酵母粉2 g,蛋白胨1 g,水1 000 ml。

(2)马铃薯200 g,葡萄糖20 g,琼脂20 g,豆粉10 g,水1 000 ml。

(3)马铃薯200,葡萄糖20 g,琼脂20 g,蛋白胨5 g,酵母膏 g,磷酸二氢钾3 g,硫酸镁1.5 g,水1 000 ml。

(4)马铃薯200,葡萄糖20 g,琼脂20 g,磷酸二氢钾3 m,蛋白胨2 g,硫酸镁1 g,维生素B$_1$4 mg水1 000 ml。

培养基制作方法同常规,需要高压灭菌。

2. 原种和栽培种培养

原种可以与栽培种同样配方,以谷粒配方为佳,但成本较高。常用的原种和栽培种培养基配方:

(1)谷粒或小麦粒88%,木屑10%,轻质碳酸钙2%。

(2)粗细木屑各占40%,麸皮20%。

(3)木屑60%,稻壳20%,玉米芯10%,麸皮10%。

3. 接种与培养

固体接种的接种量为10%~15%;液体接种宜用培养3~4 d 的液体菌种。接种后把菌种瓶或菌袋放22~26 ℃培养室中培养。长满后在低温通风处保藏备用。

(二)栽培季节

栽培季节应以大球盖菇的生长发育特点和对环境条件的要求,结合气候环境条件,场所类型和条件,原料储备,以及预期的上市时间而灵活安排。通常情况下,从播种到采收结束需3~4个月。从出菇质量要求看,以播种和养菌期温度较高、出菇期温度较低时,也就是夏秋种、秋季以后出菇更适宜,在18~26 ℃条件下播种,出菇温度15~20 ℃最适宜。黑龙江省春季播种宜早不宜晚,春季当气温回升到8 ℃以上就可播种,赶在6月以前出菇,在夏季要采取降温措施。夏、秋季生产一定要待气温降到25 ℃以下播种,否则要采取降温措施。如立秋以后播种,9月中旬出菇,冬季休眠,翌年春季养菌继续出菇;也可以9~10月初播种养菌,越冬后第二年春季出菇;温室生产可以延迟到10~11月份播种,11~12月开始出菇,元旦、春节也有鲜菇上市,可在当地高价位销售。

(三)栽培方式

大球盖菇栽培场所要求简单、灵活,保护地、露地均可。主要栽培方式有温室栽培、冷棚栽培、林下栽培、露地栽培。在市场对优质菇要求越来越高的背景下,采取一定的设施更能达到优质高产、效益显著的目的。大球盖菇与果林、葡萄、玉米,以及高秧瓜菜间作,互补互惠、高效利用土地,还可以利用水稻育秧棚空闲期,以及利用光伏设施温室生产,将设施资源充分合理利用起来。大球盖菇一般在地床栽培,少数在室内层架栽培、箱式栽培。无论采用哪种栽培方式,都要求交通方便,水电便利,清洁卫生,通风阴凉,排水方便,不低洼、不积水,无水源污染的条件。大球盖菇忌连作,但可以与作物轮作,这样一方面降低大球盖菇连作障碍,另一方面出菇后菌料为作物提供有机肥,同时又能充分利用设施条件,一举多得,效益显著。

1. 温室和冷棚栽培

温室栽培最容易控制大球盖菇生长不同时期适宜的温湿度、光照、通风等条件,便于管理,出菇期长,优质菇多,产量稳定。温室需要有棉被、草苫、遮阳网等保温、遮光设施,通风要方便,通过棉被、遮阳网等调节温度和光照,通过开关门窗控制温度和气体条件。如用有太阳能储热装置和升温条件的新型温室,可以实现大球盖菇冬季生产。冷棚需有塑料棚膜和遮阳网等保温、防雨、遮阳条件,可以提前和延后各 20 ~ 30 d。温室、冷棚四周要开好排水沟,防止大雨后积水渗入菇床,低洼地块要将地床适当抬高,防止菇床被浸泡(图 4 - 5 - 1 温室栽培模式、图 4 - 5 - 2 水稻育秧棚二次利用栽培大球盖菇)。

大球盖菇需要良好的通气条件,更适宜原生态栽培方法,在地面栽培通过培养料和下土层的氧气、水分的交换和流通,为大球盖菇提供了有利的微环境。为了在室内、大棚、温室增加栽培面积,也可以采用层架式床栽或箱式栽培,在管理上重点是加强通风和水分管理,保持培养料和覆土适度的透气状态。

图 4 - 5 - 1　温室栽培模式

图 4 - 5 - 2　水稻育秧棚二次利用栽培大球盖菇

2. 林下栽培

林地栽培大球盖菇要求郁闭度 50% ~ 70% 的阔叶林或松树林,自然林和人工林均可以,但人工林一般地势平缓,林间规整,更方便管理。为了保证产量和出菇质量,最好要有水源和喷灌设施,如果郁闭度不够,可以选用适当密度的遮阳网辅助。大球盖菇林下栽培,通过林地的遮阳作用,疏松营养的腐殖层微环境,含高浓度氧的新鲜空气和凉爽温和的小气候,为大球盖菇生长发育提供了营养、温度、湿度、光照、空气和土壤等优越的生态环境,而大球盖菇菌丝和子实体呼吸产生的二氧化碳为林地生长提供光合作用的气体原料,采菇后的培养料又为林地增加了有机质肥料促进树木生长。林下栽培不需要占用其他农田,附属设施投资少,效益显著,因此大球盖菇适于作为林下产业发展(图4-5-3 林下栽培)。

图4-5-3　林下栽培

3. 露地栽培

选用地势平坦,通风向阳,无内涝的地块。露地栽培设施投入少,成本低,管理好,也能获得较高的经济效益。如果在自家房前屋后菜园栽培,既方便管理,又减少了雇工成本,后茬种植蔬菜可以减少使用肥料,小园连片种植,分户管理,集中销售,是发展庭院经济的好出路。尽管大球盖菇可以在露地栽培,但是黑龙江省日照充足,还需要搭建简易的棚帐遮阳,并起到一定的防雨作用,便于对光照、湿度、温度等环境条件的调节(图4-5-4 露地栽培搭建遮阳棚)。

图4-5-4　露地栽培搭建遮阳棚

4. 玉米地间作

采用玉米地与大球盖菇间作套种的模式,即在2垄以上玉米的间隙种1畦大球盖菇。在大球盖菇生长发育过程中,玉米秆为大球盖菇提供了遮阴条件,因为种菇畦增加了玉米的通风量,玉米间距可以适当减小,出菇后菌料直接留在田间成肥料。实践证明,采用2:1以上的种植方式,玉米几乎不减产,而且玉米穗大粒满,实现了一地双收。玉米应选抗倒伏、株型紧凑、抗逆性强的品种,玉米生长期间不应使用食用菌禁用的农药。大球盖菇播种时期应在玉米出苗后,一般在5月下旬以后播种。玉米地间作大球盖菇的缺点是栽培管理有一定的不便,且出菇正是高温期,温度难以控制。

5. 果树地间作

大球盖菇可以在葡萄园、林果园、浆果园内间作。因果园行距达到数米,完全够间作大球盖菇的宽度,出菇后菌料同样又是果园的好肥料,因此,果树地间作也是一种常见的大球盖菇栽培模式。如果间距大,还可以用竹片搭建遮阳网小拱棚,遮阴保湿。林果地种植大球盖菇要注意通过栽培时间的调整,避开果园打药对大球盖菇的影响。

(四)栽培基质原料与配方

选用大球盖菇可以因地制宜,利用各种作物秸秆、玉米芯、稻壳、树叶、枝丫、菌糠等农林下脚料为主料,来源广泛、成本低廉。栽培原料要求新鲜、干燥、无霉变,最好用多种原料,营养互补,粗细搭配,透气保水,从而为大球盖菇菌丝提供良好的营养和生长环境。每667 m^2 用干料总量6 000 ~ 8 000 kg。

参考配方:

(1)稻草、麦秸、玉米秸秆或玉米芯30%,稻壳30%,木屑28% ~ 29%,干牛粪10%,石灰粉1% ~ 2%。

(2)稻壳40%、秸秆35%、木屑20%、麦麸5%、石灰粉1%。

(3)稻壳或稻草70%、豆秸29%、石灰粉1%。

(4)玉米秸秆、玉米芯、稻壳、硬杂木树叶或枝丫(柞树、杨树等)等63%,栽培滑菇、平菇、香菇、木耳等食用菌后的菌渣(经高温灭菌或发酵加入,和主料混拌后再发酵使用)30%,麦麸5%,石灰粉2%。

(五)基质制备

大球盖菇生产中常用生料栽培和发酵料栽培两种方式。生料栽培原料只需预湿和简单混拌即可,能够节省大量的人工成本,但生物转化率较低、后期污染率较高,适宜在低温期播种,在雇工困难或用工费用高的地区选用。相对生料栽培,发酵料栽培基质需要建堆和发酵,会耗费一定的人力,但生物转化率较高,后期污染率降低,因此生产中多用发酵料栽培。

1. 生料制备

秸秆、玉米芯等主料先在阳光下晒1 ~ 2 d,如整条秸秆要破碎20 cm以内,枝丫、菌糠等应粉碎成直径1 ~ 2 cm的小块,玉米芯要压扁破碎成1 ~ 3 cm小段。先将原料投入池中,引入干净水浸泡2 d,检查原料芯部吃透水分为止,如果没有泡透,继续翻动浸泡直到内外全部湿透为止;也可以采用喷淋的方式,每天多次喷浇水,将各种原料充分预湿,如果数量较多,还必须翻动数次,直到原料全部浸透。最后按照栽培料配方将各种预湿好的原料混合拌匀,含水量控制在70% ~ 75%,用手攥有水滴渗出而水滴断线为准。

2. 发酵料制作

发酵最好用发酵隧道,或者用发酵大棚,能防雨增温,发酵速度快、质量好。但是大球盖菇对发酵场地要求不严,有硬化地面的露天场地也可以。

原料需要预湿处理,作法如同生料栽培料。先将场地清扫干净并进行杀虫处理,在发酵场地撒一层白石灰消毒。将稻壳、木屑、玉米芯等主料、辅料在地面约80 cm厚,用钩机或铲车拌均匀(图4 - 5 - 5机械拌料)。或者分层铺料后,边翻边用喷水管上水,直到原料吃透水分。也可以用水幕带喷雾预湿,一天多次,连喷多日。每天用拌料机械将料搅拌翻匀,让料吃透水分。

图4-5-5 机械拌料

将调湿适度、混合均匀的培养料堆成底宽 2~3 m、高 1~1.5 m、长度不限的梯形堆,料堆上表面呈平面,避免大底尖锥形。料堆大小应适当,过小不易升温,过大则中心易缺氧,影响发酵效果。料堆好后,从顶面向下打孔洞至地面,孔距 40 cm,孔径 10 cm 以上,并在料堆两侧面间距 40 cm 处扎两排孔洞至堆中心底部,防止料堆中部和底部缺氧产生酸变或氨臭。料堆四周用草帘封围,顶部不封盖。如果遇雨天可以用塑料布覆盖临时避雨,覆盖要松散留空间透气,雨后要立即撤去增氧透气。经 3 d~4 d 堆内就会开始升温,当料堆内温度达到 55 ℃~60 ℃时,保持 48 h 以上。当料内有白色粉末状高温放线菌出现时,进行第一次翻堆,翻堆时将料堆中上位置,温度最高的部分翻到底部和表面,将底层和外层的料翻到中间,湿度不够要适当补水,重新建好堆,扎好通气孔,继续发酵,当中心温度升到 60 ℃ 以上,保持 1~2 d,升温 70 ℃ 左右,不超过 80 ℃ 再次翻堆,加入石灰等辅料并调节水分,一般翻堆 3~4 次,最后一次翻堆可以喷洒或混拌高效低毒杀虫剂,杀灭害虫和虫卵。培养料发酵完成后要及时散堆,不要长时间堆积、过度发酵,否则会使料中养分大量损耗,不利于后期菌丝的生长。

发酵料制作质量是栽培成功的关键环节之一。优质发酵料呈棕褐色,内部有大量丝状和粉末状白色放线菌,手握有弹性,有酵香气,无酸臭、氨味、发霉等不良气味,含水量 65%~70%,pH 值 7.0~7.5。

（六）播种、覆土与发菌期管理

1. 栽培场地处理

将地里杂草、杂物、树根以及上茬作物残留物除净,平整土地后,用防虫灵或高效氯氰菊酯喷洒,土壤墒情适宜时,用旋耕机旋松翻耕 20 cm,使得土壤有良好的团粒结构。棚室宜用食用菌专用熏蒸剂处理,密闭 12 h 后大通风备用。在栽培场四周开好排水沟,雨天及时排水,防止积水,致使菌丝浸泡窒息。

2. 铺料播种

播种前场地及周边打一遍杀虫剂并撒上一层白石灰。场地处理后,用石灰粉打线或拉绳,标示垄和走道的位置:过道宽 40~50 cm,床面 60~70 cm,或者作畦 110~120 cm,一畦双垄。取床面表层壤土 3~4 cm 搂到过道,留做覆土材料,垄或畦中间略高,两边略低,以防料内积水。如另备覆土可直接铺料,或铺料处稍作龟背状修形。如果地势较低,排水不良,应做高 10 cm 垄或畦,也要做成中间高,两边低的龟背形。

发酵好的料要用铲车翻动降温到 30 ℃ 以下才能铺料,播种时料温要在 25 ℃ 以内,亩播种量看菌种的活力,一般亩用量 200~300 kg。先铺料 10 cm,如果双垄模式,先铺畦后分成 2 垄,间距 10 cm,两垄间距10 cm 的小沟内留少量料,以利于在沟内出菇,双垄两头用料封圆。双垄不要过长,目的是增加投料量,提高产量,而且以后料干方便补水。铺料要宽度、厚度一致,料面平整。将菌种掰碎成小块,均匀撒在料上,或间隔10 cm 摆放菌种块,并按入料中。完成第一层播种后,在料面上再铺10 cm 培养料,再将菌种撒上或摆放料面,用手、耙子或锹把菌块用料盖严,让菌块与料贴合,拍圆整,两侧成慢坡形,不要立陡,覆土不便,或以后喷水冲掉覆土(图4-5-6)。

图4-5-6 秋季露地播种

3. 覆土

覆土宜选择肥沃的菜园土和田野土,湿度要以攥紧成团,松手散开为标准。盖草以稻草为佳。覆土一般厚度3 cm,盖草厚度5~8 cm。覆土可以在铺料播种后进行,也可以在菌丝长满料面2/3 时进行。覆盖后为防止菌丝窒息、退菌死亡,需要在料垄两侧扎品字形的孔洞,间距20~25 cm。为了保持料面的湿度,气温较高时稻草覆盖的要厚一些,以防阳光直射菌床伤菌。稻草的覆盖也很有讲究,发菌期横向覆盖利于防雨,出菇期改为顺床覆盖利于料垄受水充分,干湿均衡。覆土后可以将覆土层喷一次高氟氯氰菊酯进行杀虫处理。

4. 养菌期管理

养菌期管理主要是控制好温度和湿度。培养料温度要保持在23~26 ℃,不能高于28 ℃,发菌期一定要经常检查测量料温,特别是气温高的中午一定要注意防止高温烧菌。温度过高时可以通过扎孔来透氧、排热,并利用微喷浇"毛毛雨"降温。每次浇水时,要保持少浇、勤浇,稻草保持湿润即可,一定不能用大水喷浇使水浸入培养基中。养菌期间检查料的湿度,检查是否有霉菌感染,如果发现立即挖掉隔离,防止扩散蔓延。发菌期间,空间相对湿度一般应保持在70%~75%。在正常情况下,2~3 d 菌丝开始萌发吃料,3 d 以后快速生长,20 d 以后,菌丝占据1/2 以上,如果发现料内缺水,应根据天气和棚内情况喷水增湿,料中间少喷,侧面易干应多喷。要经常扒开料垄查看菌丝生长情况,观察水分和温度是否适宜,如果料松软潮湿尽量不要补水,防止菌丝被杂菌污染。养菌期间也要注意光照和通风条件,但要注意光照和通风对温度和湿度的影响。20~25 d 以后菌丝长到料的2/3,可以进行后覆土。当菌丝发满并开始爬上覆土层,这时要把覆盖草轻轻翻动,撒掉一部分,用耙子将覆土松动透气,刺激形成绳索状菌丝,转入生殖生长阶段。

(七)出菇期管理与采收

一般播种后35~40 d,菌丝体在土表增粗增多,要加大给水,并通风降温。当土表出现索状菌丝,并形成大量白色原基的时候,应加强水分管理,采用少量多次喷水,并以晴天多喷,雨天少喷或不喷的原则,保持料面松软湿润防止大量水分流入料内引起菌丝水分过多腐烂,造成菇蕾死亡。此时还要适当加大通风,并给予适当的散射光。当菇体增大增多,需水量加大,但尽量要给雾状水,增加空气相对湿度达到90%～95%,同时要加大通风换气。采收前避免喷水,以免菇体水分太大,不耐贮运,影响品质。大球盖菇最佳出菇温度在16～20℃,温度适宜,菇质量明显提高,如果温度过高,生长快,菇柄细而长,易开伞,温度低,虽然生长较慢,但腿粗盖厚,菇质好。出菇期间往往通过调节光照时间、喷水时间、通风程度来调节温度。温度低于12℃,可以卷起温室棉被或草苫,大棚塑料膜盖严或增加保温层等方法增温,在高温期则通过喷水、通风、遮阴等措施降温(图4-5-7、图4-5-8)。

图4-5-7　管理不好,腿细盖薄,易开伞,商品性差

图4-5-8　管理精细,腿粗盖厚,优质高产

　　大球盖菇应在菇菌膜没破裂、菌盖肥厚内卷呈钟形时采收,如果菌盖平展开伞时才采收就会降低商品价值,即使未开伞也要尽早采收,以免降低等级。采菇时,用手指抓住菇脚轻轻扭转摘下,子实体较大时,另一手应按住基部土面避免损伤周边的小菇蕾。采收后的菇穴用土补平。采收尽量分等级摆放在菇箱内,尽量少分拣,防治将菇弄脏。

　　采收一潮过后,停水3～5 d,养菌,并观察菌丝体状况,此时菌丝缺水可以往沟内灌水补充,一般经12～20 d,开始出第2潮,可以连续采3～4潮菇,其中以第2潮菇产量最高。因气候、设施等各种因素不同,潮次明显或不明显,应根据菌丝和菇体状况灵活管理(图4-5-9大球盖菇适时采摘)。

图 4 – 5 – 9　大球盖菇适时采摘

（八）劣质菇产生原因及防治

虽然大球盖菇栽培方法简单,但大球盖菇栽培成功与否的主要标志是优质菇比率高,劣质菇少。菌种、发酵和管理都非常重要,在整个栽培过程中,要依据大球盖菇的生物学特性和对环境条件的要求精细化管理。常见劣质菇发生原因及防治方法如下。

1. 出菇密而小

主要原因是结菇部位偏高,与给水有关。喷结菇水过迟,菌丝爬得太高了,子实体在土表扭结。喷结菇水不足,通风不够,原基过多,形成的子实体密而小。防治方法:及时给结菇重水,避免菌丝在覆土表层纽结,结菇位置高。结菇水要足,菇房大通风,防治菌丝继续过度向上生长。

2. 空心菇

子实体菌柄松软,白心中空,不耐贮运,品质差。主要原因一是栽培料营养不均衡,氮素不够。二是气温高,子实体生长过快,喷水不够,特别是空气湿度不够,覆土水分较少,形成下湿上干,菇盖表面水分蒸发量加大,导致菌柄中水分向菇盖转移,形成空心菇。防治方法:合理调整培养料配方,提高发酵料质量,如果温度过高,在夜间或早晚通风降温,出菇水要足,每收一潮菇要喷一次重水,使土粒不断得到水分补充,子实体生长期间要保持相对湿度90%。

3. 畸形菇

菌盖生长不圆整,出现平顶、尖顶、歪顶,表面凸凹不平等不规整形状。主要原因:菇蕾形成和子实体生长过程中受到外力作用,比如覆土土块过大、过干、板结,空气湿度低造成的。防治方法:选择持水性和保水性好的覆土,合理喷水,保持覆土疏松,出菇前耙松覆土。

4. 地雷菇

结菇部位深,子实体从覆土下培养料中长大,形如地雷,菇盖白而暗,菇柄粗而长,性状不规整。产生原因:培养料过湿,过厚或培养料中混有泥土。覆土后气温过低,菌丝没有长出土层就纽结出菇。浇水急,常常产生漏料,土层和料层出现夹层,在夹层内形成菇。

5. 薄皮菇

菌盖薄,菌柄细长,易开伞。主要原因:培养料过干,过薄,覆土薄,含水量不足。出菇期间高温、低湿,通风不良。出菇密度大,温度高,湿度大,生长快。

6. 黄柄菇

菇盖颜色正常,但菌柄发黄,甚至褐变,影响贮运和商品性。主要原因:用水过量,采收前喷水,菇体湿度大,培养料偏酸。防治方法:采收前不要喷水,出菇期间保持料内水分充足,适当喷雾状水,增加空气湿度,加强通风。

(九)病虫害防治

大球盖菇抗性强,但在发菌期,尤其是出菇前,偶有鬼伞、盘菌等竞争性杂菌,养菌和出菇期偶有白色石膏霉、绿色木霉、白粒霉等霉菌发生。常见的害虫有跳虫、菇蚊、螨类、蚂蚁、蛞蝓、鼠害等。

1. 场地

应选择通风好,排水好,周围无污染地块。栽培和发酵场地用石灰和低毒杀虫剂处理,宜实行三季轮作,如重茬栽培应清除上茬菌料,用客土覆盖。

2. 原料

选新鲜干燥的,栽培前最好先在阳光下暴晒几天,杀灭部分杂菌孢子和虫卵。

3. 菌种

选用生长健壮的适龄菌种,使得大球盖菇菌丝发菌快而健壮,迅速占据优势地位。

4. 发酵

发酵料要快速而彻底发酵,如生料或用菌糠为原料,最好在料中使用适量多菌灵等低毒杀菌剂。

5. 除杂

遇见鬼伞、盘菌等要及早拔除,霉菌挖除,隔离深埋或焚烧,在料垄上撒石灰粉消毒。

6. 灭杀

栽培场地用黄板或频振式杀虫灯诱杀害虫效果甚佳。在发酵过程中使用高效低毒杀虫剂,如高效氯氰菊酯等,覆土也需用药剂杀虫灭菌。在栽培过程中,菌床周围放蘸有0.5%的敌敌畏棉球可驱避螨类、跳虫和菇蚊等害虫,也可以在菌床上放报纸、废布并蘸上糖液,或放新鲜烤香的猪骨头或油饼粉等诱杀螨类。对于跳虫,可用蜂蜜1份、水10份和90%的敌百虫2份混合进行诱杀。对蛞蝓的防治,可利用其晴伏雨出的规律进行人工捕杀,也可在场地四周喷10%的食盐水驱赶。栽培场或草堆里发现蚁巢要及时撒药杀灭。红蚂蚁可用红蚁净药粉撒放在有蚁路的地方,蚂蚁食后,能整巢死亡;若是白蚂蚁,可采用白蚁粉1~3 g喷入蚁巢,经5~7 d即可见效。老鼠破坏菌床,伤害菌丝及菇蕾,采取诱杀或电网捕杀。

参 考 文 献

[1]张金霞,蔡为明,黄晨阳.中国食用菌栽培学[M].北京:中国农业出版社,2020.

[2]黄年来.大球盖菇的分类地位和特征特性[J].食用菌,1995,17(6):11.

[3]黄年来.中国大型真菌原色图鉴[M].北京:中国农业出版社,1998.

[4]刘胜贵,吕金海,刘卫金.大球盖菇生物学特性的研究[J].农业与科学技术,1999,19(2):19-22.

[5]罗信昌,陈士瑜.中国菇业大典[M].北京:清华大学出版社,2016.

[6]孙萌.大球盖菇菌丝培养及胞外酶活性变化规律研究[D].延边:延边大学,2013.

[7]颜淑婉.大球盖菇生物学特性[J].福建农林大学学报,2002,31(2):401-403

[8]张胜友.新法栽培大球盖菇[M].武汉:华中科技大学出版社.

[9]张金霞,黄晨阳,胡小军,等.中国食用菌品种[M].北京:中国农业出版社,2012.

(倪淑君)

第六节 滑 菇

一、滑菇概述

滑菇(*Pholiota microspora*)又名小孢鳞伞、光帽鳞伞,俗称珍珠菇,商品名滑子蘑、滑子菇。滑菇属球盖菇科(Strophariaceae)鳞伞属(*Pholiota*)。滑菇为紫红色或橙红色,因其菇体有一层光滑的黏液物质,食用润滑爽口,固得其名。

滑菇是世界五大人工栽培的食用菌之一,它不仅体态娇美,肉质鲜美,风味独特,而且营养丰富,药效显著,菇体富含多种维生素,并含有抑制肿瘤的多糖物质,可预防大肠杆菌、肺炎杆菌、结核杆菌的感染,因此,在世界上享有较高的声誉。

据文献记载,滑菇最早发现于日本,1921 年日本进行野生滑菇分离驯化栽培。1950 年进行规模化椴木栽培,1961 年开始用木屑袋料箱式栽培。我国滑菇栽培起步较晚,大约在 1977 年前后,从日本引进菌种在沈阳等地开始试种,目前我国滑菇栽培主要在黑龙江、吉林、辽宁、北京、江苏、山西等地。早期一般使用压块栽培,现以袋式栽培为主,目前我国滑菇总量已跃居世界首位。

(一)生物学特性

滑菇个体较小,多丛生或束生,子实体和菌落呈现出特殊的黄色,滑菇子实体成熟照片见图 4 - 6 - 1。

图 4 - 6 - 1 滑菇子实体(王延锋拍摄)

2. 子实体

子实体由菌丝集结而成,是滑菇的繁殖器官,也是食用的部分,由菌盖、菌褶、菌柄等三部分组成。

2. 担子和担孢子

滑子菇共有 4 个担孢子,呈棍棒状。

3. 菌丝及菌丝体

滑菇菌丝为绒毛状,初期为白色,随着生长而逐渐变为乳黄色,滑菇菌丝由担孢子萌发而来,滑菇是双核气生菌丝。

(二)生态习性

滑菇主要分布在我国北方地区,广西、西藏地区也有分布。滑菇属于低温木腐菌,多生长在阔叶树木的枯死部位和砍伐面。滑菇好氧、喜欢潮湿有暗光的环境。

（三）生长发育条件

1. 营养

（1）碳源。碳源是合成糖类和氨基酸等物质的主要原料,滑菇主要靠酶的作用分解吸收淀粉、木质素等大分子化合物。蔗糖等是滑菇菌丝生产的良好碳源,黑龙江省人工栽培料主要选择木屑、麦麸、米糠等农副产品。

（2）氮源。氮源是用于合成蛋白质和核酸的重要原料,分为有机态氮和无机态氮。蛋白胨是滑菇菌丝生长较好的碳源,人工栽培中常使用麦麸、豆粉作为氮源。

（3）矿物质元素。主要包括磷、镁、钙、硼、锌、钼、铁、钴、锰等元素,其主要功能为构成菌丝体,子实体细胞的成分,作为酶的组成部分,调节渗透压及酸碱度等作用。

（4）生长素。主要包含维生素 B_1、核酸及生长素等,滑菇对其需求量不多但不可缺少,否则会影响滑菇正常生长发育。

2. 生长环境

（1）温度。菌丝从 5 ℃ 开始就能生长,菌丝最佳生长温度为 22~28 ℃,超过 32 ℃ 左右停止生产,超过 35 ℃ 时菌丝就死亡,出菇温度在 5~20 ℃,不同品种稍有差异。

（2）水分。喜湿性品种,菌丝生产阶段适宜的空气相对湿度 60%~70%,子实体生长阶段适宜的空气相对湿度 85%~95%。

（3）空气。好氧性真菌。环境中二氧化碳浓度对滑子菇生长发育有明显抑制作用。所以子实体生长发育时栽培环境应该注意通风换气,避免二氧化碳浓度过高影响子实体的发育,且易形成畸形菇。

（4）光照。菌丝生长不需要光线,但子实体生产发育需要一定的散射光,栽培场地要求明亮,适宜的光强为 700~800 lx,子实体才能色泽鲜亮,商品价值高。

（5）酸碱度。适宜在偏酸性的环境中生长,栽培料酸碱度以 pH 值 6.0~6.5 为宜。

二、栽培技术

（一）滑菇栽培场地与设施

生长过程中需要在适应的环境条件下,因此需要有适应的栽培场所,特别在黑龙江省,由于气候干燥、风沙较大、冬季寒冷,栽培场所受自然气候影响较大,自然条件下无法保证滑菇生产所需的稳定温度、湿度等条件,正确选择和建造栽培场所就显得尤为重要。

菇房要考虑到方便通风换气,北方地区以坐北朝南为宜,又可减少西北风与西晒阳光。选择在保温保湿好,空气流通,无直射光的地方。选择在有洁净水源的地方,用水便利,环境开阔,交通便利,菇房周围无污染源。目前常用的设施为发菌出菇棚,一般棚长 50 m,宽 8 m,采用钢筋、钢管结构棚,上面覆盖双层塑料中间夹双层毛毡。棚外顶部在温度高时设遮阳网降温,菇棚内外清洁,远离污染物,靠近水源。袋栽要求培养架宽 90~100 cm,层间距 45 cm,每层均用木板铁板或塑料板铺平,也可用铁丝或竹杆铺上,用来放置菌袋。滑菇生长发育需要充足空气与水分,因此要有良好的通风设施与喷灌设施。

（二）栽培模式

黑龙江省主要以袋栽方式为主。

（三）栽培季节

黑龙江省滑菇接种期 2 月中下旬至 3 月上旬,8 月中旬至 11 月中上旬基本结束。太早接种温度低,发菌慢;接种太晚,到夏季高温多雨时,菌丝长不满,污染率高。

(四)培养料配方

东北地区滑菇栽培配方主要以木屑为主,如下几种配方以供参考:

配方1:木屑89%,麦麸(米糠)10%,石膏1%。

配方2:木屑49%,作物秸秆粉40%,麦麸(米糠)10%,石膏1%。

配方3:玉米芯粉69%,豆秸粉20%,麦麸(米糠)10%,石膏1%。

配方4:木屑79%,菜粕15%,麦麸子5%,石膏1%。

(五)菌包制作

滑菇栽培技术操作工艺流程:配料→拌料→装袋→灭菌→冷却→接种→发菌管理→出菇期管理→采收。

1.拌料

按照选用的配方准确称量各种原料。采用振动筛将锯末筛出,提前用拌料机拌料,拌好培养料闷2小时水分充分浸透,含水量达到55%~60%。

2.塑料袋选择

短袋规格:(16.0~18.0)cm×(35~38)cm;长袋规格:(15.0~16.5)cm×(54~56)cm;厚度0.004~0.006cm聚乙烯塑料袋或聚丙烯塑料袋。

3.装袋

装袋时应注意:①拌好的料应尽量在4h之内装完,以免放置时间过长培养料发酵变酸;②装好的料袋要求密实、不松软;③装袋时不能摔,要轻拿轻放,保护好菌袋;④将装好的料袋逐袋检查,发现破口或微孔立即用透明胶布贴好。在使用机械设备、棚顶操作、运输等方面要注意人身安全,避免出现人身损伤。

4.灭菌

培养料可采用常压灭菌或高压灭菌。常压灭菌时蒸料中心达到100℃维持6~8h,高压灭菌不超过2h,停火后,当料温降至90℃时趁热出锅,尽量减少杂菌侵染风险。

5.接种

蒸料灭菌后的培养料整体温度降到30℃以下时即可接种。熟料栽培应在无菌环境下,按照无菌操作规范完成接种。接种前要准备充分,接种场所屋顶、墙壁、空气等要全面清洁和消毒,接种操作要动作敏捷、迅速、准确,避免侵染杂菌。

(六)发菌管理

接种完成后,菌袋进入培养室进行发菌培养,当菌袋发满由白逐渐变成浅黄色的菌膜,这表明已达到生理成熟,进入了转色后熟阶段,需30~40d。

东北地区滑菇"春种秋出",七八月份高温季节来临,滑菇一般已形成层黄褐色蜡质层,菌棒富有弹性,对不良环境抵抗能力增强,温度应控制在28℃以下,但如果温度超过30℃以上,菌棒内菌丝会由于受高温及氧气供应不足而生长受抑或死亡。因此,此阶段应加强遮光度,昼夜通风,棚室更应安装遮阴网或喷水降温设施。

(七)出菇管理

8月中旬气温稳定在20℃左右,菌丝已长满整个培养袋并逐渐转为浅黄色,已达到生理成熟可进行出菇管理。目前菇模式有滑子菇有堆垛式、层架式、长袋立式、吊袋式等出菇方式。根据不同的出菇方式采用不同开口方式。

1. 堆垛式出菇

短袋一般采用顺排墙式两端出菇,即用消毒好的刀片将菌袋两侧进行环割,去除塑料薄膜。菌袋一般码6~8层高。长袋一般采用"井"字形或"△"形码放,码5~7层高,菌袋两端及袋体上出菇,码垛后用消毒好的刀片割去菌棒接菌面或两端部分塑料,露出培养基,形成出菇面。

2. 层架式出菇

出菇棚与架式香菇的出菇棚相同,将菌袋上面割掉2/3的塑料,上架单层摆放。要用旋转喷头上水,使菌袋含水量达到75%左右,棚内空气湿度达85%~90%,15~20 d可出现菇蕾。

3. 长袋立式出菇

在畦面搭设支架,行距1.00~1.50 m,高0.25~0.30 m,支架上间隔0.25~0.35 m拉一根横杆。将长菌袋斜靠在横杆上,与地面呈60°~80°,间距0.10 m~0.15 m,每平方米摆放20~25袋。在菌袋全身均匀分布开6~10 cm长的"1"形或"V"形口,数量6~8个。

4. 吊袋式出菇

在棚内吊杆上系两根细尼龙绳或按品字形系紧三根尼龙绳,每组尼龙绳可吊6~8袋,袋与袋采用铁丝钩或塑料三角片托盘进行固定,相邻两串距离20~30 cm,吊袋密度平均每平方米60~70袋。菌袋离棚顶的最高点1.5~2.5 m,离地面0.4~0.5 m,在菌袋全身均匀分布开6~10 cm长的"1"形或"V"形口,数量8~12个。

开口后,早中晚各通风10~15 min,加大昼夜温差,白天控制在15~20 ℃,夜晚控制在8~14 ℃。开口2 d内,每天向空中、墙壁、地面少喷勤喷雾状水3~5次,喷水后通风10~20 min。2 d后可以向料面上适当喷水,保持料面湿润,栽培基质含水量60%~65%,空气相对湿度80%~85%,结合通风,给以适量光照刺激(500~800 lx),10~15 d可见菇蕾。

(八)采收加工

当菇体成熟根据收购标准进行停水及时采收,成熟子实体见,采收以不留菇柄在培养料上,不伤菇袋为宜。采完头茬菇后,停水2~3 d后再进行催蕾,采收一潮后可将另一端的袋底割开,两头出菇有利于充分出菇,提高产量。

(九)病虫害防治

滑菇代料栽培过程中的病害和其他常见木腐菌的病害基本相似。其种类主要有真菌、细菌、放线菌等。掌握这些病害发生的种类、规律以及防治方法,是菌种生产和袋料栽培成功的关键。

1. 细菌性腐烂病及防治

(1)发病症状。滑菇细菌性腐烂病发生于子实体上,其症状是感染部位出现深红褐色的小斑点,严重时病斑周围的组织变成糜烂状态,最后菇体腐烂。

(2)发病原因。滑菇细菌性腐烂病发生的条件是:①细菌性腐烂病,是由荧光假单孢杆菌引起。②在滑菇子实体生长期间,当菇房温度超过20 ℃以上,空气相对湿度超过95%以上。③培养料含水量过大,甚至料面有细微的水珠。

(3)防治措施。①利用无病菌的优良菌种。②搞好菇棚卫生。③加强通风换气。④控制菇棚温度在20 ℃以下。⑤空气相对湿度降至95%以下。⑥药剂防治:清除病菇,停止喷水1~2 d,在此期间喷0.2%漂白粉液防治。

2. 青霉菌及防治

(1)发病症状。发菌期间,在培养料面发生蓝绿色菌落,菌丝初期呈白色绒毛状,后变蓝绿色,菌落近圆形,具有新生的白边。

(2)发病原因。①接种室和发菌室灭菌不彻底,空气中有青霉菌孢子。②接种操作不严禁,非无菌操作,非抢温接种。③发菌室温度过高、湿度过大、通风不良。

(3)防治措施。①接种室和发菌室要事先彻底灭菌。②保持菇棚、室清洁卫生。③接种时严格执行无菌操作规程、抢温接种。④发菌期间在发菌室喷洒50%可湿性多菌灵或克霉灵200倍液消毒灭菌。

3. "花脸"状的"退菌"现象及防治

(1)发病原因及症状。发菌后期进入6、7月份的高温季节,菌丝正处在长透培养料并形成蜡质层阶段。此时日照时间长,光照强,是一年中温度最高的季节,一旦遇到28℃以上连续高温天气,培养料内部的热量不易向外扩散,菌丝受热,呼吸不良,代谢失常,菌丝易自溶消退,形成"花脸"状的"退菌"现象,继而菌内培养基变黑腐败,轻则减产,重则绝产。

(2)防治措施。①注意摆放,防治菌袋烧菌。②当气温达23 ℃以上时及时通风。③防止阳光直射。④用消毒的竹筷子在"花脸"处刺孔,再撒一薄层石灰,有利通气,吸湿。

4. 菇蝇及菇蚊防治

(1)搞好菇棚及周围环境卫生,及时清除污染和霉菌盘,减少虫源。

(2)加设纱门、纱窗防止菇蝇和菇蚊飞进菇棚54 药剂防治。

(3)药剂防治:①用2.5%的溴氰菊酯2 000～3 000倍液喷雾。②用20%速灭杀丁、10%氯氰菊酯或50%辛硫磷1 000倍液喷雾。③用50%马拉硫磷1 500～2 000倍液喷雾。④用40%乐果500倍液或90%敌百虫结晶800倍液喷床面及料面防治幼虫效果明显(出菇后不能用药)。⑤注意事项,以上药剂每次只用其中1种;采菇前7～10 d禁止用药。

参考文献

[1]戴玉成,李玉.中国六种重要药用真菌名称的说明[J].菌物学报,2011,30(4):515-518.

[2]张传华.茶树菇菌包工厂化生产技术[J].食药用菌,2017,25(2):141-142.

[3]付永明,孔祥辉,张娇,等.包装方法对滑菇保鲜效果的影响[J].食用菌,2017,(6):73-77.

[4]单耀忠.滑菇的生理生态和栽培环境管理[J].食用菌科技,1983(1):43-46.

[5]姜建新,徐代贵,王登云,等,2016.滑菇工厂化栽培技术[J].食用菌(6):48-49.

[6]王金贺,姜国胜,郑锡敬,等.滑菇常见病虫害及防治[J].中国林富特产,2010,106(3):65-66.

[7]赵占军,王贵娟.滑菇菌丝生物学特性初探[J].食用菌,2003,(6):11-12.

[8]张金霞,蔡为明,黄晨阳.中国食用菌栽培学[M].北京:中国农业出版社.2020:306-315.

(史磊)

第七节　桦褐孔菌

一、概述

桦褐孔菌是一种药用价值很高、应用前景广泛的真菌,可用于治疗各种消化道癌症、降血糖、防治艾滋病、抗衰老、降血脂、降血压,还能够改善过敏体质,增强免疫力,被称作是上帝赐给人们的一种奇妙的礼物。

(一)分类地位

桦褐孔菌,拉丁学名 *Inonotus obliquus*(Fr.)Pilat,又名白桦茸、桦纤孔菌、黑桦菌、桦褐灵芝等。分类学地位属于担子菌亚门(Basidiomycota)、层菌纲(Agaricomycetes)、锈革孔菌目(Hymenochaetales)、褐卧孔菌科(Hymenochaetaceae)、纤孔菌属(*Inonotus*)。

桦褐孔菌主要生长分布在北纬 40°~50° 的高寒地区,包括俄罗斯北部、加拿大东部地区、北欧、中国黑龙江、中国海南、日本(北海道)。不同产地的桦褐孔菌之间功效存在差异。顶级桦褐孔菌只生长在俄罗斯远东的某些原始森林中,远东地处中高纬度,气候比较寒冷,北半球的两大"寒极"均位于此,因此桦褐孔菌颜色更深沉、表层更硬实、肉质润滑,但寒冷生长极其缓慢,产量极为稀少。在我国桦褐孔菌野生资源主要分布在黑龙江省和吉林省长白山地区。戴玉成等在 1997 年考察长白山木腐菌时发现,其在长白山区只发生在海拔较高的活桦树上,特别是成熟树上。

(二)营养与功效

桦褐孔菌作为一种著名的民间药用真菌。近年来的研究表明,桦褐孔菌含有约 215 种化学成分,其中,已报道的具有生物活性的化学成分有 20 多种,主要包括桦褐孔菌多糖、羊毛甾醇型三萜类、桦褐孔菌醇、桦褐孔菌素、黑色素类和木质素类等。大量实验研究结果表明,桦褐孔菌具有抗肿瘤、抗氧化、抗炎、抗病毒、增强免疫力、降血压、降血糖、降血脂及抗寄生虫等多种药理作用,且长期使用桦褐孔菌未出现任何毒副作用。在李敏等的研究中,首次分析了桦褐孔菌中 21 种无机元素,得出 Fe、Al、Ca、Mg、Co、Mn、Ti、Sb、和 Be 是桦褐孔菌的特征无机元素,其中人体必需的 Fe、Mg、Ca 等常量元素极为丰富,进一步证实了桦褐孔菌具有较强的医疗保健价值。

(三)栽培历史与现状

桦褐孔菌药理功效对人类有很多的用途,多年来,我国出口韩国、日本等地的桦褐孔菌和药材市场上所供应的商品桦褐孔菌菌核全部来自人们野外采集的野生桦褐孔菌菌核。但因在野生的环境下桦褐孔菌的菌核很难形成且生长速度极为缓慢,商品桦褐孔菌出现了供不应求的局面,野生资源也因不断采集而变得越来越稀缺。为了解决桦褐孔菌野生资源的危机,科研人员开始进行桦褐孔菌菌丝体液体培养和桦褐孔菌菌核人工栽培的研究,2007 年 6 月,陈艳秋以桦褐孔菌野生菌核为材料,采用组织分离方法获得纯菌种,并进行了桦褐孔菌各级菌种的制作研究。2016 年 3 月,姜志波用玉米培养基对桦褐孔菌进行液体发酵培养,以其利用液体培养发酵菌丝体来代替野生资源。

(四)发展现状与前景

早在 16、17 世纪,在东欧、俄罗斯、波兰等民间,桦褐孔菌就被当作一种常用保健茶饮的原料及草药,用于防治各种肿瘤、糖尿病、心血管疾病、病毒性疾病、增强免疫力、抗机体衰老等。俄罗斯人把它奉为上帝赐给苦难人类的一种瑰宝;日本的科研人员高度评价它为"万能神药";美国将其列为"特殊的天然物质",作为人类的未来饮品。近些年来,伴随着天然食品和中药热的兴起,桦褐孔菌引发了人们更大的兴趣,研究人员利用现代科学技术手段对桦褐孔菌进行了普遍的研究。在真菌多糖的分离纯化、分子修饰、结构鉴定、药理活性以及化学活性研究探索均取得了很大进步,长期以来的动物实验及临床实验证实:桦褐孔菌毒副作用极小,能预防艾滋病、治疗糖尿病、增强人体免疫功能。因此,桦褐孔菌在医药、保健品等领域具有很大的开发价值和广阔的应用前景。

二、生物学特性

(一)形态与结构

桦褐孔菌寄生于白桦、银桦、榆树、赤杨等落叶树的树皮下或枯干上,形成不孕的子实体。它的菌核疑似瘤状,外表面呈现不规则状有沟痕,外表面颜色为黑褐色,内部为黄色,无柄,直径 25~40 cm,颜色为深色,表面裂痕,非常坚硬,干时很脆。可育部分厚 5 mm,皮壳状薄,褐色;菌管 3~10 mm,一般菌管的前面都会有开裂,菌孔数为每毫米 6~8 个,形状为圆形,颜色最初为浅白色,最后变成暗褐色;菌肉的质地为木栓质,模糊的纹路呈环形,颜色为淡黄褐色。孢子的形状为阔椭圆状至卵状,非常光滑,有刚毛,$(9.0~10.0)\mu m \times (5.5~6.5)\mu m$。

桦褐孔菌子实体与菌核是完全不同的发育结构,虽然两者均为组织化了的菌丝体,但是无性结构的菌核与有性结构的子实体有本质区别,后者具有完整的子实层和发育完全的菌孔与成熟的担孢子。从国内外报道来看,即使在野生条件下,桦褐孔菌也大多只形成菌核,很少观察到子实体,因此,人们对其生活史了解甚少。在实际研究和应用中作为原料使用的基本是褐孔菌的"菌核"组织部分。

(二)繁殖特性

桦褐孔菌菌丝体有极强的抗寒能力,在 -40 ℃的时候仍能存活,生于白桦、银桦、榆树、赤杨等的树干或树皮下。当树活着的时候,产生菌丝体,当树或树的某部分因感染而死后,桦褐孔菌便会在树皮下产生大量的子实体,随着时间的推移由白色变成黄褐色,最终形成黑色的具有不规则沟痕的瘤状物(图4-7-1)。

图 4-7-1 野生桦褐孔菌(张鹏摄影)

(三)生长发育条件

桦褐孔菌(菌丝体、菌核)生长发育的生理活动除了与营养条件有关外,还需要温度、水分、空气、光线和酸碱度等各种理化条件,并且菌丝体和菌核生长发育过程有明显的"限氧"生长特征。

142

1. 营养

学者对桦褐孔菌生长的碳源、氮源、微量元素和生长因子等重要营养元素的研究均有报道,然而由于研究采用的菌株、选取的测定指标(如生物量或者代谢物产量)和实验方法上存在差异,研究报道的结论有所不同。

(1)碳源和氮源。桦褐孔菌菌丝生长的碳源为米粉、葡萄糖、果糖、麦芽糖、蔗糖、玉米粉、可溶性淀粉等;氮源为麦麸、蛋白胨、酵母浸出汁、牛肉浸膏、干酪素、甘氨酸、豆饼粉等,合适的碳氮比为(15:1)~(50:1)。

(2)生长因子。药用真菌对生长因子有一定要求。维生素 B_1、生物素作为细胞生命活动中的辅酶或辅酶组分,具有重要的催化功能。在培养基中添加一定质量浓度的维生素 B_1 和生物素可以促进菌丝的生长,但过量的维生素 B_1 和生物素反而不利于菌丝的生长。

2. 温度

菌丝体极其耐寒,生活在木材中的菌丝体能耐 -40 ℃的低温。菌丝生长的最适温度是 30 ℃,高于 45 ℃就会死亡。菌丝扭结现蕾(显核期)的温度范围为 15~25 ℃,最适温度 25 ℃,温度低于 10 ℃或高于 30 ℃,菌丝体难以扭结现蕾。菌核形成以后,在 5~35 ℃内均能够生长,最适温度 20~25 ℃。35 ℃以上会生成"针状"畸形。

3. 水分及湿度

菌丝生长期间培养料含水量以 60% 为最佳。发菌期适宜空气相对湿度为 50%~70%,菌核发育期间适宜的空气相对湿度为 85%~95%。

4. 光照

菌丝培养阶段不需要光照,强光照抑制菌丝生长,无光有利于菌核的形成,菌核发育阶段光照强度以 300~500 1x 为宜。

5. 氧气和二氧化碳

菌核的形成对通风有着特殊的需求。桦褐孔菌菌丝体有"限氧"生长的生物学特性,同样桦褐孔菌菌核的形成和生长同样需要"限氧"的环境。即栽培袋不开口有利于菌核的形成。

6. 酸碱度

菌丝体在 pH 值为 3~10 均可生长,pH 值为 6.0~6.5 最适。

三、栽培技术

(一)液体发酵培养技术

液体深层发酵技术具有生长快、生产周期短、产物量大、方便、条件限制较少(季节和温度)、减少杂菌污染等众多优点。适合食用菌工厂化或专业化大规模栽培生产,如金针菇、杏鲍菇的工厂化栽培等。同时,液体深层发酵技术还广泛应用于药用真菌的发酵,获得菌丝体和具有活性的次生代谢产物。

药用真菌在液体发酵过程中,除菌丝或孢子会大量增殖外,还会在发酵液中产生多糖、生物碱、菇类化合物、奎醇、酶、核酸、氨基酸、维生素、植物激素及具有抗生素作用的各种化合物等多种具有生理活性的物质。这些物质分别对心血管、肝脏、神经系统、肾脏、性器官等人体器官具有防病治病的作用,并有抗癌、抗炎、抗菌、抗衰老、抗溃疡等功效。

1. 仪器及药品

仪器设备:高压灭菌锅、恒温培养振荡器、摇床、超净工作台、种子罐和发酵罐等。

药品试剂:葡萄糖、磷酸二氢钾、磷酸氢二钾、硫酸镁、蛋白胨、乙醇、牛肉膏、可溶性淀粉等。

2. 培养基配方

蕈菌在深层发酵罐内生长所需要的碳源、氮源、矿质元素、生长因子等均来自于培养基。碳源主要有葡萄糖、蔗糖、乳糖、可溶性淀粉、麸皮、玉米粉、豆粉等，有机氮、无机氮均可作为氮源，主要有蛋白胨、磷酸氢铵、牛肉膏等。在配制时通常加入少量的无机盐和维生素 B_1，常用的无机盐有磷酸二氢钾、磷酸氢钾、硫酸镁、硫酸钙等。

PDA 固体培养基：马铃薯 200 g/L、葡萄糖 20 g/L、琼脂 15 g/L。

发酵基础培养基：葡萄糖 2%、淀粉 2%、黄豆粉 2%、蛋白胨 0.2%、硫酸铵 0.2%、氯化钠 0.25%、磷酸二氢钾 0.05%、碳酸钙 5%，pH 自然。

发酵培养基：葡萄糖 26.4 ~ 28.0 g/L、黄豆粉 12.0 ~ 13.6 g/L、硫酸钙 3.4 ~ 4.0 g/L、磷酸二氢钾 1.5 g/L、维生素 B_1 10 mg/L，pH 值为 5 ~ 7，碳氮比为 40:1。

玉米粉培养基：53 g 玉米粉、2.6 g KH_2PO_4、0.2 g $MgSO_4$、0.1 g $CaCl_2$，水 1 000 mL。玉米粉处理方法：称取需量的玉米粉，加入适量的水，70 ℃煮 5 min。然后放到 60 ℃的水浴锅中水浴 1 h，之后进行过滤，滤得上清液用于培养基的配制。

3. 液体发酵培养

液体发酵接种量较大占发酵液的 10% ~ 15%，所以必须逐级扩大。其步骤与方法如下：

（1）试管菌种。试管菌种是指培养在斜面培养基上的菌种。斜面菌种最好采用新鲜的正在生长的菌种，其接种后缓慢期短，菌丝能迅速再生繁殖。

（2）一级种子的培养。一级种是从试管菌种繁殖而来的种子，一般指三角瓶菌种。在无菌操作下将试管菌种接入已灭菌的盛有液体培养基并放有几个玻璃球在内的三角瓶内。一级种子瓶规格为 500 mL 的三角瓶装 100 mL 的培养基（或 750 mL 的三角瓶装 200 mL 培养基）。接种后的种子瓶放入恒温培养振荡器（或摇床）上，在 20 ~ 30 ℃下振荡培养 7 ~ 10 d 后，制成种子悬浮液，以 5% ~ 10% 的接种量接入二级种子液。

（3）二级种子的培养。采用一级种子的培养基，在 50 ~ 100 L 的种子罐中培养，搅拌速度为 280 r/min，培养温度 28 ℃，通气量为 1.0:0.3，罐压维持在 78.4 kPa。培养 4 ~ 6 d 菌丝长浓后。按发酵罐内液体培养基量 10% ~ 15% 的接种量接入发酵罐中进行发酵。

（4）发酵培养。按配方配制好发酵液，接种后在温度 28 ℃，通气量为 1.0:0.3，罐压 78.4 kPa 条件下培养 2 d。镜检没有杂菌后，获得桦褐孔菌发酵液。

（二）菌核的人工栽培技术

桦褐孔菌菌核的人工栽培技术主要有木段栽培和代料栽培。但由于木段栽培生物学效率低以及木材资源的浪费，人们一般采用代料栽培。栽培工艺流程如下：

试管母种—栽培原种—栽培料袋—发菌管理—出菇（菌核）管理。

1. 栽培场地

同灵芝代料栽培技术。

2. 栽培原料与配方

基于桦褐孔菌的营养生理需求和野生菌核生于立木的特点，同时考虑到原料是否易得等因素，多选择桦树木屑、棉籽壳、玉米芯等农、林作物下脚料为主料，以麦麸、黄豆粉、玉米粉、白砂糖、石膏石灰等为辅料，按不同比例配制培养料。参考配方如下：

（1）母种培养基

培养基 1：马铃薯 100 g、麦麸 50 g、葡萄糖 20 g、琼脂 15 g、水 1 000 mL，pH 值自然；

培养基 2：葡萄糖 20 g、黄豆粉 10 g、磷酸二氢钾 1 g、硫酸镁 0.5 g、水 1 000 mL，pH 值自然。

（2）原种培养基

培养基1（玉米粒培养基）：玉米粒1 000 g、石膏粉13 g、碳酸钙4 g；

培养基2：木屑83%、麸皮15%、石灰1%、石膏1%、含水量60%。

（3）栽培种培养基

培养基1：桦树木屑78%、黄豆粉20%、蔗糖1%、石膏1%，含水量60%；

培养基2：桦树木屑52%、玉米芯26%、麸皮20%、蔗糖1%、石膏1%，含水量60%；

培养基3：棉籽壳88%、麸皮10%、石膏1%、石灰1%，含水量60%。

3. 料包制备

将主料和辅料常规拌料装袋（选用规格为17 cm×33 cm的聚乙烯折角袋），采用常压灭菌（100 ℃，6 h）或高压灭菌（121 ℃，2 h）。冷却后在无菌条件下进行接种。

4. 发菌管理

桦褐孔菌菌丝在培养料中萌发生长速度较其他食用菌缓慢，发菌时间长。发菌过程包括"发菌期""后熟期"和"转色期"，其后熟培养与转色对结实（菌核）效果有很大影响。菌丝体营养生长后期会分泌黄褐色色素，色素沉淀造成培养基变色，这既是菌丝营养生长成熟的标志，也是菌丝体健壮的表现。

发菌培养：在温度为20～25 ℃，空气相对湿度30%～40%，黑暗条件下，培养50～60 d，菌丝长满菌袋。

后熟培养：在温度为15～20 ℃，空气相对湿度30%～40%，散射光条件下，培养20～25 d。菌包表层菌丝体由丰盈洁白逐渐变得干缩暗淡，整个菌棒体积略显收缩。

转色培养：在温度为15～20 ℃，空气相对湿度30%～40%，光照刺激或温差刺激，培养15～20 d。菌丝颜色转为黄褐色。

5. 出菇管理

出菇（菌核）管理是指褐孔菌菌核形成过程中温度、通风、光照等理化、环境条件及参数的控制与管理技术。

（1）入棚排段。将转色后的菌段移至大棚内，倒立放于畦床之上，袋间距10～15 cm。

（2）诱导出核。由于桦褐孔菌菌核"限氧"生长的生物学特性，采取"扎口出核"的方法。菌段入棚后保持棚内空气相对湿度75%～80%，适宜温度22～28 ℃，不开袋口、无光培养有利于菌核形成。

（3）出核管理。原基出现后，保持棚内空气相对湿度85%～90%，土壤湿度为55%～60%，每天早晚通风0.5～1.0 h，给予一定的散射光照，适宜温度在22～28 ℃。

6. 采收贮藏

菌核成熟后，用锋利的刀片贴着培养基表面割下，或用手轻轻旋转拧下，放置在晾晒场地自然晾干或采用机械烘干。产品干制后及时装入塑料袋密封，放在避光、阴凉干燥处贮存或者在冷库内贮存，不得与有毒、有害物质混放，注意防霉、防虫。

7. 病虫害防治

以"预防为主、综合防治"方针，优先采用农业防治、物理防治、生物防治，配合科学、合理的化学防治。应符合GB4285和GB8321标准要求。

参 考 文 献

[1]陈艳秋.桦褐孔菌菌株遗传多样性及人工培养条件优化模式研究[D].长春:吉林农业大学,2007.

[2]黄年来,林志彬,陈国良,等.中国食药用菌学[M].上海:上海科学技术文献出版社,2010.

[3]黄年来. 俄罗斯神秘的民间药用真菌—桦褐孔菌[J]. 中国食用菌,2002,21(4):7-8.

[4]贺紫薇,刘旭,李东辉,等. 桦褐孔菌研究进展[J].中医药信息,2020,37(02):119-123.

[5]姜志波.桦褐孔菌的液体发酵培养及其生物活性物质的研究[D].大连工业大学生物工程学院,2016.

[6]刘畅.桦褐孔菌多糖对糖尿病模型小鼠肾损伤的保护作用[D].长春:吉林农业大学食品科学与工程学院,2020.

[7]李敏,罗益远,宋世奇,等.不同产地桦褐孔菌无机元素的 ICP-MS 分析[J]. 北方园艺,2019(2):146-153.

[8]齐亭娟,周玉柏,曾毅. 桦褐孔菌活性成分及药理作用的研究进展[J].智慧健康,2018,4(24):50-53.

[9]束庆玉,杨开,郭安琪,等.桦褐孔菌水提物的安全性评价研究[J].药物评价研究,2014,37(3):238-245.

[10]魏艳梅.桦褐孔菌中化合物的分离鉴定及其部分生物活性初探[D].大庆:黑龙江八一农业大学,2020.

[11]王艳波.桦褐孔菌多糖的提取、纯化及降血糖作用研究[D].青岛:青岛科技大学,2014.

(王金贺)

第八节　花脸香蘑

一、概述

(一)分类地位与分布

花脸香蘑(*Lepista sordida*)又名丁香蘑、花脸蘑、紫晶香蘑、紫花脸等,隶属于真菌界(Fungi)担子菌门(Basidio mycota)伞菌纲(Agarico mycetes)伞菌目(Agaricales)口蘑科(Tricholo mataceae)香蘑属(*Lepista*),广泛分布于东北、西北、华中等地区(图4-8-1)。

图4-8-1　野生状态下的花脸香蘑

(二)营养与保健价值

1. 营养研究

花脸香蘑营养丰富,子实体中富含硒、锗、铁、锌、钙等微量元素,且富含蛋白质、氨基酸等营养物质,花脸香蘑液体发酵液具有一定的抗菌活性。

2. 活性成分研究

(1)萜类化合物。德国学者 mazur 等从花脸香蘑菌株发酵液中分离出两种二萜类化合物,并进行了结构鉴定及生物活性研究,结果表明,lepistal 具有一定的抗细菌和抗真菌的作用。韩国学者 Kang 等以花脸香蘑的培养物为基础,分离出 3 种倍半萜类化合物 Lepistatins A - C,具有一定的抗炎抗菌作用。

(2)甾醇类化合物。张正曦等从花脸香蘑子实体乙醇提取物中分离得到 10 个甾醇类化合物,所有化合物均首次从该菌中分离得到。Ito 等从花脸香蘑发酵液中提取出提取 4 种化合物,其中的 3 种化合物对剪股颖(一种禾本科的草)的根系生长具有抑制作用。

(3)多糖类化合物。Luo 等在花脸香蘑子实体中提取出一种多糖,此种多糖对巨噬细胞的激活起着至关重要的作用。Zhong 等从花脸香蘑的深层发酵液中提取出一种细胞内多糖,并研究了其在体外和体内抗氧化活性。在体外抗氧化实验中,此多糖对超氧阴离子、羟基自由基和 2,2 - 二苯基 - 1 - 吡啶酰肼(DPPH)自由基有明显的清除作用。

(三)栽培历史与现状

花脸香蘑颜色靓丽、味道鲜美、营养丰富,深受广大蘑菇爱好者和研究人员的青睐。国内有关花脸香蘑的记载始于二十世纪八十年代初期,是一篇有关花脸香蘑驯化的报道,从 2000 年至今,不完全统计,国内以花脸香蘑为关键词能检索到的相关文献有 90 余篇,研究的内容集中在花脸香蘑的鉴定、栽培以及发酵液有效成分的提取及理化特性上的研究等方面。国外的相关文献记载也大抵如此,多以花脸香蘑活性成分的相关报道为主。

花脸香蘑栽培正进行探索起步阶段。菌种改良方面,有关花脸香蘑的研究还是比较浅显,对新品种选育方面的研究还不是很完善,其菌种资源有限,品种改良能力和更新换代的水平也需要进一步提高。在栽培方面,缺乏一套成熟的大面积生产的花脸香蘑的栽培模式和管控措施,致使花脸香蘑并不能大规模的栽培和推广。在病害研究方面,对花脸香蘑的病虫害及解决方法方面的研究也不是很充分,基本就是在生产当中一边种植一边摸索的状态,缺乏一套现有的针对特定病虫害行之有效的防控体系。在有效成分及药理活性研究方面,在对花脸香蘑发酵液的有效成分提取的相关研究中,所纯化出来的有效成分的种类多以多糖和萜类为主,尚未见其他种类成分的报道,提取成分的种类较少,且对于有效成分作用机制的相关研究还不是十分深入,其药理活性研究仍不够全面和系统,对相关活性成分的代谢途径及作用机制的研究仍不明确,这些都有待于进一步的研究。

二、生物学特性

(一)形态与结构

自然界中的花脸香蘑于初夏至夏季单生、群生或近丛生于田野路边、草地、农田附近、村庄路旁。新鲜时紫罗兰色,菌盖直径 4 ~ 8 cm,幼时半球形,后平展,幼时中部下凹,湿润时半透明或水浸状。失水后颜色渐淡至黄褐色,边缘内卷,具不明显的条纹,常呈波状或瓣状。菌肉淡紫罗兰色,较薄,水浸状。菌褶直生,有时稍弯生或稍延生。中等密,淡紫色。菌柄长 4 ~ 6.5 cm,直径 0.3 ~ 1.2 cm,紫罗兰色,实心,基部多弯曲。担孢子(7 ~ 9.5)μm×(4 ~ 5.5)μm,宽椭圆形至卵圆形,粗糙至具麻点,无色。

菌丝体在 PDA 培养基生长良好,气生菌丝及其旺盛,适宜 pH 值 5.0 ~ 7.0,最适 pH 值 5.5 ~ 6.0。PDA 培养基上菌落幼嫩时白色,培养数日后呈淡紫色,25 ℃暗培养 7 ~ 8d 长满斜面(图 4 - 8 - 2)。

图 4 - 8 - 2　花脸香蘑菌丝体

(二)繁殖特性

花脸香蘑属于四极性异宗结合菌,担孢子在一定温度和营养条件下萌发形成初生菌丝,初生菌丝经不同性别的菌丝相互结合,发生质配后形成较粗的双核菌丝。双核菌丝在适宜条件下生长、互相扭结形成花脸香蘑原基,原基经过分化,进一步发育成幼小子实体,幼小子实体逐渐发育成熟,产生新的担孢子,在适宜条件下,孢子又行萌发,开始新的生活史。

(三)生长发育条件

花脸香蘑属于中温型草腐菌,野生状态下,常着生于菜地旁或者林缘草地上。菌丝体在 PDA 培养基上生长良好,子实体生长过程中需要碳源、氮源等营养物质。

1. 营养条件

(1)碳源。草腐菌分解木质纤维素的能力不强。在实际栽培中可以用稻草、稻壳、麦秸、玉米秸秆、甘蔗渣、棉籽壳、废棉和玉米芯为主要碳源。

(2)氮源。实际的生产当中主要通过添加牛粪、鸡粪、猪粪等畜禽粪便或加适量的麸皮、玉米粉、大豆粉和各种饼粕等辅料来作为氮素营养的来源。

(3)其他。生长过程中还需要补充微量的无机盐类,如磷酸二氢钾、过磷酸钙、石膏或碳酸钙等。

2. 环境条件

(1)温度。温度是花脸香蘑生长重要因素之一,花脸香蘑属于中温偏高型食用菌,菌丝在 15 ~ 35 ℃均可生长, 25 ℃条件下菌丝长速最快, 25 ~ 35 ℃条件下,随着温度的升高菌丝生长减慢。温度高于 35 ℃时,菌丝停止生长并死亡。子实体发育温度 16 ~ 30 ℃, 最适温度 20 ~ 26 ℃。温度低于 15 ℃和高于 32 ℃时, 不易产生菇蕾。温度显著影响子实体的色泽和厚度,温度高色泽较浅、菌肉薄,温度低则色泽较深、菌肉较厚。

（2）湿度。喜湿性菌类,抗干旱能力较弱。适宜基质含水量60%～65%,原基形成适宜大气相对湿度80%～90%,子实体生长发育85%左右。出菇时期要保持少浇水,勤浇水。

（3）光照。光显著影响菌丝体的长势和长速,过强的光照抑制菌丝的萌发。菌丝生长不需要光照;子实体形成和发育都需要适量光照。光促进原基分化和菌盖生长,并具有促进色素形成和积累作用。太强或者太暗都不利于子实体色泽的形成。

（4）空气。菌丝生长阶段对空气要求不严格,一定浓度的 CO_2 能刺激花脸香蘑菌丝的生长,出菇阶段则需要大量的新鲜空气,通风不良不利于原基分化和子实体形成。

（5）酸碱度。菌丝在pH值6.0～9.0的培养料中均能生长,适宜pH值为6.5～8.0。菌丝代谢过程中会产生酸性物质而使培养料pH值下降,一般堆料过程中会添加1%～2%的石灰,使料堆的pH值达9.0左右,这样既有利于控制杂菌的生长,又会在后期菌丝代谢过程中pH值降低而不至于影响菌丝生长。

3. 种质资源

由于花脸香蘑的栽培处于摸索阶段,栽培中使用的菌种大多为野生菌株经组织分离保藏而来,目前有紫色和淡紫色两个品种类型。花脸香蘑颜色与营养、温度、湿度、光照等条件关系很大,一般氮源丰富,温度稍低,湿度适当,光照适宜子实体颜色偏深。

三、栽培技术

（一）栽培季节与设施

花脸香蘑子实体生长最适宜温度为20～26 ℃,掌握好这个温度,一般在这个温度到来之前一个月即可下地播种。栽培设施比较简单,黑龙江省常见的栽培方式有:塑料大棚畦栽法和林下种植两种栽培方式。林下种植由于更接近于自然环境,一般建议选择在遮阴度比较好的林下进行,且最好带有喷灌设施及时的补充水分。

（二）菌种制备

花脸香蘑一级菌种可在PDA培养基上生长良好,二级种视具体情况可选用麦粒、谷粒、玉米粒、高粱粒等培养基,以麦粒培养基为例:麦粒99%,石膏1%,含水65%,pH值自然。麦粒提前24 h浸泡处理,将浸泡好的麦粒捞出后用清水冲洗、煮熟,煮至麦粒无白芯且不破粒为止,煮好的麦粒沥干表面水分,加入1%石膏,搅拌均匀,装袋,121 ℃高压灭菌2 h,出锅后冷却至30 ℃下接种,然后置于25 ℃培养箱避光培养,菌丝长满后备用。

（三）培养料制备

1. 培养料配方

①干牛粪50%,玉米秸秆或稻草48%,石膏1%,石灰1%。②猪粪20%,秸秆78%,石膏1%,石灰1%。③黑木耳菌渣98%,石灰1%,石膏1%。④玉米秸秆73%,牛粪25%,石膏1%,石灰1%。

2. 培养料发酵

选择新鲜、干燥、无霉变、无虫蛀的农作物秸秆,使用前置于阳光充足的开阔地暴晒2～3 d,后用粉碎机粉碎成3～5 cm左右的颗粒,按照配方内的物料比例备料,建堆前1天预湿,农作物秸秆等随浸随堆,风干的禽畜粪便用清水浸湿,以能捏成团、散的开为宜。培养料的含水量一般为65%～70%为宜,用机械或人工将培养料建成高1.2～1.5 m,宽2.5～3 m,长度不限的梯形料堆,在料堆上垂直打行距80 cm,孔距50 cm的两行通气孔,记录料温变化,当温度达到55 ℃以上时保持温度24 h以上,至白色放线菌出现,开始翻堆,补充水分,整个发酵期间一般翻堆4次,第一次翻堆后分别间隔6 d、5 d、4 d再翻堆一次,每次翻堆应注意翻均匀,上下、里面翻透。堆制全过程需20~25 d。其熟化程度为:手抓料质松软,富有弹性,料中充满白色的发热菌体,无结块,无氨味和粪臭味。

(四)铺料播种

1. 播种

5月中下旬至6月初播种,采用床栽的栽培方式,每个栽培小区面积15 m²,小区投料量200 kg(干重)。畦床高度20 cm,宽度90 cm,预留作业道40 cm,铺料之前床底均匀撒上一层石灰,下层铺料15 cm,采用3层料2层菌种的方式在料面上接种,播种采用撒播的形式,双手洗净消毒,带上一次性乳胶手套,首先将麦粒菌种揉碎,将充分揉开的麦粒放在消毒后的容器内,将麦粒均匀的扬洒在培养料上,上层覆盖1~2 cm培养料,然后再播撒一层麦粒菌种,再盖上1~2 cm厚度的培养料,上层的培养料要压实,整理成龟背状,并在培养料面上打孔,行距10 cm,间距6 cm,孔径4 cm左右。

2. 发菌管理

发菌期间主要是调节温度、湿度和通风,一般发菌期间控制料温22~28 ℃,料温过高时,掀开草帘降温通风,据料面干湿情况喷水,晴天时,每天早晚微喷水2~3次,每次10 min左右,使土层保持充分湿润,阴雨天不喷水。发菌期15~20 d。

3. 覆土

接种后20 d左右,当菌丝开始吃料并长满床面达80%左右时,开始覆土,覆土时优选土质肥沃透气性好的田园土,覆土厚度1~2 cm,喷水使覆土层保持湿润状态,湿度60%~65%。

(五)栽培管理

覆土后15~25 d,花脸香蘑菌丝长满土层,此时向土层喷水至土层湿润,调节空气湿度至80%~90%,增加昼夜温差促进子实体形成,一般4~5 d后表面开始扭结,形成紫色的原基,现蕾以后,喷水方式调整为少量多喷,每天5~6次,且这时候的水雾要细腻轻柔,最好选用喷雾器或者加湿器进行,以免幼蕾受伤死亡。始终保持土层湿润,空气湿度维持在70%~80%,温度控制在22~26 ℃。花脸香蘑子实体在不同温度、光照、营养成分下呈现不同的颜色。驯化后的子实体(图4-8-3)。

图4-8-3 花脸香蘑子实体

(六)采收加工

现蕾以后的5~7 d,当子实体充分生长,边缘出现波状前,花脸香蘑即可采收。采收时握住菌柄,轻轻旋转,采收完后,将裸露处的菌丝再次用土盖好,并用削刀轻轻地把带泥的根部去除,采收下来的子实体要竖着放,以免泥沙粘到菌盖不易清洗。第一潮菇采完后,整理料面,确保料面干净整洁,菌丝不裸露在外面,保持通风,停止喷水2~3 d,然后保持室内温度22~26 ℃,湿度80%~90%,10~15 d左右会进入下潮子实体生长期。

采收后的子实体,削去带泥根部等粗加工进入包装销售,或者进行干制、腌渍处理保存。

(七)病虫害防控

花脸香蘑属于草腐菌,覆土而出,很容易感染一些土传病虫害,所以发酵料完成后应先散堆降温,并均匀喷洒0.10%甲基硫菌灵或0.15%的多菌灵、0.10%的氯氰菊酯等,预防土传病虫害的发生。另外,由于花脸香蘑出菇温度偏高,发菌期间若是高温高湿极易感染绿色木霉,影响后期出菇。所以发菌期间一定协调好温湿度并及时通风,防止木霉爆发。

参 考 文 献

[1]罗心毅,洪江,张勇民.花脸香蘑元素测定[J].中国食用菌,2003,22(4):43-44.

[2]罗心毅,洪江,张勇民.人工栽培花脸香蘑氨基酸研究[J].氨基酸和生物资源,2003,25(3):14-15.

[3]李挺,宋斌,林群英,等.我国香蘑属真菌研究进展[J].安徽农业科学,2011,39(13):7579-7581+7770.

[4]李玉,李泰辉,杨祝良,等.中国大型菌物资源图鉴[M].郑州:中原农民出版社,2015.

[5]盛春鸽,王延锋,潘春磊,等.花脸香蘑研究进展[J].中国食用菌.2020,39(3):1-4.

[6]张金霞,蔡为明,黄晨阳.中国食用菌栽培学[M].北京:中国农业出版社,2021.

[7]张丽丽.花脸香蘑JZ01菌株分子生物学鉴定及其发酵液抗菌活性研究[D].长春:吉林农业大学.2017.

[8]张正曦,隋先进,武海波,等.花脸香蘑中的甾醇类化合物[J].中药材,2017,40(8):1849-1852.

[9]Ito A, Choi J H, Wu J, et al. Plant growth inhibitors fro m the culture broth of fairy ring - for ming fungus Lepista sordida[J]. mycoscience, 2017,58(6):387-390.

[10]Kang H S, Ji S A, Park S H, et. al. Lepistatins A - C, chlorinated sesquiterpenes fro m the cultured basidio mycete Lepista sordida[J]. Phytoche mistry,2017,143:111-114.

[11]Mazur X, backer U, AnkeT, et. al. Two new bioactivediterpenes fro m Lepista sordida[J]. Phytoche mistry, 1996,432:405-407.

[12]Luo Q, Sun Q, Wu L S, et al. Structural characterization of an i m munoregulatory polysaccharide fro m the fruiting bodies of Lepista sordida[J]. Carbohydrate Poly mers,2012,88(3):820-824.

[13]Zhong W Q, Liu N, Xie Y G, Antioxidant and anti - aging activities of mycelial polysaccharides fro m Lepista sordida[J]. International Journalof Biological macro molecules, 2013,60:355-359.

(盛春鸽)

第九节 黑 木 耳

一、概述

(一)分类地位与分布

黑木耳(*Auricularia heimuer* F. Wu，B. K. Cui & Y. C. Dai)属于担子菌门(Basidiomycota)，伞菌纲(Agaricomycetes)，木耳目(Auriculariales)，木耳科(Auriculariaceae)，木耳属(*Auricularia*)(吴芳等，2015；戴玉成等，2007；Kirk et al.，2008)，又称木耳、云耳、光木耳、细木耳、黑菜，是一种典型的胶质真菌(图4-9-1)。广泛分布于世界热带、亚热带、温带地区。我国黑木耳野生资源十分丰富，北部的黑龙江、吉林，南部的海南，西部的新疆、西藏，中部的湖北、河南，东南部的福建、台湾等省份都有黑木耳分布(李玉，2001)。

图4-9-1 野生黑木耳(张鹏拍摄)

(二)营养与保健药用价值

黑木耳子实体的质地滑、嫩、脆、鲜，营养丰富，炒、烧、炝、凉拌均可，是中国菜不可缺少的食材。据化验分析，黑木耳富含人体需要的多种营养成分(见表4-9-1)。每100 g黑木耳(干品)中含蛋白质10.6 g，与肉类中含量基本相同；脂肪0.2 g；碳水化合物65.5 g；纤维7 g；铁0.185 g，比绿叶蔬菜中含铁量最高的菠菜高出20倍，比动物性食品中含铁量最高的猪肝还高出约7倍；维生素B$_2$的含量是一般米、面和大白菜的10倍，比猪、牛、羊肉高3~5倍；钙的含量是肉类的30~70倍；磷和硫的含量也比肉类高；同时黑木耳富含人体必需氨基酸，如亮氨酸、异亮氨酸、撷氨酸、赖氨酸、蛋氨酸、苯丙酸、苏氨酸、酪氨酸、色氨酸等(李玉，2001)，被营养学家誉为"素中之荤"和"素中之王"。

表4-9-1 黑木耳的营养成分

成分	水分(g)	蛋白质(g)	脂肪(g)	碳水化合物(g)	粗纤维(g)	灰分(g)	钙(mg)	磷(mg)	铁(mg)	胡萝卜素(mg)	维生素B$_1$(mg)	维生素B$_2$(mg)	烟酸(mg)
含量	10.9	10.6	0.2	65.5	7.0	5.8	357	201	185	0.03	0.15	0.55	2.7

注：据中国医学科学院卫生研究所，1980，100 g干品含量。

黑木耳不仅具有重要的食用价值,还是一种重要的药用菌。我国历代医药学家都充分肯定了黑木耳的药用价值,早在汉代问世的已知最早的中药学著作《神农本草经》中就有记载:"桑耳黑者,主女子漏下赤白汁,血病症瘕积聚";明代名医李时珍的《本草纲目》中记述了历代医书应用黑木耳治疗多种疾病的方法和疗效,常用于治疗寒湿性肠痈、肠风、痢疾、痔疮出血、手足抽筋、崩漏及产后虚弱等病。1999年出版《中华本草》记载:黑木耳味甘性平,归脾、肺、肝、大肠经。主治气虚血亏,肺虚久咳,咯血,痔疮出血,妇女崩漏,月经不调,跌打损伤等;黑木耳含有的核苷酸类物质,可降低血液中胆固醇的含量、防血栓及预防心脏冠状动脉疾病等功能;黑木耳富含胶质物质,在人体消化系统内,对不溶性纤维、尘粒等具有较强附着力,具有润肺、清涤胃肠和消化纤维素的作用,因而成为纺织、矿山和理发工人的一种保健食品;同时黑木耳富含磷脂等物质,磷脂是人脑细胞和神经细胞的营养剂,多吃对脑部有益,因此黑木耳又成为青少年和脑力劳动者实用而又廉价的脑补品。

(三)栽培历史

黑木耳人工栽培起源于我国,是我国人工栽培最早的食用菌,早在公元七世纪,我国人民就提出了木耳的人工接种和培植的方法。这在唐代苏恭所著《唐本草注》有所记述:"桑、槐、褚、榆、柳,此为五木耳,煮浆粥,安诸木上,以草覆之,即生蕈尔。"蕈即是黑木耳(张金霞,2015)。

黑木耳人工栽培经历了天然原木砍花栽培、段木接种栽培和代料栽培三个重要发展阶段。

天然原木砍花栽培:唐朝川北大巴山、米仓山、龙门山一带的山民,就开始采用"原木砍花"法种植黑木耳,这种原始种植方法持续了上千年。清朝我国东北长白山、河南伏牛山等地也开始种植黑木耳,入冬三九天将落叶树伐倒,依靠黑木耳孢子自然传播接种繁育。这种方法几乎完全依赖气候环境,靠天收耳,采收年限4~5年,产量极低。据《四川南江县志》(1827)、《湖北通志》(1921)等书记载,清代中叶,四川大巴山以及湖北勋属诸县是当时国内黑木耳主要产区。

段木接种栽培:20世纪50年代,我国科技工作者开始培育黑木耳纯菌种,发明了段木打孔接种法,这种方法使木段栽培黑木耳产量大大提高。纯菌种的研发成功真正实现了从原木砍花法向有种(zhǒng)有种(zhòng)有预期收获的段木人工接种生产方式转变,使黑木耳的稳定生产成为可能。段木接种栽培在20世纪80年代达到高峰。段木接种栽培黑木耳采收年限2~3年,每根1m长、直径为10~13 cm的优质木段,产100~150 g黑木耳。段木接种栽培模式(图4-9-2)常受自然灾害的侵扰而减产,消耗木材严重,相对于代料栽培产量偏低,因此,这种方法至今仅仅被林区极其少数耳农延用。

图4-9-2 段木人工接种栽培模式

代料栽培:代料栽培黑木耳是目前应用最广的一项栽培技术,代料栽培是指利用木屑、棉籽壳、甘蔗渣、玉米芯、麸皮等农林副产品代替段木,以塑料袋、玻璃瓶等为容器栽培黑木耳的技术。

20世纪70~80年代,上海农科院(孙华瑜等,1884)、湖北(刘亚,1982)、福建(傅永春等,1987)、浙江(张芦宛等,1988)、河北、黑龙江、吉林等地科研部门开始用木屑、棉壳、玉米芯等进行黑木耳袋栽、瓶栽、块栽、床栽等不同栽培方式进行尝试,取得一定成就。其中袋栽研究较多,主要有棚室吊袋或层架袋栽(孙华瑜等,1884)、蔗田套栽(傅永春等,1987;张芦宛等,1988)以及园田塑料袋遮阴地栽(李玉,2001)等栽培模式。虽然当时袋栽黑木耳已经成功,但大部分产区仍以段木栽培为主。

20世纪90年代,塑料袋地栽黑木耳、露地全日光间歇弥雾栽培(图4-9-3)等露地栽培黑木耳技术研制成功,这种方式栽培工艺简便,栽培方式多样,而且生产成本低,生产周期短,整个周期仅需4~5个月,生产出的黑木耳产量稳定、品质较好。在东北乃至全国迅速推广,在大部分地区取代了段木栽培,成为目前我国黑木耳最主要的栽培方式。

图4-9-3 露地全日光间歇弥雾栽培

2010年,牡丹江市东宁县针对露地栽培占地面积大、难以控制和调节出耳环境等问题,在原有的棚室吊袋栽培技术基础上,开展试验,进行技术升级改造,在采用的菌种、菌袋制作时封口方式、吊袋方法、开口形状、开口数量、菌袋密度、棚室高度、栽培季节等方面都有所改变和规定,科学利用草帘、遮阳网、塑料薄膜、喷灌设施对棚内温度、湿度、通风进行调节,避免了"烧菌"、绿霉等病害的发生;利用"晒袋"、及时采收等措施防止了"流耳""烂耳""黄耳""薄耳"的产生。这一系列技术和措施的创新集成形成了黑木耳棚室立体吊袋栽培新技术。2011年在东宁县大城子村试验示范3栋大棚获得空前成功,表现出的保温保湿性好、对空间的利用率高、子实体经济性状好、产量高、管理效率高、抗极端天气能力强等特征,具有省水、省地、省工等优点,使该栽培模式不推自广,2012年黑龙江省发展到400多栋,向东北乃至全国辐射推广。2013年黑龙江省棚室吊袋黑木耳有5 500栋,仅东宁县吊袋耳大棚已达3 000栋。目前,黑木耳棚室立体吊袋栽培技术模式(图4-9-4)虽然还在不断改进、完善,但发展势头迅猛,应用比例逐年提高,尤其是在新兴产区应用更加普遍。

出耳技术按照出耳开口形式可分为两个发展阶段。一是代料栽培开始之初,开"V"形口和"一"形口等大口出耳技术,开口数量12个左右,耳片丛生成朵,不易晒干,晾晒时需要撕片、削根,不但浪费人工,而且大量耳基被废弃,产品形状不规整,品质不佳,深受市场诟病。二是2007年创新小孔出耳技术,改开小"1""Y""O"等形口,数量200个左右,生产出的黑木耳子实体无根、完整、单片,品质上乘,不用割根、撕片。晴天一天即可晒干,省时、省工、省晒台,深受市场欢迎。

(四)发展现状与前景

黑木耳产业以东北创新的露地全光栽培模式、小孔出耳技术及棚室吊袋栽培新技术为代表的产业化技术迅速由东北向南扩展,全国均有栽培。我国黑木耳产量从2006年107.67万吨增长到2019年

图 4 - 9 - 4 黑木耳棚室立体吊袋栽培模式

701.8 万吨,已成为全国第二大食用菌。据统计,黑龙江省 2020 年黑木耳栽培规模 53.8 亿袋,占全省食用菌栽培规模的 90% 以上,居全国黑木耳总产量的首位。目前,黑龙江省菌包家庭作坊式生产和菌包工厂化生产并存,主要采取露地全光地栽、棚室吊袋栽培以及林下栽培等三种栽培模式;按照栽培季节主要分为冬春接种夏秋采收(春耳)和夏栽秋收(秋耳)两类。

近几年,黑龙江省全面实施了"科技强菌"战略,对当前市场发展看好、潜力巨大的秋耳栽培、黑木耳小孔栽培、越冬耳栽培、棚室吊袋栽培、水稻育秧大棚高效栽培、集中催芽、菌种液体发酵等先进的生产技术和管理模式进行重点引导和普及推广。技术的集成创新使黑木耳不仅在产量上实现了新突破,产品的质量和效益也有了质的飞跃。

随着科技的进步,黑木耳生产模式和栽培技术的不断完善,未来农业副产物有望逐步替代一定比例的阔叶木屑或完全作为主料使用(张金霞等,2020);机械化工厂化生产逐步替代家庭作坊式生产是未来黑木耳产业发展必然趋势;液体菌种生产技术逐步取代固体菌种;棚室立体吊袋栽培迅速推广,绿色有机栽培以及友好生态循环模式成为主流;黑木耳专业化种植园及产业集群逐渐形成并发挥示范带动作用;品种由高产型向优质、专用型转变;黑木耳产品向功能型和多样化转变;黑木耳"鲜品"(泡发耳)销售的方式逐渐被人们认可和接受;品牌建设和互联网营销得到空前重视;黑木耳农业方式生产向工业化生产转变。

二、生物学特性

(一)形态与结构

黑木耳菌丝体在 PDA 培养基上呈绒毛状、白色、纤细、整齐。在显微镜下,菌丝呈半透明状,分枝性强,双核菌丝具有锁状联合。子实体胶质,呈褐色或黑色,丛生或单生。浅圆盘状、耳状、花瓣状或不规则形,新鲜时软嫩富有弹性,半透光,干时强烈收缩,不透光,呈角质状,硬而脆,复水能力强。腹面(子实层面)光滑,褐色或棕褐色,成熟时可见白色霜状物。背面(不孕面)暗青褐色,颜色浅于腹面,外被有短绒毛,具脉状皱褶,脉状皱褶多少因品种而异。横切面有髓层。子实体横切面的显微结构分六层,分别是柔毛层、致密层、亚致密上层、中间层、亚致密下层和子实层。孢子印白色。担孢子肾形或腊肠形,光滑、无色、薄壁,具 1 或 2 个大液泡(张鹏,2011;吴芳等,2015)。

子实体发育主要包括原基形成期(黑色瘤状物)、分化期(粒状物)、伸展期(耳状物)、成熟期(耳片展开,孢子尚未弹射)、生理成熟期(孢子弹射,耳片变薄,颜色变浅)。

（二）繁殖特性

黑木耳属异宗结合的真菌，具有典型的二极性异宗结合的担子菌生活史，即是由一对不同的交配型等位基因所控制。在子实体成熟时，其腹面的子实层上迅速长出成千上万的担孢子。担孢子萌发，产生不同交配型的单核菌丝，不同交配型的单核菌丝经过质配，形成具有典型锁状联合的双核菌丝。通过锁状联合，使双核细胞分成两个子细胞，两个细胞核同时分裂，并且不同性质的细胞核分别进入子细胞内，菌丝就此不断伸长。在适宜的环境条件下，双核菌丝不断生长发育，分化成为子实体。子实体成熟后，双核菌丝的顶端细胞逐渐发育成担子，又产生大量的担孢子弹射出来，这样的一个循环过程就形成了生活史。黑木耳的个体发育过程包括成熟子实体弹射出的担孢子萌发、初生菌丝、次生菌丝、原基和子实体5个阶段。

（三）生态习性

黑木耳属于木腐菌，没有叶绿素，不能进行光合作用，要依靠其他生物体里的有机物质作为它的养料，营养方式为腐生。自然条件下，多生长在桑、槐、榆、栎、桦等阔叶树死树、树桩、倒木、枯枝或腐烂木上（李玉，2001）。单生、群生或簇生。

（四）生长发育条件

1. 营养条件

（1）碳源。碳源是构成黑木耳细胞和代谢产物中碳素来源的物质。黑木耳能利用的碳源有纤维素、半纤维素、木质素、果胶、淀粉、葡萄糖、麦芽糖、蔗糖等。黑木耳栽培中，除葡萄糖、蔗糖等糖类外，碳源主要是基质中的纤维素、半纤维素、木质素和淀粉，它们广泛存在于各种树木和农副产品中，如木屑、棉籽壳、玉米芯、豆秸等，其中，黑木耳栽培基质以阔叶硬杂颗粒木屑为最优。

（2）氮源。黑木耳能利用的氮源有氨基酸、蛋白质、铵盐和尿素等。其中有机氮比无机氮更容易吸收利用。生产中多以麸皮、稻糠、豆粕粉和蛋白胨等为氮源。

（3）矿质元素。黑木耳生长发育需要的钙、镁、磷、钾、硫、铁、锰、锌等矿质元素存在于培养料中，一般不需要额外添加。适当添加石膏和石灰，在补充矿质元素的同时调节培养料的 pH 值。

（4）碳氮比（C/N）。适宜碳氮比是以菌丝和子实体的生长质量确定的。多年栽培实践证明碳氮比（90～140）∶1 适宜黑木耳栽培（张金霞等，2020）。

2. 环境条件

（1）温度。孢子萌发温度13～32 ℃，最适宜温度25～30 ℃；菌丝体生长温度5～35 ℃，最适宜温度为22～28 ℃，低于15 ℃时菌丝生长缓慢，高于30 ℃时菌丝生长过快，细弱而易衰退；子实体生长温度15～33 ℃，最适宜温度为20～25 ℃，低于15 ℃不易出耳，高于28 ℃子实体开片快，片薄色淡，超过30 ℃，子实体易自溶或感病，造成严重减产，影响产品的质量。

（2）水分和湿度。菌丝生长阶段，培养料适宜含水量为58%～62%，空气相对湿度在40%～60%；子实体原基形成及分化阶段，空气相对湿度在85%～90%；子实体伸展期到生理成熟期阶段，采取间歇喷雾、干湿交替管理。高温高湿时耳片生长快、薄，易发生"流耳"。

（3）空气。黑木耳是好气性真菌，在生长发育过程中要求空气流通、清新，满足呼吸作用而需要的氧气。

（4）光照。菌丝生长对光线要求不严格，为防止菌包见光产生"原基"，菌丝生长阶段要求在黑暗或弱光的条件下。催芽阶段（子实体原基形成及分化阶段）需要有一定的散射光刺激，子实体伸展期到生理成熟期阶段可以在一定强光照的条件生长发育。强光的照射可以抑制杂菌的发生，光照不足时耳片颜色浅。

（5）酸碱度。黑木耳菌丝在 pH 值 4~8 时均能生长,最适宜生长范围在 5~6.5。在生产中常将栽培料 pH 值调到 6.5~7.5,因为高温灭菌会使 pH 值下降,菌丝生长过程中所产生的有机酸也会使栽培料 pH 值下降。

五、栽培技术

"世界黑木耳看中国、中国黑木耳看龙江",黑龙江省黑木耳栽培规模大,栽培技术和配套设施多样,栽培模式和栽培技术有全光露地栽培、棚室吊袋栽培、林下栽培、棚室地栽、小孔单片栽培、春耳秋管、秋耳栽培、越冬耳栽培、临时覆盖遮阴栽培等。本节主要介绍黑木耳露地栽培和棚室吊袋栽培两种栽培技术。

（一）露地栽培技术

1. 栽培设施

黑木耳栽培设施主要包括菌袋制备生产设施和田间出耳管理设施。

（1）菌袋制备生产设备及设施。主要包括原料粉碎、过筛、拌料、回料、装袋、窝口、装筐、传输搬运、灭菌、菌种培养、接种等设备(图 4-9-5)以及原料贮藏室、菌袋制备车间、灭菌室、冷却室、接种室、培养室等设备设施。冷却室、接种室、培养室等设施需要净化新风、控温控湿等环控系统。中、大型菌种企业还应配备菌种质量检验室、菌袋储存库等。

图 4-9-5 菌袋制备生产设备

（2）田间出耳管理设备及设施。包括菌袋开口机、传输搬运设备、水泵、喷水带(管)、喷头、遮阳网、草帘子、地膜、塑料布和露地出耳场、晾晒架、产品储藏库等设备、物资和设施。

2. 栽培场地

黑木耳全光露地栽培场地应选周围环境清洁、远离污染源、空气流通、光照充足、水源近、水源洁净(符合生活饮水标准)、排灌方便以及运输便利的田块或缓坡地作为耳场。

3. 栽培季节

栽培季节应因地制宜,根据当地具体气候,按照黑木耳菌丝生长和子实体生长发育所需要的温度计环境条件,妥善合理地安排使人工控制小气候与大自然相结合。黑龙江省一般分为春季栽培和秋季栽培。

（1）春季栽培。"冬春养菌,春夏出耳",从 11 月初至翌年 4 月底培养栽培种,4 月下旬至 5 月初(一般夜间最低气温稳定在 3 ℃以上)开始下地、开口及出耳管理。

（2）秋季栽培。"春夏养菌,夏秋出耳",从 5 月初至 6 月下旬培养栽培种,7 月上旬至 8 月初室内或室外开口催芽管理,待耳芽全部形成后,室外分床栽培出耳。

4. 栽培原料

（1）主要原料。木屑是代料栽培黑木耳的主要原料。我省以硬质阔叶树种的木屑为主,一般采用柞树、水曲柳、榆树、桦树、椴树的木屑居多,果树木屑也有部分应用,杨树木屑很少使用。松树、樟树、柏树等针叶树种不宜使用,如果使用需事先堆制处理。木屑颗粒大小以 0.2 ~ 0.6 cm 为宜,粗细搭配合理,一般粗木屑(颗粒直径 0.4 ~ 0.6 cm)80%,细木屑 20%。

玉米芯、大豆秸秆、玉米秸秆、稻草等农作物秸秆可替代部分木屑栽培黑木耳,目前条件下,替代量一般不超过 30%。应用秸秆栽培黑木耳应充分将秸秆揉搓粉碎,装袋紧实,适当减少基质中的氮源,选择中早熟品种,要集中潮次出耳管理,尽量缩短出耳期。

黑木耳菌渣可替代部分木屑栽培黑木耳,目前条件下,替代量一般不超过 40%。菌渣需要认真挑选,选择无杂菌或少杂菌感染的菌渣,菌渣经腐熟后使用更好。使用菌渣生产黑木耳菌袋时,应适当降低基质中的含水量,尽量使用较大直径的颗粒木屑,以降低装料密度、增加透气性。

(2)辅助原料。麦麸、豆粉、豆粕粉、米糠等都是黑木耳生产中常用的优质氮源。最好是用大片、新鲜的麦麸。要选用不含稻壳的新鲜细糠,含稻壳多的粗糠营养成分低,影响产量。

添加石灰和石膏,调节培养料的酸碱含量,同时为黑木耳生长提高钙和硫元素。在添加的时候要注意使用量,维持在培养料总量的 1% 左右。

5. 推荐配方

(1)春栽。①木屑 87%、麦麸 11%、石膏 1%、石灰 1%,培养料混拌均匀后 pH 值 6.5 ~ 7.0,含水量 55% ~ 58%。石灰为建议用量,实际用量多少以 pH 值为准,下同。②木屑 86%、米糠 10%、豆粕 2%、石膏 1%、石灰 1%,pH 值 6.5 ~ 7.0,含水量 55% ~ 58%。③木屑 58%、玉米芯 30%、麦麸 10%、石膏 1%、石灰 1%,pH 值 6.5 ~ 7.0,含水量 54% ~ 58%。④木屑 68%、玉米秸(稻草、大豆秸)20%、米糠 8%、豆粕 2%、石膏 1%、石灰 1%,pH 值 6.5 ~ 7.0,含水量 54% ~ 58%。⑤粗木屑 52%、黑木耳菌渣 40%、麦麸 6%、石膏 1%、石灰 1%,pH 值 6.5 ~ 7.0,含水量 53% ~ 56%。

(2)秋栽。①木屑 90%、麦麸 8%、石膏 1%、石灰 1%,pH 值 7.0 ~ 7.5,含水量 58% ~ 60%。②木屑 88.5%、米糠 8%、豆粕 1.5%、石膏 1%、石灰 1%,pH 值 7.0 ~ 7.5,含水量 58% ~ 60%。③木屑 60%、玉米芯 30%、麦麸 8%、石膏 1%、石灰 1%,pH 值 7.0 ~ 7.5,含水量 58% ~ 60%。④木屑 70.5%、玉米秸(稻草、大豆秸)20%、米糠 6%、豆粕 1.5%、石膏 1%、石灰 1%,pH 值 7.0 ~ 7.5,含水量 58% ~ 60%。⑤粗木屑 62%、黑木耳菌渣 30%、麦麸 6%、石膏 1%、石灰 1%,pH 值 7.0 ~ 7.5,含水量 58% ~ 60%。

6. 菌种选择

选择省级及以上相关部门审(认)定或登记(备案)的品种。应选择适合当地自然资源条件的高产优质、抗逆性强、商品性好的品种。2021 年 1 月 29 日黑龙江省省农业农村厅发布的"黑龙江省 2021 年农作物优质高效品种种植区域布局"中推荐以及市场占有率较大的品种有:黑 29、黑威 15、牡耳 1 号、牡耳 2 号、宏大 1 号、黑威单片、黑山、黑丰 2 号等品种。

7. 料包制备

(1)原料预处理。料包制作前,原料需要通过过筛机剔除大的木块及其他异物以防扎破袋,需要提前 12 ~ 24 h 将硬质阔叶木屑(粗)、玉米芯、豆秸、黑木耳菌渣等颗粒较大、含水量偏低的原料添加适量清水或 0.5% 石灰水软化处理。

(2)拌料。根据栽培季节、原料、地域差异,按照配方称量好各种培养料,先把辅料混匀后再与主料混合均匀,调节水分含量和调节 pH 值。

(3)装袋。选用聚乙烯或聚丙烯塑料栽培袋,黑龙江省多选用聚乙烯塑料栽培袋。规格为(158.00 ~ 165.00)mm × (350.00 ~ 380.00)mm × (0.03 ~ 0.04)mm。进行机械装袋,装袋松紧适度,上下松紧一致,窝口处要整齐,料面平整无散料,袋料紧贴,插棒方式封口,塑料棒长短适中并且插棒时没有扎破袋现象。工厂化生产宜选用纳米改性聚乙烯塑料栽培袋,规划为 160.00 × 370.00 × 0.03 mm(3.5 g/袋),

装料后袋高 21~22 cm。

(4)灭菌。采用常压灭菌,足火中气,使温度迅速达到 100 ℃时,保持 8~10 h,停火后再闷 3~5 h;选用聚丙烯塑料袋的菌袋可以采用高压灭菌,温度达到 121~125 ℃,保持 1.5~2.0 h,停火后再闷 0.5~1.5 h。目前,市场上已经有可以耐 121 ℃高温高压的聚乙烯塑料栽培袋,为了提高生产效率和栽培效果,大部分中、大型菌种企业选择采用聚乙烯塑料栽培袋高压灭菌。高压灭菌一定要彻底排尽高压灭菌器内冷空气,否则会出现"假升压现象"。掌握进气慢,排气缓的原则。

(5)冷却。料包灭菌结束后一般采取自然冷却,压力表回零后打开灭菌设备,料包冷却至 60 ℃以下后出锅,移入洁净的冷却室中,将料包温度降至 20~28 ℃。

(6)接种。接种应按无菌操作进行,一般在有净化新风系统的接种室内进行,接种操作区域要求达到百级洁净标准。接种操作人员要求衣着整洁,动作敏捷、规范、娴熟。液体菌种每袋接种量 15~30 ml,固体菌种每袋接 10~15 g,枝条菌种每袋接种 1~2 根(片)。使用液体菌种,须具备完善的液体菌种生产和接种设施设备以及专业技术人员。

(7)发菌管理。将接种后的菌包摆放到发菌室,摆放密度要适中,以便于检查发菌状态并使环境条件尽量一致为原则。发菌室大气相对湿度以 40%~60% 为宜,接种后前 5 d 菌包料温控制在 26~28 ℃,第 6 d 后降温至 22~25 ℃,第 15d 后料温控制在 18~21 ℃,菌丝发满菌包后温度控制在 10~15 ℃,避光,接种后最初两天不用通风,以后逐渐加大通风量,每天通风换气 1~3 次,每次 0.5~1.0 h。培养期间,检查发菌情况,有杂菌感染的菌袋,应及时运出处理。发菌室在进袋发菌之前要进行消毒、灭虫、增温、排潮等处理,为菌丝生长提供洁净、均一、稳定的生长环境。

8. 出菇管理

(1)菌床的整地和消毒。平整做床,耳床要求中间略高,两边低,成龟背状,压实。床高 0.15~0.20 m,宽 1.2~2.0 m,长度根据场地而定,过道宽 0.45~0.55 m。床与床之间的过道要与排水沟相通,以便及时排水。在菌包下地之前,床面要缓慢地浇重水一次,使床面吃足水分。用 1∶500 倍甲基托布津溶液或 1∶600 倍克霉灵溶液喷洒或者撒一薄层生石灰。在畦床中间安装微喷设施,喷洒面覆盖所有菌棒,床面覆盖打孔地膜、防草地布、松针等。

(2)下地"炼菌"及菌丝恢复。一般夜间最低气温稳定在 3 ℃以上时(牡丹江地区 4 月下旬至 5 月初)菌包开始下地。菌包拉到栽培场地,要将菌袋按 2 行 4~5 层横卧墙式摆放到出耳床上,盖上塑料布,然后再盖草帘或遮阳网,每天加强通风换气,持续 3~5 d,使菌丝逐步适应出耳场地的环境气候,达到"炼菌"的目的。并且,菌包从室内搬到田间,搬运过程中,菌丝受到一定创伤,颜色变暗,不同程度出现"袋料分离"的现象,经过 3~5 d 的管理,使菌丝得以恢复,菌丝变白。

(3)开口。一般采用机械开口,开"1""Y""O""V"等形小口,开口直径 0.3~0.6 cm,深度 0.5~1.0 cm,常规菌包装袋 21~22 cm 高,开口数量 180~260 个/袋。

(4)催芽。催芽阶段应坚持"保湿为主、通风为辅、湿长干短、后期增湿"的原则。黑龙江省春栽主要采取室外集中催耳的方式催芽,将已经开口后的菌包,接菌口朝下间距 2~3 cm 集中直立密摆在菌床上,盖上塑料布,然后再盖草帘或遮阳网,调控环境温度 15~25 ℃,空气相对湿度 80%~90%。如遇高温天气(25 ℃以上)应往草帘上浇水降温,或将四周的塑料布掀起,利于通风降温降湿,以防塑料布内形成高温高湿利于杂菌形成。非高温天气(25 ℃以下)通风不能过勤,以早晨通风一次为宜,每次 20~30 min,水分不够要及时补水,以用手触摸菌包,手掌上有水痕,但不往下滴为宜。一般 10 d 左右,划口处见"黑线",标志着原基已形成。继续管理 5~7 d,原基形成珊瑚状耳基,长至米粒大小以后,上面开始伸展出小耳芽。耳芽长到 0.5 cm 左右时,根据气温情况,白天可以撤去塑料布,盖草帘或遮阳网浇水保湿,早晚通风。

秋栽采取室内集中催芽和室外集中催芽两种方式。室内集中催芽:提前 2~3 d 进行室内消毒灭菌处理,后进行通风。室内菌架摆袋催耳,袋之间距 2 cm,同时要给光、增湿。光照强度达到 100 Lx,有利于促进耳芽形成。空中喷雾、地面洒水,保持湿度80%~90%。晚间开门开窗通风,保持室内空气新鲜。注意菌包开口后,袋内迅速升温,此时应及时检查室内和菌袋内料的温度,调控环境温度最高不超过25 ℃,严防高温烧菌。室内催芽时间6~8 d。室外集中催耳:方法与春栽室外集中催芽基本相同,不同之处是盖膜的时间不能超过3 d,即菌包开口被菌丝封口后立即撤膜,草帘或遮阳网继续覆盖,室外催芽时间8~10 d。

（5）分床。春栽菌包分床不宜过早,由于气温低,过早黑木耳不易开片,易长成丛状。待耳芽出齐并长至1~2 cm后分床,分床时菌包间距10 cm即可,撤去塑料布、草帘或遮阳网。秋栽待菌丝恢复孔口变白或出现黑线便开始分床。

（6）出耳管理。出耳阶段采取全光管理模式。主要是水分管理和温度控制,应根据天气情况灵活控制浇水量,间歇性喷水,干湿交替,控制温度,创造黑木耳生长发育需要的水分和温度条件。喷水尽量喷雾状水,初期少喷、勤喷,切忌浇重水,随着耳片向外伸展,逐渐增加喷水次数,加大浇水量。

一看天气浇水。晴天温度适宜可适当多浇水,阴雨天可少浇或不浇。二看温度浇水。温度低于10 ℃时不浇水,如遇持续高温天气,温度高于28 ℃时,需要间歇浇水降温,如果气温和水温过高,间歇浇水仍然不能将菌包的料温降到25 ℃以下时,停止浇水,防止高温高湿"流耳"发生。三看耳片浇水。停水后如果耳片很快变干"显白"应继续浇水,反之不用浇水。四看菌包浇水。当菌包基质中水分较大时,菌包较重,颜色变暗,应少浇或停止浇水。五要干湿交替。当耳片生长缓慢或生长过快时,停止浇水,晒袋3~5 d,以耳根干、菌丝恢复菌包颜色变白为好。湿要把水浇足,菌包上的耳片尽量都能浇到。干长菌丝,湿长子实体,干湿交替对长耳才有利。

9. 采收

要根据子实体成熟度和产品标准要求及时采收。采收前应停水2~3 d,待耳根收缩、耳片略有收拢但未完全干缩时轻轻摘下,采收要采大留小。一般在黑木耳子实体未弹射孢子时及时采收,可采收3~5潮耳。

10. 转潮管理

每潮采收后停止浇水,晒袋3~5 d,让菌丝充分恢复,袋料紧贴后再浇水（刚开始勤浇、少浇,逐渐加大浇水量）进入下一潮的出耳管理。7月份气温高可以停水"过夏",立秋前2~3 d可以将菌包顶部塑料袋"环割"开口或直接浇水管理,刚开始浇水时,浇水量要大一些,之后逐渐恢复正常浇水量。

11. 晾晒

木耳采收后先在晾晒架上薄薄地摊上一层,当耳片略干,而耳根未干时,再将其摊厚晾晒,这样晒出的小孔单片木耳易成碗状,形好。采取网架晾晒,防止雨淋,耳片干透后及时收储。

12. 贮存

置于通风良好、阴凉干燥、清洁卫生的库房贮存,注意防虫、防鼠、防潮。不应与有毒、有害、有异味和易于传播霉菌、虫害的物品混合存放。

13. 病虫害防治

黑木耳的病害主要有霉菌（青霉、毛霉、根霉、曲霉、链孢霉、木霉等）、流耳等,虫害主要有螨虫、蓟马、伪步行虫、线虫、跳虫、菇蚊、菇蝇等。黑木耳病虫害防治必须贯彻"预防为主,综合防治"的方针。

（1）栽培措施防治。全面实施洁净生产,尽量减少病原和虫口基数;菌种适温生产培养壮菌,干湿交替出耳管理;选用抗病虫优良品种。

（2）物理防治。熟料栽培,培养料灭菌杀虫彻底;灯光或色板诱杀害虫等。

（3）生物防治。苏云金杆菌生物农药来防治菇蚊、菇蝇等害虫。

（4）化学防治。利用75%乙醇进行接种工具、接种台、接种人员的手等表面消毒;利用二氯异氰尿酸钠、高锰酸钾、来苏水、必洁仕等用于冷却室、接种室、培养室、养菌架等环境表面消毒;田间有虫害发生,在出耳转潮间歇期,根据虫害种类喷洒已经登记可用于食用菌的、高效低毒的生物药剂。未在食用菌上登记的农药不得使用,目前,我国在食用菌上登记使用的杀菌剂有咪鲜胺锰盐可湿性粉剂、二氯异氰尿酸钠、噻菌灵、百菌清等,杀虫剂仅有氯氟·甲维盐(张金霞等,2020)。

14. 菌渣处理

采收完毕及时将菌包集中,进行袋料分离,资源化回收利用。

(二)棚室吊袋栽培技术

1. 栽培场地与设施

菌袋制作和发菌设施与黑木耳露地栽培完全通用。出耳场地需要大棚和温室等设施,一般采用钢架塑料大棚用于黑木耳棚室吊袋栽培。大棚建设场地应选择在通风良好、向阳、水源洁净、水源充足、周围污染源少、不存水、不下沉、地面平整的地块。用钢架结构搭建棚架,首先要保证坚固安全,承重500 kg/m² 以上,满足黑木耳吊袋栽培要求及规避自然灾害。大棚长 30 ~ 60 m,宽 7 ~ 10 m,高 3.5 ~ 5.5 m;棚间距不小于 5 m;棚顶及四周覆盖可卷放的棚膜、遮阳网。框架横梁高 2.2 ~ 2.5 m,根据大棚的宽度,棚内框架上放置若干横杆,用于栓绑吊绳。每两个横杆为一组,组内横杆间距 30 cm 左右,每组横杆之间留出"过道"的距离,一般 60 ~ 70 cm。每组横杆长度依大棚的长度而定。在"过道"上、下各铺上喷水管线一条,并在水管上每隔 60 cm 处按"品"字形扎眼按上喷头。喷头可覆盖半径 1 ~ 2 m 的范围,水经过喷头,在一定压力下呈雾状扇形喷出。

2. 栽培季节

春季栽培:从 11 月初至翌年 3 月上旬培养栽培种,2 月下旬至 3 月上旬扣大棚塑料薄膜增温,3 月中下旬菌包进棚划口催芽,4 月上旬开始挂袋出耳管理,4 月下旬至 5 月初开始采摘,6 月下旬至 7 月上旬采收结束。

秋季栽培:4 ~ 6 月份培养栽培种,7 月中旬至 8 月上旬进棚划口催芽和出耳管理,10 月下旬至 11 月上旬采收结束。

3. 菌种选择

棚室立体吊袋栽培黑木耳的菌种一般选择中早熟品种,早生快发、出耳齐,品质优,黑、厚、单片、耐水抗逆性强。如:牡耳 1 号、黑威 15 等。

4. 栽培原料、配方、料包制备、发菌管理与露地栽培相同

5. 栽培前准备

菌包进棚前 3 ~ 5 d,将棚内地面浇透水。再在地面上撒一层生石灰,防止杂菌发生。可在地面上垫一层防草布、草帘、遮阴网或 5 cm 左右的细河沙等。处理完地面后,将大棚密闭,用"菇宝"熏蒸消毒。

6. 出耳管理

(1)开口封口管理。将培养好的菌包运进棚后,用开口机开口,一般开"1""Y"或"O"形小口,开口直径 0.4 ~ 0.5 cm,开口数量 180 ~ 280 个。开口后将菌袋堆放在大棚内,一般 4 ~ 5 层高为好,避免堆温过高。大棚覆盖塑料布和遮阴网,要求散光照射,加大棚内空气相对湿度,达到 80% ~ 90%,持续 5 ~ 7 d,使菌包菌丝封住出耳口,形成耳线,可挂袋进行出耳管理。

(2)挂袋。在棚内框架横杆上,每隔 25 ~ 30 cm 处,按品字形系紧两根(或三根)尼龙绳,并底部打结。然后把已割口的菌包接种口朝下夹在尼龙绳上,然后在两根尼龙绳上扣上两头带钩的细铁钩(长度以 5 cm 为宜),即可吊完一袋,第二袋按同样步骤将菌袋托在细铁钩上,以此类推一直吊完为止。一般每组尼龙绳可吊 6 ~ 8 袋。吊袋时每行之间应按"品"字形进行,袋与袋之间距离不宜少于 20 cm,行与行之间距离不能少于 25 cm。菌袋离地面 30~50 cm,利于通风,防止产生畸形木耳,提高产量。吊绳底部用绳链接在一起,这样风再大,菌袋可以随风共同摆动,不相互碰撞。

(3)催芽管理。菌包开始挂袋 2~3 d 内,不可以浇水,温度要靠遮阴网和塑料薄膜调节,使温度控制在 20~25 ℃。往地面上浇水,使棚内空气相对湿度始终保持在 75%~80%,待 2~3 d 菌包菌丝恢复后可以往菌包上浇水,每天进行间歇喷水,使湿度达到 85% 以上,这阶段切忌浇重水,以保湿为主,每天通风 1~2 次,持续 7~10 d,耳芽成米粒大小。

(4)耳片生长期管理。子实体边缘分化出耳片,并逐渐向外伸展。这阶段应逐渐加大浇水量,加大通风,喷水尽量喷雾状水,原则上棚内温度超过 25 ℃ 不浇水,早春一般在午后 3 点至次日 9 点之前这段时间进行间歇喷水,5 月份后一般在午后 5 点至次日 7 点之前这段时间浇水,使空气相对湿度始终保持在 90% 以上。采取间歇式浇水,浇水 30~40 min,停水 15~20 min,重复 4~5 次。根据气温情况,一般浇水时放下棚膜,不浇水时将棚膜及遮阳网卷到棚顶进行通风和晒袋。正常情况下,喷水后通风,每天通风 4~5 次,天热时早晚通风,气温低时在中午通风。温度高湿度大时还可通过盖遮阴网、掀开棚四周塑料膜进行通风调节,严防高温高湿。

(5)采收及转潮管理。当耳片直径长到 5~6 cm,即耳边下垂时就可以采收(7~8 分熟),大棚内吊袋栽培黑木耳一般在 4 月下旬即可采收第一潮黑木耳,5 月上旬采收第二潮黑木耳,比露地栽培提前 25~30 d。采收木耳后,将大棚的塑料薄膜和遮阴网卷至棚顶,晒袋 5 d 左右,然后再浇水管理,即"干湿交替"水分管理。"晒袋"管理是避免耳片发黄的关键措施。不见光、温度高、耳片生长速度过快是耳片黄、薄的主要原因。一般第一潮黑木耳每袋可采干耳 20~25 g,耳片圆整、正反面明显、耳片厚、子实体经济性状好。第二潮耳管理方法同第一潮耳大致相同,大湿度大通风是关键技术。一般可采收 3~4 潮耳,产干耳 50~70 g/袋。

7. 晾晒、储存、病虫害防治、菌渣处理

同露地栽培。

参 考 文 献

[1]戴玉成,图力古尔.中国东北野生食药用真菌图志[M].北京:科学出版社,2007:1-231.

[2]李玉.中国黑木耳[M].长春:长春出版社,2001.

[3]刘亚.棉籽壳块栽黑木耳[J].湖北农业科学,1982,10:32-33.

[4]傅永春,翁景华,陆秀新,等.蔗田套栽黑木耳的研究[J].福建农业科技,1987,01:23-24.

[5]孙华瑜,张燕芬,章伟青.代料栽培黑木耳技术[J].食用菌,1984,01:18-19.

[6]吴芳,戴玉成.黑木耳复合群中种类学名说明[J].菌物学报,2015,34(4):101-108.

[7]张芦宛,骆中华,朱时流.甘蔗田套种黑木耳技术[J].作物杂志,1988,03:26.

[8]张金霞,陈强,黄晨阳,等.食用菌产业发展历史、现状及趋势[J].菌物学报,2015,34(4):524-540.

[9]张金霞,蔡为民,黄晨阳.中国食用菌栽培学[M].北京:中国农业出版社,2020.

[10]Kirk P M, Cannon P F, Minter D W, et al. Ainsworth &Bisby's Dictionary of the Fungi (10th ed). Wallingford:CAB International, 2008.

(王延锋)

第十节 黄 伞

一、概述

(一)分类与分布

黄伞(*Pholiota adiposa*)又名柳蘑、多脂鳞伞、黄蘑、肥元柳菇、柳松菇、刺儿蘑、黄环锈菌、肥鳞儿、柳丁、黄丝菌等。其味道鲜美,营养丰富,是一种药食两用木腐真菌(图4-10-1)。主要分布在我国黑龙江、吉林、辽宁、内蒙古、河北、山东、浙江、甘肃、青海、河南、广西、四川等地。

图4-10-1 野生黄伞子实体(图片来源:张鹏)

(二)营养与保健价值

黄伞口感滑嫩,香味浓郁,营养丰富,含有丰富的粗蛋白、粗多糖、氨基酸、维生素、微量元素及其他营养物质。子实体中含有铁、钾、钙、镁等多种人体必需的矿物质元素。从黄伞子实体、菌丝体、发酵液中均能提取出黄伞多糖等活性物质,黄伞多糖能够有效预防葡萄球菌、大肠杆菌、肺炎杆菌和结核杆菌引起的感染,具有良好的抗感染功效。此外黄伞多糖具有调节免疫功能、抗肿瘤、抗辐射、抗衰老等多方面的生物活性。研究表明黄伞多糖等活性物质不仅能激活巨噬细胞、T细胞、淋巴因子激活的杀伤细胞CIK等免疫细胞,还能促进细胞因子如白细胞介素2(IL-2)等生成,活化补体,从而在抗肿瘤、抗衰老等方面的防治上具独特功效。黄伞子实体中脂肪含量很低,少于0.1%,却含有较多的膳食纤维。过去几十年对膳食纤维的研究证明,膳食纤维具有抗肿瘤、降血压、降血浆胆固醇、改善肠道功能、预防肥胖症等功效,人体摄入足够的膳食纤维对于保持健康、防治疾病有积极作用。

(三)栽培技术发展历程

黄伞是欧洲最早进行人工栽培试验的食用菌,早在公元1世纪,希腊人Dioscoride将自然感染的杨树椴木埋土,或将感染的树屑撒到腐殖质中进行出菇的原始方法栽培黄伞。1550年,意大利人Andrea C,esalpin用黄伞菌褶与椴木磨擦进行播种,椴木覆土后喷水管理,成功长出子实体。1966年,比利时GENT大学的学者报道了用纯菌种和熟料栽培黄伞子实体的试验结果。他们以木屑和燕麦片为主要栽培原料,在温度为16~18℃,空气相对湿度为85%,光照强度为250 lx的条件下成功栽培出子实体。此后,法国等欧洲国家主要采用该法进行黄伞的栽培。日本也是黄伞的主要研究与生产国家,研究人员尝试在稻草中添加5%～15%的鸡粪栽培黄伞;利用毛榉树木屑作为原料栽培黄伞并获得实验性成功。20世纪末,日本对黄伞的研究开发逐渐升温,将其推崇为一种新品种进行开发应用,近十几年,由于自产不足,日本开始从我国进口黄伞。

我国对黄伞的探索于20世70年代。1978年,福建省三明真菌研究所黄年来等人采集野生黄伞,并在《福建菌类图鉴》记载了当地人工栽培黄伞的事实。此后,对黄伞的菌种选育、生物学特性、组织结构、分子标记、交配型、营养成分、栽培技术和加工方法等诸多方面进行了长达十多年的系统研究,并取得了一定的进展。2000年以来对黄伞的研究逐渐兴起,对其研究包括生物学特性、栽培技术、营养成分、液体培养和多糖提取与功能等方面的研究居多。

目前,黄伞已在山东、河北、宁夏、福建等地形成一定生产规模。山东省泰安等地利用自然气候进行袋栽和畦栽,已进入商业化生产,福建三南平、宁德等地区进行了多年的区域性示范栽培与推广,产品已上市。上海市也形成了区域性产业、商品定向供应中心城市,黑龙江也逐步扩大黄伞的种植规模。总之,黄伞的商业栽培正日益受到重视。

(四)发展现状与前景

黄伞肉质滑嫩,营养丰富,香味浓郁,风味独特,具有明显的开发价值,首先,黄伞色泽艳丽,形状美观,可鲜售、干制,品质味道好,香味浓郁,营养丰富,商品价值高,国内外市场前景广阔。其次,黄伞生产季节长,晚秋,冬季和早春均可出菇。黄伞栽培适应性强,产量较高,栽培技术容易掌握,便于推广和产业化生产。容易加工,耐储存,还具有一定的药用价值,黄伞不仅可以作为食品,也是一种具有特定药效,有较高商业价值的真菌。如山西省中成药"舒筋散",具有舒筋活络、追风散寒、补益肝肾的功效,黄伞即为其中16种特效成分之一。最后,黄伞可利用的栽培资源丰富,且多为可再生的农副产品下脚料,符合国家可持续发展的产业政策。

二、生物学特性

(一)生活史

野生黄伞一般生长在柳树、杨树、桦树等树干或枯枝上,为中低温型木腐真菌。双核菌丝,生长均匀,快速,致密,强壮。菌丝在成熟期产生色素,由白色变为深黄色。非结实菌株部分菌丝可以断裂产生分生孢子,菌丝生长缓慢,不产生色素。黄伞子实体单生或丛生,菌盖直径5～12 cm,色泽金黄至黄褐色,有褐色平伏状鳞片或白色鳞片。菌肉白色至淡黄色,菌褶密集,浅黄色至深褐色。菌柄粗壮,菌环淡黄色,在成熟期保持白色或于每年9～10月的雨后长出原基,5 d左右成熟。子实体多丛生,少数单生。新鲜菌盖表面呈鲜黄色,湿时黏,干时有光泽,棕黄色或黄褐色,中央颜色较深。菌盖表面覆有同心环状排列的三角形状鳞片,中央分布较密。菌肉白色或淡黄色。菌柄圆柱状,淡黄色至棕黄色,从上到下颜色逐渐变深,底部常弯曲与菌盖同色,基部颜色较深。

(二)生长发育条件

1. 营养条件

(1)碳源。黄伞菌丝可以利用多种碳源,葡萄糖、蔗糖、淀粉和麦芽糖为碳源时菌丝生长较好,一般浓度添加量在2%～3%之间。纤维素、半纤维素、木质素、淀粉、低聚糖、单糖等,有机酸和醇类也可作为碳源,但效果不明显。黄伞菌丝团具有较多的纤维素酶、半纤维素酶、木质素酶等,对纤维素的分解能力较强,在人工栽培中,可以利用杂木屑、棉籽壳、玉米芯和豆秸等作物作为其碳源物质。

(2)氮源。适量的氮源有助于菌丝生长和产量的提高,常用的氮源有玉米粉、米糠、麦麸、黄豆粉等。添加适量的玉米粉效果较好,一般添加量为5%左右较为合适,此外合理的碳氮比也是菌丝生长的关键因素。

（3）无机盐。无机盐是食用菌生长发育所需要的重要物质，维持渗透压，构成细胞物质所需的矿物质元素，并可作为代谢中酶和辅酶的重要细胞因子。最主要的矿物质元素有磷、钾、钙、镁、硫等元素，其他如铁、铜、锰也不可缺少。矿物质元素广泛存在于木屑、棉籽壳、稻草、麦秸等栽培原料中，通常并不需要另行补充。但在实际生产中可以适量添加磷酸二氢钾、硫酸镁、碳酸钙等无机盐以帮助菌丝生长。

（4）维生素。少量的维生素及微量元素对菌丝生长有一定的促进作用，但要视具体培养基而定。若培养基营养已基本饱和，添加维生素无促进作用。

2. 环境条件

（1）温度。黄伞为中温型食用菌，适应温度较广，3 ℃以上即可生长，24 ℃左右生长最快，培养温度低于10 ℃或高于30 ℃时，菌丝生长速度显著减缓，菌丝稀疏，色泽加深，低于5 ℃或高于35 ℃时，菌丝无光泽基本不生长，但并未死亡。15～18 ℃之间，最适合原基分化。子实体在5～28 ℃的范围内均可生长，实际生产中一般控制温度在15～18 ℃之间。

（2）水分湿度。黄伞对水分的要求并不苛刻，菌丝生长阶段培养基含水量一般控制在55%～65%之间。由于栽培过程中水分损耗过大，在二潮菇后需适当补水。黄伞菌丝生长阶段空气相对湿度一般控制在55%～65%为宜，原基在湿度为60%～90%之间均可形成。子实体生长发育阶段空气相对湿度一般保持在80%～90%之间为宜。湿度过低菇盖表皮易失水萎缩乃至龟裂，鳞片增加，发育受制，品质受影响；湿度太高时，菇体呼吸蒸腾作用受抑制，小菇蕾易被木霉类病原菌感染，成熟菇表面色泽加深变褐，菌盖表层黏液增多，发育不良，既影响产品外观，也使采收与加工不便。

（3）酸碱度。黄伞具有很好的酸碱适应性，但一般将pH值控制在5.0～6.0之间，在实际生产中，考虑到培养料灭菌后pH值会下降，可在灭菌前适当调高培养料的酸碱度。

（4）空气。黄伞为好气性真菌，充足的氧气有助于菌丝生长。在菌丝生长阶段初期，当室内二氧化碳浓度高于0.2%时，需要通风换气，菌丝生长阶段中后期，二氧化碳的浓度可以适当提高刺激原基的形成。子实体发育阶段，需要充足的氧气，充足的氧气有助于菌丝生长、原料分解、抗杂菌防病和提高产量。

三、黄伞栽培技术

（一）栽培设施和季节

人工栽培黄伞季节主要在2～5月份和8～11月份。在北方，黄伞春季栽培多在3～6月上旬出菇，秋天栽培则在9月上旬至11月中旬。黄伞的栽培场地应选择地势高燥、背风向阳、平坦开阔的空旷场地。要求场所周边环境卫生，给排水方便，通风良好，交通便利，无污染源，土质坚实，有拓展回旋余地。周围环境要求洁净，不应有畜舍、厕所和垃圾堆，以免病虫滋生、蔓延和危害（图4-10-2）。菇房使用前先打扫干净，然后再撒生石灰、硫黄，或甲醛熏蒸，也可以喷0.5%敌敌畏溶液等方法进行杀菌、杀虫处理。

（二）栽培技术

1. 菌种分离制作

选取朵形整齐、子实体大小适中的野生黄伞子实体，选用常规组织分离的方式，选取米粒大小接种于母种培养基上，25 ℃避光培养。对疑似污染菌种、未萌发菌种等进行及时清理，待菌丝长满平板三分之二后对菌丝进行提纯分离，提取纯菌株。

2. 栽培原料与配方

母种培养基配方：葡萄糖20 g，蛋白胨2 g，磷酸氢二钾1.0 g，硫酸镁0.5 g，琼脂20 g，水定容至1 000 mL，pH值自然。

图4-10-2 黄伞的人工栽培

原种与栽培种培养基配方:①杂木屑76%,麦麸16%,玉米粉5%,葡萄糖2%,碳酸钙(或石膏)1%,含水量65%,pH值自然;②杂木屑80%,麸皮17%,石膏粉2%,葡萄糖1%,含水量65%,pH值自然;③阔叶木屑80%,麸皮10%,玉米粉7%,石膏粉2%,葡萄糖1%,含水量65%,pH值自然。

栽培袋培养基配方:①杂木屑72%,麸皮20%,玉米粉5%,葡萄糖2%,碳酸钙(或石膏)1%,含水量65%,pH值自然;②杂木屑78%,麸皮10%,玉米粉9%,葡萄糖2%,碳酸钙(或石膏)1%,含水量65%,pH值自然;③阔叶木屑80%,麸皮10%,玉米粉8%,石膏粉2%,含水量65%,pH值自然。

3. 接种与发菌培养

黄伞可进行袋料栽培,拌料前先将木屑等主料依次过筛,除去杂物、硬块等。然后将原料进行预湿,按配方比例混合均匀,调节pH值。之后进行装袋、封口、灭菌、无菌条件下冷凉,接菌。养菌阶段室温控制在22℃左右,相对湿度70%,每天通风1~2次。养菌阶段,菌包可竖着摆放,也可以堆放,堆放一般堆4~5层,控制袋内温度不超过30℃。防止菌袋内的温度过高导致烧菌。整个发菌期宜遮光培养,防止表面菌丝老化发黄,影响产量。菌丝长满后,可继续培养至料面发黄,再开袋催蕾出菇。

4. 出菇管理

(1)代料栽培模式。菌丝一般长满菌包后需继续培养10~15 d,当袋料表面菌丝由浅黄色转为黄褐色,并有明显的黄褐色分泌物时再将菌袋搬至菇房开袋。开袋后清理料面老菌索,可做搔菌处理,搔菌后子实体发生更均匀,产量更高,更能避免因高温而引起的杂菌污染。不能在袋内积水,否则会形成黄色胶状液体抑制原基形成。菇房温度保持在13~18℃,空气相对湿度提高至80%左右,关闭门窗并透射弱光。一般7~10 d后形成原基,此时可加大空气湿度和通风量。5 d左右原基长成2~3 cm的菇蕾,每袋菇蕾数控制在10~20个。过少,产量不高;过多,营养竞争导致部分弱小菇蕾死亡,也易引起杂菌感染。气温合适时,菇蕾经7~10 d便可长大为成熟子实体。出菇期间应控制好菇房的通风换气,温度过高容易感染病虫害,影响菇盖色泽,降低鲜菇的商品价值。

(2)菌袋覆土仿野生栽培模式。当菌丝长满袋,转色后将菌袋搬到出菇的菌棚或者出菇场地,进行覆土栽培,把菌袋的塑料袋脱去平放在提前做好的洼地中,袋与袋之间间隔1 cm,然后用土填充袋间空隙。之后在上面覆盖一层细碎的菜园土,一般土层的厚度控制在1.0~1.2 cm之间,覆土后第二天开始浇水管理。覆土后保持温度25℃,相对湿度85%~95%。覆土1周内减少通风换气,以提高CO_2浓度,刺激菇蕾形成。待菇蕾形成并分化成钉头状时增加通风、湿度及光照强度。待子实体长至菌盖未完全展开即为最佳采收期,采收后及时清理菇床表面的菇脚、萎缩死亡的菇蕾等杂物,并停止喷水5~8 d再重复出菇。覆土栽培工艺相对简单且黄伞品质较好,菌盖相对较大,菌肉厚,菌柄粗壮,长度适中,呈黄褐色,且覆土栽培模式出菇期较长,一般可出 4~5 潮菇。

(三)采收和加工

采收:采收时一般控制在子实体八成熟时,此时菌盖尚未平展,成半球状,孢子也未喷射。采收前停水一天,采收后及时转运到晾晒地点,去除根部杂质。晾晒地点应选择干燥通风、无扬沙灰尘的场地。黄伞表面较黏,晾晒时菌盖向上,以免表层黏在竹筛(帘)上,待表层凉干后再翻动。

加工:烘烤:烘烤前先将鲜菇按大小、厚薄、朵形等分级,然后菌褶朝上摆放在烘架上。升温不宜过快和过高,升温过快,导致菇体焦黄变形,内外湿度不均,影响产品品质,同时,要控制适宜的装载量。过多不利气体流通,影响水分蒸发,降低烘干质量;过少,降低设备使用效率,提高加工成本。烘烤时,先将温度升至 35 ℃,保持 1~4 h,然后以每小时升高 2 ℃ 的速度逐级上调温度,直至 60 ℃,再恒温 1~2 d 后结束烘烤。烘烤后菇体放置 1~3 d,使菇体回软,所有的干菇含水量趋于一致,之后分级、包装。包装用的材料应符合国家卫生要求。为了防止返潮变质,除密封外,还可在包装袋内加吸湿剂、脱氧剂等。

(四)病虫害防治

黄伞在种植过程中常见的病原真菌有绿色木霉、青霉、根霉、毛霉、曲霉、链孢霉等。真菌性病害主要针对蘑菇菌丝和子实体产生的病害,被感染的蘑菇组织块逐渐变褐,从内部渗出褐色的汁液而腐烂。当菌袋被病原真菌侵染时,会出现绿色、黄色、灰黑色的菌落。病原细菌有枯草杆菌、蜡状芽孢杆菌、欧氏杆菌、托氏假单孢菌、荧光假单孢菌等。细菌性病害大多数是细菌对蘑菇子实体产生的危害,被感染的蘑菇畸形,菌盖歪斜,最后逐渐萎缩干枯。培养料如果被细菌侵染,菌丝颜色变深、表面变黏并散发出酸臭味。

防治方法:在栽种过程中首先要做好查种工作,确保使用的是无污染的菌种,对于疑似菌种要及时清除;培养料灭菌要彻底,接种时要进行严格的无菌操作;栽培场地要选择地势较高、通风良好、水源清洁、远离禽畜舍等污染源的场所。对于发菌室和菇棚在使用前可以提前进行消毒处理,例如喷洒0.04 % 多菌灵或提前用 0.5% 敌敌畏溶液熏蒸 18 h。

黄伞在栽培过程中主要的虫害有菇蚊、菇蝇、老鼠,多发生于高温高湿季节。菇蚊、菇蝇的成虫在培养料或者子实体上产卵,幼虫以菌丝体、子实体为食,虫害严重时能在短时间内使菌袋两端菌丝消失,形成"退菌"现象,导致大面积减产。

防治方法:搞好菇房内外环境卫生,对菇房进行彻底消毒,每立方米用 5 g 硫黄多点熏蒸,封闭 2 d 后使用;菇房安装纱门、纱窗,通气孔安装过滤装置,避免成虫、老鼠等进入;及时处理菇房的死菇、烂菇;出菇后发生虫害时可喷一些低毒类的农药,防止农药残留,此外应该加强通风。

参 考 文 献

[1]冯钰涵,郑芳,李士平,等.新型黄伞乳酸饮品的开发研究[J].安徽农学通报,2019.25(13):128-130.

[2]黄年来.中国食用菌百科[M].北京:中国农业出版社,1993.

[3]姜华,蔡德华,菖箭山.野生黄伞蛋白质营养价值评价[J].江苏农业学报,2007,23(2):159-160.

[4]姜红霞,聂永心,苏延友.黄伞子实体多糖的结构初探及抗肿瘤活性研究[J].时珍国医国药,2012,23(1):139-140.

[5]李翠新,张国庆,何永珍.黄伞的生物学特性与病虫害防治[J].中国蔬菜,2008(1):57-59.

[6]李刻秦,师晓喆,张晓飞,等.2019.黄伞的研究进展及开发利用前景[J].中国食用菌,38(9):1-6.

[7]聂永心,黄伞子实体多糖的分离纯化、结构鉴定及生物活性的研究[D].山东:山东农业大学,2011.

[8]苏延友,高丽君.泰山.黄伞的驯化培育研究[J].山东农业大学学报(自然科学版),2003,34(3): 393-397.

[9]苏延友,康莉,杨志孝,等.黄伞多糖的提取及对小鼠腹腔巨噬细胞的激活效应研究[J].泰医学院学报,2004,25(1):9-11.

[10]肖兰芝,肖胜刚,翁垂芳.代料栽培黄伞配方筛选试验[J].食用菌,2011,33(5):30,45.

[11]张光亚,云南食用菌[M].昆明:云南人民出版社.1984:175-176.

[12]赵洪斌,邹向英,乔德生,等.黄伞覆土栽培模式试验[J].食用菌,2006(2):40-41.

[13]张剑斌,徐连峰.董希文.黄伞的生物学特性及人工驯化栽培技术[J].防护林科技,2000,4: 67-68.

（于海洋）

第十一节 灰 树 花

一、概述

(一)分类地位与分布

灰树花(*Grifola frondosa*)是一种极具发展前景的高档珍稀食用菌,又名贝叶多孔菌、栗子蘑、千佛菌、莲花菌、云蕈等。日本称之为舞茸。

灰树花隶属于担子菌门(Basidiomycotina),层菌纲(Hymenomycetes),非褶菌目(Aphyllophorales),多孔菌科(Polyporaceae),树花菌属(*Grifola*),野生灰树花夏秋季节发生于栎树、板栗等壳斗科树种及阔叶树的树桩或树根上,我国的长白山区,河北、四川、浙江、福建、江西、安徽等地均有分布。

(二)营养与保健价值

灰树花具有独特的香气和口感,营养丰富,不但是宴席上的山珍,还具有保健和药用价值,是珍贵的食、药两用菌。无论是鲜品还是干品都深受广大消费者的喜爱,其鲜品食味较好,鲜美可口。可做汤、做馅、冷拼、可炒、可炖、可涮、可烧,是宴席上不可多得的佳肴。灰树花干品浓郁芳香,具有"泡发即用,长煮仍脆"的特点,也被誉为"宴席珍品"。

灰树花的营养特点是高蛋白、低脂肪、必需氨基酸完全,富含多种维生素。据报道灰树花每100 g干品含蛋白质25.2 g,仅次于我国最著名的珍稀品种口蘑,与高档品种羊肚菌相当。灰树花含有包括人体必需的8种氨基酸在内的18种氨基酸,其中人体必需氨基酸占45.5%,氨基酸含量比香菇高一倍,尤其是必需氨基酸中的色氨酸含量较高,超过了瘦猪肉和鸡蛋,脂肪含量3.2 g,可见灰树花具有全面而平衡的营养。灰树花中含有丰富的各种维生素,如维生素 B_1、维生素 B_2、维生素 C(抗坏血酸)、维生素 E等。无论是野生的灰树花还是人工栽培的灰树花,均含多种对人体有益的矿物质,如钾、硫、钙、镁、磷、铁、钠、锌、铜、锰、硼、铬及硒等。特别要指出的是,灰树花的菌丝体对硒的生物富集能力较强,可以通过富硒灰树花菌丝的深层培养为硒资源的微生物转化提供了一条新的有效途径。灰树花不仅具有丰富的营养价值,还具有一定的药用价值。其子实体内提取的多糖类、酚类等其他某些活性成分具有一定的抗炎、抗氧化、抑菌等作用。

(三)栽培历史与现状

灰树花的栽培始于日本,由日本学者伊藤一雄1940年开始研究摸索,20世纪80年代日本利用空调设备开始进行工厂化周年生产,灰树花被作为皇室贡品被日本人推崇和喜爱。迄今为止,日本是世界灰树花主要生产国。

我国在 20 世纪 80 年代初开始对灰树花进行人工驯化栽培,目前在四川、河北、山东均有栽培,但是规模不大。纵观国内灰树花的栽培,以河北迁西和浙江庆元的栽培模式最为成功,灰树花栽培分为覆土和代料栽培两种模式,庆元推出了一种"灰树花无土栽培"技术。此外,灰树花夏季出菇试验在庆元县也获得了成功。

二、生物学特性

(一)形态与结构

成熟的灰树花子实体由多个菌盖组成,重叠成覆瓦状,群生(最大可达 60 ~ 80 cm)。菌盖肉质,呈扇形或匙形,直径 2 ~ 8 cm,厚 2 ~ 7 mm,灰白色至黑色(菌盖颜色与品种及光照强度有关),有放射状条纹,边缘薄,内卷。菌柄多分枝、侧生、扁圆柱形、中实、灰白色、肉质。菌管长 1 ~ 4 mm,菌孔面白色至淡黄色,管口多角形。孢子无色、光滑、卵圆形至椭圆形。

菌丝体白色,气生菌丝旺盛,在显微镜下观察有分枝,横隔成多细胞。

(二)繁殖特性

担孢子在一定温度和营养条件下萌发形成初生菌丝,不同性别初生菌丝相互结合,发生质配后形成较粗壮的双核菌丝。双核菌丝在适宜条件下生长、相互扭结形成灰树花原基,原基经过分化,进一步发育成幼小子实体,幼小子实体逐渐发育成熟,产生新的担孢子,在适宜条件下,孢子又行萌发,开始新的生活史。

灰树花菌丝在越冬或遇到不良环境时能形成菌核,菌核直径 3 ~ 8 cm,长 30 cm 以上,外表凹凸不平,有瘤状突起,棕褐色至黑褐色,坚硬,菌核外层 5 ~ 8 mm 木质化,菌核内部由密集的灰白色菌丝体组织,无锁状联合。菌核都深埋于地下,野生灰树花子实体都是从菌核顶端长出。菌核既是越冬的休眠器官,又是营养储藏器官,野生灰树花的世代就是由菌核延续的。因此,野生灰树花在同一地点能连年生长。

(三)生长发育条件

1. 营养条件

灰树花吸收利用的营养有碳源、氮源、无机盐、生长因子等。碳、氮营养是按比例吸收的,在发菌阶段为(15∶1)~(20∶1);出菇期后的碳氮比为(30∶1)~(35∶1)。如果氮素不足,就会明显影响灰树花的产量;若氮素过多,不但会造成浪费,还因碳氮比失调而导致出菇困难。木屑、农作物秸秆及农产品的加工下脚料很丰富,只要适当调整其碳、氮含量都可用于灰树花培养料。

2. 环境条件

(1)温度。菌丝生长的温度范围 5 ~ 32 ℃,最适温区为 20 ~ 25 ℃;灰树花属中温型食用菌,其原基分化的温区为 18 ~ 22 ℃;菇体发育的温度在 10 ~ 25 ℃范围均可,最适温区为 18 ~ 23 ℃。

(2)湿度。培养料的含水量一般为 55% ~ 63%,发菌期的空气相对湿度保持在 40% 左右即可,过高易感染杂菌。在原基分化及子实体发育阶段,空气相对湿度在 85% ~ 90% 为适,如果低于 50%,原基不分化,即使已分化的幼菇也会枯萎死亡。

(3)光照。菌丝生长不需要强光,光照度为 15 lx ~ 50 lx,光线过强抑制菌丝生长,完全黑暗菌丝将生长过厚而形成"菌被"。原基形成及子实体发育需要比较强的散射光,光照度为 200 lx ~ 500 lx(日光灯或日落前的光强度)。散射光越强,菌盖颜色越深,香味越浓,品质越好,反之,则颜色浅,品质差。光照严重不足,影响子实体的分化,出现畸形。

(4)空气。灰树花属极好氧的菇类,对氧气的需求量比其他食用菌要多。菌丝生长阶段需氧量比出菇阶段少,但不能缺氧,要经常通风,保持空气新鲜,否则菌丝逐渐衰弱,缩短寿命,严重缺氧时,菌丝生长受阻。菇体发育阶段需氧量增加,每天须通风 5~6 次。如果空气中 CO_2 浓度较高,就会影响菇体发育,造成珊瑚状畸形,严重时菇体停止生长。

(5)pH 值。灰树花较适宜弱酸性环境,菌丝在 pH 值 4.0~7.5 范围均能生长,最适 pH 值为 5.5~6.5,过酸或碱都不利于灰树花的生长发育。

三、栽培技术

(一)栽培场地与设施

目前,灰树花栽培按出菇方式主要有两种,一是以河北迁西为代表的"短棒覆土仿野生出菇",简称"迁西模式"二是以浙江庆元为代表的"长棒一茬割口出菇及二茬覆土,工厂化代料栽培出菇",简称"庆元模式"。基本栽培工艺为微光培养,做畦浇水、排菌、覆土、出菇。

在东北地区,现阶段建议采用短袋小棚覆土模式。

栽培场地选择在水源充足、通风良好、地势偏高向阳不积水的地块。在选好的场地内,挖成南北走向的小畦,畦长 2.75 m(视需排放菌袋的多少和实际地理位置情况而定),宽 1.1 m,深 0.25 m,前面高 0.6 m,后面高 0.22 m。

(二)栽培原料与配方

1. 栽培原料

木屑:一般以柞木、桦木等阔叶木屑为主,木屑被粉碎成粗、细两种粒径,粗木屑一般粒径为 1~2 cm,实际配料过程中要粗细搭配,既要保证培养料的透气性,又要保证栽培袋的紧密度。

玉米芯:玉米芯是灰树花栽培配方中的重要组成成分,玉米芯要求选用当年的玉米芯,确保干燥、无霉变、无虫蛀。

麦麸:麦麸是灰树花的重要氮源,对加快菌丝代谢具有重要作用。在选择使用时一定要选用优质麦麸,尽可能使用大片麦麸,确保培养料的孔隙度和通气量,以便于通气透水,加快菌丝的生长发育。

米糠:米糠作为灰树花生产的主要原料之一,其质量必须过关,优质米糠的粗蛋白的含量应达到 12%~16%,另外,值得注意的是,米糠在夏季等气温高的条件下容易酸化而使 pH 值下降,为确保质量,应在低温条件下贮藏。

主料辅料还包括棉籽壳、菜园土、麦秸等。为了达到增产效果,一般会在培养料中添加玉米粉、黄豆粉、贝壳粉、糖、林地土等来增加培养料维生素和矿质元素以达到增产的目的,实际生产中可酌情添加。

2. 常用配方

(1)阔叶树木屑 78%、麦麸 20%、石膏 1%、糖 1%。

(2)杂木屑 60%、棉籽壳 20%、麦麸 18%、糖 1%、石膏 1%。

(3)杂木屑 40%、棉籽壳 40%、麦麸 10%、玉米粉 8%、糖 1%、石膏 1%。

(4)细木屑 40%、粗木屑 20%、栽过灰树花的废培养料(干)20%、玉米粉 5%、米糠 5%、林地表土(干)10%。

(5)玉米秆 63%、麦麸 11%、玉米粉 5%、肥土 20%、石膏 1%。

(6)棉籽壳 78%、麦麸 20%、糖 1%、石膏 1%。

(7)棉籽壳 60%、麦麸 20%、黄豆粉 8%、菜园土 10%、糖 1%、石膏 1%。

（8）麦秸86%、玉米粉12%、糖1%、石膏1%，另加肥土10%。

原料使用时注意：所用棉籽皮和麸皮不能发霉；木屑最好用新粉碎的或新修剪枝条粉碎，粉碎后木屑及时摊晾或立即拌料使用并注意拌料时减少20%～30%加水量；粉碎木屑不宜选用超过0.5 cm颗粒料，灰树花栽培品种菌丝浸透木料能力较弱，颗粒料太大不利于丰产。

（三）料包制备

1. 装袋

培养料拌匀后要尽快装袋灭菌，不可长时间堆积而酸败，塑料袋多选用(17～24)cm×(35～50)cm的低压聚乙烯塑料袋，一侧或两侧出菇。手工或机械装袋均可。装料要松紧适中，以料袋外观圆滑，用手指轻按不留指窝，手握料身有弹性为标准。装料过紧，菌丝生长缓慢，装料过松，菌丝生长较快，后期易形成袋内菇，不利于出菇管理，装袋后扎口或用套环封口。操作时导致料袋局部破损或微孔应及时用透明胶封好。

2. 灭菌

袋装好后及时灭菌，需当天装袋当天灭菌，以防培养料内杂菌大量繁殖而导致变质。装筐或装编织袋常压灭菌，100 ℃维持12～16 h。灭菌开始4 h和结束前4 h蒸汽通入量要充足，中间的温度维持阶段蒸汽量以保持温度100 ℃不下降即可。

3. 接种

待料袋冷却至30 ℃以下时，在无菌条件下接种。接种室可以使用高效气雾消毒剂熏蒸30 min消毒，也可用其他消毒剂或紫外线消毒。

（四）发菌与建棚

1. 发菌场处理

培养室事先清理干净，灭虫、消毒，在地面撒一层石灰粉，以减少环境杂菌基数，减少杂菌侵染，避免害虫危害。发菌期保持环境温度25 ℃左右，袋内温度建议25 ℃以下，空气相对湿度40%左右，较弱的光线，发菌期要特别注意控制温度和通风。为了发菌安全，避免烧菌，避免杂菌侵染，发菌温度建议低温发菌。另外，相对低温，也利于菌丝的养分积累，提高产量，菌丝长满菌袋后熟10～15 d。

2. 畦床处理

畦床挖好后，先灌一次大水，待水渗下以后，在畦床的表面撒一层灭好菌的土壤0.5～1.0 cm，再在土层上撒上一层石灰。

3. 矮棚构架

选择适宜长度足够结实的角铁、竹、木做柱，埋深0.5 m左右，沿矮棚四周每隔2 m立一柱，柱顶端叉形便于固定横梁，见图4-11-1。再把铁栅栏用铁丝固定在柱体上作为棚顶，也可根据具体情况采用木制或竹制的横梁材料作为经纬，棚架搭好后，在棚顶覆上塑料布和草帘，以保证有风时防风，无风时通风，有雨时遮雨，无雨时喷水等具体要求。

4. 脱袋

将达到生理成熟的菌袋去掉塑料袋，用剪刀剪去外皮，取出菌棒。

5. 覆土和埋袋

将脱袋的菌棒竖直或平放于畦内，竖直摆袋将菌棒错开码放以便增大菌棒与菌棒的接触面积，以增加单菇产量，每平方米排放40～50个菌棒，菌棒排放好以后，用土填满柱缝即为埋袋，在畦床四周的畦

图 4-11-1　矮棚结构

梗上至畦床底部埋塑料布,以便于查菌同时又免于灰树花收获时沾上泥土。埋袋后用土覆盖于菌棒之上,用水管向上喷水,缓缓浸透、并使覆土落入菌棒缝隙内填实。

6. 畦床覆土浇水

埋袋后,向畦床内直接覆土,土壤经 121 ℃灭菌 2.5 h,覆土 1.5~2.0 cm,太薄不能使菌棒的营养充分保持,太厚会影响菌棒的通气性,也会因为通风不好而导致霉菌污染。为了防止出菇时子实体沾有泥土,要在土层表面撒上少量草木灰和石子,畦床覆土完毕后,要及时浇水保湿,以均匀的喷水为宜,水量要充分、绵软,要保证整个畦床的土壤湿润。

(五)出菇管理

如果温度适宜,一般覆土后 10~35 d 就可出菇。出菇的早晚主要取决于温度的高低,另外与覆土的厚薄和畦的深度有关。原基形成以后,要加强管理,增加畦内湿度,加强通风,增强光照和适当调控温度,协调四大要素,创造灰树花生长发育所需的最佳条件,达到高产优质的目的。

1. 增加湿度

出菇时菌棒含水量要达到 65%~70%,畦内空气湿度要升到 85%~95%,每天向畦内上 3~4 次水,上水次数和水量视天气和菇棚情况而定,晴天多上,阴雨天少上,甚至不上;大风天气多上,无风天气少上;保湿好的菇棚少上,保湿差的菇棚勤上水;温度低时少上,温度高时多上,保持菇棚湿度。

喷水方法:从原基形成至分化前,不能直接向原基上浇水,更不能用水淹没。原基分化以后,每天可浇一次水。注意不要积水,更不要淹没灰树花,保持畦内空气湿度即可。待采摘前 1~2 d,不要直接向该采摘的菇体上淋水,只能向周围洒水,以保证其适宜的含水量,提高商品价值。

2. 加强通风

通风不良影响灰树花分化,轻者形成空心菇,重者形成"小老菇"或"鹿角菇",严重造成菇体的溃烂死亡。通风和保温是相互矛盾的,一般结合水分管理进行通风,选在无风的早、晚温度较低时进行,在上水的同时,将北侧薄膜掀起,通风 0.5~1 h,通风时要用水淋湿灰树花,对刚形成的原基要避开通风口,通风在其他部位进行。除定时通风外,在棚的两端要留有永久性的通风口,在干旱季节,通风口要用湿草遮上,使畦内即透气又保湿。

3. 适当调控温度

子实体生长范围 14~30 ℃,最适温度 22~26 ℃,畦内温度超过 30 ℃时,就要通过加厚遮阴物、上水和通风等措施降温。畦内温度长时间处于 30 ℃以上时很难形成原基。

4. 适当光照

原基的形成不需要光,但原基形成以后需要较强的散射光,因此在畦的南面加盖草帘,使阳光不能直射畦内。光照强弱影响灰树花的分化、菌盖颜色的深浅和香味的大小。

5. 注意事项

（1）经常观察子实体生长情况是否正常，如有不良迹象就要及时查找问题，分析原因及时处理。

（2）小棚栽培模式，出菇场地和周边的青草要清除干净，减少虫害滋生环境。

（3）在出菇棚放一个干湿温度计，按照灰树花出菇时温湿度标准进行管理。

（4）管理人员要相对固定。

（5）用于出菇管理的水源必须干净。

（六）采收加工

叶片分化充分，呈半重叠状向四周延伸，边缘的小白边颜色变暗，白色消失，边缘稍向内卷。叶片背面和菇柄上中部，刚发现有微小的菌孔，菇柄基部尚无菌孔形成，香气变浓时，为适宜采收期，成熟子实体见图4-11-2。

图4-11-2　灰树花子实体

1. 采收方法

采收前1d停止喷水。采摘时一手按住培养基，一手伸平插入子实体下，稍用力左右活动菇根，托起子实体，切去带泥沙的根部。

2. 潮间管理

采后及时清理畦面，捡除碎片、杂物和杂草。露出的菌根要按入土中，用土覆盖，3d后再灌水1次，按出菇前的管理办法养菌5d，进入下潮菇出菇管理。

（七）病虫害防治

1. 灰树花主要病虫害种类

（1）虫害：主要有跳虫、血线虫、菇蛆、蛞蝓和潮虫。

（2）生理性病害：主要有小老菇、鹿角菇和空心菇。

（3）真菌性病害：主要包括木霉、青霉、毛霉或根霉、红色脉孢霉等真菌感染培养料或菇体。

（4）细菌性病害：为害最严重的细菌性病害是细菌性腐烂病。

2. 灰树花病虫害防治

应遵循"预防为主，治疗为辅"的方针。主要采用农业防治和物理防治措施。

（1）选好栽培场地。应选择地势较高、无积水、水源近、排灌方便、背风向阳的地方，避开低洼、圈厕和垃圾场，选好场地后，清除场地四周杂草，废料、污染物要深埋。

（2）选择新鲜、洁净、无虫、无霉变培养料，使用前露天日光暴晒 3 ~ 4 d，利用紫外线杀菌消毒。

（3）生产管理过程中严格无菌操作，合理通风换气，调节好菇棚内的温湿度，保持棚内空气清新湿润，协调温、湿、光、气 4 大要素，创造适宜生长发育的最佳小气候。

（4）药剂防治。药剂防治病虫害，要严格执行国家有关规定，不得使用高毒、高残留农药，最后 1 次施药距采菇期间隔应在 10 d 以上。

（5）防治木霉、青霉等真菌感染。可选用 50% 多菌灵或甲基托布津可湿性粉剂 1 000 倍液，人工去除污染组织后，喷洒染病部位。

（6）防治腐烂病。可选用农用链霉素喷洒患处

（7）防治害虫。可选用 20% 速灭杀丁乳油 2 000 倍液或 50% 辛硫磷乳油 1 000 倍液，喷洒栽培畦表面及周边环境，可起到预防和杀灭害虫的作用。

参 考 文 献

[1]甘长飞.灰树花及其药理作用研究进展[J].食药用菌,2014.22(5):264 - 267,281.

[2]胡清秀.珍稀食用菌栽培实用技术[M].北京:中国农业出版社,2010.

[3]罗信昌,陈士瑜.中国菇业大典[M].北京:清华大学出版社,2010.

[4]李玉,图力古尔.中国长白山蘑菇[M].北京:科学出版社,2003.

[5]潘春磊,王延锋,史磊,等. 东北地区矮棚覆土栽培灰树花技术研究[J]. 中国食用菌,2015.02:33 - 35.

[6]彭学文,周廷斌.灰树花种植能手谈经[M].郑州:中原农民出版社,2016

[7]邢增涛,周昌艳,潘迎捷,等.灰树花多糖研究进展[J].食用菌学报.1999,6(3):54 - 58.

[8]杨国良,陈惠.灰树花与杨树菇生产全书[M].北京:中国农业出版社,2004.

[9]赵国强,王风春,于田.灰树花无公害栽培实用技术[M].北京:中国农业出版社,2011.

[10]Chen Xu Z, Sun W, et al. Study on Selenium Accumulation of Grifolafrondosas Mycelium[J]. Acta Edulis Fungi. 2000,7(1):27 - 31.

（潘春磊）

第十二节　猴　头　菇

一、概述

（一）分类地位

猴头（*Hericium erinaceus*）又名猴头菇、猴头菌、对脸蘑、刺猬菌、山伏菌等，隶属于真菌门、担子菌亚门、异隔担子菌纲、非褶菌目、猴头菌科、猴头菌属，被誉为"山珍"，是药食同源的大型真菌。在世界范围内，猴头广泛分布于欧洲、北美、东亚等北温带地区，在我国主要分布于黑龙江、吉林、内蒙古、四川和

西藏等省份,属于典型的木腐型食用菌,夏秋季通常单生于麻栎、蒙古栎、橡树和胡桃等阔叶树的腐木或立木受伤处(图4-12-1),有时多个子实体连生。我国猴头菌属真菌按形态学特征可划分为3种,除猴头菇以外,还包括珊瑚状猴头菌(*Hericium coralloides*)和卷须猴头菌(*Hericium cirrhatum*)两个种。

图4-12-1 野生猴头子实体

(二)营养与功效

自古以来,猴头菇素有"山中猴头,海味燕窝"的美誉,因其菌肉鲜嫩、香醇可口、营养丰富而与熊掌、海参、鱼翅同列为我国四大佳肴,具有较高的营养价值和药用价值。

1. 营养价值

猴头菇为名贵高档菜肴,子实体肉质细嫩,味道鲜美,其营养价值居菌类之首,为高蛋白、低脂肪的"天然食品"。现代营养学家认为,猴头菇是药、膳皆宜的理想保健食品。据测定发现,每100 g猴头菇干品含蛋白质26.3 g,脂肪4.2 g,糖类44.9 g,粗纤维6.4 g,水分10.2 g,磷850 mg,铁18 mg,钙2 mg,胡萝卜素0.01 mg,维生素B_1 0.69 mg,维生素B_2 1.89 mg,此外,每100 g猴头菇干品还含有16种氨基酸,其中的7种属于人体必需氨基酸,总量为11.2 mg。

2. 药用价值

中医认为,猴头菇性平、味甘,无毒,具有利五脏,健脾益胃,降胆固醇,抗癌,保肝等功效,适用于消化不良、体质虚弱等病症。现代医学研究证明,猴头菇子实体内含有多糖、活性肽和脂肪族酰胺等物质,长期食用对提高人体免疫力、助消化、抗菌消炎、抗氧化及调节血液循环等方面具有积极的作用。用猴头菇作为主要原料制成的"猴头菌片"、"胃乐新胶囊"和"猴头菌提取物颗粒"等中成药,在临床上对胃痛、慢性胃炎、消化性胃及十二指肠溃疡、结肠炎等消化性疾病具有良好的疗效。

(三)栽培历史与现状

我国采摘觅食猴头的历史悠久,最早的确切记载发生在三国时期,孙吴沈莹所撰的《临海水土异物志》上载有"民皆好啖猴头美,虽五肉不然及之"。元代的《饮膳正要》中记载,猴头具有利五脏,助消化等功效。到了明清两代,猴头常作为贡品出现在皇宫,李时珍的《本草纲目》对其药用价值有详细记载,而《御香缥缈录》记载了清宫的猴头菜肴,不仅盛赞其味鲜美,该书还具体介绍了烹制猴头佳肴的炖、炒二法。

从猴头产业的发展史来看,20世纪60年代以前为野外采摘阶段。1960年,陈梅明先生从黑龙江省采集的野生猴头子实体中分离出纯菌种,首次驯化栽培成功。1978年,科研人员选育出了生产周期短、产量高的"常山99"菌株,解决了猴头菇推广中遇到的菌种问题,由此逐渐开始了规模化栽培。20世纪80年代至90年代初,常山县的猴头菇闻名全国,产量位居世界之首,其后因棉籽壳原料供应、生产成本等原因,当地栽培规模逐渐缩小。进入90年代,猴头菇由最初的瓶栽改为塑料袋栽培。到了2010年,我国开始了猴头的标准化栽培。

目前猴头已成为我国重要的栽培食用菌,随着栽培技术的发展,生产规模逐年扩大。据统计2007年全国猴头总产量为57 000 t(鲜品),2010年增长至12.7万吨,年增长率达到了55%,产量较大的是黑龙江省、广东、福建、山东、河南、湖南、浙江、江西等省市。其中黑龙江省海林市是全国最大的猴头菇产区,人工栽培标准化水平高,出产的猴头菇毛短、单个重量大、营养丰富,因品质优良而畅销于国内外市场。2005年海林市被国家标准委员会定为国家级猴头菇标准化示范区,2007年海林市被食用菌协会认定为"中国猴头菇之乡",2013年海林市猴头菇生产总量突破6 000万袋,产量达到了30 000 t(鲜品),连续7年位居全国首位。2017年"海林猴头菇"获得了国家地理标识产品认证。

二、生物学特性

(一)形态与结构

猴头菇根据不同生长阶段,其生理结构分为菌丝体和子实体两部分。

1. 菌丝体

菌丝体由许多丝状菌丝组成,生长于培养基质中,是猴头的营养器官。在PDA培养基上,猴头菌丝生长不均匀,生长初期表现稀疏,呈散射状,后期逐渐编的浓密粗壮,气生菌丝短,粉白色,呈绒毛状(图4-12-2),基内菌丝发达,生长时间略长容易形成珊瑚状原基。在木屑培养料中,猴头菌丝生长比较稀薄,颜色偏淡。猴头菌丝在显微镜下可以发现横隔和分枝,直径10~20 μm,有明显的锁状联合。

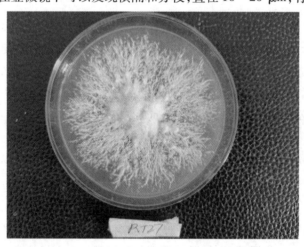

图4-12-2 猴头菌丝体

2. 子实体

子实体是猴头菇的繁殖器官,通常为单生,呈球形或半球形,直径通常为5~20 cm,有时可达25 cm,无柄或具有非常短的侧生柄,新鲜时肉质,后期软革质,无臭无味。幼菇时表面雪白色至乳白色,后期浅乳黄色,干燥时逐渐转为微黄色、黄色至黄褐色,具微绒毛,酷似猴脑,故称为猴头菇。基部着生处比较狭窄,类似菌柄。除基部以外,菇体表面长满肉质菌刺,下垂时如头发状,菌刺长度1~3 cm,直径1~2 mm,菌刺表面可产生大量的孢子。孢子无色、透明,光滑,球形或椭圆形,有油滴,大小(5.8~7.0)μm×(4.8~5.9)μm。

（二）繁殖特性

猴头菇属于异宗结合菌类,在自然条件下,主要进行有性繁殖,生活史从担孢子开始,孢子萌发后可产生单核菌丝,两个不同来源的单核菌丝发生细胞融合后形成双核菌丝,具有锁状联合,其能够起到吸收、运输营养和水分的作用,在适宜的环境条件下,菌丝会发生扭结,形成子实体。子实体表面的菌刺可再次生成担孢子,从而完成整个生活史。而在人工培养条件下,一般进行无性繁殖,生育周期只需 3～6 个月,从菌丝体到子实体只需 30 d 左右。双核菌丝在干燥、高温等不良条件下,细胞中的养分集中转移到另一个细胞中,形成一个比较大的厚垣孢子,其养分含量高,具有抵抗高温和干燥等特性。厚垣孢子在适宜条件下会产生双核菌丝,并进行生长繁殖。

（三）生长发育条件

1. 营养条件

猴头菇为腐生性真菌,在其生长发育过程必须不断地从培养基质中吸收所需的糖类、含氮化合物、无机盐和维生素等营养物质。

（1）碳源。猴头菇对木质素、纤维素和半纤维素等复杂有机物质的分解能力较强,常用的碳源有葡萄糖、蔗糖、淀粉、有机酸和醇类等,用于生长代谢所需能量以及细胞壁和细胞原生质的合成,这些碳源主要存在于木屑、棉籽壳、甘蔗渣等农林副产物中。

（2）氮源。氮素是合成蛋白质和核酸的重要物质。猴头菇生长发育所需的氮素营养物质主要有蛋白质、氨基酸等。生产中常用作氮源的物质有玉米面、麸皮、豆粕和稻糠等有机氮源,其中使用麸皮的效果最佳,猴头菇利用硝酸铵、硫酸铵等无机氮源的能力相对较弱。

（3）无机盐。猴头菇生长发育所需要的矿物质元素有磷、硫、钾、钙、镁、铁等,这些元素是细胞结构的必要组成成分,用来合成细胞中的酶,能够增强菌丝细胞活性,维持细胞正常渗透压。

（4）生长素。生长素也是猴头菇生长发育必不可少的物质,可以起到刺激生长和调节生长的作用,如维生素、生长激素等,以维生素 B_1 最为常用,其大量存在于麸皮和稻糠中,在培养基质中添加适量的麸皮便可提供足量的维生素 B_1。

2. 温度

猴头菇属于中低温结实性食用菌。菌丝生长的温度范围为 6～34 ℃,以 25 ℃ 左右最适宜,高于 30 ℃ 时菌丝生长缓慢易老化,低于 6 ℃ 或高于 35 ℃ 时菌丝基本停止生长。子实体形成的适宜温度为 15～22 ℃,20～22 ℃ 易形成菇蕾,25 ℃ 时原基分化数量减少,高于 25 ℃ 原基形成受到抑制,30 ℃ 时则不能形成原基;低于 14 ℃ 时子实体变红,随着温度下降而颜色加深,无商品价值;温度为 16 ℃ 时,子实体健壮朵大、颜色洁白,菌刺长而粗壮。

3. 湿度

猴头菇喜潮湿阴暗的生长环境,菌丝生长阶段培养基质的适宜含水量为 55%～60%,空气相对湿度 70% 为宜。子实体生长期适宜空气相对湿度为 85%～90%,低于 75% 时子实体表面失水严重,菇体干萎、发黄,生长减缓或停止,从而导致减产;当湿度高于 95%,子实体菌刺长而粗,菇体球心小,易感染杂菌及发生子实体畸形现象,从而影响产量和品质。

4. 空气

猴头菇属于好气性真菌,在子实体生长阶段需要充足的氧气,而对二氧化碳浓度十分敏感,空气中二氧化碳浓度应不高于 0.1%,高浓度的二氧化碳会刺激菌柄生长分化,产生长柄菇或珊瑚状的畸形菇,因此,猴头菇栽培过程中,必须加强环境的通风换气。在菌丝生长阶段,菌丝对二氧化碳浓度有一定耐受性,空气中二氧化碳含量在 0.1%～0.3% 时都可以正常生长。

5. 光照

猴头菇在菌丝生长阶段不需要光照,在完全黑暗条件下可以正常生长。子实体的形成和发育阶段需要微弱的散射光,以 50 ~ 400 lx 为宜,当光照强度为 200 ~ 400 lx 时,子实体生长健壮、洁白。在无光照的条件不能形成原基,光照强度超过 1 000 lx 时,子实体生长迟缓,菇体颜色变红,质量差,产量低。

6. 酸碱度

猴头菇菌丝适宜在酸性环境中生活,菌丝分泌的酶在偏酸性条件下才能分解有机质。菌丝生长的适宜 pH 值在 4 ~ 6 之间,当培养基质 pH 值小于 4 或大于 7 时,菌丝生长不良;子实体形成和发育以 pH 值 5 ~ 6 为最佳,在弱碱性条件下原基的形成也受影响。由于有机质分解过程会产生酸性物质,在培养料中可加入一定量的石膏或碳酸钙调节酸碱度,同时可以增加猴头菇的钙质营养。猴头菇对石灰比较敏感,培养料中通常不添加石灰。

三、栽培技术

我国猴头菇的栽培方式多样,以袋栽为主,常用的塑料袋规格有两种,一种是折径宽(12 ~ 22) cm × 长(45 ~ 55) cm 的菌袋,称为长袋。另一种是折径宽(15 ~ 17) cm × 长(27 ~ 45) cm 的菌袋,称为短袋。由于南北方自然气候条件、原材料资源、食用菌栽培习惯等方面的差异,形成了具有不同地域特色的栽培模式,具有代表性的有黑龙江省海林的短袋层架立摆出菇栽培模式、福建古田的长袋平卧下端出菇栽培模式以及河南的菌袋墙式一端出菇栽培模式。其中,短袋层架立摆出菇栽培模式具有管理方便、空间利用率高、菇体硕大、外形美观、品质优良等技术特点,适合于集约化生产,是目前东北地区的主要栽培模式,主栽品种有牡育猴头 1 号、俊峰 2 号、俊峰 3 号和黑威 9910 等,品种耐寒性好,基质适应性强。

(一)栽培场地与设施

1. 场地选择

猴头菇栽培场地要求地势平坦、环境清洁、靠近水源、排灌水方便,并且交通便利,方便鲜品销售。场地符合《无公害食品食用菌产地环境条件》(NY 5358 - 2007),3 000 m 以内无垃圾场、工业固体废弃物和危险废弃物堆放和填埋场,5 000 m 内无工矿业"三废"污染源,远离禽畜舍、饲料仓库和集市等。

2. 栽培设施

闲置房舍、温室、大棚和简易菇棚都可以作为出菇场所,菇房要求南北走向,不宜过大过高,开设高低窗口以便日常消毒和通风换气,门窗应安装纱窗防止害虫进入,同时能够提供 50 ~ 400 lx 散射光,避免阳光直射。黑龙江省海林地区普遍采用拱形塑料大棚(图 4 - 12 - 3 和 4 - 12 - 4),建造成本低、结构牢固、控温控湿效果好。支撑骨架和内部层架以装配式钢管、钢架和竹木等材料为主,棚顶和四周覆盖塑料薄膜、草帘和遮阴网,并布设喷淋管线。大棚跨度 8 ~ 10 m,长度 30 ~ 50 m,高度约 3 m。室内床架与大棚骨架为一体焊接,床架宽度约 1.5 m,长度根据大棚长短而定,一般分为 2 层,层间距和底层离地面高度均为 50 ~ 60 cm,每层底部铺设长条木板,用来摆放菌包,大棚中间保留宽度约 1 m 的过道,便于日常作业。

(二)栽培季节

栽培季节的安排要根据猴头菇的生物学特性和当地的气候条件来定。

以黑龙江省大部分地区为例,气候冷凉、四季分明,适合猴头菇的自然繁育,再结合温室大棚和菇房等硬件设施,全年可以安排春秋两季栽培。春季栽培时,一般在 2 ~ 3 月制种,待 5 月中旬至 6 月室内气温回升到 10 ~ 20 ℃,即可正常出菇。秋季栽培时,6 月下旬至 7 月上旬制种,在室内常温下自然养菌即可,待 8 月下旬至 9 月上旬气温下降到 10 ~ 20 ℃ 进行出菇管理,可收获 1 ~ 2 茬菇,翌年 5 月份温度适

图4-12-3 拱形塑料大棚外部结构图

图4-12-4 拱形塑料大棚内部结构

宜时再采收一茬菇。

目前东北地区普遍采用"一次种植两批出菇"的生产方式,即利用春季低温季节一次性制种,一批菌包安排在5~6月出菇,另一批菌包7月中旬至8月份移入菇房(棚)越夏,待初秋时开口出菇。采用这种方式制种成功率高,产量高,不仅可以提高发菌棚室的有效利用率,还能够给农户带来更多的经济效益。

(三)栽培原料与配方

以阔叶木屑、棉籽壳、玉米芯和甘蔗渣等作为主料,常用的辅料包括麸皮、稻糠、玉米粉和豆粉等天然有机质,以及石膏、硫酸镁、过磷酸钙等化学物质。我国东北地区缺乏棉籽壳,木屑原料比较丰富,菌包生产通常选用硬杂木屑作为主料,木屑粒径5 mm左右,或选择粗木屑和细木屑混合使用。

常用培养料配方包括:①杂木屑80%,麸皮18%,豆粉1%,石膏1%。②杂木屑80%,麸皮5%,稻糠11%,石膏2%,过磷酸钙2%。③杂木屑49%,玉米芯30%,麸皮(或稻糠)20%,石膏1%。

(四)料包制备

1. 原料选择和预处理

木屑、麸皮和玉米面等原料要求新鲜、干燥、无霉变、无虫卵,木屑在使用前需用铁丝网过筛,剔除小木片等其他异物,以防装料时扎袋,玉米芯需粉碎成3 mm以下颗粒。

180

2. 拌料

按生产配方要求的配比称取原材料,按照先干拌后湿拌、先主料后辅料的原则拌料。首先将木屑、玉米芯等主料放水泥地面上摊平,混拌均匀,洒水预湿,预湿时要湿透、湿匀,预湿时间 12 ~ 24 h,如配料中有细木屑,不需要对其预湿处理。装袋前,再把麸皮、玉米面、豆粉、石膏等辅料拌匀,均匀地撒在预湿好的主料上,用铁锹反复翻拌均匀。采用机械拌料时,现场配料,边拌料,边装袋。培养料含水量控制在60% 左右,以手握培养料掌心有潮湿感,指缝间有水渗出但不下滴为度,pH 值控制在 5 ~ 6。

3. 装袋

采用耐高温聚丙烯塑料袋装料,常用规格为 17 cm×33 cm×0.005 cm。每袋装 1.1 ~ 1.2 kg 湿料,装好后料高 21 ~ 22 cm,保持培养料上下松紧一致,不留空隙。人工装料时,通常在料中心用木棒扎直径 15 ~ 20 mm 的接菌穴(扎至中下部),注意拔起时不要将料面松动,装好料以后,用无棉盖体或套环加棉塞的方式封口,可以增加料袋的透气性。机械装袋多使用插棒封口,装料时装袋机套筒内部的螺旋形搅龙轴会使料袋中心形成一个接种穴,培养料装到一定高度后将多余的塑料袋人工或采用窝口机窝入中心孔中,此时插入塑料插棒,待接菌时再拔掉插棒,塞紧棉塞,采用这种封口方式不仅操作方便、接种速度快,而且菌丝吃料快,生长均一性好。目前大型菌包厂已使用全自动装袋窝口机,采用数字化控制,实现了自动装料、打孔、插棒,工作效率更高。

料包装好后,袋口朝下放入周转筐中,再转运至灭菌锅。周转筐一般为塑料筐或铁筐,使用铁筐时,需用编织袋等物品包裹,以防铁筐上的尖锐物扎破料袋。料包尽量在短时间内进入灭菌环节,气温在15 ℃以下,装好的料包存放不宜超过 8 h;气温在 15 ℃以上时,存放时间不宜超过 3 h,以防发生酸败。

4. 灭菌

灭菌可采用常压灭菌和高压蒸汽灭菌两种方式。进行常压灭菌时,应在 2 h 内使灭菌锅快速升温,当温度达到 100 ℃时维持 10 ~ 12 h;规模化生产时采用高压蒸汽锅炉进行灭菌,灭菌温度达到 125 ℃,维持 3 h。灭菌结束后待菌袋温度降至 60 ℃以下时,趁热搬出菌袋,摆放在阴凉处或接种室内继续冷却至料内温度 28 ℃左右接种。冷却场地要求洁净、干燥、无污染。

5. 接种

接种环节要严格按照无菌操作,一般在接种室或接种箱内进行,也可以搭建临时接种棚,无论是哪种接种环境都一定要保持清洁卫生。首次使用前要对整个环境进行全面的消毒灭菌,一般提前 12 h 用二氧化氯或二氯异氰尿酸钠等消毒剂对通道、接种空间等进行熏蒸,接种之前最好用臭氧机熏蒸 0.5 h。同时,需要仔细查看原种有无老化、杂菌污染等异常问题,如出现问题要及时更换。经过检查合格的菌种,要用 75% 酒精擦拭菌种瓶(袋)的外壁,以杀灭外表的杂菌。

料包的制作可单人操作,也可两人互相协助完成。单人操作时,先将原种的表面的老化菌丝挖掉,然后将其放在接种架上,瓶口对准酒精灯火焰,在火焰周围的无菌区进行接种操作,拔掉无棉盖体(或插棒)以后,用镊子(或接种匙)取一块原种迅速移入菌袋,再扣紧盖子(或塞紧棉塞)。大规模生产时,一般选择两人一组,一人负责开盖、扣盖(或拔棒、塞棉塞),另一人负责接菌,工作效率明显提高。一般每袋原种(规格 15 cm×28 cm)可接菌包 80 ~ 100 袋。

6. 发菌管理

接种以后,将菌包及时转移至棚室内进行发菌管理。发菌环境要求清洁、干燥,注意避光,室内置有温湿度计,以便每日查看温度和湿度的变化情况,同时要留有可控的通风口。菌包在培养架上摆放间距为上层间距为 1 cm,中间层间距为 0.5 cm,下层可挨袋摆放。如室内无培养架,可利用周转筐堆叠发菌,堆放 6 ~ 8 层,或者在室内直接堆码菌袋,一般双排堆码 5 ~ 7 层高,袋口朝外,利用空气流通。

在菌丝培养前期,室内温度应保持在 23 ~ 25 ℃,前 3 d 可升温 1 ~ 3 ℃,促进菌种萌发。菌包培养

20~25 d后,进入菌丝培养中期,此时菌丝生长代谢旺盛,会释放大量热量,每天应通风1~2次,每次10~20 min,以降低室内温度,避免发生菌丝伤热。在正常管理情况下,经30 d左右菌丝可长满菌包,此时进入菌丝培养后期。

发菌阶段要注意检查杂菌,一般每隔7 d检查1次,如发现杂菌污染的菌袋,要及时挑出处理,防止进一步扩散。当菌丝吃料超过菌袋1/3时,若环境温度降低至20 ℃左右,菌袋内部可能会过早形成菇蕾,为保证出菇质量和产量,可提高培养温度至25 ℃,对菇蕾分化有一定的抑制作用。此外,微弱的光线刺激也会使猴头菇过早形成子实体,因此,棚室的遮光要严密,严格避光。发菌期间尽可能减少人员流动,查菌作业也要尽可能缩短时间,临时性照明要及时关闭。

7. 出菇管理

在菌包上架前,要对菇房(棚)进行清洁、消毒和灭虫。上架时不宜菌包摆放过密,否则通风不良,易产生畸形菇,对于折径宽17 cm的菌袋,每平方米摆放50~60个菌包为宜。出菇管理阶段需注意菌包开口、催蕾以及环境因子调控等关键技术环节。

(1)开口。菌丝长满后3~5 d,菌包周围会形成原基,标志着菌包已由营养生长阶段进入了生殖生长阶段,此时应及时转移至菇房(棚)进行开口处理。黑龙江海林地区采用"一孔出菇"的方式,即在菌包侧面开口,定位出菇,此法菌包营养供应比较集中,产生的菇体个头大,商品价值高。开口时使用锋利的小刀,提前用75%酒精擦拭消毒,在菌包侧面的中上部轻划一个边长20 mm的"一"字形口或"V"字形口,开口深度约0.5 cm。开口后,将菌包双排直立摆放在层架上,用塑料绳捆绑牢固,开口处呈相互交错,以利于通风,并防止子实体生长时相互挤压或粘连。采收一茬菇以后,还可在菌包的另一侧开口出菇(或称"改口")。

(2)催蕾。通过调节温度、湿度以及光照等环境因素,给菇房(棚)创造适宜的生长条件,以促进菇蕾形成。菌包开口以后,可将菇房(棚)空气相对湿度提高到90%以上,停水2~3 d,再增加湿度至90%以上,反复进行2~3次,使出菇环境处于干、湿交替的状态,可促进菌丝扭结和菇蕾形成。控制室内温度在16~22 ℃范围内变化,也有利于菇蕾的形成,若昼夜温差小,可采用白天关闭门窗增温、夜间通风降温的方法制造温差,以刺激出菇。另外,将菇房(棚)的光照强度增至100~200 lx,也可刺激原基形成。在适宜的出菇条件下,菌包开口后7~10 d,开口处即可形成白色菇蕾。

(3)出菇。当菇蕾形成后,为了获得大量的优质商品菇,菇房(棚)适宜温度应控制在16~20 ℃,不低于14 ℃,不高于22 ℃,以免影响子实体外观和生长发育速度。当温度高于22 ℃时,可加厚荫棚遮盖物降温,或者采取晚间开门通风,中午打开大棚两头通风降温,或者向空间增喷雾状水和漫灌增湿降温;当温度低于14 ℃,为防止低温冻害,可通过关闭门窗、加温和采用双层膜等措施增温保温。

子实体生长阶段以"前期少喷,中期轻喷,后期多喷"为原则,可通过观察菌刺的状态检查喷水适度。菌刺嫩白,弹性强,说明湿度尚可,可少喷或不喷;菇体发黄,菌刺分化不明显,说明湿度不足,应勤喷多喷,菇房(棚)空气相对湿度控制在85%~90%即可。切记不能直接向幼菇喷水,当菇体直径达到5~6 cm时,可以直接喷雾状水,喷水后要及时通风,以免菇体积水过多,发生霉烂。水分管理也要根据室外天气变化情况,一般情况下,晴天每天喷水2~3次,阴雨天1~2次或不喷,遇到25 ℃以上高温天气,应适当增加给水次数。我国北方地区空气比较干燥,在菇房(棚)地面覆盖1 cm厚的河砂或2~3 cm厚的稻草也能够起到良好的保湿效果。

猴头菇生长过程中要注意通风增氧。空气中二氧化碳含量不宜超过0.1%。通风不良,子实体易发育成畸形菇,且生长缓慢、菌刺少而粗;通风良好,子实体生长快,菇体大,品质好,因此,必须加强通风,保持出菇环境空气新鲜。出菇期间每天至少通风2次,每次30~50 min,通风时切忌风直吹菇体,尽量减少对流风,以免造成菇体发黄、萎蔫,刮风天可在通风口处可挂湿的无纺布。

适量散射光不仅可以诱导原基发生,还可促进菇蕾生长和分化,猴头菇子实体生长阶段适宜光照强度为50~400 lx。在室外大棚栽培,可通过遮阴网为子实体提供三分阳七分阴的生长环境;室内菇房栽培可以在向阳处挂草帘遮阴。

8. 采收加工

在适宜环境条件下,猴头菇从菌包开口到子实体成熟需要20~25 d时间,从原基到子实体发育成熟需15 d左右时间。

(1)采收标准。当子实体七八分熟时,菇体健壮饱满,色泽洁白,菌刺长度约0.5 cm时,适合作为鲜品销售(图4-12-5)。若以干品销售,子实体成熟度可适当延长,当菌刺长度1.0~1.5 cm,色泽由洁白至微黄,即可采收。

图4-12-5 成熟猴头菇子实体

(2)采收方法。采收前12 h停止喷水和通风。采摘猴头菇时通常一只手握紧菌袋,另一只手握住子实体,轻轻旋转即可采下,或使用锋利刀片从基部割下。成熟的猴头菇要全部采净,不留下菇柄,防止杂菌或病虫害滋生,采摘时不要连带大块培养料,否则容易影响二茬菇的形成。

(3)采后管理。采摘第一茬菇以后,棚室内应停止喷水2~3 d,环境温度调至20~25 ℃,以利于菌丝恢复生长,促进第二茬菇原基的形成。采收完前两茬菇以后,培养料失水严重,此时应根据培养料的失水情况及时补充水分,以使培养料含水量达到58%左右为宜。补水太少,效果不明显,而补水太多会延迟出菇或增加污染率。在条件允许情况下,可给菌包适当补充营养液,生产中常用的营养液配方为:维生素B₁ 250 mg,硫酸镁20 g,硼酸5 g,硫酸锌10 g,尿素50 g,水50 kg。使用时先按配比混合,然后给幼菇喷施或采用菌袋注入法补充,可增产10%~20%。另外,补充水分或营养液以后,也可在菌袋另一侧改口,经过5~7 d开口处可以出菇。正常管理情况下,每袋菌包可采收鲜菇3~4茬,生物学效率最高可达100%以上。

(4)产品加工。随着人们对猴头认识的提高以及快递运输行业的飞速发展,猴头菇鲜品已逐渐成为市场上的热销农产品。刚采摘的猴头菇保鲜期不长,必须及时进行包装处理,否则经过挤压、碰撞容易使菇体变黄、腐烂。外销的猴头菇鲜品通常先用食品级包装纸包裹单个菇体,有时外加一层泡沫防震网套,然后装入专用的泡沫保鲜箱,送入冷链运输车或添加冰袋运输。小包装一般采用生鲜托盘,内装2~4个子实体,上覆盖一层保鲜膜,主要在各地的生鲜超市出售。包装好后的鲜菇可在-1 ℃条件下保藏15 d。

猴头除保鲜包装以外,鲜品干制也是各地常用的加工方式,主要采用自然晾晒法和烘干法。自然晾晒法在农户小规模栽培中比较常用,使用主要设施是晾晒架(图4-12-6),其主体一般为木质结构,也可为铁架结构,将采收的猴头菇按大小均匀摆放在晒帘上,先将切面朝上晒1 d,再翻转过来晾晒至含水量达到14%以下即可。烘干法是农村合作社或企业规模化生产时常用的方法,用到的主要设备是大型烘干机(图4-12-7),在使用前首先将采摘的猴头菇置于室外自然晾晒1~2 d,待鲜菇部分水分脱除后,再送入机器内烘干。与自然晾晒法相比,烘干法基本不会受到天气变化的影响,干菇的品质可以得到保证。

图4-12-6 猴头菇晾晒架

图4-12-7 猴头菇大型烘干机

9.病虫害防治

病虫害是猴头生产中经常遇到的问题,如子实体畸形、幼菇萎缩等生理性病害,霉菌、细菌引起的侵染性病害以及螨类、跳虫、蛞蝓等虫害。现将黑龙江省猴头出菇阶段常发生的几种病虫害分述如下:

(1)球形菇。子实体呈球状分支,个体肥大,表面粗糙褶皱,无刺毛,肉质松脆,略呈黄色或褐色(图4-12-8)。发病主要原因是菇房(棚)内温度偏高、湿度偏低,当温度达到24 ℃以上,子实体水分蒸发量过大,而水分管理又没有跟上,容易形成这种畸形菇。

防治措施:在子实体生长阶段,注意菇房(棚)温湿度调控,当温度高于24 ℃时,要及时采取降温措施,同时加强水分的管理,使出菇环境相对湿度达到90%以上。如向空间喷雾状水或向地面洒水,可以降低温度,必要时可直接向子实体喷少量清水;通风时,切勿使风直接吹向子实体,以免影响菌刺发育。

图 4 - 12 - 8 球形菇

室外大棚栽培时可早、晚揭开盖膜通风,白天把两头盖膜打开,使其透气;加厚荫棚遮盖物,减少阳光透射,降低水分蒸发;畦沟灌水降低地温等。

(2)珊瑚状菇。子实体形态似珊瑚状,基部多次分枝丛集,基部有 1 条根状菌锁与培养基相连,以吸收营养物质,这种子实体有的在出菇阶段已经死亡,有的还可以继续生长发育形成更多不规则的、膨大的分枝,失去了商品价值(图 4 - 12 - 9)。主要原因是出菇环境二氧化碳浓度积累过多,通风不良,刺激了菇柄的分化;其次,培养料中含有烤焦物料或油松、杉、柏、樟等含有芳香族化合物及其他杀菌物质,使菌丝生长受到抑制或刺激。另外,也与培养料营养成分不足有关。

图 4 - 12 - 9 珊瑚状菇

防治措施:出菇期间要加强通风换气,改善环境条件;配制培养料时,要注意剔除杉、松、樟、杨、槐等含杀菌物质的树木;已形成珊瑚状的子实体,在幼小时将它连同表面培养料一起刮掉,然后再行培养,还可正常出菇。

(3)色泽异常型菇。在生长中后期,猴头菇体颜色异常现象时有发生。有的子实体色泽变黄,菌刺粗而短;有的子实体发红色,或从幼菇开始到成熟均呈红色,菇体带苦味,不能食用(图 4 - 12 - 10)。子实体发黄的原因有以下几点:一是环境空气湿度过低(不到70%);二是通风时间过长过大,造成子实体湿度降低,或者子实体受到了直流风刺激;三是光照强度大、光照时间长;四是杂菌侵染。子实体变红的主要原因是出菇环境长期低温所致,秋季栽培时菇房温度很容易低于 14 ℃,温度越低子实体颜色越红,另外,长时间阳光照射也会出现红菇现象。

图 4 - 12 - 10   色泽异常菇

防治措施:合理安排接种工作,避免出菇阶段遇到低温天气,以接种以后30~40 d,环境气温不低于14 ℃向前推算,确定最佳接种时间。若气温偏低,应及时采取升温办法,室外大棚栽培时可把盖膜密封,中午气温高时通风,并掀起遮盖物,利用阳光提温。通风时如外界有风,要缩短通风时间,或通风前先向菇棚内喷雾增加湿度,避免通风时风直吹菇体,或在近风口的菌包上覆盖湿纱布,也可以在菇房的门窗上挂草帘,编织袋或麻袋等,并经常向上喷水保湿。

(4)幼菇萎缩。幼菇长势缓慢,菇体颜色转变为不健康的黄色,且开始软化,由顶部逐渐向下扩展,最终导致萎缩、死亡(图4 - 12 - 11)。首先,出菇期培养料的水分含量过低或菇房(棚)空气相对含水量过低,造成幼菇缺水,导致萎缩;其次,在水分管理中,喷灌所用水的温度过低,会使幼菇受到了冷刺激,影响正常生长。

图 4 - 12 - 11   幼菇萎蔫

防治措施:一是控制好培养料中的水分条件,确保含水量至少达到50%,如水分不足,则要采取喷水、浸水、注水等措施适当补水;二是棚室内的相对湿度要适宜,湿度稳定在80%~90%,若湿度不到80%,子实体生长缓慢,易发生萎缩干瘪;三是防止强光直射,菌包不可长期置于强光下,避免子实体失水过多;四是喷灌所用水的温度要适宜,最好接近室温。

(5)菇体霉烂。子实体萎缩后被霉菌侵染或直接被霉菌侵染,使子实体失去商品价值(图4 - 12 -

12）。当菇房(棚)空气湿度高于95%，通风不良时，会给霉菌的发生创造适宜条件；子实体萎缩后抵抗力下降，也易受到霉菌的侵染。

图4-12-12　菇体霉烂

防治措施：加强通风，降低菇房湿度。已出现霉烂的菌包，及时摘除并清理被霉菌侵染子实体，并在菌包患处涂抹3%的漂白粉溶液，或1%石灰溶液，以防止其进一步蔓延。

(6)虫害防治。猴头菇虫害可采用敌敌畏药液或糖醋麦麸进行诱杀，或用0.4%敌百虫、0.1%的鱼藤精在每批子实体采收后喷洒防止，或用0.2%的乐果喷洒地面和墙脚驱杀防治。螨类、跳虫等常见害虫的具体防治措施可参照本书第三章相关内容。

参 考 文 献

[1]班新河,王延锋.猴头菇种植能手谈经[M].郑州:中原农民出版社,2016.

[2]黄年来,林志彬,陈国良,等.中国食药用菌学[M].上海:上海科学技术文献出版社,2010.

[3]李玉,李泰辉,杨祝良,等.中国大型菌物资源图鉴[M].郑州:中原农民出版社,2015.

[4]张金霞,蔡为明,黄晨阳.中国食用菌栽培学[M].北京:中国农业出版社.2020.

[5]韩国宪.猴头菇高品质栽培技术模式[J].农业与技术,2019,39(13):103-104.

[6]何荣,刘绍雄,李建英,等.猴头菇的生物学特性及几种栽培方式[J].食药用菌,2020,28(1):57-61.

[7]王敏,韩根锁,侯伟,等.猴头菇生物学特性及优质高产袋式栽培技术[J].西北园艺,2019(1):39-40.

(张鹏)

第十三节　姬　松　茸

一、概述

姬松茸,隶属于真菌界、担子菌门、伞菌纲、伞菌目、蘑菇科、蘑菇属,是双孢蘑菇的近源种。原名:巴氏蘑菇,又称巴西蘑菇、柏氏蘑菇、佛罗里达蘑菇、小松菇、地松茸等。姬松茸是集美味和保健于一身的食用菌。姬松茸具有杏仁香味,菇体脆嫩,鲜美可口,营养丰富。据分析子实体干品粗蛋白含量28.

67%;18 种氨基酸 19.22%,其中 50% 为人体必需氨基酸,高于其他食用菌;碳水化合物 40% ~ 50%;粗脂肪 2% ~ 4%;粗纤维 5% ~ 9%;灰分 4% ~ 7%,其中钾占 50% 左右;其余为磷、镁、钙、钠以及铜、硼、锌、铁等。姬松茸具有很好的保健功能,子实体含有丰富的维生素、多糖、麦角甾醇、凝集素、脂肪酸等生物活性物质。日本对姬松茸极为关注,对多种药用菌的抗癌作用进行比较研究,发现姬松茸抗癌作用最好,因此,日本国际健康科学研究所所长称姬松茸是"拯救晚期癌症患者,地球上最后的生物"。陆续研究表明,姬松茸还有预防感冒、预防软骨病、抗氧化、抗炎症、抗血栓、降血脂、降血糖、护肝脏等功效,对人体各系统具有全方位的医疗保健功能。

姬松茸原产巴西、秘鲁、美国等地。主要分布于林地或草地上。最早由美国科学家 W. A. Murrill 在美国佛罗里达州布莱泽先生(R. A. Blaze)的草场上发现的,1967 年首次以采集人 W. Blaze 命名,中文称巴氏蘑菇,但目前广泛栽培的姬松茸原产地为巴西。1965 年前后美国科学家发现其保健功能并进行研究报道,侨居巴西的美籍日裔种菇商首次用孢子分离获得菌丝体,随后将菌种带回日本,分别在巴西和日本进行栽培研究,于 1972 年和 1975 年先后试验栽培成功,并在日本取商业名为姬松茸。以后在日本、巴西、美国、泰国、越南和印度尼西亚广泛人工栽培。1992 年我国从日本引进姬松茸菌种进行栽培研究,1994 年开始在福建省小范围栽培,以后逐步在全国推广。目前,国内姬松茸栽培面积较大的除福建省以外,还有云南、贵州、河南、河北、四川、安徽、湖北、江苏、浙江、上海等地,多采用农业方式栽培,工厂化栽培处于初级阶段。产品部分鲜销,但以干品销售为主,精加工产品也在不断涌现。黑龙江省具有适合姬松茸发展的资源和气候等优势条件,曾有规模化栽培并有保健品加工生产,但是目前栽培面积较小,随着草腐菌在寒地发展的带动,姬松茸将有很好的发展前景。

二、生物学特性

(一)形态特征

1. 菌丝体

菌丝白色、绒毛状,气生菌丝生长旺盛,生长速度快,爬壁能力强,有时可形成索状菌丝。菌丝为管状,有横隔和分枝,直径 5 ~ 6 μm。菌丝分双核菌丝和单核菌丝,双核菌丝具有锁状联合,单核菌丝外观与双核菌丝菌丝体相似,但无锁状联合。菌丝生长发育过程中,各条菌丝互相连接,呈现蛛网状。

2. 子实体

子实体单生或群生,有菌盖、菌褶、菌柄和菌环等结构。原基乳白色,菌盖顶部中间平坦,帽子形状,边缘内卷,后渐扁平形,边缘展开。初期为浅褐色,成熟后呈棕褐色,常有纤维鳞片。商品菇菌盖直径一般 2 ~ 3 cm,菌肉厚,中央部分最厚,厚度 0.65 ~ 1.30 cm,边缘较薄,菌肉白色。菌褶离生,较密集,初期白色至浅粉色,后期呈咖啡色至暗褐色。菌环白色,位于菌柄上部,膜质,易脱落。菌柄位于菌盖中央,近圆柱形,表面近白色,触摸后变黄,菌环以下常有粉状至棉屑状鳞片,初期实心,后常中松或空心,直径 0.5 ~ 1.5 cm,长度 3 ~ 8 cm。孢子印黑褐色,担孢子暗褐色,短椭圆形,大小约 6.5 μm × 4.5 μm。

(二)生长发育条件

姬松茸是一种草腐菌,属于中高温型菌类。

1. 营养与基质

姬松茸属于腐生菌,同双孢蘑菇一样,培养料需要通过发酵,通过菌丝分解农作物的秸秆、木屑、粪便等,为其提供碳源、氮源以及各种微量元素和生长素。

(1)碳源主要来源于稻草、麦秆、玉米秸秆、玉米芯、木屑、稻壳中的纤维素、半纤维素和木质素等有机物。菌丝分泌的酶类将有机物分解成小分子的碳水化合物,为姬松茸提供生长发育的碳素来源(图 4 - 13 - 1)。

图 4 - 13 - 1　作物秸秆是姬松茸主要碳源(图片提供:团农聚民农业,柳志)

(2)氮源主要依靠畜禽粪便、麸皮、尿素、豆饼粉等。

2. 环境条件

(1)温度。菌丝体生长范围是 15 ~ 32 ℃,最适温度 22 ℃ ~ 25 ℃,子实体生长发育范围是 16 ~ 30 ℃,最适温度为 18 ~ 20 ℃。气温高于 25 ℃时,菌盖薄,菌柄细,易开伞。

(2)湿度。菌丝生长要求培养料含水量 60% ~ 65% 左右、空气相对湿度 65% ~ 70%。子实体形成期间空气相对湿度 85% ~ 95%。

(3)空气姬松茸是好气性菌类,基质发酵和菌丝生长发育过程中均需要良好的通风换气条件,覆土也需要透气性好的土壤。发酵过程中,通气不好,发酵不彻底,以及菌丝生长和子实体发育过程中通气不畅,影响菌丝生长,菌菇不健壮,易形成畸形菇,并遭受杂菌污染,严重影响产量和质量。

(4)光照。菌丝生长期间不需要光线,菇蕾形成和生长期间需要一定的散射光,以 300 ~ 600 lx 为宜。

(5)酸碱度。需要偏酸性或中性,菌丝生长和出菇期 pH 5.5 ~ 7.5 为宜。

三、栽培技术

发酵料栽培是目前姬松茸主要栽培方式,熟料和生料栽培比较少见。发酵料栽培主要是室内或棚室层架式栽培,露地栽培极少。

1. 栽培季节、栽培场地与设施

栽培季节、栽培场地与设施主要看栽培场地温度条件,按照菌丝生长和子实体发育最适温度,黑龙江省一般分春季和秋季生产,如有控温条件可以不受季节限制。

姬松茸室内层架式栽培一般是在专用菇房、温室内进行,也可以在空房或草棚内搭架子进行铺料栽培。选择场地要宽敞、交通方便、排水方便、水源充足,最好有水泥硬化地面,远离养殖场或堆肥场等污染源。如果新建出菇房,要坐北向南,利于通风换气和调节温度。

菇房内层架一般 4 ~ 6 层,底层离地面 20 cm 以上,层间距离 60 ~ 65 cm。最高一层距顶 60 ~ 100 cm。两侧采菇床面 100 ~ 120 cm,每间菇房 100 ~ 200 m² (图 4 - 13 - 2 姬松茸栽培层架)。

2. 培养料配方

姬松茸主要原料有稻草、玉米秸秆、麦秆、芦苇秆、木屑等,辅料有牛粪、马粪等粪便、麸皮、玉米粉等,并可添加少量的尿素、硫酸铵、过磷酸钙、石膏、石灰等。要求秸秆等主要原料新鲜、干燥、无虫、无霉变、无异味。辅料要质量好、不掺假。

图 4 - 13 - 2　姬松茸栽培层架(图片提供:倪淑君)

(1)玉米秸秆80%、牛粪粉15%、石膏粉3%、石灰粉1%、饼肥1%。

(2)稻草80%、牛粪粉14%、石膏粉3%、石灰粉3%。

(3)稻草47%、木屑45%、过磷酸钙2%、硫酸铵1%、石膏粉3%、石灰粉2%。

(4)稻草47%、牛粪47%、过磷酸钙0.75%、碳酸钙1.5%、尿素0.75%、石膏粉0.5%、石灰粉2.5%。

(5)稻草66%,牛粪21%、麸皮8%,过磷酸钙0.75%、碳酸钙0.75%、硫酸镁0.75%、尿素0.75%、石灰粉2%。

(6)稻草92%~93%,尿素1.6%、过磷酸钙2.4%、石灰1%~2%、石膏2%。

(7)稻草75.5%,牛粪15%,麸皮5%,生石灰2%,石膏粉1.5%,过磷酸钙1%。

以上配方pH值6.5~7.5,含水量60%~65%。

3. 建堆发酵

(1)培养料预湿处理

粪料预湿:在堆制发酵前3 d~5 d,将牛粪摊在堆料场晒干,用人工打碎或机械粉碎,然后边洒水边打碎大的粪块,小水勤浇让粪料初步预湿,结块的粪肥不易湿透,导致发酵不彻底,容易引起杂菌污染和虫害。将预湿的粪料建堆,高0.5~0.8 m,宽1.5~2 m,长度不限。如果是发酵好的干牛粪,可以不单独预湿,但需粉碎后直接加入主料中。

主料预湿:稻草、麦秆、玉米秸秆等切成15~20 cm段,于建堆前2~3 d预湿,摊开喷洒1%~2%的石灰水,以软化秸秆,并可结合碾压让水分尽快浸入,也可以把秸秆料投入浸料池中,用5%石灰水浸泡2 d,充分吸水软化后捞出备用。玉米芯、木屑等分别粉碎成直径2.0 cm、0.5 cm左右的粒度,单独洒水预湿,或者用搅拌机搅拌预湿。

其他麦麸、饼肥、过磷酸钙、石膏等不需要预湿,直接撒于料中,尿素等可溶性辅料直接溶于水里,或者在发酵期间均匀撒到料堆,石灰粉可以分次加入,第一次与其他辅料混入,第二次在最后一次翻堆时加入。

(2)培养料一次发酵(又称前发酵)

建堆:发酵场地选在环境整洁,无污染源,排水便利,水源方便的硬化地面场地。建成圆形大堆或梯形长堆。梯形堆建法:先在地上均匀地铺放一层预湿的秸秆等主料,厚15~20 cm,宽1.5~2.5 m,长度不限。然后在主料上按比例铺粪肥、部分辅料,如此一层一层直至将培养料铺完,补足水分达到65%~70%含水量。堆高不要超过1.5 m,呈顶部平整的梯形。建堆时,底部宽度尽量和顶部接近,以利于堆内温度趋于一致。建堆后,要在对顶和四周每隔0.5 m扎透成直径10 cm的粗孔,便于通风换气。也可以在建堆铺料时埋入粗木杆,建堆后拔出成为通气孔。如果条件允许,在堆底预留通风道更好。这样给培养料提供充足的氧气,增温快,发酵好。在料堆内插入温度计,便于观测堆内温度变化。

翻堆:建堆观察堆内温度变化,如果预湿水分充足,外界温度适合,升温会很快,当料中心温度升到65 ℃时,就会出现大量白色放线菌,同时产生的高温能杀死有害真菌和害虫,这样保持 1 ~ 2 d,温度不超过 70 ℃ 及时翻堆。翻堆时,要将顶层和最底层翻到中间,把中间料翻到顶上和底层,使得温度均匀,发酵相对一致。少量的辅料可以在翻堆时加入或补全,并补齐水分达到 65%。如此重新建堆,扎孔发酵,升到 65 ℃ 以上,保持 1 ~ 2 d,再翻堆,如此翻堆 4 ~ 6 次,使得发酵料趋于均匀一致。发酵好的料松软有弹性和一定的韧性,棕褐色,并伴有大量白色长线状的高温放线菌,有香气,无虫害,含水量 62% ~ 63%,用手攥紧料有水滴渗出手指缝为宜,播种前培养料含水量保持在 60% 左右,如果湿度不够,需用低浓度石灰水调节后播种。

(3)培养料二次发酵(又称后发酵)

生产中有仅一次发酵的做法,但二次发酵使得培养料发酵料质量更好,灭菌更彻底,产量和质量会大幅度提高。二次发酵在菇房内进行,二次发酵前先对菇房进行杀菌消毒,在菇房空间内及菇架上喷洒 3% ~ 5% 的石灰水,并对整个菇房进行一次彻底熏蒸。然后打开门窗,通风换气。将第一次发酵好的培养料移入经过消毒灭菌的菇房床架子中间层铺平,最高层和最低层先不铺料,料堆高 40 ~ 50 cm,将料松软式平摊开,采用废油桶或蒸汽发生器,通过管道往密封的菇房输入蒸汽,迅速升温至 63 ~ 65 ℃,保持 10 h 以上,即达到巴氏灭菌效果。然后停止通气或同时开窗降温到 48 ~ 52 ℃,关闭门窗,保温 4 ~ 5 d,在巴氏灭菌和高温作用下,使得大部分病原菌、害虫和虫卵被杀死,从而减少栽培过程中病虫害发生,同时营养更容易被菌丝吸收利用,表现为菌丝吃料快,生长健壮。

4. 铺料播种

栽培场地必须环境温度在 30 ℃ 以下才能播种,保持通风,空气清新。将发酵好的培养料散开降温至 28 ℃ 以下,松散均匀铺在层架上,厚度 15 ~ 25 cm。发酵料质量好,出菇期温度偏低或希望出菇期长些,可以偏厚。相反,发酵不彻底,温度不易控制,料不宜太厚。选择无病虫害、菌龄合适的健壮菌种,每平方米用菌种 0.8 ~ 1.2 kg。可以根据生产季节、菌种类型、发酵料状况不同采用撒播法、穴播法、条播法等,也可以多种方法灵活运用。撒播加混播方法,就是先将 70% 菌种均匀撒在料面,然后用手或钉耙将菌种混翻到料里 8 ~ 10 cm,边混边抓松或刨松混有菌种的培养料,再将余下的 30% 均匀撒播在料面。然后将发酵料整平,用木板轻轻拍实,使得培养料与菌种能够充分结合,最后在料面上铺 1 cm 培养料,将菌种覆盖上。穴播法:铺料 10 cm,将菌种瓣成直径 2 cm 左右的小块,每隔 5 ~ 6 cm 均匀摆放后,再覆一层培养料到标准高度(图 4 - 13 - 3 姬松茸铺料、图 4 - 13 - 4 姬松茸播种)。

图 4 - 13 - 3　姬松茸铺料(图片提供:柳志)

5. 发菌管理

播种后将塑料地膜覆盖在料面上,一般 5 d 内不用揭开地膜,保温保湿。环境温度最佳 22 ~ 26 ℃,

图4-13-4 姬松茸播种(图片提供:柳志)

空气相对湿度60%~65%。播种后特别要注意检查料内温度,在不同床架、不同层高的培养料中间插入温度计观察,料内温度以22~24℃最佳,最低不要低于15℃,特别是注意防止高温烧菌,最高温度不要超过28℃。一般情况下,播种后前几天要关闭门窗,堵上通风口,以减少水分散失,但要适当通风,不能有闷人的感觉,空气中没有氨气味道。如料内温度高,要及时采取揭膜、扎孔、松料、开窗通风等降温措施。第6d以后,菌种已经明显吃料萌发,这时适当揭开地膜,如果料干可以适当喷少量水,如果不干不必喷。

6. 覆土管理

播种后一般15~20d,菌丝长到整个培养料2/3时,开始覆土。如果播种期温度高,可以在铺料后直接覆土。覆盖土的质量对姬松茸产量有很大影响。要求土粒有机质含量高,具有良好的保湿透气的团粒结构,土粒0.5~2cm,土壤含水量在26%左右,达到用手攥成团,松手即散的状态。覆土厚度3~4cm,底层粗上层细。覆盖土7天内,通过控制室内温度来调节料温。室温22~25℃,空气相对湿度65%~70%,保持较黑暗的环境。覆土后15~18d,菌丝穿透覆土层,原基即将形成,应逐渐撤去菇房覆盖物和窗口遮盖物,同时浇一次透水,以刺激原基产生和生长。室内温度降低到20~23℃,料温21~24℃,同时通过喷雾化水提高空气相对湿度到85%~90%。

7. 出菇管理

注意原基和菇蕾生长期,不能直接向菇床喷水,应调细喷头,向空中及墙壁等处喷雾状水,让水珠自然落下,以见到菇体和菇床湿润,床面不积水为度,气温适中,天气干燥时多喷,气温偏高或偏低、阴雨、闷热天少喷;菇床中上层或四角菇床轻喷、少喷。每天喷水1~2次,气温高时早晚喷,气温低时上午或中午喷。当原基普遍达到米粒大小时,喷"出菇水",每天每平方米600ml,持续2d~3d,促使原基快速长大;原基长到黄豆粒大小的幼菇期,每天每平方米增加喷水量到650~700ml,再连续2~3d,进入成菇期,按菇体生长情况、气候条件和温湿度情况喷水,保持菇床湿润状态,最好在采菇后喷水,避免水珠停留在菇体上,影响菇的品质。每次喷水后要立即通风、降温、降低湿度,以减少病虫害发生,保持菌丝活力,持续出菇。子实体发育期间,因呼吸量大增,随着出菇量增大,要给子实体创造适宜的环境条件,菇床环境条件尽量保持一致,菇床表面气流平稳,并给予一定的光照条件。以六分阴、四分阳或七分阴、三分阳为宜(图4-13-5姬松茸出菇)。

8. 采收与加工

在菌盖离开菌柄之前,表面淡褐色,有纤维鳞片,菌褶内层菌膜还未破裂时及时采收。视出菇量每天采收1~3次,保证所有菇在商品性最好时采收。如果采收过晚,开伞,菌褶变成黑褐色,孢子散出,会严重影响品质,降低产品档次。采收时,保持手干净,捏住菇柄旋转菇体,用手按住菇柄下培养料,轻轻上提拔出。将采后的菇床用料填平,及时清理除掉菇脚和死菇,保持料面平整。一潮过后,全面清理菇床,缺土处补盖覆土,补足料中水分,停水5~7d养菌,待菌丝恢复健壮后再喷转潮促菇水,进行出菇管理。如此出菇3~5潮后,将废料清除,可以作肥料施入田间。

图4-13-5　姬松茸出菇(图片提供:柳志)

　　姬松茸一般以鲜品、干品或盐渍品销售,也可以作为加工原料(图4-13-6 姬松茸鲜品、图4-13-7 姬松茸干品)。不同用途采收标准有所不同,但均以菌柄粗壮、菇盖紧实为佳。干品按照市场要求或自销标准,可以整菇烘干,也可以纵切成片烘干,烘干后包装销售。盐渍品可以整菇腌渍,也可以切片或柄盖分离,都要根据市场需要进行加工处理。

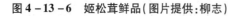

图4-13-6　姬松茸鲜品(图片提供:柳志)　　　　图4-13-7　姬松茸干品(图片提供:柳志)

9.病虫害防治

　　姬松茸病虫害应以防为主,综合防治。姬松茸具有较强的抗杂能力,一般将只要将菇房杀虫灭菌处理,培养料二次发酵处理好,不会产生较大危害。在养菌和出菇期,注意合理通风,处理好温度、湿度、光照关系。杂菌和病虫害一般在覆土前后发现。在出菇前后常有鬼伞或地碗竞争性杂菌,要及早拔出毁掉,以防孢子散发继续繁殖。如遇霉菌感染要加大通风,同时移除污染菌料,撒上石灰粉杀菌。如有菇蝇、菇蚊、螨虫、线虫等,可用菊酯类等高效低毒药物拌料,喷洒覆盖土灭杀。在菇房内料面上插放黄板、放杀虫灯,对诱杀菇蝇等成虫效果很好。

参 考 文 献

[1]张金霞,蔡为明,黄晨阳.中国食用菌栽培学[M].北京:中国农业出版社.2020.
[2]陈智毅,李清兵、吴娱明,等.巴西蘑菇的食疗价值[J].中国食用菌,2021.22(1):11－12.[3]罗信昌,陈士瑜.中国菇业大典[M].北京:清华大学出版社.2016
[4]韩省华.食用菌培育与利用(M).北京:中国林业出版社.2006
[5]边银丙等.食用菌栽培学[M].北京:高等教育出版社.2017
[6]黄晓辉等.食用菌轻简化栽培技术[M].北京:湖南科学技术出版社.2021

（张海峰）

第十四节　鸡　腿　菇

一、概述

（一）分类

鸡腿菇[*Coprinus comatus*(Muell. ex Fr.) Gray]又名毛头鬼伞、毛鬼伞、刺蘑菇、大鬼伞等,在真菌分类学中属真菌门,担子菌纲,无隔担子菌亚纲,伞菌目,鬼伞科,鬼伞属。一般发生于春夏秋雨后的田野、树林中,我国所有的省(自治区、直辖市)都报道有分布。

（二）营养与功效

鸡腿菇是联合国粮农组织和世界卫生组织确定的16种珍稀食用菌之一,鸡腿菇鲜嫩可口,营养丰富,据分析鸡腿菇鲜菇含水分92.9%,每100 g干菇中含有 25.4 g粗蛋白,3.3 g粗脂肪,58.8 g总糖,7.3 g粗纤维,12.5 g灰分,热量1 448 kJ;还含有常量元素镁191.47 mg,钾1 661.93 mg,钙106.7 mg,钠34.01 mg,磷634.17 mg;微量元素铁1 376 μg,锌92.2 μg,铜45.37 μg,钼0.67 μg,锰29.22 μg,钴0.67 μg。蛋白质中含有20种氨基酸,总量高达25.63%,其中8种人体必需的氨基酸的含量占总氨基酸含量的46.51％。另外,鸡腿菇还有一定的药用价值,其味甘性平,有益脾健胃、助消化、治疗痔疮、降血压、抗肿瘤等作用;含有治疗糖尿病的有效成分,食用后降低血糖浓度效果显著,对糖尿病人有很好的辅助疗效作用。

（三）栽培历史与现状

人工栽培鸡腿菇的历史并不长。德、英、捷克等国家在20世纪60年代开始对鸡腿菇进行驯化栽培,采用发酵堆肥法处理培养料,栽培获得了成功。目前,美、荷兰、德国、法国、意大利、日本等国已开始进行大规模商业化栽培。我国对鸡腿菇的驯化栽培研究始于20世纪80年代,是近年驯化成功的珍稀食用菌,商品化栽培生产从90年代初期开始,并作为珍稀食用菌类进行大面积栽培,在山东、江苏、浙江、上海等地已形成了一定生产规模。鸡腿菇生长周期短,生物转化率较高,易于栽培,售价高,近年来种植规模迅速扩大,但鸡腿菇子实体保鲜期较短。

二、生物学特性

(一)形态特征

菌丝体前期为白色或浅灰白色,绒毛状,气生菌丝发达(图4-14-1);生长后期经覆土,加粗成致密的线状菌丝,线状菌丝扭结后才能形成菇蕾。生长成熟的菌丝体在斜面培养基内分泌黑色素,形成黑色沉积。

鸡腿菇的子实体单生、群生或丛生,子实体较大。菇蕾期菌盖圆柱形,菌柄粗壮色白,形似鸡腿(图4-14-2)。后期菌盖呈钟形,高9~15 cm,最后平展。菌盖表面初期光滑,后期表皮裂开,成为平伏的鳞片,初期白色,中期淡锈色,后期渐加深;菌肉白色,薄。菌柄白色,圆柱形,中空,有丝状光泽,纤维质,长17~30 cm,粗1.0~2.5 cm,上细下粗,菌环乳白色,脆薄,易脱落。菌褶密集,与菌柄离生,宽5~10 mm,菌褶初期白色,随生长变为灰色至黑色,后与菌盖边缘一同溶为墨汁状。鸡腿菇的孢子印黑色,椭圆形,孢子光滑,(12.5~19.6)μm×(7.5~11)μm,有囊状体,囊状体无色,呈棒状,顶端钝圆,略带弯曲,稀疏。

图4-14-1 鸡腿菇菌落形态

图4-14-2 鸡腿菇子实体形态

(二)繁殖特性

鸡腿菇的孢子成熟后,弹射到周围。在适宜的环境条件下萌发,形成初生菌丝,初生菌丝为单核菌丝,菌丝较细弱,不能形成子实体。不同极性的单核菌丝经过融合,形成可结实性的双核菌丝,双核菌丝可形成较粗壮的线状菌丝,是成熟的双核菌丝,在适宜的条件下,扭结形成子实体。在子实体形成的同时,菌褶的子实层内形成新的担子,发育成熟为新的担孢子。担孢子弹射到周围空间,进入下一个循环。

(三)生长发育条件

1. 营养需求

鸡腿菇是一种适应能力极强的草腐土生菌,菌丝可广泛分解作物秸秆中的木质素、纤维素和半纤维素,转化为可吸收的葡萄糖、木糖、半乳糖、麦芽糖、甘露醇等用于自身生长发育。栽培时可利用玉米秸、玉米芯、豆秸、稻草等多种农作物秸秆作为碳源。鸡腿菇最好的氮源是蛋白胨和酵母粉。鸡腿菇与其他食用菌相比,能利用各种铵盐和硝态氮,但无机氮和尿素都不是最适氮源,栽培时多使用牛粪、鸡粪等作为氮源。培养料中缺少硫胺素时鸡腿菇生长受影响。在培养基中加入含有维生素 B_1 的天然基质,如玉米粉、麦麸、米糠等,可促进鸡腿菇菌丝的生长。鸡腿菇可以进行液体深层培养,在麦芽汁培养液中,每升可以产生 $25 \sim 28$ g 干菌丝体。在只含无菌水、磷酸盐和碳源的培养液中,鸡腿菇的菌丝也能生长。

2. 环境条件

(1)温度。菌丝生长的温度范围在 $5 \sim 35$ ℃,温度低时菌丝生长缓慢,呈细、稀、绒毛状;温度高时菌丝生长快,绒毛状气生菌丝发达,基内菌丝变稀;35 ℃以上时菌丝发生自溶现象,适宜的生长温度在 $22 \sim 28$ ℃。鸡腿菇菌丝的抗寒能力较强,冬季 -30 ℃土中的鸡腿菇菌丝依然可以安全越冬。子实体的形成需要低温刺激,当温度降到在 $9 \sim 20$ ℃ 时,鸡腿菇的菇蕾就会陆续破土而出,低于 8 ℃或高于 30 ℃,子实体均不易形成。在 $12 \sim 18$ ℃ 的范围之内,温度低,子实体发育慢,个头大,菌柄短而致密,子实体形似鸡腿,形状品质具佳,贮存期长,20 ℃以上菌柄易伸长、开伞。人工栽培中,温度在 $16 \sim 20$ ℃ 时子实体发生数量多,产量高。

(2)湿度。培养料的含水量以 $60\% \sim 65\%$ 为宜,覆土含水量为 $25\% \sim 30\%$,发菌期间空气相对湿度 $65\% \sim 70\%$,子实体生长发育期空气相对湿度应为 $85\% \sim 95\%$,低于 60% 菌盖表面鳞片反卷,湿度在 95% 以上时,菌盖易得斑点病。在管理中,要注意湿度的调节,防止因水分管理不当而造成损失。

(3)光照。菌丝的生长不需要光线,但菇蕾分化和发育阶段均需要一定的散射光。在光照刺激下,鸡腿菇出菇快、菇形好、品质佳、产量高。光照强度控制在 $100 \sim 800$ lx。光照过弱或过强都对鸡腿菇的生长发育不利,若光照长期低于 50 lx,会发生子实体畸形,甚至不出菇的现象;若光照长期高于 $1\,500$ lx,子实体会生长缓慢、干燥色黄、质地差、商品率低。

(4)空气。鸡腿菇是典型的好氧型腐生菌类,菌丝体生长和子实体发育都需要新鲜的空气。菌丝生长阶段可短时间忍耐高 CO_2 浓度,但充足的氧气可促进菌丝的生长。在菌丝成熟后,良好的通气条件下,子实体才会扭结形成。在菇房中栽培,出菇期间应保证每天通风换气 2 次。风不可直接吹子实体,否则会造成菌盖产生鳞片过多,降低商品性。

(5)酸碱度。菌丝在 pH 值 $4 \sim 10$ 的培养基中均能生长。鸡腿菇较喜中性偏碱的基质,培养料和覆土适宜的 pH 值为 $7.0 \sim 7.5$。

(6)覆土。子实体的形成需要覆土,没有经过覆土的鸡腿菇菌丝,即使已发育成熟也不会出菇。因此,覆土对于鸡腿菇栽培是一个关键环节,也是其发育形成子实体的一个重要条件之一。覆土选用富含有机质的肥沃田土,要有良好的透气性和持水性。

三、栽培技术

(一)栽培场所

鸡腿菇对生长条件的适应性较强,可利用闲置房、温室、大棚、地窖、防空洞及露地阳畦栽培均可,也可与其他大田作物、蔬菜或果树等进行间作。栽培场地要求干净、通风、远离污染源及畜禽舍等,并有一定的遮光设施,保证鸡腿菇正常生长发育。

(二)栽培季节

鸡腿菇多根据自然条件进行春、秋两季栽培。将子实体生长发育的时期安排在温度为 10~20 ℃的月份。在东北地区一般是在 4~6 月份和 8 月中旬到封冻前,若栽培场所有保温设施,可延后到 11 月末。如果采用加温温室、地窖、防空洞及冷房相配合,可以进行周年种植,一般可分为春秋季(3—5 月、8—11 月)在棚室内进行,夏季(6—8 月)在防空洞、冷房内栽培,冬季(11 月至次年 3 月)在加温温室、地窖等保温、加温设施完备的场所内栽培。冬季栽培选择低温品种,春、秋季栽培选择广温品种,夏季栽培则选用中高温品种。

(三)栽培模式

鸡腿菇可根据种植场所和各种条件,进行多种模式生产,可选用熟料、发酵料、生料栽培均可成功。其工艺流程如下:原材料选择 → 配料 → 栽培料处理(发酵料→发酵;熟料→灭菌;生料)→ 栽培模式(塑料袋栽,床式栽培,畦栽,与蔬菜、玉米间作等)→ 发菌 →覆土→ 出菇管理 → 采收 → 转潮管理。

1. 塑料袋栽培

(1)配料。选用新鲜、无霉变的玉米芯、豆秸、玉米秸等,粉碎成 2 cm 左右粒径,粗细搭配,便于培养料透气。使用前暴晒 2~3 d。

配方 1:玉米芯 85%,麦麸 10%,豆粉 1.5%,白灰 2%,石膏 1.5%。

配方 2:玉米芯 40%,杂木屑 40%,米糠 15%,豆粉 1.5%,白灰 2%,石膏 1.5%。

配方 3:豆秸 40%,玉米秸 50%,麦麸 7%,白灰 2%,石膏 1%。

配方 4:平菇废料 50%,玉米芯 30%,麦麸 15%,豆粉 1.5%,白灰 2%,石膏 1.5%。

配方 5:稻草 90%,麦麸 7%,白灰 2%,石膏 1%。

以上配方将料充分混匀,加水至培养料含水量为 60% 左右。对于难吸水的,如玉米芯、稻草等,要提前 1 d 先行预湿,再进行拌料。白灰、石膏可溶于水拌入,也可直接与其他料混合,但要防止结成湿块。拌后的培养料 pH 值 8 左右。

(2)建堆发酵。在平整的水泥地面、砖地或地面铺透气薄膜,将配好的培养料堆成宽 1.5~2 m,高 1.2~1.5 m 的圆堆或梯形长堆,表面稍拍实。用圆木或圆管每隔 1 m 向中间打洞,保证换气。上覆薄膜升温保湿(在冬季发料时,料中心应添加开水或用温水拌干牛粪加入更好,利于快速发酵),在距离顶部 30 cm 处垂直料面插入温度计,深为 10~20 cm。经过 3 d 左右,温度达到 55 ℃时,保持 24 h,进行第一次翻堆。先将最外层 10 cm 左右的不发酵层刮下放到一侧;然后把发酵层分为两部分:一部分铺为新堆堆底,把底部中间的无氧层与外侧不发酵层的料混匀放新推发酵层,把另一部分发酵层料散盖新堆外层,建堆再发酵。待温度到 60 ℃时,维持 24 h,进行第二次翻堆,方法同上。当料温开始下降,料色一致呈深褐色,有发酵香味,手握有弹性,含水量适中,发酵即结束,时间为 7 d 左右。

(3)装袋接种。待料温降到 30 ℃以下时接种,栽培种掰成杏核大小块状,集中放到消毒后的容器中备用。选用宽(20~25)cm×(45~55)cm 的聚乙烯筒袋,两端撒种,料内层播,按照料内撒种 2 层将菌袋扎出通气孔。接种时筒袋一端先用细线扎紧,撒一层种子,装一层料,如此重复 2 次,然后再撒一层种子覆满料面,并稍加按实,即可系线封口,接种后菌种位置必须与菌袋通气孔线位置一致,用种量一般为料重的 10%~15%,各层菌种使用比例为 30:20:20:30。装袋时培养料要充分搅拌均匀后再装袋;装袋用力均匀一致,手按有弹性,用手托挺直,防止过紧不透气或过松易散袋,影响出菇;散堆的料和准备的菌种要在短时间内接种完毕。

熟料袋制作:将发好的培养料装到 22 cm×54 cm 的聚乙烯栽培袋中,装袋后灭菌,100 ℃条件下维持3~4 h,待料温度降到30 ℃以下时,在无菌条件下,两端接种。

(4)堆垛发菌。将接种后的菌包移入养菌室内堆放,一般以3层为宜,品字形摆放,中间留有作业道,冬季培养时可增加到5层,利于升温,同时要具有增温、保温设施,主要是地表隔凉和上部覆膜保温。

发菌的管理:①保持温度,注意堆温变化。选择有代表性的点,插入温度计,观察堆温变化,温度以18~25 ℃为宜,高于30 ℃要及时散堆降温,加大通风量以防烧伤菌丝。低于18 ℃时要增温,以促进生长;②通风换气,养菌室每天通风两次,每次20 min左右,气温高时早晚通风,气温低时则在中午通风,防止温度高低变化剧烈;③湿度,养菌室的空气相对湿度为40%左右,不能过高或过低,干则菌袋易失水,影响产量,湿则易造成杂菌滋生而污染;④光照,鸡腿菇菌丝生长不需要光线,应用黑膜或苫布遮光,保证菌丝洁白生长;⑤通气补氧,袋栽鸡腿菇代谢量的增加,会造成袋内供氧量不足,而使菌丝生长受阻。装料前未刺孔的菌包,在两端吃料3 cm左右时,用2 cm左右的盘针刺孔增氧,也可将袋口绳松动负压增氧,保证正常氧气供应;⑥及时倒垛,菌袋培养7 d左右,根据垛温的变化,要进行倒垛一次,上下、里外互换,使袋温一致,以保证发菌均匀。在倒垛时要检查菌种吃料情况,发现污染袋要进行及时处理,严重的要拣出。

(5)出菇管理。经过25~30 d的培养,菌丝长满菌袋。在栽培棚室或其他栽培场所整地作畦,畦宽60~70 cm,深20~25 cm,长度根据实际确定,利于管理作业。将长满的菌袋脱袋后,摆放在栽培畦内,袋与袋之间间隔2~3 cm,用肥沃的田土填充缝隙。整床摆满填土后,灌一次大水,要灌透。水渗下后,上面覆一层经处理过的肥沃沙壤土,厚度2~3 cm,喷雾状水将覆土浇透,保持湿润,防止板结。

出菇管理:①控制温度,菌床覆土后,温度控制22~25 ℃,有利于菌丝生长。当菌丝布满畦床后,将温度降至18~22 ℃,刺激菌丝体扭结形成子实体。在温度较高时,也可采用喷水通风降温的方法来降低温度。出菇后,要维持恒温,保证子实体生长健壮;②湿度,床面覆土后到出菇前要增加空气湿度到70%左右,覆土含水量25%~28%,标准为覆土土粒无白心,手握成团,掂之即散,不黏手,这样有利于菌丝迅速深入土层。在出菇前要小水轻喷、勤喷,保持覆土湿润,经10~15 d后,床面子实体原基开始大量形成,要逐渐加大喷水量。空气相对湿度增加到90%~95%,空气相对湿度低,会造成子实体鳞片增多,菇体无光泽,组织松散质地轻,严重影响产量和质量。当一潮菇结束后,停水2~3 d,利于菌丝恢复生长。③通风换气,鸡腿菇的通风要以"稳"为主,不宜大通风。保证每次浇水后及时通风30~60 min,切忌浇关门水,通风在寒冷季节应先进行缓冲预热后,才能通入菇房,若通大风或冷风直吹会造成菇体畸形,菇体表面鳞片明显增多,乃至死亡。在高温季节,通风口处应设置湿帘通风,适当降低菇房温度。通风的总要求是既保证菇房内空气清新,又要防止温度、湿度在短时间内发生剧烈变化,使出菇环境处于相对稳定状态,有利于子实体的正常生长发育;④光照,散射光可保证鸡腿菇早出菇、多出菇,光照不足则造成出菇延迟。当菇体形成后,光照强度控制在100~300 lx,尽量减少菇房内的光照时间,有利于发育成雪白的菇体。

(6)采收。鸡腿菇在现蕾后7 d左右发育成熟,当子实体变白,菌柄伸长,菌环尚未松动脱落,菌盖未开伞前及时采收。如果采收不及时,菇体很快开伞,放出大量黑色孢子并自溶,完全失去商品价值。鸡腿菇每天要采收2~3次,确保适时采收。采收方法是用小刀从菇根基部切取,防止带覆土或培养料。采收后的子实体要及时进行保鲜或加工处理。采完每潮菇后,将床面清理干净,补土喷水,恢复菌丝生长,促进下潮菇现蕾。一般每潮菇间隔10~15 d,管理得当可采收4~6潮。

2. 床式栽培

床式栽培操作简单,用工少,即可用发酵料、也可用生料,栽培效果好。

(1)建栽培床。床式栽培多以地下棚室或库房为好,省工省力。建半地下或地下棚宽6~7 m,长50~100 m,高2.5~3.0 m;库房经消毒后可直接使用。在棚室内按照宽1.0~1.2 m,层高45~55 cm,长度不限,中间留60~80 cm作业道,设置床架,便于管理。

(2)播种培养。播种前先将栽培空间进行杀菌杀虫处理,在床上铺经消毒的塑料薄膜。将处理好的培养料铺入床面 5~7 cm,并稍加压实,播入总菌种量的 20%;再铺 5~7 cm 培养料,撒播 30% 的菌种;铺上其余的料,撒播碎菌种,稍压实,完成播种。料厚为 15~20 cm,用种量占料重的 15% 左右。播后盖塑料薄膜保湿,促进菌种萌发吃料。鸡腿菇床栽还可采用波浪式铺料播种,波峰高 22 cm,波谷 15 cm,也覆膜培养,可有效增加产量。

播种后维持栽培室温度 22~25 ℃,最高不超过 28 ℃。每天检查通风、换气,湿度维持在 70% 左右。室内要完全避光,保证菌丝健壮生长。经过 5~7 d,菌丝布满料面,每天掀膜增氧,促进菌丝生长。10 d 后可直接将薄膜支起,利于通气。也可用高密度的遮阳网覆盖表面,既保湿又保证菌丝生长对通气的要求。

(3)出菇管理。经过 20~30 d 的培养,菌丝发满培养料,进行揭膜覆土。

覆土后,栽培室的温度控制在 18~25 ℃,促进菌丝长入覆土层,促进现蕾。当覆土表面出现原基后,温度稳定在 18~22 ℃ 之间,利于菇蕾生长。早晚雾状喷水,空气相对湿度控制在 85%~95%,加强通风管理,每次喷水后要及时通风 20~30 min,地下室栽培的要进行强制通风,保证子实体生长发育所需的氧气。通风要避免急风吹床面,造成子实体受伤,应做好防护。床式栽培光照较弱,应根据实际情况适当补光,保证 300 lx 的散射光利于形成优质子实体,子实体形成后,尽量缩短光照时间,以保证子实体洁白。

图 4-14-3　鸡腿菇子实体形态

3. 生料畦栽

黑龙江地区多在早春进行生料畦栽,简单、易于操作。用玉米芯、玉米秸、稻草等加入发酵牛粪,玉米芯、秸秆等用水浸透后(24 h),加入发酵牛粪 15%~20%,白灰 3%,培养料含水量 60% 左右,拌匀后播到宽 1 m、深 20 cm、长度不限的半地下畦内,表面播一层菌种并稍加压实,盖上薄膜。膜上要进行遮阳,保持培养料温度在 15~25 ℃ 之间。经过 20 d 左右,菌丝长满培养料,即可搭遮阳棚,在培养料表面覆 2~3 cm 厚的田土,保持湿润。经过 15~20 d 菌丝长透覆土层,出现菇蕾,保持空气相对湿度 85%~95%,喷水以空间喷雾为主,喷后要及时通风。7~10 d 即可采收。

(四)病虫害防治

1. 病害

(1)叉状炭角菌。叉状炭角菌又叫总状炭角菌,在鸡腿菇栽培中最易发生的病害,是危害鸡腿菇较为严重的一种病原真菌,因其子实体酷似鸡爪,又被称为鸡爪菌。鸡腿菇在菌丝体生长阶段不感染鸡爪菌,一般在子实体生长到中、后期易发生该病。其菌丝与鸡腿菇争夺培养料及土层中的营养、水分和空气,强烈抑制鸡腿菇菌丝体及子实体的生长。大量发生时,使鸡腿菇菌丝变细、发暗、衰竭、消失,使菇蕾萎缩死亡,停止出菇,使培养料逐渐黑腐,从而导致毁灭性的失败。

防治措施:①适时播种,严格控制菇床温度在 25 ℃以下,避免产生高温、高湿、通风差的环境条件,高温高湿有利该菌丝生长蔓延。②严格处理培养料及覆土材料,用杀菌药、杀虫药及新鲜石灰粉处理,一般覆土加入 3% 石灰粉拌匀,栽培料中加入浓度在 0.2% 以下的多菌灵液,既不影响鸡腿菇菌丝的生长,又能够有效抑制总状炭角菌的生长。③一旦发现鸡爪菌子实体,应停止喷水。用塑料袋盖严子实体后将其小心拔出,并较大面积的去除患处周围的覆土及培养料,把清理出的污染料深埋于菇房远处,再用 1% 甲醛浇灌挖除部位,并填补新的无病虫害土壤。

(2)胡桃肉状菌。胡桃肉状菌又称假块菌、菜花病。该菌在覆土前后均可发生,但不污染鸡腿菇子实体。

防治措施:①床式栽培时要防止培养料过厚、过湿、偏酸,不给其创造有利条件。②覆土使用前用 2% ~ 3% 石灰粉拌匀,使其呈碱性。③用 0.2% 多菌灵或 0.1% 托布津拌土或用波尔多液喷洒床面。

2. 虫害

(1)螨类。螨类来源于稻草、禽畜粪便,喜欢温暖潮湿的环境,种类较多,繁殖极快。主要危害菌丝和子实体,虫口密度大时,鸡腿菇无法形成子实体。

防治措施:①使用前认真清理栽培场地杂物,并喷洒杀虫剂杀虫;②培养发酵温度达到 55 ℃时,料堆表面用 2 000 倍克螨特喷杀;③播种后 1 周左右,用深色塑料膜(害螨有趋黑性)盖在菌床表面,经 10 min 左右,再用放大镜观察薄膜贴住菌床一面,发现螨类立即用药杀或诱杀。用克螨特 500 倍液或洗衣粉 400 倍液等喷洒菇房及料面,连用 2 ~ 3 次,可彻底杀灭。

(2)菇蚊菇蝇。菇蚊菇蝇的成虫对鸡腿菇不直接造成危害,两者主要以幼虫危害鸡腿菇,取食菌丝和子实体,影响产量。

防治措施:①注意搞好菇房内外的环境卫生,防止菇蚊菇蝇就近繁殖;②菇房的门、窗通气孔等要用纱网封好,以防成虫飞入,菇房内过道上安装黑光灯盏;③培养料尽可能进行二次发酵,菇房和覆土必须进行药物熏蒸,以防菇蚊菇蝇卵、蛹、幼虫过早侵入菇床;④菇房内发现成虫应及时消灭,可悬挂敌敌畏棉球熏蒸,也可插粘虫黄板。

四、鸡腿菇盐渍加工

鸡腿菇成熟快,易开伞自溶,采收后除及时上市鲜销外,最常用的保存方法就是盐渍,工艺如下:

(1)采收、清洗、杀青。当鸡腿菇长至六七分熟时,即菌盖紧包菌柄、菌环未松动的菇蕾期采收,刮去菇脚泥沙,清洗干净。立即放入沸腾的 5% 盐水中,煮 7 ~ 10 min,以菇体中心熟透无白芯为止,捞出后迅速置入流水中冷却。杀青用铝锅或不锈钢锅,以免菇体色泽褐变。

(2)盐渍。将 40 kg 食盐用少量开水溶化于大缸中,缓慢冲入 100 kg 冷水溶化成饱和盐水。将杀青菇放入另一缸中,再将饱和盐水倒入菇缸直至淹没菇体,并以木、竹片压盖,以防菇体露出水面变色腐败。压盖后表面再撒一层盐护色,保证菇体洁白,盐溶化即再撒一层盐,直到饱和为止。

(3)转缸贮存。浓盐水腌泡 10 d 左右,捞出鸡腿菇转入另一缸中,重新灌注饱和盐水,压盖、撒盐护色。此法可保鲜鸡腿菇 2 ~ 3 个月。食用时把盐水菇放入清水中浸泡脱盐即可。

参 考 文 献

[1]黄年来.种珍稀美味食用菌栽培[M].北京:中国农业出版社,1997.

[2]张辉,丁亚通,党帅,等.中原地区鸡腿菇高效栽培技术[J].食用菌,2020,42(01):54－55.

[3]常博文,于洪久,钟鹏,等.北方大棚栽培鸡腿菇技术[J].食用菌,2018,40(02):67－68.

(马庆芳)

第十五节 金 针 菇

一、概述

(一)分类与分布

金针菇[*Flammulina filiformis*],又名毛柄金钱菌、金钱菌、朴蕈、冬菇、金菇、构菌等。金针菇的分类地位隶属于担子菌门,伞菌纲,伞菌亚纲,伞菌目,膨瑚菌科(图4-15-1)。野生金针菇广泛分布于中国、日本、澳大利亚,欧洲、北美洲。

图4-15-1 野生金针菇子实体(张鹏 拍摄)

(二)营养与功效

金针菇菇柄脆嫩,菇盖滑爽,口味鲜美,是一种美味食品,又是很好的保健食品。据测定,每100 g菇中含蛋白质2.72 g、脂肪0.13 g、糖类5.45 g、粗纤维达1.77 g、铁0.2 mg、钙0.097 mg、磷1.48 mg、钠0.22 mg、镁0.31 mg、钾3.7 mg、维生素B_1 0.29 mg、维生素B_2 0.21 mg、维生素C 2.27 mg。金针菇的氨基酸含量非常丰富,每100 g干菇中所含氨基酸的总量达20.9 g,其中人体所需的8种氨基酸为氨基酸总量的44.5%,高于一般菇类,尤其是赖氨酸和精氨酸的含量特别高,分别达1.02 g和1.23 g。赖氨酸具有促进儿童智力发育的功能,故金针菇被称为"增智菇"。金针菇中的纤维素具有降低胆固醇的作用,同时还能预防和治疗肝脏疾病及胃肠道溃疡。金针菇还是一种钾含量高、钠含量低的健康食品,适合于肥胖者及中老年人等心血管存在隐患的人群食用。此外,金针菇中还含有一种名为"朴菇素"的碱性蛋白,具有增强免疫力、抗癌的作用。

(三)栽培历史与现状

金针菇是我国最早进行人工栽培的食用菌之一,有关的栽培记载最早见于我国唐代。我国栽培金针菇的历史悠久,但真正发展成商品化生产是从20世纪80年代开始,并经历了3次重大技术革新,金针菇生产获得跨越式发展,栽培品种从黄色品系发展到白色品系、栽培容器由塑料袋发展到塑料瓶、栽培方式由农法栽培发展到工厂化栽培(图4-15-2)。

图 4 – 15 – 2　人工栽培金针菇子实体

二、生物学特性

（一）形态与结构

金针菇子实体按色泽可分为黄色品系和白色品系两种，形态特征略有差异。黄色品系野生金针菇子实体丛生，菌盖直径 2～15 cm，幼时球形至半球形，逐渐展开后扁平。淡黄色，中央淡茶黄色、光滑，表面有胶质黏液，湿时具黏性，盖先内卷后略成波状。菌肉近白色，中央厚、边缘薄。菌褶白色或淡奶油色，延生，稍密集，有褶缘囊状体和侧囊体，（33～66）μm×（8.5～22.0）μm。菌柄硬直，长 2～13 cm，直径 2～8 mm，上下等粗或上部稍细，成熟时，菌柄上部分色较浅，近白色或黄色，下半部褐色至暗褐色，且密被黄褐色至暗褐色的短线毛，初期菌柄内部髓心充实，后期变中空。人工塑料袋栽培的黄色金针菇菌盖直径 1.0～2.5 cm，金黄色或淡黄白色，稍内卷。菌柄长 15～20 cm，上半部白色，下半部金黄色，后期易呈淡褐色，直径 2～5 mm，硬直、脆嫩，外观比野生金针菇漂亮。孢子印白色。担孢子在显微镜下无色，表面光滑，椭圆形或卵形，大小为（5～7）μm×（3～4）μm，内含 1～2 个油球。粉孢子无色，表面光滑，大多呈圆柱形（近短杆状）或卵圆形，大小为（3～9）μm×（2～4）μm，少数粉孢子近圆形，在菌丝分枝处形成的粉孢子呈丫形。菌丝白色，分枝多，有锁状联合。在琼脂培养基上菌落细绒状，菌丝爬壁。培养后期，菌落中间常现黄色斑迹，在试管培养基上极易形成黄色子实体。白色金针菇是黄色金针菇的变异体。白色金针菇的菌盖、菌柄为纯白色，子实体见光不变色。菌盖厚、内卷，菌柄较软、不脆，基部绒毛少或无。其他特征与黄色品系基本相同。金针菇子实体颜色受一对等位基因控制，黄色为显性基因，白色为隐性基因。

（二）生活史

金针菇属四极性的异宗结合菌，其生活史分为有性世代和无性世代。

1. 有性世代

有性世代产生担孢子，每个担子产生 4 个担孢子，有 4 种交配型（AB、ab、Ab、aB）。性别不同的单核菌丝之间进行结合，产生质配，形成每个细胞有两个细胞核的双核菌丝。双核菌丝经过一个阶段的发育之后，发生扭结，形成原基，并发育成子实体。子实体成熟时，菌褶上形成无数的担子，在担子中进行核配。双倍核经过减数分裂，每个担子尖端着生 4 个担孢子。金针菇单核菌丝也会形成单核子实体，与双核菌丝形成的子实体相比，子实体小而且发育不良，没有食用价值。

2. 无性世代

金针菇在无性阶段产生大量单核或双核的粉孢子。粉孢子在适宜的条件下，萌发成单核菌丝或双核菌丝，并按双核菌丝的发育方式继续生长发育，直到形成担孢子为止。金针菇的菌丝还可以断裂成节孢子,节孢子按上述方式继续完成它的生活史。

(三)生长发育条件

金针菇生长发育所需要的营养物质有碳源、氮源、无机盐和维生素四大类。

1. 营养

(1)碳源。碳源是金针菇生长发育最重要的营养来源,它不仅是合成菌体细胞必不可少的原料,而且是生命活动的能量来源。金针菇是木腐菌,它能利用原料中的纤维素、木质素、半纤维素、糖类等化合物作为碳源,生产中所应用的碳源多半是如木屑、玉米芯、棉籽壳、甘蔗渣以及酒糟、醋糟等工农业生产下脚料,木屑应采用阔叶树的木屑,不同树种的木屑对金针菇的产量有明显的影响。

(2)氮源。氮源对金针菇菌丝体和子实体的生长发育有很大的影响。根据测定,金针菇培养料的C/N 以 20∶1~40∶1 均可,以 30∶1 为适宜。C/N 过高,菌丝生长快,出菇早,但菇较少,质量差。C/N 过低,菌丝生长浓密,但出菇推迟,菇数少,同样影响产质量。金针菇菌丝可以利用多种氮源,以有机氮最好,如蛋白胨、酵母粉和酵母膏。金针菇菌丝也能利用无机氮中的态氮,如铵盐、硝酸盐等。在实际生产中,主要采用麦麸、米糠、玉米粉、豆粉和各种饼粕(豆饼、棉籽饼、菜籽饼等)为氮源。

(3)无机盐。无机盐类是金针菇生长发育不可缺少的营养物质,在调节金针菇生长活动方面起着很大作用。其主要功能是参与细胞结构的组成,作为酶活性基团的组成部分,调节氧化还原电位和酶的作用,调节培养基的透压和 ph 等。无机盐分为常量元素和微量元素两大类。在金针菇生长发育中需要一定量的无机盐类,其中以磷、钾、镁最为重要,镁或磷酸根离子对金针菇的菌丝生长有促进作用。特别对于粉孢子多、菌丝稀的品系,添镁、磷酸根离子后,菌丝生长旺盛,速度增快,对子实体分化也有效果。磷酸根离子是子实体分化不可缺少的物质。在生产中常添加硫酸镁、磷酸二氢钾或碳酸钙等作为主要的无机营养。除此之外,各种微量元素,如铁、锌、锰、铜、钴、钙等也需要,但用量极微,普通用水中的含量已足够满足金针菇生长发育的需要。

(4)生长素。金针菇需要维生素和核酸之类的物质。金针菇在维生素 B_1、维生素 B_2 丰富的培养基上,菌丝生长速度快,粉孢子数量减少。在培养料中添加 B 族维生素含量较多的米糠、麦麸,可以解决金针菇所需的维生素 B_1、维生素 B_2。

2. 温度

金针菇属于低温结实性菇类,其孢子在 15~25 ℃时大量形成并萌发成菌丝,但以 24 ℃最为适宜。金针菇的菌丝在 5~34 ℃范围内均能生长,但以 20~22 ℃为宜。实验证明,金针菇菌丝耐低温能力强,在 -21 ℃经 138 d 后仍能存活,但金针菇菌丝耐高温能力弱,在 32 ℃时菌丝虽能萌动,但不吃料,35 ℃时菌丝死亡。所以,在自然条件下培养菌丝必须注意室内温度,温度偏高时金针菇的菌丝生长不旺盛,而且容易形成粉孢子。金针菇子实体形成所需温度为 5~21 ℃,子实体生长的适宜温度为 5~12 ℃,在 5~9 ℃下子实体生长健壮,出菇整齐,质量最佳。通常温度高,子实体生长快,产量低,质量差。

3. 水分

水分是金针菇菌丝和子实体生长不可缺少的条件,一切营养物质必须溶于水才能通过原生质膜渗透到细胞内。同时体内代谢的废物也只有溶于水才能排除。菌丝分泌的各种酶,也只有溶于水中才能分解纤维素、蛋白质等营养物质,供吸收利用,但金针菇在不同的发育阶段所需要的水分亦不相同。菌丝生长阶段,培养基含水量以 63%~65% 为宜,含水量过高,培养基内通气性差,菌丝生长缓慢、细弱。菌丝生长阶段,空气相对湿度以 65%~70% 为宜。金针菇子实体生长阶段要求较高的空气相对度,菇房的空气相对湿度应控制在 85%~99%,生产者需根据金针菇子实体不同生长发育阶段的特点,调控菇房的空气相对湿度,如催蕾期,保持较高的菇房空气相对湿度有利于原基分化,而子实体生长期,菇房空气相对湿度过高会造成水菇,降低产品的商品价值。

4. 光照

金针菇菌丝生长不需要光照。金针菇原基形成和子实体生长阶段菇房需要弱光。有实验证明,在弱光下原基形成的数目要比在全部黑暗条件下多,但是光照太强子实体的颜色变深,菌盖容易开伞,菌柄短且基部绒毛多。

5. 空气

金针菇属于好气性菌类,在生长发育的各个阶段必须要有足够的氧气供给才能正常生长。菌丝生长期要注意培养室的通风换气,培养架上的菌袋(瓶)要经常调换位置或菌袋(瓶)之间留有定的间距,以保持空气流通、新鲜,使菌丝生长健壮。

6. 酸碱度(ph 值)

金针菇需要微酸性的培养基,ph 值在 3.0～8.4 范围内,菌丝均可生长,适宜的 ph 值为 4.0～7.0。子实体只能在 ph 值 4.0～7.2 形成,在 ph 值 5.0～6.0 子实体产生最多、最快。一般情况下,采用自然 ph 值即可。

二、栽培技术

金针菇栽培有自然季节室内栽培和工厂化瓶装栽培这两种栽培模式。

(一)自然季节室内栽培技术

1. 场地与设施

(1)栽培场地的选择。栽培场地建设要求不积水、近水源、方便管理,清洁卫生无杂菌、无虫害、无污染,远离畜舍。

(2)栽培设施。①标准菇房:标准菇房一般长 10 m、宽 6～8 m、高 5 m,有效栽培面积 150 m² 左右上装置 1 排拔风筒,位于走道上方。上窗略低于屋,地窗高出地面 10 cm,窗宽 40 cm、高 45 cm,门与走道同宽,设置两道南北对开的门。②塑料大棚:塑料大棚根据其形状及框架结构可分为拱形塑料大棚、斜坡式塑料大棚。拱形塑料大棚骨架多采用钢管、塑料、竹木、水泥预制品等。一般宽 6 m、长 20～30 m、中间高 2.0～2.5 m,上边用薄膜罩起,并用压膜线和草帘盖好;斜坡式塑料大棚三面砌墙,后墙高 2.0～2.5 m,每隔 1 m 留 1 个通风口,两头山墙自后往前逐渐降低,并贴后墙留宽 0.8 m、高 1.7 m 的门,棚宽 3～4 m,长 20～30 m,骨架多采用竹木或水泥预制品,上面用塑料薄膜覆盖并用绳压,再覆盖草帘遮阳。

2. 原料与配方

凡是富含纤维素和半纤维素的农副产品下脚料都可以用来栽培金针菇,如玉米芯、木屑等。米糠、麦麸、玉米面等都是很好的氮源。

配方 1:木屑 78%、麦麸(米糠)20%、糖 1%、石膏粉 1%;

配方 2:玉米芯 40%、木屑 30%、玉米面 13%、石膏 1%、蔗糖 1%;

配方 3:稻壳 30%、木屑 48%、石膏 1%、蔗糖 1%。

上述培养基含水量 61%～62%,ph 值 6～7。

3. 料包制备

(1)拌料。木屑在拌料前一定要先过筛,去掉尖利的木片和杂物,以防刺破塑料袋。按照配方的要求比例,准确称量。

(2)装袋。金针菇袋式栽培多选择规格为(17～19) cm×(33～40) cm、厚 0.005～0.006 cm 的透明聚丙烯塑料袋或聚乙烯塑料袋。透明塑料袋容易检查菌丝生长过程中是否污染杂菌,便于及时处理。栽培袋要求韧度强,不易破碎,厚薄均匀。

（3）灭菌。高压灭菌 121 ℃需维持 2～3 h；常用灭菌 100 ℃左右需维持 12～18 h，根据灭菌量的多少适当延长或缩短灭菌时间。

（4）接种。料袋冷却至 25 ℃以下，在接种室内操作。接种关键是严格按照无菌操作规程进行，接种技术要正确熟练，动作要轻、快、准，以减少操作过程中杂菌污染的概率。一般 1 袋（瓶）原种可接 60～80 个栽培袋。

4. 发菌管理

栽培袋移至养菌室内，培养室要求黑暗、干燥、通风，温度控制在 18～22 ℃，空气相对湿度保持在 40%左右。在培养过程中，经常逐袋检查，防止杂菌污染，一旦发现有杂菌污染，及时剔除并集中处理污染的菌袋，防止扩散蔓延。

5. 出菇管理

当菌丝长至满袋、料面菌丝较厚呈雪白色时，即可出菇。

（1）搔菌法出菇。①搔菌：去掉棉塞，把菌袋上端完全撑开，拉直，然后向下翻折，用工具轻轻刮去基质上的气生菌丝和老菌种块，搔菌工具使用前要在酒精灯下消毒。②催蕾：催蕾时出菇室内最适温度 13～14 ℃，空气相对湿度控制在 90%～95%，氧气要充足，12 d 左右即可有菇蕾形成。③抑制管理：抑制阶段，出菇室内温度控制在 10～12 ℃，空气相对湿度控制在 80%～90%，弱光，减少通风量，积累一定浓度的 CO_2，以抑制金针菇的菌盖生长、促进菌柄伸长，形成菌盖小、球形或半球形且菌柄细长的商品菇。④子实体生长发育管理：当菌柄长到 5 cm 时，及时把卷下的塑料袋上端往上拉高，拉高后的塑料袋口必须高于子实体 5 cm 左右。一般情况下，袋口分 2 次拉高，即当子实体长至 10～12 cm，再拉直袋口。子实体发育阶段，出菇室温度保持在 4～16 ℃，空气相对湿度保持在 75%～80%，采收前，极微弱的光照即可满足其要求。⑤二潮菇管理：把第一潮菇采收后的培养基表面残柄拔除，上面覆盖保湿物或把塑料袋口合拢并向下翻卷，加强通风，让菌丝恢复。第二潮菇的管理方法与第一潮菇的管理方法基本相同，因培养基水分以及减少，特别要注意补水。

（2）再生法出菇。①催蕾：先在栽培袋的套环和培养基表面空间内形成原基，菌丝长好后，将出菇室温度控制在 13～14 ℃，给予弱光照和通风，直接诱导原基分化。当鱼子般菇蕾布满料面时，将棉塞、套环拔除，打开袋口，把塑料袋口向外折起卷至离料面 2～3 cm 处，开袋后加强通风，使菇柄逐渐失水枯萎变深黄色或浅褐色，然后再从干枯的菌柄上形成新的菇蕾丛。枯萎的方法有以下几种：一是在原来的培养室内进行栽培的，把翻折后的栽培袋直接置于培养架的顶层；二是在室内放置旋转式电风扇，采用机械吹风的方法加快菌柄枯萎速度；三是放在通风较好的房间，把门窗打开，让之形成对流，逐渐使其枯萎。开袋后，机械吹风或风量大的地方枯萎速度快，1～2 d 后，原有的纤细菇柄就干枯变色，但要注意风量不可太大，针尖菇若剧烈枯萎，容易枯死，再生效果差。最好是微风吹干，一般 2～4 d 就能逐渐枯萎。要注意这个阶段栽培房内的空气相对湿度不可太高，若超过 90%，仅仅针尖菇的尖端部分萎缩，一旦停止吹风，又开始继续恢复生长，无法提高产量。原基枯萎的空气相对湿度以 75%～80%为宜。适宜枯萎程度的简单判断方法是：菌柄没有完全发软，用手触摸菌柄，有轻微的硬实感即可。②子实体生长发育管理：当子实体长到 1 cm 左右时，要适当降温、降湿和加强通风，使子实体受抑制，延缓生长，以利出菇整齐，成批采收。子实体伸长期将温度控制在 8～14 ℃。菇房每天要喷水保湿，使空气相对湿度保持在 85%～90%。用一定的光照可诱导菌柄向光伸长，同时减少房内空气的流通，提高栽培房的 CO_2 浓度，使菇房二氧化碳含量在 0.4%～0.5%之间，可获得菌盖小、菌柄细长的金针菇。③二潮菇管理：采收完第一潮后，除去培养基表面的老菌种块和残柄，将塑料袋薄膜上端重新套入塑料环及塞进棉花，再继续培养，直至原基发生，子实体管理方法同第一潮菇相同。

6. 采收加工

（1）采收。金针菇子实体长到 15～16 cm，菌盖内卷呈半球形，直径 1～1.5 cm 时，应当及时采收。

不及时采收,只要再留 2~3 d,金针菇的菌盖就会展开,而且菌柄将会长到 20 cm 以上。过分成熟的金针菇,菌柄纤维质化,加工和鲜售的品质下降。如果在幼菇尚未成熟时采收,产量低。采收方法:一手握住菌袋,一手握住菇丛轻轻拔下,将其平整地放在塑料筐内,防止装量过多而压碎菇体。刚采收的鲜菇应放在光线较暗、温度较低的地方,以防继续生长。

(2)后期管理。金针菇一般可以采收 3~4 潮菇。每次采收后,结合清理料面可再进行搔菌,除去老菌块和其他杂质,将料面清理平整,升温至 17 ℃~18 ℃,使菌丝休养生息。第 1 潮菇出菇结束后,料袋大量失水,可进行补水,并补充营养。

(3)加工。①保鲜贮藏:将采下的鲜菇在 20 ℃下放置 12 h,再以 1 ℃冷空气处理 14 h,然后用塑料点密封包装,冷库低温贮藏。②干制:烘烤时起始温度不能太高,一般在 35 ℃左右,调升温度不能过急,幅度不能过。③罐头加工:工艺流程是原料菇的验收与修整→分级→装罐→加汤汁→预封→排气封罐→杀菌冷却→检验→包装。④盐渍:主要工艺流程是原料验收→漂洗→护色→预煮杀青→分级→盐渍→装桶→检验。

7. 病虫害防治

(1)木霉。症状:培养料受木霉污染后,初期菌落白色,菌丝稀疏纤细,随后呈灰白色绒状,分生孢子大量形成后,菌落变为绿色粉状。由于孢子数量不断增多,老熟菌落转为深绿色,范围逐渐扩大,抑制食用菌菌丝生长,危害十分严重。

发病条件:木霉主要靠分生孢子在空气中飘浮扩散,一旦孢子沉降到培养料上,就很快发为菌丝,形成菌落。制种或栽培过程中,由于操作不严,管理不善或菇房消毒不彻底等,都会使孢子有机可入,造成污染。孢子易在酸性未萌发的菌块或栽培块以及潮湿培养料上形成菌落,通风不良、偏酸性的环境下,危害尤为严重。

防治措施:做好接种室、菌种培养室及菇房的清洁卫生工作,并及时严格消毒;培养基、培养料、接种工具要彻底灭菌,保证不带杂菌;制作菌种时一定要严格按照无菌操作进行;控制好培养条件,如温度、湿度、通气量及 ph 值;培养料装好袋后,检查袋体有无破损,在菌种培养过程中,经常认真检查,发现受污染菌种及时剔除;菌袋局部发病,及时喷洒 1:500 倍的苯来特液,防治效果良好,喷洒石灰水也有一定的防治作用。

(2)毛霉。症状:毛霉菌丝初期白色,后灰白色至黑色,具有较强分解蛋白质的能力,生长和蔓延速度极快,如条件合适 3~4 d 就可占领整个料面,毛霉菌丝体每日可延伸 3 cm 左右,生产速度明显高于元蘑菌丝,影响菌丝生长和发育,严重时不出菇。受毛霉污染的培养料,初期生长出灰白色粗稀疏的菌丝,后期菌丝表面产生许多圆形黑色小颗粒体,导致料面不能出菇。

发病条件:毛霉是好湿性真菌,生活在各种有机物上,孢子成熟后随气流传播,温度高和空气湿度大时,毛霉迅速生长。培养料霉菌不彻底、接种室(箱)消毒灭菌不彻底、不按无菌操作规程接种、栽培袋棉塞受潮或培养室空气相对湿度过大均可造成毛霉污染。

防治措施:培养料新鲜,并适当减少淀粉辅料的比例,含水量要适宜。培养基消毒灭菌应彻底。少量污染时,应及时剔除,并撒上石灰与多菌灵混合粉,以免复发;或开具喷施波尔多液或代森锌抑制和杀灭,使其不得扩散蔓延。

(二)工厂化瓶装栽培技术

1. 场地与设施

(1)栽培设施。金针菇工厂化生产需要保温、保湿的房屋设施。其结构常见有砖木或钢结构,聚氨酯保温板。按照生产工艺,将生产厂房分隔为搅拌室、装瓶操作室、杀菌室、冷却室、培养室、搔菌室、生育室、包装室、挖瓶室、冷库等。每个功能室需严格按照工艺流程进行布局,布局方式因地制宜。每个功能室的面积需根据生产规模而确定。①搅拌室:搅拌室主要用于放置搅拌机和送料带。培养料搅拌会引起大量粉尘,需与其他房间隔离,并安装除尘装置,避免污染环境。②装瓶操作室:放置装瓶机、杀菌锅、手推车、栽培瓶等。操作室是装瓶、杀菌的主要工作场所,要求有较宽的面积和良好的通风环境。③冷却室:杀菌完毕后培养料在冷却室冷却,冷却室除安装制冷设备外,要求有空气净化设备,避免再污染。房屋结构要密闭性好,在进风口安装空气净化系统,室内安装紫外杀菌灯等。④接种室:接种室是放置接种机、进行接种的场所,要求室内空气绝对洁净。接种室进风口要安装空气净化系统,室内需安装控温系统、紫外灯、自净器(图3)。⑤培养室:接种完毕,菌种置于培养室内发菌培养。菌种培养期间需要适宜的温度、氧气和湿度菌丝生长会产生大量呼吸热和二氧化碳,培养室内需安装制冷设备、加湿器及通、排风等设备,为免污染,提高菌种成品率,进风口还需安装空气净化系统。⑥搔菌室:放置搔菌机,是进行搔菌作业的场所,要求有一定的宽敞空间,便于操作。⑦栽培室:金针菇子实体形成、生长的房间。要搭置床架,床架层数通常5~6层,依据生育室层高而定,并装备调温、调湿、通排风及光照装置。⑧挖瓶室:放置挖瓶机,将采收后瓶内的废料挖出的作业场所。挖瓶室需远离堆物及仓库,避免废料中的杂菌污染原材料。⑨包装室:产品采收后,在包装室内计量包装。为保证产品的洁净,包装室地面需洁净,减少灰尘。⑩保鲜冷库:产品包装后立即放入冷库保藏,以延长产品的货架期。冷库的温度常控制在3~4 ℃。

(2)机械设备。金针菇工厂化生产各个工艺阶段需要不同的生产设备,而生产设备的配备应根据生产规模而定。①搅拌机及送料带:搅拌机用于拌匀、拌湿培养料,采用低速内置螺旋形飞轮的专用搅拌机。搅拌同时需加水,搅拌机上方需排布水管。②装瓶机:将培养料均匀一致地装入塑料瓶内,并压实料面,打上接种孔,盖好瓶盖,装瓶机有振动式与垂直柱式两种。③灭菌锅:灭菌锅有高压灭菌锅与常压灭菌锅,工厂化生产大多选用高压灭菌锅。④自动接种机:灭菌结束待培养料冷却后,用自动接种机接种。⑤搔菌机:菌丝长满塑料瓶后,搔菌机自动去除瓶盖,搔去表面2~5 mm的料面,然后注水,金针菇用平搔刀刃。⑥加湿器:培养室、生育室需要安装加湿器,用雾化状水汽加湿。⑦挖瓶机:采收完毕,挖瓶机自动将培养料挖出。⑧包装机:根据产品包装要求,选择包装机型。⑨栽培容器:金针菇工厂化栽培容器常用850~1 400 mL的聚丙烯塑料瓶,耐高温、高压、无毒、透明。瓶盖密封,且有合适的通气孔,并备有专用的塑料筐。塑料有放置12瓶、16瓶等规格。

2. 原料与配方

配方1:玉米芯57%、米糠20%、麸皮20%、玉米粉2%、轻钙1%。

配方2:玉米芯70%、木屑20%、麦麸8%、石膏1%、蔗糖1%。

上述配方含水量63%~65%,ph值为6~7。

3. 栽培瓶制备

(1)培养料配制。工厂化生产的培养料要求干燥、新鲜、无霉变、无虫害,要达到一定大小,颗粒均匀。配料时要按照配方,科学配比。

(2)装瓶。由装瓶机组自动装料,装料松紧度均匀一致。

(3)灭菌。高压灭菌温度和时间为121 ℃,2.0~2.5 h。

(4)接种。培养料冷却至25 ℃以下方可接种。接种可分为固体菌种接种和液体菌种接种。

4. 发菌管理

接好种后移入培养室发菌培养,发菌时最适温度为20~22 ℃,相对空气湿度控制在60%~70%,通过室内通风换气等方法,控制室内的温度、O_2 和 CO_2 含量(图4-15-3)。发菌期间注意查菌,发现杂菌污染应及时处理。

5. 出菇管理

(1)搔菌和催蕾。当栽培瓶长满菌丝后进行搔菌操作。即除去栽培瓶盖,用专用搔菌机自动将瓶

图 4 - 15 - 3　金针菇工厂化瓶栽培发菌管理

口老菌块去掉,同时除去瓶口散落的栽培料,并补加无菌水 5 ~ 10 mL。搔菌后直接进入催蕾室进行催蕾,空气相对湿度保持在 90% 。

(2)抑制培养。抑制培养在栽培室内完成,温度一般保持在 6 ~ 8 ℃,空气相对湿度一般保持 82% ~ 86% ,并进行适当的通风。

(3)子实体生长发育管理。当金针菇菌柄高出栽培瓶 1 cm 时,将室温调到 6 ~ 8 ℃,空气相对湿度控制在 80% ~ 85% ,加强通风,并进行适当的光照处理,光照强度在 50 lx 左右。当子实体高出栽培瓶 3 ~ 4 cm 时,要及时进行套筒操作。

6. 采收加工

(1)采收。当菌柄生长至 14 ~ 16 cm、菌盖在 0.5 cm 左右时子实体即可采收。在采收前,需要调节培养室内的空气湿度来增加子实体的质量和保鲜期。一般通过加大通风的方式,使培养室空气相对湿度保持在 70% ~ 80% 。

(2)加工。①保鲜:工厂化金针菇以鲜菇风味最佳。采收后的子实体,根据市场要求,按照不同等级分别放置,把菌柄根部和培养料相连的部分去掉,然后进行保鲜(图 4 - 15 - 4)。保鲜分为低温保鲜、冷冻保鲜和真空包装保鲜。目前鲜金针菇销售中最有效的方法是真空包装保鲜,即把鲜金针菇按一定的重量装入塑料袋,在真空封口机中抽真空,以减少袋内氧气,隔绝金针菇与外界的其他交换,这样控制了呼吸率从而降低了代谢水平。②罐头:工艺流程为原料验收→护色装运→漂洗→预煮→冷却→修整、分级→装罐、注汁→排气密封→杀菌→冷却→质量检验→包装、贮存。③多糖饮料:工艺流程为金针菇原料→打浆→提取→离心→浓缩→醇沉→真空冷冻干燥→溶解→复配→均质→脱气→杀菌→灌装→成品。④保健酒:工艺流程为原料→清洗→破碎→静置澄清→调整成分→前发酵→后发酵→贮藏管理→配制→过滤→树脂交换→杀菌→封装→成品。⑤即食香辣金针菇:工艺流程为原料选择→清洗→加工→硬化→烫漂→脱水→调配→真空包装→杀菌→冷却→成品。

7. 病虫害防治

(1)绵腐病。症状:最初在瓶口料面的幼小原基上,覆盖一层白色浓密的菌丝团,色泽明显较金针菇菌丝更白,且菌丝团不断增大,并逐渐连成片,导致幼蕾无法正常生长。在金针菇子实体生长期危害时,一般在菌柄基部着生白色浓密的菌丝团,并逐渐扩大,形成一层似霜的茸毛层,使子实体停止生长,严重时造成菌柄软腐倒伏。

发病条件:菇房卫生极差,空气相对湿度高于 90% ,环境消毒不彻底,人为活动频繁。

防治措施:保持菇房良好的卫生状况,注意维护通风设备,更新空气过滤设备;出菇期尽量减少人为

图 4 - 15 - 4　金针菇保鲜包装

活动,避免菇房空气湿度高于90%;当出现病害时,及时清除发病的栽培瓶,防止再次传播;采收结束后,对菇房进清洗和干燥。

(2)腐烂病。症状:金针菇原基期、幼菇期和成熟期均可发病,病害症状主要出现在菌柄上。一般在搔菌时,病原物染栽培种的培养料,使料面变褐色;后期在幼蕾表面出现褐色水渍状病斑,菌柄感病后呈水渍状,松软,褐色,停止生长,成团腐烂,最后菌盖亦变褐色水渍状。

发病条件:在搔菌时,病原物侵染培养料表面的菌丝。培养料含水偏多,特别是搔菌时料面补水过多,或者菇房顶部有冷凝水在栽培瓶中,导致局部湿度偏高,瓶口处积水,容易引发此病发生。

防治措施:搔菌前对栽培瓶逐个进行检查,剔除易感病的栽培瓶;对搔菌时和搔菌及进行消毒,保持搔菌工具及环境卫生,使用清洁水对瓶口冲洗;控制菇房湿度,防治冷凝水形成,及时清除发病的栽培瓶。

(3)黑斑病。症状:发病初期,菌盖上出现零星的针状小斑点,后逐渐扩大,略成椭圆形,褐色逐渐加深,水渍状,有黏液及少许臭味,仅侵染菌盖表层。

发病条件:通过喷水和人工操作传播,栽培环境在温度15 ℃以上、空气相对湿度90%以上,且通风不良时,病害发生严重。尤其是在黄色金针菇套袋出菇期,扎口太紧,菌盖表面水分不易蒸发,子实体表面形成一层水膜时,发病极为严重,常造成重大损失。

防治措施:出菇期菇房温度应控制在15 ℃以下,适当加大通风量;出菇期进行套袋时,应避免闸口太紧,以便袋口通风及降低经表面湿度。

(4)软腐病。症状:发病初期,金针菇基部呈深褐色水渍状斑点,后逐渐扩大变软腐烂,菇柄内部变色,沿着菇柄继续向上扩展,最后可使成菇柄倒伏腐烂,并在其上产生一层白色絮状分生孢子丛。

发病条件:在温度较高、通风不良的情况下极易发生。

防治措施:使出菇期避开18 ℃以上;搞好菇房及环境清洁卫生,杜绝污染源;局部发病时,立即停水,加强通风,降低湿度。

参 考 文 献

[1]边银丙.食用菌病毒鉴别与防控[M].郑州:中原农民出版社,2016.

[2]杜连启.新型食用菌食品加工技术与配方[M].北京:中国纺织出版社,2018.

[3]黄年来,林志彬,陈国良,等.中国食药用菌学:中册[M].上海:上海科学技术文献出版社,2010.

[4]郝涤非,许俊齐.食用菌栽培与加工技术[M].北京:中国轻工业出版社,2019.

[5]黄毅.食用菌工厂化栽培实践[M].福州:海峡出版发行集团,福建科学技术出版社,2014.

[6]刘建华,张志军.食用菌保鲜与加工实用新技术[M].北京:中国农业出版社,农村读物出版社,2006.

[7]刘志强.金针菇袋栽技术[J].现代农业科技,2021,(01):93-94.

[8]彭洋洋,何焕清,江涛,等.金针菇工厂化瓶栽培工艺流程与管理要点[J].特种经济植物,2019(12):29-32.

[9]巫优良,陈小平,毛小伟,等.工厂化瓶栽金针菇的配方试验[J].食药用菌,2018,26(1):52-53.

[10]王贺祥,刘庆洪.食用菌采收与加工[M].北京:中国农业出版社,2012:21.

[11]袁书钦,周建方,杭海龙.金针菇栽培技术图说[M].郑州:河南科学技术出版社,2014.

[12]赵鑫闻,冯连荣,张妍,等.野生金针菇栽培料的选择试验[J].山东林业科技,2019(04):49-50.

（刘姿彤）

第十六节 灵　　芝

一、概述

灵芝是我国医药宝库中的珍品,在古代被誉为"仙草",古代医学家认为:灵芝具有扶正固本、气味清芳、饮之明目、脑清、心静、肾坚、益心气、安惊魂、补肝益气、坚筋骨、好颜色等功效,久服可延年益寿。赤芝是灵芝中药效较好的种类之一,目前世界上已知约有200种灵芝,世界各地均有分布,以热带及亚热带地区较多。国内主要分布于我国黑龙江、吉林、辽宁、河北、山西、山东、江苏、浙江、福建、云南等地。

（一）分类

灵芝的种类较多,根据形态和颜色,可分为赤芝、黑芝、青芝、白芝、黄芝和紫芝6种,其中赤芝和紫芝为常见栽培药用品种。

赤芝即通常所称的灵芝,学名为 *Ganoderma lucidum*(Leyss. Fr)Kars,又名丹芝,按照 Ainsworth 等人在1973年提出的分类系统,赤芝属于真菌界(Kingdom Fungi)、担子菌门(Basidiomycota)、层菌纲、多孔菌目、灵芝科(Ganodermataceae)、灵芝属(*Ganoderma* P. Karst.)。

（二）营养与功效

灵芝作为一种中药材,在我国有着极高的声誉。其最早被收录于《中国药典》中。《本草纲目》中记载,性温,气味苦平,无毒。灵芝在实际应用的过程中,具有明目,补肝气;祛心腹五邪,益脾气;主治咳逆上气,益肺气,通利口鼻。而在我国最早的医学古籍《黄帝内经》中记载,灵芝入五经,补益五脏之气,调六脏之阴阳,正气存内,邪不可干。从现阶段我国的研究情况来看,灵芝在实际应用的过程中在癌症、脑溢血、心脏病等疾病治疗中有着较为显著的治疗效果。灵芝也由于自身的药效,越来越受到人们的关注。随着时代发展,科技不断进步,灵芝养殖也成为可能。可以预期,灵芝在未来的发展中能够更多地被应用于普通民众生活中,也能发挥其更大的效益。

(三)栽培历史

我国灵芝药用已经有3 000多年的历史,20世纪50年代中国科学院微生物研究所首次成功种植栽培灵芝,逐渐实现了灵芝规模化生产,近年来,灵芝的开发利用越来越受到人们的重视,消费量迅速增长。人工栽培灵芝的规模越来越大,出现了多样化栽培技术、模式和原料。现阶段成熟的栽培方式有短段木熟料栽培和代料栽培。

国外关于灵芝的栽培养育研究主要集中在日本和韩国,而我国所用人工种植的灵芝栽培菌株,最早也是从韩国与日本引进。日本最早是在1987年进行灵芝栽培种植技术的研究,并在用空调进行温度调控的环境下,获得袋栽和瓶栽研究成果。而从我国灵芝种植技术发展实际情况来看,我国灵芝种植技术在20世纪80年代左右开始发展,主要是进行段木灵芝栽培技术研究。随着时代的发展,我国在发展过程中,灵芝栽培技术也在不断地进行改进与完善。从玻璃瓶小量栽种发展到短段木熟料栽种,而在这个过程中,灵芝的产量以及栽种周期得到了较为明显的改善。我国人工栽种灵芝所选用的原材料,也由原有的单一原木逐渐的转向棉籽壳、杂木屑等方向。

(四)发展现状与前景

灵芝是一种药食同源的中药材,药用价值丰富,具有保肝解毒、抗衰老、美容、抗过敏、抗肿瘤、保护血管损伤等作用。在近两年的新冠疫情抗疫中发挥了重要作用。吴清平院士说它是天然活性药物宝藏。目前,灵芝孢子粉、灵芝孢子油等新生灵芝产品已经开始部分应用于临床研究。市场开拓潜力巨大。灵芝除了具有较高的医疗价值外,灵芝的食用、观赏性价值也越来越引起人们的重视。选择灵芝子实体形态好的菌株作为灵芝菌种,通过子实体活体嫁接、黏结等手段,展现出良好的造型,并赋予吉祥如意的名字,从而达到观赏效果。集观赏、食用和绿化为一体的灵芝,其特定型新品种、新型基质、栽培技术等方面的研发是未来灵芝的主要研究方向。

二、生物学特性

(一)形态特征

赤芝(图4-16-1),菌伞肾形,半圆形或近圆形,表面红褐色,有漆样光泽,木栓质,宽5.0~15.0 cm,厚0.8~1.0 cm,红褐色并有油漆光泽,菌盖上具有环状棱纹和辐射状皱纹,边缘薄,往往内卷。菌肉深褐色菌柄表面光滑,与菌伞同色或较深。

图4-16-1 灵芝子实体

(二)繁殖特性

灵芝的一生从孢子萌发开始,经过单核初级阶段、双核次级阶段和三生菌丝特化阶段,双核菌丝扭结形成子实体,子实体成熟后,产生新一代的担子和担孢子,从而又开始新的发育周期,这一过程就是灵芝的生活史。

当成熟的担孢子遇到适宜的温、湿度、营养及空气等条件时,孢子萌发形成单核菌丝,单核菌丝之间发生质配形成双核菌丝,双核菌丝洁白粗壮,生长迅速,分解木质素、纤维素能力强,当双核菌丝生长到一定时期,积累了足够养分,达到生理成熟后,一遇适宜的条件,菌丝开始分化,在菌丝体表面开始出现纽结,结成一团表面光滑的白色或乳黄色的突起,即为灵芝的原基,原基逐渐膨胀伸高,先长出菌柄,进一步分化出菌盖,成为子实体。

灵芝从原基的形成到子实体的生长先是白色的菌肉不断生长,随后渐变硬,颜色由白变黄,由浅到深,最后呈深紫红色,表面光亮。灵芝在发育阶段,只要长出菌柄,出现菌管时,就能产生孢子,直到子实体生长成熟而干枯时才停止,灵芝整个生长周期需要 50~60 d。

(三)生长发育条件

灵芝是高温型恒温结实性真菌,其菌丝体和子实体生长发育,主要和基质营养和生长的环境条件有关。

1. 营养

灵芝是一种寄生于栎树和其他阔叶树根部的多孔菌科灵芝,是以死亡倒木为生的木腐性真菌,对木质素、纤维素、半纤维素等复杂的有机物质具有较强的分解和吸收能力,主要依靠灵芝本身含有许多酶类,如纤维素酶、半纤维素酶、糖酶、氧化酶等,能把复杂的有机物质分解为自身可以吸收利用的简单营养物质。灵芝生长所需的营养主要为碳源和氮源,矿质元素和维生素等。在灵芝的栽培中一般利用木屑、棉籽壳、稻麦草、蔗渣、甘薯渣、玉米芯等农林下脚料为原料,经降解后作为碳源;利用玉米粉、米糠、麦麸、豆饼、花生饼、菜籽饼以及尿素等作为有机氮源。

2. 温度

温度与灵芝的生长发育关系密切。在灵芝生长发育适宜温度范围内,随着温度的升高,生长速度加快,但超过适宜温度范围后,无论是高温还是低温其生长发育速度都会降低或者停止。灵芝子实体形成和发育阶段所需的适宜温度范围与菌丝体生长阶段的适宜温度范围相比,狭窄得多。

灵芝属于高温型菌类。灵芝菌丝生长的温度范围为 3~40 ℃,最适温度 25~28 ℃,10 ℃以下或36 ℃以上菌丝生长极为缓慢,30 ℃以上菌丝细弱,抗逆性降低。子实体在 18~30 ℃之间均能分化(因菌株特性而异),其中以 26~28 ℃时分化最快,发育最好,灵芝子实体形成的最低温度为 17 ℃,温度低于 24 ℃,菌盖虽厚但产量较低。充分利用灵芝对温度的需求特性,在栽培灵芝过程中,合理调节外界温度,可实现优质高产;菌种保藏在 4~6 ℃环境下,让菌丝处于停滞生长状态但又不至于死亡,从而达到保藏目的。

3. 光线

灵芝在菌丝体生长阶段,不需光照,黑暗环境有利于菌丝细胞的分裂和伸展。灵芝子实体对光源很敏感,黑暗的环境不利于原基的形成和菌盖分化。在子实体生长阶段,需要充足的散射光照,但要避免阳光长时间直射,短时间的直射光照无太大影响。

据有关文献,光照强度在 20~100 lx 范围内,只形成类似菌柄的突起物而不分化出菌盖;在 3 000~1 000 lx 范围内,菌柄细长、菌盖瘦小;菌柄和菌盖生长最佳的光照强度为 3 000~6 000 lx。

灵芝子实体具有很强的向光性。因此,在栽培过程中,一旦原基分化后就不能随便改变光源方向或者任意挪动栽培袋的位置,否则易形成畸形芝,影响商品质量。

4. 水分和湿度

灵芝的菌丝生长期间,要求培养料的含水量为60%～65%。菌丝体培养期间,空气相对湿度保持40%左右。在子实体生长发育阶段,要求空气相对湿度在80%～95%,可通过人为喷水浇水措施加以控制。空气相对湿度低于80%,对子实体生长发育不利,会造成减产,但长期处于高湿度状态,会滋生杂菌和害虫。

5. 氧气和二氧化碳

灵芝属于好气性真菌。在菌丝生长阶段,菌丝对二氧化碳有一定的忍耐能力,良好的通气条件会加速菌丝的旺盛生长。当菌丝长满培养料后,必须有充足的氧气,子实体才能形成。在子实体生长阶段,若通气不良,往往只长菌柄不长菌盖,要想使菌盖正常发育,出芝场地要经常保持空气清新。

三、栽培技术

目前,灵芝的人工栽培主要有段木栽培(图4-16-2)和代料栽培(图4-16-3)两种方式。

图4-16-2 灵芝短段木栽培

图4-16-3 灵芝代料栽培

（一）段木栽培技术

采用适生树种截成段栽培灵芝的方法称段木栽培。常见的有长段木生料栽培,短段木生料栽培、短段木熟料栽培以及枝丫材栽培等。熟料栽培比生料栽培工序复杂、耗能大、技术要求严格,但熟料栽培具有发菌速度快,菌丝在椴木内分布面积广,营养积累多,生产周期短,生产较稳定且优质高产。

黑龙江省段木栽培主要以短段木熟料栽培为主,结合当地自然条件,一般每年的 12 月至第二年 2 月采伐原木,1 月至 3 月进行制作料段、养菌,5 月中上旬入棚排段,6 月至 10 月出芝管理,10 月开始采收。

灵芝段木栽培的生产工艺流程如下:

木材准备→截断、劈桦、捆段→装袋→灭菌→接种→菌丝培养→入棚排段→出芝管理→采收干制

1. 栽培场地与设施

(1)料包生产设施。料包生产设施主要包括截断机、劈桦机、捆段机、装袋机、高压灭菌柜、冷却室、接种室、发菌室等。具备料包生产所需要的各种设备和环控条件,且布局合理。料段生产场地内水质、大气、土壤环境等应符合食用菌生产要求。

(2)栽培场地。选择地势平坦、排灌方便、远离生活污染源的沙壤土地建造大棚。场地内水质、大气、土壤环境等应符合食用菌生产要求。

(3)菇棚要求。以彩钢或砖混结构为宜,大棚要求长 25~30 m,宽 7~10 m,高 1.8~2.0 m,大棚外覆食用菌大棚专用的塑料棚膜和遮阳网,棚内按照大棚走向建宽 2 m,高 3~5 cm 的畦床,畦床间距 60 cm。

2. 原木准备

灵芝段木人工栽培木材选用新鲜、干燥、无霉变的桑、柞、桦、杨等阔叶树木、枝丫材或抚育剩余物;采伐时期为冬季树木睡眠期,即 12 月至第二年 2 月。采伐时选择树木直径 10~20 cm 为最佳。

3. 料包制备

(1)截断、劈桦、捆段。将树木剔去枝丫、削平,接种前 5~7 d 截成 14~18 cm 长的木段。人工或利用劈桦机将直径超过 10 cm 的木段从截面劈成均匀桦,木段浸泡预湿 24~36 h,含水量达到 55%~60%。利用捆段机将劈好的木段捆扎成直径 30cm 的圆形木段,木段树皮朝外。

(2)装袋。捆好的圆形木段装入(35~45)cm×(35~45)cm 相应规格的低压聚乙烯折角袋内,沿塑料袋上部封口。装段后料袋高度在 18±2 cm,用绳子沿塑料袋上部封口。

(3)灭菌。采用常压分段灭菌,6 小时内使锅内温度迅速达到 100 ℃,温度保持 14~20 h,停火后再焖 3~5 h;自然冷却至 40~50 ℃时出锅。

(4)冷却。将灭菌后的木段迅速运至接种场所自然冷却至 28 ℃以下。

(5)接种。接种场所应选择密闭、整洁,便于通风和消杀的场所或使用移动式接种帐,用杀菌剂熏蒸或臭氧消毒器消毒灭菌 30~45 min。接种人员换上干净的衣服、鞋子、口罩和手套进入接种室,按照无菌操作规程接种。接种时 2 个人配合接种,一个人解一端,一个人放入菌种,并将菌种铺平菌袋表面,解开料袋的人再捆扎好料袋,每端接种量为 50~100 g。

4. 发菌管理

(1)菌丝培养。控制发菌室温度为 22~26 ℃、空气相对湿度为 35%~45%、黑暗条件培养约 30 d;培养 15 d 后开始通风,逐渐加大通风量,早晚各通风一次,每次通风 1 h。

(2)后熟培养。菌段表面长满菌丝继续培养 15~20 d,培养室温度控制在 20 ℃±2 ℃,给予一定的散射光照,袋内菌丝的颜色由白色转为淡黄色,菌丝体达到生理成熟。

5. 出菇管理

(1)入棚排段。将后熟后的菌段移至大棚内,去掉塑料袋,摆放在畦床上,菌段间距 20 cm。填土过菌段 2 cm,稍压平实,浇水使土壤含水量达 60% 左右,再覆盖一层 1 cm 的沙土。

（2）催芽管理。覆土后，让菌丝恢复 3～5 d,然后每天要向空中、棚膜、地面少喷勤喷雾状水 3～5 次,喷水后通风 10～20 min。保持空气相对湿度 75%～80%,土壤湿度为 55%～60%。给予一定的散射光照,适宜温度为 18～26 ℃。

（3）出芝管理。原基出现后,保持棚内空气相对湿度 85%～90%,土壤湿度为 55%～60%,每天早晚通风 0.5～1 h,给予一定的散射光照,适宜温度在 26～30 ℃。

6. 采收贮藏

（1）采收。子实体生长至周围不再有浅黄色生长点即可采收,采收时一只手握住菌袋,一只手轻轻将灵芝旋转拧下,清理表面残留的培养基,放置在容器内。

（2）干制。晒干:将灵芝一侧向上晾至半干,然后翻另一面向上晾干;烘干:采用机械烘干,在烘房内温度 35 ℃左右时,摆放好灵芝,然后从 35 ℃开始每 4 个小时升温 5 ℃,逐步升温至 60 ℃,保持温度烘干至含水量≤13%。

（3）包装。产品干制后及时装入塑料袋密封,避免吸潮。塑料包装应符合 GB4806.6 的规定。

（4）贮藏。干品应放在避光、阴凉干燥处贮存或者在冷库内贮存,不得与有毒、有害物质混放,注意防霉、防虫。

（二）代料栽培技术

以木屑、农作物秸秆等农林下脚料配制的培养料代替木材培养灵芝子实体的方法称为灵芝代料栽培。在黑龙江省,灵芝代料栽培与段木栽培的料包生产的时间和栽培季节相同,1 月至 3 月进行制作料包、养菌,5 月中上旬入棚排段,6 月至 10 月出芝管理,10 月份采收。灵芝代料栽培的生产工艺流程如下:

培养料制备→装袋→灭菌→冷却→接种→菌丝培养→入棚排段→出芝管理→采收。

1. 栽培场地与设施

料包生产设施主要包括拌料机、装袋机、高压灭菌柜、冷却室、接种室、发菌室等。具备料包生产所需要的各种设备和环控条件,且布局合理。料段生产场地内水质、大气、土壤环境等应符合食用菌生产要求。

灵芝代料栽培的场地选择、菇棚要求与段木栽培的相同。

2. 栽培原料与配方

灵芝代料栽培主料可选用新鲜、干燥、无霉变的（桑、柞、桦、柳等）阔叶木屑,辅料可选用麸皮、玉米粉、米糠、豆粉、磷酸二氢钾、碳酸钙等。培养料一般控制含水量为 55%～60%,pH 值为 6～7。常用的培养基配方为:

配方 1:木屑 78%、麦麸 20%、石灰 1%、石膏粉 1%。

配方 2:木屑 73%、玉米粉 5%、麦麸 20%、石灰 1%、石膏粉 1%。

配方 3:硬杂木屑 86.5%、豆粉 2%、麦麸 10%、石灰 0.5%、石膏 1%。

配方 4:木屑 86.5%、稻糠 10.0%、豆面 1.5%、石膏 1.0%、石灰 1.0%。

配方 5:木屑 78%、稻糠 10%、麸皮 10%、石膏 1%、石灰 1%。

配方 6:玉米芯 30%、硬杂木屑 48%、稻糠 20%、石灰 1%、石膏 1%。

配方 7:木屑 47.5%、玉米芯 40.0%、稻糠（麦麸）10%、石灰 0.5%、石膏 1.0%。

3. 料包制备

（1）拌料与装袋。按照生产配方称取原辅料,将各种干料按比例混合均匀,白糖加入水中溶化后,与水同时加入混匀的干料中,充分混匀。手测含水量在 55%～60% 之间为宜,堆闷 6～8 h 后装袋,中间翻堆一次,松紧度要适中、均匀,17 cm×33 cm 的菌袋,每袋装湿料 1.1～1.2 kg,料袋高 20 cm 左右,袋口余 6～7 cm 时停装,压平袋内料面,用无棉体盖或扎口绳封袋口。松紧度以手拿料面无指印、不松动,袋面光滑、无皱褶为标准。

（2）灭菌、冷却。灭菌彻底与否是栽培灵芝成败的关键。装好袋要及时灭菌,一般灭菌方式为常压灭菌和高压灭菌。

高压灭菌:将培养料袋放入高压蒸汽灭菌锅中,调节压力为 1.2 ~ 1.5 kg/cm²,126 ℃,灭菌 120 ~ 150 min;

常压灭菌:将培养料瓶放入蒸汽灭菌锅中,用旺火升温至 1.1 kg/cm²,100 ℃,持续灭菌 8 ~ 10 h,再利用灶内余热闷 2 h。

灭菌完毕后,锅内温度自然冷却至 60 ℃以下时出锅。出锅后将料袋迅速运至接种场所自然冷却。

（3）接种。接种场所应选择密闭、整洁,便于通风和消杀的场所或使用移动式接种帐,当料袋冷却至 28 ℃时,按照无菌操作规程接种。

4. 发菌管理

（1）菌丝培养。控制发菌室温度为 22 ~ 26 ℃、空气相对湿度为 35% ~ 45%、黑暗条件培养约 30 d;培养 15 d 后开始通风,逐渐加大通风量,早晚各通风一次,每次通风 1 h,保持室内空气新鲜、干燥。

（2）后熟培养。菌段表面长满菌丝继续培养 15 ~ 20 d,培养室温度控制在 20 ± 2 ℃,空气相对湿度控制在 35% ~ 45% 之间。

5. 出芝管理

灵芝代料栽培出芝方式有很多种,包括墙式出芝、半脱袋墙式覆土出芝、畦床半脱袋覆土赤芝、畦床全脱袋覆土出芝等,生产中通常采用墙式出芝和畦床全脱袋覆土出芝这两种方式。

（1）入棚排段。将后熟后的菌段移至大棚内,选择合适的出芝方式进行排放菌段。排场 10 ~ 15 d 后,菌丝恢复变壮后,开始割口、催蕾。

（2）催芽管理。开口后,让菌丝恢复 2 ~ 3 d,然后每天要向空中、棚膜、地面少喷勤喷雾状水 3 ~ 5 次,喷水后通风 10 ~ 20 min。保持空气相对湿度 75% ~ 80%,土壤湿度为 55% ~ 60%。给予一定的散射光照,适宜温度为 18 ~ 26 ℃。

（3）出芝管理。原基出现后,保持棚内空气相对湿度 85% ~ 90%,土壤湿度为 55% ~ 60%,每天早晚通风 0.5 ~ 1.0 h,给予一定的散射光照,适宜温度在 26 ~ 30 ℃。

6. 采收贮藏

当菌盖的周边白色生长点消失时,菌盖已停止生长,但仍继续加厚,直至袋肩上有褐色粉状物出现（灵芝孢子）,即可采收。

采收、干制、包装、贮藏方法同灵芝短段木栽培。

（三）盆景活体嫁接技术

活体嫁接灵芝观赏盆景（图 4 - 16 - 4）,即灵芝在生长期间适时采用人工嫁接而成。活体灵芝盆景以其独特经典的艺术造型和深邃的艺术内涵,已经成为装点高档居室、馈赠、收藏的时尚佳品,因此,生产活体灵芝盆景具有极高的经济效益和社会效益。

盆景活体嫁接（图 4 - 16 - 5）是在灵芝生产栽培基础上进行嫁接而成观赏灵芝,因此灵芝盆景栽培的场地、生产设施、菇棚要求、栽培原料与配方及料包制作方法与灵芝代料栽培的相同。具体内容参照灵芝代料栽培。

1. 栽培季节

菌包合袋宜在 4 月下旬至 5 月上旬,活体嫁接宜在 5 月下旬至 6 月上旬进行。

2. 合包

将长满菌丝的料袋打碎重新组合,装入大号的塑料袋中,装置料高约 45 cm 左右时,双手拎起合好

图 4 - 16 - 4　活体嫁接盆景

图 4 - 16 - 5　活体嫁接

的菌包在钉板上上下蹲放 10 次,用细绳封口。一般 8 ~ 10 个菌包可合成一个 40 cm × 60 cm 的料袋,继续发菌培养 20 d 左右。

3. 出芝管理

(1)入棚排段。将合包后的菌包移至大棚内,立放在畦床上,菌包间距 20 cm,行间距 60 ~ 80 cm,便于嫁接操作。

(2)催芽管理。将合包后的料袋朝上一端的塑料包装袋全部打开,然后用皮筋轻轻固定住袋口,控制料袋温度 18 ~ 22 ℃、空气相对湿度为 80% ~ 85%,给予一定的散射光照,7 ~ 10 d 芝蕾形成。

（3）出芝管理。当芝蕾直径长至 3 cm 时,增加喷水次数,保持空气相对湿度 85% ~90%,料袋温度在 22 ~28 ℃,给予一定的散射光照。

4. 嫁接技术

（1）环境条件。要求在散射光照条件下,保持空气相对湿度 80% ~90%,料袋温度 22 ~28 ℃,少量通风。

（2）砧木选择。选择无病虫害、生长点鲜嫩、菌柄粗壮、生长旺盛,与接穗具有较强亲和力菌株的芝蕾作为砧木。

（3）接穗准备。在需疏蕾的菌筒上选粗壮、未分化菌盖的鹿角状芝蕾作为接穗,接穗宜现取现用,存放时间不宜超过 1 天。

（4）嫁接方法。用消过毒的刀片在砧木表面割去表层,削成 V 型,V 型深 1 ~2 cm,再将接穗的菌脚削成 V 型,插于嫁接点 V 型处,使其完全吻合,可用牙签固定。等到两天后牙签固定的伤口愈合上把牙签取下来,继续嫁接第三层、第四层、第五层,方法同第二层,盆景嫁接的层数可根据培养基的大小来衡量,一般 25 kg 的培养基料嫁接 4 层、30 kg 5 层、50 kg 6 层。

（5）嫁接后管理。嫁接结束后,温、光、水、气按照出芝期管理条件进行管理,7 d 左右子实体开始分化叶片,这个时期如果有不协调或有瑕疵的地方可以修补。

5. 采收

达到理想株型时或者灵芝子实体全部开伞,子实体边缘黄色生长带消失时,应及时采收。

6. 盆景标本制作

（1）清洗。用清水将残留在灵芝子实体表面上的孢子粉冲洗干净,用软毛刷把缝隙里的孢子粉刷掉。

（2）干制。清洗后的灵芝盆景在烘箱内烘干(从 35 ℃开始每 4 个小时升温 5 ℃,逐步升温至 60 ℃,保持温度至烘干)或在阳光下晒干,晾晒时室外温度宜为 22 ~28 ℃,光线不宜太强。

（3）蒸色。晾晒后的灵芝盆景置于蒸汽房内,蒸至灵芝盆景子实体表面颜色变为自然的红色,100 ℃的水蒸气蒸 7 ~8 min。

（4）艺术加工。根据灵芝盆景的形状,进行打磨、修饰、加工等工艺处理,用泡沫、塑料、石膏等作为填充物,装入陶瓷盆内,以石子、假山、小桥等作为装饰,再根据灵芝形态、寓意命名,形成一件精美的艺术品。

（四）孢子粉收集

灵芝孢子粉是灵芝生长成熟期从菌盖弹射出来极其细小的孢子,为灵芝的生殖细胞。由于灵芝孢子粉极其细小,会随着空气流动而漫天飞舞,因此收集孢子粉就显得尤为重要了。在长期的实践中,人们根据实践经验发明了三种主要的灵芝孢子粉收集方法。

1. 地膜法

在灵芝栽培后,每行灵芝中间排放双层条状地膜,接受降落的孢子粉。在采收灵芝子实体时,用软毛刷把菌盖表面孢子粉刷入桶内,然后采收孢子粉,采收时只收取地膜粉,下层孢子粉弃之不用。该方法的优点是灵芝整体生长环境操作方便,成本低;缺点是收集的孢子粉中会含有一些沙土,孢子粉纯度不高。

2. 套袋采集法

在灵芝将要成熟时,在灵芝将要成熟时,在灵芝菌柄基部套上 0.02 mm 的超薄乙烯袋,袋底扎紧,袋口朝上,按灵芝的大小在袋内套上硬纸筒,高 15 cm,直径 3 ~15 cm,筒口上盖上一纸板,防止孢子粉逃逸。套袋采粉要注意通风,防止霉变,采粉期棚膜两头始终散开。套袋务虚适时,做到子实体成熟一个套一个,分期分批进行。若套袋过早,菌盖生长圈尚未消失,以后继续生长与袋壁粘在一起或向袋外生长,造成局部菌管分化困难影响产孢,若套袋过迟则孢子释放后随气流飘失,影响产量。该方法的优点是收集的孢子粉纯度极高,缺点是成本高。

3. 风机吸附法

灵芝孢子的比重较轻,用风机收集,200~300 m² 的出芝棚使用两台孢子收集器。当灵芝孢子开始释放时,将两台孢子收集器背对着放置在出芝棚中间,距地面 1~1.5 m 高,一般在晴天早晨 4~8 h、下午 5~8 h 时以及阴天全天打开电源收集灵芝孢子粉。该方法的优点是操作便利,缺点是收集的孢子粉中会混有一些灰尘。

(五)病虫害防治

1. 病虫害防治原则

以"预防为主、综合防治"方针,优先采用农业防治、物理防治、生物防治,配合科学、合理的化学防治。应符合 GB4285 和 GB8321 标准要求。

2. 主要病害防治

病害防治主要是做好温、光、水、气的调控工作,控温降湿,增加光照和通风。绿色木霉、褐霉病防治可用甲基托布津或多菌灵喷洒。

3. 主要虫害防治

物理防控:搞好菇房内外的环境卫生,做好培养料的杀虫灭菌工作。利用防虫网进行防虫或采用食盐水喷雾驱除。食诱防控:利用诱虫灯进行诱杀或者采用砷酸钙、砷酸铝进行诱杀。化学防控:可选用高效低毒的拟除虫菊酯类农药进行防治。

参 考 文 献

[1]陈璐.不同栽培基质和生长期的灵芝药效品质特异性研究[D].成都:四川农业大学,2008.

[2]黄年来,林志彬,陈国良,等.中国食药用菌学[M].上海:上海科学技术文献出版社,2010.

[3]黄小琴.灵芝优良菌株筛选及多糖免疫活性与血芝液体发酵条件研究[D].成都:四川农业大学,2006.

[4]柯斌榕,吴小平.中国部分灵芝产区种质资源调查及杂交育种研究[C].年灵芝产品研究与开发学术研讨会. 2013.

[5]刘平.不同灵芝栽培品种遗传特性研究及灵芝多糖高产菌株的筛选[D].成都:四川农业大学,2013.

[6]罗信昌,陈士瑜,等.中国菇业大典[M].北京:清华大学出版社,2010.

[7]李玉,李康辉,杨祝良,等.中国大型菌物资源图鉴[M].郑州:中原农民出版社,2015.

[8]史俊青.不同来源灵芝子实体特性以及不同灵芝菌种的生长特征差异的研究[D].北京:北京协和医学院,2011.

(王金贺)

第十七节 裂 褶 菌

一、概述

(一)分类与分布

裂褶菌(*Schizophyllum commne* Fr.),又名鸡毛菌(湖北)、鸡冠菌(湖南)、树花(陕西)、天花蕈(云南)、小柴菰(福建)、八担柴(通称)、白蕈、白参等,隶属于真菌界(Mycota),真菌门(Eumycota),担子菌纲(Basidiomycetes),伞菌目(Agaricales),裂褶菌科(Schizophyllaceae),裂褶菌属(*Schizophyllum*)。该属已经发现的共有3个种。裂褶菌广泛分布于世界各地,我国主要分布在云南、黑龙江、吉林、陕西、山西、山东、江苏、内蒙古、安徽、浙江、湖南等地。裂褶菌是典型的木腐菌,野生裂褶菌常见于阔叶树及针叶树的腐木、树桩和枯枝上(见图4-17-1)。现已进行人工栽培。

图4-17-1 野生裂褶菌(引自于中国真菌学杂志)

(二)营养与功效

裂褶菌具有丰富的营养价值和药用价值,幼嫩子实体质嫩味美,香味浓郁,鲜美爽口,既可以单独炒食,又可以作为各种食物的佐料使用。有记载裂褶菌性平,味甘,微寒,无毒。具有清肝明目、滋补强壮、镇静的作用,对小儿盗汗、妇科疾病、神经衰弱、头昏耳鸣等症疗效明显。

1995年,Aletor测定裂褶菌子实体蛋白质含量为27%,1998年Longvah报道裂褶菌子实体蛋白质含量为16%;2015年我国学者郝瑞芳测定为7.8%,2017年,云南农业大学食用菌研究所分别对两个栽培品种和一个野生菌株进行了营养成分分析,其中两个栽培品种的蛋白质含量分别为24.9%、17.7%,野生菌株为12.2%;结果还表明裂褶菌含有丰富的矿质元素,磷、钾、锰、铜、钙、锌、铁等,裂褶菌含有17种氨基酸,总量为14.28%,其中以谷氨酸含量最高,达11.2 mg/g,占总氨基酸含量的14.99%,因此高含量的谷氨酸是裂褶菌味道鲜美的来源。

裂褶菌中含有多种活性成分,如裂褶菌多糖、裂褶菌素、凝集素、麦角甾醇、苹果酸等,深层发酵时产生大量的有机酸和促生长素吲哚乙酸。被广泛应用于食品、生物化学及医药卫生领域。其中裂褶菌多糖是裂褶菌主要活性成分之一,裂褶菌子实体、菌丝体及发酵液中均含有裂褶菌胞外多糖,是以主链为β-(1-3)连接,支链β-(1-6)连接的β-葡聚糖。根据日本小松信彦教授的药理实验表明,裂褶菌多糖为免疫活性多糖,能提高细胞的免疫功能,促进免疫球蛋白的形成,刺激单核吞噬细胞系统的活性,增强巨噬细胞的吞噬和消化功能,增进迟发型皮肤变态反应,对荷瘤鼠的巨噬细胞移动有抑制作用。刘伟峰等人通过动物实验表明,裂褶菌发酵胞内多糖具有祛痰作用,可应用到临床医学研究上。陈莹等人以衰老小鼠为对象,研究裂褶菌胞外多糖对各项生理指标的影响,结果表明:裂褶菌多糖可有效恢复衰老小鼠的学习记忆能力;提高其血清、肝和脑中 SOD 活性,减少 MDA 在体内积累,抑制脑中 MAO 活性,降低肝、脑细胞线粒体 DNA 相对含量。为其开发抗衰老药物提供了一定的理论依据。张琪等研究裂褶菌多糖的保湿成分,结果表明其能作为护肤保湿产品添加物,其保湿能力较常见的保湿剂成分燕麦 β-葡聚糖强,可以开发作为日用化妆品中的保湿剂成分(张金霞等 2020)。

裂褶菌能产生多种酶,如培养液中含有酯酶,可水解基质中的木质素、纤维素和半纤维素的酯键;纤维二糖脱氢酶,可氧化纤维二糖、纤维寡糖和纤维素,并可以还原多种电子受体;木质素降解酶,如木质素过氧化物酶、漆酶,主要降解木质素、木质素衍生物以及各种有机污染物;还含有 β-甘露聚糖酶、海藻糖磷酸化酶、木聚糖内切酶、羧基蛋白酶、β-葡萄糖苷酶;菌体中含有己糖激酶等(黄年来等 2010)。

(三)栽培历史与现状

我国人工驯化栽培裂褶菌始于 20 世纪 80 年代,1984 年,上海农业科学院食用菌研究所对生长在乌桕树倒木上的裂褶菌进行分离,得到菌丝并进行菌丝生长条件的优化试验。1990 年,组织分离获得裂褶菌菌种,并在液体培养基上获得子实体。1996 年,云南进行了裂褶菌规模化栽培,标志着裂褶菌人工栽培在云南取得成功,同年,云南农业大学对野生裂褶菌进行了筛选,采用以木屑、麦麸为主的培养料栽培取得成功,采三潮,生物学效率达到 35% ~ 50%。2000 年罗星野等人也实现了裂褶菌的引种驯化并栽培成功,改变了野生裂褶菌的片状小朵形为菊花瓣状大朵形,商品的外观性状和产量都显著提高。同年,万勇在湖南省永顺县黄土界林场的菇木上采集裂褶菌,通过组织分离获得母种,并进行驯化栽培研究,结果表明以麦麸、杂木屑为原料栽培,生物学效率均超过 10%。2002 年,李荣春在昆明市西山区规模化栽培成功,产品批量上市。2004 年,云南昆明、玉溪、楚雄等地人工批量栽培成功。2006 年,福建古田县菌都农业开发公司在春季进行商品化示范栽培 3 批,获得理想效果。随着引种驯化的成功,先后在山东、福建、云南等地实现了商业化栽培。2016 年,利用芦苇秸秆进行栽培试验,以芦苇秸秆 45%、玉米芯 45%、辅料 10% 为配方产量最高,可以出菇 3 潮,生物学效率达 50%。目前,裂褶菌出菇开口和栽培模式在不断的探索和改进,主要的出菇开口方式有一头出菇、两头出菇、多处划口出菇、脱袋周身出菇、覆土出菇、打孔出菇等,随着市场需求的变化,对裂褶菌的外观和口感等质量要求越来越高。国外对裂褶菌深层发酵研究较多,对于栽培研究较少,国内栽培研究较多;目前裂褶菌南方市场需求较多,北方地区少见,与大宗菇类相比,裂褶菌现有市场较小(马布平等 2017)。

二、生物学特性

(一)形态与结构

裂褶菌子实体小,单生、丛生或簇生,扇形或肾形,无柄或短柄,菌盖宽 1 ~ 4 cm,厚 0.5 ~ 2 mm,盖面密生绒毛、白色至浅灰色;盖缘内卷,有条纹、多瓣裂,干时卷缩;菌褶狭窄,边缘呈锯齿状,呈白色、灰白色、淡肉色或粉紫色,沿褶缘纵裂向外反卷,菌肉白色,薄。人工培育的菌株 50 ~ 80 个子实体重叠簇生组成菊花状。子实体发育经历原基、管状菇蕾、片状子实体三个形态时期。原基初期形状不规则,主要有棱形、圆形、多边形,最后均逐渐变成圆形;原基发生后 3 ~ 6 d 形态变化明显,由单个圆形原基纵向生长成管状菇蕾,顶端逐渐形成圆形小孔,孔径 140 ~ 160 um;小孔一侧有浅裂口并开始沿管状开裂,7 ~ 10 d,子实体叶片平整展开,形成片状子实体。担子无隔膜,顶端着生 4 个小梗,每个小梗上着生 1 个担孢子。孢子印白色至浅黄色。菌丝无色,菌落白色。子实体缺水时,菌盖边缘内卷。

(二)繁殖特性

裂褶菌的子实体生长在腐木表面,菌丝体生长在腐木内,每年春季开始腐木中的双核菌丝体往腐木表面长出子实体原基,继之发育成子实体。在成熟的子实体的菌褶表面长有子实层,其上产生担子,在担子内进行核配和减数分裂后,从担子上长出4个担孢子。成熟的担孢子弹射出去,附着到其他的腐木上,萌发1个至多个芽管。每个芽管萌发成1条菌丝,每个菌丝细胞单核,从担孢子萌发的菌丝叫作单核菌丝,又称初生菌丝,它在生活史中生命周期较短,单核菌丝不能发育成子实体。两条性基因有差别的单核菌丝进行细胞质融合完成质配,经质配后的菌丝变成双核菌丝,双核菌丝是裂褶菌生命周期中最主要的菌丝体,又称次生菌丝体。只有双核菌丝才能发育成子实体。裂褶菌是担子菌中典型的四极性异宗结合担子菌,是大型真菌研究模式种之一,生活史见图4-17-2,质配是通过锁状联合进行,只有不同的A和不同的B等位基因结合才能形成子实体。在育种工作中,利用单孢杂交进行育种的选育工作量极大,主要通过显微镜观察锁状联合,出菇验证进一步筛选,获得优势杂交后代(黄年来等2010)。

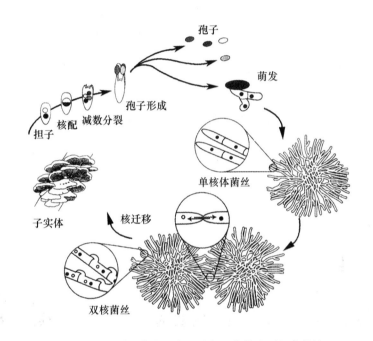

图4-17-2 裂褶菌生活史(引自于李荣春裂褶菌栽培)

(三)生长发育条件

1.营养需求

裂褶菌可利用的碳源主要有单糖、双糖、淀粉、纤维素、半纤维素、木质素等。可利用的氮源种类也很多,如有机氮源牛肉膏、蛋白胨、酵母膏等,无机氮源硫酸铵、碳酸铵、硝酸铵等,天然含氮化合物米糠、麦麸等。无机盐对菌丝生长也至关重要,在培养基中添加适量的磷酸二氢钾和硫酸镁有利于菌丝萌发及生长。此外,添加适量的生长因子(维生素B_1、三十烷醇等)有利于菌丝生长及多糖形成。

2.环境条件

(1)温度。裂褶菌子实体生长发育的温度比菌丝体生长发育的温度要低,属于低温型。菌丝体生长发育的温度偏高,属于中高温型。子实体在8~22℃都能生长,最适温度为14~17℃。在8℃以下,22℃以上生长缓慢,甚至停止生长。菌丝体在10~33℃都能生长,最适温度为22~28℃。在15℃以下,33℃以上生长缓慢,5℃以下,36℃以上停止生长,40℃以上便会很快死亡。但裂褶菌菌丝非常耐低温,木材内的菌丝在北方能忍受两个月的严冬天气而不会被冻死。孢子萌发的最适温度为 21 ~ 26 ℃,以 24 ℃时萌发最好。孢子对低温的抵抗力较强,但不耐高温(黄年来等 2010)。

(2)CO_2 浓度。裂褶菌菌丝生长对 CO_2 浓度变化不敏感,间断通风即可。子实体形成和生长所需通风量较大,适宜 CO_2 浓度 0.1% ~ 0.12%。裂褶菌较其他菌种需要通风量较大,排出 CO_2,保持低 CO_2 的出菇环境才能形成商品菇。CO_2 浓度大于 0.15% 会导致原基"变态",不能获得商品菇。

(3)湿度。水分是裂褶菌生长发育的重要条件。水分有利于代谢过程中热量吸收和散发,从而调节细胞内外的温度。菌丝生长发育阶段对空气相对湿度不敏感,但在子实体形成过程中空气相对湿度扮演者至关重要的角色,如刺激原基的形成,保证子实体的形态等。菌丝体生长发育阶段培养料的水分应控制在 60% ~ 65%,适宜的空气相对湿度为 65% ~ 70%,子实体形成适宜空气相对湿度 88% ~ 90%。培养料中充足的含水量是保证裂褶菌菌丝体和子实体正常生长发育的基础。而一定的空气湿度是保证子实体品质的关键。

(4)光照。裂褶菌在菌丝生长阶段不需要光照,光照下培养基内的水分迅速蒸发脱水不利于菌丝生长;菌丝由营养生长向生殖生长发育阶段需要散射光照射,一定的散射光刺激原基分化和子实体的形成。一般每天在 300 ~ 500 lx 照射 3 ~ 4 h,光照时间过长或光照强度过大都会影响子实体的品质。原基分化完成后可缩短光照时间。

(5)酸碱度。裂褶菌菌丝生长对 pH 敏感,适宜的 pH 范围较窄。pH 值在 4.0 ~ 4.5 范围内培养基凝固性差,菌丝附着培养基能力低,菌丝萌发慢;pH 值在 4.5 ~ 5.0 范围内菌丝长速急速增加,生长旺盛;pH 值在 5.0 ~ 5.5 范围内菌丝长速缓慢下降;当 pH 到达 6.0 时,生长速率开始急速降低。

三、栽培技术

(一)栽培场地与设施

1. 栽培场地

选择水源充足、地势平坦、排水方便、远离扬尘和有毒有害生物滋生场所。

2. 栽培设施

裂褶菌的栽培主要为大棚、菇房传统栽培模式。常规栽培主要设施设备:仓库房、养菌房、灭菌器、打孔机、加湿器、换气扇,出菇时选择适宜的大棚(草帘、遮阴网)或者厂房。

(二)栽培原料与配方

1. 常用栽培原料

木屑、秸秆、麦麸、玉米粉、石灰、石膏等。

2. 常用配方

①木屑 69%、麦麸 25%、玉米粉 5%、石灰 1%。

②作物秸秆 45%、玉米芯 44%、辅料 10%、石灰 1%。

③木屑 63%、麦麸 25%、菜籽饼 5%、玉米粉 5%、石膏 1%、轻质碳酸钙 1%。

④棉籽壳 75%、麦麸 20%、玉米粉 4%、石灰 1%。

⑤棉籽壳 80%、麸皮 10%、豆秸 8%、蔗糖 1%、石膏 1%。

⑥棉籽壳 50%、木屑 25%、麦麸 20%、菜籽饼 4%、石灰 1%。

(三)料包制备

拌料前准备好各培养料,将木屑、棉籽壳、秸秆等提前 10 ~ 12 h 预湿,以保证吸水均匀,灭菌彻底。

石灰等与预湿好的原料混合,适宜含水量56%~62%,pH值为6.0~6.5。充分搅拌至混匀后装袋,袋装的菌袋为聚乙烯或聚丙烯塑料袋,厚0.045~0.050 cm,规格为17 cm×33 cm,每袋装干料300~400 g;长袋12 cm×55 cm,每袋装干料500 g,装袋要紧实,以避免原基过量发生,消耗营养,影响品质。高压灭菌温度121 ℃保持2 h或常压灭菌100 ℃保持10~12 h。

（四）发菌管理

料包灭菌后冷却至28 ℃以下即可接种。接种要在无菌条件下进行,严格按照无菌操作,接种方式多样,短袋可在袋口接种,接种后塞上棉塞;长袋可在培养袋一侧打孔接种,孔间距6 cm,最适孔深2 cm,接种后用专用胶带封口。

在发菌阶段管理的重点是保持室温、避光、通风换气。发菌最适菌袋料温度为22~28 ℃,空气相对湿度为65%~70%,温度过高或过低都会抑制菌丝生长,要保持温度稳定,切记温差刺激,由于裂褶菌菌丝生长较快,温差会加速原基形成,最终影响产量和质量;发菌期无需光照,需进行避光处理;发菌期间室内要经常通风换气,保持室内空气新鲜,高温季节发菌要严防烧菌,加大通风,做好降温。发菌期一般10 d左右。

（五）出菇管理

裂褶菌在温度、通风、湿度及光照等生长条件适宜的情况下,发菌10 d即可出菇,无需菌丝长满袋。将培养10 d后的菌棒移进出菇房,撕开胶带或拔掉棉塞,平摆在层架上,给予300~500 lx的散射光照,给予足够的通风,增加湿度,维持空气相对湿度88%~90%,2 d后原基逐渐分化呈不规则状,多为椭圆形、棱形、多边形。当原基发生后,由于原基幼嫩,对环境因子特别敏感,所以菇房的通风换气应缓慢。如果通风过急,风量过大,会造成原基干枯,通风换气为子实体生长发育需充足的氧气提供了保证,通气换气不足造成室内缺氧、二氧化碳积累,容易导致畸形菇的发生和引起霉菌污染。原基期的水分管理主要是提高空气的相对湿度,相对湿度控制在90%左右。原基分化期切记温度过高,以免吐黄水严重,控制温度20~24 ℃,温度过低时原基分化慢,且原基个数少,影响单产（岳诚 等,2017）。

原基分化后增强通风,培养3~8 d,单个原基纵向生长成类似管状的小菇蕾,顶端形成圆形小孔,上着生密集绒毛,灰白色,小孔面向地面的一侧有浅裂口,逐渐沿管状开裂,形成子实体片状朵形。继续培养9~12 d,片状子实体逐渐展开,边缘呈浅锯齿状,多个子实体重叠生长成菊花状（见图4-17-3）;产菇阶段培养料中的水分蒸发和消耗都较快,必须补水调湿,否则菇体会因缺水而枯萎。在菇体形成后的早期阶段,补水调湿的重点是提高出菇房空气相对湿度,保持空气相对湿度在85%~95%之间。当菇体发育至成熟期后,菇体吸水量增大,培养料含水量减少,此时保持培养料含水量在65%~75%。

图4-17-3 人工栽培裂褶菌（王延锋供图）

（六）采收加工

人工栽培的裂褶菌当子实体平展还未弹射孢子时，应及时采收。若采收不及时，子实体体重不会增加，反而会下降，还会影响下一潮菌蕾形成，降低产量。采收前停止喷水，并通风。采收人员应佩戴口罩、手套等，用消毒过的小刀沿基部平整切割子实体，并清理掉培养料。采收后不可马上增加空气湿度，应干燥 1~2 d 以养菌。肉眼观察到菌丝愈合并长满料面时，开始加湿，继续按上述方法管理，进行下一潮的子实体培养。管理得当 8~10 d 即可采收第二潮。随着潮数增加，菇形逐渐松散，质量不及第一潮。开口处采收完成后可在其他部位开口继续培养，以提高产量。

按照单丛子实体形态、颜色、单片子实体展开度为分级指标。单丛朵形似菊花。直径 7~9 cm、颜色灰白色、单片子实体展开平整为一级品；直径 6~7 cm、颜色灰白色或灰色。单片子实体展开平整为二级品；直径 6 cm 以下、颜色为灰白色或灰色、单片子实体展开平整或稍平整的为三级品；其余畸形菇为次品，包括不成丛、单片子实体、开片不良等。

裂褶菌口感嫩滑，清香可口，营养价值较高，可进行鲜品销售，作为高档蔬菜营养食品，可采用真空包装在全国各大超市销售。也可进行盐渍、糖渍、酱渍等罐渍销售。子实体晒干或烘干，分级密封包装，以干品的形式销售。还可以进一步加工成裂褶菌深加工产品如裂褶菌茶、饮料、调味品、休闲食品等。

（七）病虫害防治

1. 杂菌侵染

菌丝生长阶段常见的污染严重的杂菌为绿色木霉，据陈英林报道，一级种、二级种及出菇前的栽培袋中均有一定的污染率；出菇后有达 46.7% 菌袋因绿色木霉污染不能出菇。绿色木霉的侵染蔓延快，特别要做好生产场所的空间消毒，培养中发现污染源及时清理，轻微发生时，用浓度 0.5%~1.0% 的50% 咪鲜胺、氯化锰处理；严重感染的应及时拣出，灭菌或埋土处理。

2. 虫害

裂褶菌出菇期主要的虫害为眼菌蚊，菌袋开口后，以幼虫危害菌丝，导致不能形成子实体；防治措施：①菇房安装纱窗、纱门，防止成虫侵入，减少产卵。②空菇房消毒处理。使用前把菇房、培养架清洗干净，然后进行熏蒸处理。③化学防治。食用菌虫害防治过程中应尽量少使用化学农药，在迫不得已的情况下，可使用低毒低残留农药熏蒸。

对裂褶菌子实体有害的蝇类主要是蚤蝇，以幼虫蛀食菇柄，防治措施首要要求栽培场地远离垃圾池，通风良好，菇房使用粘虫板、夜灯使用杀虫灯，都可有效杀灭成虫，减少产卵量降低危害。

3. 非侵染性病害

菌丝在生长过程中会有吐黄水现象，黄水严重影响鲜菇产量、质量，甚至导致鲜菇基部变黄后腐烂。当黄水浑浊且有异味时，表明已感染杂菌，会出现病害。黄水清澈很可能是营养不协调或环境不适，加速生理老化。以后需要改良培养基配方。适当降低培养温度，可有效预防吐黄水。

另外，当原基分化后通风不够，二氧化碳浓度过高；或温度过高过低，都会导致子实体分化困难，从而形成畸形菇，因此要加强整个子实体发育过程中的管理，控制好温度、湿度、通风换气等环境条件。

参 考 文 献

[1]陈英林.裂褶菌主要病虫防治技术初步研究[J].中国食用菌,2005,24(01):49-52.

[2]黄年来,林志彬,陈国良,等.中国食药用菌学[M].上海:上海科学技术文献出版社,2010.

[3]马布平,罗祥英,刘书畅,等.裂褶菌研究进展综述[J].食药用菌,2017,25(05):303-307.

[4]岳诚,马静,邱彦芳,等.裂褶菌生物学特性及栽培研究现状[J].食药用菌,2019,27(02):117 – 121.

[5]张金霞,蔡为明,黄晨阳,等.中国食用菌栽培学[M].北京:中国农业出版社,2020.

[6]Aletor V A. Compositional studies on edible tropical species of mushrooms[J]. Food chemistry,1995,54(03):265 – 268.

[7]Longvah T, Deosthale Y G. Compositional and nutritional studies on edible wild mushroom from northeast India [J]. Food chemistry,1998,63(03):331 – 334.

（赵静）

第十八节　蜜　环　菌

一、蜜环菌概述

(一)蜜环菌的种类及分布

蜜环菌(*Armillariella mellea*)又名榛蘑、蜜蘑、蜜色环菌、小蜜环菌等,隶属于担子菌纲、伞菌目、白蘑科(Tricholomataceae),是一种在夏秋季发生,能寄生于多种木本和草本植物的食药用菌,营养价值极高。蜜环菌一般广泛分布在亚洲、欧洲和北美洲等温带地区,其中我国也拥有丰富的蜜环菌资源,主要分布于黑龙江、吉林、山西、河北、福建、浙江、四川、云南和贵州等地区。目前全球范围内已报道的蜜环菌生物种近 40 种。我国对蜜环菌的分类始于 20 世纪 90 年代,利用交配测试方法,经秦国夫、孙立夫、贺伟等的研究,先后发现 15 种蜜环菌资源,其中东北地区常见有 5 个生物种,即奥氏蜜环菌(*A. ostoyae*)、高卢蜜环菌(*A. gallica*)、芥黄蜜环菌(*A. sinapina*)、黄盖蜜环菌(*A. luteopileata*)和中国生物种 F(CBS F)。下面介绍一下比较常见的几种蜜环菌(白玛央金,2010;门金鑫等,2016;黄年来等,2010)。

1.奥氏蜜环菌

奥氏蜜环菌(图 4 – 18 – 1)属于伞菌目、膨瑚菌科、蜜环菌属,在欧洲、日本和北美地区均有分布,在我国主要分布在长白山、小兴安岭和大兴安岭地区。子实体丛生、单生或簇生,中等至较大,菌盖直径 4 ~ 15 cm,幼时半球形,成熟时菌盖边缘内卷,中部不具脐突,稍凹陷,褐色,具有褐色至暗褐色鳞片,菌盖中部鳞片浓密呈丛毛状,颜色较深,向四周渐稀疏。9 月下旬以后出现,是最具培养价值的种类。东北地区很多种类的活树上都发现过蜜环菌的子实体,是林木的一种病原菌。

图 4 – 18 – 1　奥氏蜜环菌

2. 高卢蜜环菌

高卢蜜环菌(图4-18-2)俗称"草菇",在我国主要分布在长白山、小兴安岭和大兴安岭地区,菌柄较细,基部稍膨大,具有丝膜状的菌环,具有锁状联合,一般在8月下旬以后出现子实体,是东北地区最早出现的蜜环菌菌类。

图4-18-2 高卢蜜环菌

3. 芥黄蜜环菌

芥黄蜜环菌与高卢蜜环菌的子实体形态基本相似(图4-18-3),在我国也主要分布在长白山、小兴安岭和大兴安岭地区,主要寄生于活的桦木上,是林木的弱寄生菌,一般在8月末至9月中旬即可出现子实体。

图4-18-3 芥黄蜜环菌

4. 北方蜜环菌

北方蜜环菌具有弱寄生性,在枯树和活树上均能生长,形态与奥氏蜜环菌相似(图4-18-4),主要分布在欧洲,在我国也有少量分布,主要分布在湖北神农架和陕西太白山地区,属于典型的四极性异宗配合种,一般在9月上旬大量出现子实体。

5. 假蜜环菌

假蜜环菌属于典型的异宗配合种,无菌环,担子有一个锁状联合,在日本和欧洲均有分布,我国主要

图 4 - 18 - 4　北方蜜环菌

分布于华北、华中和西南地区,是果树常见的病原菌。

(二)营养与功效

蜜环菌是一种食药用真菌,营养价值极高,不仅含有丰富的蛋白质、矿物质、氨基酸和维生素,而且含有能增强机体免疫功能和抑制肿瘤生长等生理活性的生物因子。

1. 蛋白质和氨基酸

蜜环菌含有丰富的蛋白质,比如球蛋白、和复合蛋白等。研究发现,每 100 g 野生干蜜环菌中的蛋白质含量均在 9.5 g 以上。

蜜环菌中的蛋白质水解后可形成多种氨基酸,如谷氨酸、赖氨酸、天冬氨酸、组氨酸和甘氨酸等。其中,赖氨酸、缬氨酸、亮氨酸和苏氨酸是人体必需的氨基酸。经常食用蜜环菌可以为机体提供丰富的营养氨基酸,提升机体免疫力。

2. 多糖

研究发现,蜜环菌的菌丝体和子实体中含有丰富的多糖类物质,一种是水溶性葡聚糖,一种是多肽葡聚糖。经常食用蜜环菌,可以有效促使金属离子、胆固醇等有害物质及时排出体外,促进身体健康,并有效预防癌症(刘晓杰,2012)。

3. 脂肪酸

蜜环菌中的脂肪的含量相对较低,多数蜜环菌菌体内不含有胆固醇。蜜环菌的菌丝体和子实体中所含有的脂肪酸多为不饱和的脂肪酸类,如卵磷脂和非羟基脂肪酸等,所以经常食用蜜环菌,可有效降低血脂。

4. 维生素和生物因子

研究表明,蜜环菌的菌丝体和子实体中含有丰富的维生素,如维生素 B_1、胡萝卜素、维生素 A、维生素 E 等。一些蜜环菌还含有烟酸,可有效维持神经系统的正常功能。此外,蜜环菌的菌丝体和子实体中还含有丰富的生物因子,可以有效抑制肿瘤,提升机体免疫力。

（三）研究现状

近40年来,国内外就蜜环菌展开了深入的研究,但研究方向主要为蜜环菌深层培养条件的建立和蜜环菌化学成分的分离、纯化、组成、结构分析以及生物学功能测试等,对于蜜环菌的人工栽培技术的研究及报道相对较少。

蜜环菌的人工种植是世界性的科研难题。在我国,近几年随着先进设施的有效利用、栽培品种创新和栽培技术日趋完善,蜜环菌的人工栽培技术研究取得了较好的成果。2017年,黑龙江省大兴安岭地区农林科学研究院的科研人员经过不懈努力,突破重重科研障碍,人工栽培蜜环菌首次实现出菇,并连续三年实现稳定出菇,为蜜环菌的人工种植技术的推广奠定了坚实的基础。

二、生物学特性

（一）形态结构特征

蜜环菌是一种寄生真菌,根据其发育阶段,可分为菌丝体(图4-18-5)和子实体两部分,菌丝体是蜜环菌的营养体,一般以菌丝和菌索两种形态存在。

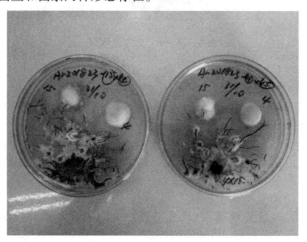

图4-18-5　蜜环菌的菌丝体形态

菌丝体是由菌丝分枝交错形成的结构,显微镜下观察无色透明,有分隔,最初为白色绒毛状,后期会变成红棕色。菌索是菌丝在不良环境下发生的一种特殊组织,由很多菌丝扭结而成,幼嫩时为棕红色,有白色生长点,衰老时为黑褐色至黑色,没有再生力。菌索顶端有保持细胞不断分裂的分生组织区,再生能力很强,同时菌索外层还有一层角质外壳包裹,可以对内部的菌丝起到保护作用。菌索常附着于天麻表皮、菌棒表面及腐朽的菌棒、树皮与木质部之间。

子实体是真菌在生长发育中完成有性世代产孢的结构组织,蜜环菌的子实体常于夏末秋初湿度较大的条件下产生。子实体丛生、单生或簇生,菌盖幼时呈半球形,后平展,肉质鲜嫩,呈浅土黄色、蜜黄褐色、淡黄褐色或淡红褐色,中部有平伏或直立的小鳞片,盖缘常有放射状条纹;菌肉白色,菌褶白色或稍带肉粉色;菌柄中生或近偏生,纤维质,内部松软或中空;菌环白色,着生于菌柄中上部;孢子无色透明,常为椭圆形、卵圆形或近球形,孢子印为白色。

（二）繁殖特性

蜜环菌子实体成熟后释放孢子于地面,在温湿度适宜条件下萌发出初生菌丝,初生菌丝质配形成次生菌丝和菌索。菌索表面有鞘包裹,是蜜环菌适应不良环境的特殊结构,菌索有很多分枝,向周围蔓延生长,寻找营养,在林间分布广泛,在9月低温、高湿的环境下可长出子实体,又释放出担孢子。

（三）生长发育条件

蜜环菌的生长发育不仅丰富的碳源、氮源等营养物质,而且需要适宜的温湿度、酸碱度以及空气条件。

1. 营养物质条件

蜜环菌生长发育需要从外界摄取一定量的营养物质,即从基质中摄取碳源、氮源、无机盐和维生素等。经过调查表明,蜜环菌可以侵染 600 多种针叶树木、阔叶树木,以及甘蔗、马铃薯和蕨类植等。蜜环菌能够利用多种单糖、双糖及淀粉等多糖作为碳源。就菌丝生长而言,玉米淀粉的效果最好,葡萄糖次之,蔗糖较差。蜜环菌可以利用硫酸铵、氯化铵、磷酸二氢铵等无机氮化合物及天门冬酸胺、蛋白胨等有机氮作为氮源。在固体发酵中,花生饼粉、酵母浸膏、玉米浆、麸皮等,均可以作为氮源和生长因子的来源,其中以花生饼粉、酵母浸膏的效果最佳。蜜环菌生长发育过程中,需要一定的无机盐类,如磷酸二氢钾和硫酸镁等。此外,蜜环菌还需要一定量的维生素和核酸等有机物。

2. 环境条件

（1）温度

蜜环菌菌丝体最适宜的生长温度在 20 ~ 25 ℃,超过 30 ℃时停止生长,高温条件下持续太久,会加快菌种的退化。

（2）湿度

蜜环菌在生长发育过程中需要较高的土壤和空气湿润度,如果湿度不够,菌丝生长会受到抑制。在自然条件下,空气湿度在 80 % 以上时,蜜环菌的生长发育良好;空气湿度低于 60 % 时,蜜环菌菌丝生长缓慢,甚至停止生长。倘若空气和土壤干燥,蜜环菌侵染寄主的能力会迅速减弱。培养蜜环菌,木材基质含水量在 45 % ~60 %,空气湿度在 70 % ~85 % 时,菌丝生长发育最好。

（3）空气

蜜环菌是一种好气真菌,在其生长过程中如果氧气供应不足,它的生长会受到抑制。在沙壤土中培养,因通气条件好,菌索会生长较快,长得较粗壮;黏性大的土壤透气性较差,菌索生长缓慢而细。蜜环菌菌丝、菌索和子实体的生长发育都需要新鲜空气。

（4）光照

蜜环菌孢子的萌发和菌丝的生长完全不需要光照,研究表明,黑暗条件能促进菌丝体的生长发育。但其子实体的形成需要一定的散射光,无光照子实体会畸形或不孕。蜜环菌栽培时,光照 300 ~ 500 Lx 为宜。

（5）酸碱度

蜜环菌生长基质的酸碱度是影响其新陈代谢的重要因素,培养基的酸碱度直接影响着细胞的渗透和酶的活性,pH 为 5.5 ~6.0 的微酸条件较适宜其生长。

三、栽培技术

随着生活水平的提高,人们越来越关注饮食健康的问题,对于蜜环菌、毛尖蘑、羊肚菌等食药用珍菌的需求越来越大。其中蜜环菌仅仅靠野生资源的供应,已经难以满足人们的需求了,人工栽培蜜环菌已迫在眉睫。

（一）栽培菌种选育

选择优良的品种是蜜环菌人工栽培获得优质、高产的前提条件。从我国各地培育蜜环菌的情况来看,蜜环菌的菌种来源主要有三种:一是采集野生菌种(图 4 - 18 - 6),进行分离、纯化和繁育;二是从外地引入菌种,进行扩大培养;三是利用单孢杂交技术,反复进行分离、纯化,获得优良的杂交体(图4 –18 –7),避免菌种的退化,保留蜜环菌杂交亲本的优良性状。目前,我国常见的蜜环菌主栽品种是高卢蜜环菌和奥氏蜜环菌。奥氏蜜环菌的子实体呈浅土黄色、蜜黄褐色、淡黄褐色或淡红褐色,产量较高、耐低温、菇体厚实、圆润、个大、口感脆嫩。高卢蜜环菌的菌肉为白色,菌褶白色或稍带肉粉色,菌柄较细,基部稍膨大,出菇早,产量较高。

图 4 – 18 – 6　野生蜜环菌图

4 – 18 – 7　蜜环菌杂合体

（二）栽培季节

野生蜜环菌一般发生于8月末或9月份。黑龙江省进行蜜环菌人工栽培,棚室栽培一般6月中旬播种,林下仿野生栽培一般7月中旬播种。

（三）栽培场地及处理方法

根据栽培生产的实际情况,蜜环菌的栽培场地可分为两类:一是人工搭建的栽培场地,如利用夏天闲置的蔬菜大棚和木耳吊袋大棚等进行生产,一般选择地势较高,开阔向阳,背北朝南地段,能进行缓慢对流通风、保湿,棚外盖遮阴网,控制光照强度500 lx以下;二是林区天然的出菇场地,在林下利用伐根倒木,仿野生种植蜜环菌,通常选择七分阴三分阳,地势较高,开阔向阳,背北朝南的针阔叶林样地,对流通风良好、保湿,控制光照强度 500 lx 以下(邬俊财等,2009;于洋等,2010)。

栽培场地处理:对于人工搭建的栽培场地,栽培前清除杂草、地面清理干净,翻地 20~30 cm,密闭棚室,盖薄膜撤去遮阳网强光暴晒 7~10 d,并用浓石灰水或波尔多液进行彻底消毒;对于林区天然的栽培场地,用刀斧、电钻、铁锹等工具,在伐根倒木上砍花、钻眼,或用铁锹挖出深度 30 cm 的播种池。

（四）栽培原料及配方

蜜环菌的母种的培养材料主要有马铃薯、葡萄糖、磷酸二氢钾、硫酸镁等;原种和栽培种的培养材料主要有松树、柏树、榛类、栎类、椴木等针阔叶树种的木屑及木段,麦麸、白灰、蔗糖等。

各级蜜环菌菌种的制作配方:

母种培养基配方:采用 PDA 培养基,即马铃薯 200 g、葡萄糖 20 g、琼脂 20 g、磷酸二氢钾 3 g、硫酸镁 1.5 g,pH 值自然。

原种培养基配方:针阔叶木屑 77%、麸皮 20%、蔗糖 2%、白灰粉 1%,含水量 62%~65%,pH 值自然。

栽培种培养基配方:针阔叶木屑 78%、麸皮 20%、蔗糖 1%、白灰粉 1%,含水量 63%~65%,pH 值自然。

（五）料包制备

根据培养材料的不同,蜜环菌的栽培种可分为两种,一是木屑菌种,利用针阔叶木屑、麦麸、蔗糖和白灰等材料按照配方比例拌料,装袋、灭菌、接种和培养;二是木段菌种,先按照木屑菌种的制作配方拌料,然后混入一些 30~50 mm 的小木段(提前浸泡 5~7 d),装袋、121 ℃灭菌 2 h、接种和培养。

（六）发菌管理

接种后,将蜜环菌的栽培种置于温度 20~25 ℃、湿度 30%~40%培菌室内避光培养,定期检查菌袋生长情况并进行通风管理,防止培养室温度过高过低、湿度过大或通风不良,一般 45~55 d 即可养好菌种。

（七）出菇管理

根据栽培场地不同,蜜环菌的栽培模式可以分为两大类:一是棚内半脱袋立式划口地栽模式,二是林下仿野生栽培模式。

1. 棚内半脱袋立式划口地栽模式的出菇管理

半脱袋立式划口地栽模式的具体方法是:做长 2 m、宽 1.2 m 的畦床,床土为普通草甸土,厚 15 cm;将栽培种菌袋接种口一侧脱袋 14 cm,埋于地下,地上部分为 6~7 cm,划 4 个 V 形口。袋间距为 15 cm,每平方米摆 16 袋,床上和袋上覆 3 cm 厚干树叶,图 4-18-8。

(1)温度管理:棚内前期扣大棚膜,温度保持在 15~28 ℃,播种后扣 6 针遮阳网,温度控制在 26 ℃以下。

(2)湿度管理:原基形成之前,每天向棚内的栽培床浇水 2~3 次,每次 30 min,使土壤含水量达 95%以上。原基形成之后,棚内每天早晚各浇水 20 min,保证栽培床内土壤湿度 90%左右,夜间空气湿度达 85%以上。

(3)光照管理:在畦床上覆盖草帘或双层遮阳网,遮阴降温,菇蕾形成期揭去畦上的草帘或遮阳网,保留大棚上的遮阳网。出菇阶段需散射光,300~500 Lx,强光照射对子实体有严重的抑制作用,光线太弱,子实体颜色浅。

(4)通风:棚室需常通风换气,降低棚室的二氧化碳浓度,增加棚室的氧气浓度,以缓和的对流风最

图 4 - 18 - 8　棚内半脱袋立式划口地栽模式

佳,每天通风 2 次,每次 1 h 左右,温度低时可以少通风或不通风。

2. 林下仿野生栽培模式的出菇管理

林下仿野生栽培模式的具体做法:一是在林下伐根倒木上,用刀斧砍花,或者使用电钻钻眼,然后将接种菌种;二是在林下挖深度 30 cm 左右的沟壑,将 400 ~ 600 mm 的针阔叶木段(提前浸泡好的)摆放在沟壑里,将菌种掰成小块,放在木段的鳞片伤口处,一般摆放 2 ~ 3 层木段,并覆盖一些林下的针阔叶树叶,然后用林下的腐殖土填埋,图 4 - 18 - 9。

图 4 - 18 - 9　林下仿野生栽培模式

该模式的出菇管理比较粗放,播种后修复 5 ~ 7 d,然后开始浇水管理,每隔 7 d 浇一次水,持续 3 ~ 5 次即可,后期主要依靠自然环境条件生长发育。

（八）采收加工

1. 采收

当子实体长至九分熟时采收,采收时一手按着菌袋,一手轻轻把子实体拧下,切勿伤及幼蕾,也可用小刀从菇体基部割下,不要留下受伤的小菌蕾,以免造成腐烂引起病害。

2. 鲜销及加工

（1）鲜品销售。下鲜菇后，及时切除腐草和泥沙，送市场销售，蜜环菌鲜品必须保存在 15～20 ℃ 的干燥环境中。

（2）干制。清理蜜环菌的子实体，将较大的子实体掰成两半，晾晒或烘干，并及时收藏在清洁干燥的罐内或塑料薄膜袋里，避免返潮。

（3）药品研发。蜜环菌含有多种生物活性物质，具有抗肿瘤、抗惊厥、镇静、催眠与抗眩晕等药理作用，所以可开发成药物。比如，研发的天麻蜜环糖片可用于眩晕头痛、惊风癫痫、肢体麻木等症状，银杏蜜环口服溶液可以改善慢性脑供血不足，提高脑缺血治疗的效果，蜜环菌糖浆可治疗眩晕头痛、失眠及美尼尔氏综合征等。

（4）相关食品研发。蜜环菌含有多种对人体健康有益的物质，有护肝、护脑、延缓衰老与抗疲劳等作用，可以用于开发新型保健食品。目前，蜜环菌发酵液可用于制作蜜环菌保健饮料；菌丝体及发酵液可用于制作蜜环菌保健酒；子实体可开发成榛蘑辣酱等佐餐类产品等。

（九）病虫害防治

蜜环菌在生长、发育、运输和储藏过程中，比较容易遭受病虫害，严重时会引起菌丝体或子实体的死亡，降低了蜜环菌的产量和质量（孙丽丽，2019）。

1. 常见病害

常见的病害主要分为两大类：一是侵染性病害，如绿色木霉、木霉（绿霉）、根霉、曲霉、可变粉孢霉、放线菌和链孢霉等；二是非侵染（生理）性病害，如畸形菇、地雷菇、温度不适症和药害症等。大多数杂菌与蜜环菌生长所需的温湿度条件较为接近，菌丝生长速度较快，抑制了蜜环菌的生长发育，导致蜜环菌减产，品质下降。

防治措施：①选用抗性强的高产优良品种；②选用新鲜无霉变的培养料；③制作菌种过程中，严格把关，注意细节，对接菌室和养菌室彻底消毒杀菌；④及时通风，控制好养菌室和出菇棚室的温湿度；⑤出现杂菌侵染时，在污染区撒一层生石灰粉，控制污染扩散。

2. 常见虫害

菇房适宜的温湿度为害虫提供了良好的生存环境，侵染蜜环菌虫害种类比较繁多，如双翅目害虫、鞘翅目害虫、鳞翅目害虫、等翅目害虫、弹尾目害虫和食用菌螨虫等。害虫的幼虫通过取食蜜环菌菌丝，导致蜜环菌菌丝体死亡或子实体营养不良；食用菌螨虫多存在培养料中，咬断菌丝，使菌丝枯萎、衰退，严重时会使菌丝消失出现"退菌"现象。

防治措施：①选用抗性强的高产优良品种；②选用新鲜无霉变的培养料；③制作菌种过程中，严格把关，注意细节，对接菌室和养菌室彻底消毒杀菌，拌料时喷一些低毒、低残留的杀虫剂；④及时通风，控制好养菌室和出菇棚室的温湿度；⑤搞好菇棚及出菇场地内外的卫生，栽培棚室应远离仓库、鸡舍。

参 考 文 献

［1］白玛央金.蜜环菌的研究进展［J］.西藏科技，2010（12）.

［2］门金鑫，邢晓科，郭顺星.蜜环菌生物种及鉴定方法研究进展［J］.菌物学报，2016（11）.

［3］黄年来，林志斌，陈国良，等.中国食药用菌学［M］.上海：上海科学技术文献出版社，2010.

［4］刘晓杰.蜜环菌发酵液多糖的化学成分及生物活性研究［D］.长春：吉林农业大学，2012.

［5］施汉钰，崔巍，郑焕春，等.蜜环菌菌索生物学特性的研究［J］.菌物研究，2014（04）.

［6］秦国夫，赵俊，郭文辉，等.蜜环菌的生物学研究进展［J］.东北林业大学学报，2004（06）.

[7]于洋,邓志刚,单良.蜜环菌的生物学特性及开发利用[J].国土绿化,2015(08).

[8]邬俊财,张忠伟,薛光艳,等.蜜环菌(榛蘑)林地栽培技术[J].辽宁林业科技,2009(03).

[9]于洋,李锐,董锐,王金玲.蜜环菌林下栽培技术及生物学特性观察[J].中国林副特产,2010(06).

[10]孙丽丽.食用菌栽培中的病虫害防治问题[J].农业开发与装备,2019(02).

（胡海冰）

第十九节　毛　尖　蘑

一、概述

（一）分类

毛尖蘑［*Lyophyllum fumosum*（Pers.）P. D. Orton］,别名金子蘑、仙蘑菇,是一种野生珍稀食（药）用真菌。在分类学上属担子菌门（Basid - iomycota）、伞菌纲（Agaricomycetes）、伞菌目（Agaricales）、离褶伞科 Lyophyllaceae、离褶伞属（*Lyophyllum*）、烟色离褶伞种（*Lyophyllum fumosum*）,又名褐离褶伞。因生长在金矿开采后的沙滩（毛尖）上,因此得名毛尖蘑。又因其营养丰富且野生产量低被人们称为"蘑菇之圣"和兴安岭的"软黄金"（郭昱秀等,2016;杜萍等,2019）。

（二）营养与功效

毛尖蘑营养丰富,菇柄脆嫩爽口,味道清香,尤其干制加工后香气更加浓郁。每100 g 干品含粗脂肪5.4 g,粗蛋白31.4%,粗纤维12.3%。含有人体8种必需氨基酸,毛尖蘑还含有丰富的锌、钾、钙、铁、硒等多种矿质元素。其多糖具有抗肿瘤,保肝护肝,增强免疫力等作用。中医认为该菇具有补肾、利尿、治腰酸痛、健脾、止泻等功效,是高血压、心血管疾病和肥胖症患者的理想食品（杜萍等,2019）。

（三）栽培历史与现状

我国对离褶伞的研究起步较晚。目前在离褶伞菌丝生理特性、驯化栽培、药用等方面研究较多。荷叶离褶伞、合生离褶伞（李晓 2002）、榆干离褶伞人工驯化栽培成功。国内研究一直受困于污染率及转化率两大难题,而且没有给出很好的解决方案（李晓等,2009）。

鹿茸菇（荷叶离褶伞）工厂化栽培是解决低温大型真菌人工种植的解决方案。日本 2006 年实现工厂化种植,2008 年上海丰科生物科技股份有限公司开始鹿茸菇工厂化栽培,2014 年 10 月研究成果入库。截至 2019 年国内鹿茸菇进入相对成熟阶段。

毛尖蘑主要分布于我国黑龙江、吉林、辽宁、河北、青海、甘肃、河南等地,在黑龙江省主要分布在大、小兴安岭一带。毛尖蘑生长条件苛刻,野生资源已十分有限,现阶段,毛尖蘑的研究主要集中在菌种分离、菌丝发酵培养、人工驯化栽培和粗多糖的提取及其功效分析方面。毛尖蘑因菌丝生长缓慢,导致出现制种成功率低、易污染、出菇迟、产量低等现象,使其仍不能商业化栽培。

近些年来,吉林农业大学、辽宁省农科院对毛尖蘑进行了人工驯化等栽培技术方面的研究,尚没有形成规模化栽培。大兴安岭地区农林科学院食用菌团队于 2012 年开始从事毛尖蘑驯化育种及栽培技术研究,从野生资源分布、野外生境监测、种源采集到最后的种源鉴定,掌握了大兴安岭地区毛尖蘑的分布情况和野生毛尖蘑的生长环境、采集和搜集了大兴安岭地区 8 个不同区域的 20 株野生种源,并驯化栽培成功,筛选出 2 个产量稳定、抗性强、商品性好的优良菌株 Lzs1301 和 Lzs1302,经过中国科学院微生物研究所的鉴定,确定其种性为烟色离褶伞,又名褐离褶伞;形成了系统的毛尖蘑菌种繁育技术,成功实现了毛尖蘑在室内、棚内、林下三种模式均能出菇,攻克了毛尖蘑多年来不出菇、出菇难的技术难题。

二、生物学特性

(一)形态与结构

毛尖蘑菌丝白色,呈放射状分布,透明或半透明(图4-19-1)。子实体丛生,中等至较大。菌盖直径4.5~6.0 cm,幼时半球形,成熟时菌盖边缘内卷,较厚,不开伞,土黄色,光滑,不黏。菌肉白色,中部厚。菌褶白色,稍密,直生,不等长。菌柄中生,近柱形,长5.0~9.0 cm,粗0.5~1.5 cm,淡黄色,光滑,内实(图4-19-2)。孢子近球形至椭圆形,(5.5~6.4) μm×(3.2~4.0) μm,无色,壁薄,光滑,非淀粉质。担子棒状,(27.0~29.0) μm×(5.5~6.0) μm,4孢子,小梗长23.2 μm。囊状体缺。具锁状联合。

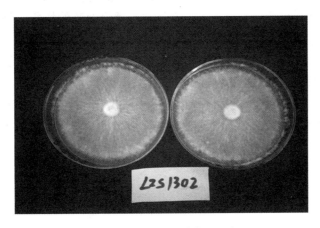

图4-19-1 毛尖蘑菌丝形态

图4-19-2 毛尖蘑子实体形态

(二)繁殖特性与生活史

子实体成熟时弹射出担孢子,担孢子在适宜条件下萌发又开始新的生活周期。毛尖蘑生长周期120 d左右,其中从制种到长满袋需85 d左右,从开袋覆土到采收需要35 d左右。

（三）生长发育条件

1. 营养要求

毛尖蘑是一种低温型木腐生兼草腐生真菌,以分解纤维素、半纤维素等基质获取营养物质,需要丰富的碳氮源和一定的无机盐类。碳源为可直接吸收的单糖、双糖、有机酸等,氮源为无机氮(铵盐、硝酸盐等)和有机氮化物(氨基酸、蛋白质等),无机盐为磷、钾、钙、镁等。碳源来自于木屑、稻草、秸秆等,氮源来自于米糠、麸皮、豆秸等。

2. 环境条件

(1)温度。菌丝生长适宜温度 16～20 ℃,子实体生长适宜温度 14～18 ℃。

(2)湿度。菌丝生长阶段要求培养料含水量65%左右,空气相对湿度为 30%～50%,子实体发育时期空气相对湿度要求 80%～90%。

(3)空气。毛尖蘑是需氧型真菌,菌丝和子实体生长都需要空气,菌丝生长阶段,对空气要求不严格,子实体生长发育需要新鲜空气。在栽培上应选择空气缓慢对流的场所,通风不宜过强,二氧化氮浓度控制在 0.1%以下。

(4)光照。毛尖蘑孢子的萌发和菌丝的生长完全不需要光照,但子实体的形成需要一定的散射光。光照强,子实体颜色深黄而有光泽,健壮,抗病力强,组织致密;光照不足,子实体淡黄,菇体组织也较疏松。但强烈的直射光对子实体有严重的抑制作用。毛尖蘑栽培时,控制光照 500～800 Lx。

(5)酸碱度。毛尖蘑是一种喜酸性环境的真菌,pH 值 5.5～7.0 时菌丝体和子实体都能正常生长发育,最适 pH 值 5.5～6.0。

三、栽培技术

（一）林下栽培

1. 立地条件

选择交通方便,地势平缓,地面腐殖层及土层厚度 20 cm 左右,三分阳七分阴的疏林地。以利于菌袋摆放,散射光充足、通风好、温湿度适宜等天然有利条件栽培毛尖蘑。

2. 栽培季节

野生毛尖蘑子实体发生在 8 月上旬,一直可采收至 9 月中旬,子实体盛产期,8 月中下旬。人工林下种植在 8 月初进行,9 月中旬完成采收。

3. 菌种制作及培养

3 月下旬至 4 月上旬制作三级菌种。

常用配方:阔叶树木屑83%,麸皮14%,豆粉2%,石膏1%;阔叶树木屑40%,农作物秸秆39%,麸皮20%,石膏1%,含水量控制在 62%～65%。配制培养料,拌均后装入 16.500 cm × 36.000 cm × 0.004 cm聚乙烯塑料袋,每袋装湿料 1.0～1.1 kg,常压 100 ℃灭菌 6～8 h,冷却后从一端接入原种,放置培养室16～20 ℃条件下培养,空气相对湿度为 30%～50%,75～85 d 满袋,菌种长满后在培养室低温条件下保存到下地。

4. 林地栽培方法

8 月 5—10 日将长好的菌袋运到出菇场地。根据林地走势,合理确定摆放空间。搂宽 25～30 cm,深15 cm,长度适宜的沟畦,将菌袋脱袋后卧式码放在沟畦内,上面覆盖 1 cm 左右的沟内腐殖土压实,上面再覆盖 2～3 cm 左右的松针落叶进入林下出菇模式,袋与袋之间距离 8 cm,每三行之间预留 40 cm 左右的作业道,12 袋/㎡左右,一亩地 6 000～7 000 袋。

5.出菇管理

在林下栽培最好配有微喷设施,毛尖蘑在原基形成期和出菇期需要充足的水分供应,依靠自然天气很难实现大面积出菇。菌袋覆土后五天内不用浇水,五天后当菌丝充分恢复后进行浇水管理,在自然降雨的条件下不用浇水,如果是晴天,在原基形成之前,早晚浇水,每次 3 min,感官状态是覆盖物和下面的土层一直保持湿润,直到出现原基,覆土后 16～20 d 形成原基。原基大部分形成后,进入子实体生长期(图 4-19-3),要加大浇水管理,如果不下雨,除中午之外,每天至少浇三次水,每次 3～5 min,保持林内空气湿度直到采收,一般原基形成后 13 d 左右就陆续进入采收期,从覆土到采收整个周期 35～40 d(图 4-19-4)。

图 4-19-3　毛尖蘑林下栽培子实体

图 4-19-4　毛尖蘑林下栽培出菇

6.采收晾晒

在菇盖长大,稍平展(即八分熟)弹射孢子前为采收期,采收时用拇指、食指、中指掐住菌柄下部轻轻旋转提起即可。将朵状的子实体一个个掰开并将根部清理干净放在有纱窗的架子上晾晒。

(二)棚内栽培

1.栽培场地及处理方法

栽培场地应设在地势较高,开阔向阳,背北朝南地段。可利用闲置的蔬菜大棚、木耳吊袋大棚进行生产。要求能进行缓慢对流通风,能保湿,棚外盖遮阴网,光照强度约500 Lx。

栽培场地处理:栽培前去除杂草、地面清理干净,翻地 20~30 cm,并用浓石灰水或波尔多液进行彻底消毒,起到杀虫卵杀菌作用。减少栽培时病虫害发生。

2. 栽培与制种时间

春秋两季栽培,春季栽培,1 月中旬制种,5 月上旬下地;秋季栽培,3 月下旬制种,8 月中旬下地。

3. 播前准备

简易大棚宽度 6.5~7.0 m,长度适宜,高度 1.8~2.0 m,外扣遮阳网。

做床三个,每个宽度 1.2~1.3 m,床与床中间过道宽 0.4~0.5 m。做完床后在床面上撒一层白灰,菌床浇透水,保持土壤湿润。

4. 栽培方法

卧式脱袋覆土出菇,在每个床上开宽 20~22 cm,深 12 cm 的沟畦,将菌袋脱袋后卧式码放在沟畦内,上面覆盖 1 cm 左右的沟内腐殖土压实,上面再覆盖 2~3 cm 左右的松针落叶,袋与袋之间距离8 cm。

5. 出菇管理

菌袋摆放后一周内不用浇水,一周后当菌袋周围的菌丝变白后进行浇水管理,增加棚内空气湿度,每个菌床上铺设微喷管带,用微喷向菌床上喷雾状水,一天至少喷水 2 次,以早晚为宜,每次 2~3 min,并配合适当通风,大概覆土后 13~20 d 形成原基。原基大量形成后,进入子实体生长期(图 4-19-5),加大棚内空气湿度,一天至少浇水 3 次,以早晚为宜,每次 3~5 min,棚内温度控制在 15~23 ℃,湿度85% 左右,加大通风次数直到采收。在子实体生长期如果棚内温度超过 23 ℃,可以在大棚外在加盖一层遮阳网降温。从覆土到采收整个周期 35~40 d(图 4-19-6)。

图 4-19-5 毛尖蘑棚内栽培子实体生长期

6. 采收加工

以子实体在弹射孢子前、以菌盖不开伞采收为宜。毛尖蘑销售大量以干品为主,鲜品就地销售。

(三)病害防治

培养料配方不合理或者原材料质量低劣的情况在生产中经常发生,例如培养料 pH 值偏高或偏低,或使用劣质麸皮或假石膏,或将针叶树木屑混入到阔叶树木屑中等,均能导致菌丝无法生长或者菌丝稀疏,甚至凋亡,导致菌袋腐烂现象发生。

图 4 – 19 – 6 毛尖蘑棚内栽培出菇

　　培养环境通风不良,二氧化碳浓度偏高,常导致子实体畸形;温度过高导致菌丝因高温"烧菌"而死亡,菌袋易出现腐烂,幼蕾萎蔫、枯死或子实体腐烂。

　　防治措施:毛尖蘑在生产、培养过程中严格按照食用菌通用操作要求,预防为主。

参 考 文 献

[1]郭昱秀,宋冰,李丹,等.野生毛尖蘑的生物学特性及驯化栽培[J].菌物研究 2016,14(4):222 – 225,232.

[2]杜萍,曹天旭,崔宝凯.野生毛尖蘑菌株分子鉴定及碳源与氮源筛选试验[J].中国食用菌 2019,38(9):16 – 20.

[3]李晓,李玉.中国离褶伞属真菌研究进展[J].食用菌学报 2009.16(3):75 – 79.

(梁秀凤)

第二十节 平 菇

一、概述

(一)分类地位与分布

　　平菇又称侧耳、糙皮侧耳等,属担子菌门(Basidiomycota)、层菌纲(Hymenomyeetes)、伞菌目(Agaricales)、侧耳科(Pleurotaceae)、侧耳属(Pleurotus)。平菇栽培地区分布广泛,我国辽宁、吉林、山东、河北、浙江、河南、福建等地区和韩国、德国、意大利、日本等国家(图 4 – 20 – 1)。

(二)营养与保健价值

　　平菇性温、味甘,可散寒、祛风、舒筋、活络。天然药物化学研究表明,平菇子实体中含有多种化学成分,目前已分离得到有糖类、甾醇类、有机酸类、酰胺类、挥发油类、多酚类等。现代药理学研究发现,平菇活性成分提取物具有抗炎、抗氧化等功效。

图 4-20-1　野生平菇

（三）栽培历史与现状

平菇人工栽培历史不长,20 世纪初在意大利首次进行木屑栽培研究,40 年代后种植日广。1936 年前后,日本森本彦三郎和我国黄范希着手瓶栽。此后,欧洲人 Luthard 用山毛榉或其他阔叶树木屑栽培,Joth 又用压碎的玉木芯来栽培平菇。近年来,德国、日本、韩国和我国利用稻草、废棉花、棉籽壳等栽培取得良好效果,使平菇一跃成为世界上栽培最广泛的食用菌之一。

我国平菇栽培起源于 1930 年前后,长白山林区开始用槭树等阔叶树倒木栽培美味侧耳,1972 年河南刘纯业利用棉籽壳生料大床培育平菇成功后,开创了平菇生产新局面。1978 年河北晋县利用棉籽壳栽培获得大面积高产后,平菇栽培更为广泛。1980 年香港中文大学的张树庭先生把凤尾菇菌种送给中国科学院微生物研究所等有关单位试种;同年福建省农业科学院的刘中柱、中国社会科学院的费孝通出访澳大利亚时又从悉尼大学引进凤尾菇菌种,在福建、江苏栽培试验。自此以后,在我国形成了南用稻草、北用棉籽壳种植平菇的新局面。由于该菇的生物学效率很高,很快在我国取得了迅速的推广。

进入 20 世纪 90 年代,随着我国居民消费水平提高,平菇市场需求不断增长,栽培量不断扩大,几十年来,平菇一直是我国大宗栽培食用菌之一。

二、生物学特性

（一）形态与结构

平菇子实体丛生或叠生,裸果型,是平菇的繁殖器官,包括菌盖、菌柄、菌褶 3 部分。

（1）菌盖。菌盖为贝壳状或扇形,直径 4～12 cm 或更大,幼时青灰色或灰黑色,长大后颜色变淡,为灰白色或白色。

（2）菌柄。菌柄着生处下凹,常有棉絮状绒毛。柄侧生,短或无,内实,白色,长 1～3 cm 或更长,粗 1～2 cm,基部常有白色绒毛

（3）菌褶。菌褶是平菇有性繁殖器官,着生于菌盖下方,呈扇骨状排列,形似刀片,裸露型。每个菌盖的菌褶多达数百片。平菇菌褶一般延生,极少弯生,长短不一,通常为白色,少数种类伴有淡褐色或粉红色等。长菌褶自菌盖边缘延生到菌柄,并在柄上形成整齐的脉络;短菌褶边缘只有一小段。菌褶的微观组织中,有肉眼看不见的密生担子,每个担子梗上孕育 1 个担孢子。1 个成熟的子实体能散发出几亿个担孢子。

（二）繁殖特性

平菇属于异宗结合四极性担子菌,性别由两对独立分离的遗传因子 Aa、Bb 所控制,每个担子上所产生的 4 个担孢子,分别为 AB、Ab、aB、ab4 种类型,担孢子含 1 个核。担孢子萌发的菌丝为单核菌丝,由可亲和的单核菌丝配对后,形成含有两个遗传性质不同的双核细胞的菌丝,双核菌丝具有锁状联合,双核菌丝在适宜条件下生长、互相扭结形成原基,原基经过分化,进一步发育成幼小子实体,幼小子实体逐渐发育成熟,产生新的担孢子,在适宜条件下,孢子又行萌发,开始新的生活史。

（三）生长发育条件

1. 营养条件

（1）碳源。平菇是木腐菌,分解木质素和纤维素的能力很强。平菇能够利用多种碳源,在实际栽培过程中,主要以棉籽壳、稻草、麦秸、玉米芯、木屑和甘蔗渣作为主料提供生长所需的碳素条件。

（2）氮源。平菇对氮源营养的选择不严格,一般的有机氮素和无机氮肥都可利用。蛋白胨、酵母膏、氨基酸、尿素以及铵盐和硝酸盐等都是平菇的氮素来源。在实际生产当中主要通过添加麦麸、米糠、豆饼和玉米粉等辅料作为氮素营养来源。这些天然含氮化合物不但提供了氮源,同时也补充了平菇对各种维生素和早期辅助氮源的需求。一般认为,平菇在营养生长阶段碳与氮之比（C/N）以 20∶1 为好,而在生殖生长阶段以 40∶1 为宜。

（3）矿质元素。矿质元素能够促进菌丝的生长发育。钙、磷、硫、镁、锰和铁等矿质元素对平菇生长发育也有良好的作用,但需求量少,一般可以从有机培养料和水中得到,也可以通过添加相应的无机盐（如碳酸钙、硫酸镁、磷酸二氢钾、石灰和石膏等）获得。

（4）维生素。维生素类物质（如维生素 B_1）和其他生理活性物质可刺激平菇旺盛生长,对提高菌丝活力和增加子实体产量具有较好的作用。

2. 环境条件

（1）温度。温度是平菇在子实体生长发育过程中最重要的因素之一。平菇品种比较多,有中低温型的,也有广温型的,平菇孢子萌发温度为 15～30 ℃,最适温度为 22～26 ℃。菌丝体生长温度范围是 3～35 ℃,最适温度是 22～26 ℃,28 ℃以上容易产生黄色水珠,老化快。超过 33 ℃,菌丝生长缓慢,超过 40 ℃便不能生存。低于 3 ℃则不再生长,但不会死亡。子实体形成温度为 5～30 ℃,适宜生长温度为 10～25 ℃。在平菇子实体生长的温度范围内,一定的温差刺激有利于子实体形成和生长,但要求不严格,平菇也能在基本是恒温环境中形成子实体。在适温范围内,温度低时子实体生长缓慢,菌肉厚实,品质优;温度高时发育快,朵形小,菌肉偏薄,品质变差。5 ℃以下,32 ℃以上平菇子实体很难形成。

（2）湿度。水分是平菇进行生命活动的必要条件之一,营养成分运输和代谢活动的进行都要靠水分参与完成。菌丝生长期间要求培养料含水量 60%～65%。子实体生长发育期间,除要求培养料保持 60%～65% 的含水量外,还要求环境的空气相对湿度为 85%～95%。空气湿度低于 80%,则子实体发育变缓,易干枯;若高于 95%,则菌盖、菌蕾容易变色、腐烂。

（3）光照。平菇是喜光性真菌,但不同发育阶段对光照要求不同。菌丝生长阶段不需要光照,光对菌丝体生长具有抑制作用。但子实体形成和发育都需要一定的散射光刺激。在光照过暗时形成菌柄细长、缺少菌盖或菌盖色泽浅淡的畸形菇。在完全黑暗的条件下不易产生子实体。适量的散射光不但可诱导原基形成,也有利于子实体正常发育,但光照过强会妨碍其正常生长。

（4）空气。平菇是好气型真菌,生长需要氧气。但其菌丝对 CO_2 不敏感。菌丝可以在半厌氧条件下生长,但必须保证 O_2 的供应,否则菌丝生长会受到影响。在子实体形成和发育阶段需要通气良好,当缺氧和 CO_2 浓度大时不能形成子实体,已形成的子实体也会畸变或死亡,因此在这一阶段 CO_2 的浓度要低于 0.1%。

（5）酸碱度。平菇喜偏酸性的环境,菌丝在 pH 值 5 ~ 9 之间能生长繁殖,最适 pH 值在 5.5 ~ 6.5,由于生长过程中菌丝代谢作用,培养料的 pH 值会逐渐下降,同时为了减少喜酸性杂菌的污染,因此在培养料配置时,pH 值应以偏碱为宜。

（四）种质资源

常见平菇种类有糙皮侧耳、美味侧耳(紫孢侧耳)、佛州侧耳、白黄侧耳、金顶侧耳(榆黄蘑)、阿魏侧耳、刺芹侧耳、粉红侧耳等。

按照子实体生长发育所需要的最适温度,可以将平菇分为低温型、中温型、高温型、广温型等 4 个温型:

低温型:

这类品种适宜的出菇温度为 5 ~ 20 ℃。这类品种的菇质比较细嫩,菌柄较短,风味鲜美,品质优良,常见糙皮侧耳、美味侧耳等,是目前栽培最广泛的平菇品种。

中温型:

这类品种适宜的出菇温度为 5 ~ 25 ℃。这类品种大多数呈灰白色,性状优良,耐储运,高产稳产,如肺形侧耳,佛州侧耳等。

高温型:

这类品种适宜的出菇温度为 10 ~ 30 ℃。高温型品种平菇的适应性较强,产量相对较低,不同品种菇型差异明显。常见的如榆黄蘑、红平菇等,这类食用菌味道特殊,售价一般较高,也有部分呈现灰白色的佛州侧耳,菌柄较长,菌肉较薄,品质一般,少数品种质量不佳。

广温型:

这类品种适宜的出菇温度为 5 ~ 30 ℃。这类品种适应性较强,产量高。目前,生产中此类品种应用较多。

按照子实体颜色可以将平菇分为白色系、灰色系、黑色系以及彩色系等 4 个色系:

平菇子实体颜色并非一成不变,会随着温度、光线等栽培环境的变化而产生轻微的变化。一般来讲:温度升高,颜色变浅;温度降低,颜色变深;光线变强,颜色变浅,光线较暗时颜色偏深。

白色系:

此色系包括乳白色、纯白色、灰白色等系列品种,子实体通体洁白或偏白,相较暗色系平菇来说,此类平菇的菌肉较薄。

灰色系:

此类型品种目前在实际生产当中应用最为广泛,普遍被大众所接受,此类型的品种也较多,代表品种有平菇 99,灰美二号等。

黑色系:

有的平菇品种颜色浓黑,呈墨汁的颜色,一般子实体叶片较大,菌褶呈现青灰色,在河南一带比较盛行。

彩色系:

这类的平菇主要包括黄色系的金顶侧耳和粉红色系的桃红侧耳,是平菇所有品种当中颜值最高的 2 个色系。

三、栽培技术

（一）熟料栽培技术

1. 栽培场地与设施

平菇栽培场所应选择向阳、通风、干燥、清洁、卫生,有生活饮用水水源。适宜设施比较多,包括各类型的塑料大棚、日光温室以及常见的砖混或其他结构的菇房等。

2. 栽培原料与配方

（1）栽培原料。平菇是利用栽培原料种类最多的食用菌，很多农副产品下脚料如木屑、棉籽壳、玉米芯、豆秸、稻草、甘蔗渣等都是较好原料。设计培养料配方时尽量就地取材，多种原料搭配，这样既可在养分上互补，改善培养料物理性状，又可降低成本，达到节本增效的目的。

（2）常见配方。平菇生产配方较多，以下配方生产者可根据当地原料选用。

杂木屑77%，麸皮（或米糠）20%，石灰2%，石膏1%。②玉米芯60%，木屑20%，麸皮（或米糠）17%，石灰2%，石膏1%。③玉米芯90%，豆粉5%，草木灰2%，石灰2%，石膏1%。④玉米芯65%，大豆秸30%，草木灰2%，石灰2%，石膏1%。⑤麦秸75%，麦麸20%，石膏1%，石灰2%，过磷酸钙1%，石膏1%。⑥大豆秸33%，玉米芯50%，过磷酸钙3%，石灰4%，草木灰8.5%，尿素0.5%，石膏1%。⑦棉籽壳94%，石灰3%，尿素0.5%，过磷酸钙1%，石膏1.5%。⑧棉籽壳72%（或玉米芯、大豆秸），麦麸25%，石灰2%，轻质碳酸钙1%。⑨棉籽壳（或玉米芯、大豆秸）83.5%，麦麸10%，豆粕3%，磷酸二铵0.5%，石灰2%，轻质碳酸钙1%。⑩玉米芯35%，棉料壳50%，麦麸10%，豆粕3%，磷酸二铵0.5%，石灰1%，轻质碳酸钙0.5%。⑪大豆秸66%，棉壳17.5%，麦麸10%，豆粕3%，磷酸二铵0.5%，石灰2%，轻质碳酸钙1%。⑫大豆秸58.5%，玉米芯25%，麦麸10%，豆粕3%，磷酸二铵0.5%，石灰2%，轻质碳酸钙1%。⑬棉籽壳25%，玉米芯16.5%，大豆秸42%，麦麸10%，豆粕3%，磷酸二铵0.5%，石灰2%，轻质碳酸钙1%。⑭棉料壳25%，大豆秸25%，玉米芯16.75%，棉柴16.75%，麦麸10%，豆粕3%，磷酸二铵0.5%，石灰2%，轻质碳酸钙1%。

3. 料包制备

栽培原料玉米芯、大豆秸、棉籽壳等原料需要预湿，尽量提前预湿透。未经预湿则要延长搅拌时间，以利吸水、湿透。可以手工拌料，也可以机械拌料。机械搅拌时，先行干混，然后加水搅拌，搅拌时间不低于30min，直至搅拌均匀，控制含水量在65%左右。

培养料拌匀后进行装袋，熟料袋栽多选用（17~24）cm x（35~50）cm 的低压聚乙烯塑料袋，一侧或两侧出菇。合格的料包应该具有松紧一致，料面平整、边口清洁等特点。装袋后扎口或用套环封口。操作时导致料袋局部破损或微孔应及时用透明胶封好。平菇料包（图4-20-2）。

图4-20-2 平菇料包

4. 灭菌接种

将装好的料袋放入菌筐内准备灭菌。一般常压灭菌需要达到100 ℃维持16~18 h，高压灭菌需要达到117 ℃维持8~10 h。灭菌时需要注意一定要排净灭菌室内的空气，达到有效灭菌；二是要注意时长，一定要等到温度升高到预设温度以后方可计时。

待料袋冷却至30 ℃以下20 ℃以上时,在无菌条件下接种。接种室可以使用高效气雾消毒剂熏蒸30 min 消毒,也可用其他消毒剂或紫外线消毒。接种后多采用套环封口。

5. 发菌

接种后的料包移入到培养室进行养菌,养菌室要求提前做好消毒和灭菌工作,发菌期保持环境温度25 ℃左右、空气相对湿度70%以下和较弱的光线。平菇生长速度较快,一般需要3～5 d 即可定植。定植后由于菌丝生长旺盛代谢产生热量,此时要多注意袋内外温度变化,增大通风,袋内温度控制在22～27 ℃。温度过高影响菌丝生长。

养菌期间勤观察,剔除有污染的菌袋,协调控制好养菌室内的温度、湿度和通风情况。一般培养30 d左右即可满袋。

6. 出菇管理

菌丝长满袋后继续培养4～5 d,当袋口料面有淡黄色分泌物时,证明达到生理成熟。此时应及时增加光照,喷水增湿至空气湿度达80%～90%左右,同时降低温度,制造温差8～12 ℃左右,加强通风,促进原基形成。原基形成的初期不能直接向原基上喷水,否则会造成原基腐烂。

当袋口颈圈内已分化出珊瑚状蕾群时,应将封口的报纸去掉。但颈圈仍需保留。保留颈圈的优点一是减少后期管理的工作量,省去了反卷和收拢袋口等工序;二是可控制出菇面积,限制出菇数量,让菌袋定点、定位出菇,营养集中,培养质优、形美的平菇;三是缩小出菇期间袋口培养料裸露面积,减少料内水分的挥发,具有保湿作用。

在原基形成到子实体生长期间,管理要点是加强通风换气,保持温度和湿度,一般情况下,环境温度要控制在10～25 ℃,13～20 ℃最佳。空气湿度保持在90%左右,要有一些散射光,每天通风和喷水的次数要根据气候条件和菇体生长而灵活调节。做到菇大多喷,菇小少喷、晴天多喷、阴天少喷,雨天不喷,气温下降、菇体生长发育缓慢时喷水要减少。反之,则要增加喷水量。每次喷水后,菇体表面有光泽而不积水。通风也要遵循一定的原则,一般气温偏高时应加大通风,以利热量及时散发,减少高温对平菇的危害:当气温较低时应减少通风,阴雨天加强通风,大风天减少通风。光照对平菇子实体形态和菌盖颜色有一定影响,一般光线太强则子实体颜色变浅。维持光照强度在300～500 lx 左右。成熟子实体(图4－20－3)

图4－20－3　平菇成熟子实体

7. 采收加工

现蕾后 5 ~ 7 d,子实体充分展开,达到采收标准,要及时采摘,将整丛同时采下,并及时清理好料面,把菇根削净,料面平整。当一潮菇采收完毕后,要减少喷水,保持空气湿度在 70% 左右,保持料面潮湿,空气新鲜,让菌丝恢复生长 5 ~ 7 d,积累必要的营养物质,等待第二潮菇的生长。当采菇后的穴口有洁白的菌丝出现时,即可进行二潮菇管理,管理方法参照一潮菇。

平菇菌质地脆嫩,容易开裂。要就地修剪,分级包装,轻拿轻放,大包装以塑料筐或泡沫箱等容器为宜。不论使用哪种包装容器,都应单朵单层码放,不可多层叠压,以免造成菇体的机械损伤。包装后要及时移入 0 ~ 3 ℃冷库贮藏。

(二)发酵料栽培技术

1. 培养料配方

黑龙江省是我国粮食主产区,玉米芯、大豆秸秆等资源极其丰富,常见栽培配方有:①玉米芯 91.5% ,尿素 1.5% ,钙镁磷肥 4% ,石灰 3% 。②玉米芯 82% ,麦麸 10% ,尿素 1% ,钙镁磷肥 4% ,石灰 3% 。③玉米芯 61.5% ,棉籽壳 30% ,尿素 1.5% ,钙镁磷肥 4% ,石灰 3% 。④大豆秸 94.5% ,钙镁磷肥 2% ,尿素 0.5% ,石灰 3% 。⑤玉米芯 61.5% ,大豆秸 30% ,尿素 1.5% ,钙镁磷肥 4% ,石灰 3% 。

2. 发酵料制备

选择新鲜、干燥、无霉变、无虫蛀的农作物秸秆,使用前置于阳光充足的开阔地暴晒 2 ~ 3 d,后用粉碎机粉碎成 3 ~ 5 cm 左右的颗粒,按照配方的物料比例备料,农作物秸秆等建堆前 1 天预湿,培养料含水量一般为 65% ~ 70% 为宜,用机械或人工将培养料建成高 1.2 ~ 1.5 m,宽 2.5 ~ 3.0 m,长度不限的梯形料堆,在料堆上垂直打行距 80 cm,孔距 50 cm 的两行通气孔,记录料温变化,当温度达到 55 ℃以上时保持温度 24 h 以上,至白色放线菌出现,开始翻堆,补充水分,整个发酵期间一般翻堆 4 次,第一次翻堆后分别间隔 6 d、5 d、4 d 再翻堆一次,每次翻堆应注意翻均匀,上下、里面翻透。堆制全过程需 20 ~ 25 d。其熟化程度为:手抓料质松软,富有弹性,料中充满白色的发热菌体,无结块,无氨味和粪臭味。

3. 装袋接种

平菇发酵料栽培常用聚乙烯塑料袋,秋季接种,栽培袋规格为(25 ~ 28) cm ×(45 ~ 55) cm,装干料 1.5 ~ 2.0 kg。发酵完成后装袋之前应先散堆降温,并均匀喷洒 0.10% 甲基硫菌灵或 0.15% 多菌灵、0.10% 氯氰菊酯等,预防病虫害发生。发酵料栽培接种与装袋同步,环境相对要求宽松,多采用层播法,三层料四层种或两层料三层种。菌种用量以培养料干重的 10% ~ 25% 为宜。一般低温季节用 10% ,高温季节用 25% 。发酵料栽培接种后一定要打通气孔,一般装袋完成后边摆垛边用直径 2 cm 的木棒或铁棍沿菌棒长度通透扎一个眼;用木板梅花型钉五个 1 ~ 2 cm 的钉,在料面两头拍一下扎眼,便于增加袋内的氧气量。

4. 发菌和出菇管理

参考熟料栽培技术中的相应管理措施。

(三)病虫害防治

1. 褐斑病

褐斑病病原菌为托拉斯假单胞菌,该病原菌侵染平菇子实体的表面组织,形成坏死斑,严重情况下病斑集结成片,遍及整个子实体表面,导致子实体发黏萎缩,散发出腐臭气味,丧失商品性状(图 4 - 20 - 4)。褐斑病发病快、传播广、发病率高、一旦发病很难控制。常见防治方法有:清洁生产场所、原材料和水源等各环节环境,减少病虫害发生;如果病害发生严重,应首先摘除病菇,刮去泛黄染病的表层菌丝,降湿后再加大药剂量进行处理。如喷洒5%石灰清液,或250 mg/kg漂白粉液;或800 mg/kg克拉霉素液,增强菌床抗病能力,避免转潮后病害的再度发生。

图4-20-4 平菇褐斑病危害状

2. 蛞蝓

平菇栽培过程中,由于潮湿环境,蛞蝓发生较多,该虫白天躲藏于阴暗处,晚上出来活动取食菇体,造成菇体缺刻,影响菇体品质。防治方法:生石灰趋避法。生石灰有很强的腐蚀性,一旦接触生石灰,可将其身体表皮腐蚀,大量体液渗出,导致其死亡,可在雨后或傍晚,在菌垛周围撒生石灰进行驱避。或者采用6%密达颗粒剂拌豆饼或玉米粉,配成含2.5%~5.0%密达颗粒毒饵进行诱杀。

参 考 文 献

[1]边银丙,王贺祥,申进文,等.食用菌栽培学[M].北京:高等教育出版社,2017.

[2]贾身茂.中国平菇生产[M].北京:中国农业出版社,2000.

[3]申进文,黄千慧,刘巧宁,等.七种培养料对糙皮侧耳熟料栽培的影响[J].食用菌学报,2014,21(3): 36-40.

[4]申进文,贾身茂,王振河,等.食用菌生产技术大全[M].郑州:河南科学技术出版社. 2014.

[5]盛春鸽,黄晨阳,陈强,等.白黄侧耳子实体颜色遗传规律[J].中国农业科学,2012,45(15): 3124-3129.

[6]王庆武,安秀荣,薛会丽,等.大豆秸栽培平菇培养基配方筛选试验[J].山东农业科学,2012,44(5): 48-50.

(盛春鸽)

第二十一节 双 孢 蘑 菇

一、概述

(一)分类地位与分布

双孢蘑菇(*Agaricus bisporus*),隶属于真菌界、担子菌门、伞菌纲、伞菌目、蘑菇科、蘑菇属。因大多数担子上含有 2 个孢子而得名。通常简称为双孢菇、蘑菇，又称白蘑菇、洋蘑菇、网球菇、纽扣菇，市场商品又称口蘑，是目前世界上栽培规模最大、栽培范围最广的食用菌。野生菌主要分布在欧洲、北美洲、中亚、北非和大洋洲，我国主要分布区在西藏、四川、青海、甘肃和云南等地。

（二）营养与保健价值

双孢蘑菇营养丰富、肉质肥厚、口感细嫩、味道鲜美。据测定，鲜品中含蛋白质 3% ~ 4%，粗脂肪 0.2% ~ 0.3%，糖类 2.4% ~ 3.8%，含有 18 种氨基酸，其中包括 8 种人体必需氨基酸，还含有丰富的铁、磷、钾、钙等矿物质元素，以及丰富的维生素和酶类。双孢蘑菇具有高蛋白、低脂肪的特点，蛋白质与牛奶等同，脂肪却只有牛奶的十分之一，而且有较高的油酸、亚油酸等不饱和脂肪酸，有降血脂的功效，因此享有"植物肉"美誉。蘑菇中的多糖类具有保健作用，"健肝片"的主要原料是双孢蘑菇的浸出液，其对慢性肝炎、肝肿、早期肝炎有辅助治疗作用。最新研究结果表明，双孢蘑菇能改善人体维生素 D 状况，对代谢综合征、免疫功能、胃肠道健康和抵御癌症都有益处。

（三）栽培技术发展历程与前景

双孢蘑菇人工栽培起源于法国巴黎，18 世纪初已有一定的栽培规模，并经英国传入美国。1870 年，美国开始发展蘑菇工业。1910 年标准蘑菇床式栽培菇房在美国建成，菌丝生长和出菇在同一菇房内，称为单区栽培系统。1934 年，美国人兰伯特研究把蘑菇培养料堆置分为前发酵和后发酵 2 个阶段，提高了发酵料的制作效率和质量，使得双孢蘑菇产量和品质都有了很大的提升。1973 年意大利发明了通气式隧道后发酵与发菌新技术，开创了后发酵、菌丝培养和出菇分区的工业化生产新时代。随后，爱尔兰成功开发室外保温大棚栽培，即"爱尔兰式大棚"栽培，大幅度降低了建筑成本，扩大了双孢蘑菇生产规模和区域。目前，荷兰、美国等技术领先，采用床式或箱式多区制栽培，实现了菌种、培养料、覆土、机械设备的专业化分工生产，在堆肥制作、菌丝培养和出菇管理中采用自动化环境控制，预湿、发酵、抛料、播种、覆土，甚至采菇、撤料均采用机械操作，建立了完整的周年工厂化双孢蘑菇生产体系。我国双孢蘑菇栽培起源于 20 世纪 20—30 年代，1958 年上海市农业科学院陈梅朋先生试验栽培成功后在全国推广，70—80 年代以福建省为核心快速发展起来，利用传统的堆料发酵，专用的出菇房进行层架式栽培，80 年代开始尝试二次发酵，产量有了明显提高，以后在全国各地建造专用菇房或利用温室、大棚生产。进入 21 世纪，我国引进工厂化技术，并不断与国内外技术交流与创新，拉近了与荷兰等双孢蘑菇发达国家的差距。黑龙江省 21 世纪初尝试传统的栽培模式，但随着双孢蘑菇技术更新，市场对产品质量要求提升，逐渐形成以工厂化和半工厂化为主流的生产方式，技术水平步入新的发展阶段。黑龙江省是农业大省和畜牧大省，原材料来源广泛，气候冷凉，适于出菇温度要求较低的双孢蘑菇生产，已经形成以鲜品为主的内销和出口俄罗斯的畅通销售渠道。因此，无论从生态角度，还是经济角度看，双孢蘑菇都是可持续性发展的优势产业。

二、生物学特性

（一）形态特征

1. 菌丝体

菌丝灰白色至白色，细长，絮状，直径 1 ~ 10 μm，细胞多异核，细胞间有横隔，不断分枝呈蛛网状菌丝体，无锁状联合。依品种或株系不同，菌丝体有气生、贴生和半气生 3 种类型。一般情况下，气生型菌株菇体商品性好，但抗杂和抗逆性较差，而贴生型菌株抗杂、抗逆性较强，但往往商品性较差。半气生菌株则介于二者之间。菌丝体在生长、出菇和休眠状态下呈现绒毛状、线状和束状等不同形态。

2. 子实体

依不同品系有白色、米色、奶油色或棕色之分,生产中绝大多数选用白色株系。子实体有菌盖、菌褶、孢子、菌膜、菌柄、菌环等结构。白色株系中等大小,菌盖初期半球形或扁圆形,边缘初期内卷,菌肉紧实,光滑或有鳞片,商品菇直径 3 ~ 5 cm,后期平展呈伞形。菌褶放射状,初期粉红色,后变褐色至黑褐色,不等长。开伞后,菌褶弹射孢子,大小(6.0 ~ 8.5)μm × (5.0 ~ 6.0)μm,孢子印深褐色。菌柄在菌盖中部,柄长 2 ~ 4 cm,粗 1 ~ 2 cm,白色,近圆柱形,表面光滑,内部松软或中实。菌膜为菌盖和菌柄连接的一层膜,随着子实体成熟,逐渐拉开,直至破裂。菌环单层,膜质,生于菌柄中部,易脱落。优质白色系双孢蘑菇标准是:色白光滑,大小均匀,菌盖圆整,柄短肉厚,紧实耐运。

(二)生长发育条件

双孢蘑菇是一种草腐菌,属于中低温型菌类。

1. 营养与基质

双孢蘑菇为腐生菌,完全依赖培养料中的营养维持生长发育,而且只有经过其他微生物先将培养料腐熟发酵才能利用营养。

(1)碳源。双孢蘑菇的主要营养源,无霉变的各种作物秸秆,如麦秆、稻秆、玉米秆、玉米芯、禾草、禾壳类等以及农产品加工下脚料,是双孢蘑菇的主要原料,其中含有丰富的木质素、纤维素、半纤维素成分,通过发酵,靠中、高温微生物和蘑菇菌丝分泌的各种酶类,分解成小分子的糖类和中间产物而为双孢蘑菇利用,成为双孢蘑菇的碳素来源。

(2)氮源。双孢蘑菇的氮源以有机氮为主,畜禽粪便是理想的氮源,常用鸡粪、牛粪为原料,因为双孢菇对氮素需求量较大,但如果粪肥过多,透气性会降低,物理结构不好,因此,可以补充添加尿素、豆粕、饼肥等。双孢蘑菇不能利用硝态氮,氨气对双孢蘑菇菌丝生长有抑制作用,尿素用量不能过多,防止产生过多氨气。碳和氮是双孢蘑菇需要量最大的元素,研究认为,双孢蘑菇栽培最佳碳氮比为17:1,在培养料发酵期间,微生物碳素消耗远远大于氮素消耗,发酵期间碳氮比逐渐下降。据此,需要配制培养料的碳氮比为(26:1) ~ (33:1)。

双孢蘑菇生长发育还需要矿质营养,主要包括钙、磷、钾、硫等,此外,还需要维生素等生长素,这些在主辅料中都能获得。

2. 环境条件

(1)温度。双孢蘑菇是中低温菌,菌丝体生长要求温度较高,但子实体发育要求温度较低,所以,从养菌到出菇需要一个较大的降温,要创造适合不同时期的温度要求,需要对环境能够控制,所以双孢蘑菇生产需要一定的设施条件为保证。菌丝体生长范围是 5 ~ 33 ℃,最适温度 22 ~ 26 ℃,子实体生长发育范围是 4 ~ 23 ℃,最适温度为 16 ~ 18 ℃,18 ℃以上子实体生长快,但菇质松软,柄长盖薄,容易开伞,品质下降。

(2)湿度。双孢蘑菇含水量 90% 左右,水分大部分来自于培养料,同时还要求保持适当的空气湿度,以保证菇的品质。菌丝生长阶段要求培养料含水量 60% ~ 65%,含水量低于 50%,菌丝生长缓慢,绒毛状纤细,不易形成索状结构,难于形成菇蕾;但含水量过高,达到 75% 以上时,容易造成通气不良,形成线状菌丝,活力下降,甚至缺氧窒息,容易感染杂菌。菌丝培养期间,保持菇房空气相对湿度 75% 左右。出菇期间要求空气相对湿度较大,达到 85% ~ 90%,此时空气湿度过低,覆土干燥,易于形成空心菇或鳞片菇,但空气湿度过大,通风不良,易于发生病虫害。

(3)空气。双孢蘑菇是好气性菌类,菌丝体和子实体呼吸作用不断吸收氧气,放出二氧化碳。发酵过程也需要大量通入氧气,才能促使起分解养料作用的好气性嗜热微生物菌群产生,释放大量的二氧化碳,排出不利于菌丝生长的游离氨和硫化氢等有毒气体。发酵过程通过多次翻堆或通氧转仓增加氧气量。菌丝生长适宜的二氧化碳浓度为 0.1%～0.5%，而子实体产生和发育适宜的二氧化碳浓度为 0.03%～0.10%。如果菇房中二氧化碳浓度超过 0.1%，易形成盖小而薄，腿细而长的劣质菇，甚至形成畸形菇、死菇。管理中通过通风或给新风增加氧气，降低二氧化碳浓度。

（4）光照。双孢蘑菇属于喜暗性菌类，菌丝生长和子实体发育不需要光线，光对双孢蘑菇的生长发育无促进作用，而强光对菌丝和子实体都有抑制作用，但在原基分化期可以给微弱的散射光刺激，利于原基的分化，菌丝生长和出菇期大部分可以在黑暗条件下进行。菇房黑暗条件下形成的子实体颜色洁白，菇肥盖厚，品质好，而光线过强，子实体菇盖变黄，产生鳞片，表面硬化，菌柄弯曲，菇盖歪斜，品质下降。

（5）酸碱度。菌丝在 pH 值 5.0～8.5 范围内正常生长，最适 pH 值 6.5～7.0，偏碱性的培养料对菌丝生长有利，并能抑制杂菌生长。由于菌丝生长过程中产生碳酸和草酸，培养料氨气蒸发也降低碱性，因此播种时培养料和覆土要调到偏碱性 pH 值 7.5～8.0，出菇阶段培养料会降到 pH 值 6.5 左右，出菇过程中 pH 值还会不断下降，后期如果偏酸，可用石灰水喷洒调节。

三、常规栽培技术

（一）场地要求

选择生产场地要求周围无污染源，清洁卫生，通风避光，用水用电方便，交通畅通。

发酵最好在发酵隧道或发酵棚内，如果在露地发酵需要有水泥等硬化地面。根据双孢蘑菇生长发育特性，要求养菌出菇在一定的可控环境条件下进行，否则很难保证蘑菇的品质。常规的生产是在专用菇房、爱尔兰式控温保温大棚（图 4-21-1，爱尔兰式保温控温大棚）、蔬菜温室或大棚内层架式栽培，棚室地面单层生产模式现已少见。要求出菇场所有良好的通风降温条件，大棚揭放方便，温室要有对流门窗，如安装通风扇更好，有棉被、草帘、遮阳网等保温避光设施。层架可以用铝合金等金属材料或毛竹搭建，通常 4～6 层，底部离地面 20 cm 以上，最上层距顶端 80～100 cm，层间高 60 cm，架宽 120～140 cm，过道宽 100 cm。出菇棚室要在进料前将栽培场所预先打扫干净，最好使用高温蒸汽对菇房内部消毒，也可以在场所内所有地方，包括层架用石灰水或杀菌剂全面喷洒，消毒灭菌。

图 4-21-1　爱尔兰式保温控温大棚

（二）生产季节

尽管双孢蘑菇在一定可控环境条件的设施内生产，仍需按照双孢蘑菇要求养菌温度较高，出菇温度较低的习性,选择从养菌到出菇,气温变化由高到低的季节进行,要最好备料、预湿和发酵时间25~30 d以后,播种时气温20~25 ℃,养菌期一个月以后气温降到18 ℃以下。黑龙江省一般7月份以后备料生产,8月份以后播种,9月份以后出菇,依菌丝体发育状况,出菇量情况,出菇场所温度状况,还可以越冬后再出菇。整个栽培周期约为8个月。

(三)栽培技术

双孢蘑菇栽培工艺流程如下:

备料、预湿——建堆——翻堆发酵——铺料——二次发酵(有或无)——播种——菌丝培养——覆土——出菇管理——采收——转潮管理。

1.培养料及配方

双孢蘑菇营养料配方多样,主要是碳素和氮素两大成分。碳素主要有稻草、麦秆、玉米秆、玉米芯等作物秸秆类,另一类是杏鲍菇、平菇、金针菇等食用菌菌糠。氮素通常用牛粪、鸡粪、少数用羊粪、马粪、猪粪,也可以混用。各种秸秆原料均要求新鲜、干净、无霉变。在种类上麦秆最佳,因为麦秆纤维坚挺,发酵后仍然能够保持一定的结构,排水透气性好,适于双孢蘑菇需水量大和好气性特点,但是黑龙江省小麦种植面积较小,麦秆成本较高。稻草和玉米秸秆和玉米芯等作双孢蘑菇主料稍逊于麦秆,但要考虑成本,在传统栽培中常用。

参考配方(栽培面积100 m²)如下:

(1)干麦(稻)草1 800 kg、干牛粪1300 kg、豆饼粉80 kg、过磷酸钙30 kg、碳酸钙40 kg、尿素25 kg、碳酸氢铵25 kg、石膏粉50 kg、石灰粉50 kg。

(2)干麦(稻)草1 600 kg、干牛粪1 200 kg、豆饼粉90 kg、过磷酸钙20 kg、石膏粉30 kg、石灰30 kg。

(3)干麦草2 000 kg、干鸡粪800 kg、石膏70 kg、石灰40 kg、过磷酸钙30 kg、尿素20 kg。

(4)干稻草1 600 kg、大麦草700 kg、干猪粪1 000 kg、饼肥100 kg、过磷酸钙35 kg、尿素15 kg、石膏70 kg、石灰15 kg。

(5)玉米秸秆800 kg、玉米芯800 kg、牛粪1 200 kg、豆饼50 kg、尿素20 kg、过磷酸钙30 kg、石膏25 kg、石灰25 kg。

(6)玉米芯1 400 kg、牛粪1300 kg、豆饼150 kg、尿素15 kg、过磷酸钙30 kg、石膏30 kg、石灰60 kg。

(7)杏鲍菇干菌糠2 000 kg、干牛粪1500 kg、过磷酸钙50 kg、轻质碳酸钙25 kg、石灰25 kg。

2.建堆发酵

每100 m²栽培面积需要45 m²的堆料面积,建堆发酵前先将场地清扫干净,喷洒石灰粉杀毒灭菌。

(1)预湿

建堆发酵前7~10 d,将过长秸秆切短30 cm以内,玉米芯要从中间破开,打成3~5 cm小段,不要将料粉得太碎,以免发酵后透气性和持水性变差。建堆前1~2 d用1%石灰水浸泡,充分吸足水分,也可以在平地平铺秸秆50 cm,反复多次浇水,让秸秆内外都充分吸足水分,达到65%~70%含水量,用手攥有水滴渗出。然后预堆成长方形堆;牛粪粉碎过筛,提前5~7 d预湿透升温到60 ℃,反复翻动2~3次,先行发酵让氨气挥发一部分,然后与预湿后的饼肥粉充分混合,也堆成长方形堆。

(2)建堆

建堆时,先铺一层湿透的秸秆主料,宽2.0~2.5 m,厚度15~20 cm,长度按场地作业方便以及料的多少而定,没有限制,然后铺一层5~6 cm的粪料。如此一层层草粪交替铺放,直到堆高1.5 m左右,最后用粪料封顶。从第三层开始,粪草料上要上水,从第四层开始添加少量饼肥、尿素、石膏等辅料直至顶层,辅料尽量后加,以免随水流失。建堆的粪草料必须浸透水,在建堆过程中要浇足水,底层不浇水,中层少浇水,顶层多浇水,建完堆要达到水从料堆边流出,溢出的水再反复收集,汇到料堆中。建堆后含水量70% ~ 75%,pH 值调到8.0 ~ 8.5。建好的堆用1:500倍80%敌敌畏、0.1%的50%多菌灵等防虫防病,然后用粗铁棍或木棍,在料堆上间隔40 cm扎粗度10 cm以上的空洞,料堆侧面也要从外到中间扎透粗孔,以增加料堆的透气性。料堆四周可以以用草帘子围住四周,保湿增温。如遇大雨可用塑料膜临时覆盖,但雨后要尽快撤掉。

（3）翻堆

建堆24 h以后温度会快速上升,料内温度达到60 ℃以上,2 ~ 3 d增温到70 ℃以上,温度开始下降时就要翻堆。料堆中间温度最高,底部和外部温度较低。翻堆的目的一是让内外料换位,温度均衡,二是增氧透气,促进发酵。翻堆的时间和次数要根据培养料的发酵程度而定,与外界气温、料的配比及理化状况密切相关,一般要翻堆5 ~ 6次。每一次翻堆各有侧重,第一次翻堆主要是补足水分。在第二次翻堆要将所有氮肥及一半的过磷酸钙加入,内外、上下料彻底换位,重新建堆。第三次翻堆将剩余的过磷酸钙加入,用石灰水调节水分,含水量以手握紧料时有2 ~ 3滴渗出为标准。第四次以后翻堆重点调节含水量,检查酸碱度。最后一次翻堆时用手握住料,指缝有水溢出但不出水滴为宜。几次翻堆时间也因发酵进程而缩短,一般为5 ~ 6 d、5 d、4 ~ 5 d、4 d、3 d,发酵时间21 ~ 27 d。如果用食用菌菌渣做原料,宜加入适量的多菌灵等杀菌剂,防止发酵不彻底杂菌污染。翻料可以用铲车、钩机,减少劳力,提高效率。

发酵好的培养料呈棕褐色,可见大量的放线菌"白化"现象,有面包香味,无氨味、臭味、酸味等难闻气味,质地松软有弹性。含水量62% ~ 65%,手握住料指缝有水滴渗出,pH 值7.5 ~ 8.0。

3. 二次发酵（后发酵）

双孢蘑菇栽培使用大量的粪肥等氮素,如果发酵不彻底,料中大量氨气对菌丝发育不利,而且极易发生虫害和杂菌污染。二次发酵是双孢蘑菇标准化规范栽培的重要步骤,是获得高产的关键技术措施,所以有条件进行二次发酵（即后发酵）是非常必要的。二次发酵原理是巴氏灭菌,是在栽培场内进行的。如进行二次发酵,一次发酵（即前发酵）可以减少1 ~ 2次翻堆,发酵效果仍然优于一次发酵。二次发酵前要对菇房进行杀虫灭菌处理:培养料进入菇房前7 d先用石灰水清洗,再用漂白粉消毒一次,关闭门窗再用药物熏蒸,培养料进入前2 d打开门窗放风排气。二次发酵分三个步骤,第一步,升温阶段,将发酵料移入堆放在中间层栽培架上,封闭门窗,通入高温蒸汽,使得菇房内料温迅速升到58 ~ 62 ℃,保持12 ~ 24 h,完成巴氏灭菌消毒过程。第二步,恒温阶段,培养料自然冷却或通风降温到50 ~ 52 ℃,适当加温,保持4 ~ 5 d。第三步,降温阶段,停止加温,使得菇房和料温逐渐降低,当料温降到28 ℃以下时,后发酵结束。经过二次发酵的优质培养料暗褐色,有大量白色放线菌和有益真菌,无氨味,有发酵香气,柔软有弹性且有韧性,不粘手,手握住料指缝有水渗出但无水滴,含水量60% ~ 63%,pH 值7.0左右。

4. 播种

当料内温度降低到28 ℃时,将培养料均匀铺在各个床面,料厚20 cm左右,通常发酵料质量好,出菇期温度较低时,出菇期长可以铺厚些,否则可以薄一些。铺料时要将料抖松,不留料块,铺平整,各处高度一致。当料温稳定在25 ℃以下,并不再升温时可以播种。播种前用新洁尔灭、0.1%高锰酸钾等消毒剂将播种工具、橡胶手套消毒,播种方法有穴播、撒播、混播等。麦粒菌种最好采用撒播加混播法,将菌种瓶表面消毒,掏出菌种,70%菌种均匀撒在料面,均匀拌进培养料中,整平料面,然后将剩下30%菌种均匀撒在料面,轻轻拍合,使菌种和培养料充分结合。一般每平方米用750ml麦粒菌种1.0 ~ 1.5瓶。要求使用菌丝量大、色白健壮的适龄菌种。

5. 发菌

播种至覆土前是菌丝萌发生长期,25 ~ 30 d。要求棚室内温度保持在20 ~ 24 ℃,料内温度21 ~ 25 ℃,最高不要超过28 ℃,空气相对湿度70%左右,黑暗无光或极弱光。播种后3 d内以保温保湿为主,关闭门窗,可不通风或通微风,料面适当覆盖,防止料蒸发失水,必要时,地面浇水或空间喷石灰水,增湿防霉。第4 d后菌丝生长速度加快,要适当通风。第7~10 d菌丝封住料面,并长入培养料内3~5 cm,应加强通风,保持空气新鲜。当菌丝吃料1/2时,用竹棍在培养料中间隔15 cm扎孔,增加料内氧气量,排出二氧化碳,散发热量,降低料温,促进菌丝向料内生长。一般播种20~25 d后,菌丝可以长到培养料3/4,要加大通风量,降低表面湿度,抑制料面菌丝生长,促进菌丝向料内生长。播种后发菌期间要经常检查料内有无杂菌、虫害发生,如果发现病虫害要及时处理防止蔓延。

6. 覆土

覆土(图4-21-2 层架栽培覆土)是双孢蘑菇栽培中的一项重要技术措施,是诱导子实体形成的必要条件。覆土的质量对双孢蘑菇产量和质量有直接影响。要求覆土具有良好的吸水性和持水性好,有毛细孔多,疏松透气的团粒结构,含有少量的腐殖质(5%~10%)和矿物质,但不肥沃。以泥炭土最佳,园田土次之,沙土不适合做覆盖土,田土最好用15 cm以下的土层。覆盖土用前3~5 d前要对覆盖土进行处理,用石灰水调整pH值7.5,晒1 d后,用5%甲醛加杀虫剂闷熏2 h,再晒1 d调水至适当湿度,就是用手攥呈坨,松开即散的状态。过筛将土粒粗细分开,粗土粒(直径1.7~2.0 cm),细土粒(直径0.7~1.0 cm)。

图4-21-2 层架栽培覆土

覆土前要仔细检查有无杂菌和害虫,如发现及时处理后再播种,还要检查培养料湿度,如果过干,提前2 d~3d轻喷调水1~2次,如果过湿,则加大通风蒸发至合理湿度。覆土前轻轻抓起、抖动表面培养料,铺平,然后再用木板拍平。先覆一层粗土,待菌丝长出粗土层,再覆一层细土,覆土厚度3~4 cm。

覆盖细土后,勤喷轻喷,保持细土湿润。菌丝伸至细土层后,用间歇重喷方法,增加覆土层湿度,加强通风,促进原基分化。

7. 出菇与采收

出菇期管理的关键是调节菇房的温度、相对湿度和空气。出菇期间,菇房温度保持12~17 ℃,空气相对湿度80%~90%左右,逐渐加大通风量。

覆土层菌丝长到表面时,要及时喷一次重水,即结菇水,目的是促进菌丝形成绳索状菌丝体,进而纽结成子实体原基。覆土后大约15 d,幼菇大量形成时,加强喷水。在子实体生长期间,一般不再向土层直接喷水,而是采取空间喷雾和地面洒水等方法。气温高时,早晚喷水,气温低时,中午喷水。喷水后及时大通风,切忌“关门水”。

每潮采收后清理床面,及时清除老菇根和死菇,补好细土,2%石灰水调节水分,适当减少通风,停止喷水,降低空气湿度,提高温度养菌,4~7 d后再有大量菇蕾产生时,采取降温、喷水、通风措施,促进下一潮出菇。越冬期间菇床基本不喷水,保持覆土层偏干状态,注意保持菇房卫生,向地面撒石灰粉预防病虫害发生。全面采收结束后,及时清理废料,远离菇房,可运往田间作肥料,然后对菇房进行清理打扫,并进行全面的消毒处理(图4-21-3层架栽培出菇)。

图4-21-3　层架栽培出菇

8.病虫害防治

双孢蘑菇生长发育过程中常发生的杂菌有链孢霉、绿色木霉、白色石膏霉、鬼伞等,侵害子实体的胡桃肉状菌、褐腐病、细菌性褐斑病和蘑菇病毒病等,以及地雷菇、薄皮菇、畸形菇、鳞片菇、死菇等生理病害。为害蘑菇的害虫有螨虫、菇蝇、菇蚊、线虫等。

防治方法提倡防重于治,采用综合防治方法。①远离污染源,始终保持环境卫生,做好各个环节的消毒灭菌。②使用用优质无病虫害菌种。③发酵前预湿要充分,发酵过程保持好氧条件,翻堆要及时,发酵要彻底。④按照不同时期菌丝和菇体需要进行合理管控,避免培养料混入泥土,避免覆盖土板结,保持菌床透气。⑤杂菌和虫害早发现,早清除,早防治,隔离处理,防止二次污染。⑥必要时使用低毒高效杀虫、杀菌剂,结合应用黄板、除虫灯等物理防治方法除虫。

四、工厂化栽培技术

工厂化栽培是指从蘑菇培养料生产到种植采收过程严格按照科学的工艺标准进行机械化、智能化、标准化的生产模式。培养料的生产是利用专用的发酵隧道及气候控制设备进行生产,整个发酵过程分为三个阶段,即一次发酵、二次发酵及三次发酵(堆肥发菌过程),其中二次、三次发酵的传统方式是在菇房进行,现在欧洲国家均采用隧道三次发酵技术;种植菇房配备智能环境模拟的气候控制设备,层架式生产,精细化管理。菇房三次发酵方式的种植周期57 d,单菇房一年循环6次;隧道三次发酵方式的种植周期41 d,单菇房一年循环9次(按采收三潮计)。

工艺流程如下:

预湿——混料—— 一次发酵——二次发酵——三次发酵——菇房进料、覆土——出菇管理——采收与转潮管理——蒸汽灭菌及卸料。

(一)栽培场所建造

工厂化生产厂房由原料库、污水回收及曝气池、发酵隧道、出菇房及能源中心等部分组成,应选在交通方便,水电便利,地势高燥,地质坚硬,排污方便,远离居民区及养殖场的地方建造;工厂修建时应根据地势和全年主要风向考虑发酵区域和种植区域位置的布局,避免交叉污染。

1. 发酵隧道

发酵隧道是完成双孢蘑菇培养料一次、二次、三次发酵的场所,是工厂化栽培的重要工艺设施。发酵隧道要求进出料和设备维护方便,给排水设施齐备,场地排水实行雨污分离,污水必须回收循环利用;一次、二次发酵隧道底部均埋设通气管道,通气管上安装高压气嘴,三次发酵隧道地面则采用通气格栅板方式;发酵隧道要配备离心风机、变频器、通风组件和电脑控制系统,三次发酵隧道还需配备制冷设备。

2. 出菇空调房

标准菇房长35 m、宽6.8 m、高4.8 m,架子方向与门垂直。床架用防腐铝合金建造,5~6层,底层距地面40 cm、层距60 cm、宽度140 cm、过道150 cm,顶层离房顶80~140 cm,床架间通道下端开设2~4个百叶扇通风窗,菇房墙体和屋顶用20 cm高密度彩钢泡沫板材建造,菇房面积238 m²。菇房配备气候控制系统,该系统整体分为混合风段、冷热交换段、进风段。混合风段由新风口和回风口组成,通过新风百叶和回风百叶(两者互为关联)的开启比例来控制新风量及回风量;冷热交换段由两组表冷器构成,分别连接冷媒和热媒,对空气温度及湿度进行调控;进风段是由风机和菇房内通风袋构成,通过控制风机转速控制菇房内风速和风量,为蘑菇生长提供适宜的环境。整个气候控制系统通过采集温度传感器和二氧化碳检测器的实时数据,结合预先设置的目标参数自主进行新风和回风比例的调控、冷热媒调控及风机转速调控,从而精确控制菇房内的温度、湿度及二氧化碳,以满足种植期间不同阶段所需的气候要求(图4-21-4)。

图4-21-4 工厂化出菇车间

(二)生产技术

1. 发酵

分为一次发酵、二次发酵、三次发酵(两种模式)三个阶段,其中一次发酵12~14 d,二次发酵6~7 d,三次发酵14~18 d。隧道三次发酵能更好地进行温湿度控制,培养料活性更高,因此较菇房三次发酵模式产量提高20%~30%,且抗病害能力更强。

(1)培养料配方

对原材料进行化验分析:水分、pH值、含氮量、含碳量、灰分。根据材料理化指标进行配方计算,配方遵循以下原则:

氮(N):每吨麦秸秆(按干重计)添加19~21 kg氮(工厂化生产氮素来源主要用鸡粪)。

石膏(CaSO₄.2H₂O):每吨麦秸秆添加80~90 kg石膏。其他氮源(如鸡粪含氮不足或者灰分过高需要添加高含氮有机物,如豆粕、菜籽饼等)。

(2)预湿

预湿是指用生产回收水(营养水)将解捆松散的麦草充分浸湿,启动低温发酵,分解掉秸秆表面蜡质层,为后期发酵打好基础,该阶段温度控制在60℃以内,预湿过程约5 d。

（3）混料

预湿阶段完成后按照配方计算量添加鸡粪、石膏及其他氮源补充物,通过机械(较为先进的方式是采用混料线)将其混合均匀后填入一次发酵隧道。混料要求麦秸秆和辅料充分均匀混合。

（4）一次发酵

通过机械将混合好的堆料填入一次发酵隧道,通常有三种填入方式:顶端投料方式、卡赛机配合输送带方式、装载机配合抛料机方式,填料时需采用"砌砖法"分3~4层填入隧道,确保气流均匀穿透堆料。进料结束后,将温度计探头和氧气进气管插入1m深位置,开启控制系统,一次发酵升温过程按发酵料温度分为四个阶段,第一阶段<65℃,第二阶段65~70℃,第三阶段70~75℃,第四阶段>75℃,通风时间和频率随着料温升高依次减小。一次发酵时间12~14 d,温度不低于80℃;期间根据料温情况进行3~4次转仓,转仓时根据培养料含水量酌情加水。使培养料的发酵过程更为均匀。一次发酵结束后培养料理化指标为,水分74%~76%;氮含量1.8%~2.0%;pH值7.5~8.0(图4-21-5 发菌隧道中的一次发酵料)。

图4-21-5 发菌隧道中的一次发酵料

（5）二次发酵

一次发酵结束后通过机械将培养料填入二次发酵隧道开始进行二次发酵,时间6~7 d。填料方式同一次发酵必须采用"砌砖法"填入,确保后续发酵过程顺利进行。

二次发酵过程分为6个阶段:

平衡:温度设定48℃,让隧道内各处培养料温度趋于一致,料温探头之间温差小于3℃。

升温:培养料温度从48℃升至58~60℃进入巴氏杀菌阶段。

巴氏杀菌:当料温达到58℃后开始进入巴氏杀菌阶段,时间为8~10 h。

巴氏杀菌后降温:巴氏杀菌结束后,料温从58℃降至48℃。

培养:培养料温度降至48℃后进入培养阶段。

降温:二次发酵6~7 d后开始降温,培养料温度降至25℃左右,准备播种。

二次发酵结束后培养料理化指标为,水分68%~70%;氮含量2.0%~2.2%;pH值7.2~7.8。

（6）三次发酵

菇房三次发酵:

用专用运料车将堆肥从二次发酵隧道转运到种植菇房的头端上料机处,上料时候确保地面湿润,没有扬尘,铺料100~120 kg/m²,厚度20 cm。播种机里面添加菌种采用混播方式,播种量0.6~0.8 kg/m²。播种完成后在料面上覆盖塑料薄膜保湿,及时关闭大门,对菇房进行清洗消毒,插入料温传感器,启动控制系统,维持料温 23 ~ 25 ℃,发菌阶段以监测料温为主,通过调节气温来控制料温。空气湿度保持 95% 以上,CO_2 浓度 $8\,000 \times 10^{-6}$ 以上,新风系统开启 5% ~ 10%。发菌时间 14 ~ 16 d,当菌丝长满培养料,出现黄色水珠时即可准备覆土,在覆土前一天去除覆盖薄膜,蒸发掉床面多余水分。发菌结束后培养料理化指标:含水量 64% ~ 67%,pH 值 6.3 ~ 6.5,含氮量 2.1% ~ 2.3%,灰分 30% ~ 35%。

隧道三次发酵:

通过卷网机、传输带及卡赛机将二次发酵料从隧道移出添加菌种后随即填入隧道,进行三次发酵。全过程必须在密闭无菌环境下进行,对卫生要求极高。隧道三次发酵时间 16 ~ 18 d,料温控制在 25 ~ 27 ℃,空气相对湿度 95% 以上。

2. 覆土及管理

工厂化栽培采用的覆土最好选持水率高和透气性好的无污染草炭土,在覆土前需对草炭土添加辅料和水分,调整 pH 值和改善结构。通常配方为每立方米草炭土加入重钙(碳酸钙)50 kg,石灰添加量根据草炭土 pH 值确定,如草炭土 pH 值较高则无需添加,最终调配好的草炭土 pH 值在 7.2 ~ 7.8 之间,如果草炭土受污染,存在绿霉等病害风险时可适量提高 pH 值,水分添加量依临场结构调整,因不同来源的草炭土纤维含量不同,吸水率和持水率存在差异,不能定量方式加水,需根据搅拌后覆土结构调整。草炭土制备完成后用清洁塑料膜覆盖备用。覆土时采用上料机覆土,厚度 4 ~ 6 cm,做到厚度一致,表面平整。覆土发菌阶段 6 ~ 8 d,气温 21 ~ 22 ℃,料温 25 ~ 27 ℃,空气相对湿度 95% 以上,CO_2 浓度 $10\,000 \times 10^{-6}$ 以上。

菇房发菌方式和隧道三次发酵方式在覆土后喷水量差异很大,但均遵循"少饮多餐"的喷水方式。

菇房发菌方式覆土后及时喷水使得土层水分达到饱和,尽快营造最佳的土料结合面,但不要渗入料内,土和料结合处不得积水,后期根据覆土含水量酌情喷水,菌丝和水是拮抗关系,适量的水分能刺激菌丝生长,使菌丝更健壮,反之则造成菌丝细弱,影响后期出菇的产量和质量。覆土发菌期间覆土喷水量约在每平方米 15 ~ 18 L。隧道三次发酵方式一般会采用 CACING(在覆土里添加三次发酵料)方式覆土,在覆土后一天内每平方米分次喷水 6 ~ 8L,让水分渗透到堆肥 2/3 处。第二天开始料温急剧升高,每日喷水 3 ~ 4 次,喷水量根据覆土和培养料含水情况确定,每日每平方米 4 ~ 8L,随着菌丝在覆土层中的生长逐步减少喷水量。覆土发菌期间覆土喷水量在每平方米 25 L 左右(图 4 - 21 - 6)。

图 4 - 21 - 6 双孢蘑菇发菌期

3. 降温催蕾

当料面菌丝分布面积(白色面积)和覆土(黑色面积)的黑白比趋近 1:1 时开始降温程序,从降温开始到出菇时间约 12 d。

降温方式有多种,根据所需成品菇特性而定,通常模式如:开始时空气温度从 22 ℃ 降至 17~18 ℃,按 0.03~0.05 ℃/h 速度平稳下降,料温随着空气温度下降从 26~27 ℃ 降至 20~21 ℃,二氧化碳从 $5\,000 \times 10^{-6}$ 按每天降 $(400~500) \times 10^{-6}$ 的速度下降至 $(1\,400~1\,600) \times 10^{-6}$,RH 从 95% 以上降至 89%~91%,气候调控需精准平缓的进行,这样才能够营造较好的出菇层次,提高蘑菇产量和质量。

4.采收及转潮管理

当菇长到符合商品菇标准时即开始采摘,一般标准为尺寸 3~5 cm,菇菌膜未破,菇体紧实,圆整有弹性未开伞。采收时要轻拿轻放,用专用采菇刀由外向内切除菇根,保留菇柄 0.5~1 cm,按等级分拣称重、包装然后进入冷藏库保鲜,再运往市场销售。

工厂化栽培通常采收 2~3 潮,每一潮采菇期 4~5 d,欧洲普遍采收 2 潮,这样利于病虫害的控制,大量的病虫害往往在三潮较为严重,我们国内普遍采收三潮,因此在采摘期和转潮期的卫生问题应更加重视,每一潮采完后对床面进行清理,将残菇、病菇、死菇和菇脚清除干净,清床完成后即刻进行喷水,补足覆土层水分,恢复其结构,转潮喷水量视覆土状态而定,通常 6~10 L/m^2,喷水时可加入次氯酸钠,浓度 150~200 ppm,对蘑菇细菌性斑点病害有一定预防效果;转潮期间可适当提高空气温度 1~2 ℃,目的是提高料温,恢复其活性,增强养分的释放,利于下一潮出菇。(图 4-21-7 双孢蘑菇采收、图 4-21-8 鲜品双孢蘑菇)

图 4-21-7 双孢蘑菇采收

图 4-21-8 鲜品双孢蘑菇

5.蒸汽灭菌和卸料

当一个种植周期结束后,为了防止交叉污染和对环境的影响,需对菇房进行蒸汽灭菌,灭菌过程要求堆料温度不低于70 ℃,时间不低于8h。灭菌完成后及时将废料运走,为了防止微生物污染,废料堆放或处理的场所距离工厂不得小于30km。

参 考 文 献

[1]张金霞,蔡为明,黄晨阳. 2020. 中国食用菌栽培学[M].北京:中国农业出版社.

[2]李荣春,杨志雷. 全球野生双孢蘑菇种质资源的研究现状[J]. 微生物学杂志,2002,22(6):34 - 51.

[3]罗信昌,陈士瑜. 中国菇业大典[M].北京:清华大学出版社,2016.

[4]杨国良.蘑菇生产全书[M].北京:中国农业出版社,2004.

[5]孟庆国,侯俊,高霞,等.食用菌规模化栽培技术图解[M].北京:化学工业出版社,2021.

[6]边银炳,等. 食用菌栽培学[M].北京:高等教育出版社,2017.

[7]黄晓辉,等.食用菌轻简化栽培技术[M].北京:湖南科学技术出版社,2021.

[8]常明昌,等.食用菌栽培学[M].北京:中国农业出版社,2003.

（王楠）

第二十二节　桑　　黄

一、概述

（一）分类地位

桑黄（*Phellinus igniarius*）是一种珍贵的药用真菌,古称为桑臣、桑耳、胡孙眼和桑黄菇。桑黄的药用记载最早源自两千多年前《神农本草经》中的"桑耳"。桑黄这个名称最早出自唐初甄权所著的《药性论》,其主要功效为治疗妇科疾病。该功效也见于唐朝所颁布全世界最早的官方编修药典《新修本草》。明朝李时珍所著的《本草纲目》也记载桑黄疗效。

桑黄长期以来存在种类认知的争议,是药用真菌中少见的。原因是这类黄黑褐色、硬质的大型多孔菌种类颇多,且不易从外观来鉴别种类。两千年来各类典籍所载之桑黄,包含了真正桑黄以及若干外观相似的种类,先后用过的学名有 *Phellinus igniarius*、*Phellinus linteus*、*Phellinus baumii*、*Inonotus linte*、*Inonotus baumii* 等。近数十年来学者们对于桑黄这类真菌的分类属性达成共识,认为它们是属担子菌门、伞菌纲、锈革孔菌目、锈革孔菌科的大型多孔菌。

目前对桑黄的研究主要集中于火木针层孔菌（*Phellinus Signiarius*）、裂蹄针层孔菌（*Phellinus linteus*）和鲍氏针层孔菌（*Phellinus baumii*）三个来源的物种。

（二）营养与功效

桑黄被称为"森林软黄金",是我国传统中药材,据《药性论》记载:桑黄味微苦,性寒,在我国传统中药中用于治疗疾、盗汗、血崩、血淋、脐腹涩痛、脱肛泻血、带下、闭经。日本《原色日本菌类图鉴》记载桑黄可治偏类中风病及腹痛、淋病。《神农本草经》将桑黄描述为"久服轻身不老延年",还有解毒、提高消化系统功能的作用。现在研究资料证实桑黄能够缓解疼痛、食欲不振、体重减轻及疲劳倦怠等,是目前抗肿瘤实验效果较强的药用菌,是国际医药与保健品行业生产抗癌产品原料。

桑黄种类繁多,根据产地和分类不同,药用成分存在一定的差异。目前研究较多的成分有多糖类、黄类、三萜类化合物、核苷类、甾醇类、生物碱类、呋喃行生物、氨基酸多肽类、脂肪酸、无机元素等。与灵芝相比,桑黄除含有多糖体与萜类化合物外,还含有较高量的黄类物质,这也是桑黄的特色。有研究统计,桑黄的药理学功能有20多种,包括抑菌、消炎、抗氧化、抗肿瘤、增强机体免疫、保肝护肝、降血糖、降血脂、抗肺炎等。由于桑黄具有抗氧化、抗炎症的功效。目前已经开发出桑黄酒、桑黄茶、化妆品以及口服液等食用产品,通过利用桑黄菌研制保健食品,大大提升了桑黄的经济效益。

(三)栽培历史与现状

我国桑黄虽然历代本草著作中均有记载,但是受到自然环境和资源的限制使得桑黄没有得到很好地开发和利用。桑黄人工子实体栽培在日本和韩国研究较早。在200多年前,日本江户时代即把产于长崎县女岛与伊豆群岛之八丈岛桑树桑黄蕈当成汉方药。第二次世界大战后长崎女岛居民因服用桑黄罹癌少,引起日本学者注意,1968年发表了药用菌中桑黄肿瘤抑制作用最强的报道,1983年将桑黄提取物制成抗癌新药,引起各国对桑黄研究的浓厚兴趣。1984年起韩国全力支持桑黄研究及开发,1997年,韩国采用室外遮阴棚木段栽培桑黄,成功地培养出桑黄子实体。并进行了产业化生产。至二十世纪八九十年代,我国科研人员开展的一系列的研究与开发,拉开了桑黄人工段木栽培、袋料栽培和液体深层发酵的序幕。

目前,国内已经形成较为成熟的代料栽培和段木栽培两种方式,按照出菇场所不同又可以分为代料单季/双季大棚栽培、林下仿野生栽培、工厂化设施周年栽培等模式,林地荫棚代料或段木立式栽培和室内层架式栽培,这种多元化的生产方式可能会较长时间的共存。随着天然林禁伐、农村劳动力外流和菇农老龄化等因素影响,桑黄栽培会逐步向专业化农场发展,并向工厂化生产菌包、在人工调控环境条件下室内层架出菇方式发展,以降低劳动强度,保证栽培桑黄产品的品质。

(四)发展现状与前景

桑黄是一类名贵的药用真菌,富含多种活性成分,具有较高的食药用价值,具有免疫调节、抗肿瘤、保护肝脏、抗氧化、消炎、降血糖等功效,具有广阔的市场前景。我国在桑黄菌多糖、桑黄菌的发酵培养、生长条件及其在食品药品中的应用等方面取得较大研究进展。

二、生物学特性

(一)形态与结构

1. 火木针层孔菌

火木针层孔菌(《中国药用孢子植物》)的拉丁学名为 *Phellinus igniarius* (L. ex Fr.) Quél.。属担子菌亚门,层菌纲,多孔菌目(非褶菌目),多孔菌科(刺革菌科),木层孔菌属、层孔菌、多孔菌属。子实体多年生,中等至较大,木质,无柄,侧生。扁半球形或不规则形,长径3~21 cm,短径2~12 cm,厚1.5~10.0 cm,浅肝褐色、深烟色至黑色,初期表面被细微绒毛,后变光滑,老熟后往往龟裂,无皮壳,有同心纹和环棱。边缘锐或钝,深肉桂色至浅咖啡色,下侧无子实层。菌肉深咖啡色、锈褐色或浅咖啡色,木质,坚硬,厚2~7 mm。菌管多层,但层次不明显,与菌肉色相近似,老年菌管充满白色菌丝。管口锈褐色至酱色,圆形,每毫米间4~5个。孢子卵形至球形,光滑,无色,(5~6) μm × (3~4) μm。

2. 裂蹄针层孔菌 裂蹄针层孔菌(邵力平《真菌分类学》)的拉丁学名为 *Phellinus linteus* (Berk. et Curt.)Teng,属担子菌亚门,层菌纲,多孔菌目(非褶菌目),多孔菌科(刺革菌科),木层孔菌属,褐层孔菌属。子实体中等至较大,多年生,硬木质,无柄。菌盖扁半球形至马蹄形或不规则形,(2~10) cm × (4~17) cm,厚1.5~7.0 cm,盖面深烟色至黑色,有同心纹和环棱,初期有微细绒毛,后脱落变光滑,稍龟裂。盖缘锐或钝,色稍浅,下侧无子实层。菌肉锈褐色或浅咖啡色,厚2~7mm,菌管多层,每层厚2~5mm,与菌肉色相似。管口圆形,每毫米6~8个,咖啡色。孢子近球形,光滑,黄褐色,(3.5~4.5)μm×(3.0~4.0)μm。刚毛圆锥形,褐色,(13~35)μm×(5~10)μm。

3. 鲍氏针层孔菌 鲍氏针层孔菌(《中国真菌总汇》)的拉丁学名为 *Phellinus baumii* Pilat,属担子菌亚门,层菌纲,多孔菌目(非褶菌目),多孔菌科(刺革菌科),木层孔菌属。子实体中等大,木质、多年生,无柄,菌盖半圆形,贝壳状,横径3.5~15.5cm,纵径3.0~10.0cm,厚2.0~7.0cm,通常4.0cm左右;菌面初肉桂色至黄褐色,有微细短绒毛,老后色变深暗,呈黑褐色至深黑色,毛消失,表面粗糙,有同心环带及放射状环状龟裂,无皮壳,盖面常蔓生苔藓植物群。盖缘较薄锐或纯圆,全缘或稍波状,异色或近同色,下侧无子实层,菌肉锈褐色,木质。菌管多层,排列紧密,与菌肉同色同质,分层不甚明显;管口面栗褐色至褐色至紫赤褐色,管口细小致密,圆形,每毫米8~11个。刚毛体近似纺锤状,淡褐色,(14.0~18.5)μm×(4.5~5.5)μm。担孢子近球形,淡褐色,平滑,(3.0~3.5)μm×(2.8~3.2)μm。

(二)繁殖特性

在自然界中,桑黄大多生长于海拔500m以上的天然雨林区,属于可以多年生长的稀有药用真菌,主要寄生于桑树、杨树、柳树、桦树、栎树、榉树、松树或杜鹃等阔叶树上,生长期往往长达数十年甚至千年。桑黄在国内主要分布在黑龙江、吉林、云南、湖北、四川、陕西、山西、西藏、浙江、安徽、台湾等地。集中分布区在黑龙江省东部乌苏里江与兴凯湖之间;西北地区陕西与甘肃交界的"子午岭"自然保护区;东北的长白山林区、哈尔滨与吉林市之间的老爷岭、张广才岭等地。另外,西南各省区也出产少量的桑树生"桑黄"。在国外主要分布在韩国、日本、俄罗斯、朝鲜、菲律宾、北美、中南美等地。

(三)生长发育条件

桑黄菌丝体和子实体(图4-22-1)生长发育主要和基质营养及生长的环境条件(温度、水分、光线及酸碱度等理化因素)有关。

图4-22-1 桑黄人工栽培子实体

1. 营养与基质

桑黄是木腐菌,主要分解利用木质素、纤维素和半纤维素等。生产上培养料主要以阔叶树的树干、枝丫、树叶及其木屑等作为主料,以麸皮、稻糠、玉米粉等作为辅料。其他富含纤维素、半纤维素、木质素的农副产品下脚料经过适当的配置也能用来栽培桑黄。桑黄人工栽培在菌丝生长阶段C/N比为25:1,子实体生长阶段C/N比为(30:1)~(40:1),桑黄液体发酵最适碳氮比为24:1。据报道,固体菌种最佳培养基配方是:马铃薯浸出汁 200 g/L、琼脂粉 20 g/L、葡萄糖 30 g/L、麦 15 g/L、硫酸镁 2 g/L、磷酸氢钾 3 g/L,pH 值 6.5。最佳液体培养培养基配方是:马铃薯浸出汁 200 gL、葡萄糖 30 g/L、麦麸 10 g/L、硫酸镁 5 g/L、磷酸二氢钾 3 g/L、维生素 B_1 100 mg/L。桑黄可以采用杨树、桦树、柞树、桑树等阔叶树木进行段木栽培。桑黄也可以利用大多数阔叶树及桑枝等木屑,加适量的麦麸和石膏进行代料栽培。代料栽培最佳配方为桑树木屑 80%、玉米粉 10%、稻皮 2%、棉将壳 7%、石膏 1%。

2. 环境条件

(1)温度。桑黄属于中高温型药用菌,菌丝体生长温度为 15 ~ 35 ℃,最适生长温度 25 ~ 28 ℃;子实体生长温度为 15 ~ 35 ℃,最适生长温度为 27 ~ 30 ℃,低于 15 ℃、高于 35 ℃均不利于子实体形成。

(2)水分及湿度。菌丝体生长阶段培养料最适含水量为 60%。发菌期适宜空气相对湿度为 35% ~ 45%,子实体生长期适宜空间相对湿度为 85% ~ 95%。

(3)光照。桑黄菌丝培养阶段不需要光照,强光照抑制菌丝生长,子实体分化和生长阶段,散射光(三分阳七分阴,透光度 30% ~ 50%)有利于出菇。而在无光照(低于 10 Lx)条件下,不能正常形成子实体。

(4)空气。桑黄为好气性菌类,在菌丝体生长期阶段对空气的要求不高,在子实体形成和生长期间,一定要勤通风换气,保持棚(室)内空气新鲜。

(5)酸碱度。菌丝体在 pH 值 4.5 ~ 9.0 均可生长,pH 值 6.0 ~ 6.5 最适,代料栽培基质适宜 pH 值 5.5 ~ 6.5。

三、栽培技术

目前,桑黄的人工栽培主要有段木栽培(图 4 - 22 - 2)和代料栽培两种方式。

图 4 - 22 - 2　桑黄短段木栽培

(一)段木栽培技术

黑龙江省段木栽培主要以短段木熟料栽培为主,结合当地自然条件,一般每年的 12 月至第二年 2 月采伐原木,2—3 月进行制作料段、养菌,5 月中下旬入棚排段,6—10 月出黄管理,10 月至第三年 4 月进行越冬管理,5 月末开始进行出黄管理,直至第四年 9 月开始采收。桑黄的段木栽培的生产工艺流程如下:

木材准备→截断、劈柈、捆段→装袋→灭菌→冷却→接种→菌丝培养→入棚排段→出黄管理→越冬管理→采收

1. 栽培场地与设施

(1)料包。生产设施料包生产设施主要包括截断机、劈柈机、捆段机、装袋机、高压灭菌柜、冷却室、接种室、发菌室等。具备料包生产所需要的各种设备和环控条件,且布局合理。料段生产场地内水质、大气、土壤环境等应符合食用菌生产要求。

（2）栽培场地。选择地势平坦、排灌方便、远离生活污染源的沙壤土地建造大棚。场地内水质、大气、土壤环境等应符合食用菌生产要求。

（3）菇棚要求。以彩钢或砖混结构为宜,大棚要求长 25 ~ 30 m,宽 7 ~ 10 m,高 1.8 ~ 2.0 m,大棚外覆食用菌大棚专用的塑料棚膜和遮阳网,棚内按照大棚走向建 2 m 宽,高 5 ~ 8 cm 的畦床,畦床间距 60 cm。

2. 原木准备

桑黄段木人工栽培木材选用新鲜、干燥、无霉变的(桑、柞、桦、杨等)阔叶树木、枝丫材或抚育剩余物;采伐时期为冬季树木睡眠期,即 12 月至第二年 2 月。采伐时选择树木直径 10 ~ 20 cm 为最佳。

3. 料包制备

（1）截断、劈柈、捆段。将树木剔去枝丫、削平,接种前 5 ~ 7 d 截成 14 ~ 18 cm 长的木段。人工或利用劈柈机将直径超过 10 cm 的木段从截面劈成均匀柈,木段浸泡预湿 24 ~ 36 h,含水量达到 60% ~ 65%。利用捆段机将劈柈的木段捆扎成直径 10 ~ 30 cm 的圆形木段,木段树皮朝外。

（2）装袋。捆好的圆形木段装入(25 ~ 45) cm × (35 ~ 45) cm 相应规格的低压聚乙烯折角袋内,沿塑料袋上部封口。装段后料袋高度在 18 ± 2 cm,菌段重量在 3.0 ~ 4.0 kg。

（3）灭菌。采用常压分段灭菌,6 小时内使锅内温度迅速达到 100 ℃,温度保持 14 ~ 20 h,停火后再焖 3 ~ 5 h;自然冷却至 60 ℃ 以下时出锅。

（4）冷却。将灭菌后的木段迅速运至接种场所自然冷却至 28 ℃ 以下。

（5）接种。接种场所应选择密闭、整洁,便于通风和消杀的场所或使用移动式接种帐,当料段冷却至 28 ℃ 时,按照无菌操作规程接种。菌种应铺满段木截面,扎好袋口。

4. 发菌管理

（1）菌丝培养。控制发菌室温度为 22 ~ 26 ℃、空气相对湿度为 35% ~ 45%、黑暗条件培养约 30 d;培养 15 d 后开始通风,逐渐加大通风量,早晚各通风一次,每次通风 1 h。

（2）后熟培养。菌段表面长满菌丝继续培养 20 ~ 30 d,培养室温度控制在 20 ± 2 ℃,空气相对湿度控制在 35% ~ 45% 之间。

5. 出菇管理

（1）入棚排段。将后熟后的菌段移至大棚内,用壁纸刀沿菌段一端 2 cm 处环形割掉塑料袋,取下塑料袋后摆放在畦床上,去掉塑料袋的一段朝下,菌段间距 20 cm。再覆盖沙土 4 ~ 5 cm,以压住环割处塑料袋边缘为宜。

（2）催芽管理。菌段开长 2 ~ 3 cm 月牙形口,每段开 2 ~ 3 个口,开口后,让菌丝恢复 2 ~ 3 d,然后每天要向空中、棚膜、地面少喷勤喷雾状水 3 ~ 5 次,喷水后通风 10 ~ 20 min。保持空气相对湿度 75% ~ 80%,土壤湿度为 55% ~ 60%。给予一定的散射光照,适宜温度为 18 ~ 26 ℃。

（3）出黄管理。原基出现后,保持棚内空气相对湿度 85% ~ 90%,土壤湿度为 55% ~ 60%,每天早晚通风 0.5 ~ 1 h,给予一定的散射光照,适宜温度在 26 ~ 30 ℃。

（4）越冬管理。越冬前停止浇水,去掉塑料大棚外的遮阳网,在棚内加盖一层遮阳网,使棚内空气相对湿度保持在 50% ~ 60%。第二年春天按照出黄管理进行管理。

6. 采收贮藏

（1）采收。子实体生长至周围不再有浅黄色生长点即可采收,采收时一只手握住菌袋,一只手轻轻将桑黄旋转拧下,清理表面残留的培养基,放置在容器内。

（2）干制。晒干:将桑黄一侧向上晾至半干,然后翻另一面向上晾干;

烘干:采用机械烘干,在烘房内温度 35 ℃ 左右时,摆放好桑黄,然后从 35 ℃ 开始每 4 h 升温 5 ℃,逐步升温至 60 ℃,保持温度烘干至含水量 ≤13%。

(3)包装。产品干制后及时装入塑料袋密封,避免吸潮。塑料包装应符合GB4806.6的规定。

(4)贮藏。干品应放在避光、阴凉干燥处贮存或者在冷库内贮存,不得与有毒、有害物质混放,注意防霉、防虫。

(二)代料栽培技术

在黑龙江省,桑黄代料栽培与段木栽培的料包生产的时间和栽培季节相同,2月至3月进行制作料包、养菌,5月中下旬入棚排段,6月至10月出黄管理,但代料栽培的桑黄子实体一般都在当年10月份采收。桑黄的代料栽培的生产工艺流程如下:

培养料制备→装袋→灭菌→冷却→接种→菌丝培养→入棚排段→出黄管理→采收

1. 栽培场地与设施

料包生产设施主要包括拌料机、装袋机、高压灭菌柜、冷却室、接种室、发菌室等。具备料包生产所需要的各种设备和环控条件,且布局合理。料段生产场地内水质、大气、土壤环境等应符合食用菌生产要求。

桑黄代料栽培的场地选择、菇棚要求与段木栽培的相同。

2. 栽培原料与配方

桑黄代料栽培主料(黑龙江省)可选用新鲜、干燥、无霉变的(桑、柞、桦、柳等)阔叶木屑,辅料可选用麸皮、玉米粉、米糠、豆粉、磷酸二氢钾、碳酸钙等。培养料一般控制含水量为55%~60%,pH值为6~7。常用的培养基配方(质量百分比)为:

①木屑78.0%,麸皮15.0%,玉米粉5.0%,糖1.0%,石灰0.5%,石膏0.5%;

②木屑80%,麸皮18%,石灰1%,石膏1%;

③木屑77.0%,麸皮(或稻糠)20.0%,豆粉2.0%,石灰0.5%,石膏0.5%。

3. 料包制备

(1)拌料与装袋。按照生产配方称取原辅料,将各种干料按比例混合均匀,白糖加入水中溶化后,与水同时加入混匀的干料中,充分混匀。手测含水量在55%~60%之间为宜,堆闷6~8 h后装袋,中间翻堆一次,松紧度要适中、均匀,17 cm×33 cm的菌袋,每袋装湿料1.1~1.2 kg,料袋高20 cm左右,袋口余6~7 cm时停装,压平袋内料面,用无棉体盖或扎口绳封袋口。松紧度以手拿料面无指印、不松动、袋面光滑、无皱褶为标准。

(2)灭菌、冷却。装袋结束后要及时灭菌。常压灭菌,温度达到100 ℃保持6~8 h,自然冷却;或高压灭菌,在1.4 kg/cm²(126 ℃)压力下,保持2~3 h,停火后再闷3~5 h;自然冷却至60 ℃以下时出锅。出锅后将料袋迅速运至接种场所自然冷却。

(3)接种。接种场所应选择密闭、整洁,便于通风和消杀的场所或使用移动式接种帐,当料袋冷却至28 ℃时,按照无菌操作规程接种。

4. 发菌管理

(1)菌丝培养。控制发菌室温度为22~26 ℃、空气相对湿度为35%~45%、黑暗条件培养约30 d;培养15 d后开始通风,逐渐加大通风量,早晚各通风一次,每次通风1 h。

(2)后熟培养。菌段表面长满菌丝继续培养20~30 d,培养室温度控制在20±2 ℃,空气相对湿度控制在35%~45%之间。

5. 出菇管理

(1)入棚排段。将后熟后的菌段移至大棚内,倒立放于畦床之上,袋间距10~15 cm,排场10~15 d后,菌丝恢复变壮后,开始割口、催蕾。

(2)催芽管理。菌段开长2~3 cm月牙形口,每段开1~2个口,开口后,让菌丝恢复2~3 d,然后每天要向空中、棚膜、地面少喷勤喷雾状水3~5次,喷水后通风10~20 min。保持空气相对湿度75%~80%,土壤湿度为55%~60%。给予一定的散射光照,适宜温度为18~26℃。

(3)出黄管理。原基出现后,保持棚内空气相对湿度85%~90%,土壤湿度为55%~60%,每天早晚通风0.5~1.0 h,给予一定的散射光照,适宜温度在26℃~30℃。

6. 采收贮藏

(1)采收。子实体生长至周围不再有浅黄色生长点即可采收,采收时一只手握住菌袋,一只手轻轻将桑黄旋转拧下,清理表面残留的培养基,放置在容器内。

(2)干制。晒干:将桑黄一侧向上晾至半干,然后翻另一面向上晾干;烘干:采用机械烘干,在烘房内温度35℃左右时,摆放好桑黄,然后从35℃开始每4h升温5℃,逐步升温至60℃,保持温度烘干至含水量≤13%。

(3)包装。产品干制后及时装入塑料袋密封,避免吸潮。塑料包装应符合GB4806.6的规定。

(4)贮藏。干品应放在避光、阴凉干燥处贮存或者在冷库内贮存,不得与有毒、有害物质混放,注意防霉、防虫。

(三)病虫害防治

1. 病虫害防治原则

以"预防为主、综合防治"方针,优先采用农业防治、物理防治、生物防治,配合科学、合理的化学防治。应符合GB4285和GB8321标准要求。

2. 主要病害防治

主要病害有绿色木霉、褶霉病以及生理性病害,绿色木霉、褶霉病发病初期加强通风,降低空气湿度,防止蔓延;发病时用500倍的甲基托布津或700倍多菌灵喷洒;发现感病的培养料及时清除。生理性病害防治采取控温降湿,增加光照和通风,做好温、光、水、气的调控工作。

3. 主要虫害防治

主要虫害有尖眼蕈蚊、菇蝇、线虫和蛞蝓等。提高栽培水平是防治虫害的有效措施,认真做好培养料的杀毒灭菌,杀死料中的幼虫和虫卵,搞好菇房内外的环境卫生,利用纱网进行防虫,利用诱虫灯进行诱杀;采用食盐水喷雾驱除或者采用砷酸钙或砷酸铝进行诱杀。化学防治可以选用高效低毒的拟除虫菊酯类农药进行防治。

参 考 文 献

[1]成胜荣. 同源异效桑源药材(桑叶、桑枝、桑白皮、桑椹)的物质基础研究[D]. 镇江:江苏大学,2019.

[2]陈卫. 层孔菌发酵菌粉的新药材研制及其活性成分Hispolon的抗肿瘤分子机制研究[D]. 杭州:浙江大学,2008.

[3]曹根风,黄双根,曾小虎. 4种药用真菌在中药及中成药中的开发应用现状[J]. 中国食用菌,2019,3(12)1-4.

[4]戴玉成. 我国8种重要药用真菌研究进展—药用真菌专刊序言[J]. 菌物学报,2017,36(1)1-5.

[5]黄年来,林志彬,陈国良,等. 中国食药用菌学[M]. 上海:上海科学技术文献出版社,2010.

[6]李福森. 不同栽培基质对桑黄中主要成分积累的影响及抗炎活性评价[D]. 长春:长春师范大学生命科学学院,2020.

[7]骆婷. 桑黄的生物学特性及其发酵培养条件的优化[D]. 合肥:安徽农业大学植物保护学院,2009.

[8]罗信昌,陈士瑜,等. 中国菇业大典[M]. 北京:清华大学出版社,2010;1493-1509.

[9] 张金霞,蔡为明,黄晨阳.中国食用菌栽培学[M].北京:中国农业出版社,2020:463-472.

[10] 刘正南,郑淑芳.中国药用真菌的现状和种质资源[J].中国食用菌,1998,17(6):22-24.

[11] 骆冬青,郑红鹰,汪维云.珍稀药用真菌桑黄的研究进展[J].药物生物技术,2008(1):76-78.

[12] 吴声华.珍贵药用菌"桑黄".物种正名[J].食药用菌,2012,20(3):177-179.

[13] 吴声华,戴玉成.药用真菌桑黄的种类解析[J].菌物学报,2020,39(5):781-794.

[14] 吴声华,黄冠中,陈愉萍,等.桑黄的分类及开发前景[J].菌物研究,2016,14(4):187-200.

（王金贺）

第二十三节　珊 瑚 猴 头

一、概述

(一)分类地位

珊瑚猴头学名珊瑚状猴头菌(*Hericium coralloides*),因形似海里珊瑚而得名,又名松花蘑、玉髯,隶属于担子菌门、伞菌纲、红菇目、猴头菌科、猴头菌属。子实体在夏秋季生于阔叶树或针叶树的腐木或树干上(图4-23-1),多发生于保存完好的原始森林,野生资源主要分布在北温带地区,在我国主要分布在东北三省、陕西、四川、云南、新疆和西藏等地,是一种极为少见的珍稀食用菌,在长白山地区被相关研究列为"三级保护种"。

图4-23-1　野生珊瑚猴头子实体(史文全拍摄)

(二)营养与功效

珊瑚猴头是一种优良的药食兼用菌。子实体味道鲜美,营养丰富,含有丰富的蛋白质、18种氨基酸(包括8种人体必需氨基酸)、碳水化合物、膳食纤维、维生素C、钾钙铁硒等营养素,同时含有多糖、帖类化合物、猴头菌素、甾醇等生物活性成分,具有利五脏、降血糖、助消化、提高免疫力等医疗保健功效,可用于神经衰弱、胃溃疡等疾病的辅助治疗。

(三)栽培历史与现状

珊瑚猴头是猴头菌属真菌的一个稀有品种,人工驯化栽培的时间比较短。自2003年开始,吉林农业大学食用菌团队一直进行珊瑚猴头的品种选育工作,其中新品种"玉猴头"在区域试验和生产试验中表现出了丰产性和稳产性,于2014年3月通过了吉林省农作物品种审定委员会审定,2015—2016年在非洲赞比亚进行了示范性栽培与推广。与猴头菇相比,珊瑚猴头鲜品口感更佳脆嫩、无苦涩感,但其总产量和生物学效率要低于猴头菇,且高产优质的品种相对较少。目前珊瑚猴头在我国还没有进行大规模推广栽培,具有广阔的市场开发前景。

二、生物学特性

(一)形态与结构

珊瑚猴头其名常与猴头菇栽培中的畸形菇—"珊瑚状菇"相混淆,实际上二者形态差异十分明显。前者子实体分枝规则、纤细,可形成菌丛,整体美观,而后者子实体分枝膨大,极不规则。珊瑚猴头子实体的基部是软而韧的短小的主枝,各主枝又可多级分枝(图4-23-2),成熟子实体长13.1~20.0 cm,宽12.6~18.9 cm,新鲜时呈白色,干燥后变为淡黄褐色。主枝和分枝上生有菌刺,在分枝上更为稠密,平行下垂、菌刺柔软,肉质,长0.3~1.2 cm,顶端尖锐。珊瑚猴头在PDA培养基生长时菌丝稀疏,呈分枝状,大部分为基内菌丝;在木屑培养基质中,与猴头菇相比,菌丝颜色偏淡。孢子产生于小刺周围,无色,厚壁,光滑,近球形至稍椭圆形,大小(4.0~4.3)μm×(3.1~3.7)μm,孢子印呈白色。

图4-23-2 人工栽培的珊瑚猴头子实体

(二)繁殖特性

珊瑚猴头的繁殖过程与猴头菇基本一致。在营养生长阶段,担孢子吸水膨胀后从一端或者两端发芽,形成单核菌丝,不亲和性单核菌丝交配形成双核的次生菌丝,显微镜下可见明显的锁状联合。在生殖生长阶段,次生菌丝发生扭结,形成乳白色颗粒状的菇蕾。菇蕾可继续分化成珊瑚猴头的主枝,主枝迅速沿纵向伸长生增粗,随后侧枝开始逐级发育形成,由一级分枝分化出二级分枝,二级分枝分化出三级分枝,可依次分化出5~6级分枝。主侧枝上均长有猴头菌属的典型器官——菌刺,每一根细刺的表面都布满子实层,子实层生长着大量的担子及囊状体,当子实体发育成熟后,将不断产生和释放担孢子,用来繁殖新的个体。珊瑚猴头从孢子萌发到产生新的担孢子,完成了一个生命周期。

(三)生长发育条件

1. 营养

珊瑚猴头是一种木腐型食用菌,分解纤维素、木质素的能力较强,生长发育过程中需要碳源、氮源、矿质元素及维生素等。人工栽培常用的碳源包括棉籽壳、木屑、玉米芯、豆秸、稻草、麸皮、酒糟等,菌丝生长的最适宜碳源为葡萄糖,甘露糖、麦芽糖、乳糖、淀粉、蔗糖较次之,不宜使用有机酸作为碳源。野生珊瑚猴头的氮素营养主要来源于木材中的蛋白质和氨基酸等有机氮化合物。在人工栽培中为补充木屑等培养料内氮量的不足,通常向培养料中添加一定量的含氮丰富的麸皮、稻糠等谷类副产物。在PDA培养基中加入0.5%蛋白胨可以促进菌丝的生长。

2. 温度

珊瑚猴头属于中温结实性菌类,菌丝生长温度范围为5~30℃,适宜生长温度为25℃,在25~30℃范围内,生长速度随温度的升高而减缓,35℃停止生长,子实体生长发育适宜温度为15~22℃,温度过低影响子实体正常生长和展开,温度过高则子实体难以分化或品质差。

3. 水分与湿度

在菌丝生长期间环境相对湿度控制在70%以下即可,但在子实体生长发育阶段湿度应达到80%以上,当湿度低于80%时,子实体原基或正在生长的子实体容易失水变色而停止生长。

4. 酸碱度

珊瑚猴头属于喜酸性食用菌,在pH值4.0~8.5的范围均可以生长,菌丝生长最适pH值为5。

5. 空气

珊瑚猴头属于好气性真菌,整个生长阶段都需要氧气供应,增加培养料透气性有利于菌丝生长,出菇阶段要注意勤通风,但又不可通风时间过长,通风时间过长容易使子实体小刺发生失水,从而影响生长;若通风不良或二氧化碳浓度过高会导致子实体分支稀疏。

6. 光照

菌丝生长期间不需要光线,子实体生长需要50~400 lx散射光,当光照超过2 000 lx或直射光照射会使子实体变黄,品质严重降低。

三、栽培技术

珊瑚猴头的栽培设施、栽培季节、出菇模式和病虫害防治等与猴头菇栽培基本相同,常规条件下培养很容易形成子实体,目前主要栽培区域分布在黑、吉两省。

1. 栽培原料与配方

主要栽培原料是硬杂木屑、棉籽壳和麸皮等农林业下脚料,我国各地的培养料配方主要有以下几种:①木屑82.5%,麸皮15%,蔗糖1%,石膏1%,石灰0.5%。②木屑78%,麸皮20%,蔗糖1%,石膏1%。③木屑78%,麸皮17%,豆粕2.5%,玉米粉1%,石膏1%,石灰0.5。制种时按常规方法拌料、装袋和灭菌,通常采用规格17 cm ×(33~37)cm的聚乙烯或聚丙烯塑料袋。

2. 发菌管理

菌丝培养要在避光条件下进行。菌包可以单层立式摆放在菌架上,袋与袋之间保持2~3 cm间距,如室内没有菌架,也可以选择卧式地面摆放,菌包堆叠码放5~7层高。室内空气相对湿度一般控制在

50%以下,温度控制在23~25℃,经过30~40 d菌丝长满菌包,整个发菌期温度不低于20℃,以免未长满即在袋内形成子实体。每天保持至少通风1次,培养后期应勤通风,通大风,以免因呼吸作用增强产生菌丝"伤热"现象。发菌期间要定期查菌,对感染杂菌的菌包要及时清除,以防杂菌传播扩散;对于污染面积较小的菌包可挑出后,单独摆放—培养室进行管理。

3. 出菇管理

刚长满的菌包应先放置5~7 d,当室外温度达到10~20℃时再转移至出菇房,进行低温催蕾。在菌包侧面开口,开口方式可选择划口或开口,在实践中发现采用划口出菇朵型好、根部整齐。划口时也要注意划口性状和大小,可选择"一"字形口、"十"字形口或圆口,以口径大小1~2 cm为宜。口径过小,子实体生长后期因重量增加易发生脱落,口径过大,采摘一茬菇以后,培养料容易失水,从而影响第二茬菇的产量。在出菇期间菌包立摆在床架上,接种口朝上,行间距保持在30 cm左右,防止两侧菌包出菇密集,不利于空气流通(图4-23-3)。如场地条件允许,也可以选择横卧摆放。

图4-23-3 珊瑚猴头室内层架式栽培模式

出菇环境温度应控制在15~22℃,催蕾时温度调低至16~18℃,一般开口后7~10 d便可形成菇蕾。当菇房温度控制在16~20℃,且昼夜温差小于5℃时,可获得大量的优质菇。温度低于14℃,子实体颜色发红,温度越低颜色越深;温度高于25℃,子实体发黄。如遇到异常高温天气,一般需在中午前后结合喷水、通风等措施进行降温处理。

环境湿度不低于80%,子实体生长初期空气相对湿度可控制在90%左右,当后期菌刺开始分化时,湿度可下调至85%左右,以减少病虫害的发生。进行水分管理时,最好使用雾状喷头朝四周或地面喷水,切勿将水喷到菇体上。一般每天浇水1~2次,阴雨天不喷水。

出菇阶段菇房每日通风2~3次,每次通风时间20~30 min,保持室内空气新鲜,通风管理要与控制温度、湿度控制相协调。当室内温度、湿度偏高时,应增加通风次数和每次通风时间,以防发生绿霉病等杂菌病害;低温、低湿时,通风次数和每次通风时间相应减少。

4. 采收与采后管理

一般在菇蕾形成后15 d左右进行采收,菇体形成珊瑚状分支,菌刺刚刚下垂,孢子尚未大量弹射时,即为最适采收适期,单个子实体重量可达200 g左右。采收前24 h不喷水,采菇时保持手和工具的清洁卫生,戴上乳胶手套,子实体从根部轻轻摘下,保证珊瑚状的完整分枝。每次采收后,要及时清理残留的菇体,同时挑除污染的菌袋。采收后一般停水5~7 d,以利于菌丝恢复,整个生产周期可出3~4茬菇,生物学效率可达到70%左右。采摘的子实体尽量以鲜品销售,若鲜品不能及时销售,可置于晾晒架或烘箱中干制。

参 考 文 献

[1]李玉,李泰辉,杨祝良,等.中国大型菌物资源图鉴[M].郑州:中原农民出版社,2015.

[2]范宇光,图力古尔.长白山野生珊瑚状猴头驯化栽培[J].中国食用菌,2010,29(4):10-11.

[3]胡欣,姚方杰,张友民,等.珊瑚猴头担孢子萌发及其菌丝生长特性[J].食用菌学报,2016,23(2):23-24.

[4]柳风玉,程群柱.冀北地区珊瑚猴头菌栽培技术[J].现代农业科技,2020,(5):82.

[5]胡欣.珊瑚猴头交配系统与形态发育解析及良种繁育的研究[D].长春:吉林农业大学,2016.

[6]任洋洋.珊瑚猴头品种选育与营养利用分析及在赞比亚的应用[D].长春:吉林农业大学,2016.

[7]赵敬聪,王振利,刘孝利.珊瑚状猴头不同出菇方式比较试验[J].食用菌,2019,41(4):48-49,76.

（张鹏）

第二十四节　松 杉 灵 芝

一、概述

（一）分类地位

松杉灵芝（*Ganoderma tsugae* Murrill），属于真菌界（Kingdom Fungi）、担子菌门（Basidiomycota）、层菌纲（Hymenomycetes）、灵芝科（Ganodermataceae），灵芝属（*Ganoderma*）真菌，别名铁杉灵芝、木灵芝、松杉铁芝,分布于我国黑龙江、吉林、甘肃、河北、内蒙古等省份,民间大多当灵芝入药。

（二）营养与功效

松杉灵芝可用于治疗过敏性哮喘;其成熟的子实体和新生的子实体、菌丝体与发酵滤液的甲醇提取物均具有明显的抗氧化作用;从松杉灵芝提取的总三萜类化合物能降低 CCl_4 肝损伤小鼠血清 AST 和 ALT,具有保肝作用,还可诱导人肝肉瘤 Hep3B 细胞的凋亡;松杉灵芝多糖具有增强细胞和体液免疫效应的作用,可显著增强二硝基氯苯（DNCB）所致小鼠迟发型皮肤过敏反应,拮抗环磷酰胺所致小鼠骨髓细胞微核率,具有抗突变作用与抗肿瘤作用。此外,松杉灵芝提取物还能抑制直肠癌细胞的增长;抑制鳞状细胞癌表皮生长因子受体的表达和血管生成;具有明显抑制人乳腺癌细胞 MCF-7/MDA-MB-231 细胞的增殖,而对正常人乳腺上皮细胞无明显细胞毒作用。

（三）栽培历史与现状

大兴安岭地区最早实现松杉灵芝人工种植始于 2008 年,由黑龙江省大兴安岭图强林业局邢宗杰逐步摸索而出,2010 年发表《北纬53°地区栽培松杉灵芝实验》,自此松杉灵芝种植由大兴安岭向东北地区扩散开来,2020 年大兴安岭松杉灵芝种植约 100 万袋,主要以木屑菌袋覆土栽培模式,而吉林松杉灵芝种植主要以木段林下种植为主。

二、生物学特性

松杉灵芝是一种中低温型木腐真菌,以分解木屑获取营养物质,第一年代谢营养能力较弱,需要后熟 1 年,后熟之后,抗杂能力增强。

1. 温度

菌丝可在5~28℃范围内生长,超出这个温度范围,菌丝停止生长,或出现异常生长及死亡。在30℃以上高温时,菌丝的呼吸作用大于同化作用,体内营养的消化大于合成,造成代谢活动异常也会死亡,在高温高湿的条件下更容易引起死亡,松杉灵芝菌丝在基质中最适宜温生长温度为20~25℃。

子实体在10~26℃之间生长。但对高温的适应能力较弱,子实体分化及生长的较适宜温度是18~25℃,最适以温度为20~22℃,温度偏低,子实体质地较好,菌肉致密,皮壳色泽深,光泽好;反之虽也能较快生产,但质量稍差。

2. 水分

基质含水量与基质密度有关,坚硬的木材含水量以37%左右为宜;材质松的木材含水量在37%~40%。坚硬木屑配置的袋料适宜含水量为55%~58%,疏松木屑配置的培养料适宜含水量为58%~60%。培养基中含水量高于80%时,由于基质中氧气含量过低,易导致菌丝死亡。

菌丝生长时所需的水分来自基质,只要空气中相对湿度维持在65%~70%,就能确保基质中水分不因空气干燥而蒸发,相对湿度低于65%~70%时,在自然条件下会影响菌丝的生长速度。

子实体生长期间要求空气相对湿度保持在85%~90%,如果相对湿度低于60%造成子实体生长停滞。长期干燥会引起子实体干缩,不再生长,若相对湿度低于45%,菌丝的生长也停止,不再发生分化,已形成的幼小子实体也会干死。但相对湿度高于95%会导致菌丝与子时体呼吸作用受阻,引起菌丝自溶与子时体腐烂而死亡。

3. 氧与二氧化碳

在自然条件下,空气中二氧化碳的浓度为0.03%,松杉灵芝菌丝可正常生长,增加二氧化碳浓度,可促进灵芝菌丝的生长。实验证明,如果温度条件不变,二氧化碳浓度增加到0.1%~10.0%,菌丝生长速度可加快2~3倍。子实体形成和长大对空气中的二氧化碳很敏感,适宜子实体分化长大的空气二氧化碳含量为0.03%~0.10%,二氧化碳高于上述浓度,子实体外形发生变化,生长受到抑制,可能只长柄或鹿角状分枝,严重时完全不形成子实体。

4. 酸碱度

松杉灵芝是一种适宜偏酸性条件生长的药用菌,菌丝可以在pH值为3~9范围内生长,最适宜菌丝生长的pH值为4~6,最佳pH值为5.0~5.5。当pH值为8时,菌丝生长速度减慢,pH值大于9时,菌丝将停止生长。在碱性条件下,钙、镁等无机离子的溶解度增大,会抑制各种酶的活性,维生素合成和正常代谢活动。因在菌丝生长过程中不断有中间代谢产物产生,其中包括各种有机酸,因此培养基的酸性随着培养时间的延长而逐渐降低。

5. 光照

松杉灵芝菌丝体可以在完全黑暗的条件下正常生长。可见光中的蓝紫光,对菌丝生长均有明显的抑制作用。直射的太阳光,对菌丝有害,光线越强对菌丝的伤害也越大。570~920 nm的红光对菌丝生长无害。菌丝分化时,需要400~500 nm的蓝光诱导。在黑暗或弱光(照度数20~1 000 Lx)的条件下,只长菌柄,不会形成菌盖。当光照强度达到1 500 Lx以上时,菌蕾生长速度快,能形成正常的菌盖。菌柄具有趋光性,单方向的光能促使菌柄生长过长,且向光源强的方向生长,松杉灵芝子实体内对光的感受器与维生素B_2(核黄素)及类胡萝卜素有关。子实体内这些感光物质偏多或偏少,均会使子实体畸形发育。担子生长畏光,特别是紫光和紫外光对其生长有害,但菌丝分化出担子时需要有紫光的诱导。蓝光和紫光对担孢子的发育有害。

三、栽培技术

(一)品种

1. 人工栽培的松杉灵芝品种

人工栽培的松杉灵芝品种最初都来源于不同地域的野生松杉灵芝。大兴安岭就是优质的松杉灵芝种源地,引进内蒙古大兴安岭地区、小兴安岭地区、长白山地区栽培品种,而且都有栽培成功的验证。

2. 组织分离方法

在野生松杉灵芝生长的季节,到其生长地进行调查、采集,挑选子实体形状好、个体较大、无虫蛀、无病菌发生的接近成熟的子实体,带回实验室进行分离、纯化工作。

先将子实体进行无菌处理,用解剖刀切取子实体菌盖下的组织,切块大小为 0.5 cm 见方放置在斜面培养基上,所用的试管斜面培养基选用 PDA 培养基:马铃薯 200 g,葡萄糖 20 g,琼脂 20 g,水 1 000 ml。分离后将试管放置在 25 ℃恒温箱内培养,待菌丝萌发后,挑取菌落尖端菌丝进行纯化 2~3 次,最后获得纯的菌种。在此过程中要选择菌丝生长势强、洁白、无污染并且老化较慢的菌株进行下一步的纯化工作。经 1~2 次纯化后,获得长势强、洁白、生长均匀一致的纯菌丝。

(二)菌种生产

松杉灵芝的菌种分为三级。即:一级菌种,也叫母种或试管种。

二级菌种,也叫原种。三级菌种,也叫栽培种或生产种。

1. 一级菌种生产

菌种可以从科研单位、大专院校或者菌种保藏机构购买。

一级菌种配方:采用 PDA 培养基,即马铃薯 200 g、葡萄糖 20 g、琼脂 20 g、磷酸二氢钾 3 g、硫酸镁 1.5 g,pH 自然。

2. 二级菌种生产

二级菌种即原种,多采用木屑菌种。可在制作栽培袋(栽培种)前 1.5~2.0 月生产。

二级种常用配方:阔叶树木屑 77%,麸皮 20%,食糖 1%,石膏 1%,白灰 1%,含水量 62%。

3. 三级菌种生产

三级菌种即栽培种。在松杉灵芝近自然栽培技术中,为了缩短生产周期,采用栽培种即栽培袋直接种植到林内(森林中)的方法。

栽培袋的制作,一个是木屑培养基,另一个是木段培养基。

(1)木屑栽培袋的制作。木屑栽培袋常采用的配方是:阔叶树木屑 79%(杨木木屑最好不用,如果使用,用量要低于 10%),麸皮 18%,食糖 1%,石膏 1%,白灰 1%,含水量 62%。也可以使用陈旧但无污染落叶松木屑替代阔叶树木屑,用量掌握在 30%左右。

木屑栽培袋菌袋的规格很多,常用的是聚丙(乙)烯塑料袋,一般栽培袋 17.0 cm × 36.0 cm × 0.04 cm 或大袋 25.0 cm × 40.0 cm × 0.05 cm 等。

栽培袋规格的选用一般考虑以下因素:松杉灵芝栽培有"多大盘多大芝"的说法,也就是说,大的栽培袋容易培养出大的灵芝,因为有充足的营养供给其生长。但是大袋养菌管理困难,一旦污染杂菌,带来的损失也就大。生产者可根据自身的灭菌条件和生产技术把握程度,灵活选用栽培菌袋的规格。

三级种(栽培袋)制作工序同二级种制作。灭菌彻底与否是栽培松杉灵芝成败的关键。装好袋要及时灭菌,灭菌码袋时要袋与袋之间留有空隙,常压灭菌待温度升到 100 ℃时维持 10~12 h,自然冷却。

高压灭菌要放净冷空气,以免造成假压灭菌不彻底,压力达到0.137 MPa时,保持该压力1.5~2.0 h,自然降温。

将灭菌后的菌袋送入冷却室或接种室冷却,待温度降到30 ℃以下时,在无菌条件下把原种(二级菌)菌种接入栽培袋,一般一袋17×36 cm的二级菌可接60~80个栽培袋。

将接好菌种的栽培袋转入培菌室,横放于发菌架上,发菌架上不要摆放过多,袋与袋之间要留有间隙,保持良好的通风渠道。如果室温超过25 ℃或栽培菌袋培养料里面的温度超过28 ℃,要通过增加通风降温,使料温稳定在20~25 ℃之间。此外,养菌室内保持黑暗,因为强光可严重抑制灵芝菌丝的生长。

(2)木段栽培袋的制作。木段栽培袋更接近松杉灵芝的天然生长环境。出芝周期长于木屑栽培袋,在近自然栽培方法中可达到3~5年。所获得的松杉灵芝子实体较大,子实体组织比较致密。木段栽培袋主要就是将木屑换成木段。木段主要来源于林内的阔叶树、落叶松的倒木、清林剩余物、火烧木和枯立木等。收集后切成15~18 cm的木段,混合扎成直径18 cm(比栽培袋的直径小2 cm)木段捆,晾晒1~2 d后(有条件者可用1%生石灰水浸泡1 d,再行晾晒)装入直径20 cm的塑料袋里,塑料袋与木捆之间的空隙用木屑培养基填实。木捆中间如有缝隙,也添加上木屑培养基,使其充分形成一体。然后用线绳扎口后进行灭菌。灭菌时间一般为100 ℃保持15 h,再焖锅一夜,第二天栽培袋出锅送入冷却室或接种室。菌袋冷却至30 ℃以下便可接种二级菌种。

接种时,在灭好菌的接菌室内,用打孔器在菌袋表面打1~2个接种孔,迅速塞入二级菌种后,用食用菌专用胶布封住接种口。一般一袋二级菌种可接20~30个木段栽培袋。

接种后的栽培袋送入培菌室或洁净空房子里,放在培养架上或码成3~4个高的菌垛,注意菌袋之间一定留有通风道。及时检查菌袋内的温度,切不可超过28 ℃,防止菌袋伤热。

培菌室初期10 d的温度保持在25~28 ℃,后35 d降为20~23 ℃。培菌室要避光,菌袋在黑暗下培养。要经常上下、里外变换菌袋的位置,保持菌袋菌丝生长的均衡。

木段栽培袋经过45~55 d的发菌,菌丝基本长满整个菌袋。此时,将菌包放置在低于20 ℃以下的灭菌过的房内进行保存。冬天也可以置于冷房子内或室外用棚布盖好避光保存200~240 d。待菌袋转色后可种植到林下。

(三)栽培方式及管理

林地种植(图4-24-1和图4-24-2)清除林地中过高过密的杂草,沿南北主方向,每隔1.5 m挖一个深20 cm,直径较菌袋直径大2 cm的土坑。如果采用17×36 cm的小袋种植,将3个小袋种到一个坑内,先将其中2个小袋完全脱去塑料袋和棉塞,另一个用壁纸刀割去棉塞以下2/3的塑料袋,将三个菌袋紧密形成一体放到坑内,完全脱袋的2个高出地面2 cm,留有1/3塑料袋的菌袋高于脱去塑料袋的菌袋(也就是高于地面5 cm)3 cm,然后用土埋实。行的长度和数量视林地长宽而定,行与行的间距2 m。当菌袋覆土5~7 d后,菌丝已充分恢复变白后,在半脱袋的菌袋的侧面、低于菌袋底面1~2 cm处开2个直径2 cm,深1.5 cm的圆形口。

如果采用直径20 cm或其他规格的大袋及木段菌,去掉菌袋棉塞以下2/3的塑料袋,让菌袋底面(带有塑料袋一面)向上,放到坑内,覆上林内腐殖土,菌袋高出地面5 cm,菌袋上面盖上苔藓或草皮保湿,也是当菌袋覆土5~7 d后,菌丝已充分恢复变白后,在菌袋的侧面、低于菌袋底面1~2 cm处开2个直径2 cm,深1.5 cm的圆形口。

(四)田间管理

充分利用自然的环境条件和生态因子在松杉灵芝生长期间几乎不用人为干预,让其在自然状态下生长,更接近野生灵芝。

出现以下三种情况,需要简单的人工管理。

图 4 - 24 - 1　木段菌种出芝

图 4 - 24 - 2　木段菌种侵染伐根出芝

（1）菌袋种植后，20～30 d 几乎不下雨，遇到了长期干旱的天气，可以采取人工浇水的办法，增加林内湿度达到80%～90%。

（2）当灵芝原基分化时，不规则的原基过多，要人工除去劣质原基，保留圆形原基。

（3）当畸形灵芝出现过多，灵芝色泽过淡（非红棕色），可能是林内杂草过高、过密，影响灵芝生长所需要的通风和光照条件。要人工清除或疏通杂草。

（五）采收加工

采收。当松杉灵芝菌盖充分展开,边缘浅白色或淡白色基本消失,菌盖由薄变厚,表面革质;菌盖颜色由浅黄变成红褐色,表面形成漆光色泽,菌管内散发出少量红色孢子粉时,应及时采收。采收时用锋利的小刀,在菌柄距离根部0.5~1.0 cm处割取,千万不可连菌皮一起拔掉,以免引进虫害、病害蔓延和影响以后出芝。

晾晒:最好在连续晴朗的天气采收,采收后。要去除菌盖和根部杂物,放到用纱网搭起的晾晒架上,晾晒架上面要搭上遮雨、遮阳的晾晒棚。松杉灵芝要在阴凉通风处晾晒,以便使子实体晒干之后保持原有形态。灵芝干透后装入塑料袋在干燥通风处储存。用通风、干燥设备烘干,更能保持松杉灵芝原有形状和色泽,也利于保存。

（六）松杉灵芝病虫害及防治

1. 常见病害及防治措施

培养料配方不合理或者原材料质量低劣的情况在生产中经常发生,例如培养料pH值偏高或偏低,或使用劣质麸皮或假石膏,或将针叶树木屑混入到阔叶树木屑中等,均能导致菌丝无法生长或者菌丝稀疏,甚至凋亡,导致菌袋腐烂现象发生。

培养环境通风不良,二氧化碳浓度偏高,常导致子实体畸形;温度过高导致菌丝因高温"烧菌"而死亡,菌袋易出现腐烂,幼蕾萎蔫、枯死或子实体腐烂。

防治措施:松杉灵芝在生产、培养过程中严格按照食用菌通用操作要求,预防为主。菌种培养过程中,注意控温控湿,加强通风,菌种要经过后熟才能开口出芝。

2. 常见虫害

虫害主要有双翅目害虫(菌蚊可害虫、眼蕈蚊可害虫),弹尾目害虫(紫跳虫、黑角跳虫、短角跳虫、黑扁跳虫、姬圆跳虫),鳞翅目害虫(食丝谷蛾、星狄夜蛾、印度螟蛾),螨类(腐食酪螨、害长头螨、)。

虫害在松杉灵芝生产栽培中危害极其严重,其危害主要表现在以下方面。取食菌丝:螨虫主要以松杉灵芝的菌丝为食物,螨虫侵入栽培袋内部后,会吸食菌丝内部的汁液,造成松杉灵芝菌丝的死亡,使得菌袋退菌和接的菌种不萌发。当螨虫达到一定数量的时候会在很短的时间内,3-7 d就把菌袋内部的菌丝吃尽,造成菌袋报废。如果接种工具或菌种本身携带螨虫,会造成菌种不萌发,然后感染绿霉。传染速度快:因螨虫个体比较小和活动迅速的特点,在有少许螨虫感染的养菌室得不到及时有效控制的情况下,会随着空气流动和人员走动迅速的转播,在几天到十几天的时间内迅速扩散到整个厂区,然后螨虫顺着棉塞口爬入栽培袋内吸食菌丝。造成整个栽培袋的报废。传播霉菌和细菌:因螨虫具有活动性的特点,在活动过程中会把细菌和霉菌带到栽培袋内部,在灵芝菌丝死亡后,菌袋整个变绿,造成整个菌袋报废。

预防措施:虫害以预防为主,松杉灵芝在1年后熟过程中极易产生虫害侵染。①保持松杉灵芝栽培袋生产场地的环境卫生,菇房和培养料四周绝对不能有饲料间、畜禽舍等,栽培后的培养料废料一定要及时运往远离菇房的地方。②菇房在使用前一定要进行严格的消毒处理。为了减少杂菌和虫害的抗性,轮换使用不同的消毒药品,如首先将菇房内外、地面、墙壁及菇架等用30倍的"金星消毒液"进行全方位的喷洒消毒或用"菌室专用消毒王"熏蒸后,再用"菇虫一熏净"或"熏虫120烟雾弹杀虫剂"熏蒸处理。前者杀菌,后者可以彻底杀灭菇房内的害虫虫卵。菇房严格消毒是防止螨虫侵染的重中之重。经测定,静止期幼螨耐高温力虽在各螨态中最强,但在50 ℃下持续一小时,死亡率达100%。螨虫具有怕干燥的习性,提倡清扫菇房,并打开门窗,使室内害螨因干燥而致死。③磷化铝熏蒸,将固体磷化铝分放容器内,排放在菇房不同位置,然后迅速离开菇房,并将菇房紧闭。菇房内的温度在11~15 ℃时要熏蒸48 h,温度在21~25 ℃时,要熏蒸24 h。用量是每立方米空间10 g磷化铝。值得注意的是,使用磷化铝会造成灵芝体中毒而畸形,易造成操作人员农药中毒,所以要安全操作。④诱杀。培养架上有螨虫危害时将菜籽或麸皮炒黄后,拌入一些白糖,在架子上放上几块湿纱布,20 h 以后将纱布收起放入开水中将其烫死。或者使用糖醋液诱杀:按照 0.5 kg 白醋、0.5 kg 水、0.25 kg 白糖的比例混合后,再上述混合液内倒入几滴"虫螨净"药液,用纱布侵入糖醋液并平铺在架子上,20 h 后取走纱布,放入开水中将其烫死,然后将沙布重新侵入药液放在架子上,反复诱杀,效果很好。菌袋出现螨虫时,诱杀的效果也好于直接喷农药。方法是按照每 15 kg 水加入 100 ml"虫螨净"或"敌菇虫",然后再加上 0.25 kg 白糖、0.25 kg 白醋,搅匀,喷洒在袋口即可。这种方法可以间隔 5 d 使用一次,效果非常好。此外,在配料前,将培养料摊在阳光下暴晒 1 ~ 2 d,用阳光中的紫外线和光氧化作用,也可以杀死培养料中部分螨虫及螨虫的卵。⑤农药防除。必要时,可以采用噻螨酮、阿维菌素、蚜虱螨、三唑锡、哒螨灵、毒死蜱、辛硫磷、磷化铝等化学药剂去除螨虫。菌品使用方法见药品说明书。

(七)常见的畸形芝现象

畸形灵芝产生的原因除了畸形机械损伤、化学药品刺激、病虫害以及菌种自身原因和环境条件等因素外,还有一个重要因素是管理不当,具体体现在以下几个方面:

(1)鹿角芝。灵芝柄生长时出现很多分枝,越往上分枝越多,而且逐渐变细,顶端始终不形成菌盖。发生原因是通风不良、环境中二氧化碳积累过多。要加强通风换气,铲除灵芝周围过密过高的植物。

(2)柱状芝。子实体分化成不规则的柱状,无菌盖或菌盖不明显。发生原因是环境中二氧化碳浓度过高,相对湿度偏低。

(3)长柄弯芝。有芝柄分化、无分枝长成细长条、向光线充足的一侧弯曲。发生原因是松杉灵芝生长环境缺少光照,或光照不均匀。要减少灵芝生长上方的遮阳的植被,栽培时,尽量躲开密集的树木。

(4)柄盖弯斜芝。菌柄弯曲、菌盖歪斜,失去灵芝应有的形状。发生原因是经常改变光源和菌袋方向。这在近自然栽培中是不易发生的。

(5)脑状芝。子实体挤塞在出芝口。分不清菌柄菌盖,有时菌孔上翻。发生原因是湿度不恒定或者原基形成膨大后遇到冷空气,同时通风不良。

(6)小盖厚芝。菌盖形成后逐渐增厚,始终不膨大开展,发生原因是灵芝生长环境长期处于低温状态。

(7)薄盖芝。菌盖直径不断增大,生长迅速,菌盖很薄。发生原因是松杉灵芝生长环境长期高于 28 ℃以上。疏通植被以加大通风,降低温度。

(8)重叠连体芝。菌盖上下重叠,左右粘连(图 4 - 24 - 3)。发生原因是开口不当。原基形成过多。调整开口大小,注意栽培袋与栽培袋之间距离,及时疏蕾。

图 4 - 24 - 3　重叠连体灵芝

(9)凸凹状芝。菌盖上面凸凹不平。发生原因是昼夜温差过大。

参 考 文 献

[1]鲍程,谢春阳.灵芝的生物学特性、液体发酵及药理作用的研究进展[J].食药用菌,2020,28(02)：107–111.

[2]曾绩.灵芝生物学特性及仿野生栽培技术[J].农村科技,2018,(02):63–64.

[3]骆美花.灵芝栽培技术及常见病虫害防治措[J].乡村科技,2020,(14):88–89.

（庞启亮）

第二十五节　杏　鲍　菇

一、概述

杏鲍菇[*Pleurotus eryngii*(DC. er. Fr.) Que]又名刺芹侧耳,属真菌门层菌纲伞菌目侧耳科侧耳属。杏鲍菇人工栽培研究始于法国、意大利和印度,我国的杏鲍菇栽培研究始于1993年,近年来国内杏鲍菇生产发展十分迅速,已从季节性栽培向工厂化周年栽培转变。

杏鲍菇属于中低温型恒温结实性菇类,受自然条件和季节影响很大,传统的农家栽培只能根据自然气候条件选择在秋冬初进行栽培,无法满足市民的周年消费需求,而工厂化栽培杏鲍菇则是利用冷库对温度、光照、湿度、空气进行人工控制,创造最适宜杏鲍菇生长的环境,从而实现杏鲍菇的周年生产。

杏鲍菇含有多种氨基酸和多糖等营养成分具有提高人体免疫力、降血脂、胆固醇和防癌抗癌的功效。同时,杏鲍菇含有大量能与肠中的双歧杆菌一起作用促进消化、吸收功能的寡糖,其含量是灰树花的15倍、金针菇的35倍、真姬菇的2倍。杏鲍菇是集食用、药用、食疗于一体的食用菌品种,极具营养价值。

图 4–25–1　杏鲍菇子实体

（一）生物学特性

杏鲍菇形态结构分为菌丝体和子实体。

1. 菌丝体

菌丝白色、茸毛状、有分枝,分为单核菌丝和双核菌丝。杏鲍菇的菌丝体在栽培菌袋的生长阶段分为5个时期:萌发期→定植期→扩展期→深入期→密结期等。

2. 子实体

子实体单生或群生,呈保龄球形状或棒状。完整的子实体由菌盖、菌柄和菌褶等几部分组成。菌盖直径2~11 cm,初期呈半球形,逐渐平展,成熟时中央浅凹至漏斗形、圆形或扇形,表面有丝状光泽,平滑、干燥、细纤维状,幼时淡灰墨色,成熟后浅黄白色,中心周围常有近放射状黑褐色细条纹,幼时边缘内卷,成熟后深裂或呈波浪状;菌肉白色,具有杏仁味道,无乳汁分泌。菌柄长2~10 cm,粗0.2~4.0 cm,偏生或侧生,保龄球状或棒状,横断面圆形,表面平滑,无毛,近白色至浅黄白色中实,肉白色,肉质纤维状,无菌环或菌幕。菌褶延生,密集,乳白色。

（二）生态习性

杏鲍菇在自然条件下,春末至夏初生于伞形花科(Umbelliferae)植物根茎部,寄主植物主要有刺芹(*Eryngium campestre*),阔叶拉瑟草(*Laserpi tiumlatifolium*)以及阿魏(*Ferula asafetida*)等。

主要分布于意大利、西班牙、法国、德国、捷克斯洛伐克、匈牙利、摩洛哥、印度、巴基斯坦等国的高山、草原和沙漠地带。我国的新疆、青海和四川西部也有种植。

（三）生长发育条件

1. 营养来源

杏鲍菇是一种具有一定寄生能力的木腐菌,具有较强的分解木质素、纤维素能力。栽培时需要丰富的碳源、氮源。氮源丰富时,菌丝生长旺盛粗壮,子实体产量高。杏鲍菇可利用的碳源物质有葡萄糖、蔗糖、棉籽壳、木屑、玉米芯、甘蔗渣、豆秸和麦秆等,可利用的氮源物质有蛋白胨、酵母膏、玉米粉、麦麸、黄豆粉、棉籽粉和菜籽饼粉等。实际栽培时,主料以棉籽壳、玉米芯为好,辅料除麦麸、玉米粉、石膏等外,有时添加少量含蛋白质高的棉籽粉、菜籽饼粉或黄豆粉等,可使子实体增大,并可提高产量。

2. 生长环境

(1)温度。温度对于杏鲍菇产量的高低起着决定性作用,它本身属于恒温结实性的菇类,如果温差过大,则会对原基的发生造成不利影响。在菌丝体生长阶段温度应控制在22~27 ℃,最好是保持在25 ℃,如果高于30 ℃则会影响菌丝的生长。在出菇阶段温度应控制在10~20 ℃,以12~18 ℃最为合适,如果低于8 ℃就不会现原基,高于20 ℃就会出现畸形菇。由于菌株的特性不同,在栽培时对温度的掌控也有所不同,因此需要针对具体情况进行具体分析,保证每一个步骤在正确的条件下进行。

(2)空气。在现原基阶段,菇体的发育对新鲜空气的需求较高,对二氧化碳的需求则相对较低,最好能小于0.4%。而在菌丝体生长阶段则对氧气的需求较低,对低浓度二氧化碳的需求要相对提高。

(3)光照。原基分化期和子实体发育期对光照有一定要求,最好是散射光,强度在500~1 000 lx为宜。而在菌丝体生长阶段,情况则有所不同,应尽量避免光照,因为在无光的条件下菌丝成长比较快。

(4)水分。在调配培养料时,保持在65%~68%比较合适。杏鲍菇的菌丝生长阶段对培养料中的水分需求量在60%~65%,但在栽培过程中不适合采用向菇体喷水的方式来补充水分,因此应在培养料中适当提高水分含量,确保在后期阶段水分供应充足。对于空气湿度的控制可以分为3个阶段:菌丝体生长阶段控制在60%左右;现原基后子实体分化阶段控制在85%~95%;子实体生长阶段控制在

80%～90%。

（5）PH 值。菌丝体生长期 pH 值应控制在 4～8,子实体发育阶段控制在 6.0～6.5。

二、栽培技术

（一）栽培场地与设施

生产场所选择应远离食品酿造工业区、禽畜舍、垃圾场、医院、居民区;空气清洁,四周空旷,空气流畅;地势高,排涝畅通,雨季无积水;有符合生活饮用水质量要求的水源。要按照料场、基质配制、接种培养和出菇、废料处置等功能区合理布局,人流物流、有菌无菌等分流,合理建造设施,配制设备机械等。

杏鲍菇栽培菇房分为发菌室、养菌房、催蕾室和出菇室。各室大小根据日生产能力进行建造,墙体喷涂保温隔热层材料,各室内配备有自动控温、加湿、制冷、光照和通风等智能控制设备。出菇房可直接采用 10～15 cm 厚的彩钢保温板建造,菇架采用纵向排列的铁丝网格,高 2.8～3.0 m,最底层离地 20 cm,最高层距屋顶 15 cm 左右。两排菇架中间留有 1m 左右的过道,过道中间架设 4 盏 15W 的节能灯,以满足子实体发育所需要的光照。

（二）栽培模式

杏鲍菇的栽培模式大致分为瓶栽和袋栽两种,其中以瓶栽被菇农所广泛应用,传统的瓶栽和袋栽模式在生产当中一直存在着一些弊端:在喷水过程中会在瓶袋当中产生积水,容易造成污染并且没有让子实体充分吸收到水分;瓶栽的生产成本比较高,并且在生产操作中比较烦琐;袋栽在一定程度上容易影响菇型商品菇数量少;加上杏鲍菇出菇潮数少,生物学转化率低等,这些因素影响了杏鲍菇栽培的经济效益及人们对杏鲍菇的栽培积极性。现在已经以工厂化生产为主。

（三）栽培季节

北方地区通过一系列技术措施可以实现周年工厂化生产,利用机械完成杏鲍菇袋栽过程中的搅拌、装袋、盖盖、灭菌、转运等工序;采用现代化保温菇房,利用智能控制系统创造出适合杏鲍菇不同生长阶段的生长环境,让杏鲍菇在最适宜的优良环境下以最快的速度生长,从而实现周年四季栽培。

（四）培养料配方

北方适宜杏鲍菇生长的基质原料主料主要是各种速生型阔叶树木屑、玉米芯等。为防止扎袋造成杂菌侵染,木屑应过筛。辅料有麦麸、玉米粉、米糠、豆粕、碳酸钙、石膏粉等。无论选用哪种原料,均要求新鲜,无霉变。

培养基可用木屑 32%、玉米芯 30%、麸皮 20%、玉米粉 8%、豆粕 8%、碳酸钙 2%,也可用杂木屑 30%、玉米芯 38%、麸皮 20%、玉米粉 5%、豆粕 5%、碳酸钙 2%。

（五）菌包制作

1. 预湿

木屑、玉米芯等原材料生产前需要进行预湿处理,否则玉米芯由于吸水较慢,未进行预湿处理的玉米芯直接用于生产,接种后污染率将高于 30%。玉米芯预湿时间为 12～24h,根据生产季节和玉米芯颗粒度灵活调节预湿时间。

2. 装袋

栽培袋可选用 17.0 cm×36.0 cm 高压的聚丙烯塑料袋或者聚乙烯塑料袋。配料时先按比例将玉米、麸皮、木屑用搅拌机搅拌均匀后喷水堆积,之后再加入其他料一起加水搅拌均匀,含水量控制在60%左右,pH 值调至 7.5。每袋装湿料 1250～1 350 g。袋口扣塑料套盖。装料要均匀,松紧一致,过松不利于菌丝出菇期的菌丝扭结和产量的形成,过紧则通气性不够,导致发菌慢,发菌不良,出菇不整齐。装袋见图 4 – 25 – 2。

图 4 – 25 – 2 料包装袋

3. 栽培袋灭菌

采用高压灭菌需要选用聚丙烯塑料袋,121～125 ℃,保持 1.5～2.0 h;若选用聚丙烯塑料袋,可在常压 100 ℃条件下,灭菌 10 h 以上,再闷 4～6 h。从入柜到温度达 100 ℃,最好不要超过 4 h,否则栽培袋易变酸。工厂化栽培宜采用高压灭菌方式。

4. 栽培袋冷却接种

灭菌结束后避免猛然降温。灭菌结束后要缓慢降温,避免因快速降温而导致菌袋破裂。灭菌后进行散热冷却。菌袋冷却后,移入接种室进行接种,工厂化接种室采用的是无菌空间,全自动化接种线使用液体菌种进行生产。接种见图 4 – 25 – 3。

图 4 – 25 – 3 接种

5. 菌丝培养

接种后的栽培袋移入培养室后,培养室使用前需要严格消毒,洁净度控制在万级以内。室内温度保持在 22 ~ 25 ℃的黑暗环境下,湿度保持在 70% 左右。随着菌丝的生长,袋中二氧化碳浓度逐渐增加,此间少量换气即可,因为高浓度二氧化碳可刺激菌丝生长。培养 20 ~ 25 d 左右菌丝可长满菌袋(在这期间特别注意测量菌包层架间的二氧化碳浓度,不能使其超过 0.5%,否则将明显延长菌丝培养时间,引起菌包发育不同步,再培养 10 d,菌丝便可达到生理成熟,此时应将菌包从培养室移入出菇室。培养室养菌见(图 4 - 25 - 4)。

图 4 - 25 - 4　培养室养菌

(六)催蕾与育菇

1. 催蕾

菌丝达到生理成熟后,可将菌包安放到出菇房的菇架上打开盖子,接受光照的刺激,此时要保证出菇房的光照 300 ~ 500 lx 不变。此间将温度降至 12 ~ 15 ℃,进行低温刺激,湿度保持在 90% ~ 95% 每天通风一两次即可,经过 7 d 左右就可形成原基。此后将空气湿度再降至 80% ~ 85%,光照调至 500 ~ 800 lx,二氧化碳浓度 0.1% 以下,7 ~ 10 d 形成菇蕾。幼体抗病性弱,需严格、稳定的环境条件,该阶段可将温度稳定在 15 ℃左右、湿度 90% ~ 95%、光照度 500 ~ 700 lx,以及少量通风,保持室内较凉爽、高湿度、弱光照及清新的空气环境,3 ~ 5 d,幼蕾分化为幼菇,即可见子实体的基本形状。

2. 育菇

现蕾后将室内温度保持在 12 ~ 15 ℃,光强 300 ~ 500 lx 之间,二氧化碳浓度控制在 0.2% 以内。3天后,工作人员对菌包进行拉袋,拉袋时将菌包压实,套环拉至袋口位置,调节菇房内的温度至 16 ~ 19 ℃,刺激菌丝生长,促使菇分化,4 ~ 6 d 后取环,并使袋口微微向上倾斜,使菌包中的菌丝更多的吸收氧气。取环后将室内温度降至 14 ~ 17 ℃,以延缓子实体的生长,促使菌柄生长,利于杏鲍菇出菇更加整齐。为使菌加快生长,就要开启出菇房加湿设备,加出菇房内空气湿度,使空气湿度保持在 85% ~ 95%之间,有利于杏鲍菇更加洁白。8 ~ 10 d 后菌包上长满了密密麻麻的子实体,此时要进行人工疏蕾,去劣留优,每个袋留圆整的菇蕾两三个,两三天后根据需要再疏蕾一次。疏蕾后将温度降至 12 ~ 15 ℃,24天后即可采收。

(七)采收

菌包进入出菇房 17 ~ 19 d,菇盖边缘上翘,菌褶完全展开时进行采收;采收时有一部分子实体虽然菌盖展开了,但菌盖表面凸起,菌褶未完全展开,这部分还不能采摘,再培育两三天才可采收。采收单菇时,工厂化栽培,仅采收一潮菇。采收用锋利的刀片,从菌柄基部直接割取。将基部有连接的菇体分开,削去基部小菇、修形,按大小分级放入筐中。修正分级分装后抽真空包装,见图(4-25-5),1~3℃下保鲜或预冷后起运上市。

图4-25-5 采收包装

参考文献

[1]迟桂荣,徐琳,吴继卫,等. 杏鲍菇多糖的抗病毒? 抗肿瘤研究[J]. 莱阳农学院学报,2006,23(3):174-176.
[2]陈士瑜. 珍惜菇菌栽培与加工[M]. 北京:金盾出版社. 2002.
[3]郭美英. 珍惜食用菌杏鲍菇生物学特性研究[J]. 福建农业学报. 1998,13(3):44-49.
[4]张瑞华,王承香,于囡囡,等. 工厂化袋栽杏鲍菇关键技术[J]. 食用菌. 2020.42(2):55-57.
[5]张传华. 茶树菇菌包工厂化生产技术[J]. 食药用菌,2017,25(2):141-142.
[6]邹丹蓉. 杏鲍菇液体菌种生产技术[J]. 食用菌,2016,(2):62.
[7]张金霞,蔡为明,黄晨阳. 中国食用菌栽培学[M]. 北京:中国农业出版社. 2020.

（史磊）

第二十六节 香 菇

一、概述

(一)分类

香菇（*Lentinus edodes*）属担子菌纲（Basidaiomycetes）、伞菌目（Agaricales）、口蘑科（Tricholomatacete）、香菇属（*Lentinus*）,别名:香蕈、香菌、平庄菇(广东)、椎茸(日本),香菇是世界第二大菇,起源于我国,也是我国久负盛名的珍贵食用菌。

我国的香菇主要分布在安徽、江苏、上海、浙江、江西、湖南、福建、台湾、广东、广西、云南、贵州、四川等地。人工栽培几乎遍及全国。世界上的香菇主要分布在太平洋西侧的一个弧形地带。北至日本的北海道,南至巴布亚新几内亚,西到尼泊尔的道拉吉里山麓。此外,非洲北部地中海沿岸也有香菇变种,新西兰分布着类似的香菇,南美的塔哥尼亚也有栽培。

(二)营养与功效

香菇营养丰富,具有高蛋白、低脂肪的特点,含游离氨基酸、可溶性糖、可溶性蛋白以及某些人体必需的微量金属元素(如 Ca、Fe、Mg、Zn 等)。明代李时珍在《本草纲目》中有"香菇乃食物中佳品,托豆疹外出之功"等记载。古代民间用作治疗小儿天花、麻疹等症。

香菇富含人体所必需的 8 种氨基酸,对人们强身健体、生长发育等有良好作用。香菇富含的各种矿物质、维生素和微量元素,对酶类、活性蛋白等发挥代谢调节作用具有不可或缺的作用。此外,香菇中含有经紫外线照射便可转化为维生素 D2 的麦角甾醇,促进了人体对钙的吸收,可提高儿童骨骼牙齿生长速度。香菇不仅是人们餐桌上的美味佳肴,更是人们健康的助推手。此外,现在经科学研究发现香菇子实体及发酵物提取出的多糖、胆碱、酪氨酸氧化酶、麦角甾醇以及其他活性组分具有抗病毒、抗炎、抗氧化、降低胆固醇、增强机体免疫力等功效。

(三)栽培历史与现状

香菇栽培历史悠久,中国是世界上最早人工栽培香菇的国家,栽培历史已有 800 多年,经历了原木天然接种栽培(俗称砍花法)、段木人工接种栽培和代料栽培等三个重要发展阶段。

新中国成立后,上海市农业科学院食用菌研究所陈梅朋为代表的中国科技人员,开始了系统的香菇生产技术研究,1956 年获得了香菇纯菌种。1957 年,陈梅朋开始研究用木屑生产香菇,1958 年正式生产香菇木屑菌种,并在全国各地迅速推广。1960 年栽培试验获得成功。香菇代料压块栽培技术于 20 世纪 70 年代末在上海嘉定推广,70 年代末至 80 年代初嘉定成为中国代料香菇栽培中心,全国各地同行纷纷前往学习。木屑代替段木的香菇栽培,大大提高了原料利用率和生产效率,为我国成为世界香菇产业大国奠定了基础。

20 世纪 80 年代,福建省古田县彭兆旺受银耳菌棒栽培的启发,改良木屑压块栽培,发明了香菇人造菇木大田栽培法。同时福建三明真菌研究所杂交选育出 Cr 系列香菇优良品种。栽培技术的进步配以优良品种,短短几年时间,香菇代料栽培技术在全国迅速推广,取代了段木栽培,从此我国香菇产业走向腾飞之路,1990 年我国香菇产量首次超过日本。

目前,菌棒栽培已成为我国代料香菇的主导栽培技术。不同地区根据当地的不同自然条件,创造出了"春栽越夏秋冬出菇"等多种栽培模式,极大促进了我国香菇产业由规模型向质量效益型增长的转变,大大提高了香菇的市场竞争力。

二、生物学特性

(一)形态与结构

香菇菌丝白色,绒毛状,具横隔和分枝,双核菌丝有明显的锁状联合,成熟后扭结成网状,老化后形成褐色菌膜。在 PDA 培养基上菌落圆整老化后略有淡黄色色素分泌。

子实体幼时半球形,菌盖内卷,外被膜质外菌幕,呈半球形,随着生长逐渐平展,趋于成熟。成熟较长时,菌盖边缘向上反卷。香菇菌盖淡褐色或茶褐色,直径可达 5~12 cm,扁半球形,边缘内卷,成熟后渐平展,有深色鳞片,有的品种菌盖被有白色或黄白色鳞片。在较大温差湿差下出现菊花样纹斑,甚至龟裂,称为花菇。菌褶着生于菌盖下方,菌褶白色、密、弯生、不等长,辐射状排列呈刀片状。菌肉厚,白色。菌柄起支撑作用,菌柄中生至偏生,白色,内实,呈圆柱形、锥形或漏斗形,常弯曲,长 3~8 cm,粗 0.5~1.5 cm,中部着生菌环,窄,易破碎消失,环以下有纤维状白色鳞片(图 4-26-1)。

图 4 - 26 - 1　香菇子实体

(二)繁殖特性

香菇是四极性异宗结合的担子菌类,它的生活史从孢子萌发开始,经过菌丝体的生长和子实体的形成,到产生新一代的孢子,完成一个世代。整个生活史经历如下过程:担孢子萌发,形成不同交配型的单核菌丝;两条可亲和的单核菌丝融合,形成有锁状联合的双核菌丝,并不断增殖;双核菌丝生长发育到生理成熟,在适合环境条件下扭结,形成原基,并分化形成子实体;在子实体的菌褶上,双核菌丝的顶端细胞发育成担子;在担子中,两个核发生融合(核配),形成一个短暂的双倍体核;担子中的双倍体核发生减数分裂,形成 4 个单倍体核;每个单倍体核通过小梗进入一个担孢子,形成单核的担孢子,至此完成生活史。

(三)生长发育条件

1. 营养成分

香菇是典型的木腐真菌,降解纤维素、半纤维素和木质素的能力较强,野生香菇主要生长在壳斗科、金缕梅科等 200 多种落叶阔叶树或常绿叶树中的枯枝倒木上。栽培香菇通常以硬杂木屑为主要碳源,以麦麸、米糠等为氮源。

2. 温度

香菇是低温、变温结实性真菌,孢子萌发的温度为 22 ~ 26 ℃,菌丝生长的范围为 3 ~ 32 ℃,适温10 ~ 28 ℃,子实体发育温度在 5 ~ 25 ℃,适温 12 ~ 18 ℃。香菇品种不同,对温度的要求也不同。

香菇子实体的形状、颜色、质量和生长速度与温度有密切的关系。20 ~ 23 ℃的下香菇生长迅速、朵大、肉薄、柄细长、菌盖易开伞,同时肉质比较粗糙,颜色略白,质量较差,在低温环境中香菇生长缓慢、朵小、肉薄、柄短、且色泽较深,质地致密。低温干燥的环境下,易形成花菇,质量亦好。

3. 水分

香菇在不同的生长发育阶段对水分和湿度的要求有所不同。菌丝生长时,培养料的含水量以 55%,空气相对湿度以 40% 左右为宜,子实体发育阶段含水量以 60%,空气相对湿度以 85% ~93% 为适宜。

4. 空气

香菇属好气性真菌。在菌丝生长和子实体发育过程中,空气不流通、不新鲜、氧气不足、呼吸过程受阻,菌丝体的生长和子实体发育也会受阻抑,菌丝易衰老,子实体阶会出现畸形菇,霉菌和杂菌易产生。因此,栽培香菇的菇棚和菇房要通风良好。

菌丝培养阶段,氧气不足,菌丝生长慢。当菌丝长至比接种孔大两倍时,应取去外套袋,以利菌棒内通气,增强菌丝生命力。子实体分化阶段,对 O_2 需要量略低。CO_2 浓度过大对子实体存在毒害作用,应适当加强通风换气。

5. 光照

香菇菌丝生长阶段不需要光,强光会抑制菌丝的生长,所以破袋前的菌丝应尽量避免强光照射。香菇在生长发育过程中需要强度适宜的散射光,香菇子实体分化的最小光强为 100 Lx ~ 150 Lx,最适光强度为 300 Lx 左右。散射光线可以促进菌丝发育以及色素的转化和沉积。

6. 酸碱度(pH 值)

香菇菌丝在 pH3 ~ 7 内均能生长,最适 pH 值为 4 ~ 6。当基质 pH 大于 7 时,菌丝生长受阻,大于 8 时,则不能生长。但在配制培养料时,可适当高些,一般可控制在 6 ~ 6.5 之间,培养料经袋装、灭菌后,pH 值可降至 5 ~ 5.6。在香菇栽培实践中,为了防止培养基内 pH 值过大的变化,通常在配料时加入适量的缓冲剂,如石膏、碳酸钙等。

三、栽培技术

目前,我国北方地区香菇生产多采用温室(出菇棚)作为出菇场所,受气候条件的影响大,季节性很强。各地香菇播种期应根据当地的气候条件而定。黑龙江地区生产通常采用冬季制菌,春、秋季出菇。现阶段香菇食用菌工厂化生产也在逐步推进中,其优点是生产成本低,自动化程度高,极大降低了使用透气袋栽培引发的污染机率,以及对人工经验的依赖程度,更易于实现全程机械化操作及大规模生产。

(一)栽培场地与设施

选择背风向阳,地势干燥,水电、交通方便,周围无污染源的地方建棚。菇棚边高 2.1 ~ 2.3 m,中间高 2.2 ~ 2.5 m,两端为山墙,各留 2 个高约 2 m、宽约 0.8 m 的门。棚顶部用宽幅塑料薄膜覆盖,两边薄膜落地后压实或采用钢架结构固定,两面山墙也用薄膜遮住,可用绳加固或线槽加固。棚内两侧和中间各置两个出菇架,菇架边柱高约 2.5 m,中柱高约 2.7 m,上下 6 ~ 7 层,层间距 0.3 ~ 0.5 m,底层距地面 0.3 m。

(二)栽培原料与配方

1. 原材料

栽培料是香菇生长发育的基质,栽培料的好坏直接影响到香菇生产的成败以及产量和质量的高低。由于各地的原料资源不同,香菇生产所采用的栽培料也不尽相同。要求栽培料无论是主料或辅料都应该新鲜、无霉变。

(1)杂木屑。主要提供香菇生长发育所需的碳素营养,是袋栽香菇的主料。大部分阔叶树和果树通过粉碎成颗粒状均可用于栽培香菇。木屑以粗细混合较好,一般以木屑长宽为 3 ~ 5 mm、厚 1 ~ 2 mm 的粗木屑,并伴有部分长宽为 1 ~ 2 mm,厚 1 ~ 2 mm 的细木屑为好。锯板木屑因太细不能单独使用,但可以按 10% ~ 15% 比例掺入粉碎机粉碎的木屑中。用常压灭菌生产用木屑要经过一定时间的堆积。

(2)麦麸。麦麸是香菇菌丝生长所需氮素营养的主要供给者,是香菇培养料中常用的辅料。它对改变培养料的碳氮比、促进原料利用、提高生物学效率等方面起着重要作用。目前市售麦麸有红皮和白皮之分,大片和中粗之分,其营养成分基本相同,都可以采用。

(3)玉米粉。玉米粉营养丰富,可以部分取代麦麸。在香菇培养料中替代麦麸量在 2% ~ 10% 之间,可增强菌丝活力,提高产量。据报道替代量 10% 时,增产幅度 10% 以上,注意添加量不宜过多使用,玉米粉含氮源丰富极易产生杂菌,建议使用时一定要做好预防。

2. 常用配方

①杂木屑 85%、麦麸 12%、石膏 1%、豆粉 2%,含水量 60% 左右。

②木屑78%、麦麸20%、糖1%、石膏1%,含水量60%左右。

③木屑38%、农作物秸秆38%、麦麸20%、红糖、石膏、硫酸镁、磷酸二氢钾各1%,含水量60%左右。

④农作物秸秆粉77%、麦麸20%、石膏1%、硫酸镁1%、白糖1%,含水量60%左右。

⑤木屑80%、细米糠15%、玉米面2%、豆粉2%、石膏0.5%、石灰0.5%,含水量60%左右。

⑥木屑80%、麸皮15%、玉米面4%、石膏0.5%、石灰0.5%,含水量60%左右。

(三)料包制备

1. 装袋灭菌

(1)装袋。现阶段装袋基本采用机械装袋。香菇袋栽实际上多数采用的是两头开口的塑料筒,一般选用规格为17 cm×55 cm×0.05 cm的聚乙烯或聚丙烯塑料筒。先将塑料筒的一头扎起来。要边装料,边抖动塑料袋,并用粗木棒把料压紧压实,装好后把袋口扎严扎紧;人工或用装袋机装袋。

(2)灭菌。采用高压蒸汽灭菌时,锅内的冷空气要放净,消除"假压"现象。温度达到121 ℃时计时6～8 h;采用常压蒸汽灭菌锅,开始加热升温时,火要旺要猛,当锅内温度到100 ℃后,要用中火维持8～10 h,中间不能降温,再停火焖一夜后出锅。

注意:东北地区,大多数农户以常压灭菌或小锅炉蒸汽灭菌为主,由于灭菌时间较长,需要工作人员极具细心和责任心。建议大家在灭菌设备上安装自动报警装置,可以探知压力或温度。当压力或温度低的时候自动报警;提醒司炉工检查温度或压力。保证灭菌环节不出问题。

2. 接种

将刚出锅的"热"料包运到消过毒的冷却室冷却,待料包内温度降到30 ℃以下时开始接种。香菇料包多采用侧面打穴接种,东北地区一般用接种室或塑料接种帐,操作比较方便。

具体做法是先将接种室进行空间消毒,全部菌袋移入后,再把接种用的菌种、消毒用品、接种工具等准备齐全。关好门窗,打开紫外线灯消毒30～45 min,接种人员关闭灭菌设备,进入接种室更换工作服,消毒后进入接种间,接种按无菌操作规范进行。先将打穴用的木棒的圆锥形尖头用75%酒精消毒,然后擦拭将要打口处,用木棒在消毒菌袋侧面均匀打4个穴;打开菌种瓶或袋,把瓶口内或菌袋内的表层菌丝刮去,再用接种器把菌种放入穴内,一定要放满,接完种的菌袋即可移入培养室培养。

(四)发菌管理

1. 培养

菌袋培养期通常称为发菌期,可在室内(温室)、阴棚里发菌,发菌室进袋前要注意做好消毒杀菌工作。

接种完的菌袋,呈"井"字形垒成排或放入专业养菌架,接种穴朝侧面排放,每排垒几层要依温度的高低而定,温度高少垒几层,排与排之间要留有过道,便于通风降温和检查袋内菌丝生长情况。一般采用低温养菌,温度最好控制在25 ℃以下。开始7～10 d为菌种定植期,要求菌袋不移动不翻动,袋内温度不超过25 ℃。菌丝定植后进入快速生长阶段,此阶段随着菌丝代谢袋内温度开始升高,观察菌丝状态大约15 d进行第一次翻袋,这时每个接种穴的菌丝体呈放射状生长。菌袋培养到30 d左右再翻一次袋。发菌期一般要培养50 d左右菌丝才能长满袋。这时还要继续培养,待菌袋内壁四周菌丝体出现膨胀,有皱褶和隆起的瘤状物,且逐渐增加,占整个袋面的2/3,手捏菌袋瘤状物有弹性松软感,接种穴周围稍微有些棕褐色时,表明香菇菌丝生理成熟,可进菇场转色出菇。

香菇菌丝生长的最低温度为5 ℃,最适温度为24～26 ℃,最高温度为35 ℃,料温一般情况均比室温高3～5 ℃。在菌丝生长阶段,最好料温控制在菌丝生长最适宜条件下。料温高于菌丝生长适温,菌丝生长过快,菌丝积累的养分就少,消耗养分过多且菌丝生命力下降,如果菌种长期处于10℃以下低温,会生长缓慢,菌种抗病能力差。在培养菌袋期间一定要注意通风和湿度,通风的好坏直接关系到香菇菌种的生长。随着菌丝的生长,呼吸作用增加,易产生热能,料温过高,抗逆性差,易产生杂菌,特别是链孢霉繁殖快。因此要特别注意,可以每天开门或窗1~2次。结合疏袋办法,减少菌袋的层次,达到降温的目的。在培养期间要求相对湿度不要超过70%,相对湿度过大时,可以加强通风或在地面上铺石灰,减少空气湿度。菌丝定植后,15~20 d可以进行空间消毒处理,既不影响菌丝活力,同时减少杂菌的发生率。

2. 转色管理

香菇菌丝长满培养料后不能立即出菇,只有让菌丝体继续分解吸收培养料中的木质素等营养成分,使菌丝达到生理成熟,即表面白色菌丝在一定条件下,变成棕褐色的一层菌膜,这个过程又被称之为"转色"。转色的深浅、菌膜的薄厚,直接影响到香菇原基的发生和发育,对香菇的产量和质量关系很大,是香菇出菇管理最重要的环节,也是生产优质香菇子实体的先决条件。

转色的方法很多,常采用的是脱袋转色法。要准确把握脱袋时间,即菌丝达到生理成熟时脱袋。脱袋太早不易转色,太晚菌丝老化,常出现黄水,易造成杂菌污染,或者菌膜增厚,香菇原基分化困难。脱袋时的气温根据品种特性选择,一般最好是20℃左右。脱袋前,先将出菇温室地面做成深30~40 cm、宽100 cm的畦,畦底铺一层炉灰渣或沙子,将要转色的菌袋运到出菇温室(出菇棚)里,用刀片划破菌袋,脱掉塑料袋,把菌棒按5~8 cm的间距立排在畦内。如果长菌棒立排不稳,可用木杆在畦上搭横架,菌棒以70~80度的角度斜靠在木杆上,上面盖上塑料膜,脱袋后的菌棒要防止太阳直晒和风吹,这时温室内的空气相对湿度最好控制在75%~85%,待全部菌棒排完后,温度要控制在18~22℃左右,不要超过25℃。白天温室(出菇棚)多加遮光物,光线要暗些,前2 d尽量不要揭开畦上的塑料膜,以后每天要在早、晚气温低时揭开畦的塑料膜通风20 min。在立排菌棒5~7 d时,菌棒表面长满浓白的绒毛状气生菌丝时,要加强揭膜通风的次数,每天2~3次,每次20 min~30 min,增加氧气、光照(散射光),拉大菌棒表面的干湿差,限制菌丝生长,促其转色。当7~8 d开始转色时,可加大通风,每次通风1 h。结合通风,每天向菌棒表面轻喷水1次~2次,喷水后要晾1 h再盖膜。连续喷水2 d,至15~20 d转色完毕。在生产实践中,由于播种季节不同,转色场地的气候条件特别是温度条件不同,转色时间的长短略有差异,实际操作时要根据菌棒表面菌丝生长情况灵活掌握。

(五) 出菇管理

1. 出菇管理

香菇菌棒转色后,菌丝体完全成熟,积累了丰富的营养,在一定条件的刺激下,迅速由营养生长进入生殖生长,发生子实体原基分化和生长发育,进入出菇期。根据出菇方式的不同采取不同的摆放方式。室(棚)内排架或菇畦安排,要求袋与袋有一定间隙,2~3 cm,长度可因地制宜,以便于管理为原则。

2. 催蕾

香菇属于变温结实性的菌类,一定的温差、散射光和新鲜的空气有利于子实体原基的分化。这个时期一般都揭去畦上塑料膜,出菇温室(出菇棚)的温度最好控制在10~22℃,昼夜之间需要5~10℃的温差。如果自然温差小,还可借助于白天和夜间通风的机会人为拉大温差。空气相对湿度维持85%~90%左右。条件适宜时,3~4 d菌棒表面褐色的菌膜就会出现白色的裂纹,不久就会长出菇蕾。此期间要防止空间湿度过低或菌棒缺水,以免影响子实体原基的形成。出现这种情况时,要加大喷水,每次喷水后晾至菌棒表面不黏滑,而只是潮乎乎的,盖塑料膜保湿。也要防止高温、高湿,以防止杂菌污染,烂菌棒。一旦出现高温、高湿时,要加强通风,降温降湿。

3. 子实体生长发育期的管理

菇蕾分化后,子实体进入快速生长发育期。不同温度类型的香菇菌株子实体生长发育的温度是不同的,多数菌株在8~25 ℃的温度范围内子实体都能生长发育,最适温度在15~20 ℃。要求空气相对湿度85%~90%。随着子实体不断发育,呼吸加强,CO_2积累加快,要加强通风,保持空气清新,还要有一定的散射光。菌棒刚开始出菇,水分充足,营养丰富,菌丝健壮,管理的重点是控温保湿。光线强影响出菇,可在温室内半空中挂遮阳网。空间相对湿度低时,喷水主要是向墙上和空间喷雾,增加空气相对湿度。子实体七八分熟时,即可采收。

第一潮菇采收后,要促进菌袋的菌丝体恢复生长,积累足够的营养物质。清除菌袋上菇体残留部分和菇床上的残留物。经过7 d左右,采摘菇体部位菌丝开始发白,说明菌丝已恢复生长。这时白天可以加大湿度,并及时盖上塑料薄膜保暖。晚上揭膜,人为制造温差,使第二批菇蕾迅速形成,在长到2 cm以上时喷水,直到采收前2~3 d停止喷水,如继续喷水将影响子实体质量,不能采到优质香菇。

第二潮菇采收后,还是停水、补水,重复前面的管理,一般出3潮菇。有时拌料水分偏大,出菇时的温度、湿度适宜菌棒出第一潮菇时,水分损失不大,可以不用补水,而是在第一潮菇采收完,停水5~7 d,待菌丝恢复生长后,直接向菌棒喷一次大水,让菌棒自然吸收,增加含水量,然后再重复前面的催蕾出菇管理,当第二潮菇采收后,再补水(可采用机械注水和浸泡注水方式),补水量应大一些。以后每采收一潮菇,就补一次水。

(六)采收加工

当菇体长至七成熟(菌盖边缘内卷,菌膜刚破裂)时即可采收,根据市场及客户要求也可提前采收(图4-26-2)。

图4-26-2 出菇情况

在采摘时尽量不要碰破菌膜。要用拇指和食指捏住菇柄基部,稍微摆动后摘下。采摘时采大留小,动作轻巧,不要折断菌棒和伤害周围未成熟的幼菇,将采好的菌菇放于洁净的塑料筐里。及时清除干枯、萎缩的菇蕾和残留的菌柄。菇柄要完整的采摘下来,不要残留在菌袋上,以免腐烂而引来虫、蚊伤害菌袋。鲜销的及时上市或入4 ℃冻库储藏。

烘干的菇体,用剪刀沿菌盖处减掉菌柄,剪口要平整。烘干总的原则为分级烘干,单层摆放,温度由低到高,缓慢升温。采用温控设备的,起始温度35 ℃,每小时升温2~3 ℃,末期65 ℃;风扇初期全开,中期渐小,末期关闭。采用一般设备的,尽量做到温度由低到高,缓慢升温。烘干要一气呵成,中间不能停顿,否则菇体易变色变形。

(七)病虫害防治

病虫害应以防为本,一般采用做好培养发菌场所卫生的方法防虫。要求:

（1）对培养场所在菌棒进场前一个星期打扫场地,后对堆放场地喷洒密封无残留杀虫药,禁止使用高残留农药,远离不卫生场所。

（2）制袋时间不宜提前,根据气候条件,避开高温期接种。

（3）加强香菇养菌时期的温度管理,栽培场所尽量使用遮阳网或空调房,使其通风散热,避免菌丝在 30 ℃以上环境中生长。

（4）养菌期间,菌袋摆放不宜过密,且要对菌棒不定时翻堆,并当菌丝长到一定程度时进行刺孔,避免烧菌。

（5）刺孔工具随时消毒,遇到污染的菌袋及时焚烧或作深埋处理。

（6）改进补水方式,避免将染病和健康菌棒放在同一水池浸泡补水。

（7）在种植区推广不同香菇品种,减少单一品种造成香菇菌棒腐烂病大规模爆发的可能。

参 考 文 献

[1]丁湖广.香菇速生高产栽培新技术[M].北京:金盾出版社,2005.

[2]康源春.香菇栽培新技术[M].郑州:中原农民出版社,2006.

[3]谭琦.中国香菇产业发展报告[M].北京:中国农业出版社,2017.

[4]魏银初,班新河.香菇种植能手谈经[M].郑州:中原农民出版社,2018.

[5]张金霞,蔡为明,黄晨阳.中国食用菌栽培学[M].北京:中国农业出版社,2021.

（潘春磊）

第二十七节 蛹 虫 草

一、概述

（一）分类与分布

蛹虫草（*Cordyceps militaris*）又名北冬虫夏草、北虫草,在世界范围内广泛分布,野生蛹虫草一般生长在海拔 2 000 米的湿润的温带。在法国、美国、德国、加拿大、韩国、日本、印度和尼泊尔等地,在我国黑龙江、吉林、辽宁、内蒙古、西藏、山东、河南、安徽、浙江、甘肃、广东、广西、贵州、云南、福建、台湾等地均有分布（图 4 – 27 – 1）。

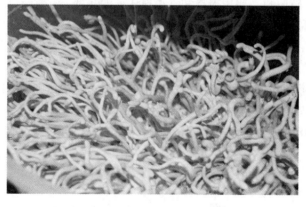

图 4 – 27 – 1 蛹虫草人工栽培

(二)营养与保健价值

现代药理学研究表明蛹虫草中含有虫草素、虫草多糖、虫草酸、超氧化物歧化酶等多种活性物质,其药用价值和保健功能可以同冬虫夏草相媲美,是一种高级滋补的名贵中药。

蛹虫草中多糖含量一般在 4% ~10% 之间,虫草多糖是蛹虫草中含量最丰富、也是最重要的生物活性成分之一,虫草多糖能够提高机体免疫力。相关报道中蛹虫草的保肝、降血脂作用主要与虫草多糖、虫草多肽以及一些酶类有关,其次蛹虫草中的虫草多糖、多酚和类黄酮等物质具有清除自由基的能力;蛹虫草具有良好的抑菌作用,其主要抑菌成分虫草素(即 D - 甘露醇)已被证实对枯草芽孢杆菌、葡萄球菌等病原细菌具有抑制作用,虫草素还具有抗氧化、抗自由基、利尿及促进新陈代谢,清除超氧阴离子自由基,维持机体的代谢平衡等作用。除上述功能外蛹虫草还能够滋肺益气、抗病毒、抑制肿瘤、抗菌消炎、延缓衰老,同时对支气管炎、心脑血管等疾病也具有较好的疗效。

蛹虫草中含有多种维生素,包括维生素 E、维生素 B_{12}、维生素 C、维生素 D 和胡萝卜素等。蛹虫草中含有近 30 种矿质元素,其中含量较高的元素有钾、磷、硫、镁、钙、钠、铁、铜等元素。人工栽培的蛹虫草蛋白质含量高达 40.7% ,比天然冬虫夏草高出 15.3% 。

(三)栽培技术发展历程

1932 年小林义雄首次采用米饭培养基进行蛹虫草子实体栽培,并取得成功。以此为先例,许多学者开始了蛹虫草代料人工固体培养技术的研究。国内外科研人员开始采用以大米、小麦、玉米等为原材料以及由多种谷物与大米不同配比混合而成的培养基进行蛹虫草子实体人工栽培,并添加蛹粉、酵母粉等营养成分,培养容器也多为玻璃瓶、虫草培养盒。目前,蛹虫草的栽培技术已趋于成熟,基本可以实现规模化、工厂化栽培,主要有 3 种培养方式:以大米、小麦等代料培养基为主的人工固体培养技术;以大型鳞翅目昆虫幼虫或蛹(桑蚕、天蚕、茶蚕、斜纹夜蛾、豆天蛾、甘蓝夜蛾、玉米螟蛹等)为基础的昆虫活体人工培养技术;以来源广泛的玉米粉、蔗糖等为基础的人工液体培养技术。不同栽培方式有其各自的优缺点:采用蛹为基础的昆虫活体人工培养技术饲养子实体营养含量相对较高;人工固体培养技术的成本低于昆虫活体人工培养技术,其风险更小,可行性更高;采用液体培养法具有生产周期短、过程容易控制等特性,是未来栽培技术发展的方向,具有产业化潜力和发展空间。

(四)发展现状与前景

目前,蛹虫草人工栽培可以达到规模化生产,但仍存在一些问题,如菌种退化、次级代谢产物(残留虫草素培养基)利用率低等。蛹虫草退化方面的遗传机理尚不明确,不能从根本上彻底防止菌种的退化,而且也没有鉴定蛹虫草早期退化的统一标准,难以防止虫草退化带来的经济损失。蛹虫草的退化速度快且较为常见,其直接影响蛹虫草的品质。退化菌株主要特征为气生菌丝旺盛,有角突变现象,产孢能力减弱,不能或很少形成原基、子实体产生畸形,吐黄水,光照后菌丝颜色为黄色或淡黄色,甚至不转色,子实体产量降低,整齐度下降,畸形,甚至不产生子实体,抗逆性减弱等。蛹虫草退化的原因目前偏向于核型改变、突变和有害物质积累,病毒感染等因素。目前为了防止菌种退化的方法很多,但是不能达到完全抑制的作用,可以采用适宜的菌种保藏方法,减少转管次数,调整培养过程中的培养基配方,建立菌种资源库等方式降低菌种退化率。

二、生物学特性

(一)生活史

蛹虫草由子实体与菌核两部分构成,在自然条件下生长主要包括虫草菌丝体和子实体的生长,蛹虫草菌可以侵染多种昆虫的蛹、成虫或幼虫,将蛹体内营养作为其生长发育的能源最终长出子实体。蛹虫草生活史包括无性阶段和有性阶段,其中无性阶段占其生活史的大部分时间,无性阶段以分生孢子和菌丝两种形式,寄生在幼虫体上的真菌具有复型生活史,无性世代循环:分生孢子—菌丝——分生孢子。菌丝感染幼虫后,经过增殖发育,先寄生,后腐生,形成菌核,进入有性阶段,发生子座。同时部分菌丝也可产生分生孢子,重复无性时代;有性生殖阶段以产生子实体和子囊孢子为标记。成熟的子囊孢子弹射后,随风进行传播,传播过程中孢子碰到适于生存的宿主,便从宿主昆虫的较薄弱部位侵入其体内,并开始慢慢萌发逐渐形成菌丝体,吸收寄主体内的营养,穿透寄主组织,并逐渐占满整个虫体。除此之外,昆虫如果取食了带有这类真菌的植物茎叶,真菌也可通过昆虫的口器进入到虫体的内肠腔内,分泌毒素毒害昆虫,在破坏其脂肪体的同时,还能有效地抑制其繁殖细胞的形成,寄主昆虫最终死亡,密集的菌丝逐渐形成僵硬的内菌核。当寄主体内的营养成分分解完后,在适宜的环境下,菌丝体从营养生长转为生殖生长,菌丝体扭结分化成菌核,从蛹头、节等部位长出子座,多丛生,少数单生。子实体成熟后形成子囊壳,子囊孢子成熟后弹射出来,产生分生孢子开始下一轮有性和无性生活史(图4-27-2)。

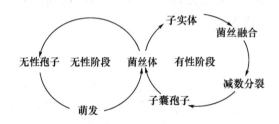

图4-27-2 蛹虫草生活史(引自:冯玉杰)

(二)生长发育条件

1.营养条件

(1)碳源。碳元素主要提供细胞的碳架,提供细胞生命活动所需的能量,为微生物或细胞的正常生长、分裂提供物质基础。蛹虫草可以利用的碳源有葡萄糖、蔗糖、麦芽糖、淀粉等。不同的碳源对蛹虫草的生长发育及代谢物的合成所起的作用不同。

(2)氮源。氮元素是蛹虫草自身合成蛋白质和核酸的必须元素,菌体细胞中含氮5%~13%,氮源主要用于蛹虫草菌体细胞物质(氨基酸、蛋白质、核酸等)和含氮代谢物的合成。蛹虫草可利用多种氮源,有机氮的利用效果最好,所以应以添加有机氮为主,例如蛋白胨、酵母膏、豆饼粉、蚕蛹粉、玉米浆、奶粉等。在合理选用碳源和氮源的同时,还应调整好碳与氮的比例,以便获得最佳的生长速度,提高产品的产量和质量。

(3)无机盐。无机盐用于维持和调节培养基的渗透压及pH值等都有直接关系。但这些微量元素的需要量一般很少,只要在培养基中加入低浓度就能满足菌类生长繁殖的需要,高浓度会出现抑制作用。微量元素的种类和浓度,也常常影响菌体生长和代谢产物。在食用菌的培养基里常加入的是磷酸二氢钾、磷酸氢二钾、磷酸钾、硫酸镁、碳酸钙等,菌丝体细胞可以从这些无机盐中获得磷、镁、钾、钙、硫等元素。

(4)维生素。维生素作为辅酶的成分在菌体细胞中具有催化功能,特别是B族维生素对蛹虫草的菌体增殖,新陈代谢等功能均具有调节作用。

(5)生长因子。蛹虫草生长过程中,还需要一些不能由简单的碳合成的维生素与一些结构复杂的生长素,统称生长因子。这些物质用量甚微,适当添加有利于菌丝生长和子座的形成。

2. 环境条件

（1）温度。蛹虫草栽培过程中所需温度范围较广，6～30℃均可以生长，低于6℃极少生长，高于30℃生长受到抑制，最适宜的温度为18～25℃。高温不利于其菌丝生长及分化，菌丝生长需要温度较低，一般20℃左右为宜，14～28℃均可形成原基，蛹虫草培育应保持稳定的恒温管理，只有在原基分化期才给予较大温差刺激。

（2）水分湿度。水分与湿度是蛹虫草菌体细胞的重要组成部分，也是其生命营运过程中不可缺少的溶剂。蛹虫草生长发育所需的水分绝大部分来自于培养料。因此，培养料的含水量直接影响到蛹虫草的生长发育。蛹虫草菌丝生长空气相对湿度60%～70%最为适宜，形成原基最适空气湿度为80%～90%，子实体生长最适相对湿度为90%～95%，不同生长阶段的湿度需要控制在合理范围内，例如：子座形成初期，湿度过大，气生菌丝生长旺盛，原基分化受阻；但若湿度过低，低于70%，水分供应不上，也不能形成子座。

（3）酸碱度。蛹虫草菌丝生长阶段在pH值5.0～7.0范围内菌丝均能生长和形成子实体，最适pH值在5.0～6.5之间。在生长的过程中可以加入一定量浓度磷酸二氢钾或磷酸氢二钾等作为缓冲剂。

（4）光照。菌丝生长不需要光，应保持黑暗环境。但从营养生长转化到生殖生长阶段，即原基开始分化时需要明亮的散射光，在光照的刺激下能长出子实体；若菌丝达到生理成熟后，还继续在黑暗条件下，子座不能形成。但若在持续光照条件下培养，菌丝生长较差，虽能出现原基，但数量极少、产量不高。室内每天有8 h的自然光照，菌丝能正常生长，并正常形成子座，光照要求均匀，不均匀会造成子实体扭曲或一边倒。

（5）空气。菌丝生长和子实体分化发育都要有良好的通风条件，特别是菌丝体长满后子座发生期，要保证空气新鲜，若不及时通风换气，会造成二氧化碳积累过多，菌丝徒长，子座不能正常分化，影响生长发育。

三、栽培技术

（一）栽培设施和季节

栽培场地要求洁净，地势高燥，通风良好，排水通畅，至少1 000 m之内无污染。栽培设施包括原料仓库、配料室、灭菌室、冷却间、接种室、发菌室、出草室、储藏加工室等，商场用房需从结构和功能上满足蛹虫草生产的基本要求。如生产室配备自动化小环境控制设备，则可实现周年生产。目前蛹虫草栽培方式可分为农法栽培和工厂化栽培。农法利用自然气温辅助，一年可栽培两个周期，华东地区秋冬季10月份至翌年1月，冬春季1～4月。东北地区可在秋冬季9～12月，冬春季1～4月。工厂化栽培利用设备进行环境调控，可以周年出草。

（二）栽培技术

1. 菌种分离制作

选择生长正常、健壮、无病虫害，长度在3～8 cm之间的新鲜虫草作为分离材料，菌种分离可采用孢子分离或组织分离，生产上常用组织分离法。将蛹虫草用清水洗去外表土，再用0.1%升汞液消毒1 min，用无菌水冲洗数次，然后再用95%乙醇浸泡3～5 min，用无菌水洗净后进行分离。切取肉质1 mm大小于斜面培养基上，24～25℃培养10 d，菌丝布满斜面，挑选长势良好的菌株，纯化后保存备用。以菌丝白色，粗壮浓密，紧贴培养基生长，边缘整齐，无明显绒毛状白色气生菌丝，后期分泌黄色色素，菌丝见光后变橘黄色者为优良菌种。将分离菌种进行扩大培养后，接种在米饭培养基上，于18～20℃培养20～30 d，若无污染则继续培养，1个月后即可形成橙红色子实体，评定种性，选性状优良者用于生产。

2. 栽培原料与配方

人工蛹虫草栽培可以采用蚕蛹寄生栽培蛹虫草技术、复合培养基培养技术(图4-27-3)。蚕蛹寄生栽培蛹虫草首先必须储备原材料:寄主柞蚕蛹、桑蚕蛹。在北方需购入10月份收获的优质柞蚕、秋蚕大茧,标准是成熟、健壮的鲜蚕茧,无薄皮、油烂,出蛹率达80%以上。在南方要在每批桑蚕作茧前就订购好、挑选好,从大批桑蚕作茧开始就拉入冷库储存。柞、桑蚕茧蛹对冷库要求温度为-2~2℃,室内要干燥、通风、蚕壳表面无霉变、霉烂现象。柞蚕蛹期长,以蛹过冬,冬季较易贮存,一般在15d左右,贮存不好,就会羽化,故需适时接种。原料茧的优劣及存储好坏与培育蛹虫草成活率关系重大,一定要注意。复合培养基质主要为大米、小米、小麦、大麦等谷物,并添加少量的葡萄糖或白糖、无机盐(磷酸二氢钾、柠檬酸铵、硫酸镁等)、维生素B_1,也可以根据需要添加特殊物质,如蚕蛹粉、酵母粉、奶粉、鸡蛋清、蛋白胨、豆粕、豆粉、玉米粉等。大米等谷物应选用无霉变、无异味、无杂质的粳米之类。按配方称量准备好所有原料,加入洁净水,拌匀、分装、封口、灭菌。常用配方:①大米68%,蚕蛹粉26%,葡萄糖5%,蛋白胨1%,维生素B_1 0.1 mg;②大米93%,葡萄糖2%,蛋白胨(或鸡蛋清)2%,蚕蛹粉2.5%,柠檬酸铵0.2%,硫酸镁0.2%,磷酸二氢钾0.1%,维生素B_1 0.1 mg;③小麦85%,白糖(葡萄糖)2%,蛋白胨2%,蚕蛹粉10%,柠檬酸铵0.2%,硫酸镁0.1%,磷酸二氢钾0.1%,酵母粉0.6%,维生素B_1 0.1 mg;④小麦95%,白糖(葡萄糖)2%,蛋白胨0.5%,蚕蛹粉2%,硫酸镁0.4%,磷酸二氢钾0.1%,维生素B_1 0.1 mg。

图4-27-3　蛹虫草的人工栽培

3. 接种与发菌培养

(1)蚕蛹栽培蛹虫草技术。蛹虫的选择:必须是新鲜,生长健壮,无任何机械损伤,无虫、病的活体。先用自来水冲洗干净,然后放入75%酒精液中消毒3~5 min,或用酒精药棉迅速擦洗蚕蛹表面两次在用无菌水冲洗3~5次,然后用无菌纱布擦干或用电风扇吹干蛹体表面水迹置于无菌盒中备用,无菌盒内蚕蛹不要放置过厚,以防压伤。

接种:用灭菌解剖刀,轻轻在消过毒的蛹体节间膜处,剖开一小口,长0.2~0.3 mm,然后从试管中挑取米粒大小蛹虫草菌块,塞进剖孔处,盖好剖口,放入无菌罐头瓶中培养;也可以采用穿刺针,以针尖蘸取菌种,以穿刺方式进行鲜蛹接种;注入法:采用吸取提前制备好的蛹虫草菌液,注入体表消毒后的蚕蛹节间膜处,每个注入0.2~0.5 mL。此外还可以采用喷雾法,将菌液均匀的喷散在消过毒的蚕蛹表面等方法进行接种培养。在接种的过程中需要加强注意接种工具在接种前、后的消毒和灭菌,尤其是两个蛹体接种之间的消毒。成功接种后,蛹体放在培养盆内,平铺放置一层,用塑料薄膜封口,防止杂菌污染。

育"草":接入蚕蛹的罐头瓶,培养几天后,菌丝开始侵入蛹体,20 d后,蚕蛹死亡僵化。用无菌镊子捡入消过毒、灭过菌的空罐头瓶中,瓶口仍用聚丙烯膜扎紧封口。通过人工诱导,一般7~10 d就可形成子实体。

(2)复合培养基培养技术。培养基配制:以大米、小麦等谷物为主要基质,按比例添加其他营养成分,拌料要均匀,含水量一般在60%~65%之间,将制备好培养料分装入500 mL罐头瓶中(也可用其他类似的大口瓶),每瓶装培养料35~50 g,料面压平,然后用高压聚丙烯薄膜或牛皮纸封口。如果用牛皮纸封口,经灭菌、接种后,可以在牛皮纸上重新扎一层塑料膜。

接种:接种的过程中同样需要在无菌的条件下进行,可以分为接入固体菌种和液体菌种两种。在接入液体菌种的时候需要提前制备好蛹虫草菌液,用消过毒的注射器(也可用医用一次性注射器),吸入液体菌种或悬浮液,从瓶口一端掀开一条缝,迅速注入瓶内,每瓶注入25~35 mL。接入固体菌种时,可以提前将菌种分割成蚕豆大小的小块,将菌种在无菌的条件下均匀的接种到培养基中,之后密封。

育"草":把接过种的培养基瓶子放在发菌室中。瓶子与瓶子之间留一点空隙,以利于通风散热。接种后一般7~10 d菌丝可以封面,10~15 d可长透瓶底,需要低温和避光培养。温度控制在20~25 ℃之间。菌丝长透瓶底后,进入转色期,转色的关键是光照,白天用自然散射光线,晚上可用日光灯照射,菌丝见光后由白色逐渐变为橘黄色或橘红色,转色后可进行搔菌操作,继续培养,7~10 d后,基质表面会形成原基。室内过干,可用喷雾器喷洒清水于地面、墙壁和空间。夏季温度过高时,也可用喷水的方式降温,或在窗上安装抽风机。一般情况下,25~30 d菌丝可长满培养基,并形成子实体原基。

4. 出草管理

接种蛹虫草后,置于无菌室中培养,室内经常消毒,保持空气清新、流通。需要适当提高温度,防止低于15 ℃以下低温和超过25 ℃以上高温。温度过高会降低蛹虫草产量,子实体较矮小时,虫草就老化不再成长;温度过低,子实体生长缓慢,甚至停止生长,也会影响产量。在子实体生长过程中,将室内温度控制在18~25 ℃范围内,白天利用自然光照,晚上用日光灯补充光照,蛹虫草子实体的生长期需氧量比较大。随着子实体的日益增长,需要通风的时间也更长,培养瓶封口膜上刺孔通气增氧。子实体生长阶段的管理:关键是增加光照,在每层培养架上方距离菌瓶30 cm处安装日光灯管1~2个,每天光照不少于20 h;室内应有空调设备,经常消毒,保持清新空气,防止霉烂。并根据生长情况,适当调整光源方向,同时增加湿度达80%以上。

(三)采收和加工

采收:蛹虫草成熟时呈橘黄色,在子实体头部开始膨大并有子囊壳出现,子

实体为5~8 cm时,即可采收。可用镊子将蛹虫草从瓶内轻轻取出,放在晾晒盒内,置于室内通风处自然干燥,防止腐烂变质。一般连培养基和子座一块采收,如只需子座部分,则可用消过毒的剪刀剪下子座,采收工具不要接触子实体,以免损伤子实体,采收后晾干或阴干贮藏。把蛹虫草表面用清水洗刷干净,放入晾晒盒内,置于黑暗干燥室内或干燥箱内,40 ℃温度下干制,切勿温度过高或阳光下晾晒,否则,子实体颜色会褪色。蛹虫草易被虫蛀,害虫一般从蛹体菌核蛀起。包装前,应用黄酒喷湿,然后摊开晾干,随即装入塑料袋中真空封闭,放在铁柜里贮存。

加工:①虫草保健酒:采用优质白酒,经降度处理至酒精浓度为35~45度后作为酒基,用蛹虫草、人参、鹿茸、枸杞为药基,分别在不同的酒度、温度、时间条件下浸泡。将浸泡所得到的高浓度药酒重新进行降度处理至35~45度后,添加到酒基中,勾对灌装,产品中应见整株虫草子实体。并适当加入蜂蜜、砂糖、柠檬酸等成为蛹虫草保健酒。

②口服液:把风干或晾干的子实体,用经消毒的粉碎机进行粉碎成为蛹虫草粉待用。把粉碎的蛹虫草粉,用75~80 ℃的热水浸提2~3 h,除去滤液,保存于低温条件下备用。滤渣用于提取虫草多糖。将上述滤渣加入定量水,在98 ℃的水浴锅上加热抽提10 h,后过滤,弃去滤渣,滤液并入上述滤液中,成为

蛹虫草营养液,之后进行分装、灭菌、封口、包装制得口服液。

③动物饲料添加剂:虫草饲料添加剂是利用蛹虫草及虫草分离菌的工业发酵技术而生产的虫草类系列产品,将虫草产品按照一定比例添加到动物饲料中。能够提高饲料利用效率和生产性能,增强动物免疫功能和改善动物产品品质。虫草饲料添加剂,属于绿色饲料添加剂。由于饲料中含有虫草素、核苷类化合物、虫草多糖、虫草酸、甾醇类、超氧化物歧化酶等活性成分,因此具有抑菌、抗病毒、免疫调节、抗氧化、降血脂等作用。有研究表明用蛹虫草菌糠饲喂长白仔猪,猪不易患腹泻,皮红毛亮,日增重提高16.67%;将虫草菌丝粉添加到罗氏沼虾饵料中,当添加量达到0.5%,罗氏沼虾血细胞吞噬百分比和吞噬指数、血清溶菌酶活力及酚氧化酶活力均显著提高。罗氏沼虾的免疫功能也随之提高,同时也有效预防嗜水气单胞菌的感染。

(四)病虫害防治

目前蛹虫草已经实现规模化人工栽培,但在栽培的过程中易发生病虫害,主要包括细菌、真菌、螨虫类和跳虫类。接种后如果出现培养料变黏、颜色变深、变质并散发出酸臭味,可能是细菌污染。细菌污染主要包括醋酸杆菌、假单胞菌、芽孢杆菌等,防治措施:搞好环境卫生,配料时候严格消毒,及时清理疑似污染菌种等;如果培养基中出现繁殖颜色为绿色、蓝色、黑色等,并且大量繁殖且有粉末状,霉味,可能是霉菌污染,霉菌污染主要包括:绿色木霉、白色青霉、软毛青霉、黄霉、黑根霉等。防治措施:可以选择抗病性强的优质菌株,在拌料时可加入0.08%克霉灵防治绿霉,发病初期可以用福尔马林加75%乙醇混合喷洒菌落处,污染培养基需要及时清理,清理过后需要及时消毒、通风,以免孢子扩散。

在蛹虫草通风培养阶段需要重点防治螨类的危害,螨类又称菌虱,常见有粉螨和蒲螨,粉螨体型较大,色白发亮,呈粉状;蒲螨体型小,咖啡色,肉眼不易看见,多在培养料上聚集。螨类防治过程中需要远离仓库、饲料房等螨类易孳生的场所,保持栽培室卫生,防止室内过潮,对疑似污染的培养料需要高压蒸汽灭菌处理,室内可选用0.5%敌敌畏溶液熏蒸18 h。

蝇蛆类易发生在温度较高的季节,当栽培室的环境不洁净时候,蝇卵在培养料中一周孵化成蛆虫,蛆虫啃食菌丝体造成严重危害,防治措施:栽培室门窗安装纱网,防止蝇虫飞入,如果蛹虫草长出子座后发生蝇蛆害,可在培养料上或室内喷洒除虫菊酯等无残毒的农药。

如果栽培室过于潮湿和不卫生易发生跳虫危害,跳虫幼虫白色,成虫灰蓝色,是弹尾目的昆虫。防治措施:可用0.1%敌敌畏喷洒于纸上,在滴几滴蜜糖,将药纸分散摆放在栽培室内各个角落进行诱杀,同时搞好栽培室内外的卫生,防止栽培室过潮病虫害一旦发生,单靠药剂是不能够根除的并且还容易造成药害,因此在人工栽培蛹虫草的过程中,最重要的是要以预防为主,综合防治。

参 考 文 献

[1]冯玉杰.蛹虫草退化基质及新疆温室关键栽培技术的研究[D].石河子:石河子大学,2019.

[2]贺宗毅,陈仕江,张德利,等.人工栽培蛹虫草的病虫害防治措施[J].食用菌,2015,(5):43-45.

[3]李义,潘新法,宋学宏,等.虫草菌粉对罗氏沼虾免疫功能的影响[J].水利渔业,2002,22(4):47-48.

[4]宋斌,林群英,李泰辉,等.中国虫草属已知种类及其分布[J].菌物研究,2006,4(4):10-26.

[5]王法盈,张凤和,刘宝法,等.蛹虫草和朴菇菌糠饲喂畜禽的效果试验研究[J].陕西农业科学,2008(5):47-48.

[6]王相刚.蕈菌学[M].北京:中国林业出版社,2010.

[7]张志军.人工蛹虫草(Cordyceps militaris)SY_(12)新型有效成分的研究[D].青岛:中国海洋大学,2007.

[8]左锦辉,贡晓燕,董银卯,等.蛹虫草的活性成分和药理作用及其应用研究进展[J]食品科学,2018, 39(21):330-339.

[9]张金霞.中国食用菌栽培学[M].北京:中国农业出版社,2020:453-457.

(于海洋)

第二十八节　羊　肚　菌

一、概述

(一)分类与分布

羊肚菌是一个宽泛的概念,是羊肚菌属下的各品种的总称,羊肚菌属隶属于子囊菌门,盘菌纲,盘菌目,羊肚菌科,羊肚菌属。羊肚菌又称羊肚蘑、羊雀菌、羊肚菜、包谷菌、狼肚菌、草笠竹、编笠菌等。由于其菌盖有不规则凹陷且多有褶皱,形似羊肚而得名,是一类名贵的食药用真菌。羊肚菌人类食用历史悠久,在欧洲,像块菌一样,有着悠久的羊肚菌文化。

2020 年 3 月于英国真菌索引数据库查询到羊肚菌属下分类名称 348 个(包含种、亚种、变种),我国共分布有 30 种(朱斗锡 2008)。根据菌盖近中部与菌柄是否分离、菌盖边缘是否明显向外伸展、菌盖的形状和颜色、盖表棱纹排列和凹坑的深浅等特征,将羊肚菌属分为 3 个大类:黑色羊肚菌类、黄色羊肚菌类和半开羊肚菌类,根据成熟时子囊果的子实层和菌柄变红与否提出了第四个类群,即变红羊肚菌类群(杜习慧等 2014)。几个种已经实现了人工栽培,包括黑色类群的梯棱羊肚菌、六妹羊肚菌和七妹羊菌,变红类群的红褐羊肚。

(二)营养与功效

羊肚菌风味独特、味道鲜美、嫩脆可口、营养极为丰富。据测定,总糖占子实体干重的 27.9% ,每 100 g 鲜羊肚菌,能量 210 kJ、蛋白质 5.4 g、脂肪 0.4 g、碳水化合物 6.1 g、灰分 1.2 g、水分 86.9 g,维生素 B_1 0.22 mg、维生素 B_2 0.15 mg、维生素 B_6 0.21 mg、维生素 B_{12} 0.16 μg、叶酸 2.83 μg、烟酸 2.59 mg、生物素 16.2 μg,还含有丰富的矿质元素,钾 395 mg、钙 12 mg、磷 192 mg、铁 2.0 mg、锌 1.70 mg、钠 7.0 mg。其蛋白质中有 44.14% ~49.10% 为氨基酸,共 19 种,有 9 种人体必需氨基酸,其中包括:精氨酸 7.85%、亮氨酸 5.12%、赖氨酸 3.84%、缬氨酸 3.36%、苏氨酸 2.95%、异亮氨酸 2.70%、苯丙氨酸 2.51%、组氨酸 2.12%、色氨酸 0.86%,除色氨酸外,其余必需氨基酸含量均比面包、牛肉、牛奶、鱼粉的含量高。

另外,羊肚菌还有一定的药用价值,明代的《本草纲目》中就有羊肚菌"甘寒无毒,益肠胃,化痰利气,补脑提神"的记载,现代医学研究表明,羊肚菌含有的生物活性物质具有调节机体免疫力、抗疲劳、抗氧化、抗菌、抗肿瘤、降血脂、保肝护肝等作用。

(三)栽培历史与现状

国外羊肚菌人工栽培研究始于 1882 年,美国科学家 R. D. Ower 以菌核培育和菌核的直接诱导出菇为主,并对出菇理论、菌核培育、外源性营养的补充、出菇条件、环境条件进行了详细记载(Ower et al 1986,1988,1989)。直到 1986 年,Ronald Ower 在室内首次成功的栽培出羊肚菌子实体。2005 年 Garry Mill 实现工厂化生产羊肚菌,并申报了专利。但栽培产出一直不稳定,在 2006 年前后全线停产,其他各国没有更好的栽培报道。

国内羊肚菌的人工栽培技术研究始于20世纪70年代,1991年至2002年,姚秋生、陈惠群、董淑凤、李素玲等人用纯培养的羊肚菌菌丝体在野外栽培羊肚菌获得成功。2003年,赵琪等将纯培养的尖顶羊肚菌菌丝体播种在农田和退耕还林地中,2004年成功获得子实体。直到2007年,朱斗锡等才基本攻破了羊肚菌大田栽培的关键技术。2009年赵琪等利用圆叶杨栽培尖顶羊肚菌获得子实体,并在云南一定范围内生产。2012年羊肚菌栽培技术的改进,使得我国羊肚菌产业有了跨越式发展,2011年至2019年,每年羊肚菌栽培面积分别为67 hm2、200 hm2、300 hm2、533 hm2、1617 hm2、2330 hm2、4 667 hm2、9333 hm2、6 667 hm2,现已成为世界上羊肚菌人工栽培面积最大的国家。

羊肚菌的栽培起源于云南、四川等西南部地区,此区域温度高湿度大适合羊肚菌生长。随着栽培技术的不断完善,羊肚菌生产区域由四川、云南和重庆主产区逐渐向河南、湖北、山西、陕西、湖南、江苏、广州、新疆等地区扩展,目前已有二十几个省市都有羊肚菌栽培的成功报道。羊肚菌逐渐呈现从南到北发展至全面铺开的发展趋势,近两年羊肚菌在吉林、辽宁甚至黑龙江地区都有部分地区栽培。不同地区依据当地的气候特点,相继开发了平棚模式、平棚套小拱棚模式、蔬菜大棚模式、林下种植、暖棚种植等,栽培均以大田土壤为基质,开放式栽培,以小麦为主要成分的外源营养补给,亩产量也逐步提升,最高亩产可达鲜菇1 500 kg以上。但羊肚菌生产过程受诸多因素影响,如光照、空气、温度、湿度、土壤pH值和微生物结构等变量的不确定性,实际生产中会面临出菇不稳定,重现性差等问题。

二、生物学特性

(一)形态结构

羊肚菌株高6~25 cm,子囊盘褐色,呈蜂窝状、圆锥形、钝锥形或近球形、卵形至椭圆形,表面有许多凹坑,似羊肚状,凹坑近方形或不规则形,有网棱,宽4~12 mm;柄近圆柱形,近白色,中空,上部平滑,基部膨大并有不规则的浅凹槽,长3~10 cm,宽3~7 cm,白色至黄白色,被白色绒毛(图4-28-1);子囊体圆筒形无色,(200~320)μm×(15~25)μm,内部含有八个子囊孢子,呈单行排列,孢子呈长椭圆形,(10~24.5)μm×(10~13)μm,无色,表面平滑,侧丝顶部膨大,粗达12 μm。

图4-28-1 子实体形态(刘佳宁拍摄)

羊肚菌菌丝体,在 PDA 培养基上最初是有少许光泽的白色或淡黄色,菌丝顶部会分泌无色水珠,后期会随着菌丝体释放色素,逐渐变为红褐色。培养 5~7 d 后,气生菌丝首先在顶部形成点状菌核,并逐步增多形成菌核堆。菌核初期白色,成熟后变为黄色,后期加深至棕色。菌核堆最大能达到 3.2 cm × 2.5 cm(图 4-28-2)。在大田栽培中菌丝长满土块表面时便产生"菌霜"即无性孢子。

图 4-28-2 羊肚菌菌落形态

(二)生活史

Volk el al. (1990)报道羊肚菌生活史整体呈两个腐生型生活史循环过程,分别为途径 1 和途径 2 两者均以子囊孢子成熟弹射作为生活史的开始,在适宜条件下萌发形成初生菌丝,单一的初生菌丝形成菌核,在条件合适的时候出菇,完成生活史循环(途径 1);初生菌丝也可以和不同单孢萌发形成的初生菌丝融合形成异核体次生菌丝,进而形成菌核,条件适宜出菇,完成整个生活史循环(途径 2)。羊肚菌所经历的这两种不同的生活史途径,主要基于在什么时候发生质配而定,在途径 1 中,环境条件不适宜时,单一子囊孢子萌发形成的初生菌丝则不经历质配过程,直接转变形成菌核组织;途径 2 过程,实际上是一个异核体生殖过程,当初生菌丝和其他可亲和的初生菌丝相遇时结合,在环境条件不适宜时,形成异核体菌核,这种异核体菌核和途径 1 过程中的菌核形态特征一样。

(三)生长发育条件

1. 营养需求

羊肚菌属的不同品种之间具有明显不同的生态类型,应用基因组学、蛋白质组学、同位素标记等现代技术研究,证明羊肚菌有腐生型、共生型、兼性腐生型。能人工栽培的羊肚菌属于腐生菌型,菌丝体能利用蔗糖、可溶性淀粉、葡萄糖、麦芽糖作为碳源;能利用硝酸钾、硝酸铵、尿素、天冬氨酸等作为氮源;羊肚菌菌丝生长过程中维生素 B_1、维生素 B_2 和维生素 B_6 和叶酸具有一定的促进作用。羊肚菌栽培对土壤类型无选择性,在森林土壤、耕地土壤、沙地、沙滩、沙漠边缘上都会出菇。外援营养补给以小麦和其他农林废弃物玉米芯、稻壳、木屑等作基质原料。

2. 环境条件

(1)温度。羊肚菌属低温型真菌,子囊孢子萌发适宜温度 15~20 ℃;菌丝在 3~28 ℃均能生长,适宜的温度为 18~22 ℃,低于 3 ℃或高于 28 ℃生长停止,高于 30 ℃菌丝容易死亡;子实体在 6~30 ℃均能生长,适宜温度 18~20 ℃。

(2)水分。羊肚菌是喜湿型真菌,菌丝生长培养料适宜含水量为 55%~60%。栽培时羊肚菌适宜在湿润的土质环境中生长,子实体发生时土壤含水量为 28%~34%,空气相对湿度为 80%~90%。土壤含水量低,子实体不容易发生,形成的子实体也容易死亡。

(3)光照。营养生长阶段不需要光照,菌丝在黑暗或微弱光条件下生长很快,强光会抑制菌丝体生长。子实体形成和发育需要一定的光照,控制光照强度 300~500 lx。

(4)空气。羊肚菌属好气型真菌。菌丝生长阶段,通气良好,生长速度快。子实体形成以及生长发育过程中,对空气较为敏感,需要氧气充足,要求 CO_2 浓度不超过0.3%,通风不良会影响子实体生长发育,出现畸形,甚至腐烂等现象。

(5)酸碱度。羊肚菌菌丝体和子实体生长的 pH 值在 5.0~8.0 之间。适宜 pH 值在 6.5~7.5 之间。

三、栽培技术

(一)栽培场地与设施

1. 栽培场地

选择地势平坦、水源充足、排水良好、土壤肥沃、重金属和农残不超标的地块,要求栽培场地生态环境良好、三级以上饮用水质,无有毒有害气体。

2. 栽培设施

黑龙江省羊肚菌栽培主要是在棚室内,设施有暖棚和冷棚。暖棚的设计是东、西、北三面为围护保温墙体,南向单坡面盖双层塑料薄膜、夜间再覆盖保温棉被的日光温室,是我国北方地区独有的一种温室类型。冷棚就是钢架单层塑料大棚,棚外覆盖一层遮阳网遮挡阳光直射,保温效果差,一般用于羊肚菌越冬栽培,春季出菇。

(二)栽培季节

羊肚菌播种适宜时期是气温稳定在 10~20 ℃ 的时节,暖棚"秋播冬收"模式一般在 8 月下旬至 9 月初播种,11 月初进行出菇管理,12 月末采收结束;暖棚"春播夏收"模式,一般 2 月末至三月初播种,4 月末进行出菇管理,5 月末采收结束。冷棚和暖棚越冬栽培模式,一般安排在 9 月末至 10 月初播种,发菌后越冬,次年 3 月下旬至 4 月初进行出菇管理,5 月末结束采收。

(三)栽培模式

1. 暖棚栽培模式

暖棚的优点一是控温效果好。冬季栽培,棚内不用加热取暖,即使在 11 月至 12 月中旬,白天依靠太阳光升温,晚上覆盖棉被保温,也能维持棚内温度在 8~25 ℃ 之间,可满足羊肚菌冬季栽培的需要;春季栽培可通过调节覆盖的棉被高度达到棚内降温效果,实现"秋播冬收"和"春播夏收",一年生产两个周期。二是保湿效果好。菌种散播,不覆地膜,可随时观察菌床和营养袋内羊肚菌的生长情况,并且菌床缺水可雾化喷水,保障羊肚菌以最优条件生长。同时夏季高温季节还可以种植番茄、辣椒,实现菌菜轮作,增加栽培效益。

2. 冷棚越冬栽培模式

冷棚栽培羊肚菌,操作过程简单,9 月末至 10 月初播种,播种后加盖黑色地膜。菌萌发生长放置营养袋后越冬,次年春天 3 月末 4 月初气温稳定在 10 ℃ 左右,土层融化 15~20 cm,进行管理出菇。此种栽培模式,一年只能生产一个周期,羊肚菌所处环境受自然气温影响大,严寒地区春季气温骤降易导致羊肚菌幼菇死亡。

3. 林下栽培模式

林木的行间进行羊肚菌间作,畦面建小拱棚,覆盖薄膜和遮阴网,栽培方式与冷棚越冬栽培模式相同。

(四)外援营养袋生产

羊肚菌栽培与其他食用菌不同,需添加外源营养袋,外源营养袋是供给羊肚菌菌丝生长和子实体发育的重要营养来源,是羊肚菌高产稳产的核心要点,不摆放营养袋不出菇的风险在90%以上(贺新生2017)。

1. 营养袋配方

外源营养袋直接影响羊肚菌产量。目前国内公开的营养袋配方主要原料有麦粒、木屑、玉米芯、谷壳、腐殖土、草木灰等,种类繁多,用量变化幅度大。从投入成本和栽培效果比较,较好的配方如下:

配方1:麦粒48%、木屑25%、谷壳10%、土壤15%、石膏1%、石灰1%。

配方2:麦粒62.5%、木屑17%、稻壳8%、土壤10%、石膏1%、石灰1%、磷酸二氢钾0.5%。

配方3:麦粒58%、玉米芯25%、土壤15%、石膏1%、石灰1%。

2. 营养袋制袋

生产前麦粒用50 ℃温水浸泡12 h,沸水煮至熟透(要求麦粒内部无白芯,外部表皮不破裂),木屑、稻壳、玉米芯原料用水浸泡12 h,淋干水分,加入石膏、石灰,混合均匀,装袋,含水量50% ~55%。选用12 cm×24 cm规格菌袋,每袋装料重350 ~400 g,系线封口,要求装料松散,便于摆袋时展平,采用食用菌常规方法灭菌。

(五)畦床处理及播种

播种前去除地面杂草、清理干净,每亩地均匀撒生石灰50 kg,翻地20 ~30 cm疏松土壤,土粒粒径小于2.5 cm,同时空间用浓石灰水或波尔多液进行喷洒,密闭棚室,撒去遮阳网强光暴晒10 ~15 d,起到杀虫卵杀菌作用,减少栽培时病虫害的发生。

播种前将菌种打散备用。播种方式可分为散播和条播。散播方式:播种时顺着大棚的长的方向每隔20 cm留有畦面80 cm,立桩拉绳作标尺,将打散的栽培种均匀散播于畦面上,播种后立即取预留未播种的20 cm内土覆于畦面上,覆土厚度2 ~3 cm,可整理出畦高15 ~20 cm,畦面80 cm,畦床间距20 cm(图4 -28 -3);条播方式:播种前一天做畦,作畦高15 ~20 cm,宽80 ~100 cm,畦间距20 ~30 cm,长度依棚的长度而定,播种时顺着畦面开3条"V"形播种沟,深度5 ~7 cm,宽7 ~10 cm,均匀的将打散的菌种播在沟内,覆土整平畦面。每亩地用种量200 ~300 kg。播种后及时雾化喷水,浇透水,直至畦沟内有水溢出为止。

图4 -28 -3　羊肚菌播种

（六）发菌管理与营养袋摆放

1. 发菌管理

播种后，暗光培养，调控棚内空间温度 10~18 ℃，畦床内温度 8~15 ℃。空间相对湿度 60%~70%；保持土壤潮湿，湿度控制在 30%~33% 之间，培养期间土壤湿度过低可雾状喷水，至畦面土粒不泛白、不干裂即可。播种后前三天可不通风，3 d 后每天通风 10~20 min。

2. 营养袋的摆放与撤除

播种后 5 d 左右，当畦面 60%~80% 产生白色分生孢子（菌霜），即可摆放营养袋。营养袋一个侧面开口，开口方式：开 2 条 10 cm 长纵口，开口间隔 1.5~2.5 cm。将开口一侧面向下轻压使其充分接触地表，摆放密度 5~6 袋/m²，呈品字形排列（图 4-28-4）。营养袋摆放后仍保持暗光培养，棚内空间温度控制在：10~18 ℃，畦床内温度控制在 8~15 ℃，保持土壤潮湿，每天通风 10~20 min。冷棚和林下栽培，摆完营养袋之后可覆盖黑色地膜保温保湿，每天掀膜通风。菌丝培养 45~50 d 即可进行出菇管理。

冷棚和林下栽培，越冬后、出菇前撤除外源营养袋，暖棚"秋播冬收"和"春播夏收"模式，可不撤除营养袋。

图 4-28-4 营养袋摆放

（七）催菇

暖棚栽培，羊肚菌播种后 45~60 d，当第 2 次返起的分生孢子开始消退，并且大量菌丝上有水珠出现时，即可进行催菇处理；冷棚栽培和林下栽培，次年春天 3 月中下旬，卷起棉被或遮阳网，使棚覆膜升温，4 月份土层融化 15~20 cm，控制棚内温度 20 ℃ 以下，当地表下 10 cm 的温度达到 8 ℃ 左右，去掉畦床上覆盖的黑色地膜，移除营养袋，进行催菇管理。

1. 喷大水

这是刺激出菇的最常用方法：大水漫灌一次，直到菇床没于水面以下 3~5 cm，确保浸透。也可雾状喷水 4~6 h，畦沟表明显积水 5 min 以上。

2. 温度刺激

发菌期将近结束时，采用低温刺激和温差刺激有利于出菇整齐。在北方可以采用白天不开棚，控制温度在 10~16 ℃，晚上开棚，温度达 4~6 ℃ 以下，使棚内白天夜晚温差达 8~10 ℃。

3. 加大通风

通风是羊肚菌出菇的必然条件,催菇期每天通风2次,上午10点前后,下午2点前后,确保1~2 h,通风一定要柔和,切忌大通风,确保棚内二氧化碳浓度在0.08%以下。

4. 光线刺激

羊肚菌发菌期不需光照,出菇期需散射光。北方棚室出菇一般在早晚光线弱的时候,通过卷起棉被或遮阳网来控制光照。一般催菇7~10 d即可现蕾。

(八)出菇管理

1. 温度

羊肚菌原基形成后,对温度比较敏感,控制地温6~18 ℃,空间温度在10~20 ℃之间,温度过低原基不分化。原基分化后幼菇对温度的要求仍比较严格,空间温度控制在10~20 ℃,温度高于22 ℃或剧烈温差都会造成幼菇的死亡。子实体生长至2~3 cm,控制棚内温度在6~22 ℃,当温度低于10 ℃或高于20 ℃,羊肚菌生长减慢。高于25 ℃,子实体会产生畸形等生理性病变,出菇的后期要特别注意防止高温。

2. 光照

光照可促进子实体形成和分化,子实体生长阶段,光照强度影响羊肚菌质量,光照强,子囊果颜色比较深,光线弱,颜色浅。出菇阶段每天的光照时长4~6 h,光照强度300~500 lx。另外,羊肚菌子实体具有较强的趋光性,春季出菇,为避免棚内高温,只能在接近傍晚才将棉被卷起1.0~1.2 m高,长期侧面入光,羊肚菌在生长过程中会产生向光性,子囊果倾斜歪倒,影响产品质量。一般春季暖棚出菇应在日光摄入的相反方向加日光灯进行光照补偿,保证羊肚菌子囊果在生长过程中光照一致。

3. 湿度

出菇期棚内空间湿度保持在80%~90%,如果空间湿度过低,羊肚菌子实体重量轻,容易干裂,甚至停止生长;土壤湿度控制在30%~34%,土壤缺水土粒泛白,土面开裂。空间和土壤湿度低,要根据生产情况采用喷雾式补水。

图4-28-5 暖棚栽培羊肚菌出菇情况(刘佳宁拍摄)

4. 通风

羊肚菌是好氧型真菌,提供足够的氧气对羊肚菌子实体的生长发育是必要的。在生长过程中适当通风可以保证棚内空气的质量,也可减少杂菌的发生。冬季出菇中午温度高时打开上通风口通风5~15 min,春季出菇每天通风2次,上午10点前后,下午2点前后通风,每次10~20 min,控制二氧化碳浓度在0.07%以下。通风的同时监测温度变化,避免瞬时温差过大。

5. 日常管理

羊肚菌可以与杂草、青苔共存,棚室内栽培羊肚菌,有棉被或遮阳网遮阳,杂草和青苔量不大,出菇期的日常管理,菌床不需要除草或松土,以免对土壤中的菌丝造成影响。

(九)采收加工

1. 采收方法

羊肚菌现蕾后15～20 d,菌盖长至3～12 cm,菌柄长2～5 cm,蜂窝状子囊果部分已基本展开,子实体由浅黄色变为深褐色、菌柄白色,菌盖脊与凹坑棱廓分明,有弹性,有浓郁的香味时,可采收第一潮菇。采大留小,采收时戴手套,3个指头轻轻握住菌柄,用锋利的小刀在菌柄近地面,沿水平方向切割,避免损伤附近的原基和幼菇。削掉黏附在菇柄上的泥土杂物,按照不同等级分别存放。采菇用的篮子内部放柔软物,以免擦伤菇体表面,每篮放菇数量不宜太多,以防压伤菇体。第一潮菇采收后,将畦面上的菇脚清理干净,控制空间温度在10～20 ℃,空间相对湿度在80%～90%,保持畦面湿润,每天通风2次,每次15～20 min,7～10 d,可再次形成原基。羊肚菌一般可采收2～3潮。

2. 加工

将采收的羊肚菌削掉根部泥土,按大小标准分级放入筐内可进行鲜销,2～4 ℃,货架期4～6 d。不能以鲜菇出售的羊肚菌还可进行烘干和速冻处理。

烘干处理:采收后的新鲜羊肚菌阳光下暴晒2～3 h,使子实体表面水分散失,再将子实体单层、均匀地摆放在烘干筛上,不重叠摆放,避免子实体间相互粘连,烘干温度控制在40～50 ℃,烘干6～8 h即可,烘干后的干品含水量低于12%,自然冷却至35～40 ℃后装塑料袋密封保存,要防潮防霉保持风味,一般6～8 kg鲜菇烘干出1 kg干菇。

速冻处理:将新鲜子实体充分清洗干净,定量放入容器内,在有水的情况下立即进行快速冷冻,再放入-20～-18 ℃冻库保存,可保存1年以上。

(十)病虫害防治

羊肚菌栽培以土为基质开放式栽培,整个栽培环节都暴露在空气中,管理不当易发生病虫害,在黑龙江常见的病虫害有以下几种。

1. 鬼伞

出现在羊肚菌栽培地中的鬼伞有毛头鬼伞、墨汁鬼伞、小鬼伞等。在保温保湿的羊肚菌栽培条件下,存在于秸秆、土壤中的各种鬼伞孢子自然萌发,春天出菇容易发生,子实体单生、丛生或散生、群生,开伞后边缘菌褶溶化成汁状液体,发生自溶。防止措施:发病初期摘除鬼伞子实体,局部发生,可以覆盖生石灰,防止其扩展。

2. 镰刀菌

镰刀菌病害是羊肚菌栽培过程中的一种普遍发生的病害,也是羊肚菌棚室栽培中危害最大的爆发性病害。镰刀菌是土壤中普遍存在的真菌,镰刀菌的菌丝、分生孢子、厚垣孢子大量存在于土壤中。羊肚菌根植于土壤,子囊果内存在着镰刀菌等内生真菌,出菇期为满足羊肚菌子实体的生长,加大了土壤和空气湿度,如遇连续15～25 ℃的高温天气,就容易突然爆发镰刀菌病害。病害特征:子囊果表面出现白色霉状菌丝,白色气生菌丝快速生长繁殖,布满羊肚菌菌盖表面。致使原基、幼菇直接死亡,子实体腐烂、出现孔洞、顶部无法发育、畸形等症状,严重影响品质。防治措施:以防控为主,播种前对种植地暴晒7 d以上,可以有效防治镰刀菌病害的发生。出菇期间避免长时间高温高湿,加强通风、降温、降湿;在播种补料环节,菇床镰刀菌发生,及时处理,应就地撒生石灰并掩埋。

3. 线虫

线虫是土壤内自然存在的常见生物,直径不足 1 mm,长度只有 3～6 mm,肉眼可见。春季温暖湿润,在相对高温高湿的条件下,线虫大量繁殖,聚集在营养袋与地面接触处,咬食菌丝体、子实体原基,降低羊肚菌栽培产量,甚至影响出菇,危害严重。防治方法:做好防虫处理,播种前喷洒杀虫药,翻耕后暴晒。控制土壤湿度。

4. 菌蝇、菌蚊

菌蝇、菌蚊的幼虫可以咬食羊肚菌的菌丝体和子实体。防治方法:出入通道加 40 目防虫网,畦床立柱或顶棚上悬挂粘虫的黄板,棚室内亦可安装防虫灯诱杀,一般不宜使用药物控制。

5. 鼠害

棚室内栽培羊肚菌在冬季和春季出菇,鼠害较重,嚼食菌种和子实体,破坏外援营养袋。进出大棚的门应放置挡鼠板,用传统的捕鼠或灭鼠的方法来预防和控制。

6. 草害

一般林下栽培会出现大量杂草,羊肚菌产量很低。预防和控制方法:播种后,用黑膜覆盖畦面,可有效地控制杂草的生长,还可减少土壤水分散失。

参 考 文 献

[1] 刘伟,张亚,何培新. 羊肚菌生物学与栽培技术[M]. 长春:吉林科学技术出版社,2017.
[2] 赵琪,徐中志,程远辉,等. 尖顶羊肚菌仿生栽培技术[J]. 西南农业学报,2009,22(06):1690 - 1693.
[3] 贺新生. 羊肚菌生物学基础、菌种分离制作与高产栽培技术[M]. 北京:科学出版社,2017.
[4] 杜习慧,赵琪,杨祝良. 羊肚菌的多样性、演化历史及栽培研究进展[J]. 菌物学报,2014,33(02):183 - 197.
[5] 谭方河. 羊肚菌人工栽培技术的历史、现状及前景[J]. 食药用菌,2016,24(03):140 - 144.

(马庆芳)

第二十九节　榆　黄　蘑

一、概述

(一)分类

榆黄蘑(*Pleurotus citrinipileatus*),中文名金顶侧耳、玉皇菇、金顶蘑、黄金菇、黄晶菇等。榆黄蘑属于担子菌门,伞菌纲,伞菌亚纲,伞菌目,侧耳科。榆黄蘑子实体形如喇叭花,色泽金黄(图 4 - 29 - 1)。

(二)营养与功效

榆黄蘑质地脆嫩,味道鲜美,特殊的清香气味格外引人,鲜食加工皆宜,是一种美味的食药兼用真菌,其子实体中的氨基酸总含量达 28.7%,包括 17 种氨基酸,其中人体 8 种必需氨基酸占 7 种。维生素 B 含量高,同时含有丰富的钾、钠、钙、铁、锌及烟酸、泛酸等。研究发现,榆黄蘑能够改善血脂代谢和保护肝脏,具有降血脂、平喘、抗疲劳、提高机体免疫力等药用活性,其多糖的抗肿瘤活性和增强免疫能力

图 4 - 29 - 1　野生榆黄蘑子实体

作用已相继得到确认。

（三）栽培历史与现状

榆黄蘑的人工栽培开始于 20 世纪 70 年代。最初,王柏松等人在长白山区用菇木菌丝分离法获得了其野生菌种,并对其生物学特性进行观察,所得数据为榆黄蘑的栽培成功奠定了基础。到 80 年代中期,吉林、黑龙江、山西、江苏等省已有大面积栽培(图 4 - 29 - 2)。目前,榆黄蘑的栽培方式研究较多,如北方保护地大棚生料阳畦栽培榆黄蘑,压块覆土栽培榆黄蘑,日光温室代料栽培榆黄蘑,生料、发酵料栽培榆黄蘑,食用菌菌渣栽培榆黄蘑,半地下式驯化栽培榆黄蘑,根据其栽培特点,也有一些特殊的方法,如地面穴栽、高桩栽培等。

图 4 - 29 - 2　人工栽培榆黄蘑子实体

二、生物学特性

（一）形态与结构

榆黄蘑子实体丛生或覆瓦状叠生。菌盖初为扁平球形、半球形,展开后因菌柄位置不同形态存在差异,呈正扁半球形或偏心扁半球形,中部下凹,平展后呈扇形至漏斗形。菌盖宽 3 ~ 10 cm,盖面光滑,鲜黄色或金黄色,老熟后颜色变浅,呈草黄色,表皮下呈淡黄色,较薄,质脆。菌褶延生,较密,不等长,白色或黄白色,柄上常形成沟纹,菌柄偏生至近中生,中实,肉质至纤维质,上有绒毛,常弯曲,基部相连成簇,呈白色或淡黄色,长 2~10 cm,粗 0.5~1.5 cm。孢子光滑无色,近圆柱形,(7.5~9.5) μm × (3~4) μm,孢子印灰白至淡紫色。

(二)生态习性

野生榆黄蘑分布于我国吉林、黑龙江、河北、四川和云南等地,日本、欧洲、北美洲也有分布。在自然条件下子实体常发生在温暖多雨的夏秋季节,腐生于榆、柞、桦、杨、柳、椴等阔叶树的枯立木干基部、伐桩和倒木上。

(三)生长发育条件

1. 营养

榆黄蘑属木腐菌,生长发育所需要的营养物质有碳源、氮源、矿质元素和维生素四大类。

(1)碳源。碳是榆黄蘑含量最多的元素,占菌体成分的 50%~60%,它不仅是合成糖类(碳水化合物)和氨基酸的原料,同时又是重要的能量来源,代料栽培榆黄蘑一般以榆、柞、杨、桦、椴等阔叶树种的木屑和棉籽壳、玉米芯、秸秆粉等农副产品为碳源主料。

(2)氮源。氮是合成蛋白质不可缺少的原料,代料栽培榆黄蘑时以米糠、麦麸、玉米面等氮源辅料,氮素营养的多少,对菌丝体的营养生长和子实体发育关系很大,一般情况下,在菌丝体生长阶段,培养基的含氮量以 0.016%~0.064% 为宜;而在菇体发育阶段,培养基的含氮量宜在 0.016%~0.032%,通常生殖生长阶段的 C/N 比以 (30:1)~(40:1) 为宜。

(3)矿物质元素。栽培榆黄蘑时为满足对营养条件的要求,需添加适量的石膏、过磷酸钙、石灰等无机盐。

(4)生长素。榆黄蘑对生长素的需求量极微,但不可缺少,如维生素 B_1 等,维生素在马铃薯、米糠中含量较多,但它不耐高温,灭菌时要防止温度过高。

2. 温度

榆黄蘑属中温偏高温菇种。菌丝体生长温度为 6~32 ℃,最适温度 22~26 ℃,温度高于 34 ℃生长受到抑制,低于 10 ℃菌丝生长缓慢,但菌丝体可耐 -38 ℃的低温;子实体生长发育温度为 16~30 ℃,最适温度为 20 ℃~28 ℃;子实体分化不需低温刺激,在 17~25 ℃都能长出菇蕾。

3. 水分

榆黄蘑子实体生长发育各阶段都需要水分,所需的水分主要来自培养料,培养料中的含水量 60%~65% 时,菌丝生长良好;出菇阶段培养料中的含水量要求达到 70%~75%;子实体发育阶段要求较高的空气相对湿度,适宜湿度为 85%~95%。

4. 光照

榆黄蘑在菌丝生长阶段不需要光照,黑暗条件下也能正常生长;子实体形成和生长必须要有光照,光照对子实体色素合成有明显的促进作用。

5. 空气

榆黄蘑菌丝生长阶段对 O_2 的需求量较低,而在子实体分化和发育过程中对 O_2 的需求量随菇体的长大而增多;榆黄蘑对 CO_2 浓度的反应十分敏感;在正常的空气中,O_2 的含量约为 21%,CO_2 含量是 0.03%。

6. 酸碱度(pH 值)

榆黄蘑菌丝生长的 pH 值范围在 3.0~8.0,最适 pH 值为 6.0~6.5。

三、栽培技术

黑龙江省榆黄蘑栽培有熟料袋式栽培和发酵料袋式栽培两种栽培模式。

(一)熟料袋式栽培

1. 场地与设施

栽培场地一般要求生态环境良好,周边无污染厂矿企业,远离畜禽养殖场和垃圾场,无废水污染,生产用水源符合饮用水的卫生标准,通风良好,地势平坦,排灌方便,交通便利。

(1)菇棚。菇棚一般为弓形拱棚,以竹片搭成,两端用竹竿或木棒固定,除了用毛竹或木料等主要材料搭建,还可以采用钢架、水泥架或者塑料管架等材料搭建,四周和棚顶覆盖草帘或布等遮阳物,覆盖物也可以分层,根据需求可以使用薄膜、绒毡、保温材料、反光膜和遮阳网等。一般单个菇棚的占地面积、高度等视生产者的场地、生产操作需求等进行相关设计。其内的出菇床架尺寸数量、分层数、层间距、作业走道、透气纱窗等都要在大棚搭建之前设计好相关参数。此外,在大棚搭建的过程中,还应考虑喷水设施的接入,对水管的布局也应预留空间,方便栽培过程中对出菇阶段的菌包进行补水等操作。

(2)菇房。常规栽培菇房一般多采用砖墙结构,菇房类型没有固定模式,各地可充分利用现有建筑、场地等条件,满足榆黄蘑栽培生产的基本需求即可。对于菇房的建设,注意事项主要有以下几点:①砖墙结构的菇房墙壁和屋顶尽量厚实和光洁,尽可能降低外界环境的变化对菇房内温度、湿度等条件的影响。②预留通风窗或通风口,除此之外应尽量保证菇房内部地面、墙面及屋顶不留缝隙,地面应尽可能进行水泥硬化或铺以平整的地砖,以利于菇房的清洁卫生和消毒等。③菇房通风窗面积不宜过大,以便菇房温度、湿度的控制,门窗应对着菇房的走道,避免外来气流直接面对出菇床或出菇层架,尽量考虑南北朝向,以避免太阳直射菇房。④菇房的通风窗应装有尼龙纱网或其他纱网,以防止害虫的进入。⑤菇房应添置风扇、抽风机,条件允许时还应配备喷水等设备。

2. 原料与配方

栽培原料的选择应遵循因地制宜,就地取材的原则。选择新鲜干燥、粗细适中、无霉变及杂质的木屑,过筛备用。麦麸和玉米芯等应新鲜,无霉变、虫蛀及异味。

配方1:木屑78%,麦麸20%,蔗糖1%,石膏粉1%。

配方2:木屑80%,麦麸10%,玉米粉5%,黄豆粉2%,蔗糖1%,石膏1.5%,石灰0.5%。

配方3:木屑65%,麸皮27%,玉米粉5%,石灰2%,碳酸钙1%。

配方4:玉米芯40%,木屑36%,麦麸6%,细稻糠10%,豆饼粉4%,石灰3%,石膏1%。

配方5:棉籽皮43%,木屑40%,麸皮15%,石灰1%,石膏1%。

以上配方料和水的比为 1 : (1.25 ~ 1.35),含水量为65%左右,以手捏紧,手指间见水而不下滴为度。pH值调至7.0 ~ 8.5。

3. 料包制备

(1)装袋。榆黄磨袋式栽培多选择规格为17 cm×35 cm、厚0.004 ~ 0.005 cm的透明聚丙烯塑料袋或聚乙烯塑料袋,装袋要求松紧一致。

(2)灭菌。聚乙烯塑料袋适用于常压灭菌,100 ℃保持12 ~ 18 h,具体灭菌时间应根据灭菌培养料的量来确定。聚丙烯塑料袋适用于高压灭菌,1.5 kg/cm² 的压力下保持3 ~ 4 h。

(3)接种。料包温度降至28 ℃以下即可接种,在接种室内操作。接种关键是严格按照无菌操作规程进行,接种技术要正确熟练,动作要轻、快、准,以减少操作过程中杂菌污染的概率。接种前对所用原种要严格检查,发现生长不正常或杂菌污染的菌种要杜绝使用,经检查合格的菌种,使用前用75%酒精清洗外壁,以杀灭附在原种袋外表的杂菌。接种时拔掉菌棍,在孔中接入菌种;然后封口,这样发菌更快些。

除接种箱接种是由单人操作,其余接种方式均需两人配合,一人负责接种,一人负责拔掉插棒,接种后,再盖上棉塞,然后写上所接菌种代号。在整个接种操作过程中,每接完一袋原种或接种钩从手中滑落一次,都要进行一次彻底消毒。一般每袋原种(原种菌袋规格16.5 cm×33.0 cm)可接栽培种60~80个。

4. 发菌管理

接好种后,将菌包移至养菌室内培养。前7 d发菌温度保持在24~26 ℃,少量通风;第8~10 d温度保持在22~24 ℃,每天早晚适当通风1~2次,每次30~40 min,保持空气新鲜;10 d后每天通风2~3次,每次30~50 min。培养室保持黑暗,空气相对湿度保持40%左右。

5. 出菇管理

(1)摆袋和开口。待菌丝长满菌包后,移至出菇棚内,堆菌墙。摆放方式分为双排摆放和单排摆放。双排摆放时,袋底向对,袋口朝外,2排堆1垛,形成2个出菇面;单排摆放时,袋口方向一致,形成1个出菇面。叠放4~6层高,长度视棚室的具体情况而定,叠放太高底部栽培袋会因上面袋的重压而被压碎,影响产量。菌墙间留50~80 cm作业道。叠放菌墙后打开菌袋的封口,开口时沿着菌袋颈圈将塑料膜割去,或用刀片将薄膜割2~3个出菇口(图4-29-3)。

图4-29-3 榆黄蘑熟料袋栽(盛春鸽摄影)

(2)子实体生长发育管理。榆黄蘑子实体生长期间,栽培场所温度应控制在16~25 ℃,若低于15 ℃,菇蕾难以形成;高于26 ℃,则不利于子实体生长,应在菇棚上方加盖遮阳物。催菇阶段空气相对湿度控制在80%~85%,并注意这个时期避免水喷在料面上;现蕾后,空气相对湿度提高到85%~95%,切忌将水直接喷在幼菇上。需要少量散射光,避免太阳光直射。保证良好通风,控制栽培场所CO_2浓度在0.2%以下。

6. 采收加工

(1)采收。榆黄蘑采收标准为子实体达到七、八分成熟,黄色尚未褪色,菌盖基本平整(直径3~4 cm),色泽鲜黄,且尚未弹射孢子,菌伞先端稍有卷曲的时候为宜。采收前1 d应停止喷水。采收时,用手按住菇丛基部,轻轻旋钮即可。

(2)转潮管理。子实体采收后,清除料面菇根和畸形菇,停止喷水2~3 d,进行下潮菇管理。出菇中后期,若料内缺水,可打洞补水,也可结合补水给培养料补充营养液。

（3）加工。①贮藏保鲜：采收后的鲜榆黄蘑经整理后，立即放入篮筐中，上用多层湿纱布或塑料薄膜覆盖，置阴凉处，一般可保藏1～2 d。②干制：分为晒干和烘干。晒干就是将采收的鲜榆黄蘑置于日光下，自然晾晒。烘干就是把鲜榆黄蘑置于烘干机或烘房中进行干燥。

7. 病虫害防治

（1）青霉。

症状：培养料被青霉污染后，初期出现白色或黄白色绒状菌丝，菌落近圆形，外观呈粉末状。随着孢子的大量产生，菌落的颜色便逐渐变为绿色或蓝绿色，局限性生长，青霉可分泌毒素，菌丝生长受到一定程度的抑制。

发病条件：分生孢子随气流、昆虫、水滴飞溅传播。常附着在未经彻底消毒而潮湿的材料、工具上被带入菇房以及栽培场所。高温、高湿、通风不良、培养料及覆土呈酸性时极易感染此病。

防治措施：培养料要新鲜，严禁用青霉感染的材料；严格消毒各种材料和工具；培养料局部感染，可撒石灰与多菌灵混合粉末控制青霉扩散，若已深入料中，要彻底去除，再撒石灰与多菌灵混合粉，以防止扩散蔓延。

（2）曲霉。

症状：黑曲霉污染培养料后，菌落初期为白色，绒毛状菌丝体，扩展较慢，很快从菌丝上长出分生孢子梗，形成黑粉状分生孢子，使菌落呈黑色粉状。黄曲霉污染培养料后，形成黄色粉状分生孢子，菌落呈黄色粉状。灰绿曲霉菌落初期为白色，后为灰绿色。

发病条件：同青霉。黄曲霉耐高温能力很强，是培养料灭菌不彻底时出现的主要杂菌。在25～35 ℃温度下，空气湿度偏高时生长繁殖快，危害更重。培养料含淀粉或糖类较多的，培养料及覆土pH呈中性时容易诱发曲霉污染。

防治措施：培养料要求新鲜无霉变，拌料水分不得超过65%；培养室及菇房应清洁卫生，温度控制在25 ℃以下，所用工具应严格消毒处理；被污染的培养料，可喷洒800倍多菌灵或代森锌稀释液防治。

（5）培养料酸腐病。

症状：由细菌引起的一种细菌性病害，其直接后果是引起培养料的酸败、腐烂、发臭，进而影响榆黄蘑菌丝的萌发或生长，严重影响产量。

发病条件：对培养料的含水量把握不足或所用的菌袋通气性能差等，导致培养料含水量过高或菌袋太厚透气不良，等，在菌袋内造成适宜细菌繁殖的条件；培养场所通风差，栽培环境高温、高湿等的环境进一步加剧细菌的繁殖。

防治措施：可以在拌料时加入石灰水以提高培养料的pH值，在栽培过程中注意栽培场所的通风、降温除湿等操作。

（二）发酵料袋式栽培

1. 栽培场地与设施

栽培场地与设施除发酵场地外，其余的与熟料袋栽相同。选择发酵场地时，应选择通风向阳、地势较高、转运和取水方便的区域，尽可能远离原料菇房包括养菌室，以避免病虫害的交叉感染和传播。如发酵场地地势较低，应做好排水防涝的排水沟。

2. 栽培原料与配方

配方1：豆秸75%，玉米面20%，黄豆粉1%，石膏1%，硫酸镁0.5%，磷酸二氢钾0.5%，尿素1%，pH值自然，含水量65%。

配方2：玉米芯95%，石灰3%，尿素0.3%，石膏1%，过磷酸钙1%，克霉灵0.1%。

配方3：稻草80%，麦麸15%，石膏1%，过磷酸钙1%，磷酸二氢钾1%，石灰2%。pH值8.0～8.5，含水量 65%。

配方 4:棉籽皮 28%,玉米芯 60%,麸皮 10%,石灰 1%,石膏 1%,含水量 60% ~65%。

玉米芯和豆秸在使用之前应进行适当处理,玉米芯粉碎成花生豆大小的颗粒,秸秆粉碎至 1 cm 左右长。拌料前先用 1% 石灰水浸泡 24 h,然后捞出沥干或者沥至不滴水之后再与其他配料混合使用。

3. 料包制备

(1)预湿。建堆前 2 ~3 d,将原料如豆秸、玉米芯和稻草等这些原料按配方称重,然后用清水预湿。

(2)建堆。发酵料一般根据发酵原料多少制成圆锥形或长梯形,料堆高度一般在 1 ~1.5 m,建堆完成后需轻轻压实发酵料的表面。建堆过程中,可用较粗的木棒在堆好的料堆顶部垂直向下插入,打出 1 ~2 行若干个透气孔,再在料堆两侧的中部和下部横向插入 1 行透气孔,透气孔间距 30 cm 左右。通气孔的深度以达到料堆底部和中心部位为标准,并在料堆中插入温度计。为保温保湿,需要用槽苫将料堆覆盖严密,还要用塑料薄膜覆盖。

(3)发酵。发酵过程中,为了达到发酵料均匀发酵的目的,需要对料堆进行翻堆处理。翻堆时需注意上下翻动、内外翻动,翻拌均匀,使内外层发酵料充分交换。一般当料堆温度升至 65 ℃,并维持此温度 12h,让料堆适当发酵后即可进行第一次翻堆,翻堆的同时应注意对料堆适当补充水分。整个发酵过程,一般前后翻堆 3 ~4 次。发酵好的培养料呈咖啡色至深咖啡色,料层和内部可观察到白色放线菌,料堆散开后散发出大量的热气,质地柔软,用手抓培养料有弹性而且不粘手,原料的含水量达 65% 左右,调节 pH 值 7 ~8。

(4)装袋接种。栽培菌袋一般选用两头出菇的长筒袋,规格为长(42 ~45) cm ×宽(22 ~25) cm 或长 55 cm ×宽(20 ~22) cm 的聚乙烯塑料袋。准备好的菌袋在装料前要先扎上一端袋口备用,栽培菌种袋用消毒液预先清洗消毒。消毒完成之后,将菌种取出放在预先消毒的接种盆中并将菌种掰成蚕豆大小的块状备用,菌种不能掰得太碎更不能直接揉碎。接种装袋时,先在袋底均匀播撒一层菌种然后装料,一边装料一边压实。当装至料袋的 1/3 处时,再紧贴菌袋壁播撒一圈菌种,然后继续装料压实至料袋 2/3 处再贴菌袋壁播撒一圈菌种,装满菌袋后的料面也均匀播撒一层菌种。适当压实后,用预先消毒好的直径约 2 cm 的光滑木棒或铁棒在装满培养料的菌袋中心向下打一竖直的通气孔到袋底,最后扎好菌袋口。

4. 发菌管理

装完袋后,及时摆放料袋、养菌。根据出菇场所内温度而定。一般温度较高时,可采用"井"字形摆列摆放,温度较低时,可采取成行码垛,垛面南北走向,每垛码 5 ~6 层,行距为 60 ~80 cm,作为通道,还可便于高温时倒垛(图 4 -29 -4)。避光养菌,菇棚遮光方式有两种,一种是在塑料棚膜上用草帘覆盖,另一种是在棚内加设遮阳网遮光。在接种后,棚内温度控制在 25 ~28 ℃,在菇棚(房)两侧、中间以及袋垛的底层、中间、上层的菌袋分别插温度计,温度计要插到菌袋的中间部位。养菌阶段的空气相对湿度保持在 60% ~65%。在适温条件下,接种后 15 d 左右,菌丝可吃料 3 ~4 cm 时,进行第一次倒垛,同时检查杂菌污染情况,并及时处理。接种后 25 d 左右,进行二次倒垛,先检查料袋的菌丝生长状态,对于没有感染杂菌的菌袋进行拍打通气。拍打完毕码放,将原来码成"井"字形的袋垛改成单行的"井"字袋垛。这一阶段既要加大通风,同时还需将空气相对湿度提高到 65% ~75%。

5. 出菇管理

菌丝长满菌袋后,用刀片将两头袋环割掉,使两头料面全露。催菇阶段要拉大温差,将菇棚(房)温度适当降低 5 ~10 ℃,注意通风换气并增加光照,给予一定的散射光刺激,提高空气相对湿度在 85% ~90%。子实体发育期间要适当增加喷雾次数,往出菇场所的地面、空气增加喷雾 2 ~3 次,并注意通风,保持空气新鲜。

图4-29-4 榆黄蘑发酵料袋栽发菌管理

6. 采收与加工

当菌盖充分展开、尚未弹射孢子时,及时采收。采收前一天停止喷水。榆黄蘑子实体质脆易碎,因此鲜菇采收时要轻拿轻放,不要让菇体尤其是菇盖相互挤压(图4-29-5)。

图4-29-5 榆黄蘑采收(王金贺摄影)

参 考 文 献

[1]杜连启.新型食用菌食品加工技术与配方[M].北京:中国纺织出版社,2018.

[2]黄年来,林志彬,陈国良,等.中国食药用菌学:中册[M].上海:上海科学技术文献出版社,2010.

[3]罗信昌,陈士瑜.中国菇业大典[M].北京:清华大学出版社,2010.

[4]罗先群,何达崇.秀珍菇与榆黄蘑栽培新技术彩色图解[M].南宁:广西科学技术出版社,2009.

[5]林启惠.榆黄蘑工厂化栽培技术研究[D].福州:福建农林大学,2019.

[6]李守勉,李明,田景花,等.榆黄蘑高效栽培配方筛选[J].北方园艺,2019,(07):148-153.

[7]阮晓东,阮周禧,阮时珍,等.榆黄蘑高产袋栽技术[J].食药用菌,2014,22(5):290-291.

[8]徐江,何焕清.秀珍菇与榆黄蘑优质生产技术[M].北京:中国科学技术出版社,2020.

[9]杨琳.榆黄蘑高产栽培技术[J].吉林林业科技,2017,46(3):45-46.

[10]张玉铎.榆黄蘑单孢杂交及后代筛选[D].保定:河北农业大学,2010.

(刘姿彤)

第三十节 元 蘑

一、概述

(一)分类与分布

元蘑(美味扇菇)(*Panellus edulis*),曾用名亚侧耳,别名黄蘑、美味冬菇、冬蘑、冻蘑、桦蘑、小鸡冠蘑菇(东北地区)、剥茸(日本)、晚生北风菌(西南地区)等,是我国著名的野生食用菌之一。野生的元蘑(图4-30-1)在我国主要分布于吉林、黑龙江、江西、浙江、河北、山西、云南和内蒙古等地。

图4-30-1 野生元蘑子实体(张鹏摄影)

(二)营养与功效

元蘑的颜色艳丽、肉质肥厚,口感细嫩清香,又富含蛋白质、氨基酸、脂肪、糖类、维生素及矿物质等多种营养物质。营养成分包含:蛋白质16.4%,糖类21.0%,脂肪1.5%,水分39.3%,膳食纤维18.3%及多种维生素。元蘑不仅味道鲜美,营养丰富,还有一定的药用价值。元蘑具有疏风活络、强筋健骨的功效;据报道,从元蘑子实体中提出的元蘑多糖,对癌细胞有较强的抑制作用,具有辐射保护作用。研究表明,元蘑碱溶性多糖蛋白对小鼠体内S-180有显著抑制作用,抑癌率为79.8%。元蘑具有提高机体免疫功能的作用,元蘑多糖能提高免疫抑制小鼠免疫系统的活性,并可保护和促进其免疫系统的修复和增生,显著提高小鼠的T淋巴细胞转化率。元蘑还有疏风活络、强筋健骨之功效。东北长白山地区居民常常饮用其黄酒浸液治疗关节炎、手足麻木及筋络不畅等症。

(三)栽培历史与现状

元蘑的人工栽培始于20世纪80年代,1980年我国学者进行了简易栽培实验,1982年驯化栽培成功,这一阶段的初步尝试为此后的人工栽培奠定了基础。到80年代末,我国成功实现了人工栽培,并筛选出最佳母种和原种培养基。此后开展了室内人工栽培试验,人工栽培的元蘑肉厚、朵大、无病虫害、质量好(图4-30-2);利用简易设施,采用袋料栽培与段木栽培两种方式进行了元蘑栽培。营养生理和环境生理的研究为基质利用和栽培技术的改进提供了技术参数。随着食用菌产业的迅速发展和林木资源的开发逐渐受到限制,将废弃菌糠开发为新型的栽培基质成为研究热点。从栽培方式上,元蘑经历了段木栽培和袋料栽培两种方式,目前主要生产方式为袋料栽培。元蘑产区主要分布在黑龙江省和吉林省。

图 4 - 30 - 2　人工栽培元蘑子实体

二、生物学特性

(一)形态与结构

元蘑子实体呈覆瓦状叠生或者丛生,中等或稍大,菌盖直径约为 3～12 cm,扁半球形至平展,近半圆形或肾形,菌盖颜色变化很大,幼时菌盖表面深褐色,以后呈暗灰色或淡灰褐色,成熟后变为黄色或黄褐色。黏,有短绒毛,边缘渐光滑,表皮有胶质层易剥开。边缘内卷,后翻卷。菌肉白色,厚。菌褶稍密,白色或浅黄色,宽,近延生。菌柄侧生,很短或无,长 1～2 cm,粗 1.5～3.0 cm,柄上有绒毛,淡黄色或白色。孢子印白色;孢子无色,光滑,腊肠形,(4.50～5.50)μm×(1.00～1.64)μm。囊状体梭形,中部膨大,(29～45)μm ×(10～15)μm。

(二)生活史

元蘑的生长发育是由担孢子到担孢子,即担孢子—菌丝体—子实体—担孢子,这一经历,称为一个生活周期。元蘑属于单孢不孕的四极性异宗结合的有性繁殖型菌类,由担孢子萌发成单核菌丝后,两种不同性别的单核菌丝相遇后,质配,即原生质发生融合,形成双核菌丝,并逐渐发育成有规律的、组织好的菌丝交织体及子实体。在子实体的子实层(即菌褶两侧)中,菌丝顶端的双核细胞形成担子,在担子中两核合并,成为合子,染色体加倍,合子经过一次减数分裂和一次有丝分裂,发育成了四个单倍染色体的包装,即担孢子。在这一现象中,每一个担孢子产生的四个担孢子具有不同的极性,故称四极性,其生殖过程是由不亲和的 A 因子和 B 因子控制,只有一条单核菌丝同另一条含有两个不同基因的单核菌丝融合,才产生四极的双核菌丝,也就是只有当两个单核体的 A、B 位点上的等位基因不同时,才能形成双核菌丝,才有可孕性。这样元蘑从担孢子—菌丝体—子实体—担孢子,周而复始,就形成了元蘑的生活史。

(三)生长发育条件

元蘑生长发育条件包括营养、温度、水分、湿度、空气、光照、酸碱度等,在生产中只有满足生长发育条件,才能保证优质、高产。

1. 营养

(1)碳源。碳源能提供元蘑构成细胞和代谢产物中碳架来源的营养,其主要作用是合成糖类和氨基酸,以构成细胞组织物质,碳源是元蘑最重要的营养源之一。元蘑菌丝生长可广泛利用多种碳源,大分子化合物如纤维素、半纤维素、木质素、淀粉、果胶等,小分子化合物如单糖、有机酸等,其中对纤维素、半纤维素、木质素、淀粉分解能力较强,能有效利用木糖、葡萄糖和蔗糖。

(2)氮源。元蘑所需碳素营养主要有硬杂木屑、豆秸、棉籽壳、玉米芯等,其中以硬杂木屑为最好。在制作母种培养基时,添加葡萄糖和蔗糖作为碳源,能很快被菌丝吸收。氮源提高元蘑生长发育所需的氮素来源,它是合成蛋白质和核酸的主要原料。主要包括有机氮源和无机氮源。在栽培中,天然氮源主要来自树木、秸秆、腐殖质中的蛋白质、氨基酸及其他含氮物质。人工栽培元蘑一般添加麸皮、米糠、黄豆粉和玉米粉等原料作为氮源;在母种培养基中添加少量牛肉膏、蛋白胨、酵母膏或黄豆粉等氮素营养,有利于加快菌丝生长。元蘑生长发育期间碳源和氮源比例要适当,菌丝生长阶段碳氮比为(15~20):1;子实体发育阶段碳氮比为(25~30):1。

(3)矿物元素。矿物元素是元蘑生命活动所不可缺少的物质,主要有钙、钾、磷、硫、镁,以及其他微量元素,如铁、锰、锌等。其中磷、钙、镁、钾最为重要,需求量较多,吸收利用尤为明显,适宜浓度为100~500mg/g。而铁、锰等元素需求量甚微。矿物元素主要作用是构成细胞的成分,作为酶的组分,调节细胞的渗透压,氢离子浓度和氧化还原电位等,它是细胞代谢中不可缺少的活化剂。马铃薯、酵母膏、米糠、豆粉、麸皮和玉米粉中有较多维生素,在培养基中不必添加。

(4)生长素。生长素是维持食用菌生长不可缺少并且微量就能满足的物质,如维生素 B_1 是所有食用菌都需要的,在米糠中含量丰富,木屑中也有。维生素 B_1 最适宜浓度是 10 mg/L,维生素缺乏,首先抑制元蘑的发育,浓度继续降低,菌丝生长受抑制,甚至停止生长。马铃薯、酵母膏、米糠、豆粉、麸皮和玉米粉中有较多的维生素,在培养基中不必添加。但维生素不耐高温,120 ℃以上易受破坏,灭菌时防止温度过高。

2. 温度

元蘑菌丝生长温度范围为15~30 ℃,生长适宜温度为20~25 ℃。低于15 ℃或高于30 ℃,菌丝生长缓慢,长势弱;低于8 ℃或高于34 ℃菌丝不能生长。元蘑属低温、恒温结实性食用菌,子实体形成不需要温差刺激。出菇的温度范围为7~26 ℃,适宜出菇的温度范围为10~20 ℃,最适宜出菇的温度范围为15~18 ℃。

3. 水分

元蘑生长发育所需水分绝大部分来自培养基。在菌丝体生长阶段,培养基含水量50%~70%时均能生长,以55%~60%最为适宜。培养基的含水量过高,菌丝生长慢,长势细弱,抗杂菌能力差;含水量过低,菌丝生长不够粗壮,菌丝量较少,出菇困难。元蘑菌丝生长阶段培养室空气相对湿度需保持在40%左右,原基分化和子实体发育要求空气相对湿度保持在85%~95%。空气相对湿度低于60%,原基不分化;空气相对湿度超过95%,子实体分化和发育受影响,并且易发生病虫侵害。

4. 光照

元蘑菌丝生长阶段不需要光照。所以人工栽培的元蘑在营养生长阶段,可在无光照的培养室内正常发育。元蘑子实体生长阶段需要一定量的散射光,不需要直射光,光照强度过大,对子实体生长和色泽都有较大影响。在明亮栽培室中,子实体原基不易形成,生长的子实体色泽浅;光照强度适宜,子实体发育正常、粗壮,菌肉肥厚丰满,产量高,色泽自然。

5. 空气

元蘑属好气性真菌,在生长发育过程中,要求栽培场所有足够的新鲜空气,并不断排除氧气和其他有害气体,以满足其新陈代谢对氧气的需求,元蘑菌丝在基质内对氧气的要求不严,但子实体发育过程就要求有足够的氧气,保证子实体的正常发育。当空气中二氧化碳含量超过1%时,菌丝生长受到影响,子实体易畸形。因此,在元蘑生长发育过程中,培养室应保持空气流通、新鲜。

6. 酸碱度(pH 值)

元蘑子实体生长阶段,适宜的 pH 值为 5.0～5.5 之间,但是培养基的 pH 值是以动态形式存在的,灭菌过程中存在一定的水解反应,在元蘑菌丝发育过程中,pH 值不断下降,所以培养基的 pH 值在灭菌前应调至 6.0～8.0 为宜。

二、栽培技术

黑龙江省元蘑栽培有棚室菌墙栽培、棚室吊袋栽培和棚室床架栽培三种栽培模式。

(一)栽培场地与设施

1. 栽培场地的选择

元蘑栽培场地应符合元蘑无公害产地环境条件的要求。场地周围无污染,如土壤、空气、水源没有受到"三废"的污染,周围不得有大型动物饲养场或其他污染源。场地设施牢固,具有抗大风、大雨、大雪等自然灾害的能力。场地内部清洁、卫生,具有保温、保湿、通风良好的性能。

2. 栽培设施

黑龙江地区常用出菇塑料大棚栽培元蘑。出菇塑料大棚是用骨架支撑起来,其上覆盖塑料薄膜作为保湿、增温、透光材料,覆盖草苫、秸秆、遮阳网或大棚专用棉被等作为遮光、保温材料,并设计有通风口的保护设施。出菇塑料大棚因结构简单,建造方便,土地利用率高,经济效益好而被广泛应用于元蘑生产。每栋塑料大棚的面积一般 300～600 m²,跨度 8～12 m,长度 20～60 m 比较好。大棚高 2～3 m,越高承受风的荷载越大;但过低时,拱圆形棚面弧度小,易受风害和积存雨雪,有压塌棚架的危险,斜坡型棚内操作不方便。在建设大面积大棚群时,南北间距 4～6 m,东西间距 2.0～2.5 m,便于运输、通风换气及从棚上扒下堆积的大雪。塑料大棚的种类较多,按骨架用材可分为竹木结构、PVC 塑料结构、氧化镁预制件结构、钢筋结构、钢竹混合结构及装配式钢管结构等;从外观上又可分为拱圆形、脊形、斜坡形、地上式大棚等;按保温性能分为普通塑料大棚和日光温室。各地要根据当地自然、经济条件和各类大棚的性能选择适宜的棚形。

(二)栽培原料与配方

栽培原料是元蘑生长的物质基础,元蘑的产量与原料的种类和配比有密切的关系,栽培原料的选择应本着就地取材、廉价易得、择优利用的原则进行。栽培元蘑的主要原料为木屑、玉米芯、豆秸、麦麸等,选用的主辅料要求新鲜、干燥、无霉变。

配方 1:木屑(以硬质阔叶树木屑为好,以下同)80%,麸皮 15%,玉米粉 3%,石膏 1%,石灰 1%,含水量 60%～65%(以下配方含水量相同)。

配方 2:木屑 76%,稻糠 20%,黄豆粉 2%,石膏 1%,石灰 1%。

配方 3:木屑 38%,玉米芯 38%,稻糠 15%,玉米面 5%,黄豆粉 2%,石膏 1%,石灰 1%。

配方 4:木屑 38%,豆秸 38%,稻糠 20%,黄豆粉 2%,石膏 1%,石灰 1%;

配方 5:木屑 78%,麦麸 20%,糖 1%,石膏 1%。

配方 6:木屑 50%,玉米芯 33%,麦麸 15%,蔗糖 1%,石膏 0.5%,石灰 0.5%。

配方 7:木屑 80%,麦麸 15%,黄豆粉 3%,蔗糖 1%,石膏 0.5%,石灰 0.5%。

(三)料包制备

1. 配料

配料要准确,辅料按配方数量称取,而木屑、玉米芯、豆秸等应按照容积折合称取,也可测定含水量后再称取。先将一袋原料重量称好后,测定其含水量,去掉水分并计算出一袋干料重,以后按体积计算重量,这种方法比较准确。

2. 拌料

拌料前先将麸皮、黄豆粉、石膏、石灰等按比例称好并放在一起,干拌均匀,玉米芯和豆秸要粉碎,并提前 1 d 预湿,然后再与木屑混合,干拌均匀。拌匀后,边加水边拌料,翻倒 2~3 遍,使培养料含水量达到 55%~60%。拌好的料,均匀无块状,形如绿豆大小,用手握紧成团,落地即散。

3. 装袋

可选择规格为(16.5~17.0) cm×33.0 cm 聚乙烯塑料袋和聚丙烯塑料袋。高压灭菌选择聚丙烯塑料袋,装袋时袋内的原料要松紧适中,太紧影响菌丝生长,太松菌袋内的原料不易成型。

4. 封口

(1)插棒封袋口法。一般插棒有硬质塑料制作而成,插棒直径为 1.5 cm,长 15~16 cm,插棒前端为钝圆形,尾部做成直径 3 cm 的封口盖。为了节约成本,插棒中间为空心,而且可以重复使用。

(2)拧袋封袋口法。采用装袋机装袋,栽培袋装好后,先擦净袋口,用手将袋口塑料收紧,大约拧 1 圈,然后将袋口分开倒放在周转筐内。

5. 灭菌

(1)高压灭菌。一般灭菌时要求达到 121 ℃维持 150 min 左右。若菌袋规格大则灭菌时间相应延长。高压灭菌过程中一定要注意将高压蒸汽灭菌锅内冷空气排放尽,避免因锅内冷空气放不完而影响灭菌效果。

(2)常压灭菌。常压灭菌锅内温度可达 100~108 ℃,要求在 4~6 h 时使常压灭菌锅内温度达到 100 ℃。灭菌时间以袋内温度达到 100 ℃开始计时,持续 8~10 h,然后焖锅 2 h,停火后将锅盖打开。冬季灭菌 8 h,夏季灭菌 10 h,也可根据灭菌袋数量延长或缩短时间。

6. 接种

料包冷却至 25 ℃以下进行接种。接种前要严格检查所用原种,发现生长不正常或杂菌污染的菌种要杜绝使用,经检查合格的菌种,使用前用 75%酒精清洗外壁,以杀灭附在原种袋外表的杂菌。接种时拔掉插棒或打开袋口,在孔中接入菌种,然后封口,这样发菌更快些。除接种箱接种是由单人操作,其余接种方式均需两人配合接种,一人负责接种,一人负责拔掉插棒(或打开袋口),接种后,再盖上棉塞(或封住袋口),然后写上所接菌种代号。在整个接种操作过程中,每接完一袋原种或接种钩从手中滑落一次,都要进行一次彻底消毒。一般每袋原种(原种菌袋规格 16.5 cm×33.0 cm)可接栽培种 60~80 个。

(四)发菌管理

将接种后的菌袋摆放到发菌室,接种后 1 d~7 d 菌袋料温控制在 26~28 ℃,8 d 后降温至 21~25 ℃,20 d 后料温控制在 16~20 ℃,避光,每天通风换气 1~2 次,每次 0.5 h。培养期间检查发菌情况,及时处理有杂菌感染的菌袋。菌丝长满菌袋后,保持室温 15~20 ℃,加大通风,空气相对湿度 40%左右,后熟培养 20~30 d;越夏管理后熟培养 70~90 d。

（五）出菇管理

1. 摆袋和开口

（1）菌墙栽培。将发好菌的栽培袋在棚室内卧放,摆放方式分为双排摆放和单排摆放。双排摆放时,袋底相对,袋口朝外,2 排堆 1 垛,形成 2 个出菇面;单排摆放时,袋口和袋底间隔叠放,形成 2 个出菇面。叠放 4~6 层高,长度视棚室的具体情况而定,叠放太高底部栽培袋会因上面袋的重压而被压碎,影响产量,菌墙间留 50 cm 作业道。叠放菌墙后打开菌袋的封口(图 4 - 30 - 3)。

图 4 - 30 - 3　元蘑菌墙栽培

（2）吊袋栽培。在荫棚内,用食用菌吊袋绳网格将达到生理成熟的元蘑栽培袋吊起来,依棚高可吊 8~12 层不等,袋口和袋底间隔叠放,吊在最下部的袋离开地面 40 cm 左右,这样吊好的菌袋似网状,悬吊在荫棚内(图 4 - 30 - 4)。用消毒刀片在袋口和底部各划长约 10 cm 的"一"形口。

图 4 - 30 - 4　元蘑吊袋栽培

（3）床架栽培。将发好菌的栽培袋单层堆叠在床架上,袋口和袋底间隔叠放,形成 2 个出菇面,叠放 2~3 层高。开口方式同菌墙栽培相同(图 4 - 30 - 5)。

2. 催菇管理

开口后,让菌丝恢复 2~3 d,然后每天向草帘、空中、墙壁、地面少喷勤喷雾状水 3~5 次,喷水后通

图4-30-5 元蘑床架栽培

风10~20 min,保持气温在10~20 ℃,空气相对湿度75%~80%,给予一定的散射光照。

3. 子实生长发育管理

70%菌袋袋口形成子实体原基即可进行出菇管理。出菇管理期间,菇棚温度控制在10~22 ℃,最适温度15~18 ℃;前期空气相对湿度控制在85%~90%,现蕾后菇棚空气相对湿度提高到90%~95%;菇棚内光照强度应保持在200 lx以上,即在棚室内能看清报纸,但不能有直射光;出菇期间加强通风,前期不通风,后期每天通风2~3次,每次0.5~1 h,保持空气清新。

(六)采收加工

1. 采收

子实体长至八分成熟时菌盖尚未完全展开,边缘内卷,孢子尚未弹射时应及时采收。采收前一天停止喷水。采收时一手按住培养料,一手捏住菌柄拧下,或者用快刀从茎部整丛贴料面割下。

2. 保鲜加工

(1)自然干制法。即日光晾晒,一般菇农在生产量不是很大时,大都采用晒干的办法加工元蘑,即在阳光下,将子实体菌褶朝上,推铺在通风透光条件良好的晒帘上,让其在阳光的烘晒和自然通风下,自然干燥(图4-30-6)。此方法是菇农普遍采用的,简单易行又节省能源的加工方法。由于元蘑子实体采收时,正是晚秋时节,天高气爽,有利于子实体的脱水干燥,而且由于自然晒干的方法,元蘑子实体是在自然的环境下缓慢脱水,逐渐晒干的,所以干制后的子实体,颜色艳丽,朵形完整,保持了新鲜时诱人的外观,商品品质好。

(2)烘干干制法。生产量大,要保持商品品质一致,就要采取烘干的方法加工元蘑子实体。因元蘑采收时子实体含水量较高,所以烘干时,起烘温度不能过高,应在35 ℃起烘1 h,然后逐渐提高温度脱水,脱水时间需要8~10 h,温度控制在40~45 ℃。之后使温度升高到50 ℃,使子实体定色,最后将温度升高到60 ℃,彻底烘干为止,整个烘干过程需20 h左右。

(3)低温保鲜法。元蘑子实体采收之后可放入保鲜库内保鲜,库内温度应控制在0~4 ℃,在这样的低温环境下,可抑制新陈代谢,也可以抑制腐败微生物的活动,以使子实体在一定的时间内,保持产品新鲜、颜色、风味不变。元蘑子实体在此温度下可保鲜1周时间。少量鲜菇保鲜可在检选、整形、分级包装后,再预冷、冷藏。大量鲜菇保鲜应在预冷库中拣选、切根、分级与包装。

图 4 – 30 – 6　元蘑自然干制

（七）病虫害防治

1. 链孢霉

症状：菌袋污染链孢霉后，灰白色菌丝在培养料内迅速扩展，向下生长到菌袋底部，向上扩展到棉塞上，并很快在棉塞外形成肉红色至红色分生孢子堆，厚度大约 1 cm，并将整个袋口包围而看不到棉塞，稍触动或震动，分生孢子迅速扩散，菌袋内菌丝由灰白色转变成黄白色。

发病条件：链孢霉在空气和各种有机物上分布广泛，生命力强，随气流和操作传播。分生孢子粉末状，数量大，个体小，密度小，蔓延迅速，培养料灭菌不彻底、接种室（箱）消毒不彻底、不按无菌操作规程接种、棉塞受潮未更换、栽培袋有破口都可发生链孢霉污染。此外，培养室发生过链孢霉、空气相对湿度高、通风不良等情况更易发生。

防治措施：选用新鲜、干燥的木屑、麦麸等原材料和优质栽培袋。配制培养料时，粗木屑要提前预湿，培养基含水量控制在 60% ~62%。栽培袋灭菌彻底，常用霉菌 100 ℃保持 8 ~10 h。接种前接种室彻底消毒灭菌，按无菌操作规程接种，并及时更换受潮棉塞。培养室放入菌袋前要彻底消毒灭菌。适温发菌，加强发菌期检查，发现链孢霉污染菌袋要用湿的方便袋或塑料编织袋拿出集中深埋或烧毁，污染链孢霉菌袋周围用 500 倍多菌灵水溶液向空间喷雾消毒，每天早晚各喷 1 次，以免孢子再次传播。

2. 根霉

症状：菌袋污染根霉后，培养料菌丝无明显生长，只有平贴基物表面匍匐生长的根霉菌丝，后期在基物表面 0.1 ~0.2 cm 高处形成许多圆球形小颗粒体。初形成时灰白色或黄白色，成熟后变为黑色，明显特征是黑色颗粒状霉层，使培养料变黑。

发病条件：根霉在自然界中分布广泛，适应性强，孢子靠气流传播。30 ℃生长良好，不耐高温，在 37 ℃不能生长。根霉属好湿性真菌，当通风不良、空气相对湿度高、培养料含水量大时容易发生。

防治措施：选用新鲜、干燥、无霉变的原料，培养基含水量控制在 60% 以内。接种室（箱）空气相对湿度控制在 65% 以内，严格按照无菌操作规程操作。加强培养室通风换气，降低空气相对湿度。

3. 拟盘多毛孢菌

症状：培养料被拟盘多毛孢菌侵染后，初期在培养料上形成白色、纤细的菌丝，10 d 后菌丝生长浓密并略带浅黄色。20 d 后如果有光线刺激开始形成细小的黑色颗粒，并分泌少量的黑褐色色素，小颗粒质地坚硬、粗糙。30 d 后小颗粒布满整个菌袋，菌丝与小颗粒之间黑白分明，被侵染的菌袋不出菇或少出菇。

发病条件:拟盘多毛孢菌在自然界中多为植物的病原菌,具有弱寄生性,主要以菌丝或分生孢子盘在染病组织中越冬。分生孢子靠气流传播。生长最适宜温度为 28 ~ 30 ℃。最适 pH 值为 5,孢子形成需要光线刺激。

防治措施:搞好环境卫生,减少病菌数量。选用新鲜、干燥、无霉变的培养料,采用合理的培养料配方,提高培养料的 pH 值。培养料不可过干,并且防止木屑内干外湿没预湿好,培养基含水量控制在 58% 以上。装袋时防止扎袋,培养料灭菌要彻底,严格按照无菌操作规程操作。加强培养管理,及时检查杂菌,并将污染菌袋及时深埋或集中烧毁。

4. 细菌

症状:培养基被细菌污染后,表面有水渍状黏液,并散发出腐烂性臭味,致使成批菌种报废。栽培袋或栽培瓶受细菌污染后,培养料局部出现湿斑,元蘑菌丝生长缓慢或不能生长,出菇期延迟,产量下降。

发病条件:细菌在自然界中广泛存在,培养料、水、土壤和空气中都有大量分布,昆虫活动、喷水和人工操作是主要传播方式。培养基灭菌不彻底,接种操作不规范,培养料含水量过大,菇房卫生条件差,通风不良,空气湿度过高,菌丝细菌污染发生的重要原因。

防治措施:培养料含水量控制在 60% 以内,栽培袋灭菌彻底,常压灭菌 100 ℃保持 8 ~ 10 h。接种室(箱)空气相对湿度控制在 70% 以内,严格按照无菌操作规程接种。加强培养室通风换气,降低空气相对湿度。

5. 畸形菇

症状:

(1)薄盖菇。原基发生后子实体生长缓慢,菌盖薄,颜色黄白。

(2)反盖菇。子实体肥厚,不开片,菌盖翻卷,上皮开裂露出白色菌肉。

(3)长柄菇。子实体分化形成柄长、盖小、生长比例失调的高脚菇。

(4)水浸菇。菇体正常分化后,逐渐停止生长,表面水浸状,有的萎缩枯死,有的发生腐烂。

发生条件:摆放密度过大,光线不足形成薄盖菇;浇水不足,空气相对湿度过小形成反盖菇;供氧不足,光照量小,温度偏高形成长柄菇;出菇期间通风不好,空气相对湿度过大形成水浸菇。

防治措施:自然条件出菇应在出菇棚内温度稳定在 22 ℃时划口催菇,出菇棚内菌袋摆放密度不可过大,一般每平方米摆放 80 ~ 100 袋。防止光线弱或氧气供应不足。集中催菇,菌袋原基达到 70% 后,提高温度至 15 ~ 18 ℃,空气相对湿度控制在 80% ~ 90%,前期适当通风,后期每天通风 3 次,每次0.5 ~ 1.0 h,并加强光照。

参 考 文 献

[1]班新河,王延锋,等.猴头菇种植能手谈经[M].郑州:中原出版社传媒集团,中原农民出版社,2016.

[2]黄年来,林志彬,陈国良,等.中国食药用菌学:下册[M].上海:上海科学技术文献出版社,2010.

[3]酒连娣.亚侧耳形态发育及优良菌株选育的研究[D].长春:吉林农业大学园艺学院,2014.

[4]罗信昌,陈士瑜.中国菇业大典[M].北京:清华大学出版社,2010.

[5]刘晓龙,范宇光,等.食用菌生产流程图谱元蘑[M].长春:吉林出版集团,2010.

[6]罗升辉.亚侧耳优良菌株选育及其优质高产参数的研究[D].长春:吉林农业大学园艺学院,2007.

[7]王绍余,等.滑菇元蘑无公害栽培实用新技术[M].北京:中国农业出版社,2012.

[8]张金霞,蔡为明,黄晨阳,等.中国食用菌栽培学[M].北京:中国农业出版社,2020.

(刘姿彤)

第三十一节　云　芝

一、概述

（一）分类与分布

云芝（*Trametes versicolor*）别名白芝、杂色云芝，彩纹云芝，多色云芝，白边黑云芝，彩绒革盖菌，杂色革盖菌，多彩革盖菌等。世界各地森林中均有分布，主要分布在中国25个省（自治区）。在我国北方各地，多腐生在杨树、柳树、桦树、栎树、槐树、椴树等阔叶树的枯立木、倒木、伐木、原木及枯枝上；少数个体也生长在落叶松的伐桩、枯木上。在南方各地，则多腐生于杨树、柳树、柿树、朴树、柃树、木菏树等阔叶树及油杉和化香木等本土植物上；在银杏、胡桃、苹果、李等果树上，也有生长。在各种活立木上，仅生长在其枯枝上，有云芝生长的树木，首先是边缘木质素被分解、吸收，继而侵害其芯材，使树木仅余下大部分白色的纤维素类，故称其为白色腐朽菌，使木材失去使用价值。同时云芝也侵害菇类栽培用的耳木，影响菇类产量（图4-31-1）。

图4-31-1　野生云芝

（二）营养与保健价值

云芝中含有多种活性物质，除多糖外，还含有蛋白质、多肽、氨基酸、酚性物质、有机酸、生物碱、鞣质、内酯、植物甾醇（或三萜类）及灰分、无机盐等。具有广泛的生理和药理活性。（图4-31-2）研究表明，云芝具有抗肿瘤、增强免疫力、抗氧化、保肝护肝、降血糖、降血脂、抗炎、改善睡眠等多种药理作用，从云芝子实体或发酵液中提取的主要活性物质云芝多糖具有明显增强免疫力的作用，其可通过对多种细胞因子诱生或促诱作用来增强免疫应答，从而增强巨噬细胞的活性而发挥调节免疫的作用。除此之外云芝多糖对肿瘤细胞的增长有明显的抑制作用，还能够减轻中毒后肝细胞的病理变化、促进肝细胞的再生作用，其保肝作用机制，也是通过增加机体免疫力功能的途径来实现的。另有发现云芝多糖有近似VC的清除超氧阴离子自由基作用，能清除OH、DPPH。有研究者通过每日喂饲小鼠每千克体重0.1 g云芝多糖，发现其确实能延缓衰老。云芝子实体具有清热、消炎之功效，临床上用于治疗慢性气管炎、慢性肝炎等疾病，临床上还可以被开发为治疗艾滋病的药物，并可增强放、化疗病人的食欲帮助提升疗效。

图4-31-2　野生云芝

(三)栽培技术发展历程

目前,云芝子实体的人工栽培可以分为完全人工栽培和半人工栽培两种,前者指通过人为技术手段完全控制温度湿度等来创造一个适合云芝生长的环境条件人工培育云芝;后者是把云芝菌种接种到现有的适合云芝生长的段木上,让其在大自然的环境下,适度给予人为照顾,来实现云芝的仿野生栽培(图4-31-3)。云芝袋料栽培研究主要以云芝子实体长势为指标。

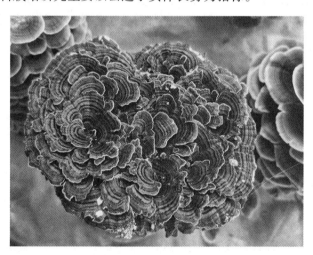

图4-31-3　云芝的人工栽培(图片来源:王延锋)

(四)发展现状与前景

随着云芝需求量的上升,加上不科学的采摘导致野生云芝的产量越来越低,造成其价格的飞速增长。如何有效保护并充分利用这一生物资源,对云芝退化林地的恢复和最终实现云芝的大批量人工繁育有着极其重要的意义。云芝具有广阔的前景,但是目前对云芝的研究主要集中在多糖提取及功效的研究,在云芝菌丝体的特性以及野生云芝驯化栽培和种植方式方面的研究进展还是比较缓慢。国内种植云芝的方式大部分采用袋料栽培方式,在段木仿野生栽培是否优良于袋料栽培尚未有明确的实验结果。因此对于云芝的不同栽培方式,测定其成分并与野生云芝之间进行对比,不断优化其种植方式并使人工种植云芝子实体内成分含量逐渐接近野生云芝甚至优于野生云芝具有重要的意义。其次就是对于云芝保健产品的开发利用上,灵芝在我国保健食品中占有重要的地位,作为中药材可以添加到不同的保健产品中。因此,云芝在保健食品的开发和利用中具有广泛的应用前景。

二、生物学特性

(一)生活史

云芝多生于比较潮湿的林中、林地等环境。每年的夏季至秋季皆有发生,有时也能在比较干燥的条件下生长。从北到南广泛分布在世界各地,是一种适应性很强的真菌。云芝担孢子的萌发是一个比较复杂的过程,既有明显的形态与细胞学方面的变化,又有生理与生化方面的反应,这些变化可以分为两个阶段。第一阶段:是形态学上的变化,细胞壁膨胀产生一个或数个芽管,当芽管基部出现隔膜时,则标志萌发的第一阶段结束,这一发育阶段对外界环境中的温度和营养条件的要求不严格,对外界环境的要求主要是水分和空气相对湿度。第二阶段:牙管内产生许多横隔,形成单核的初级菌丝为其标志。在这个发育阶段中,孢子对外界的温度、湿度、二氧化碳及氧气的浓度、营养条件等因素的影响很敏感。此发育阶段中能量的来源主要是本身糖类的酵解。云芝菌丝的生长,主要为顶生生长,因为只有其各个分枝的顶端细胞的壁最薄,对胞内、外物质的渗透作用最强,其细胞内的代谢最强。其余的菌丝主要是运送营养与积累、贮存营养,其合成功能已很弱了,只能是次生生长。在菌丝生长的过程中,使菌丝体得以增大,营养物质得以贮存,所以菌丝的生长被称为营养生长阶段,菌丝体的营养生长阶段过程中所需要的营养皆取自其生长的基物中,其各个分枝顶端向外分泌各种消化酶(如纤维素酶、木质素酶、糖类酵解酶等),将其周围的大分子物质分解为小分子的物质后,在吸收到细胞内部,然后进行合成或呼吸等生理活动。在自然界中各种植物枯枝、朽木、秸秆及残体等皆可作菌丝生长的营养源。

(二)生长发育条件

1. 营养条件

(1)碳源。云芝菌丝对各种碳源的利用有选择性,其中,最先利用的是葡萄糖,其次是半乳糖、乳糖、蔗糖、玉米粉、淀粉等。

(2)氮源。最易被菌丝利用的是有机氮,常用的有机氮源有黄豆饼粉、花生饼粉、棉籽饼粉、玉米浆、酵母粉、麸皮等。蛋白质的水解产物(蛋白胨)则是最易吸收利用的氮源。

(3)无机盐。在培养基配制过程中需要添加少量的无机盐,用来维持细胞体内渗透压等。需要添加的无机盐中一般含有磷、钾、镁钠等元素,虽然添加量不多,但是却不可以缺少。一般可以添加磷酸二氢钾,用量为 0.10% ~ 0.15% 之间,硫酸镁用量为 0.05% ~ 0.10% 之间。其次钾、钙、钠等可不必添加,在所用的各种天然原料中含量已够用。

(4)维生素。需要添加 B 族维生素,尤其是维生素 B_1,需在每 1 000 mL 培养液中加入 50 ~ 1 000 μg。其他维生素类在天然原料中皆含有一些,足够菌丝需要,可以不另添加。

2. 环境条件

(1)温度。云芝菌丝在 5 ~ 35 ℃ 的范围内均可以生长,当环境在 40 ℃ 以上的高温条件下,能量消耗过快,水分与营养不能及时得到补充,菌丝也将会死亡。环境温度低于 4 ℃ 时,菌丝生长停止。菌丝生长的速度与温度的高低成正比,随着温度升高,其生长速度亦随着加快。但有其最适生长温度,菌袋发菌温度控制在 25 ~ 28 ℃ 为宜。在 8 ~ 20 ℃ 变温条件下,更有利于子实体的分化,子实体形成后,要求温度相对低一些,一般控制在 18 ℃ 左右。人工栽培时,如在培养基中添加蛋氨酸,可提高菌丝对高温的耐受能力。

(2)水分与湿度。水分与湿度是云芝菌体细胞的重要组成部分,也是其生命营运过程中不可缺少的溶剂。云芝生长发育所需的水分绝大部分来自于培养料。因此,培养料的含水量直接影响到云芝的生长发育。在人工培养时,要保持培养基含水量在40%～55%之间,当基物中的含水量低于30%时,菌丝停止生长,不能分化出子实体,同时已分化的子实体也会停止生长;但如在短期内含水量可恢复到正常水平,则子实体或菌丝都能继续生长发育。在基质含水量高于80%时,菌丝停止生长或死亡,子实体则会死亡或腐烂。空气中的相对湿度对菌丝的生长也有很大影响,空气中湿度能够影响子实体中蒸腾速度和营养运输速度以及代谢活动。

(3)酸碱度。云芝的菌丝在pH值3～8的范围内均能生长,但在pH值5～6的偏酸性的环境下更适合其生长。当pH值为7时,菌丝生长缓慢,pH值8以上时,生长将停止。在菌丝生长的过程中,不断有各种有机酸类产生会影响基物中的pH值,但菌丝中的其他代谢产物及基物中的自身成分,也起缓冲剂作用,可以调节pH值,使酸碱度的变化不会影响到菌丝的正常生长。

(4)光照。云芝在菌丝生长阶段无须光照,如果将菌丝放在强光照射条件下,则会抑制其生长。在380～540 nm的蓝光照射下,抑制作用尤为明显,如连续照射30 min以上,可杀死菌丝。子实体生长时需要光照刺激且光照要均匀,云芝具有向光生长的特性,出芝期间不要随便移动芝袋的位置和改变光源,以避免子实体因向光性而扭转。出芝期间光照增强,芝盖形成快,芝柄短,芝盖细胞壁沉积的色素增多,芝盖色泽深而有光泽。

(5)空气。云芝具有好气性,在菌丝体阶段对氧气的需求量较小,但在子实体阶段需要保证空气流通、氧气充足。无氧条件下,菌丝的呼吸作用停止,营养物质在分解过程中的中间产物得不到继续分解,造成菌丝自身中毒,导致死亡。一般含氧量控制在21%左右最适菌丝生长;二氧化碳含量超过正常30%时,菌丝生长受到抑制,一般二氧化碳含量控制在10%－20%对菌丝生长有促进作用。

三、栽培技术

(一)栽培设施和季节

栽培场地要求洁净,通风良好,排水通畅,至少1 000 m之内无污染。栽培设施包括原料仓库,配料室、灭菌室、冷却间、接种室、发菌室、出芝室、储藏加工室等,云芝属于高温型真菌,自然条件下,云芝的出芝季节在5月至10月,人工栽培要求春栽夏收,栽培过程中云芝菌种需提前80～90 d进行原种扩大和栽培种培育。一般情况下在华南地区2月上、中旬制种,3月下旬至4月上旬栽培,6月上中旬出芝;长江流域可以选择7月中旬出芝;东北地区一般可选择7月下旬出芝。

(二)栽培技术

1. 菌种分离制作

菌木分离法:截取生长有云芝子实体,木材尚未完全腐朽的一段树木,经表面消毒后,在无菌条件下,从中心部位,取米粒大小的木渣或挑去其中的菌丝体,置培养基上进行无菌培养,培养过程中观察发菌情况,对疑似污染菌种、未萌发菌种等进行及时清理,带菌丝长满平板三分之二后对菌丝进行提纯分离,提取纯菌株。孢子分离法:挑取云芝成熟的担孢子,经无菌水漂洗,弃去上层成熟度不够的担孢子,挑取无菌水下层中的孢子,在无菌条件下,置于培养基上对菌丝进行观察培养,无论采取何种方法,所获得的菌种,皆需经过纯化、复栽等,试验后才能确定为纯菌种。

2. 代料栽培技术

(1)栽培原料与配方。云芝可利用阔叶树木屑、棉籽壳、玉米芯、麦麸等

作为栽培原料,可采用以下生产配方:①木屑培养基:木屑78%,麦麸20%,蔗糖1%,石膏粉1%;杂木屑78%,麦麸16.6%,蔗糖1%,石膏2%,硫酸铵(或尿素)0.4%,过磷酸钙1%,玉米粉(或黄豆粉)1%;杂木屑45%,棉壳(或玉米芯)30%,麦麸16%,玉米粉4%,糖2%,石膏粉1.5%,过磷酸钙

1%,尿素 0.3%,硫酸镁 0.2%;阔叶树木粒(2×2 cm 或 2×3 cm)60%,木屑 15%,麦麸 24%,蔗糖 0.8%,另加硫酸铵 0.2%。

②椴木培养基:椴木(取阔叶树如杨、柳、椴、栎、桦等),水浸一昼夜,在无菌条件下,打孔接入云芝菌种培养。

③木条培养基:木条代替椴木装入塑料袋中,用前述含木屑的培养料填充木条间空隙,灭菌后接种。

(2)接种与发菌培养。云芝与大多数木腐菌一样,可进行瓶栽、袋料栽培和椴木栽培。拌料前先将木屑等主料依次过筛,除去杂物、硬块等。然后将原料进行预湿,之后按配方比例混合均匀,调节 pH 值。将拌好的培养料装入栽培袋中,封口。装料后的培养袋放入灭菌锅内进行灭菌,一般 116 ℃灭菌 4 h。灭菌后移入无菌室进行降温等待袋内温度降至 25 ℃以下。在装袋、灭菌、搬运等过程中要特别注意轻拿轻放,以免菌袋被刺破或划破造成杂菌污染。接种在无菌操作台中进行,菌种要选择健壮且无污染,整个过程都必须严格无菌操作,以求达到杂菌污染率最低。在云芝菌丝生长期间应注意观察是否有污染,一旦发现污染的云芝袋料应立即取出;室温控制在 22 ℃左右,相对湿度 50%,每天通风 1~2 次。另外云芝菌丝在生长过程中不需要直射光照,在散射光的环境中生长更为良好,阳光会降低云芝菌丝的生长速度,使云芝子实体提早形成;相对湿度保持适宜,既要防止湿度过大造成云芝菌丝被污染,另外也要防止由于环境湿度的过低而造成栽培袋中失水。一般经过 30 d 左右菌丝生长满袋,后移入菌棚内。

(3)出芝管理。在云芝栽培出芝过程中,需要特别注意环境的变化。当袋内有原基突起时,将菌包平放到菌棚,袋与袋之间应该保留 4 cm 左右的距离,另外将袋口的塑料盖除去,棚内温度一般保持在 25~28 ℃之间,相对湿度控制在 95%左右,另外为了防止子实体畸形,需要保持棚内通风,降低空气中二氧化碳含量,同时还需要适当增加散射光,促使云芝子实体的发生。由于光照增强,芝盖形成比较快,会增加细胞壁沉积色素,芝盖色泽深而有光泽。云芝具有向光生长的特性,因此在出芝期间不要随便移动培养袋的位置,也不要改变光源。

3. 液体菌种栽培技术

云芝的液体发酵技术是将云芝菌丝体在完全无菌的条件下进行培养的过程,菌丝体在液体培养的条件下通过通入的无菌空气和机械搅拌力等条件下相互碰撞,不时有断裂的菌丝分枝脱离原菌丝体,产生许多生长能力很强的、新的菌丝团。这些新生的和原有的菌丝团,初期呈星芒状,后来由于机械作用使其表面较为平滑,呈近球形、卵圆形、肾形或短棒形,通常则称其为菌球。菌球的大小不等,但肉眼清晰可见,其表面光滑,内部松散且内含有渗入的培养液和代谢产物。构成菌球的菌丝锁状联合及其痕迹明显可见。云芝的液体发酵工艺流程为:母种培养→原种培养→摇瓶种子培养→种子罐培养(或分为二级)→发酵罐培养→接种与发菌培养→出芝管理→采收。在无限期的培养中,菌球也会老化,菌龄较长的菌丝会出现自溶、死亡等现象。因此在液体菌种接种的过程中要选择菌球处于生长对数期或平稳期时进行接种。

(1)栽培原料与配方。①摇瓶培养基成分:黄豆饼粉(冷榨)1%,葡萄糖 2%,蛋白胨 0.2%,磷酸二氢钾 0.1%,硫酸镁 0.05%,维生素 $B_1$0.001%;

马铃薯 200 g,葡萄糖 20 g,磷酸二氢钾 1 g,硫酸镁 0.5 g,水定容至 1 000 mL;②种子罐培养基:黄豆饼粉 1%,葡萄糖 3%,酵母粉 0.2%,硫酸铵 0.25%,硫酸镁 0.1%,消泡剂 0.2%,pH 值自然;花生饼粉 1%,酵母粉 0.3%,磷酸二氢钾 1%,硫酸镁 0.05%,消泡剂 0.2%,pH 值自然;③发酵罐培养基:黄豆饼粉 1%,葡萄糖 3%,酵母粉 0.2%,硫酸铵 0.2%,硫酸镁 0.05%,磷酸二氢钾 0.1%,消泡剂 0.2%,pH 值自然;花生饼粉 0.8%,葡萄糖 2.5%,酵母粉 0.2%,磷酸二氢钾 0.1%,硫酸镁 0.05%,消泡剂 0.2%,pH 值自然。

(2)培养基配制方法。将所有药品按照比例用无菌水混匀,不能在水中溶解的物质例如黄豆饼粉、花生饼粉等提前加水浸煮 20 min,取其滤液,马铃薯一般选无青皮、未发芽的新鲜果实去皮、去芽眼,切成 2 cm 大的块,加水煮沸,文火维持 20 min,用预湿的 4 层纱布过滤,得到滤液与其他成分混合、分装、封口后高温灭菌待用。

(3)培养条件。摇瓶种子培养:一般使用 500 ~ 1 000 mL,耐 121 ℃ 高温的无色玻璃三角瓶,装液量为摇瓶容积的 1/3 ~ 3/5,接种量为斜面菌种的 1/4,在 26 ± 1 ℃ 条件下培养,转速为 150 ~ 170 r/min 的摇床上进行震荡,一般培养 5 ~ 7 d,培养液由浊变清,由黄褐色变为淡黄色,具有灵芝特有香气。

种子罐培养:种子罐接种量 0.5%,罐内温度保持在 26 ± 0.5 ℃,搅拌速度 180 r/min,通气量(罐容积与每分钟换气量之比)应为 1.0:(0.5 ~ 1.2),培养时间 7 ~ 10 d,菌球体积占 2/3,镜检菌丝粗壮,着色均匀,气泡小或无,锁状联合明显,分枝多。

发酵罐培养:接种量 10% ~ 15%,罐压为 0.05 Mpa,罐温度 26 ~ 30 ℃,搅拌速度 180 r/min,也可用空气搅拌代替机械搅拌,培养时间为 5 ~ 7 d,菌球湿重占发酵液 30% 以上,菌球重量的增长速度逐渐缓慢,发酵培养过程中,菌种要纯培养,培养之前需要提前对发酵罐进行检查、空消处理,培养基要进行灭菌处理。培养过程中需要每天对发酵液进行观察检测,接种后需要对发酵液进行留样。要严格按无菌操作规程进行,减少各种引起污染的机会。

放罐前 48 h 对液体菌种进行批次抽样检测,质量合格即可用于接种。将达到发酵终点的液体菌种接种到栽培袋中按照固体栽培的方式进行培养、出芝管理。

4. 椴木栽培技术

(1)原种制作。可进行瓶栽、袋料栽培,将木屑等主料依次过筛,除去杂物、硬块等。然后将原料进行预湿,之后按配方比例混合均匀,调节 pH 值。将拌好的培养料装入栽培袋中,封口。装料后的培养袋放入灭菌锅内进行灭菌,灭菌后移入无菌室进行降温,等待袋内温度降至 30 ℃ 以下,在无菌的条件下进行接种、避光培养,培养温度 23 ~ 25 ℃,空气相对湿度 55% ~ 60%,等待菌丝长满菌袋。通常长满菌袋的菌种即可使用,尽可能在菌种有原基形成前用完。

(2)椴木栽培技术。原木一般选择 10 月至翌年 3 月的树木,用锯将原木砍成 40 ~ 60 cm 长度,砍好的椴木用绳子扎成捆,切面要平,含水量一般在 40% 左右,如果含水量偏低,可以将其浸泡在清水中增加含水量,将椴木装入塑料袋中灭菌。等待灭菌结束,取出、晾凉、备用。无菌的条件下进行接种。接种后的椴木菌袋放入培养室中发菌,菌袋要摆成品字形,并且保持 20 ℃ 左右,相对湿度控制在 55% ~ 60% 之间,保持通风,保持空气新鲜。菌丝萌发后开始在椴木形成层生长。菌丝长满袋后,可搬到出耳的菌棚或者出耳场地,进行覆土栽培,将脱袋后的椴木菌种放入到提前做好的洼地中,在上面覆盖一层细碎的菜园土,一般土层的厚度控制在 1.0 ~ 1.2 cm 之间,覆土后第二天开始浇水管理,轻喷、勤喷,使水分既能够很好地渗入到土层中又不至于将覆盖的土冲开。一般下地后 10 ~ 20 d 左右可形成原基,此时要保证空气相对湿度在 90% 以上,温度 25 ℃ 左右,同时确保通风换气,在长出原基的同时需要舒蕾,保证每个菌木上的原基多少适中。一般 30 d 左右开始出芝管理,覆土栽培工艺相对简单,并且受场地、环境等因素的影响相对较小,提高了生物学效率。

(三)采收和加工

1. 采收

当子实体的菌盖由白色渐变为淡黄褐色并且菌盖逐渐变厚,菌管内散发出少量孢子粉时开始采收(不要等到大量孢子粉弹射时在采收)。采收时一般采用锋利剪刀或其他刀具从菌柄根部附近切剪,这样不会携带泥土及培养基等杂质,达到采收标准要及时采收,采收前 5 d 可以停止喷水,采收后除去杂质尽快晒干或烘干备用。采收后,除去菌袋袋口的老化菌皮,等待菌丝自身恢复后可进行第二潮出芝管理,第二潮出芝管理同第一次相同。

2. 加工

(1)云芝多糖:将干燥后的云芝子实体打碎,在常压下,用 80 ~ 100 ℃ 热水提取 2 次,每次煎煮 2 ~

4 h。合并 2 次滤液,弃去滤渣,浓缩滤液至原体积的 1/8～1/10,将稠膏状的浓缩液冷去后,加 75%～80% 浓度的酒精,添加量为浓缩液的 3～5 倍,将混合液放入 4 ℃ 冰箱中进行醇析 24 h 后离心,弃去上清液,收集沉淀物,将沉淀物进行低温干燥或冻干,得到黄褐色膏状物,即为云芝粗多糖,将粗多糖进行脱色、去杂质等除杂工序后进行冻干处理最终得到云芝多糖。

(2)云芝酸乳:将云芝菌丝体进行液体发酵,将达到发酵终点的云芝发酵液进行放罐、过滤灭菌、备用。按奶粉与水为 1∶10 的比例将市售奶粉配制成复原牛奶,按 7∶3 的比例将复原奶与云芝滤液混合,将混合液进行巴氏消毒后冷却至 45 ℃,接种酸乳,充分摇匀、分装后置于 42～43 ℃ 恒温箱中培养 5～6 h,待凝固后取出,形成均匀凝块的云芝酸乳。

云芝是一种重要的药用真菌,目前,对其活性成分(云芝多糖、云芝糖肽)的研究较多,而云芝的栽培技术和子实体深加工的研究报道较少,在普通食品上的应用也不多。目前云芝缺乏完善、规范栽培技术,使其规模化、产业化发展缓慢。随着对云芝及其化学成分的药理作用机制、安全性等的深度研究,其不仅在保健食品中的应用范围会更加宽泛,而且在药品、化妆品中的应用也会更广更深,甚至未来云芝可以作为普通食品、保健品造福人类。

参 考 文 献

[1]陈若芸.灵芝化学成分与质量控制方法的研究综述[J].食药用菌,2015,23(5):270－275.

[2]丁湖广.云芝的特性及人工栽培技术[J].特种经济动植物,2004(7):39.

[3]韩艳矫.海南云芝组培技术及其后续栽培品质的比较研究[D].海口:海南大学,2013.

[4]季宏更,郑惠华,汪洁,等.云芝高产栽培技术试验初报[J].食用菌,2014(4):42－43.

[5]李俊峰.云芝的生物学特征·药理作用及应用前景[J].安徽农业科学,2003(3):509－510.

[6]卢振,陈金和,王雨来,等.灵芝的研究及应用进展[J].时珍国医国药,2003,14(9):577－581.

[7]李玲艳,包海鹰.云芝的化学成分及药理活性研究概况[J].菌物研究,2011,9(3):180－186.

[8]李宇伟,连瑞丽.药用真菌云芝高产栽培技术[J].中国林副特产,2010(1):36－37.

[9]祁永青,刁治民,刘涛.药用真菌云芝的研究概况[J].青海草业,2008.17(3):26－29.

[10]孔怡,武晓亮,兰玉菲,等.药用真菌云芝的研究进展农学学报[J].2014.4(2):82－84.

[11]张瑞婷,张述仁,海娟灵,等.灵芝在保健食品中的应用研究进展[J].安徽农业科学,2018,46(10):33－35.

[12]周春元,朴向民,闫梅霞,等.云芝菌丝深层发酵培养基优化[J].食用菌,2019,41(1):20－23.

(于海洋)

第三十二节　真　姬　菇

一、概述

(一)分类地位与分布

真姬菇(*Hypsizygus marmoreus*)属担子菌亚门(Basidiomycotina)、层菌纲(Hymenomycetes)、伞菌目(Agaricales)、白蘑科(Tricholomataceae)、玉蕈属(*Hypsizygus*),又名玉蕈、斑玉蕈、蟹味菇等。真姬菇是一种大型木质腐生真菌。在自然环境中,一般秋季群生于山毛榉等阔叶树枯木或活立木上,自然分布于日本、西伯利亚、欧洲、北美等地。

真姬菇形态美观、质地脆嫩、风味独特,是一种营养价值很高的食药兼用菌,深受人们的青睐,被视为食用菌中的珍品。我国的真姬菇栽培研究始于 20 世纪 80 年代,目前在山西、河北、河南、山东、福建、上海等省市进行推广,并成为部分省市工厂化生产食用菌的主栽品种。

(二)营养与保健价值

真姬菇营养丰富,口感滑韧,具有独特的蟹香味。每 100g 干重真姬菇中粗蛋白、粗脂肪、灰分、粗纤维、多糖含量分别是 26.81g、2.37g、6.23g、16.14g 和 13.95g,蛋白质比常见的食用菌如香菇(25.27%)、金针菇(22.5%)等都高,粗脂肪比香菇(4.40%)、羊肚菌(3.82%)、姬松茸菇(2.88%)都低。多糖、维生素 B_1、维生素 B_2、维生素 B_6、维生素 C 和各种人体必需的矿质元素(磷、铁、锌、钙、钾、钠等元素)含量和种类丰富。有研究表明,真姬菇中 VC 的含量极其丰富,每 100 g 鲜菇中,含 VC123.49 mg,比富含 VC 的番石榴、柚子、辣椒等水果、蔬菜还高 2 倍至 8 倍,可促进代谢,提高机体的免疫力。

子实体中富含 17 种氨基酸,其中 8 种为人体必需氨基酸,真姬菇子实体中含量最高的是谷氨酸和天门冬氨酸,含量分别为 2.08% 和 1.46%,这两种氨基酸通常是食用菌的呈鲜物质,这也是真姬菇具有较强鲜味的主因之一;另外,真姬菇子实体中赖氨酸和精氨酸的含量高于一般菇类,有助于青少年益智增高。

(三)栽培历史与现状

真姬菇的栽培起源于日本,1970 年日本宝酒造株式会社研发出了世界上第一个真姬菇商业化菌株“宝 1 号”。1986 年,大连从日本引进真姬菇菌种开始试种,大部分是以塑料袋太空包栽培为主,基本属于季节性栽培。后来山东、山西、以及福建等地区也展开了真姬菇的栽培,但大都以代料农法栽培为主,不能实现周年栽培,而且产出的鲜品品质较差,不具有国际竞争力,只能以盐渍或罐头的形态外销。台商企业北京冠荣菇业与广东华珠等地将台湾瓶栽真姬菇的工艺带到了祖国大陆,但是由于技术的难度及前期市场的原因,真姬菇的自动化瓶栽技术一直没有得到推广,产品仅在广州、深圳、珠海等地少量销售。

2002 年,上海丰科生物科技股份有限公司真姬菇工厂化栽培项目投产,并逐步实现周年化生产,开创了国内工厂化栽培真姬菇的先河。后来国内逐步又发展起来一系列真姬菇工厂化栽培的大型公司,如上市公司广东星河生物科技有限公司、上海高榕生物科技有限公司、上海光明森源生物科技有限公司等。

黑龙江省真姬菇的栽培面积不是太大,以一家一户的作坊式生产为主,销售多是自产自销,面向当地的农贸市场。

二、生物学特性

(一)形态与结构

自然界中,真姬菇于 9 ~ 10 月发生在阔叶树的倒木、枯木上,子实体簇生,菌盖直径 2 ~ 5 cm,幼时扁半球形,后稍平展,中部稍突起,菌盖污白色、浅灰白色、黄色、表面平滑,中央有浅褐色大理石状斑纹;表面干后灰褐色,无环带,粗糙;边缘锐,干后内卷。菌肉稍厚,白色。菌褶近直生,污白色,干后变为浅黄褐色,密或稍稀,不等长,脆质。菌柄长 3 ~ 11 cm,直径 0.5 ~ 1 cm,圆柱形,细长稍弯曲,表面白色,平滑或有纵条纹,实心,丛生而基部膨大,相连或分叉。分布于东北、青藏等地区。

菌丝体洁白浓密,粗壮整齐,平板上呈辐射状生长,边缘为绒毛状,气生菌丝旺盛,成熟时色泽变灰暗。

（二）繁殖特性

真姬菇为四极性异宗结合担子菌，担子呈棒状，每个担子上着生担孢子 2～4 个，担孢子呈卵圆形，无色光滑，有颗粒。真姬菇的生活史从担孢子开始，单核菌丝交配形成双核菌丝，双核菌丝成熟后在适宜的环境条件下发育形成子实体。不良环境条件下，双核菌丝发生断裂形成节孢子或休眠孢子，条件正常时，菌丝恢复生长。

（三）生长发育条件

1. 营养条件

（1）碳源。真姬菇的栽培中，一般碳源的供给者有木屑，以栎木类、水曲柳等阔叶木屑为主，玉米芯、棉籽壳、甘蔗渣等。需要注意的是，尽管真姬菇是一种木腐菌，但是其分解纤维素、半纤维素的能力比平菇等菌株弱，如果培养料中的半纤维素含量太高，过多使用会使菌丝生长速度减慢。

（2）氮源。真姬菇的氮源补充一般有机氮素和无机氮肥都可利用。蛋白胨、酵母膏、氨基酸、尿素以及铵盐和硝酸盐等都是真姬菇的氮素来源。在实际的生产当中主要通过添加麦麸、米糠、豆饼和玉米粉等辅料来作为氮素营养的来源。

（3）矿质元素。矿质元素能够促进菌丝的生长发育。钙、磷、硫、镁、锰和铁等矿质元素对真姬菇的生长发育也有良好的作用，但需求量少，一般可以从有机培养料和水中得到，也可以通过添加相应的无机盐（如碳酸钙、硫酸镁、磷酸二氢钾、石灰和石膏等）获得。

（4）维生素。维生素类物质（如 B 族维生素）和其他生理活性物质是菌丝体生理活动的重要辅酶，可刺激真姬菇的旺盛生长，对提高菌丝活力，增加子实体产量具有较好的作用。

2. 环境条件

（1）温度。温度是真姬菇在子实体生长发育过程中最重要的因素之一，不同的真姬菇品种对温度的要求稍有差异。真姬菇菌丝在 10～35 ℃ 都能生长，但是最适温度为 20～25 ℃，当温度超过 35 ℃ 或低于 10 ℃ 时，菌丝生长将受到抑制。原基萌发需要 12～16 ℃ 的低温刺激，子实体生长以 14～15 ℃ 为宜。

（2）湿度。真姬菇是喜湿性食用菌，生长期间对环境湿度要求较高。在菌丝体生长阶段，培养基最适含水量为 60%～65%，培养基含水量小于 50% 或大于 70% 时菌丝生长很弱；子实体发育时期，空气相对湿度维持在 80%～95% 之间。

（3）光照。真姬菇在菌丝培养阶段不需要额外增加光照，在原基形成期需要一定量的散射光，50～100 lx，子实体发育需要 500～1 000 lx 的散射光，子实体生长期具有明显的向光性。

（4）空气。真姬菇是好氧型真菌。菌丝培养阶段和出菇阶段均需要充足的 O_2。在菌丝培养阶段，培养料应该粗细搭配合理，培养料不宜过多。同时注意发菌室的通气量，只有在良好的通气状态下菌丝才能正常生长。原基发生期和子实体分化期对二氧化碳特别敏感，菇蕾分化期间二氧化碳浓度不能超过 0.1%，子实体生长发育阶段二氧化碳浓度不宜超过 0.3%，如果二氧化碳浓度长时间超过 0.3%，子实体易出现畸形。

（5）酸碱度。真姬菇的菌丝在一定范围内（pH 值 5.0～8.0）对酸度要求不严格，其菌丝在 pH 值 4.0～8.5 都可以生长，不同菌株对 pH 值要求有所差异，菌丝生长阶段以 pH 值 6.5～7.5 为好。因此，在实际操作中，培养基以自然 pH 值即可。

3. 种质资源

目前，真姬菇的工厂化栽培品系主要有 2 种，分别为褐色品系和白色品系。褐色斑玉蕈俗称"蟹味菇"，其菌盖呈深褐色，表面一般有大理石状斑纹。白色斑玉蕈包括"白玉菇"和"海鲜菇"2 个类别，白玉菇菇柄较短,菇质较硬;海鲜菇菇柄较长,菇质较松软。白玉菇和海鲜菇同属白色品系,它们的形态差异主要是由工厂化栽培环境,特别是 CO_2 浓度所导致。

三、栽培技术

有关真姬菇的栽培,国外以日本的工厂化水平最高,国内以上海、广东等地较为领先。黑龙江省的真姬菇栽培仍以代料农法季节性袋栽为主,现将黑龙江省的栽培模式介绍如下:

(一)栽培场地与设施

黑龙江省气候特点是冬季长,气温低,常采用栽培场所大都是塑料大棚或砖混结构的出菇房。真姬菇栽培场所应选择向阳、通风、干燥、清洁、卫生的场所。传统的农法栽培根据当地气候,以人工或者自动、半自动的设备装袋,常压或高压灭菌后接种。农法栽培设备设施简单,投入少,需要大量的人力辅助。

(二)栽培季节与周期

真姬菇的生产周期为 100~120 d,其中,菌丝生长与后熟需要 80~100 d,出菇期约为 20 d。利用自然气候栽培真姬菇要根据菌丝体和子实体生长的特点选择适宜的季节进行栽培,一般温度能保持在 10~18 ℃以内,就可作为出菇季节,黑龙江省可以进行春栽和秋栽,春栽一般在 5 月份,秋栽在 9 月份,按照出菇季节向前推 4 个月左右进行制作菌种及栽培袋即可。

(三)栽培原料与配方

1. 栽培原料

黑龙江省是农业大省,且林木资源丰富,一般多采用木屑和玉米芯作为碳源,米糠和麦麸作为氮源进行真姬菇的生产。

(1)木屑。一般以柞木、桦木等阔叶木木屑为主,木屑被粉碎成粗、细两种粒径,粗木屑一般粒径为 1~2 cm 左右,实际配料过程中要粗细搭配,既要保证培养料的透气性,又要保证栽培袋的紧密度。

(2)玉米芯。玉米芯是真姬菇栽培配方中的重要组成成分,玉米芯要求选用当年的玉米芯,确保干燥、无霉变、无虫蛀。

(3)麦麸。麦麸是真姬菇的重要氮源,对加快菌丝代谢具有重要作用。在选择使用时一定要选用优质麦麸,尽可能使用大片麦麸,确保培养料的孔隙度和通气量,以便于通气透水,加快菌丝的生长发育。

(4)米糠。米糠作为真姬菇生产的主要原料之一,其质量条件必须过关,优质米糠的粗蛋白的含量应达到 12%~16%,另外,值得注意的是,米糠在夏季等气温高的条件下容易酸化而使 pH 值下降,为确保质量,应在低温条件下贮藏。

(5)其他添加物。为了达到增产效果,一般会在培养料中添加玉米粉、黄豆粉、贝壳粉等来增加培养料维生素和矿质元素以达到增产的目的,实际生产中可酌情添加。

2. 常见配方

真姬菇的栽培配方遵循以下原则:就地取材,营养合理,松紧适宜,保水透气。常见的真姬菇配方有如下几种:

①杂木屑 59%、玉米芯 10%、豆秸 10%、麸皮 17%、玉米粉 2%、石膏 1%、石灰 1%。②杂木屑 36%、棉籽壳 36%、麸皮 20%、玉米粉 6%、白糖 1%、轻质碳酸钙 1%。③杂木屑 25%、棉籽壳 15%、玉米芯 20%、米糠 23%、麸皮 12%、玉米粉 5%。④杂木屑 40%、玉米芯 20%、米糠 20%、皮 15%、玉米粉

4%、氢氧化钙1%。⑤杂木屑25%、玉米芯25%、大豆皮5%、米25%、麸皮15%、玉米粉4%、氢氧化钙1%。

(四)料包制备

配料前物料应该过筛除去杂质,然后按比例称量,倒入搅拌器中,确保充分混匀,再加水使物料吸水均匀。对于粗木屑、豆秸、玉米芯等颗粒状结构,需提前24 h预湿处理,具体做法为:现将干料称重,过筛后提前24h加1%石灰水(避免酸化)充分浸泡。也可提前将木屑、豆秸与玉米芯等颗粒结构提前发酵腐熟备用,依照实际生产情况有选择地进行操作。

将充分混匀的培养料进行装袋,一般采用17 cm × 33 cm聚丙烯袋,一般每袋装400 g干料,含水量为60%(拇指与食指捏培养料有水渗出,但不成滴)。边装边压实,保持松紧适宜,装至菌袋2/3处,用窝口机扎眼儿、窝口,而后进行人工插棒。装袋时要注意料面的平整,袋口清洁。

(五)灭菌接种

装完袋后视具体规格,每16~20袋装成一箱,准备灭菌。一般常压灭菌需要达到100 ℃维持16~18 h,高压灭菌需要达到117 ℃维持8~10 h。灭菌时需要注意一定要排净灭菌室内的冷空气,消除"假压"现象,达到有效灭菌;二是要注意时长,一定要等到温度升高到预设温度以后方可计时。

灭菌后的培养料冷却至室温即可接种,菌种使用前要做好消毒工作,菌种袋或菌瓶周身用75%酒精擦拭。接种环境要干净无菌,菌种使用前要剔除老菌种,一般要求接种点应该落在料面的正中央,接种量一致。出锅与接种的间隔时间越短,污染的概率越小,菌袋成品率越高。

(六)发菌管理

接完后的菌袋移入培养室进行养菌,养菌一般分为两个阶段,第一阶段是萌发期,也叫定植期,一般需要8~10 d,此时要求温度22~24 ℃,黑暗,定植期菌丝发热量小,密度可以稍大;定植结束后,菌丝开始吃料,生长速度加快,随着菌丝的快速生长,袋内温度开始升高,此时应该注意通风换气,确保氧气充足,菌袋的摆放密度也不宜过大。菌袋内的温度不宜超过27 ℃,温度过高容易产生"伤热"现象而使菌丝活力降低,导致后期出芽不齐。高于35 ℃停止生长,甚至容易死亡;在20~25 ℃范围内既有利于营养积累,又有利于菌丝生长。

发菌期间要勤加查看培养室内的温度、湿度及通气情况,还要及时关注培养袋情况,如遇污染菌袋应及时清理,并做好培养环境的消杀工作。

培养60 d左右,菌丝长满菌袋,此时开始进入后熟期,真姬菇的后熟期较长,一般为25~40 d,菌丝由白色逐渐转为土黄色,菌袋变软,表面已形成灰色菌膜,并在料面分泌淡黄色水珠,表明菌袋已经充分生理成熟,此时可移放到出菇室开袋出菇。

菌丝生长和后熟期间保持温度、湿度和通气适宜,适当避光,且不定期检查菌袋成熟情况,在静止培养成熟过程中。菌丝成熟速度的快慢与温度、通气量和光照有一定的关系,温度较高、通风良好、适当光照,成熟期缩短;反之,则延长。

(七)出菇管理

后熟后的菌袋,即可移入出菇室进行出菇管理:

1. 搔菌

后熟后的菌袋,打开封口处的封盖物,搔去料面四周的老菌丝,形成中间略高的馒头状。使原基从料面中间残存的菌种块上长出成丛的菇蕾,促使幼菇向四周长成菌柄肥大、紧实、菌盖完整、肉厚的优质真姬菇。搔菌后注水20~25 mL,2~3 h后将水倒出,注水的主要作用是刺激料面,促使出芽整齐。但搔菌后菌丝受伤,抵抗力较弱,注水后容易引起污染,操作时要保持水的洁净。搔菌后,菌丝由纯白色转至灰色,先在料面出现一层薄瓦灰色或土灰色短绒,这一色变称为转色,在适宜条件下历时 3~5 d。

2. 催蕾

搔菌后的菌袋进入催蕾阶段,此时保持温度 13~15 ℃,空气相对湿度 80%~90%,光照强度 50~100 lx,二氧化碳浓度小于 0.3%,10~15 d 料面开始出现针头状菇蕾。原基出现后,空气相对湿度要求 85%~95%。如若空气湿度过低,子实体难以分化,菇蕾易死亡;长期的过湿环境也会影响子实体的正常发育,生长缓慢,菌柄发暗,菌盖发育不良等现象。

3. 育菇

真姬菇菇蕾分化 2~3 d 后,菇蕾膨大呈分支状,接着分支长出上细下粗的菌柄,顶端分化出半球形菌盖。此后进入快速生长期(图 4-32-1),育菇阶段的最适温度为 14~15 ℃,空气相对湿度维持在 90% 左右,CO_2 浓度不超过 0.3%,光照 500 lx 以上。具体的操作方法为,用喷雾器向地面和空间喷雾,不可直接淋在菇体上,每天早、中、晚各通风一次,子实体生长期间必须给予一定的光照,一般采用间歇光照法,白天用 LED 等照明,夜晚无需开灯,一般在搔菌后第 20 d 左右开始采收。

图 4-32-1 真姬菇出菇

(八)采收加工

在搔菌后 20~25 d,真姬菇子实体已充分生长,但菌盖未平展,孢子未喷射,菇体大小、长度符合产品标准,此时为采收适期,从现蕾到采收一般需 8~15 d(视温度而定,温度高则加快,温度低则延期)。采收时,一手按住菌柄基部培养料,一手握住菌柄,轻轻地将整丛菇拧下。第一潮菇采收完后,停止喷水 3~5 d,及时清理料面,并再次搔菌,菌丝恢复养菌,储藏养分,待菌丝恢复后再喷水保湿催蕾,约 20 d 后可形成第二潮菇。一般能出 3 潮菇,产量集中在第一潮。采收后进入 2~5 ℃冷库预冷,然后进入包装室包装。

(九)病虫害防治

1. 常见虫害

(1)螨虫。螨虫是真姬菇栽培中经常发生,危害最重的虫害。螨虫的侵染途径广泛,不洁的生产原料和栽培环境都容易造成螨虫侵染,且螨虫侵入时容易带入霉菌,形成复合侵染。预防螨虫的关键是控制人流、物流,保证生产资材与器具的清洁,杜绝或者减少带螨来源。

(2)蛞蝓。农法栽培过程中,蛞蝓灾害时有发生,该虫白天躲藏于土层下,晚上出来取食菇体,造成菇体缺刻,影响菇体品质。防治方法:采用 3% 密达颗粒剂散撒于菌袋周围诱杀。

（3）菇蝇。当菇体采收时，会吸引菇蝇成虫进入菇棚。成虫在菇体上产卵，孵化后形成虫蛆，危害菇体，影响产量。防治方法：用25％功夫菊酯1 000倍稀释液，对菇棚四周喷雾，杀死菇蝇成虫，减少虫量，控制为害。

2. 常见病害

（1）吐水病。吐水病是真姬菇的常见病害，其症状为搔菌后第8～10 d，发芽延迟，料面上"吐"茶色液滴，逐渐扩大化连成片。经检测确认为病毒感染。"吐水"严重的可以通过阶段性降低湿度予以解决，但是后期长成的子实体往往保鲜期较短。

（2）蛛网病。蛛网病也是真姬菇常见病害，发生在子实体生长阶段，初期在菌柄基部产生白色绒毛状菌丝，形似蜘蛛网，故因此得名，而后蛛网逐渐沿菌柄向菌盖蔓延，子实体逐渐枯萎、腐烂。蛛网病病原菌为绵腐病菌（*Cladobotryum varium*）。一旦发现，即用塑料袋包裹灭菌处理，剔除发病菌袋，并针对培养场所的设施、路面等进行全面的消杀工作方可再次投入使用。

参 考 文 献

[1]胡清秀.珍稀食用菌栽培实用技术［M］.北京:中国农业出版社,2010.

[2]黄毅.食用菌工厂化栽培实践［M］.福州:福建科学技术出版社,2014.

[3]李贺,魏雅冬,李艳芳,等.真姬菇生物学特性及固体栽培基质研究进展［J］.现代农业科技,2018,18:49－50.

[4]林清居.扫描电镜和X射线能谱仪对真姬菇子实体常见微量元素的定性定量测定［J］.福建分析测试,2013,22(5):49－54.

[5]王迎鑫.蟹味菇工厂化栽培稳定性研究［D］.重庆:西南大学,2014.

[6]王琦,章勤学.蟹味菇的营养价值及生物活性成分研究［J］.食品研究与开发,2010,31(1):173－174.

[7]王耀松,邢增涛,冯志勇,等.真姬菇营养成分的测定与分析［J］.菌物研究,2006,4(4):33－37.

[8]张金霞,蔡为明,黄晨阳.中国食用菌栽培学［M］.北京:中国农业出版社,2021.

[9]张琪辉,王威,李成欢,等.斑玉蕈珠网病的病原菌及其生物学特性［J］.菌物学报,2015,34(3):350－356.

（盛春鸽）

第五章

食用菌保鲜加工技术研发与应用

第一节　概　　述

食用菌（Ediblefungus）是可食用的大型真菌，具有肉质或胶质子实体，通称蘑菇。中国作为世界上拥有食用菌品种最多的国家之一，已记载品种有 980 多种，其中 500 种具有药用功效。

中国很多食用菌品种以销售鲜菇为主。但由于食用菌在采摘后仍具有旺盛的新陈代谢和呼吸作用，会加速子实体内部各种营养物质消耗速率，最终导致菌盖开伞、菇柄伸长，使得水分蒸发加速，质地变得愈发脆嫩而组织缺少保护，受机械伤害和微生物侵染概率增加，引起褐变或腐烂，从而造成品质下降和经济损失。随着生活水平的提高，人们对于食用菌的需求已从传统烹食转变为服用食用菌精深加工产品。由于食用菌中含有的多种活性物质具有抗癌、降血压、提高免疫力等多种功效，食用菌产业已然成为 21 世纪最具有发展前景的农业产业之一。

中国的食用菌产品多为初级加工产品，产业仍处于加工技术低、普及度不高、粗加工为主、平均规模小、综合利用水平差、能耗偏高、效益较低的初级发展阶段。食用菌保鲜加工作为食用菌产业化大生产链条中的重要环节之一，既是生产、流通、消费中不可或缺的一环，又是食用菌产业规模化和增效的基础。

食用菌保鲜方式主要分为物理保鲜和化学保鲜，基于不同的保鲜原理和栅栏技术运用，又各自衍生出许多新的技术手段，如气调保鲜、辐照保鲜、低温保鲜、臭氧保鲜、涂膜保鲜等。虽然食用菌保鲜技术日趋先进，各种保鲜技术功效侧重不同，但其保鲜机理主要有以下三个方面：①通过调节其呼吸作用和新陈代谢速率来减缓衰老过程；②抑制微生物生长繁殖，特别是对食用菌品质影响较大的腐败菌（假单胞菌、酵母菌和部分霉菌），以及危害消费者健康的致病微生物；③减缓其内部水分蒸发速度，主要通过对环境相对湿度的控制和细胞间水分的结构化来实现。目前，在传统食用菌保鲜技术的基础上，将生物技术应用于食用菌保鲜领域也屡见不鲜，主要以生物天然提取物或微生物菌体及其代谢产物为主要原料，或单一使用或复合搭配，也可与传统保鲜方法结合使用，以达到抑制有害微生物生长，实现保鲜食用菌的目的。其主要种类有：动物源保鲜剂（壳聚糖、蜂胶）、植物源保鲜剂（精油、香辛料）、微生物保鲜剂（乳酸链球菌素）、复合生物保鲜剂。结合目前国内外食用菌保鲜研究领域的热点，我们不难发现食用菌保鲜技术发展方向及下一阶段研究重点应是将适用于其他果蔬产品的保鲜技术（减压贮藏、超声波处理、基因工程技术保鲜等）应用于食用菌保鲜领域，以期为食用菌保鲜领域建立更为完善的科技支撑。

农产品精深加工是指以提高其利用价值及扩大应用范围为目的，使用新型技术对农业产品进行深度加工制作，以体现其效益最大化的生产环节。当今社会对于食用菌制品需求的日趋扩大，为满足广大消费者的食用及健康需求，食用菌加工行业科技人员可从以下几个方面入手：①改进传统食用菌干鲜菇加工工艺，如对鲜菇保鲜空运技术的应用等；②综合利用残次菇以及低等级产品，加工成即食食品、休闲食品等；③将食用菌有效成分进行提取和利用，加工成药品、食品、化妆品等；④食用菌菌糠的加工利用，如食用菌饲料、复合肥料等。在已有的粗加工技术基础上更进一步地提升精深加工水平，最终提高食用菌利用率，丰富产品品类与提升产品质量，从而增加经济效益。

黑龙江省位于中国东北部，地域辽阔，北通俄罗斯，西邻内蒙古，南与吉林省接壤，在与俄罗斯水陆相接的边界上拥有多个口岸。由于俄罗斯在食用菌生产加工技术方面较为落后，多从中国进口食用菌以满足市场需求。黑龙江省属于半湿润季风气候，在食用菌生长条件方面有着得天独厚的气候优势，据统计，食用菌作为黑龙江省新型支柱产业，2018 年总产量达 334.36 万吨，位居全国第四。表 5 - 1 - 1 为 2018 年中国省区食用菌产量排名。

表 5 - 1 - 1　2018 年中国省区食用菌产量排名

排名	省区	产量/万吨
1	河南省	530.43
2	福建省	418.66
3	山东省	344.69
4	黑龙江省	334.36
5	河北省	302.01
6	吉林省	238.60
7	江苏省	219.12
8	四川省	213.42
9	广西壮族自治区	140.06
10	湖北省	131.56

但是,黑龙江省在食用菌保鲜加工领域仍存在着亟待解决的问题:①食用菌生产仍以分散经营为主,组织化、标准化、集约化、设施化程度偏低,导致采收等级较低;②食用菌生产多为初级产品,深加工技术缺乏,自主研发与创新能力较低;③食用菌保鲜技术低端,综合利用水平较低。因此,本章有针对性地叙述一系列较为先进、行之有效的食用菌保鲜措施和加工技术,希望能够给食用菌行业从业者提供帮助。

第二节　食用菌采收技术

一、概述

我国现阶段的食用菌销售市场主要以初级产品为主,即清洗后的新鲜食用菌直接进行销售。食用菌组织结构较为柔嫩,采收后在常温下会蒸发大量水分,并且依然具有十分旺盛的新陈代谢和呼吸作用,造成各种营养物质快速消耗,从而影响其食用价值及外观质量。食用菌的采收技术方法与品质、耐贮运性有着密切关系,采收时间和方法依据食用菌种类、品种、商品要求以及销售地的远近等具体情况而定。正因为受上述因素影响,食用菌的采收及贮藏保鲜环节显得尤为重要。本节介绍了不同品种食用菌正确合理的采收技术。

二、人工栽培食用菌采收技术

食用菌采收时间和方法除了根据食用菌种类、品种、商品要求以及销售地的远近而定之外,还要考虑采后用途(鲜销、加工)。采收过程中需特别注意避免受到人为处理过程中所造成的机械损伤,切勿破坏菌体表面保护层。总体原则为:①宜于在菇耳七八成成熟时采收,外形好,口感好。②食用菌采摘必须按照采大留小的原则采收。③宜于晴天采收,阴雨天时食用菌含水量高,品质受影响。④采前停水控湿,让菇体保持正常水分。下面对人工栽培的黑木耳、猴头菇、双孢蘑菇采收的注意事项进行阐述。

生长期间的黑木耳深褐色,耳片边缘内卷,有弹性,耳根较宽扁。以后颜色逐渐变浅,耳片舒展变软,肉质肥厚,耳根收缩变细,腹面(光面)开始产量白色粉末状担孢子,说明黑木耳已经成熟,应及时采收。采收时用手指将整朵或单片黑木耳连同耳基一起捏住,稍稍扭动一下即可把黑木耳完整采下,这样采摘的黑木耳朵形完整。小口出耳的黑木耳采收时,一手将菌袋拿起悬在容器上方,用另一只手将成熟的耳片轻轻划下掉入容器内。代料栽培黑木耳菌包见图 5 - 2 - 1。

图 5-2-1　代料栽培黑木耳菌包

　　当猴头菇子实体充分长大,菌刺长度在 0.5 cm 以内、孢子大量弹射前进行采收。此时菇体鲜重最高,子实体洁白,风味佳。如菌刺伸长到 1 cm 以上,则味苦、风味差。采收时可用小刀从菌袋长菇基座处割下。柄留 1~2 cm,以利于下一次采收。要避免割破菌袋,以免造成杂菌污染。也可一手握菌袋,一手抓住整个猴头菇的子实体,轻轻旋转,而后外拉,采下子实体。采下的猴头菇轻拿轻放,防止挤压损坏。成熟后的猴头菇见图 5-2-2。

图 5-2-2　成熟后的猴头菇

　　双孢蘑菇采菇前床面不喷水,一般以菌盖直径在 3~4 cm 为宜。一般正常子实体颜色应为白色。采菇人员要注意个人卫生,不得留长指甲,采摘前手及工具要经过清洗消毒。否则,采菇时手捏菌盖菌盖容易发红,产生指痕。产菇前期应采菇用旋转法,尽量做到菇根不带菌丝,不伤及周围小菇。产菇后期采用直拔法直接拔起菇体。采收成团的"球菇"时,若菇体大小相差悬殊,可用手轻轻按住保留菇体,另一手迅速地剥离或切割要采收的菇体。采收后,要及时切去带泥的根脚,菇根长短按标准留下,切口要平整,避免斜根、裂根。采摘后的双孢蘑菇见图 5-2-3。

图 5-2-3　采摘后的双孢蘑菇

三、野生食用菌采收技术

野生食用菌含有丰富的蛋白质、碳水化合物、矿物元素及多种维生素,是一种高蛋白、低脂肪、高纤维的原生态食品,味道鲜美,营养丰富,深受人们喜爱。若要保证野生食用菌的品质,在采收时要以"切合时机"为原则,即根据野生食用菌种类、用途标准、销售方式、产品效益等多方面因素,结合其生长的形态特点进行区分。

成熟榛蘑呈伞形,淡土黄色,干制后为棕褐色。榛蘑的菌索多生长在高山森林地里的烂树桩、朽木、枯枝落叶及有机质丰富、团粒结构良好的土壤里,特别是深沟两旁湿润的地方,生长最为旺盛。黑龙江省榛蘑7~8月生长在针阔叶树的干基部、代根、倒木及埋在土中的枝条上,榛蘑最适采收时间为雨后第二天。榛蘑子实体在菇盖平展前必须及时采收。采收时从菇柄基部整丛采下,注意不要折断菇柄或弄破菇盖,以免影响商品价值以及后续加工。成熟后榛蘑见图5-2-4。

图5-2-4 成熟后榛蘑

因地域不同,松茸成熟时间也不相同,一般在夏秋季。当松茸子实体七成熟时,菇盖直径长至4~6 cm,菇盖未开伞,其表面呈淡黄色,有纤维鳞片,菌膜未破裂时采收为宜。不得采摘"不采等级"范围内的松茸以及子实体长度为6 cm以下的松茸,最大限度地降低因采摘童茸所造成的资源浪费。采摘松茸时一手轻持菌柄基部,另一手持前端带有钝尖的竹片或硬质木片剥开表土,向下轻压土壤,另一手轻轻将松茸取下。采收时不应挖大穴破坏菌塘,采收完成后应将原土回填,保持原本状态。野生松茸菌菇见图5-2-5。

图5-2-5 野生松茸菌菇

第三节　食用菌保鲜技术

一、食用菌保鲜技术原理综述

食用菌子实体采收后,须进行清洁处理,去除残留的培养基质与污染物,将受到病虫害感染及霉变个体剔除,整个过程应小心谨慎,以防止二次伤害。并尽快进行分级、预冷处理,使子实体迅速降温至接近贮存温度。受到微生物病菌及虫害侵染的食用菌见图5-3-1。

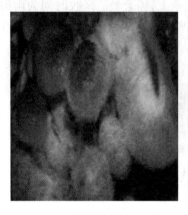　

（a）病菌感染　　　　　　　　　　　　　（b）害虫侵噬

图5-3-1　受到微生物及虫害侵染的食用菌

由于食用菌被采摘后仍然会进行较强的呼吸作用和代谢活力,在多种生物酶的作用下子实体继续生长,吸收氧气分解代谢产生二氧化碳和水,加之微生物对子实体的侵染,导致食用菌急速衰老并开伞、变色、变味。最终严重影响其口感和外观,增加后续加工难度,并降低产品价值。所以其保鲜贮藏技术就显得尤为必要。发生脂类氧化的食用菌见图5-3-2。

图5-3-2　发生脂类氧化的食用菌

食用菌保鲜技术的原理便是根据食用菌的生理特性,采取适当的物理、化学、生物复合等方法来降低新陈代谢的速度,防止微生物的侵染,从而达到保鲜效果。为更好地选用适于不同品种食用菌所合适的保鲜技术,以及明确不同保鲜技术的优势所在,必须了解影响其保鲜的主要因素。经过研究发现:①在一定温度区间内,食用菌的代谢能力会随着温度的升高而变强,保鲜温度合适与否会直接影响保鲜效果;②食用菌子实体含水量非常高,通过控制空气湿度也能调节其失水速度,故需要保证适宜的环境湿度;③空气中的氧气和二氧化碳是影响食用菌呼吸作用的主要成分,当氧气浓度低于1%或二氧化碳浓度高于5%时,食用菌呼吸强度受到显著抑制,因呼吸作用导致的养分流失显著减少;④适宜的酸碱度能有效抑制微生物的生存活动以及氧化酶的活性,因此控制食用菌贮藏空间内的 pH 值亦可获得良好的保鲜效果。目前,国内食用菌保鲜技术常见有鲜贮、低温保鲜、气调保鲜、真空减压保鲜、辐射保鲜、薄膜包装保鲜和化学保鲜等技术。本章介绍几种常见保鲜技术。

二、化学保鲜

(一)化学保鲜原理

化学保鲜又称保鲜剂保鲜法,其主要原理是利用一些能够抑制食用菌呼吸作用的物质,以保持其色泽,减弱其生长代谢强度而防止食用菌开伞、老化、变质。并且可采用化学物质对食用菌进行防腐、杀菌、抑制酶活性、防止褐变等处理,从而达到保鲜的目的,通常操作方法为浸泡、喷洒、涂膜等。此种保鲜方式优势在于其成本低、处理时间短、效果明显,但如若处理不当,化学物质将残留在食用菌中,残留量较大时易对消费者健康产生影响。因此,这种保鲜方式具有一定的危险性,稍有不慎便可能造成较为严重的后果,在使用化学保鲜方法对食用菌进行保鲜处理时需要格外小心,严格注意各项操作环节。

由于多数化学保鲜剂具有一定的毒性,所以一直以来并不提倡用于食品保鲜。随着科学技术的进步,逐渐开发出一些低毒低污染,甚至是无毒无污染的化学保鲜剂,使化学保鲜技术得以快速发展。现阶段国内外常见的食用菌化学保鲜剂可分为生长抑制剂、酶钝化剂、防腐剂、脱氧剂、pH 调节剂等几类,如:氯化钠、抗坏血酸、柠檬酸、1 – 甲基环丙烯、2,4 – 二氯苯氧乙酸等,其保鲜机理各不相同,图5 – 3 – 3 为一些食用菌化学保鲜常用保鲜剂。其中,可食性薄膜或涂层在食品保鲜方面应用较广,是近年来食用菌最具潜力的保鲜方法。可食性薄膜是无色无味,有一定机械强度,与食品具有良好附着力的半透膜,能封闭气孔,有效阻断内外气体交换,降低呼吸强度,减少水分蒸发,使食用菌免受机械、理化损伤和微生物侵害。主要分为多糖类(卡拉胶、壳聚糖、海藻酸钠)、蛋白类(玉米醇溶蛋白、乳清蛋白、大豆分离蛋白)、酯类涂膜保鲜剂(石蜡、蜂蜡、棕榈蜡)等。

图5 – 3 – 3　一些食用菌化学保鲜常用保鲜剂

(二)化学保鲜方法

1. 氯化钠保鲜

将新鲜菇体浸入 0.6% 的食盐水中约 10 min,沥干后装入塑料袋储藏,可保鲜 5 ~ 8 d。

2. 焦亚硫酸钠保鲜

向菇体喷洒 0.15% 焦亚硫酸钠水溶液,边喷边翻动菇体,以便喷洒均匀。喷后装袋,立即封口储存在阴凉处,在 10 ~ 25 ℃下可保鲜 8 ~ 10 d。但食用时需要用清水漂洗,将残留物完全洗净。

3.激素处理

用 0.01% 的 6 - 氨基嘌呤浸泡鲜菇 10 ~ 15 min,沥干装袋保鲜。

4.保鲜剂保鲜

0.3% 丙酸钙、0.1% 山梨酸钾、0.25% 亚硫酸钠混合制成溶液,均匀喷雾于菇体表面,接着将菇体装入全封闭塑料袋内,置于清洁阴凉处。

5.比久处理

用 0.001% ~ 0.100% 比久水溶液(主要成分为琥珀酸 - 2,2 - 2 甲基酰肼,植物生长延缓剂)浸泡鲜菇 10 min 后沥干,装袋,在室温 5 ~ 22 ℃ 条件下可保鲜 8 d。

三、气调保鲜

(一)气调保鲜原理

气调保鲜亦可称作气调贮藏,分为控制性气调(CA)和自发性气调(MA)两种。最早起源于英国,被称为气调冷藏(Refrigerated Gas Storage),之后演变为气调贮藏(Controlled atmosphere Storage,简称 CA)。20 世纪 60 年代又提出自发式气调贮藏或限气贮藏(Modified Atmosphere Storage,简称 MA)的概念。作为一种物理保鲜方法,气调保鲜的原理是采取人工方法降低贮藏环境中氧气浓度,提高二氧化碳浓度,从而抑制食用菌的呼吸作用,以维持其最基本生理活动为前提,使其尽可能长时间地处在休眠状态,减少内部物质消耗,最大程度保持新鲜可食状态,延长货架期及保鲜期。气调保鲜技术可分为气体控制保鲜和气体调节保鲜两种类型,其中气体控制保鲜通过控制气调库中影响食用菌呼吸作用的单个或多个相关指标。气体调节保鲜又称为薄膜包装保鲜技术,能控制包装袋内二氧化碳和氧气的含量,适用于贮存期限较短的食用菌。

目前,气调保鲜是食用菌保鲜效果最佳的方法之一。国外气调保鲜主要是利用增加氮气浓度从而稀释氧气的浓度,该技术保鲜效果虽好,但需建立大型气调保鲜室,成本颇高,在我国推广起来很是困难。应用该技术的气体环境中,氧气的浓度最好控制在 2% ~ 5%,二氧化碳浓度控制在 3% 以上,贮藏温度在 0 ~ 3 ℃ 之间,相对湿度稳定在 85% ~ 95%。如温度高出范围,食用菌的色泽便会逐渐衰弱,各种病原菌也会活动频繁,加速腐烂。相反,环境温度低于适宜温度又会对食用菌产生一定的冻害,影响其口感。采收后的食用菌一定要尽快将其温度降低到规定的温度范围内,否则会严重影响其品质。食用菌鲜度和品质的下降是不可逆的,因此及时对食用菌进行预冷与冷藏十分重要。

相较于普通的低温冷藏,气调保鲜的保质时间更长,该方法可以延长 3 倍的保鲜时间,保鲜时间越长就会拥有更多的上市选择时间。此方法的保鲜效果更好,经气调保鲜后的食用菌,其色泽、口感、水分、营养成分均会得到很好的保护。同时,该方法的投资较少,收益较大,还能够有效抑制一些食用菌常见病虫害的发生。食用菌气调保鲜库见图 5 - 3 - 4。

图 5 - 3 - 4　食用菌气调保鲜库

(二)气调保鲜方法

气调保鲜是现代较为先进有效的保鲜技术,一般分为自发气调、充气气调和抽真空保鲜。

1. 自发气调

一般选用 0.08 ~ 0.16 mm 厚度的塑料包装材料,每袋鲜菇重量在 1 ~ 2 kg,装好后即刻封闭。由于薄膜袋内的鲜菇自身有一定呼吸作用,使 O_2 浓度下降,CO_2 浓度上升,可达到较好的保鲜效果。此种方法简单易行,但由于降氧速度不可控,有时效果欠佳。

2. 充气气调

将菇体封闭于容器内之后,利用机械设备人为地控制贮藏环境中气体的组成,延长食用菌产品贮藏期,提升贮藏质量。人工降氧方法如充 CO_2 或充氮气法。充气气调保鲜方法虽然效率较高,但由于所需设备投资成本大而受到一定限制。

3. 抽真空保鲜

该方法通过采用抽真空综合机,将鲜菇包装袋内的空气抽出,造成一定的真空度,从而抑制微生物生长繁殖。常用于金针菇鲜菇小包装,具体方法为:将新鲜采收的金针菇经整理后,称重 105 g 或 205 g,装入 20 μm 厚度的低密度聚乙烯薄膜袋,抽真空封口,将包装袋竖立放入专用筐或纸箱内,于 1 ~ 3 ℃低温冷藏,可保鲜 13 d 左右。

四、辐射保鲜

(一)辐射保鲜原理

辐射保鲜是以 ^{60}Co 或 ^{137}Cs 为放射源,采用一定强度的 γ 射线或者用电子加速器产生的低于 100 MeV 的电子束照射食用菌,通过电离作用分离菇体内的水分和其他物质,能够有效阻止或者降低其自身新陈代谢的速度,同时亦可杀死或抑制食品中的有害微生物的生命活动,从而延长食品的保鲜期。辐射保鲜法具有低能耗、高工效、少残毒、易操作、应用广、保藏效果好等优点,适用于大批量多种类的食用菌保鲜。其中,电子束辐射保鲜通过高能或低能电子束射线产生作用,对双孢蘑菇的保鲜效果影响显著;紫外线辐照保鲜能有效抑制褐变,提高总抗氧化能力和总酚含量;伽马射线辐照保鲜能延缓食用菌的衰老和褐变,并且不存在致癌、致畸、致突变等负面效应,还能有效抑制致病菌生长,防止菇体开伞,菇柄伸长,抑制褐变,是一种较受欢迎的食用菌保鲜方法。但缺点在于该种保鲜方法对设备要求高,成本高,且高辐射剂量(高于 1.25 kGy)会导致食用菌变味。辐射保鲜示意图见图 5 - 3 - 5。

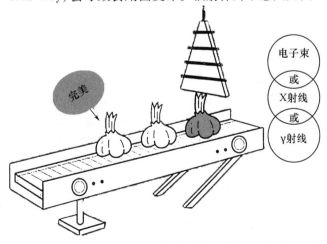

图 5 - 3 - 5 辐射保鲜示意图

近年来,世界各国对其在保鲜食品和改进食品品质方面做了大量研究,联合国粮农组织、国际原子能机构、世界卫生组织联合专家会议(1980)指出:低于 10 kGy 的辐射剂量对任何食品均无毒害作用。辐射保鲜食用菌最适辐射剂量为 0.75 ~ 1.25 kGy。有实验报道,双孢蘑菇经 1.0 ~ 1.2 kGy 射线处理后,室温下可延迟 6 d 开伞,4 ~ 10 ℃条件下可保鲜 10 ~ 20 d。

(二)辐射保鲜设备

目前,国际上食品辐照采用的辐照源主要有 4 种:一是放射性核素 ^{60}Co 和 ^{137}Cs 的 γ 射线;二是机械源产生的 X 射线;三是机械源产生的电子束;四是紫外灯产生的紫外线。在这些辐射源中,^{60}Co 产生的 γ 射线与电子加速器产生的电子束实际应用最广泛。近年来,我国已经完全掌握了辐射源生产的关键技术和大型工业辐照装置的建造技术,相关技术标准和行业规范也日益完善,极大地促进了我国辐照加工产业的发展。据中国同位素与辐射行业协会统计,我国现有商业化运行辐照装置达到 300 余座,其中设计装源能力在 1.11×10^{16} Bq(30 万居里)以上的 γ 辐照装置已达 140 余座,实际装源量约为 1.48×10^{18} Bq;工业电子加速器辐照装置超过 160 座,总束功率超过 9 000 kW。这些辐照装置均可以进行食用菌的辐照研究和工业化辐照。

(三)辐射保鲜适用食用菌种类

目前,国际上已经对双孢蘑菇、草菇、香菇、白灵菇、平菇、松乳菇、金针菇和杏鲍菇等进行了辐照保鲜研究,这些食用菌物种来自世界各地,包括北美和南美(阿根廷、加拿大和美国))、亚洲(中国、日本、印度、韩国、菲律宾和新加坡)和欧洲(丹麦、荷兰、西班牙和瑞典)。

(四)辐射保鲜方法

食用菌采收要求无损,使用多孔聚乙烯塑料袋进行包装,在当日采用 γ 射线进行辐射处理。对于活体保鲜要根据品种的敏感性选择最低有效剂量,经照射的蘑菇水分蒸发少,失重率低,可有效抑制菇体的褐变、破膜和开伞。草菇使用 ^{60}Co 产生的 γ 射线处理后于 13 ~ 14 ℃条件贮藏 4 d,其肉色、硬度、开伞度与正常鲜菇相近。经 γ 射线照射后的蘑菇放于 16 ~ 18 ℃、湿度 85% 的条件下可贮藏 4 ~ 5 d,低温条件下贮藏时间更长。使用剂量为 1 000 Gy 的 γ 射线对平菇进行辐射处理,后置于 0 ~ 3 ℃冷库中贮藏,可保鲜 1 个月。

五、低温保鲜

(一)低温保鲜原理

温度是影响食用菌保鲜效果的首要因素,食用菌采收后预冷和冷藏越及时,保鲜期越长,所以食用菌采收后应尽快保持低温状态,形成良好的采收、贮藏、运输及销售冷藏链。因此,通过控制温度来保证食用菌质量的技术手段发展较为成熟。其原理是利用降低食用菌贮藏环境温度的方式对菇体产生的新陈代谢形成抑制作用,同时还可以有效抑制微生物活体内部酶的活性,可以在一定的时间内保证菇体品质、食用风味、颜色的一种食用菌保鲜技术。贮藏环境设置的低温保温标准不可设置过低,防治出现冻害现象。这种保鲜方式需要支付的成本比较低,保鲜操作方式比较简单,更加适合在刚刚完成采摘之后的短时间贮藏。低温保鲜设备见图 5 - 3 - 6。

低温保鲜通常分为冷藏保鲜、速冻保鲜和冻干保鲜三种方式:①冷藏保鲜是利用自然低温或通过降低环境温度来达到保鲜的目的,根据冷藏介质的不同分为冷藏和冰藏。②速冻保鲜是食用菌保鲜的一种新兴技术,其保鲜原理是通过快速降温使食用菌温度在短时间内急剧下降,菌体内的水分形成冰晶,从而延长保鲜期。速冻能较大程度保持食用菌原有的品质和营养。③冻干保鲜是将食用菌进行冷冻后

图 5 - 3 - 6　低温保鲜设备

真空升华干燥的一种保鲜方法,能最大程度地保持食用菌营养及色香味等感官品质,复水性好。

(二)低温保鲜方法

低温保鲜的基本程序是:鲜菇挑选(修整)→排湿→冷藏→运输。菇种不同,略有差异。下面介绍香菇的低温保鲜法。

1. 鲜菇挑选

要求朵形圆整,菇柄正中,菇肉肥厚,卷边整齐,色泽深褐,菇盖直径 3.8 cm 以上,不沾泥,无虫害,无缺破,保持自然状态的优质菇。

2. 排湿

可用脱水机排湿,也可自然晾晒排湿。采用脱水机排湿时,要注意控制温度和排风量。自然晾晒排湿的方法是:将鲜菇摊铺于帘上,置于阳光下晾晒,使菇体含水率降至 70% ~ 80%。标准为捏菌柄无湿润感,菌褶稍有收缩为度。

3. 分级精选

排湿后的鲜香菇按菇体大小分级,一般分为 3.3 ~ 4.5 cm、4.5 ~ 5.5 cm、5.5 ~ 7 cm 的 3 个等级进行精选,剔除菌膜破裂、菇盖缺口以及有斑点、变色、畸形等不合格的等外菇,然后按照大小规格分别装入专用塑料筐内,每筐装 10 kg。

4. 入库保鲜

分级精选后的鲜菇及时送入冷库内保鲜。冷库温度为 1 ~ 4 ℃,使菇体组织处于停止活动状态。入库初期,不剪菇柄,起运前 8 ~ 10 h 才可进行菇柄修剪,防止变黑,影响质量。剪柄后继续入库进行低温保鲜。

5. 包装起运

在冷库内包装,采用泡沫塑料制成的专用保鲜箱,内衬透明无毒薄膜,外用瓦楞纸加工成的纸箱,每箱装 10 kg。鲜香菇包装后要及时用冷藏车起运。保鲜期一般为 15 d 左右。

六、臭氧保鲜

(一)臭氧保鲜原理

臭氧是一种强氧化性的气体,可以分解有机物质,利用臭氧中所具有的强氧化性来灭杀菇体表面存在的微生物,对食用菌产生诱导作用,使其收缩表面气孔,同时,臭氧还能抑制菇体细胞内氧化酶的活性,快速分解乙烯,这样能够有效控制食用菌自身的呼吸作用,减少菌体呼吸作用产生的有毒气体对食用菌造成损害。这种保鲜方式是一种渗透性强、活性高、无残留的保鲜方式,并且需要的投资量少、保鲜效果好、操作简单,能够更好地延长菇体贮藏时间,其应用面广,适合多种蘑菇类型保鲜,近年来深受欢迎。臭氧保鲜设备流程示意图见图5-3-7。

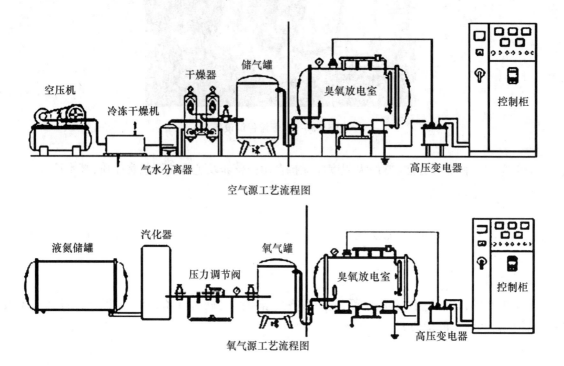

图5-3-7　臭氧保鲜设备流程示意图

在相同的温湿条件下,经臭氧灭菌器产生的离子风处理后,菇体表面附着的细菌大多被杀死,同时在菇体表面形成一层保护膜,使菇体处于休眠状态,新陈代谢减弱,色泽品质不易发生变化,可保鲜20～25 d。但需要注意的是,臭氧在20 ℃时分解速度最快,当环境温度处于15～20 ℃之间时,臭氧的分解时间为48～72 h,故采用室温臭氧保鲜的方法实际操作中最好每隔3 d处理1次,以防止臭氧完全分解,降低保鲜效果。另外,由于臭氧分解过程中要释放热量,所以食用菌在贮藏过程中,应多留意观察包装内实际温度,防止温度过高影响食用菌保鲜效果。

(二)臭氧保鲜影响因素

1.温度

对食用菌使用臭氧保鲜处理,降低温度可提升杀菌效果。当贮藏温度低于10 ℃时,杀菌能力较强;而高于10 ℃时,杀菌能力显著降低。主要是由于高温容易使臭氧分解为氧气,有效臭氧浓度下降,导致灭菌效果显著下降。因此,当温度较高时,臭氧处理所需的时间应相对延长。

2.湿度

臭氧的杀菌能力在空气中比在水中显著降低,由此导致使用臭氧保鲜需要在较高的相对湿度贮藏环境中进行。大量研究表明,食用菌在利用臭氧保鲜处理的最佳湿度是90%～95%,在此条件下食用菌不会失重,表面外观不会凋萎,并且可有效抑制其表面微生物的生长。

3.贮藏方法

由于臭氧仅在物料表面上发生作用,因此在贮藏室内存放的物料之间必须要留出一定间隙,使臭氧发挥最大作用。主要贮藏方法有架藏法、筐装品字形堆藏法等,宜在通风库和冷库中使用。

(三)臭氧保鲜方法

臭氧保鲜方法主要分为两种:①空库杀菌,食用菌入库前空库消毒安排在入库前 3 ~ 6 d,臭氧发生器开机 24 h,浓度保持在 $(2 ~ 10) \times 10^{-6}$,入库前 1 ~ 2 d 停机封库。②库保鲜,食用菌采收后,贮存前用浓度为 3 mg/L 臭氧水清洗,入库后尽量保持密闭性。

第四节 食用菌初加工技术

一、食用菌干制技术

(一)食用菌干制原理

干制是将原料脱出一定量水分并尽量保持其原有风味的一种加工技术,作为一种既经济而又大众化的加工工艺,其特点在于:①干制设备可繁可简,生产技术简便,易于掌握,生产成本较低廉,可就地取材。②干制品水分含量低,干物质含量相对升高,在包装完好情况下容易保存,重量轻体积小,方便携带及远距离运输。③干制品可调节生产淡旺季,利于周年供应。④干制技术飞速发展,干制品质量显著改进,食用方便,已成为食品工业中不可或缺的部分。

食用菌干制是指利用自然干燥或热能干燥法将蘑菇进行脱水处理,使其中的微生物在缺水条件下难以生长,从而延长保藏时间,目前多见于香菇、黑木耳、银耳、竹荪等食用菌子实体的贮藏使用。通常情况下,蘑菇干制品的含水量在12%以下。在干制过程中,食用菌菇体水分不断蒸发,导致细胞收缩,使得在干制后期重量一般仅为鲜重的3% ~ 15%,体积缩小60% ~ 70%,且菇体表皮出现皱褶。同时,由于干制过程伴随着一定环境温度的改变,使得食用菌常常发生酶促褐变或非酶促褐变,菇体变成黄褐色至深褐色。防止酶促褐变可将干制前的原料经烫漂或二氧化硫预处理,破坏酶或酶的氧化系统,减少氧气供给,从而减轻食用菌干制品颜色的改变;非酶促褐变可通过降低烘干温度或降低干制品贮藏温度来减轻颜色的变化。一些食用菌干制后形态见图5 - 4 - 1。

(a)干制茶树菇　　　　　　　　　　　　(b)干制羊肚菌

图5 - 4 - 1 一些食用菌干制后形态

食用菌的一些生理活性物质及一些维生素类物质(维生素C)对于高温的耐受性较差,在干制加工过程中易受到损失,降低其营养价值。同时,食用菌中的可溶性糖(葡萄糖、果糖、蔗糖等)在较高的温度下烘干易焦化而降解,由于其终产物的出现,使得菇体颜色发黑,影响感官价值。

(二)食用菌干制方法

1. 自然晒干

自然晒干以太阳光为热源,辅以自然风对食用菌子实体进行干燥。此方法适用于家庭及小规模生产园区,应用较广。该方法设备简单,节约能源,干制成本低,但干燥时间长,产品质量低,同时受环境气候条件影响较大,若遇到阴雨连绵,极易造成鲜品腐烂,影响品质。食用菌自然晒干装置见图5-4-2。

图5-4-2 食用菌自然晒干装置

2. 人工烘干

此方法主要操作流程是将鲜菇放入烘箱或者烘房中,使用电源、炭火、远红外线、微波等热源进行干燥,烘干后将食用菌装袋贮藏。其利用较多的是热风干燥,不再受自然环境的控制,且生产成本低,操作简单,多见应用于专业食用菌园区中。食用菌人工干制设备见图5-4-3。

图5-4-3 食用菌人工干制设备

（三）影响食用菌干制的主要因素

1. 温度和湿度

在一定水蒸气含量的空气中,温度越高,达到饱和所需要的水蒸气越多,菇体干燥速度越快;相反,温度越低,达到饱和所需的水蒸气减少,干燥速度越慢。但干制温度不可过高,否则易使得食用菌颜色加深变黑,降低商品价值。湿度对于食用菌干制速度亦有影响,温度不变,干燥介质湿度降低,空气湿度饱和差越大,菇体脱水速度加快。提升温度,通风排湿,降低空气湿度,可加快脱水速度,可将干燥后菇体含水量降至最低。

2. 空气流动速度

增加空气流速可加快干制作用,缩短干制时间。但流速过大,会降低热利用率,增加经济负担,同时亦增加动力消耗。因此,人工干燥机采用回流装置,可更好地利用热能。

3. 食用菌自然状况

食用菌种类、质地、大小、厚薄,采摘时含水量等因素,都与干燥速度有关。菇体质地软嫩、菇体小且菌肉薄利于脱水;菇体表面积越大,干燥介质接触面越大,其蒸发速度也越快。

4. 食用菌原料装载量

在一定体积范围内,食用菌原料装载量及其厚度与干制速度有着密切关系。装载量越多,厚度越大,水分蒸发越难以进行。装料量及装料厚度以不妨碍空气流通为原则,具体参数应当以烘干机容积、热源分布、通风设备、通风流向而定,灵活掌握。

（四）适用干制的食用菌种类

在选择合适的食用菌加工方法的同时,应当以食用菌种类特性为基础,并不是所有食用菌加工皆适用干制加工。如平菇、凤尾菇、杏鲍菇、草菇、滑菇等干制后鲜味和风味均不及鲜菇,金针菇干制前应在锅内蒸煮 10 min 后再进行干制;松茸和榆黄菇等一般不进行脱水保藏。适合干制加工的食用菌如香菇、双孢蘑菇、猴头菇、榛蘑、黑木耳、银耳、灵芝和竹荪等,这些品种在干制后不影响品质,甚至还可提升其风味和适口性。需特别一提的是,香菇的香味正是由于干制加工而产生,将香菇加工成干品,不仅可提高产品香味,而且更便于长期贮藏。

（五）食用菌干制方法

以榛蘑干制为例,主要流程为:采摘→摊晾、剪柄→分级、装机→烘烤→ 冷却→包装。其中,采摘、装运要在八成熟、未开伞时采摘,这时孢子还未散发,干制后香味浓郁、质量好。采前禁止喷水,采后放竹篮内;摊晾、剪柄鲜菇采后要及时摊放在通风干燥场地的竹帘上,以加快菇体表层水分的蒸发,摊晾后,一般按菇柄不剪、菇柄剪半、菇柄全剪三种方式分别进行处理。分级、装机要求当日进行。将鲜菇按大小、厚薄、朵形等整理分级。质量好的菇柄朝上均匀排放于上层烘架,质量稍差的下层排放;烘烤需掌握火候,采后榛蘑含水量高达 90%,此时切不可高温急烘,操作务求规范;同时,需要注意排湿、通风,随着菇体内水分蒸发,烘房内通风不畅会造成湿度升高,导致色泽灰褐,品质下降。当菇体已基本干燥,可关闭排湿窗。用指甲顶压菇盖感觉坚硬且稍有指甲痕迹、翻动时"哗哗"有声,表明榛蘑已干,可出房、冷却、包装、贮运。

二、食用菌压缩块加工技术

（一）食用菌压缩块原理

干制后的食用菌特别是黑木耳、银耳,由于其物理特性的改变,使得在流通和运输过程中,极易破碎或发霉变质,从而使商品价值降低,引起生产加工企业直接经济损失,并对于食用菌原料造成浪费。而食用菌压缩块加工技术的出现,打破了多年传统的干食用菌松散形经营方式,避免了食用菌干制品在运输、储运中易遭压碎,生虫发霉问题的发生,在降低直接经济损失的同时,产品档次和附加价值亦有所提升,对于食用菌产业的发展有着重要的贡献。正因如此,食用菌压缩块加工技术已在食用菌产区形成的新兴特色产业。

但由于食用菌压缩块易于生产实施,对于资金投入要求不如其他加工方式高,因而出现很多家庭作坊式的生产厂家,其产品质量可能存在一定问题,极有可能对食用菌压缩块产品商誉和消费者利益造成损害。因而,有必要向广大食用菌加工企业及从业人员,推广正规合理的食用菌压缩块生产加工技术,用以规范食用菌压缩块生产行业。

(二)黑木耳压缩块加工方法

食用菌压缩块加工工艺流程为:原料挑选→筛选→回潮→成形→固形→干燥→包装→成品。

1. 原料挑选

应采用符合引用标准的无暇、无霉变、外观完整、虫蛀≤2%(质量分数)、杂质≤3%、水分≤13%的干制品为原料。挑除杂质,剪除耳根残留物;挑除拳耳、流失耳、霉烂耳、虫蛀耳。

2. 筛选

原料经人工挑选后,使用孔径为1 cm²的筛网进行筛选,经筛选后的原料入库保管。

3. 回潮

经挑选的黑木耳称重和测定含水率,计算喷水量。将黑木耳喷水均匀回潮。喷水后回潮时间应保持30 min。

4. 成形

调整黑木耳压缩成型机压力至6~8 MPa。

5. 固形

压缩成形的黑木耳块应及时放入固形卡具内固形,块与块之间可用垫片隔垫,按要求尺寸紧固,每块厚度不得超过1 cm。

6. 干燥

干燥温度不超过60 ℃为宜,黑木耳块干燥后水分不大于12%。

7. 包装

检查产品的块形,严重缺损或杂质较多的应挑除,作为不合格产品,交保管员处理。包装时,先用钢锥修正外表附着的杂质,采用玻璃纸做产品内包装。用板刷蘸取少量配制的桃胶水(浓度5%~8%),刷在透明的玻璃纸边缘,分摊晾干后,装入小盒、套衬盒、包装中盒、粘贴检封、纸箱包装、经交接入成品库。黑木耳压缩块产品见图5-4-4。

三、食用菌盐渍技术

(一)食用菌盐渍技术原理

食用菌盐渍是指将新鲜蘑菇煮熟、待其冷却后,放入高浓度饱和食盐溶液中,食盐溶液于水中解离出钠离子与氯离子,这些离子具有强大的水合作用,从而使得盐溶液产生强大的渗透压。据测定,1%的食盐溶液可产生0.617 MPa(兆帕)的渗透压。盐渍所用食盐溶液浓度通常在20%左右,该溶液具有12.34 MPa渗透压。因此,利用食盐溶液所具备的高渗特性,使得蘑菇组织细胞中的水分及可溶性物质

图 5 - 4 - 4　黑木耳压缩块产品

析出,而后在盐水逐步深入蘑菇内部的状态下,使菇内含盐量与食盐溶液浓度达到平衡。一般来说,微生物细胞液渗透压力为 0.343~1.637 MPa。当食用菌表层及内部的微生物接触到高渗透压的食盐溶液时,其细胞内的水分便会外渗而使其脱水,最终导致原生质层与细胞壁分离,造成生理干燥,迫使微生物处于休眠状态或死亡。同时,又因盐溶液中解离出的钠离子和氯离子,会造成微生物所需的离子不平衡,产生单盐毒害,亦可起到抑制微生物活性的作用。

表 5 - 4 - 1　几种微生物在中性溶液中最高食盐浓度耐受量

微生物名称	食盐浓度(g/L)
乳酸杆菌	120
大肠杆菌	60
丁酸菌	50
变形杆菌	100
霉菌	200
酵母菌	250

微生物因种类的不同,其对于食盐浓度忍受能力亦不相同,从表 5 - 4 - 1 中可见,中性溶液中酵母和霉菌对于盐浓度耐受程度比细菌要高,而以酵母菌的耐盐性最强。但在酸性较高的情况下,即使较低的食盐浓度对微生物同样具有显著抑制作用。例如:当 pH 值 = 2.5 时,14% 的食盐溶液足以抑制其生命活动。这便是食用菌腌制品装桶前需要进行调酸操作的原因之一。当完成食用菌盐渍后,按照其质量等级进行分类,装入封口密封、清洁卫生的塑料桶中进行保藏或运输。

盐渍技术在食用菌产业发展初期应用较多,特别是当鲜菇销售不畅,价格偏低,或需长期保存待售之时,盐渍加工是最简单且行之有效的技术。但由于盐渍品在食用时需经脱盐,会损失较多营养成分,目前已被清水罐头等技术替代,仅在个别区域、个别品种中仍继续使用。

(二)食用菌盐渍技术要点

1. 采收

供盐渍用的菇体必须适时采收,防止开伞。采收时应轻摘轻放,保证菇体完整,无破损,菇柄切削整齐,拣弃病菇、虫蛀菇、斑点菇、畸形菇。

2. 分级

菇体分级应根据需方要求或各类食用菌的通用等级标准,依菌盖直径、柄长、菇形等进行。即使需方要求是统菇,也应按大小分级,在杀青时才能掌握好熟度,以保证杀青质量。另外,从采收到分级必须时间短,不能挤压,以减少菇体破损。

3. 漂洗

漂洗的作用是洗去菇体表面的泥沙杂质,漂白菇表,防止鲜菇的氧化和褐变。通常将菇体放在2%盐水中浸泡清洗,然后浸入0.03%~0.05%的焦亚硫酸钠溶液中,进行漂白护色10 min,再用清水冲洗3~4次,洗去菇表的焦亚硫酸钠。漂洗所用设备见图5-4-5。

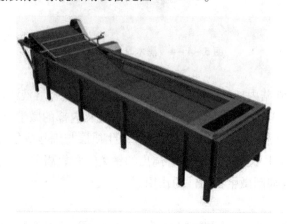

图5-4-5 漂洗所用设备

4. 杀青

杀青锅用不锈钢锅,有条件可用夹层不锈钢预煮锅。锅内把水烧开,倒入菇体(菇量以水量的40%为宜)边煮边轻轻上下翻动,使菇体杀青均匀。捞出浮上的泡沫,煮到菇体熟而不烂,即可捞起冷却。杀青时间视菇的种类和大小而定,鸡腿菇、草菇、平菇、茶新菇8~10 min,姬松茸10~12 min左右。鉴别杀青生熟标准有如下几种方法:①菇体熟透时沉入锅底,生的则上浮;②切开菇体,熟的为黄色,生的为白色;③用牙咬试,生的粘牙,熟的脆而不粘牙; ④把菇体捞出放入冷水中,若下沉即为熟,若上浮则是生。食用菌杀青所用设备见图5-4-6。

图5-4-6 食用菌杀青所用设备

5. 冷却

冷却的作用是终止热处理,若冷却不透,热效应继续作用,会使菇体的色泽、风味、组织结构受到破坏,容易霉烂发臭、变黑。冷却的方法是将杀青后的菇体放入流动的冷水中冷却或用3~4℃冷水缸连续轮流冷却,直到冷透为止。盐渍加工中冷却步骤场所见图5-4-7。

图5-4-7　盐渍加工中冷却步骤场所

6. 盐渍

盐渍中使用的食盐以精盐为最佳,也可以先利用沸水对食盐进行过滤,析出食盐中的杂质,选用过滤好的滤液。在盐渍过程中,可以逐次放入不同浓度的盐水,或逐步加入食盐,这样可以更好地保持食用菌的形态。

在调整好盐水浓度之后,还需利用柠檬酸、明矾等化学物质调节溶液pH,从而使其pH值达到合适范围。准备好盐渍溶液后,将杀青、冷却后的菇体和食盐均匀放置于桶或缸中,铺一层菇,放一层食盐,盐与菇的比例为1:4,将近装满时,倒入准备好的盐渍溶液,再在表面铺一层食盐,然后用竹制品盖住表面,并用材质干净、紧实的石块压住,让所有菇体充分浸润于溶液之中。食用菌盐渍加工用缸见图5-4-8。

图5-4-8　食用菌盐渍加工用缸

7. 翻缸

翻缸可使盐分更加均匀地渗透进入菇体之中,并且能使盐渍过程中的有害气体排出。一般在盐渍的第3d需进行一次翻缸,之后每隔5~7d翻缸一次。在翻缸过程中密切关注盐渍溶液的浓度,并适当进行调整。每次翻缸后要注意保持缸的密封性。一般在15~20d后即可包装出售。

（三）实例——双孢蘑菇盐渍加工技术

加工原料包括双孢蘑菇、食盐、焦亚硫酸钠、柠檬酸、高锰酸钾等。工艺流程为：采收→修剪→护色→漂洗→增白→分级→杀青→冷却→盐渍→分拣、调酸→ 装桶→成品。操作步骤及技术要点如下。

1. 采收

选择色泽好、菇体端正、组织紧密、成熟适度、菌盖直径 3～6 cm、菌柄长度不超过菌盖直径的 2/3、未开伞、无病斑、无虫孔、无沙土杂质，含水量低于 85% 的合格鲜菇。

2. 修剪

鲜双孢蘑菇需及时用刀或切根机削去菌柄基部的老化柄，削口平齐，不能将菌柄撕裂。

3. 护色

双孢蘑菇子实体内含有丰富的酪氨酸及蛋白，极易发生氧化褐变，褐变不仅影响菇体外观，还会对风味和营养成分造成影响。故采收后的鲜菇需及时放入 1% 食盐水和 0.1% 焦亚硫酸钠溶液浸泡 10min 进行护色，以防止菇体褐变腐烂。

4. 漂洗

将护色处理后的菌菇放入流动清水池中漂洗，将菇体表面泥沙、杂质及护色剂漂洗去。

5. 增白

将漂洗干净的菇体放入 0.1% 增白剂（主要成分为焦亚硫酸钠）中保持 20 min，漂白菇体后用清水冲洗干净。

6. 分级

按照出口鲜双孢蘑菇的标准分级，以菌盖直径作为主要标准分为三个等级，分别为：一等品（3.5～4.5 cm）、二等品（3～3.5 cm））、三等品（4.6～6 cm）。

7. 杀青

将菇体放入 10% 盐水中煮 5～8 min 或放入蒸笼蒸 3～5 min，具体时间视菇体分级而定，需使菇体熟透，菌肉内外色泽一致，撕开菇柄无白心，切记蒸、煮旺火杀青时间不可过长，做到菇体熟而不烂即可。需保证杀青时菇一定要熟透，以彻底杀死菇体细胞，迫使组织收缩固形，排出体内空气，抑制酶活动。

8. 冷却

将杀青后的菇体立即放入冷却池中或流动冷水中并适当搅拌，加速菇体冷却，清洗去除杂质，保持菇体洁白美观。

9. 配制饱和盐水

在 100 kg 水中加入食盐 23 kg，加热至沸腾，使得食盐完全溶解，冷却后加入 1 kg 柠檬酸搅匀即可。

10. 盐渍

先在缸底部铺放 1～2 cm 厚的食盐，然后铺 2～3 cm 厚已冷却的双孢蘑菇，其上在铺一层 1～2 cm 厚的盐和 2～3cm 厚的双孢蘑菇，依次交错铺放直至装满缸，最后在菇体表面铺一层盐封面，盖放一层纱布，再放置一个竹帘，并用干净石块或其他重物压上，谨防菇体暴露于空气之中。在盐渍过程中，需要每天对盐水浓度进行检测，若盐水咸度低于 18°Bé（波美度）时，需及时补充盐；盐渍 7 d 后倒缸 1 次，盐渍 20 d 最后便可取出装桶。

11. 装桶

先将包装桶清洗干净，用 0.1% 高锰酸钾（K$_2$MnO$_4$）溶液消毒，再用清水冲净消毒液，将盐渍好的菇体捞出来放置在分拣台上,沥水 20 min,按上述规格分拣装桶。每桶定额装 50 kg 或 25 kg,用柠檬酸调酸(pH 值 =3.5)的饱和盐水淹没菇体,最上面加 1 kg 盐封口,盖好内外桶盖。桶外标明品名、等级、毛重、净重以及产地,即可贮存或外销。此外,柠檬酸和维生素 C 合用,能起到菇体抗褐变作用。盐渍双孢蘑菇质量标准:菇体高 3 ~ 6 cm,白色、无破碎、无脱帽、无开伞、无杂质、无异味、无明盐、无病虫害症状,盐水清澈透明。

四、食用菌速冻技术

(一)食用菌速冻技术原理

食用菌产品采用速冻保鲜技术进行加工,不仅可以使蘑菇的色泽、新鲜程度得以较好的保留,而且食用菌中所含的营养成分也可得到最大程度的保留,是目前公认的一种较好的保鲜贮藏方法,已在食用菌加工领域逐步推广。如香菇经过冰水预冷捞出,沥干后迅速置于 -60 ~ -50 ℃条件下速冻,之后放入 -24 ~ -18 ℃冷库中贮藏,其保藏期限可达 1.5 ~ 2 年。但该方法受到一定条件限制,主要因设备一次性投入较大,需要建立速冻冷库,导致产品成本相对较高。

速冻冷库指将食品迅速通过其最大冰晶生成区,当平均温度降到 -18 ℃时而迅速冻结的方法。其温度一般在 -35 ~ -15 ℃。速冻的食品可最大限度地保持食品原有的营养和色、香、味。大型速冻库一般作为冷库的一部分,和其他库区(低温库、阴凉库等)建在一起。小型速冻库内部场景见图 5 - 4 -9。

图 5 - 4 - 9　小型速冻库内部场景

(二)速冻库的建造

速冻库主要由库体、速冻机、控制系统等构成。

1. 库体

库体通常由钢龙骨和厚 150 mm、200 mm 的填充聚氨酯保温材料的涂塑彩钢或不锈钢保温板材建成。

2. 速冻机

速冻机类型多样,可根据需求进行采购。控制系统多为微电脑控制系统,在液晶显示屏中显示库内温度、开机时间、化箱时间、风机延时时间、报警指示等各类参数。

（1）箱式速冻机

绝热材料包裹的箱体内装有可移动、带夹层的数块平板，故又称为平板式速动器。夹层中装有蒸发盘管，管内可灌入氨液，也可灌入盐水，制冷剂穿流于蒸发盘管内。速冻产品放入平板间，移动平板，将物料压紧，进行冻结。平板间距可根据产品厚度进行调节。其特点是结构简单紧凑、作业费用低，但生产能力小、装卸费工。箱式速冻机设备见图4-10。

图5-4-10 箱式速冻设备

（2）隧道式连续速冻器

一种空气强制循环的速动器，主要有隧道体、蒸发器、风机、料架或不锈钢传动网带等组成。通常将未包装的产品散放在传动网带或浅盘内通过冷冻隧道，冷空气由鼓风机吹过冷凝管系统进行降温，然后吹送至通道中穿流于产品之间，温度一般在-35℃，风速3~5 m/z。其优点在于可冻结产品范围广，冻结效率较高，冲霜迅速，冲洗方便，缺点是产品失水较快。隧道式连续速冻器设备见图5-4-11。

图5-4-11 隧道式连续速冻器设备

（3）流化床式速冻机

主要由多孔板、风机、制冷蒸发器组成。工作过程是将前处理后的原料从多孔板的一端送入。铺放厚度为2~12 cm，根据产品性状而异。空气通过蒸发器风机，由多孔板底部向上吹送，使产品呈沸腾状态流动，并使低温冷风与需冻结产品全面直接接触，加速了冷冻速度。冷风温度为-35~-30℃，流速6~8 m/s。一般食用菌的冻结时间在10~15 min。其优点在于传热效率高，冻结快，失水少。流化床式速冻机设备见图 5 - 4 - 12。

图 5 - 4 - 12　流化床式速冻机设备

(三)速冻冷库建造注意事项

速冻冷库的地基易受低温影响,土壤中的水分易被冻结。由于土壤冻结后体积膨胀,会引起地面破裂及整个建筑结构变形,严重会使冷库无法使用。因此,速冻冷库地坪需有隔热层之外,隔热层下还需进行处理,防止土壤冻结。

速冻冷库一般分为 L、D、J 三级,库温分别为 - 5 ~ 5 ℃、- 18 ~ - 10 ℃、- 23 ~ - 20 ℃,特殊冷库可达 - 30 ℃以下,可满足不同需求,是贮藏肉类、水产类、禽蛋类、乳制品、果蔬、食用菌等产品的理想冷库。

(四)实例——平菇速冻加工技术

平菇速冻加工工艺流程主要为:原料挑选→护色装运→漂洗脱硫→分级→烫漂→冷却→精选和整修→排盘→冻结→挂冰衣→包装→贮藏。

1. 各步骤技术要点

(1)原料挑选

目前,速冻平菇主要是出口外销,需要根据出口标准严格挑选。菇体必须新鲜、洁白、完整、无病虫害、无杂质、无异味;菌盖直径在 2 ~ 5 cm,圆形或近圆形,无明显畸形;菌柄切削平整,长度约 1 cm,切面无空心、无缺刻、不起毛、无变红等现象。

(2)护色装运

采收后,由于呼吸作用、蒸腾作用等原因,为防止菇体失重、萎蔫、变色或变质现象的发生,需在采收 2 ~ 4 h 内进行加工。

(3)漂洗脱硫

经过亚硫酸盐护色处理后的平菇,运进工厂后应立即放入流动的清水中漂洗脱硫,使菇内二氧化硫含量降至国家规定范围内(≤ 0.002%)。

(4)分级

一般按照菌盖直径大小分大、中、小三个级别。大级菇 36 ~ 45 mm,中级菇 26 ~ 35 mm,小级菇 15 ~ 25 mm。平菇速冻加工中分级的两种方式见图 5 - 4 - 13。

（a）滚筒式分级机分级　　　　　　　　　　　　（b）人工分级

图 5-4-13　平菇速冻加工中分级的两种方式

（5）烫漂和冷却

烫漂使用可倾式夹层锅或连续式烫漂机，也可以使用白瓷砖砌成的烫漂槽通入蒸汽管漂烫。通常150 kg 水中投料 15 kg；烫漂液可添加 0.3% 的柠檬酸，将 pH 值控制在 3.5 ~ 4.0；烫漂时间根据菇体大小而定，保证菇体熟而不烂，放入冷水中，菇体下沉不上浮。烫漂后及时将菇体转移至 3 ~ 5 ℃ 流动冷却水池中冷却，以最快的速度是菇体温度降至 10 ℃ 以下。

（6）精选和整修

冷却后将菇体放置于不锈钢台面上，人工剔除不合格菌菇（脱柄菇、掉盖菇、畸形菇、开伞菇、变色菇），并对泥根、柄长、起毛或斑点菇进行整修。

（7）排盘和冷冻

整修后需尽快进行速冻。在速冻前将菇体表面附着的水分沥干，单层摆放于冻结盘中进行速冻。冻结温度为 -40 ~ -37 ℃，冻结时间 30 ~ 35 min，冻品中心温度 -18 ℃。

（8）挂冰衣

将冻结过得平菇分成单个菇粒，立即放入竹篓中，每篓约装 2 kg，浸入 2 ~ 5 ℃ 清洁水中 2 ~ 3 s，提出竹篓，倒出后菇体表面很快形成一层薄冰衣，厚度以薄为佳。

（9）包装

为保护商品性状，便于保管和运输，通常结合挂冰衣工序同时进行包装。采取挂冰衣、装袋、称重、封口的流水作业法。随后将商品装入双层瓦楞纸箱内，搬入低温冷库贮藏。

（10）贮藏

贮藏期冷库温度应当稳定在 -18 ℃，库温波动不超过 ±1 ℃，空气相对湿度控制在 95%，其波动不超过 5%。同时，应避免将速冻平菇与有强挥发性气味或腥味的冻制品贮藏在一起，一般可贮藏 1 ~ 2 a。

五、食用菌软罐头加工技术

（一）软罐头加工技术原理

软罐头加工起源于美国，是用蒸煮袋代替铁罐或玻璃罐经过密封包装后经过高温高压杀菌后达到商业无菌的食品。其品种很丰富，按内容物分有肉禽类、果蔬类、即食菜类、调料类、水产类以及其他小吃类等；按包装方式分为蒸煮盒、蒸煮袋、结扎灌肠等型式；按 pH 值得不同分为低酸性（>4.6）和酸性（≤4.6）罐头两类。20 世纪 70 年代末，我国开始引进日本设备及工艺研究软罐头的加工工艺。经过 80

年代的快速发展,随后,便出口日本、北美、欧洲及我国的港澳地区。我国目前以蒸煮袋和结扎灌肠为主。虽然我国的软罐头食品与玻璃瓶等硬罐头食品相比生产历史还不长,但是其优势很明显,逐步占据罐头工业发展的主要地位。

食用菌软罐头便是将食用菌子实体密封在蒸煮袋内,利用高温处理,将绝大部分微生物杀死,并促使子实体中酶活力丧失,同时防止外界微生物二次入侵,从而达到在室温下长期保藏的一种方法。高温灭菌参数的选择和实际操作是软罐头贮藏成败的关键环节。既要将致病菌、产毒菌及引起食用菌腐败的微生物尽可能全数杀灭,又要尽可能保证食用菌原有形态、色泽、风味和营养成分,但如若灭菌温度过高,时间过长,虽可彻底杀菌,但对于营养成分破坏过多;灭菌温度低,时间短,对于营养成分破坏较少,但杀菌不够彻底。灭菌后的软罐头应立即进行冷却处理,终止高温对于菇体的继续作用。当冷却处理不够或冷却时间过长时,袋内菇体的色泽、组织结构、风味和营养成分均会受到进一步破坏,亦会使得袋内残余的嗜热微生物生长繁殖。

(二)食用菌软罐头加工技术要点

菇类软罐头生产工艺因罐藏品种不同而有所区别,其基本工艺流程如下:

1. 原料菇的验收

鲜菇在采收之后极易变色和开伞,因此在采收后到装袋前的处理要尽可能迅速,目的在于减少其在空气中的暴露时间。为确保软罐头质量,采收后及时验收,验收后立即浸入2%的稀盐水或0.03%的焦亚硫酸钠溶液中,并防止菇体浮出液面,迅速运送至工厂进行处理。

2. 漂洗

漂洗又称护色。采收的鲜菇应及时浸泡在漂洗液中进行漂洗。目的是洗去菇体表面泥沙等杂质,隔绝空气,抑制菇体中酪氨酸氧化酶、多酚氧化酶的氧化作用,防止菇体变色,保持菇体色泽正常;抑制蛋白酶活性,阻止菇体继续生长发育,伞菌不再开伞,保持原本形态。

漂洗液分为清水、稀盐水(2%)和稀焦亚硫酸钠溶液(0.03%)等。由于焦亚硫酸钠是亚硫酸盐类,对人体有害,一些国家已禁止使用,中国规定,二氧化硫残留量不得超过0.002%。故在将食用菌漂洗后,要立即捞出,放入另一装有清水的漂洗池中,冲洗干净。为保证漂洗效果,漂洗液需要按时更换,视溶液的浑浊程度,使用期间1~2 h更换一次。

食用菌的漂洗一般手工进行,设备简单,只需配备水泥池和刷洗、搅动器具即可。漂洗池的大小按照需要而定,长形和方形池均可,最好在池内靠底部安装可活动的金属滤水板,清洗出的杂质可随时沉入滤水板下部,使上部水质保持较为清洁。

3. 预煮

即杀青。鲜菇漂洗干净后及时捞起,用煮沸的稀盐水或稀柠檬酸溶液等预煮10min左右。以破坏菇体中酶活性,排去菇组织中的空气,防止菇因氧化而褐变;杀死菇组织细胞,防止伞状菌开伞;破坏细胞膜结构,增加膜通透性,以利于汤汁的渗透;使菇体组织软化,收缩,增强塑形,便于装袋,减少菌盖破损。

4. 分级

为使袋内菇体大小基本一致,增加产品美观,装袋前仍需要进行分级。分级包括人工分级和机械分级。小型加工厂多以人工分级,采用简单的工具——分级筛进行分级。分级筛使用不锈钢、铝及硬质木料制作,筛孔的大小根据菇的分级标准而定(见表5-4-2)。

表 5 - 4 - 2　软罐头加工食用菌分级标准

级别	筛板孔径(mm)	菇粒大小(mm)
1	28	>28
2	25	25 ~ 28
3	23	23 ~ 25
4	20	20 ~ 23
5	18	18 ~ 20

机械分级常用振动筛和重量分级机。振动筛也是根据筛孔大小进行分级,适用于近似球形体的菇的分级,如蘑菇、猴头菇、草菇等,每小时可筛分 1 000 kg 左右。重量分级机是以原料的重量为分级标准,不受原料形状的限制,适用于各种食用菌,但其分级效率较低。

5. 装袋

经过前期处理后的菇体表面微生物已大幅度减少,此时要尽快装袋,以防止二次污染的发生。装袋时要注意菇体大小、形状、色泽基本一致,装袋量准确,并留有一定顶隙。其目的在于是袋内菇体在加热杀菌时有一定膨胀空间,防止因菇体和气体膨胀而造成变形,并减少菇体挤压,影响灭菌效果。该处理多使用装袋机进行操作,以增加效率,降低污染风险。

6. 排气和密封

为抑制袋内嗜氧细菌及霉菌的生长繁殖,防止加热灭菌过程中因空气膨胀导致容器变形破坏,减少菇体营养成分损失等原因。在密封前要尽量将袋内空气排出,多使用加热排气法和真空排气法。加热排气法在排气箱中进行,将产品加热至 80 ℃ 左右,使软罐头内容物膨胀,从而将原料中滞留或溶解的气体排出。工厂中普遍使用通道排气箱和转盘式传送排气箱,经排气后立即进行密封。真空排气法目前应用较多,将软罐头送至密封室内,用真空泵将密封室抽真空,以抽去空气,而后进行密封。真空封袋机可完成抽真空、排气和密封三道工序。

7. 灭菌和冷却

食用菌软罐头经高温灭菌后需迅速冷却至 40 ℃ 左右。将软罐头灭菌过程的升温阶段、维持阶段和冷却阶段的主要工艺参数按照规定的格式连写在一起称为杀菌式。如某种软罐头的杀菌式为 10′ - 23′ - 5/121 ℃,即为灭菌器升温至灭菌温度 121 ℃ 所需时间即升温阶段时间为 10 min;到达灭菌温度 121 ℃ 后维持 23 min,即维持阶段时间为 23 min;降压降温冷却阶段的时间为 5 min。

8. 检验和包装

灭菌和冷却操作完成后,及时揩净袋外层的水分油污等,然后进行检验,将合格产品装箱入库。

(三)实例——双孢蘑菇软罐头加工技术

1. 加工工艺流程

原料菇的验收→漂洗→预煮→分级和切片→装罐→加汤汁→预封、排气和密封→灭菌和冷却。

2. 加工工艺要点

(1)原料菇验收

用于加工出口的蘑菇罐头要求为一级菇,二、三级菇可加工为一般罐头。作为片状菇罐头的原料,菌盖直径不可超过 4.5 cm,作为碎片菇罐头的原料则不得超过 6 cm。

(2)漂洗

将不同级别的鲜菇分别浸泡于 0.03% 的焦亚硫酸钠溶液中,缓慢上下翻动,洗去泥沙、杂质及菇体表面的蜡状物等。持续 2 min 后,将菇捞出,放入清水中洗净。

（3）预煮

将配制好的浓度为 0.1% 的柠檬酸溶液于预煮机中煮沸,然后放入漂洗好的蘑菇,水与菇比例在3:2左右。持续煮沸至煮透为止,需要 8~10 min,完成后快速冷却。

（4）分级与切片

按加工罐头的规格要求进行分级,将菌盖开裂、畸形、开伞、色泽不正等不达要求的菇体挑出,一级菇（直径 1.5 cm 左右）；二级菇（直径 2.5 cm 左右）；三级菇（直径 3.5 cm 左右）；直径低于 4.5 cm 的菌菇用于加工片菇,超过 4.5 cm 以上的大菇、脱柄菇可供碎菇加工使用。

（5）装袋

按照不同规格、等级分别称重和装袋,同一袋内要大小均匀,摆放整齐,并且要按各种罐头的规定重量称重装足,所采用的包装袋应当根据汤液的 PH 值而定。在使用复合塑料薄膜之前,应进行严格的检查,将出现破损、缝隙的软罐头剔除。之后在 90~95 ℃ 热水中洗净,将水沥干备用。

（6）加汤汁

汤汁配方为精盐比例 2.3%~2.5%,柠檬酸 0.05%。加汤汁时,应保证汤汁温度在 80 ℃ 以上。

（7）预封、排气和密封

预封完成后需要及时排气。加热排气时,3 000 g 装袋排气温度为 85~90 ℃,17 min;284 g 装袋排气温度为 85~90 ℃,7 min。如果使用真空排气密封,真空度为 0.035 MPa。

（8）冷却、灭菌

将排气后的软罐头立即进行灭菌,不同装袋规格对应不同灭菌工艺。灭菌完成后,进行反压冷却。

第五节　食用菌精深加工技术

一、食用菌即食菜加工技术

随着人们生活水平的不断提高,不合理饮食现象增加,导致心血管、高血压、糖尿病等慢性疾病的患病率大大增加。具有独特保健功能,被称为"植物性食品顶峰"的菌类食品,越来越受消费者的青睐。由于食用菌含水量高、组织脆嫩,在采收和贮运过程中极易造成损伤,引起变色、腐烂,降低其经济价值。因此,开发出最大限度保持其固有风味和营养成分的食用菌即食制品,成为一项食用菌行业重要研究内容。

（一）黑木耳即食菜

1. 原料及辅料

（1）原料:单片黑木耳

（2）辅料:精盐、味素、花椒、大料、鲜姜、干辣椒、麻椒、大豆油等调味料。

（3）配方:黑木耳（干品）1 000 g、辣椒块 110 g、精盐 40 g、鸡精 10 g、白砂糖 15 g、植物油 80 g、花椒粉 140 g、姜粉 30 g、柠檬酸 30 g、山梨酸钾 8 g、水 9 000 g。

2. 工艺流程

原料选择→清洗→预煮→调味→称量→真空包装→杀菌→冷却→保温→质检→装箱→入库→销售。

3. 工艺要点

（1）原料选择及处理方法:建立黑木耳栽培基地栽培适合即食菜加工的优质单片黑木耳,采摘后即刻清洗,之后摊在晒网上晒干或烘干,挑出杂质、拳耳或流耳等不合格木耳,装袋放置在干燥处备用(或直接由市场选择购买)。

(2)清洗复水:称量一定数量的原料进行清洗,采用喷淋式清洗方法,主要是清洗掉原料表面的灰尘,要求清洗的时间在 10 min 之内,之后将清洗后的原料进行称量,经过清洗后的黑木耳原料吸收了一定量的水分,清洗后的重量减去清洗前的重量,即为吸入的水分。

(3)拌料预煮:将清洗后的原料放入拌料加热锅中,将干燥杀菌后的各种调味料及水按配方比例投入拌料锅中,之后间歇式搅拌加热 30 min,使原料完全吸足调料并预杀菌。

(4)称量包装:包装材料为 13.5 cm×20.5 cm,底部热合 7 cm、两侧热合 0.8 cm 的尼龙/聚乙烯复合真空水煮包装袋。手工称量包装,每袋 45 g 黑木耳。

(5)真空杀菌:黑木耳称量装袋后,擦干袋口置于真空包装机上,进行真空热合封口,之后置于杀菌锅内 95~100 ℃杀菌 20~25 min,之后捞出凉水迅速冷却至 37 ℃以下。

(6)质检入库:将杀菌冷却后的袋装黑木耳即食菜,放入恒温库中保温 5~7 d 后,检查是否有涨袋、破损等不合格产品,将合格产品装箱入库。

4. 质量标准

黑木耳即食菜色泽为木耳黑色或黑褐色,辣椒片为红色,表面有光泽,耳片微有皱缩。口感滑嫩,味道鲜香麻辣。放置阴凉干燥处保存,保质期为 9 个月,达到罐藏食品质量标准。市售黑木耳即食菜产品见图 5-5-1。

图 5-5-1 市售黑木耳即食菜产品

(二)金针菇即食菜

1. 原料及辅料

(1)原料:金针菇。

(2)辅料:氯化钙、氯化钠、乙二胺四乙酸钠、柠檬酸、D-异抗坏血酸钠、调味油、食盐、白糖、山梨酸钾、脱氢醋酸钠。

(3)调味油配方:

油酥豆瓣油:菜油 600 g、郫县豆瓣 240 g、豆豉茸 60 g。

辣椒油:菜油 800 g、干辣椒 200 g、干红花椒 60 g。

香辣油:菜油 2 000 g、郫县豆瓣 250 g、辣椒面 50 g、豆豉蓉 20 g、蒜蓉 20 g、洋葱蓉 20 g、芹菜蓉 1 g、胡萝卜蓉 15 g、生姜蓉 15 g、白糖 50 g、香叶 3 片、八角 3 粒、小茴香 5 g、豆蔻 5 g、百里香 3 g、迷迭香 3 g、罗勒 3 g、味精 30 g。

2. 工艺流程

金针菇→清洗及分级→硬化→杀青→漂洗→离心脱水→调味配料(防腐)→ 称重装袋→杀菌→冷却、吹干→检验→成品。

3. 工艺要点

(1)清洗及分级:选择颜色一致、无腐烂、无虫害的新鲜金针菇,去除老根和颜色太深的菌柄,用清水漂洗,沥干水分。

(2)硬化:按料液比1:3,将金针菇浸泡在料液中30 min,然后捞出沥水。

(3)杀青:将硬化之后的金针菇,按照料液比1:2,护色液温度为90~95 ℃,烫漂3 min。

(4)漂洗:杀青金针菇立即捞出于冷水中漂洗冷透,并于流水中冲洗10 min。

(5)离心脱水:将漂洗后的金针菇,3 000 r/min离心10 min以去除多余的水分。

(6)调配:将脱水后的金针菇与调味油混合均匀。

(7)包装:拌和均匀的调味金针菇用真空包装机进行包装。

(8)杀菌:包装好的金针菇采用90~95 ℃,杀菌15 min。

(9)冷却:采用流水自然冷却。

4. 质量标准

(1)原辅料标准

金针菇:新鲜良好,菇体呈乳白色或淡黄色,菇盖直径30 mm左右,无裂口、无培养根、无病虫害的金针菇。

(2)产品质量标准

菇体与新鲜菇色泽相近,汤汁色泽鲜亮、清澈;密封完好,无泄漏和涨袋现象,无油水分离现象;组织脆嫩,菇体完整;具有产品应有的气味和滋味,无异味。

二、食用菌糖果

食用菌糖果是以甜味剂为主体,加入食用菌所具有的蛋白质和多糖成分、香料、油脂、蛋白、果仁制成的甜味固体。因所加辅料的不同,形成了品种繁多、风味各异、具有一定营养功能的食用菌糖果。

(一)食用菌硬糖

食用菌硬糖经高温熬煮而成,干固物含量97%以上,糖体坚脆,入口溶化慢,耐咀嚼。其种类有果香型、菌香型、奶香型、清凉型等不同味型。硬糖是由糖类和调味调色料两种基本成分构成,其制作工艺为:配料→化糖→熬糖、冷却→调配→成型→包装。

(二)食用菌软糖

食用菌软糖属胶体糖,是含水量多、柔软、有弹性的糖果。外形为长方形或不规则形。其基本成分主要是糖体和胶体,特点是糖体具有凝胶特性。常见有淀粉软糖、琼脂软糖、明胶软糖。制作工艺(以琼脂软糖为例):浸泡→熬糖→调配→成型→干燥→包装。

(三)食用菌奶糖

食用菌奶糖是结构比较疏松的糖果,硬度介于硬糖与软糖之间,富有弹性,口感柔软、细腻,具有奶香味。奶糖分为胶质糖和砂型糖两大类,共同成分是以乳制品、蔗糖、淀粉糖浆为主,胶质奶糖含有较多的胶体,砂型奶糖则胶体较少。

（四）食用菌花生糖

食用菌花生糖是用蔗糖、菌粉等将花生包裹起来的糖果，香甜酥脆，口味佳，营养好，是消费者喜爱的食品。

（五）实例——黑木耳糖果加工技术

1. 原料及辅料

（1）原料：黑木耳细粉。

（2）辅料：赤砂糖、食用熟油、香精、佐料、水。

2. 工艺流程

（1）黑木耳粉生产工艺：黑木耳→选料→去杂→干制→研细→过筛→备用。

（2）黑木耳硬糖生产工艺：赤砂糖适量→去杂→入锅→加水→煎熬→加粉→佐料→香精→调匀压坯→切块→冷却→包装。

3. 操作要点

（1）赤砂糖处理：定量称取赤砂糖，除去杂质，放入干净的铝锅中，加水用文火煎熬。

（2）黑木耳制备：选择优质黑木耳料，除去杂质，稍作干制处理即投入粉碎机磨粉，粉末筛后备用。

（3）拌料：糖熬至基本熔化，较稠厚时加入黑木耳细粉、香精、佐料，边加粉边搅拌，使之混匀，停火。

（4）模具涂油：将食用熟油涂抹在干净的大搪瓷盘表面，要求匀而厚。

（5）压坯：趁热将糖浆倒入大搪瓷盘中，稍冷却，将糖压平，整坯。

（6）切块：用刀将糖坯划切成长4 cm、宽3 cm、厚2 cm的条状块，冷却后包装。两款黑木耳糖果成品见图5-5-2。

（a）黑木耳酥糖　　　　　　　　　　（b）黑木耳蓝莓软糖

图5-5-2　两款黑木耳糖果成品

三、食用菌饼干加工技术

饼干是以小麦粉为主要原料，加入糖、油脂及其他配料，经调粉、成型、烘烤等工艺制成的口感酥松或松脆的食品。饼干因具有易携带、耐贮藏、口味多样化等特点，开发具有营养保健功能或特定功能特性的饼干，既发挥了食用菌的营养价值，同时也为食用菌的深加工开辟了新的途径。

(一)猴头菇饼干

1. 原料及辅料

(1)原料:猴头菇。

(2)辅料:低筋面粉、黄油、糖粉、玉米淀粉、全脂奶粉、泡打粉、小苏打、盐、鸡蛋、饮用水。

2. 工艺流程

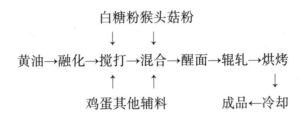

```
                白糖粉  猴头菇粉
                  ↓      ↓
黄油→融化→搅打→混合→醒面→辊轧→烘烤
              ↑              ↓
           鸡蛋其他辅料    成品←冷却
```

3. 操作要点

挑选林下仿野生栽培的新鲜猴头菇,除杂后,在50 ℃热风干燥,后用粉碎机粉碎,同低筋面粉过150 μm筛备用;将称好的黄油室温软化后放至搅拌机中高速搅打至发白发泡,均分3次加入鸡蛋液和糖粉,继续高速搅打至发白发泡为止;将准备好的原辅料混合均匀后,一次性加入搅拌机中,搅拌均匀成团即可;为降低面团的内部张力,将和好的面团放置面团发酵箱中,在室温(25 ℃)下醒发15 min,使面团内部结构松弛,防止猴头菇韧性饼干收缩变形;辊轧可以排除面团中的部分气泡,使猴头菇韧性饼干横断面有清晰的层次结构,多次折叠并旋转得到厚度为7 mm的面带,辊轧后用模具压成饼胚,放入烤盘中;再将烤盘放入预热过的烤箱中,面火170 ℃、底火160 ℃、焙烤13 min;待猴头菇饼干冷却至室温,包装即得。两款市售猴头菇饼干见图5-5-3。

图5-5-3 两款市售猴头菇饼干

(二)黑木耳饼干

1. 原料及辅料

(1)原料:黑木耳。

(2)辅料:低筋小麦粉、鸡蛋、绵白糖、食盐、单甘酯、泡打粉。

2. 工艺流程

```
        低筋小麦粉、绵白糖、油脂等
              ↓
黑木耳预处理→称量→面团调制→碾压成型→摆盘→焙烤→冷却→成品
```

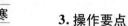

3. 操作要点

（1）黑木耳预处理

选择市售符合食品卫生要求的优质干黑木耳，将其与水按质量比1:10的比例浸泡4 h。将浸泡复水后的黑木耳送入粉碎机中粉碎至粒径为1~2 mm的颗粒备用。

（2）称量

按配方要求准确称取低筋小麦粉、绵白糖、油脂、蛋液、泡打粉、单甘酯等各种物料。

（3）面团调制

先在搅拌机中将所用的黄油打发至乳白色，约30 min。再均匀加入绵白糖、蛋液持续搅拌打发至奶油糊状，之后将粉状混合物（低筋小麦粉、食盐、泡打粉、单甘酯）加入搅拌机中，最后加入称好的黑木耳颗粒，搅拌均匀，控制温度不超过40 ℃。然后待面团回软至有较强的延伸性且光润、柔软时，即可碾压成型。

（3）碾压成型

将调制好的面团按一个方向辊压成厚度为2.0~3.0 mm左右的面片，保证所压面片薄厚均匀、片形整齐、质地细腻，然后用模具制作成型。

（4）摆盘

将成型后的饼干坯摆入烤盘中，要求间距适当。

（5）烘烤

将烤盘放入烤炉内，采用上火温度160~180 ℃、下火温度180~200 ℃、烤制5~10 min，上火维持180 ℃，将下火升至220 ℃，继续烤制5~8 min，上火温度升至220 ℃，下火不变，烤至饼干完全上色，表面呈现金黄色。

（6）冷却

焙烤后的黑木耳饼干温度很高，容易变形，需要进行冷却处理，使产品保证完整的形态且口感酥脆。黑木耳饼干产品见图5-5-4。

图5-5-4　黑木耳降脂饼干

四、食用菌饮料加工技术

食用菌饮料是指以食用菌子实体、菌丝体及其培养液浸提、发酵或者经直接加工后得到的一类产品，其兼具食用菌营养、风味特性，可起到提高人体免疫力、抗肿瘤、降血糖等功效。食用菌饮料可分为食用菌子实体饮料和食用菌发酵饮料。

(一)食用菌子实体饮料

1.食用菌子实体饮料概述

食用菌子实体饮料是采用子实体干品或新鲜子实体,经浸汁或榨汁处理后,得到含有部分有效成分的饮料原浆,再经过稀释、加入调味辅料所配置而成的饮料。如日本的蘑菇、平菇营养保健饮料,我国的银耳琼浆、猴头露、香菇茶、香菇可乐、灰树花保健饮料等均是按照此种方式生产加工。但采用该种生产方式所得到的产品,其不足之处在于难以解决饮料的增香、增鲜问题。市售百草菇饮料见图5-5-5。

图5-5-5　市售百草菇饮料

2.食用菌子实体饮料工艺流程

其主要工艺流程为:鲜菇→挑选→清洗→打浆→胶磨→原汁调配→均质→灌装→杀菌→成品。其产品组织形态均一、色泽明亮。可在子实体原汁或浸提有效成分中添加酸味剂、甜味剂、香精或果汁等辅料,如与木瓜汁、草莓汁进行混合,配制成混合饮料。从严格意义上说,以子实体为原料,用食用酒精、饮用水浸泡所获得的蘑菇酒、蘑菇茶亦属于饮料产品,如灵芝酒、虫草酒、桑黄茶等。

(二)食用菌发酵饮料

1.食用菌发酵饮料概述

研究表明,食用菌菌丝体中营养成分一般高于其子实体,并且工业生产中的液态深层发酵具有耗时短、成本低、效率高、有效成分等优点。利用液态发酵生产菌丝体,进行食用菌保健饮料的开发具有一定前景。

食用菌发酵饮料的制备方法分为:①采用深层发酵技术获得发酵液及菌丝体,而后采用热水浸提或酶解技术处理菌丝体,经过滤后得到发酵饮料原液,之后进一步制作成各种饮料。②以食用菌子实体或菌丝体浸提液为培养基,进一步采用啤酒酵母、乳酸杆菌或醋酸杆菌等进行发酵,获得食用菌复合饮料。雪菇发酵饮料图5-5-6。

2.食用菌发酵饮料加工流程

食用菌发酵饮料生产的一般流程分为以下几步:发酵液预处理→过滤→提取→调配→过滤→脱气→灌装→杀菌→冷却→贮藏。此工艺流程所生产的产品不易产生沉淀,形态稳定,香气协调,保持食用菌特有风味。除此之外,还可减少有效功能性成分的流失。经过调配、添加辅料,其感官指标亦可得到提升。

图 5 - 5 - 6　雪菇发酵饮料

（三）实例——灵芝酸奶生产加工技术

1. 工艺流程

接种→摇瓶 →匀浆 →过滤→配料→分装→灭菌→接种→发酵→后熟

2. 操作要点

（1）接种

按常规方法将灵芝母种接入 PDA 斜面培养基培养。

（2）摇瓶

将母种接入综合 PDA 液体培养基中，在 26 ~ 28 ℃的温度条件下摇瓶，菌丝球用量为培养液的 2/3 即可。

（3）匀浆

将菌丝球和发酵液一并置于匀浆器内，匀浆 10 ~ 15 min。

（4）过滤

用 4 层纱布过滤匀浆后的发酵液。

（5）配料

奶料、发酵液、水按 1∶3∶5 或 1∶2∶6 的比例混匀，若为鲜奶，可按发酵液与鲜奶之比 1∶2 混匀即可，并加入配料总量 5% 的食糖。

（6）分装

将配好的原料分装于酸奶瓶或无色玻璃瓶内，装量为容器的 4/5。

（7）灭菌

装瓶后的配料置入 90 ℃水浴 5 min 或 80 ℃水浴 10 min，取出，放在干净通风处冷却。

（8）接种

待瓶壁温度降至室温时，按 5% ~ 10% 的接种量接入市售新鲜酸奶；或将嗜热乳酸链球菌和保加利亚乳杆菌按 1∶1 的比例混合后接入，接种量为 2.5% ~ 3.0%。

（9）发酵

接种后的发酵瓶口覆盖一张洁净的防水纸，并用线扎好，在 42 ~ 43 ℃的温度条件下恒温发酵 3 ~ 4 h，注意观察凝乳情况。检查时切忌摇动发酵瓶，以免出现固、液分层和大量乳清析出，影响产品质量。待全部出现凝乳后,取出进行后熟处理。

(10)后熟

将发酵好的酸奶置于 10 ℃以下 12~18 h,即为成品。市售成品灵芝发酵酸奶见图 5 - 5 - 7。

图 5 - 5 - 7　市售成品灵芝发酵酸奶

五、食用菌酱加工技术

酱是中国乃至全世界范围内人群日常生活中喜爱的调味品,可分为以小麦粉为主要原料的甜面酱和以豆类为主要原料的大豆酱两大类,制作工艺包括制曲和发酵等过程。制好的酱为红褐色、带有光泽,具有浓郁酱香味。几款市售食用菌酱制品见图 5 - 8。

(a)五香香菇酱

(b)蘑菇拌面酱

(c)牛肝菌酱

(d)松茸牛肉酱

图 5 - 5 - 8　几款市售食用菌酱制品

食用菌酱类的加工通常是以各类食用菌子实体为原料,与酱类制作技术相结合,根据不同消费者的口味需求,配以各种调味料和新鲜调料如葱、姜、蒜等加工而成。具有酱类和食用菌的双重营养和风味,且因食用菌种类不同,风味各异,有些产品还具有食用菌的独特保健功效。以蘑菇酱为例,食用菌酱一般加工工艺为:将大豆酱用植物油炒制→煮沸→搅匀→装瓶→封盖→杀菌→包装→冷却→成品。

(一)蘑菇酱生产加工具体实例

1. 工艺流程

原料的选择整理→漂洗→烫漂→切分→配料酱制→后熟→包装。

2. 操作要点

(1)原料的选择与整理

选用质嫩、菇体完整、无虫害病斑的新鲜蘑菇,切除菇脚。选用新鲜、完整、无机械损伤和病虫害的辣椒,去掉果柄。

(2)漂洗

将整理好的蘑菇及辣椒,最好在采后2h内用稀盐水(盐含量不超过0.6%)漂洗,以除去原料表面的杂质,保持原料的色泽正常。

(3)烫漂

将整理好的蘑菇捞出,投入95℃、含柠檬酸0.05%~0.1%的水中烫漂5~8 min,以破坏菇内酶的活性,杀死表面微生物,软化组织,稳定色泽。

(4)切分

将烫漂完成的菇体及辣椒用不锈钢刀纵切成长条状,以利于酱渍。

(5)配料及酱渍

按蘑菇、辣椒、酱油各2.5 kg,白砂糖1.5 kg,熟花生油350 g及适量味精的比例,将上述原料放入洁净容器中,混匀,用塑料布封口。

(6)后熟管理

入缸后7 d内,每隔2 d搅拌1次,共搅3次。搅拌时将缸底与缸面的原料互换位置,保证酱制均匀,于室温下放置10~30 d即可成熟。

(7)包装

后熟工艺完成后,采用四旋玻璃瓶灌装,记录净重,灌装后使用真空蒸汽灌装机封口。将灌装好的蘑菇酱放入真空封罐机中杀菌,要求品控温度控制在90℃,时间15 min。

六、食用菌超微粉碎加工技术

进行食用菌精深加工的首要步骤便是采用机械方法,将食用菌原料粉碎。食用菌干品粉碎后即成为食用菌粉,可直接用于加工产品或用作有效成分提取的原料;鲜品或发酵获得的菌丝体粉碎后成为食用菌浆,多作为生产食用菌饮料的原浆。食用菌粉碎一般逐级进行,先使用普通粉碎机(如中药粉碎机、万能粉碎机等)进行初步粉碎,之后采用超微粉碎机加工成为细微粉。其颗粒大小的不同,所对应的食用菌粉用途不同,目前,食用菌精深加工多使用超微粉碎技术制备食用菌超细微粉。

(一)超微粉碎加工技术原理

超微粉碎技术作为21世纪十大科学技术之一,其主要原理是利用机械或流体动力的方式,克服固体内部凝聚力使之破碎,将物料粒径缩小至10~25 μm的超细微粉颗粒水平。该方法同时兼备物理及化学两种手段,在改变物质物理状态的同时,由于超微粉碎过程中机械力所产生的化学效应,也可以使得物料化学结构发生改变,进一步改变物料的理化性质。

超微粉碎加工技术将产品粒度减小,比表面积剧增、细胞破壁率高,由于该加工方式改善了物料的理化性质(分散性、吸附性、溶解性、化学活性、生物活性等),十分利于原料中营养成分的释放,提高了吸收利用效率;为原料的应用拓宽了范围,提升产品开发空间,为消费者带来更好的感官体验。已经成为包括食用菌在内的食品加工行业中一种理想的加工手段。超微粉碎加工设备见图5-5-9。

图5-5-9 超微粉碎设备

(二)超微粉碎机械

1. 气流磨

气流磨又称流能磨或喷射磨,利用压缩空气或过热蒸汽为工质产生高压,并通过喷嘴产生的超音速气流作为物料颗粒的载体,物料颗粒因此获得巨大的动能,相对运动的两股颗粒发生互相碰撞或冲击固定板,从而进行粉碎。相比于普通机械式超微粉碎机,气流粉碎机可将产品粉碎得更细,粒度分布范围更窄、更均匀。

2. 振动磨

振动磨由弹簧支撑磨机体,它主要靠冲击进行破碎,在一定范围内,物料粒度越大,球磨机效果越好。当物料粒度较小时,会出现效率低、耗能大、加工时间长等。搅拌球磨机是利用研磨介质对物料的摩擦和少量的冲击实现物料粉碎,主要由搅拌器、筒体、传动装置和机架组成,是超微粉碎机中能量利用率最高的粉碎设备。

3. 冲击粉碎机

冲击粉碎机利用围绕水平轴或垂直轴高速旋转的转子对物料进行强烈冲击、碰撞和剪切。其结构简单、粉碎能力大、运转稳定性好、动力消耗低,适用于中等硬度物料的粉碎。

4. 超声波粉碎机

这种粉碎机主要靠超声波发生器和换能器产生高频超声波,在待处理的物理中引起超声空化效应。经超声粉碎后颗粒粒度在 4 μm 以下,而且粒度分布均匀。但因其生产效率较低(一般 10 kg/h 左右),适用于实验室研发设备。

（三）超微粉碎技术在食用菌加工中的应用

目前,超微粉碎技术应用于食用菌加工生产中有以下几个方面:①制备的蘑菇粉可直接用于蘑菇粉冲剂、片剂等形式的功能性保健食品和调味品加工;②经超微粉碎加工后可作为有效成分提取的原料;③食用菌鲜品或发酵获得的菌丝体经过粉碎后可得到原浆形式的原料,可用作食用菌饮料的生产;④蘑菇粉、蘑菇原浆作为食品添加剂用于各类风味食品的生产(如蘑菇面包、馒头、饼干等)。几款市售食用菌超微粉见图5-10。

（a）姬松茸超微粉　　　　　　（b）猴头菇超微粉　　　　　　（c）灵芝菌丝粉

图5-5-10　几款市售食用菌超微粉

有研究报告表明,经过气流粉碎后的杏鲍菇超微粉可提升其营养物质的利用率,其容积密度、比表面积、流动性、水溶性程度、蛋白质及多糖成分溶出率均优于常规研磨或剪切粉碎后的粉体。更有研究将灵芝超微粉与普通粉收集,比较两者三萜类成分提取率,结果表明,灵芝超微粉三萜类成分总提取率显著高于普通粉,提示超微粉碎技术可有效增加灵芝三萜类成分的溶出。

七、食用菌功能有效成分提取技术

食用菌中含有丰富的营养物质,如蛋白质、粗纤维和必需氨基酸等;同时,食用菌中含有大量功能活性成分,如多糖、黄酮类、萜类、生物碱等。食用菌可以广泛地应用于药物合成,亦可作为功能性食品。黑木耳功能性物质产品开发见图5-11。

（a）黑木耳多糖　　　　　　　　（b）黑木耳蛋白

图5-5-11　黑木耳功能性物质产品开发

对于活性成分的提取,传统方法多为溶剂萃取法,通过借助大量溶剂(一般为水或有机溶剂)将目标成分溶解,经分离后将食用菌的有效成分萃取得到。虽然该种方法操作简单,溶剂易获取,但由于对环境污染较大、提取效率较低、成本高、耗时长等缺点,已逐步被新型提取方法所取代。本节主要介绍几种不同的食用菌多糖提取技术以及其他功能活性物质提取方法。

(一)食用菌多糖提取方法

食用菌多糖是从其真菌子实体、菌丝体、发酵液中分离出的一类可以控制细胞分离分化、调节细胞生长和衰老的活性多糖,是由醛基和酮基通过糖苷键连接起来的天然生物活性的高分子聚合物。食用菌多糖在药理作用方面有着广泛的应用前景和开发利用价值,如利用食用菌多糖的药理作用已开发的产品有: 香菇多糖、猴头菌片和灵芝多糖等,主要是基于食用菌多糖具有调节免疫功能、助消化功能、抗癌功能等功效,而具有一定利用价值。食用菌多糖微球电镜扫描图见图 5 – 12。

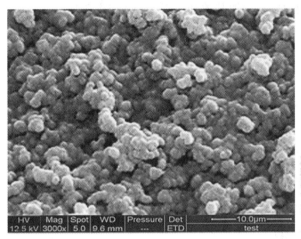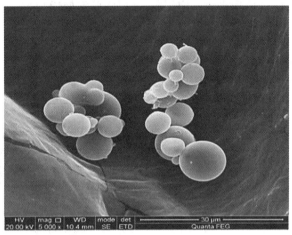

图 5 – 5 – 12　食用菌多糖微球电镜扫描图

目前,用于食用菌多糖提取的常见方法有热水浸提法、复合酶解法、微波辅助提取法、超声波辅助提取法以及超临界流体萃取法等。

1. 热水浸提法

热水浸提法原理在于借助于高温作用使得食用菌细胞壁缓慢破坏,从而导致多糖穿过细胞壁并扩散到溶剂中。其特点在于设备要求低、生产成本低、操作简单;但由于提取所需温度高、提取时间长、提取效率低等不足,而导致实际使用率逐步下降,随着应用范围的扩大,正逐步被其他方法所取代。热水提取法从木耳中提取多糖,提取条件:液料比 38.77 m L/g,提取温度 93.98 ℃,提取时间 3.41 h,多糖得率为 10.46 g/100 g。

2. 复合酶解法

复合酶解法主要选择一种酶或多种酶混合作用于食用菌原料细胞壁,催化促使细胞壁破坏,从而促进多糖的释放,进而提高多糖提取率。虽然该方法提取温度低、提取率高;但是提取所需酶的价格较昂贵,酶的最适反应条件苛刻,易导致酶失活等原因,造成该方法的使用受到一定限制。使用复合酶(纤维素酶、果胶酶、胰蛋白酶比例为 2:2:1)辅助提取猴头菇多糖,提取条件:pH = 5.71,提取温度 52.03 ℃,提取时间 33.78 min,多糖得率为 13.46% ± 0.37%,比传统热水提取的多糖得率增加了 67.72%。

3. 微波辅助提取法

微波辅助提取法是一种快速、高效的提取方法,借助微波的均匀辐射加热溶剂和样品,促进目标组分的提取。微波是波长位于 1 mm ~ 1 m 区间、频率在 300 MHz ~ 300 GHz 之间的非电离电磁波,在电磁波谱中位于 X 射线和红外线之间。传统的热萃取法是将能量通过热传导和热辐射的方式,以无选择、无规则的方式传递给萃取剂,萃取剂再将能量传递给基体物质,从基体中得到有效成分,因此萃取效率较低。而微波可以渗透到食用菌组织中,并与极性成分相互作用产生热量。微波能的加热通过离子传导和偶极子旋转直接作用于分子,由于动能增加以及离子的连续运动和方向变化而引起离子之间的摩擦,使离子产生热效应。此过程中氢键遭到破坏,溶剂能更有效地渗透到食用菌基质中。此外,基于不同的介电常数,微波可选择性地加热目标组分。样品的介电常数和介电损耗决定了微波的加热效应,所含组分的微波吸收特性主导了不同物质的微波吸收能力。较高的辐射功率能够提高样品和萃取溶剂混合温度,增强加热效应。因此,可通过控制微波辐射频率可提高萃取效率,或通过控制微波辐射功率萃取某一特定组分。

　　虽然使用微波辅助提取法所需溶剂量少,且有着提取时间短、提取率高的优势,但由于该提取方法对所需设备要求偏高,较难以实现大规模商业化应用。同时,微波的使用可能会造成多糖发生分解,此方法的使用受到一定限制,多以实验室使用为主。微波辅助提取装置如图 5 - 5 - 13 所示。

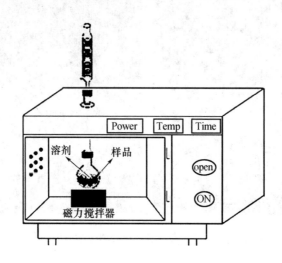

图 5 - 5 - 13　微波辅助提取装置

　　使用微波辅助提取法从姬松茸中提取多糖,提取条件为:微波功率 400 W,料液比 1.0∶32.7,提取时间 29.37 min,提取温度 74.64 ℃,得率为 12.35%。

4. 超声波辅助提取法

　　超声波辅助提取法主要借助超声波在液体中产生的空化效应、热效应和机械效应,破坏食用菌细胞壁,增加了传质过程,加速反应速率。广泛使用的是酶协同超声波提取法。超声波探针的探入增加了固液之间的传质和有效接触面。研究表明,超声波辅助法相比水提法能更有效地从金针菇中提取多糖,并且前者提取的金针菇多糖的抗氧化性更强。与一般提取方法相比,超声辅助萃取法可克服传统方法的用时长、溶剂用量多的局限性,提取温度低,能完整地保持活性成分,并且工艺耗能低、产量高。但对提取设备要求较高,而且超声的空穴效应可能会对多糖的分子量、黏度等产生影响,易造成产品质量的下降。超声波辅助提取法已经被许多研究者广泛应用。使用超声辅助提取法提取双胞蘑菇多糖,提取条件为:液料比 30 mL/g,超声功率 230 W,提取温度 70 ℃,提取时间 62 min,多糖提取得率为 6.02% ±0.07%,明显高于对照组热水法提取(2.36% ±0.05%)和微波法提取(4.71% ±0.11%)的多糖得率。超声辅助提取多糖装置如图 5 - 5 - 14 所示。

5. 超临界流体萃取法

　　超临界流体是高于其温度和压力临界点的物质,不存在明显的液相和气相。超临界流体萃取法的基本特征是随着流体压力和温度的改变,其密度即会改变,一些流体性质介于气体性质和液体性质之间。因超临界流体的性质,更有利于提取细胞内化合物。超临界流体萃取法是借助超临界流体介于两

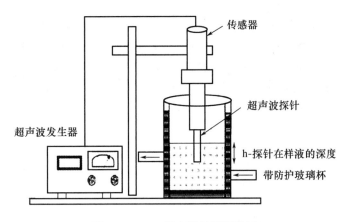

图 5-5-14 超声辅助提取装置

种状态之间的性质,从固体和液体中获得活性成分的现代技术,可高效地将目标成分从多种液体、固体或者混合物中提取。传统的溶剂萃取是溶剂扩散到食用菌组织中,通过萃取溶剂将有效成分溶解出来。而超临界流体在萃取时与材料之间不存在表面张力,黏度低于液体,因此流体扩散起来更快,萃取效率更高。对于相同的萃取过程,有机溶剂萃取需要几个小时,而超临界流体萃取法只需 10 ~ 60 min。Mazzutti 采用超临界 CO_2 萃取法提取姬松茸多糖,提取条件为压力 30.0 Mpa,温度 323.15 K,纯 CO_2 作为流体,提取得率为 1.19%,加入 10% 乙醇作为共溶剂,提取得率增加到了 4.2%。超临界流体萃取装置如图 5-5-15 所示,其中:(1)为二氧化碳泵,(2)为改性泵,(3)为萃取池,(4)和(5)为分馏池,(6)为阀门。

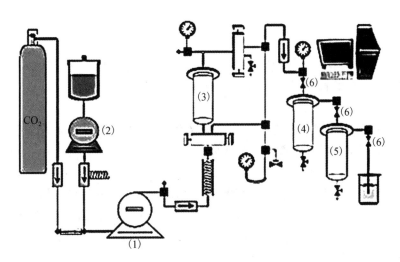

图 5-5-15 超临界流体萃取技术

6. 协同提取法

目前,全世界范围内多个实验室早已开始研究使用协同提取法对于食用菌多糖进行提取,顾名思义,协同提取法是指协同使用两种或两种以上提取方法,如超声 - 微波协同提取法、超声增强亚临界提取法、微波辅助双水相萃取法等。使用该种提取方法,可将多种方法的优势集于一体,从而缩短提取时间,增加提取效率;但同样受到设备前期投入资金量大、操作要求高的限制,故多见于专业程度较强的实验室。采用超声 - 微波协同提取法从口蘑中提取多糖,提取条件为微波功率 109.98 W,液料比 21.62 mL/g,提取时间 24.65 min,多糖得率和纯度分别为 35.41% ±0.62% 和 73.92% ±0.83%。

（二）食用菌其他功能活性物质提取方法

用于食用菌功能活性物质提取的原料除了食用菌子实体之外，还可使用其下脚料作为原料，对其中的功能活性成分进行提取，所提取的活性物质包括：食用菌蛋白、萜类、黄酮类、生物碱等。对食用菌下脚料中活性物质进行提取，可尽可能提升其利用价值，减少浪费，实现经济效益的最大化。以下为各位读者列举一些相关提取技术，以供参考学习。

1. 浸渍法

食用菌的相关成分可利用各种溶剂，通过浸渍法进行提取。因温度选择的差异，主要可分为冷浸法和温浸法。

（1）冷浸法

此法主要应用于遇热易降解或破坏的成分：取食用菌或下脚料，粉碎过 20 目筛，置于容器中，添加 5 ~ 8 倍提取溶剂，搅拌混匀，封口，在室温条件下放置 24 h 或以上，定时对其进行搅拌，将过滤后的滤渣再添加适量溶剂浸渍，反复 2 ~ 3 次，最后将滤渣用压榨器压榨，挤出的液体与滤液合并留用。

（2）温浸法

将食用菌或下脚料粉碎，添加 6 ~ 12 倍溶剂，于 80 ~ 90 ℃或更高加热条件下（一般通过使用水浴或置于撤离火源的沸水锅中）浸提 2 ~ 4 h，过滤后将滤渣再次浸提，反复 2 ~ 3 次。一般第一次使用 12 倍剂量溶剂浸提 3 h，第二次以 10 倍溶剂量浸提 2 h，第三次加 8 倍溶剂浸提 1 h，合并三次浸提滤液，经过压滤后，合并滤液，静置 4 ~ 8 h，以纱布过滤后即获得包含活性成分的提取液。

2. 煎煮法

此法一般适用于食用菌中一些水溶性有效成分。先将食用菌撕成碎块，加水煎煮，多次重复，过滤后即得有效成分。

3. 渗漉法

渗漉法是采用动态浸出有效成分的活性成分提取方法。此方法有着效率高、节省溶剂的优势，一般使用乙醇（酸性或碱性）和水（酸性或碱性）等作为提取溶剂。

（1）装置

可用缸 3 只，缸底开一孔，塞上有孔橡皮塞，将玻璃管插上橡皮塞的孔内，玻璃管上套接皮管，夹上盐水夹以调节流速，下面再放置承接渗漉液的容器。

（2）操作

先将所需渗漉的食用菌（例如安络小皮伞菌）用乙醇浸泡、膨胀，然后装入缸内（先在橡皮塞表面盖上纱布包裹的脱脂棉）逐层铺平，溶剂可加至高出斜面 3 ~ 5 cm 处。渗漉的流速按照每千克原料每分钟流出 1 ~ 3 mL 为佳。要求在渗漉的同时添加溶剂，直至渗漉液无色无臭无味为终点。最后将残渣倒出压榨。榨出液与渗漉液混合，静置 24 h 过滤备用。

4. 回流法

在采用有机溶剂加热提取时，为防止溶剂挥发，或对于易挥发成分进行提取时，可采用此方法。

（1）装置

电炉上放置钢精锅，锅内加水后放入球形烧瓶一只，瓶内装入提取用原料以及提取剂，塞上瓶塞后接入冷凝管。

（2）操作

先将冷凝管水源接通进行预冷却，之后接通电源开始加热，溶液微沸后继续加热至规定时间，停止加热，关闭水源，冷却后去下烧瓶将原料倒出过滤。整个操作反复 2 ~ 3 次，一般第一次加热煮沸 2 h，第二次 1 h，第三次 1 h，合并各滤液，残渣进行挤压或使用少量溶剂洗涤 1 ~ 2 次过滤备用。

第六节 质量标准及检测技术

一、概述

随着食用菌产业的发展,食用菌产业已由过去的数量型产业向质量型产业过渡。食用菌工厂化规范化制菌、立体化栽培、集约化生产已得到普及,食用菌产业标准化体系已初步完善,政府有关部门及行业相关部门相继出台了食用菌的品种认定办法、栽培生产技术规程、食用菌产品相关标准等,为食用菌产业向着标准化、产业化方向的迈进奠定了基础。

我国食用菌标准体系主要由食用菌国家标准、行业标准、地方标准和企业标准组成。包括食用菌质量标准、技术规程、方法标准、物流标准和基础标准。在我国现已颁布实施的食用菌国家、行业、地方标准中,多为质量标准,技术规程、方法标准、物流标准和基础标准偏少,其中,物流标准还没有。其次,现有标准中还缺乏从国外食用菌先进标准中转化而来的标准。另外,由于我国食用菌产业发展迅猛,标准制定工作严重滞后于行业发展。尤其是有关部门大力推出的无公害农产品、绿色食品、有机食品等认证工作中,相应的食用菌标准制定工作滞后,影响了食用菌标准化工作的进一步开展。

在开展食用菌标准工作的同时,食用菌食品安全与检测也逐步得到相关部门重视。食用菌作为百姓餐桌上的食品,其在栽培生产、加工、运输等过程会存在人为因素或环境因素导致的农残、重金属、食品添加剂等超标现象,直接或间接存在食品安全的问题。2015 年,黑龙江省食品药品监督管理局发布了《关于加强对食用菌制品生产企业监管防范食品安全风险的通知》,对食用菌制品生产加工过程中使用有害原料、使用非食用物质生产食用菌制品、滥用食品添加剂、食用菌制品重金属超标、农药残留超标等违法违规行为进行了专项整治工作,取得了显著成效,为百姓能吃到绿色、健康的食用菌产品提供了保障。

二、食用菌产品质量指标及检测

食用菌产品质量主要是指营养价值、感官指标、理化指标和卫生指标。食用菌商品鉴定是根据食用菌质量指标,运用可行的鉴定方法来评定质量等级。制定质量指标,可以为生产部门指明提高产品质量的方向,为流通部门提供维护商品质量的依据,同时也可以帮助消费者判断该产品的食用价值,使整个食用菌产品的生产、经营及消费建立在科学规范的基础上。

(一)感官指标及检测

食用菌的色、香、味以及外观形态是其商品质量的外在指标。它们标志着食用菌产品的新鲜程度、成熟程度、加工程度、品种特点及变化状况。鉴定方法一般采用眼看、鼻闻、嘴尝、手摸。特点是简便易行,适应目前生产力发展的水平。有些质量指标与个人生活习惯有关,是理化仪器鉴定法不易代替的。它的缺点是粗略,而且随个人经验等条件不同存在差异。根据各类食用菌产品的色、香、味、形的不同,制定了相应的标准。食用菌产品的感官质量标准因提供加工使用的原料种类不同、加工方法不同有不同的要求,质量检测方法如下:

1. 肉眼观察

对于伞菌类产品主要观察菌盖颜色、厚薄、形状、开伞度、菌膜破裂程度、大小,菌柄长短,残缺程度,褐色菌褶,虫蛀菇,霉变菇和杂质情况,并按分级标准检验。对于木耳等胶质菌,主要观察朵片大小、完整性、色泽深浅、光亮情况,注意流耳、拳耳是否符合等级要求,有无霉烂耳、虫蛀耳、流失耳,并按等级标准验收。

2. 嗅觉

用鼻闻或用 60～70 ℃水浸泡后嗅辨,应具有本产品特有的食用菌芳香和滋味,而不应有异酸味、霉味、哈喇味、机油昧、苦味、焦煳味以及使人厌恶的味道。并按照产品分级等级标准检验。

3. 触摸

食用菌产品检验时常用手触摸烘干产品,依据手感和发出的声音,判断含水量是否合适。对鲜草菇用手捏菇体中部有弹性感为实,无弹性感为松。其他不同的食用菌加工产品用手触摸或按压时应具有该产品所特有的感觉和反应,并按照该产品的质量等级标准进行检验。

（二）理化指标及检测

采用各种仪器、器械、试剂,运用物理、化学原理来鉴定质量的方法叫理化检测法。理化检测能使食用菌的商品鉴定更精确,使人们更深入地了解食用菌的内在质量。无论采用哪种检验方法,在检测之前都要科学地抽样,以便使样品能反映出全体产品的质量水平。要求从全批货物中的不同部位抽样,每件商品随机取样约 100 g,把取出的样品混合均匀,以四分法分取样品,装入密封样品袋供检验用。

1. 物理指标检验

该检验主要测定菇形(耳片)大小、含水量、发泡率、干混比、杂质等。

2. 化学指标检验

该检验主要检测粗蛋白质含量、总糖含量、粗纤维含量、脂肪含量、灰分等。

（三）卫生要求

1. 污染物限量

污染物是指食品在从生产(包括农作物种植、动物饲养和兽医用药)、加工、包装、贮存、运输、销售,直至食用等过程中产生的或由环境污染带入的、非有意加入的化学性危害物质。食用菌及其制品的污染物限量应符合 GB 2762 规定(见表 5－6－1)。

表 5－6－1　食用菌污染物限量

项　目	食用菌类别	限量指标(mg/kg)
铅(以 Pb 计)	食用菌及其制品	≤1.0
镉(以 Cd 计)	鲜食用菌(香菇和姬松茸除外)	≤0.2
	香菇	≤0.5
	食用菌制品(姬松茸除外)	≤0.5
汞(以 Hg 计)	食用菌及其制品	≤0.1
砷(以 As 计)	食用菌及其制品	≤0.5

2. 农药残留限量

农药残留是指由于使用农药而在食品、农产品和动物饲料中出现的任何特定物质,包括被认为具有毒理学意义的农药衍生物,如农药转化物、代谢物、反应产物及杂质等。食用菌及其制品的农药残留限量应符合 GB 2763 规定(见表 5－6－2)。

表 5 - 6 - 2　食用菌农药残留限量

项　目	食用菌类别	限量指标（mg/kg）
2,4 - 滴和 2,4 - 滴钠盐 （2,4 - D and 2,4 - D Na）	蘑菇类（鲜）	0.1
百菌清	蘑菇类（鲜）	5
苯菌酮	蘑菇类（鲜）	0.5
除虫脲	蘑菇类（鲜）	0.3
代森锰锌	蘑菇类（鲜）	5
氟虫腈	蘑菇	0.02
氟氯氰菊酯和高效氟氯氰菊酯	蘑菇类（鲜）	0.3
氟氰戊菊酯	蘑菇类（鲜）	0.2
福美双	蘑菇类（鲜）	5
腐霉利	蘑菇类（鲜）	5
甲氨基阿维菌素苯甲酸盐	蘑菇类（鲜）	0.05
乐果	蘑菇类（鲜）	0.5
氯氟氰菊酯和高效氯氟氰菊酯	蘑菇类（鲜）	0.5
氯菊酯	蘑菇类（鲜）	0.1
氯氰菊酯和高效氯氰菊酯	蘑菇类（鲜）	0.5
马拉硫磷	蘑菇类（鲜）	0.5
咪鲜胺和咪鲜胺锰盐	蘑菇类（鲜）	2
灭蝇胺	蘑菇类（鲜）（平菇除外）	7
	平菇	1
氰戊菊酯和 S - 氰戊菊酯	蘑菇类（鲜）	0.2
噻菌灵	蘑菇类（鲜）	5
双甲脒	蘑菇类（鲜）	0.5
五氯硝基苯	蘑菇类（鲜）	0.1
溴氰菊酯	蘑菇类（鲜）0.2	

三、食用菌产品分级标准

分级是商品化处理的重要内容。分级既有利于生产、销售，也有利于消费。某食用菌的分级标准常因加工方法不同，各个国家的要求不同，各民族生活习惯不同而有所差异。商品的等级以感观检验、物理检验为主，化学和卫生指标主要检测食用菌的内在质量，如营养成分及污染情况等。目前，常用的食用菌分级标准如下。

（一）黑木耳

黑木耳干制品分级标准，根据中华人民共和国国家标准 GB/T 6192 - 2019 的规定执行。黑木耳分为三级，包括感官要求、理化要求、卫生要求等三个方面，各项指标详见表 5 - 6 - 3、5 - 6 - 4。

表 5 – 6 – 3　黑木耳感官要求

项目	指标		
	一级	二级	三级
形态	耳片完整均匀耳瓣舒展或自然卷曲	耳片较完整均匀耳瓣自然卷曲	耳片较完整均匀
色泽	耳正面纯黑褐色、有光泽，耳背面略呈灰白色，正背面分明	耳正面黑褐色，耳背面灰色	耳片较完整均匀
气味	具有黑木耳应有的气味，无异味		
最大直径 φmax(cm)	$0.8 \leqslant \varphi max \leqslant 2.5$	$0.8 \leqslant \varphi max \leqslant 3.5$	$0.5 \leqslant \varphi max \leqslant 4.5$
耳片厚度(mm)	$\geqslant 1.0$	$\geqslant 0.7$	—
霉烂耳	不允许		
虫蛀耳	不允许		
杂质	$\leqslant 0.3$	$\leqslant 0.5$	$\leqslant 1.0$
	不应出现毛发、金属碎屑玻璃		

表 5 – 6 – 4　黑木耳理化要求

项目	指标		
	一级	二级	三级
干湿比水分(%)	1:9 以上		
灰分(以干质量计,%)	$\leqslant 12.0$		
总糖(以转化糖计,%)	$\geqslant 22.0$		
粗蛋白质(%)	$\geqslant 7.0$		
粗脂肪(%)	$\geqslant 0.4$		
粗纤维(%)	$3.0 \sim 6.0$		

卫生要求：应符合 GB 7096 的规定。

(二)猴头菇

猴头菇分为一、二、三级和等外,各项指标详见表 5 – 6 – 5、5 – 6 – 6、5 – 6 – 7。

表 5 – 6 – 5　猴头菇鲜品质量等级

项目	指标			
	一级	二级	三级	等外
组织形态	菇体呈单头或双头状倒卵形，大小均匀，菇形规整、饱满。	菇体呈双头或三头状倒卵形，大小基本均匀，菇形基本饱满、规整。	多头菇，大小不均匀，菇形基本饱满、规整。	多头菇至畸形菇，大小不均匀，菇形不规整、不饱满。
菌刺(cm)	$\geqslant 0.5$		< 0.5	局部秃刺

项目	指标			
	一级	二级	三级	等外
色泽	洁白色或乳白色	淡乳黄色	浅灰色,局部发粉	灰白色至暗灰色,局部发粉
气味	具有鲜猴头菇特有的气味,无异味			
残缺菇	无		有	
虫蛀菇	无		有	
霉烂菇	无			

注:等级允许误差范围:

a.一级允许有 2%的产品不符合该等级的要求,但应符合二级的要求;

b.二级允许有 2%的产品不符合该等级的要求,但应符合三级的要求;

c.三级允许有 2%的产品不符合该等级的要求。

表 5－6－6　猴头菇干品质量等级

项目	指标			
	一级	二级	三级	等外
组织形态	菇体呈单头或双头,倒卵形、大小均匀,菇形规整、饱满。	菇体呈双头,倒卵形、大小基本均匀,菇形基本饱满、规整。	多头菇,倒卵形、大小不均匀,菇形基本饱满、规整。	多头菇至畸形菇,大小不均匀,菇形不饱满、不规整。
菌刺(cm)	≥0.4		<0.4	局部秃刺
色泽	黄里带白、金黄色或褐黄色。	金黄色或褐黄色。	褐黄色至深褐色,局部发粉。	深褐色至褐灰色,局部发粉。
气味	具有干猴头菇特有的气味,无异味			
残缺菇	无		有	
虫蛀菇	无		有	
霉烂菇	无			

注:等级允许误差范围:

a.一级允许有 2%的产品不符合该等级的要求,但应符合二级的要求;

b.二级允许有 2%的产品不符合该等级的要求,但应符合三级的要求;

c.三级允许有 2%的产品不符合该等级的要求。

表 5－6－7　猴头菇理化要求

项目	指标				
	鲜品	干品			
		一级	二级	三级	等外
水分(%)	≤90	≤12			
灰分(%)	—	≤8.0			
粗蛋白(%)	—	≥11.0	≥10.5	≥10.0	

卫生要求:应符合 GB 7096 的规定。

（三）榛蘑

榛蘑分级标准,根据中华人民共和国林业行业标准 LY/T 2465 - 2015 的规定执行。详见表 5 - 6 - 8、表 5 - 6 - 9、表 5 - 6 - 10。

表 5 - 6 - 8　榛蘑鲜品感官指标

等级	项目	指标
A 级	色泽	菌盖灰褐色至褐色,菌柄与之相近颜色
	气味和滋味	具有特有的滋气味,无霉、腐、酸败等异味
	组织和形态	菇体完整,无虫蛀、霉斑、开伞
	杂质	允许存在不超过 1% 的一般杂质
B 级	色泽	菌盖灰褐色至褐色,菌柄与之相近颜色
	气味和滋味	具有特有的滋气味,无霉、腐、酸败等异味
	组织和形态	菇体基本完整,无虫蛀、霉斑、开伞或半开伞
	杂质	允许存在不超过 2% 的一般杂质
C 级	色泽	菌盖灰褐色至褐色,菌柄与之相近颜色
	气味和滋味	具有特有的滋气味,无霉、腐、酸败等异味
	组织和形态	菇体完基本整,菌盖开伞
	杂质	允许存在不超过 2% 的一般杂质

表 5 - 6 - 9　榛蘑干品感官指标

项目	指标
色泽	菌盖黄色或褐色为主的杂花色,菌柄与之相近颜色
气味和滋味	具有特有的香气,无霉、腐、酸败等异味
组织和形态	菇体完整,允许 30% 破损菇
杂质	允许存在不超过 2% 的一般杂质

表 5 - 6 - 10　榛蘑干品理化指标

项目	指标
水分(%)	≤12
干湿比	1:4 以上
灰分(%)	≤12
粗纤维(以干基计,%)	≤6.0

卫生要求:应符合 GB 7096 的规定。

（四）松茸

松茸分级标准根据中华人民共和国国家标准 GB/T 23188 - 2008 的规定执行。松茸鲜品分为四级,干品分为三级,包括感官要求、理化要求等,各项指标详见表 5 - 6 - 11、表 5 - 6 - 12、表 5 - 6 - 13、表5 - 6 - 14。

表5-6-11 松茸鲜品感官要求

项目	指标			
	一级	二级	三级	四级
形态	菌体完整,肉质饱满有弹性,菌盖未展开紧贴菌柄、内菌幕不外露、盖边缘向内卷	菌体完整,肉质饱满有弹性,菌盖略张开,内菌幕外露且内菌幕未破裂	菌体完整,肉质饱满有弹性,菌盖开伞,内菌幕破裂、菌褶外露	菌体机械破损不完整或畸形
色泽	具有松茸鲜品应有的色泽			
气味	具有松茸应有的气味,无异味			
虫蛀菇(%)	0		≤5.0	
子实体长度(cm)	≥6			
霉烂菇	不允许			
杂质(%)	≤1.0		≤3.0	

表5-6-12 松茸速冻品感官要求

项目	指标			
	整菇	切片	切块	碎片
形态	子实体完整,无损伤	片形完整,菌盖与菌柄相连,切片厚薄均匀,厚:2~4 mm	切块规格:1×1 cm 2×2cm 3×3cm	子实体不完整,大小不一,厚薄不均匀
色泽	淡黄色至浅棕色正常色泽	灰白色	白色,略有黄,属氧化后的正常色泽	
气味	具有松茸应有的气味,无异味			
虫蛀菇(%)	≤10.0			
霉烂菇	不允许			
杂质(%)	≤1.0	0	≤0.5	≤1.5

表5-6-13 松茸干品感官要求

项目	指标		
	一级	二级	三级
形态	片形完整,菌盖与菌柄相连,碎片率≤1.0%	片形完整,菌盖与菌柄相连,碎片率≤3.0%	片形不完整,碎片率≤4.0%
色泽	灰白色,边缘为浅棕色		
气味	具有松茸应有的气味,无异味		
虫蛀菇(%)	0	≤5.0	≤10.0
霉烂菇	不允许		
杂质(%)	0	≤0.5	≤1.5

表5-6-14 松茸理化要求

项目	指标		
	一级	二级	三级
水分(%)	≤92.0	≤92.0	≤12.0
灰分(以干重计,%)	≤8.0	≤8.0	≤8.0

卫生要求:应符合 GB 7096 的规定。

参 考 文 献

[1]余华,刘达玉,李宗堂,等. 食用菌采后生理特性及保鲜技术研究进展[J]. 中国食用菌, 2015, 34(1): 70 - 73 +76.

[2]弓建国. 食用菌栽培技术[M]. 北京:化学工业出版社, 2011.

[3]钱磊,刘连强,李凤美,等. 食用菌生物保鲜技术研究进展[J]. 保鲜与加工, 2020, 20(1): 226 - 231.

[4]Xiao J H, Xiao D M, Chen D X, et al. Polysaccharides from the medicinal mushroom cordyceps taiishow antioxidant and immunoenhancing activities in a D-galactose-induced aging mouse model[J]. Evidence Based Complementary Alternative Medicine, 2012, 2012(3): 273435.

[5]赵卫锋,罗智霞. 2000 年 ~2018 年中国食用菌出口国际竞争力分析[J]. 中国食用菌, 2020, 39(3): 101 - 103.

[6]孙昕. 食用菌保鲜技术的研究与前景[J]. 吉林农业, 2017, 24(23): 103.

[7]李福后,王伟霞,孙强,等. 食用菌保鲜技术的研究进展[J]. 食品研究与开发, 2018, 39(15): 205 - 210.

[8]阎瑞香,李宁,朱志强,等. 不同保鲜膜对双孢菇采后褐变及相关酶活性的影响[J]. 北方园艺, 2010, 34(13): 196 - 198.

[9]Akram K, Ahn J J, Yoon S R, et al. Quality attributes of *Pleurotuseryngii* following gamma irradiation [J]. Postharvest Biology Technology, 2012, 66: 42 - 47.

[10]任运宏,程建军,张秀玲. 滑菇即食软罐头加工工艺[J]. 北方园艺, 2001, 25(3): 48.

[11]孙瑞,叶妍,马赛,等. 豆粕韧性饼干的研制[J]. 食品与发酵科技, 2018, 54(2): 52 - 56.

[12]王大为,单玉玲,图力古尔. 超临界 CO_2 萃取对蒙古口蘑多糖提取率的影响[J]. 食品科学, 2006, 27(3): 107 - 110.

[13]Yang Z, Li Q, Mao G H, et al. Optimization of enzyme-assisted extraction and characterization of polysaccharides from *Hericiumerinaceus*[J]. Carbohydrate Polymers, 2014, 101: 606 - 613.

[14]Mirzadeh M, Arianejad M R, Khedmat L. Antioxidant, antiradical, and antimicrobial activities of polysaccharides obtained by microwave-assisted extraction method: A review [J]. Carbohydrate Polymers, 2020, 229: 115421.

[15]Chen Q S, Zhou T Y, Li X Y, et al. Applied orthogonal experiment design for optimization of ultrasonic-assisted extraction of polysaccharides from *Agaricusbisporusmycelia*[J]. Advanced Materials Research, 2014, 3384: 1779 - 1782.

[16]Roselló-Soto E, Parniakov O, Deng Q, et al. Application of non-conventional extraction methods: Toward a sustainable and green production of valuable compounds from mushrooms [J]. Food Engineering Reviews, 2016, 8(2): 214 - 234.

第六章

黑龙江省食用菌产业信息名录

一、科研单位

1. 黑龙江省科学院微生物研究所

始建于 1959 年,原为中国科学院林业土壤研究所生物分所,1973 年后隶属黑龙江省科学院,是从事生物工程技术、微生物等方面的基础性研究与科技开发的综合性科研机构。20 世纪 70 年代起开展食用菌育种、保藏、鉴定、栽培、深加工及辅料开发等工作,至今已形成包括形态学、细胞学、分子生物学相结合的研究体系。在食用菌菌种选育、鉴定和栽培技术等方面有深厚的研究基础,黑木耳方面的研究成果和科研能力排在全国同行业前列。

目前是国家食用菌产业技术体系黑木耳栽培岗位专家依托单位、省食用菌产业技术体系首席专家依托单位、省食用菌协会专家委员会主持单位、省林下经济资源研发与利用协同创新中心创新团队食用菌创新平台主持单位和省农作物秸秆综合利用产业联盟理事单位。作为全国黑木耳品种审定区域试验主持单位和黑龙江省黑木耳品种审定的理化指标测定和生产区试验主持单位,为国家和黑龙江省品种认定工作提供技术支撑。先后被中国食用菌协会评为"全国食用菌行业优秀科研院所"和"全国黑木耳行业科研推广有功单位"

2018 年获批组建"黑龙江省微生物种质资源保藏中心",进一步完善液氮、超低温冷冻、液体覆盖等复合菌种保藏体系,目前保藏食用菌菌种近 3 000 株,成为东北地区重要的食用菌种质资源库和信息库。同时驻有黑龙江省食用菌中试基地,开展对外培训和技术示范、为全省食用菌产业发展提供技术支撑。

近年来承担国家科技支撑项目、国家食用菌岗位体系专家项目、省杰出青年基金项目等各级科研项目 40 余项,获得省部级科技进步奖励 7 项,获得国家授权专利 20 余项,发表研究论文 60 余篇,出版专著 5 部。选育的黑木耳品种"黑 29""8808""黑威 981""931""黑威 9 号""Au86""黑威 15"等 7 株优良菌株通过国家农业部认定,数量居全国首位。黑木耳良种在全国二十几个省区应用,为我国黑木耳产业发展发挥了重要作用。

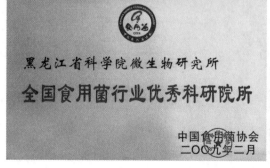

黑龙江省科学院微生物研究所

2. 黑龙江省林业科学院牡丹江分院

黑龙江省林业科学院牡丹江分院是2020年由原黑龙江省林副特产研究所(1979年成立)、黑龙江省牡丹江林业科学研究所(1980年成立)等四家单位合并组建而成,主要承担张广才岭、老爷岭、完达山等林区的用材林、经济林、珍贵树种和食药用真菌的培育、保护与可持续利用等基础性公益性研究工作,为社会提供相关科学技术支持与公益服务。全院职工106人,其中高级职称以上46人。拥有国家林草局东北食用菌(黑木耳)工程技术研究中心、黑龙江省食用菌产业技术创新战略联盟秘书处、黑龙江省非木质林产品研发重点实验室等科研平台、省级领军人才梯队林产化学加工学和省级学科食用菌等学科,主办《中国林副特产》科技核心期刊。

从20世纪70年代末至今一直从事野生食药用菌种质资源开发保护、人工驯化栽培、丰产技术研究、优良品种培育、有效成分提取、功能分析及产品加工技术研究和科技成果推广及科普等工作。培育出"特产2号""特产6号"等食用菌优良品种4个;承担完成国家林业公益项目"寒地林菌林菜定向培育及高效利用关键技术"、黑龙江省应用技术研究与开发计划重大项目"黑木耳即食品加工关键技术研究""食用菌高产培育及深加工技术的研究""优质单片黑木耳定向培育技术研究""榆干离褶伞丰产栽培技术研究与示范""松杉灵芝高产栽培技术""黑木耳培养基质后备替代资源开发研究""羊肚菌子囊果发生机理研究"等各类食用菌科研项目100余项,承担完成国家林业行业标准《松口蘑采收保及鲜技术规程》《黑木耳》《榛蘑》等56项。获得"一种黑木耳酥脆即食品加工方法""一种鲜松茸活性物质的制备方法""一种鲜食用菌保鲜剂及其制备方法"等国家发明专利20余项。获得"优质单片黑木耳培育创新及菌糠资源全产业链利用技术""食用菌高产培育及深加工技术研究"等省部级科技进步奖30余项;在国内外核心期刊发表食用菌相关论文200余篇;开展形式多样的送科技下乡活动,举办实用技术培训班200余次,培训技术人员达4万余人,培养了一批食用菌示范户和技术骨干。

黑龙江省林业科学牡丹江分院

3. 黑龙江省林业科学院伊春分院

黑龙江省林业科学院伊春分院是隶属于黑龙江省林业科学院,是综合性、多学科、社会公益型的科研事业单位。前身是伊春林业科学技术研究所,成立于1958年,1977年更名为伊春林业科学院,2018年转隶到黑龙江省林业科学院,更名为伊春分院并加挂黑龙江省红松研究中心牌子。黑龙江省林业科学院伊春分院组建食用菌资源研究中心,主要从事食药用真菌方面的应用研究以及示范推广,由多名具有中级、副高职、正高职职称的专业技术人员组建创新性研究团队。现有先进实验设施和配套实验室设备30多台套,具备食用菌成分化验分析、生物检测、生物遗传分析等多种功能,实验室面积350 m²。

2008 年 7 月获评伊春市先进集体;2009 年 2 月被评为全国食用菌行业优秀科研院所;2009 年 2 月获全国黑木耳行业科研与推广有功单位称号。目前食用菌资源创新团队 12 人,承担 5 个科研项目,其中 3 个攻关项目、2 个推广项目。科研成果方面共有 27 个项目获奖,其中《块根蘑人工驯化栽培技术研究及技术示范与推广》《食用菌配套技术的研究与推广》《小兴安岭珍贵野生食用菌筛选、驯化及栽培》和《黑木耳替代料筛选》等 7 项获省政府科技进步三等奖,市政府科技进步一等奖 2 项和二、三等奖 20 多项。知识产权方面有"林科 1 号"和"林科 2 号"黑木耳品种获得省级登记认定,有"菌类复合型保健胶囊"发明专利 1 项、实用新型专利 8 项,出版 3 部菌类专著,制定食用菌方面技术规程 3 个。设立食用菌专家大院 2 处、食用菌科技服务示范点 3 处。荣誉方面有团队成员多人次荣获黑龙江省劳动模范、全国三八红旗手、全国林业科技特派员、林都英才、优秀专门人才、伊春市科技创新创业人才和伊春市先进模范工作者等荣誉称号。

黑龙江省林业科学院伊春分院

4. 大兴安岭地区农业林业科学研究院

大兴安岭地区农林科学院组建于 2008 年 12 月,由大兴安岭农科所、林科所、农机研究所三所合并,是隶属于大兴安岭地区行署的唯一一家科研公益型事业单位。主要从事生态研究、森林培育、农作物、食用菌、中草药、寒地浆果等领域研究。早在 20 世纪 80 年代末就开展食用菌菌种选育及栽培技术研究,目前食用菌研究团队已步入省级研究行列,是黑龙江省食用菌产业技术协同创新推广体系岗位专家依托单位,拥有黑龙江省级领军人才梯队"真菌学"学科。食用菌团队成员 8 人,其中正高职 2 人、副高职 3 人、中级职称 3 人。

主持国家级科研项目 1 项、省部级项目 5 项、地级项目 20 余项。选育出 2 个黑木耳新品种"兴安 1 号""兴安 2 号"和 1 个猴头菇新品种"兴安猴头 1 号",先后通过黑龙江省品种登记认定。制订黑木耳系列大兴安岭地方标准 3 项、获得国家发明专利 2 项。推广黑木耳新品种 1.1 亿袋,经济效益达到 1.26 亿元。在白银钠林场建立了 31 hm² 松杉灵芝近自然栽培基地,实现产值 150 万元。获得省丰收计划一等奖 1 项、地区科技进步一等奖多项。

在珍稀菌类研究上取得重大突破。食用菌研究团队将松杉灵芝、离褶伞、羊肚菌、蜜环菌作为重点攻关方向,2015 年从四川引进羊肚菌大田种植技术,2016 年在农林科学院实验基地成功实现出菇,2017-2018 年实现稳定性出菇,使羊肚菌成功落户兴安,实现了羊肚菌在高寒地区首次栽培成功,是黑龙江省羊肚菌人工种植的首次成功案例。随后又实现离褶伞、榛蘑人工种植成功,解决了离褶伞和榛蘑多年人工种植无法出菇的技术难题,并实现棚内、林下多种模式出菇。在松杉灵芝林下生料段木接种等方面实现技术创新,目前已进入推广阶段。珍稀菌类研究开创了大兴安岭地区林下菌类栽培新的技术模式。近三年累计技术服务100余次,培训人员2 000余人,指导食用菌种植8 000万袋,示范推广种植技术4项,建立长期稳定的示范基地3个,为示范和引领食用菌产业发展提供了坚实的技术保障。

大兴安岭地区农业林业科学研究院

5. 黑龙江省农业科学院牡丹江分院

黑龙江省农业科学院牡丹江分院成立于1958年,主要承担食用菌和农作物种质资源收集、鉴定、创新和品种选育研究;承担食用菌等农作物病虫草害测报防控及加工技术研究。食(药)用菌学科梯队技术力量雄厚,专业配置和人员搭配合理,科研能力较强,拥有遗传育种、微生物、生物技术、菌类作物等专业人员15人,其中研究员3人、副研究员5人、博士1人、硕士10人,是省农业科学院食用菌育种学科梯队,牡丹江市食(药)用菌专业领军人才梯队。

拥有专门食用菌科学研究方向的实验室500 m²,供黑木耳品种栽培、选育用实验基地7 500 m²,主动式太阳能菌房1 500 m²、标准化出菇棚2 000 m²,总计出菇场地达到3.33 hm²。

黑龙江省农业科学院牡丹江分院

现为国家食用菌产业技术体系牡丹江综合试验站,国家农业微生物伊春观测实验站,科技部首批备案的国家级"寒地食用菌星创天地",省食用菌产业技术协同创新推广体系黑木耳栽培岗位和试验示范园区,省级寒地食(药)用菌标准化示范区。现为国家黑木耳产业技术创新战略联盟理事单位、省食用菌专业标准化技术委员会牡丹江分委会秘书长单位、中国食用菌协会黑木耳分会理事单位、省食用菌产业创新技术战略联盟成员单位、省食用菌协会副会长单位、牡丹江市食用菌协会副会长单位。

近五年来,食用菌方面承担科技部、农业农村部等国家各级课题28项,共获得省政府科技进步奖二等奖等奖项12个。在《中国食用菌》等刊物上发表学术论文40余篇,其中被SCI收录3篇;撰写专著2部;制作"小木耳、大产业"科普动漫1部;制定食用菌地方标准11个;主持培育"牡耳1号"(黑木耳)、"牡耳2号"(黑木耳)、"牡育猴头1号"(猴头菇)、"牡滑1号"(滑菇)和"牡元08"(元蘑)等省审食用菌新品种5个;选育出具有自主知识产权的榆黄蘑、灵芝、花脸香蘑、大球盖菇等食用菌优良菌株26个;获得授权国家发明专利3个、实用新型专利6个;获得国家计算机软件著作权登记证书7个。

把食用菌产业的发展,农业增效、农民增收作为工作的宗旨,为龙江菌业发展提供技术支撑。

6.黑龙江省农垦科学院经济作物研究所

黑龙江省农垦科学院是1979年经省编委批复成立,隶属于北大荒集团(省农垦总局),涵盖水稻、大豆、玉米、食用菌等农作物育种、栽培、植保以及农业机械、畜牧兽医、科技信息等众多学科的综合性农业研究单位。

黑龙江省农垦科学院经济作物研究所集科研、开发、推广、服务于一体多学科综合性农业研究单位,设有食用菌研究、马铃薯研究和油料作物研究等6个研究室。其中食用菌研究室以食用菌种质资源收集与保存、遗传育种、分子生物学和栽培为主要研究方向,现有科技人员12人,其中研究员2人、副研究员4人,硕士2人,其中2人为中国菌物学会终身会员和黑龙江省食用菌协会会员。拥有实验室400 m^2,生产试验温室400 m^2,实验仪器100余台套。保藏食用菌菌种200余株,主要有黑木耳、平菇、榆黄蘑、猴头、灵芝、杏鲍菇、大球盖菇、双孢菇、花脸菇等。食用菌研究室自20世纪80年代以来,先后承担了省、部级及总局级各类科研项目30余项,其中20余项获省、总局级科技进步奖,发表专业论文100余篇。十三五期间获得发明专利5项,省科技进步三等奖1项。十三五期间,在延军农场、军川农场等12个农场建立试验示范基地,年示范推广食用菌3 000万袋以上,年创造经济效益超过2 000万元。2016～2018年在宝泉岭管局、红兴隆管局、牡丹江管局、齐齐哈尔管局食用菌专题技术培训达到2 000人次以上。

黑龙江省农垦科学院经济作物研究所

十四五期间,围绕黑龙江垦区集团改革发展规划,奋力开启集团化、企业化高质量发展新模式。结合垦区供给侧结构调整,打造垦区食用菌产业高标准发展新格局,以提高垦区食用菌生产标准为目标,建设垦区食用菌产业集科研、生产、加工、销售全产业链发展。以"龙头企业＋基地＋种植户"发展模式,开启垦区食用菌工厂化、数字化、智能化发展新模式,促进垦区食用菌产业转型升级,创新发展。

7. 东北林业大学林学院

东北林业大学创建于1952年7月,是一所以林科为优势、林业工程为特色的多学科协调发展的高等学校,是国家"211工程"重点建设高校和"双一流"建设高校。东北林业大学食用菌研究起步早,在大型真菌资源调查与利用、食药用菌良种选育和栽培技术创新、食药用菌发育机理和功效物质研究等方面成果丰硕。

东北林业大学林学院食用菌创新团队组建于2009年,长年致力于食药用菌菌种选育、活性成分合成及调控、野生食药用菌驯化与保育、废弃食用菌菌糠再利用以及食用菌工厂化设计及技术指导,现由5名教授、2名副教授、2名讲师组成。

采用传统杂交和分子生物学技术,培育出黑厚圆、黑元帅和东林青瓦等黑木耳品种,DL暴马桑黄、东林桑树桑黄、东林松口蘑、东林灰紫香蘑、东林紫丁香蘑、东林平菇,东林金顶侧耳、东林猴头、东林赤芝、东林松杉灵芝、东林离褶伞、东林榆耳、东林蛹虫草等食用菌新品种;研制桑黄饮片、功能性食用菌、灵芝盆景等创新产品;制定了《沙棘木耳棚室挂袋栽培技术规程》《富硒大球盖菇栽培技术规程》《沙棘果渣栽培元蘑技术规程》《黑木耳液体菌种生产技术规程》《桑黄栽培技术规程》等地方标准;在SCI、EI及国内核心期刊上发表论文100多篇;获得"一种利用干耳片快速分离木耳菌种的方法""一种灰紫香蘑仿野生栽培方法"和"一种桑黄菌丝体的制备方法"等8件国家发明专利授权和"一种新型生物技术液体菌种发酵罐"等3件国家实用新型专利授权;承担"暴马桑黄三萜下游合成通路解析及其异源生物合成研究"等国家省部级项目20多项;获得以"暴马桑黄优质高效栽培技术创新与示范"和"寒地黑木耳优质高效栽培技术创新与推广示范"为主的省部级二等奖5项、三等奖1项,厅局级奖励7项;科研成果在黑龙江省、吉林省、贵州省应用转化,每年产生的直接和间接经济效益上亿元;所承担的《利用农业技术优势推动产业扶贫—东北林业大学黑木耳产业扶贫项目》被收录世界减贫案例。

东北林业大学食用菌创新团队

8. 东北农业大学资源与环境学院

东北农业大学成立于1948年,是一所"以农科为优势,以生命科学和食品科学为特色,农、工、理、经、管等多学科协调发展"的国家"211 工程"重点建设大学和"世界一流学科"建设高校。

东北农业大学食用菌研究历史悠久,起步于 20 世纪 50 年代,历经几代人的努力,目前已经形成了在国内具有一定影响力的寒地食用菌研究机构。目前,食用菌团队成员 12 人,其中教授 3 人、副教授 7 人、讲师 2 人、博士生导师 3 人、硕士生导师 5 人,博士 10 人、硕士 2 人,研究生 25 人。拥有中国食用菌协会黑木耳分会副会长、中国黑木耳产业联盟副理事长、中国食用菌协会常务理事、中国食用菌品种认定委员会委员、黑龙江省食用菌协会副会长(兼标准化委员会主任)、黑龙江省食用菌品种认定委员会委员等社会兼职。主要研究食用菌品种包括黑木耳、双孢蘑菇、珍稀菇类等。

食用菌团队主持国家级科研项目 5 项、省部级项目 1 项、其他项目 5 项。以第一育种人身份选育出 2 个黑木耳品种(东黑 1 号、东黑 2 号,黑龙江省品种认定委员会认定),在黑龙江推广 30 万支,创经济效益约 3 亿元。首次在黑龙江省研制并推广"北方双孢蘑菇工厂化生产技术"。在哈尔滨市、牡丹江市推广取得良好经济效益,并在黑龙江日报报道。研制出菌糠资源化利用技术,重复利用食用菌生产废料(即菌糠),再度生产食用菌或生产生物有机肥料,为解决食用菌废料污染环境问题提供了有效的技术方案。

获得黑龙江省省长特别奖 1 项,获得黑龙江省科技进步二等奖 1 项、三等奖 1 项。长期与省内食用菌主产区专家、企业和政府密切合作,受聘为"东宁市、海林市、拜泉县食用菌产业技术顾问",与"穆棱市鑫北农业科技有限公司""大庆市大同区恒瑞食用菌专业种植合作社"等省内双孢蘑菇生产企业进行对接,为企业提供生产技术、建厂、技术升级改造等方面的技术服务。多年来,在省内培训食用菌技术员 3 000 余人,下乡培训、指导菇农 30 000 余人。

东北农业大学

9. 黑龙江农业经济职业学院食用菌研究所

黑龙江农业经济职业学院始建于 1958 年 10 月,原隶属于黑龙江省农业委员会,2019 年 8 月转隶黑龙江省教育厅。2019 年 10 月被确定为中国特色高水平高职学校和专业建设计划 A 档专业群立项单位。现为国家级现代农业技术培训基地、全国首批新型职业农民培育示范基地、对俄外向型星火产业科技培训基地、国家级科技特派员创业培训基地和国家级星创天地、国家级高技能人才培训基地,2020 年

9月入选国家示范性职业教育集团（联盟）培育单位。

2005年，为了更好地服务地方食用菌产业，学院成立了集"教学、科研、生产、示范、推广、培训、创业、科普"于一体的食用菌研究所。食用菌生产示范基地现有面积5 000 m²，拥有大型食用菌生产专用设备。基地拥有食用菌生产实训室、蕈菌文化与科普展馆、食用菌标准化菌包生产车间、接种车间、菌种培养室、标准化半地下出菇温室、黑木耳吊袋生产示范棚等，可承担学院教学实训、生产栽培、教师生产实践活动、学生自主食用菌创业项目、完成农民培训、新技术与品种生产示范展示及蕈菌文化与科普展示等多种任务。2019年被评为国家级食用菌协同创新中心及国家级食用菌生产示范基地，学院《蕈菌文化与科普展馆》于2020年11月被授予黑龙江省省级科普基地。2021年以"moshroom"为主题，建成食药用菌教学展示园区。

依托国家级食用菌协同创新中心参与承担国家食用菌产业技术体系、国家中央引导地方科技发展专项、国家科技支撑计划、省产业技术体系等项目50余项，发表论文40余篇，获省科技进步一等奖2项、二等奖5项、三等奖6项，获国家发明专利17个；食用菌审定品种2个，主编与参编食用菌相关教材10余部、技术手册10余本，《带你走进食用菌生产》智慧树在线开放精品课一门；食用菌研究所团队成员受聘于多家乡镇、企业，拥有中国食用菌协会副会长1人、省级科技特派员1人；协助中国食用菌协会开展年度食用菌产量统计与高质量黑木耳峰会等工作，助力黑龙江省食用菌产业高质量发展。

黑龙江农业经济职业学院食用菌研究所

10. 黑龙江大学生命科学学院

黑龙江大学是教育部与黑龙江省人民政府共建的有特色、高水平、现代化地方综合性大学，化学、材料、工程三个学科进入ESI全球排名前1%，2018年获批黑龙江省"双一流"建设国内一流大学A类高校。

黑龙江大学生命科学学院拥有"农业微生物技术教育部工程研究中心"；具有"生态学"一级学科博士学位点、"生物学"一级学科硕士学位点、"生物学"省级重点学科和"生物学""生态学"两个省级领军人才梯队。

依托学科平台，生命科学学院自20世纪90年代开始食用菌资源开发和利用研究工作。2007年食用菌研究团队开始从事黑木耳菌种选育、袋料栽培及深加工等科研工作，为黑龙江省和西藏林芝地区的黑木耳产业发展做出了重要贡献。将室内养菌、棚式催芽、单片栽培、春秋连作等系列黑木耳袋料栽培创新技术先后在黑龙江省东宁县、呼玛县、勃利县以及西藏林芝地区推广，使当地黑木耳产量和品质得到了快速提高。自2011年开始，研究团队每年从西藏林芝地区采集野生黑木耳进行分离、纯化、选育和鉴定，筛选出的优良高产黑木耳菌株"西藏6号"（专利号：ZL201310278146.8）。2017—2021年先后在黑龙江省呼玛县、勃利县、东宁市进行规模驯化、试验栽培，已超过50万袋。结果表明，"西藏6号"栽培单产可提高25%以上、泡发率提高30%以上，并且表现出较好的抗逆性和抗杂性。目前正在完善栽培技术，逐步扩大应用规模，力争为黑龙江省黑木耳菌种资源优化和良种产业化应用做出更大贡献。

食用菌研究团队还从事食用菌资源调查、食药用菌功效发掘和菌林生态研究，红松外生菌根真菌菌剂项目成果于2020年获得了黑龙江省科技进步二等奖。另有多项成果指导农民发展黑木耳产业、脱贫致富，多次获得省教育厅、省科技厅的赞誉和奖励。

黑龙江大学生命科学学院

二、龙头企业和合作社

1. 东宁黑尊生物科技有限公司

成立时间：2014年3月

注册资金：8 000万元，投资2.17亿元

企业地址：东宁市三岔口镇对俄进出口加工园区6-2号

主要业务和生产能力：专业研发、培育、推广黑木耳液体菌种新技术的生产服务性企业，提供全过程

平台服务,提供液体菌种、培训服务和种植过程技术指导。实行"研发+检测+技术推广+技术培训+质量监督"模式,树立"为农户提供优质服务、增加农户收入"的企业宗旨,建设完善的黑木耳食用菌产业服务平台项目。

现年生产能力为 8 300 万袋黑木耳菌包。其中一期工程设计产能为年产 1 800 万袋,2015 年 12 月正式投产。二期工程已基本完成,产能为年产 6 500 万袋,并成立研发中心及技术推广培训中心,加快农业服务业快速发展。目前正实施食用菌液体菌种生产线建设项目,扩展玉木耳和灵芝等食用菌品种,计划新增产能 3 000 万袋。

资质和荣誉:与大专院校协同合作研发新品种和提升菌包生产技术水平,带动东宁地区从事黑木耳种植近 3 000 户,从而推动东宁地区黑木耳产业的快递发展。东宁黑尊生物科技有限公司是黑龙江省重点龙头企业和黑龙江省质量诚信 AAA 级企业,是省级百姓口碑金奖示范单位,获得先进基层党组织等多项荣誉称号。

东宁黑尊生物科技有限公司

2. 黑龙江佰盛食用菌有限公司

成立时间:2014 年 3 月

注册资金:6 000 万,投资 1.2 亿

企业地址:黑龙江省牡丹江市东宁市绥阳镇

主要业务和生产能力:公司拥有 11.2 hm² 菌菇现代科技种植园,6.27 hm² 自动化菌包加工厂,18 栋温室阳光棚,58 栋恒温大棚。种植基地年产规模为菌包 6 000 万袋、育菌 2 000 万袋、菌菇产量 2 t。近三年,平均每年销售额达 4 000 万元。创新采用农企合作方案:耳农购置菌包自主栽培,由公司组织专家团队进行全程技术指导,答疑解惑,确保黑木耳栽培稳产丰产,种植技术可复制、可推广。同时,公司以保护价收购黑木耳产品,真正做到耳农和企业合作共赢,带领广大耳农共同致富。

公司致力打造生态绿色产业链,培育菌菇产业特色品牌,探索"生态优先、绿色引领"的高质量发展之路,把产业园打造成集生产培育、加工、销售、交易、物流、融资、展示、生活于一体的综合性绿色生态产业园。

资质和荣誉:牡丹江市重点龙头企业,拥有"绿色食品"和"无公害农产品"等多项资质证书,成功注册"珍珠耳"品牌。2015 年 1 季度,佰盛公司成功突破技术和设施难题,实现 5 万袋菌包在温室内稳定出耳,成为全国首家实现高寒地区周年出耳的科技型企业。

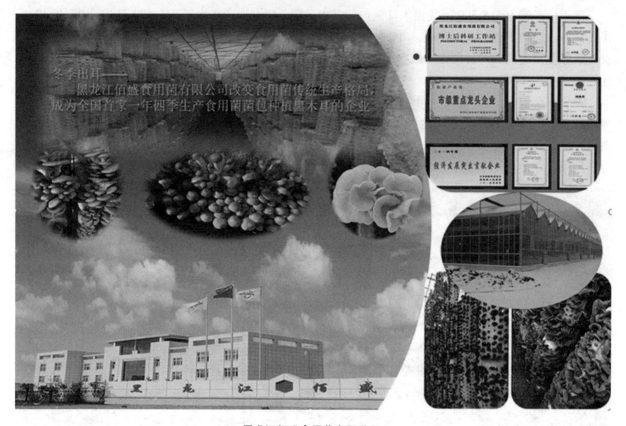

黑龙江佰盛食用菌有限公司

3. 东宁山友食用菌科技研发有限公司

成立时间:2018 年 4 月 16 日

注册资金:2 000 万元

企业地址:东宁市绥阳镇黑木耳产业集群东侧

主要业务和生产能力:主要开展食用菌种植加工技术研发与推广服务、干制食用菌批发与销售以及黑木耳出口业务等。

占地面积 20 000 m²,建筑面积 17 000 m²,种植基地面积 66 667 m²。员工人数达到 200 人。企业以"市场需求"为导向,始终坚持以人为本、诚信立业的经营原则,主要供应国家百强餐饮行业和线上主流销售平台,同时出口俄罗斯、韩国、日本、泰国、越南等多个国家地区。2018 年 - 2020 年实现销售额 11 624 万元。组建成立子公司——东宁润乡山产品有限公司,新建"黑木耳出口深加工车间"内布设自动化生产加工流水线,生产黑木耳干制品、深加食用菌罐头、黑木耳粉、冻干黑木耳等产品,年加工黑木耳能力 8 000 吨。

资质和荣誉:绿色种植地理标志、全国服务三农金牌形象企业、中国食用菌协会会员、黑龙江省民营经济发展促进会理事单位、牡丹江市农业产业化重点龙头企业、东宁市总工会产业工人队伍培育基地、东宁市职工(农民工)就业创业培训基地、东宁市消费维权定点联系企业、东宁市绥阳镇农业产业化突出贡献单位等荣誉。

东宁山友食用菌科技研发有限公司

4. 东宁北域良人山珍食品有限公司

成立时间:2008 年 1 月

注册资金:1 000 万元

企业地址:黑龙江省东宁市绥阳镇木耳市场东区有机工业园

东宁北域良人山珍食品有限公司

　　企业的主要业务和生产能力：公司占地面积 8 000 m²，年加工销售黑木耳 2 000 t，建有占地面积 33.33 hm² 的高标准挂袋大棚 365 栋，年生产干黑木耳 547.5 t，现有产品五大系列、30 款单品，拥有自己的条形码 70 个，公司在完善管理的同时，进行了产品和销售渠道上的大整合，线下产品已销往北京、广州、上海及山东、江苏、福建等地大中城市，主要渠道是出口、线上天猫旗舰店、电视购物、线下 29 家加盟店、抖音和绿色食品实体店。线上拥有自己的企业店铺、旗舰店，微信官方公众号、抖音号，做到了线上销售与线下实体店、绿色有机生产基地相结合。

　　资质和荣誉：公司先后通过有机食品、绿色食品、地理标志产品和 HACCP 体系认证，出口备案企业。

　　公司是黑龙江省重点龙头企业、农业产业化龙头企业；牡丹江市食用菌企业优秀龙头企业，获东北（国际）好食材大会战略合作商、经济发展突出贡献企业、全国百强农产品经纪人、文明诚信经营者等荣誉称号。注册商标"运福""福佳翔""泉眼河"，其中"运福"标识已获得省级著名商标。

5. 黑龙江省维多宝食品股份有限公司

成立时间：1997 年 2 月

注册资金：2 400 万元

企业地址：黑龙江省牡丹江市绥芬河市迎新街 200 号

黑龙江省维多宝食品股份有限公司

主要业务和生产能力:建有占地面积 33 hm² 的高标准智能大棚 130 栋、晾晒大棚 131 栋,实现春秋两季循环种植,达到年产 500 吨黑木耳规模,目前是我省最大的有机黑木耳种植基地。产品生产加工车间建筑面积 2 525.96 m²,年生产黑木耳 500 t,产品有山珍系列、坚果系列、休食系列,共计 100 余支单品。在全国 19 个省、3 个自治区、4 个直辖市、246 个城市,拥有合作门店 2 000 余家,公司与大润发、永辉、沃尔玛、家乐福、华润集团、大商集团、北京华联、胖东来、大张集团、欧亚集团、天猫、京东、盒马鲜生等建立深度合作,并出口美国、加拿大等国。

资质和荣誉:公司产品获得了有机产品认证、富硒产品认证、美国 FDA 认证、HACCP 认证。先后获得中国黑木耳行业龙头企业、黑龙江省农业产业化省级龙头企业,并被国家工商总局评为"中国驰名商标"。种植基地被评为黑龙江省现代化农业科技园、黑龙江省十大标准化蔬菜种植基地、有机黑木耳种植基地。

6.穆棱市鑫北农业科技有限公司

穆棱市鑫北农业科技有限公司

注册资金:2 000 万元

企业地址:穆棱市下城子镇人民大街

企业主要业务和生产能力:穆棱市鑫北农业科技有限公司始建于 2017 年 8 月,项目落户于穆棱河流域现代化农业示范园区,项目占地总面积 18 hm²,项目总投资 1 亿元,一期建筑面积近 1.7 hm²,主要生产鲜食双孢菇及速冻制品,产品主要销往俄罗斯远东地区及韩国市场。年出口双孢菇 2 000 t,通过冷链运输全部销往国际市场,年销售产值可达 4 000 万元,在双孢菇出口种植企业中独占鳌头。

资质和荣誉:2018 年 9 月,被牡丹江市农业产业领导小组认定为"市级重点龙头企业"。2019 年,被黑龙江省科学院微生物研究所指定为穆棱双孢菇综合技术示范园区。2020 年 7 月,被黑龙江省农业农村厅认定为"省级重点龙头企业"。

7. 穆棱市下城子镇悬羊食用菌农民专业合作社

成立时间:2009 年 4 月

注册资金:50 万元

企业地址:穆棱市下城子镇悬羊村

主要业务和生产能力:建有占地面积 38 hm² 的高标准挂袋大棚 300 栋和占地面积 1 hm² 的菌包生产加工发酵车间,年生产优质黑木耳 300t。在合作社的带动下,全村种植黑木耳 3 500 万袋。迄今为止,棚室已发展到近千栋。共有 400 户种植黑木耳,年产值 1.2 亿元。产品依托东宁雨润木耳交易市场销往北京、广州、上海、山东、江苏、福建等地。线上拥有自己的企业店铺,通过微商平台、网红直播带货等互联网销售模式,做到了线上销售与线下实体店、绿色有机生产基地相结合。

资质和荣誉:合作社已获得食品生产加工许可证、黑木耳绿色食品标志、国家地理标志认证。2019 年被评为国家农民示范合作社,合作社创始人徐敬才先后获得"黑龙江省劳动模范"和"全国农村致富带头人"荣誉称号,获得"中国创翼"创业创新国赛三等奖。

穆棱市下城子镇悬羊村食用菌专业合作社是牡丹江市重点龙头企业、穆棱市食品行业协会秘书长单位、穆棱市就业扶贫车间,创响了"悬羊碰子"品牌商标,2020 年悬羊村被列全国(黑木耳)一村一品示范村,"悬羊碰子"黑木耳品牌影响力进一步增强。

穆棱市下城子镇悬羊食用菌农民专业合作社

8. 海林市千菌方科技有限公司

成立时间:2015 年 5 月

注册资金:5 000万元

企业地址:海林市西开发区北苑街南侧

主要业务和生产能力:总占地面积 1.2 hm²。董事长温俊峰从事猴头菇栽培与研发 30 余年,2005年俊峰猴头菇栽培基地被授予国家级猴头菇示范园区,2009 年温俊峰牵头成立了威虎山猴头菇农民专业合作社,2015 年整合猴头菇产业全链条资源、成立海林市千菌方科技有限公司。投资 4 000 万元建设猴头菇原浆暨饮品加工项目,实现了猴头菇种植、加工、销售全链条发展。目前主要产品有猴头菇原浆、饮品、多糖及超微破壁粉等。在牡丹江地区及京津冀等城市建立直销店、在全国建立 60 多家经销店,还与国内多家酒店建立合作关系,实现微商、淘宝、抖音等多平台线上销售。

资质和荣誉:海林市食用菌协会会长单位、黑龙江省食用菌协会会员单位。连续 2 年被评为黑龙江省林业龙头企业,连续 10 年被评为优秀合作社,2019 年获得海林市"林海工匠"杯创业大赛成长组一等奖。公司注册商标"林海亿森"已获得国家版权保护,猴头菇多糖提取技术已获得专利授权。2021 年1 月猴头菇多糖提取项目被刊登在香港商报上。"海林市猴头菇"获得绿色地理标识认证,经中国品牌促进会等专业机构认定品牌价值为 8.62 亿。

海林市千菌方科技有限公司

9.海林市富源菌业有限责任公司

成立时间:2008 年 3 月

注册资金:100万元,投资6 000万元

企业地址:牡丹江市海林市共和三队

主要业务和生产能力:集产、供、销于一体的现代化食用菌生产加工企业。一期占地8 hm²,总建筑面积3.2 hm²。二期流转土地9 hm²,投资建设3栋智能工厂化杏鲍菇生产车间,年生产杏鲍菇300万袋。建有农产品安全追溯系统和网络营销平台,注册运行"东北食用菌网站平台",实施"龙头企业+合作社+农户"的双加模式,带动产业发展,实现了市场牵龙头、龙头带基地、合作架桥梁、农户增效益的产业化经营格局。主要产品香菇、平菇、杏鲍菇、茶树菇、北虫草、双孢菇均已通过绿色食品标示认证。注册"富源琦珍"商标。增加新品种(秀珍菇)主要出口俄罗斯。2018年以来销售收入逐年上升,2020年销售有机食用菌1.3万吨,销售收入1 321万元,利润达292万元。

资质和荣誉:企业获得绿色食品认证、有机食品认证、省级质量管理体系认证以及CB/T19001 - 2008TS9001:2008质量管理认证等。2015 - 2020年被评为黑龙江省农业产业化重点龙头企业、全省优质高效食用菌生产基地、全省食用菌生产样板基地和食用菌绿色标准化生产示范基地。

海林市富源菌业有限责任公司

10. 黑龙江珍珠山绿色食品有限公司

成立时间:1995年5月

注册资金:5 000万元

企业地址:哈尔滨市尚志市珍珠山乡珍珠村

企业的主要业务和生产能力:建有55 hm²的食用菌高标准挂袋大棚200栋和高效栽培基地30 hm²。拥有3 hm²的智能化菌种菌包加工厂和食用菌精深加工厂。开发了5大系列120余个品种,年

精深加工能力 2 000 t。线下产品畅销北京、上海、广州等国内 30 余个大中城市,出口美国、欧盟等国家和地区。同时加盟京东旗舰店,在淘宝网、天猫、阿里巴巴和中国食用菌网设立了专业网站,实现线上销售。

资质和荣誉:公司连续多年被评为哈尔滨市和黑龙江省级"重合同守信用"企业。全部产品均获得无公害、绿色、有机食品和中国地理标志"三品一标"质检体系认证,拥有自主出口经营权,已通过 ISO9000 质量体系认证,建立了完善的 HACCP 食品安全体系,已获得国家出口食品企业登记注册,通过了美国 FDA 注册认证和国内质量安全 QS 认证,是出口备案企业。

公司获得黑龙江省重点农业产业化龙头企业和最具发展潜力绿色食品龙头企业、黑龙江省 AAA 诚信企业、黑龙江省消费者放心满意产品、龙江好食品等荣誉称号。注册商标"珍珠山"标识已获得黑龙江省著名商标品牌。

黑龙江珍珠山绿色食品有限公司

11. 尚志市三道菌业有限公司

成立时间:2016 年 4 月

注册资金:2 400 万元,投资 1.7 亿元

企业地址:尚志市珍珠山乡冲河村

主要业务和生产能力:集食用菌菌种研发、菌包标准化生产、食用菌立体化栽培、销售一体的农业企业。建有占地面积 30 hm² 的高标准食用菌栽培基地,建有 382 栋高标准立体栽培大棚,配备栽培环境指标检测和调控系统。同时建有占地面积 6 hm² 现代化菌包生产加工车间,年生产黑木耳菌包能力达到 1 600 万袋。自主研发和生产应用自动装袋机、液体菌种自动接种机、专用菌包开口机和栽培出耳管理系统等配套设备,不断提升菌包生产质量和栽培出耳管理水平。

三道菌业生产的菌包主要用于自建栽培基地及棚室栽培,同时供应尚志、五常等产区应用。近年来平均年产优质黑木耳近 800 t,销售额约 6 400 万元。线下产品主要销往北京、广州、上海、深圳等国内大中城市,主要渠道是大型超市、社区、社群、企事业团购、商贸和网络供应链公司及绿色食品实体店。线上拥有企业店铺、旗舰店,官方公众号、抖音号,并与 10 家网络销售平台进行合作,做到了线上销售、线下实体店和绿色有机生产基地的有机结合。

资质和荣誉:哈尔滨市重点龙头企业、尚志市农业产业化龙头企业。

尚志市三道菌业有限公司

12. 哈尔滨汉洋食用菌种植有限公司

成立时间：2013 年 7 月 17 日

投资规模：15 243 万元

企业地址：哈尔滨市双城经济技术开发区国道南路 5 号

哈尔滨汉洋食用菌种植有限公司

主要业务和生产能力:主要开展食用菌生物技术、食用菌食品研发生产;深加工、进出口销售等。占地面积 3 hm²,生产场地面积 3 hm²,栽培基地面积 13.6 hm²。公司发展形成自有研发生产体系,现拥有国家专利、著作权、企业标准、技术规程等 227 项,有茶树菇、花菇、赤松茸、蘑菇挂面、蘑菇酱、蘑菇小麦粉、蘑菇主食等 60 多种系列产品,年产食用菌产品 3 600 吨、深加工产品 4 000 吨。通过电商平台、超市、世界 500 强餐饮连锁和农贸市场批发等开拓市场。2020 年销售额 2 460 万元。

资质和荣誉:国家高新技术企业、农业产业化省级重点龙头企业、黑龙江省省级林业龙头企业和中国诚信 AAA 企业。有机协会黑龙江省食用菌专业委员会会长单位、黑龙江省特产产业协会理事单位、黑龙江省食用菌工厂化及深加工工程技术研究中心。产品获得"中国著名品牌""黑龙江省十大品牌""黑龙江省绿博会金奖""中国好蘑菇"等称号。

13. 黑龙江省冰榕科技有限公司

成立时间:2013 年 6 月

注册资金:8 000 万元,投资 1.6 亿元

企业地址:肇东市经济开发区绿焱路与乐业大道交叉口

主要业务和生产能力:公司总占地面积 15 hm²,拥有 8.7 hm² 全自动化食用菌种植厂房。以生产杏鲍菇为主,其他品类包括平菇、猴头菇、鸡腿蘑、白玉菇等,同时依据市场需求进一步采取多元化生产模式。目前日产 10 万袋菌包、鲜菇 24 t、香辣杏鲍菇 4 t。杏鲍菇主要销往哈、齐、牡、佳等地市,主要渠道是大批发商、大型连锁生鲜超市、社区、社群、企事业团购等,约占全省总需求的 35%,年销售额约 1.4 亿元。公司积极推进一二三产业融合发展,充分发挥人才优势、技术优势和规模优势,推进"工厂+基地+农户"的发展模式,直接或间接带动发展农户 1 125 户。

资质和荣誉:连续 3 年通过有机食品生产、加工认证,先后被黑龙江食用菌协会等部门授予"食用菌研发科技单位""支农工作先进集体"和"诚信单位"等荣誉称号。2017 年被授予黑龙江省农业产业化重点龙头企业。2018 年,全国人大常委会委员、农业与农村委员会主任委员陈锡文及省市主要领导莅临考察指导,对企业表示高度的重视和认可,鼓励企业引进先进的技术、生产高附加值产品。

黑龙江省冰榕科技有限公司

14. 大庆市大同区恒瑞食用菌种植专业合作社

成立时间:2013 年 10 月

注册资金:1 000 万

企业地址:大庆市大同区太阳升镇委什吐村

主要业务和生产能力:合作社现建有两个基地:太阳升镇草腐菌基料生产基地和祝三乡双孢蘑菇种植基地,工厂化种植和棚室农法种植相结合。占地面积约 66.67 hm²,拥有基料发酵隧道 5 条、拌料车间 6 000 m²、养菌车间 5 200 m²、冷库 1 500 多 m² 和菌种制作车间 2 000 m²。周年工厂化种植双孢蘑菇面积 2 500m²、棚室农法种植双孢蘑菇面积 20 000 m²。合作社主营业务是利用废弃秸秆和畜禽粪便生产草腐菌发酵料,栽培种植和销售双孢蘑菇、褐菇、鸡腿菇和平菇等食用菌产品。近三年平均年产隧道发酵基料 1 万吨,年产食用菌鲜品 900 吨,产品销往哈尔滨哈达批发市场、长春粮油批发市场、沈阳盛发批发市场,以及大庆市城区的各大批发市场,年产值达 700 多万元。已申请注册"恒瑞琦"商标,产品受到市场好评。

资质和荣誉:近年来先后被评为"黑龙江省农村科普基地""省农民创业示范基地"、省食用菌产业技术协同创新推广体系"双孢菇综合技术示范园"、大庆市"农业产业化重点龙头企业"。专业合作社理事长刘金莉 2020 年被评为黑龙江省"食用菌大王"。

大庆市大同区恒瑞食用菌种植专业合作社

15. 拜泉县鑫鑫菌业有限公司

成立时间:2017 年 3 月 24 日

注册资金/投资规模:4 000 万元

企业地址:黑龙江省拜泉县西门外路南

企业主要业务和生产能力:拜泉县鑫鑫菌业有限公司秉承"以专业精神,造优质产品;执绿色基调,争行业先锋;凭完善服务,做顾客知己"的经营理念,经四年时间不断发展创新,已成为一家集食用菌菌种研发、菌包生产、培育、栽培、销售、技术推广、食用菌深加工于一体的现代化农业企业。

鑫鑫菌业厂区总投资 2.5 亿元,建有科技研发楼、菌包生产车间、深加工车间、冷链物流仓储车间和废菌包处理生产线。厂区占地面积 7.3 hm²、生产场地面积 4 hm²,日产 20 万袋菌包、年产能力达 5 000 万袋。近三年平均年产值 1 亿元。

鑫鑫菌业菌包产品包括黑木耳、香菇、滑菇、平菇等品种,产品销售覆盖黑龙江省全境、内蒙古东部及辽宁省部分地区。食用菌鲜品主要销往广州、福州、哈尔滨和沈阳等地,部分产品经冷藏保鲜处理,出口泰国、韩国、日本、加拿大。滑菇产品包括鲜品和腌渍两种,对接国内外大型商超。

资质和荣誉:黑龙江省高新技术企业、黑龙江省扶贫龙头企业,拥有多项绿色食品和有机食品证书和国家专利 6 项。公司董事长王玉伟获得"全国脱贫攻坚先进个人"荣誉称号。

拜泉县鑫鑫菌业有限公司

16. 黑龙江黑臻生物科技有限公司

成立时间:2016 年 11 月

注册资本:7 000 万元,投资 2.3 亿元

企业地址:海伦市经济开发区

主要业务和生产能力:主营生物科技推广、生物科学技术研究服务、食用菌生产、种植、加工、销售等,工厂占地面积 11 hm²,其中生产和培养车间 57 360 m²,办公楼及研发中心 2 236 m²、储存室 7 640 m²。拥有三条国内先进的生产线,国内单体规模较大、工艺技术领先、全程实现自动化和制药级别净化,菌包日生产能力为 30 万袋、全年可达 1 亿袋,销往伊春、黑河、绥化、牡丹江、哈尔滨等地区,每年带动就业万

黑龙江黑臻生物科技有限公司

人以上。在海伦、伊春、兰西等地建有标准化食用菌基地,占地面积 66.67 hm² 、吊袋大棚 600 栋和出菇温室 70 栋,工厂化种植元蘑、白玉菇、杏鲍菇、鹿茸菇等。

资质和荣誉:2019 年被纳入国家"万企帮万村"企业名录,被评为"黑龙江省重点扶贫产业化龙头企业",2020 年经中国绿色食品发展中心审核获得"国家绿色食品证书"。通过了 ISO9001 质量管理体系认证和 HACCP 体系认证。2021 年被国家品牌集群协会认定为食用菌首批(41 家)成员单位、省"专精特新"中小企业、国家高新技术企业。完成出口基地备案。目前已成功申请发明专利 8 项、实用新型专利 8 项。

17. 黑龙江华腾生物科技有限公司

成立时间:2016 年 4 月

注册资金:7 000 万元

企业地址:佳木斯市桦南县经济开发园区

主要业务和生产能力:公司占地 60 hm² ,其中生产场地 15 hm² ,国内先进水平的自动化生产线 3 条,年产菌包能力 1 亿袋。华腾有机黑木耳种植园区 45 hm² ,标准化吊袋大棚 500 栋,年可种植黑木耳 1 000 万袋。扶持建设 5 处木耳基地和 6 个种植专业合作社,带动贫困户近千户,相关产业可带动 3 000 多人临时就业。

近三年平均年销售额近亿元。菌包热销佳木斯、牡丹江、伊春及山东、山西等省;自主品牌"东极山朵"黑木耳、玉木耳、秋木耳三大系列产品,12 个单品,以"线上 + 线下"现代化营销方式拓展面向全国各地的销售渠道。在"快手"及 832 扶贫平台上成为抢手货,单次直播带货达 74 000 多单,销售额达 221万元。

资质和荣誉:成立研发中心,特邀中国工程院院士、吉林农业大学博士生导师李玉教授团队作为技术支撑。公司已通过 ISO9001 质量管理体系认证,产品通过有机食品认证、并被认定为佳木斯地理标志产品。获评农业产业化省级重点龙头企业、省级扶贫龙头企业、高新技术企业和全国"万企帮万村"精准扶贫行动先进民营企业等荣誉称号。当选为中国食用菌协会副监事长单位、黑木耳分会副会长单位,中国食用菌品牌集群副会长单位等。

黑龙江华腾生物科技有限公司

18. 黑龙江亮子奔腾生物科技有限公司

成立时间:2013 年 8 月

注册资金:9 190 万元,投资 2.1 亿元

企业地址:黑龙江省汤原县汤原镇

主要业务和生产能力:主要从事食用菌研发、生产、加工销售的智能型现代化企业,现有员工 158 人,与吉林农业大学等合作建有食用菌研发中心。占地面积 62 hm²,其中生产场地 17 hm²、自动化菌包生产线 3 条,年生产能力为 6 000 万菌包。栽培基地 45 hm²、400 栋标准木耳挂袋大棚,春秋两季栽培 1 000 万袋,产量 600 余吨。菌包主要销往佳木斯、鹤岗、伊春等地,有机木耳销往四川、山东和本省产区,近三年公司年平均销售额近亿元。

资质和荣誉:通过 ISO9001 国际质量管理体系认证,产品被认定为佳木斯地理标志产品、并通过国家农业部有机产品认证,注册"大亮子河"牌商标被佳木斯市评为知名商标。2017 年有机黑木耳种植基地被全国蔬菜协会和省农业农村厅授予黑龙江省十大标准化蔬菜生产基地,2018 年被省农业农村授予省级农业产业化龙头企业,2020 年被省农业农村厅授予第三届全省农民丰收节最具带动能力荣誉企业,2021 年被选为全国食用菌协会监事单位和全国食用菌协会黑木耳分会副会长单位。

黑龙江亮子奔腾生物科技有限公司

19. 龙江绿铭农业发展有限公司

成立时间:2018 年 3 月

注册资金:1 448 万元

企业地址:齐齐哈尔市龙江县山泉镇官窑村

企业的主要业务和生产能力:建有占地面积 73 hm² 的高标准挂袋大棚 500 栋和占地面积 6 hm² 的菌包生产加工车间,年生产有机沙棘木耳 250 吨,现有产品三大系列 28 款单品,拥有自己的条形码 57 个,日产有机沙棘木耳 1 吨,小嘿粉 2 000 盒。线下产品已销往北京、广州、上海、山东、江苏、福建等大中城市,主要渠道是大型超市、社区、企事业团购和网络供应链公司及绿色食品实体店。线上拥有自己的企业店铺、旗舰店、官方公众号、抖音号,与 28 家网络销售平台进行合作。做到了线上销售与线下实

体店、绿色有机生产基地相结合。

资质和荣誉:公司连续四年通过有机食品生产、加工认证;通过 ISO9001 质量管理体系、ISO22000 食品安全管理体系、HACCP 体系认证;被定为"粤港澳大湾区"菜篮子供应基地,是出口备案企业。

公司是中国食用菌协会理事单位、黑龙江省食用菌协会副会长单位、齐齐哈尔市重点龙头企业、黑龙江省 AAA 诚信企业,获中国 3.15 诚信品牌、全国消费者放心满意产品、龙江好食品等荣誉称号。注册商标"绿铭""木の瑧",其中"绿铭"标识已获得国家版权保护。

龙江绿铭农业发展有限公司

20. 伊春伊林菌脉生物科技有限公司

成立时间:2017 年 6 月 20 日

注册资金:8 600 万元

企业地址:铁力市经济开发区骊水大街 14 号

主要业务和生产能力:厂区占地面积 10.1 hm^2,建筑面积 3.9 hm^2。于 2017 年 11 月 18 日正式投产,现已完成投资 8 000 万元左右。主要经营业务包括生物科学技术研究服务,食用菌生产、种植、加工、推广服务。可实现日产黑木耳菌包 10 万袋,年产木耳菌包 1 500 万袋。

伊春伊林菌脉生物科技有限公司是伊春林业发展股份有限公司与汇源集团、佳龙集团合资组建的汇源伊佳森林食品有限公司的子公司,是打造森林食品产业布局的重要组成部分,完善了黑木耳产业从

伊春伊林菌脉生物科技有限公司

良种培育、菌包标准化生产到栽培种植和精深加工的产业链。伊林集团共建成种植大棚 3 000 余栋、4 个菌包厂,总占地 44 hm²、总建筑面积 21 hm²。此外还建成 1 个森林食品加工厂、1 个果汁和木耳茸饮品厂,先后获得"国家林业龙头企业""省级农业龙头企业"等荣誉称号。菌脉公司在母公司支持下迅速发展,坚持以品牌成就未来、以森林食品促进林业转型发展的经营理念,已逐步成长为黑木耳行业里的优质企业。

21. 黑龙江天锦食用菌有限公司

成立时间:2011 年 5 月

注册资金:600 万元

企业地址:齐齐哈尔市富拉尔基区富江路 61 号

主要业务和生产能力:以有机食用菌基地建设和食用菌栽培、加工、销售为主,主营蘑菇木耳、山野菜等系列产品;产品远销到全国 30 余个大中城市并出口澳大利亚。厂区占地面积 3 hm²,年生产加工有机产品 450 吨。2018 年食用菌深加工生产线投入运营,速食菌汤、菌汤粉、菌汤面等迅速打开市场并走出国门。销售渠道包括北大荒集团、上海森蜂园等代理商,自有企业店铺、旗舰店,并与阿里巴巴等 20 余家网络销售平台合作,线上销售与线下实体店、绿色有机生产基地相结合。

黑龙江天锦食用菌有限公司

资质和荣誉:连续多年保持国家有机食品认证,目前拥有单品有机标识 51 个,有机基地面积 800 km²。通过 ISO22000 食品安全管理体系、HACCP 体系认证、具有出口食品生产企业备案证明。黑龙江省中小企业协会副会长单位、黑龙江省绿色食品协会副会长单位、农业产业化省级重点龙头企业、黑龙江省著名商标、黑龙江省中小企业创新 20 强;多次蝉联中国国际有机食品博览会金奖、中国国际农产品交易会金奖、中国绿色食品博览会金奖等。目前拥有天锦、绿林黑土、霜耳、鄂伦村、帝翔、祥腾等注册商标 16 个,商标著作权 2 项。

22. 黑龙江坤健农业股份有限公司

成立时间:2017 年 1 月

注册资金:1 000 万元

企业地址:富裕县城南食品产业园开发区

主要业务和生产能力:公司主要种植赤灵芝、鹿角灵芝、松杉灵芝、藏灵芝、紫灵芝五大品类,种植基地 44 个、1 500 栋大棚,占地面积 665 000 m²,年产灵芝孢子粉 30 吨、灵芝子实体 120 吨,产值 2 000 万元。研发灵芝保健品系列、食品、饮品、日化美容品、灵芝工艺品、药品五大系列共计 52 款产品,与国内知名制药企业签订定单,并通过合伙人、代理、电商、商城、线下直营等方式销售。已建成三套灵芝萃取生产流水线。与黑龙江省中医药科学院、富裕老窖酒业、东北农业大学、协和医院等组建专业团队研发灵芝精深加工技术及产品。

资质和荣誉:被授予"中国富硒食品基地""中国著名品牌""中国有机灵芝基地"认证、"中国中药灵芝协会副主任委员单位"等。齐齐哈尔市中草药种养殖协会副会长单位,中国中药协会灵芝专业委员会副主任委员单位,黑龙江省食用菌协会理事单位、黑龙江中小型企业家协会理事单位。共获专利 9 项,被评为国家高新技术企业。"寒地灵芝种植及深加工项目"获黑龙江省创新创业大赛奖,并 2 次入围国家总决赛。

黑龙江坤健农业股份有限公司

23. 黑龙江贵龙食用菌设备有限公司

成立时间:2012 年 3 月

注册资金:800 万元

企业地址:牡丹江市爱民区兴平路通乡街 5 - A 号

主要业务和生产能力:占地面积 10 000 m²,生产加工车间 4 000 m²,年产值 860 万元。现有高级技术职称 3 人、中级技术职称 5 人、技术工人 24 人,各种生产设备 60 余台套。

现有 5 大系列产品,包括原料粉碎设备、菌料搅拌设备、装袋窝口插棒设备、菌包灭菌设备、菌包接种设备、以及菌包工厂化配套设备。产品销售遍布东北三省及贵州、云南、四川、新疆、西藏等地,远销韩国、日本及俄罗斯等国家。"贵龙"品牌已经成为国内行业知名商标。

资质和荣誉:通过 ISO9001 国际标准质量体系认证,拥有专利 26 项,是黑龙江省唯一通过"黑龙江省农机产品鉴定站"产品推广鉴定的食用菌设备制造企业。2015 年被批准为"国家高新技术企业""黑龙江省专利优势培育企业",2016 年被省科技厅批准为"黑龙江省食用菌装备工程技术研究中心"。

全国征信系统"AAA 级诚信企业"、牡丹江市食用菌产业优秀龙头企业、国家食用菌装备技术创新战略联盟副理事长单位、国家黑木耳产业战略技术创新联盟副理事长单位、中国食用菌协会黑木耳分会副会长单位、黑龙江省食用菌协会和牡丹江市食用菌协会副会长单位。

黑木耳装袋窝口插棒一体机

贵龙食用菌黑木耳装袋窝口插棒一体机

24. 黑龙江众旺食用菌科技有限公司

成立时间:2015 年 12 月 28 日

注册资金:100 万元

企业地址:黑龙江省牡丹江市爱民区丰收村

黑龙江众旺食用菌科技有限公司

主要业务和生产能力：公司占地面积 5 600 m²，车间 2 200 m²，另配备培养基地 3 200 m²，目前拥有牡丹江市普菲特机械设备有限公司、牡丹江市爱民区鑫晟食用菌物资经销处、牡丹江市东安区维香食用菌经销处等三个子公司。主营食用菌机械研发、生产和销售，拥有专业食用菌技术服务团队，为食用菌工厂建设提供设计指导。自主研发和生产菌包生产流水线、香菇和平菇等专用装袋机、回旋式一体机、装袋扎口一体机、自动套袋无人机、装袋窝口插棒一体机、无人套袋机、自动扎口机、采摘机、上框机、下框机、翻框机、上架机、接菌机等多款产品。同时可根据用户在生产原料、栽培模式和生产区域等方面的差异性要求，创新设计生产，紧贴用户需求，以实用性和耐用性的产品优势开拓市场。多年来，产品远销国内 22 省区和美国、韩国、泰国、俄罗斯、朝鲜等国外市场，产品质量和售后服务受国内外用户的一致好评，近年来销售额达到 1 300 万元，呈逐年上升。公司秉承"全心全意的服务宗旨"，坚持"质量第一、用户至上"的经营理念，为广大客户提供优质的服务。

资质和荣誉：2010 年获批省高新技术企业，是中国食用菌协会会员单位、牡丹江市工商联理事单位、技术学院校企联合创业基地、青年志愿者协会副会长单位等。曾获创业创新大赛牡丹江选拔赛创新组二等奖。

25. 黑龙江顺德峰兴盛永食用菌有限公司

成立时间：2012 年 9 月 25 日

注册资金：2 700 万元

企业地址：东宁市绥阳雨润木耳园区东侧

主要业务和生产能力：总占地面积 2.5 万平方米，厂房建筑面积 1.2 万平方米。公司致力于打造覆盖黑木耳立体栽培基地和标准化菌包厂工程建设、食用菌菌需设备机械制造、生物科技研发合产品营销五大板块，集成科研、生产、种植、加工、销售为一体的综合性食用菌科技研发公司。近年来不断促进科技成果转化，为延伸食用菌产业链条和带动全国菌农增收致富不懈努力。

黑龙江顺德峰兴盛永食用菌有限公司

公司凭借良好的信誉、扎实的技术和周到的服务，以及科技研发型团队助力，全力提供专业化、规范化、现代化的技术支持服务。生产设备产品销往世界各国和全国各大食用菌生产区域，主要销售省区包括东北三省、内蒙古、陕西、山东、河南等地，年销售额大约 2 000 万元，曾中标参与兴建多个大型食用菌产业基地。

资质和荣誉：2014 年和 2017 年先后两次被评为"黑木耳产业科技创新先进企业"，2019 年被授予"农业产业化突出贡献单位"。所注册商标"德峰"被认定为"牡丹江市知名商标"并在 2017 年和 2018

年分别荣获"上榜品牌"荣誉称号。公司现有专利证书以及软著作 6 件,已于 2021 年 8 月 20 日申报高新技术企业。

三、栽培基地

1. 东宁市北河沿国家级黑木耳标准化栽培示范园区

成立时间:2009 年

投资规模:3 000 万元

示范园区地址:东宁市北河沿村

示范园管理单位:东宁黑尊生物科技有限公司

主要业务和生产能力:园区占地面积 45 hm²,交通便利、水源充沛、设施完备。目前,园区内已建成标志性大门、雕塑、景观各 1 处,挂袋棚室 250 栋、标准化看护房 150 个、泵房 1 间、机电井分水井 24 眼、供排水管道系统 6 000 延长米、硬化路面 2 600 延长米、绿化带 4 500 m²。园区集生产、科研、示范、推广功能于一体,年均摆放黑木耳 800 万袋,总收入 2 500 万元,纯收入 1 300 万元。拥有春耳、秋耳、越冬耳和露地摆放、棚室挂袋、棚室地摆等全国领先的生产技术和栽培模式,开展了替代料、白木耳等栽培试验,为解决原材料供应及单一品种种植问题奠定了基础。

资质和荣誉:自投入使用以来,每年接待国内外近百批次、近万人次前来参观考察,成为业界观摩交流的最佳窗口、产业富民的最高标杆。依托园区优势,东宁创建了国家级地理标志保护产品示范样板,荣获"绿色黑木耳生产基地县""中国特色农产品优势区""全国特色产业百佳县"等多项国家级殊荣。

东宁北河沿国家黑木耳标准化栽培示范园区

2. 新民河猴头菇产业园

成立时间:2016 年

注册资金:6 500 万元

示范园地址:黑龙江省海林市模范村和新民村

示范园牵头单位:黑龙江省海林市食用菌协会办公室

示范园主要业务和生产能力:区域面积 3 000 hm²,交通便利,水源充沛。目前建成标准化猴头菇园区 10 个,菇棚总量 5 400 栋,年生产猴头菇 1.5 亿袋,鲜品产量 5.4 万吨,占全国总量的 54.6%,占全省的 84.4%,素有"中国猴头菇之乡"的美誉;建成标准化菌包厂 5 个,其中日生产能力 12 万袋的菌包厂 1

个;组建合作社4个,吸纳会员400余户。扶持和培育了20多家食用菌加工企业,开发了猴头菇系列产品,建设了6家电商平台,注册"雪之香""海麟"等多个商标。

资质和荣誉:2017年"海林猴头菇"被国家质监总局批准为国家地理标志保护产品。2020年5月20日入选2020年第一批全国名特优新农产品名录。2021年被国家知识产权局核准颁发"海林市猴头菇地理商标权认证"。2021年3月被中国食用菌协会猴头菇分会批准为会长级单位。

新民河猴头菇产业园

3. 拜泉县团结食用菌基地

成立时间:2018年

注册资金:5 000万元

基地(示范园)地址:黑龙江省拜泉县上升乡团结村

拜泉县团结食用菌基地

基地(示范园)牵头单位:拜泉县波巴布食用菌种植专业合作社

主要业务和生产能力:拜泉县团结食用菌基地总占地面积86.67 hm²,林下地摆灵芝园16 hm²,标准化大棚1 500栋,智能化暖棚8栋。主要生产香菇、灵芝、滑菇、黑木耳、平菇等食用菌品种,产品主要销往广东、福建和哈尔滨、沈阳等省市区。年产食用菌鲜品2万吨,年产值达7 000万元。

基地目前已通过产前技术培训、原材料供应、技术服务、供产销保障,与基地成员结成了利益共享、风险共担的经济共同体,形成了"合作社＋基地＋农户"的产业化经营机制,上游承接工厂化菌包生产企业的优质菌包和技术支撑能力,下游对接大型采购商、物流企业和销售终端,自身加强向成熟产区学习栽培技术、培养技术骨干队伍,不断完善提高园区整体管理水平,提高棚室利用率、推进周年化利用。同时加强对周边农户的示范带动,最大程度发挥引领增收和带动致富的作用。

资质和荣誉:2019 年获得有机认证证书及生态原产地保护证书。

4. 讷河赤松茸产业基地

成立时间:2016 年

基地地址:黑龙江省讷河市境内各乡镇、林场及经济开发区

投资规模:2 200 万元

管理单位:讷河市赤松茸产业办公室

主要业务:讷河市位于松嫩平原与兴安岭接壤处,气候冷凉,有适种林地 825.3 km^2,国有林场 4 个。建设生产基地、冷藏收储营销、开发加工产品,2019 年赤松茸林地种植面积 132 hm^2;2020 年种植面积 200 hm^2,产量 5 400 t,产品及加工品总产值 6 264 万元,总体收益 710 万元;产业务工人员 6 000 人,务工收入 1 800 万元,成为中国北方最大规模的赤松茸产业基地。优等鲜菇通过线上线下稳定销往北上广深一线城市市场,等外菇通过餐饮市场、加工赤松茸酱、加工干品等渠道保证销售。

资质荣誉:讷河市被中国菌物学会大球盖菇产业分会吸纳为理事单位和副会长单位。申报了赤松茸地方标准和《大球盖菇(赤松茸)提质增效新技术》项目课题;制订了《北方赤松茸种植技术手册》,首创林地覆盖生产模式。

讷河赤松茸产业基地

5. 黑龙江省肇东市肇东镇张景文家庭农场

成立时间:2013 年 9 月

投资规模:1500 万元

示范园区地址:黑龙江省肇东市肇东镇食用菌园区

示范园管理单位:肇东镇张景文家庭农场

主要业务和生产能力:肇东镇张景文家庭农场是集食用菌种植、育种、栽培、研发于一体的食用菌综合示范农场,占地面积 8.67 hm^2,26 个种植户,年生产平菇 100 万袋,生产滑菇和黑木耳、大球盖菇等品种 200 多万袋。产品销往黑龙江、吉林、辽宁、北京、山东、福建、广州等地,年销售收入近千万元。

张景文家庭农场整合资源,增强规模效益。依托核心团队筹措资金建立高标准菌种生产厂,采用国内先进液体菌种生产技术和菌包净化培养技术,提高菌种质量和生产效率以满足种植户需求。加强与黑龙江省科学院微生物研究所等科研机构合作,开展良种选育和栽培技术试验示范,提升技术水平和支撑服务能力。

资质和荣誉:绥化市"优秀科普示范基地""科普工作先进单位""优秀科普之冬二十年先进集体"和

“千会带万户”工程先进单位、肇东市“农民科技创业培训基地”“科普之冬”活动先进单位，荣获黑龙江省 2012 年农村专业技术协会先进集体等荣誉称号。

黑龙江省肇东市肇东镇张景文家庭农场

6. 肇源县图门仓粮食种植有限公司羊肚菌基地

成立时间：2018 年

投资规模：1 000 万元

肇源县图门仓粮食种植有限公司羊肚菌基地

示范园区地址:黑龙江省大庆市肇源县浩德乡莲花村

示范园区管理单位:图门仓粮食种植有限公司

主要业务和生产能力:以羊肚菌生产、科研、示范、推广功能于一体民营企业。厂区占地2 hm²、生产车间占地1 000 m²、种植基地面积9.13 hm²。栽培管护设施完备,利用物联网设施已实现生产过程远程监控控制。加强对外合作,引进优良菌株和先进技术发展羊肚菌产业。联合黑龙江省科学院微生物研究所完成生产菌种选育、栽培模式确定及示范推广工作。从中科院昆明植物所和四川省农科院等引进菌株20株,经3年栽培试验选育出适合本地生产菌株2株;建立了适合我省气候和资源条件的"寒区暖棚春播夏收和暖棚秋播冬收"栽培模式,实现了羊肚菌一年双栽培周期。园区年均666.7 m²产500 kg,总收入800万元,纯收入300万元,达到规模化丰产稳产。

羊肚菌基地边种植、边示范、边推广,采取"公司+基地+农户"模式、辐射带动周边农民,实现了五方共赢:一是农户地流转可获得稳定的土地收益,二是农民获得就业岗位100多个,三是带动全乡74户贫困户158人加入羊肚菌种植产业,四是村集体获得反租倒包积累,五是企业发展羊肚菌产业获得稳定收益和长足发展。

四、交易市场

1. 东宁市雨润绥阳黑木耳批发大市场

东宁雨润绥阳黑木耳产业集群项目,是贯彻落实黑龙江省委农业发展科技化、合作化、产业化、市场化、城镇化、生态化思路,由江苏雨润集团投资建设的黑木耳批发大市场,并于2012年12月11日被农业部确定为国家级黑木耳批发大市场。该项目计划总投资30.8亿元,占地面积144 hm²,总建筑面积77.1 hm²,规划布局为"三区一园一馆八中心"(交易区、加工区、仓储区,黑木耳文化园,黑木耳博物馆,信息发布中心、检验检测中心、电子结算中心、价格平抑中心、物流集散中心、科技研发中心、国际会展中心、综合管理中心),分三期建设。目前,一期投资已完成10亿元,开发建设面积16.5 hm²,交易区占地面积6.5 hm²、商户643间,交易区、加工厂、仓储区已投入使用。大市场黑木耳年均交易量100万吨,交易额60亿元。与其配套的质量检测、电子结算、信息发布、科技研发、餐饮服务等工程均完成建设。黑木耳文化园、黑木耳博物馆、国际会展中心、高档商住区等工程正在加快建设。同时,围绕产业集群开辟了中俄山产品集散交易中心、产业观光旅游等特色项目,形成以产业集群为支撑,带动工贸牵动中心小城镇发展的新格局,实现城乡统筹和城乡一体化。项目全部建成后,可实现交易额、加工销售额各200亿元,黑龙江40多个县市及辽吉两省的50万农民从中获益,同时,依托雨润集团的30个全球采购中心和300个物流配送中心,将产品推向全国,辐射亚洲,构建起东北亚木耳发展经济区。

东宁市雨润绥阳黑木耳批发大市场

东宁市雨润绥阳黑木耳批发大市场内景

2. 苇河黑木耳批发市场

苇河黑木耳批发市场由尚志市人民政府批准,黑龙江省苇河黑木耳批发市场有限公司出资兴建,坐落在尚志市苇河镇。始建于 2008 年,建设总投资 1.5 亿元,占地面积 15 hm²,建筑面积 7.5 hm²,其中门市 650 个、库房 320 个,经营商户 700 户。市场布局合理,拥有经销区、仓储区、物流园区、综合服务区、商户生活区、大型停车场,配有闭路监控、红外线报警等设施。

批发市场位于哈、牡新商圈的核心位置,经营管理具有独特的专业经营模式,具有产销渠道的前沿优势、交通方便快捷的地理优势,覆盖东北,辐射全国。2008 年正式运营以来,商品交易量交易额逐年递增。2020 年交易商品达 13 万吨,交易额 80 多亿元。商品远销全国各地。为全国重要的食用菌、山特产品集散中心、展览中心、信息交流中心。在第五届中国国际食用菌大赛上,由该市场提供的黑木耳被指定为专用产品。大市场先后被评定为哈市农业产业化重点龙头企业、省级林业产业龙头企业、省级农业产业化重点龙头企业、国家农业部定点市场。

作为食用菌销售的平台,交易市场发挥着产业龙头作用。市场直接安置就业人员 5 400 多人,间接安置就业人员 45 万多人。带动黑龙江省及周边省份食用菌、山特产品产业发展,尚志市连年保持全国最大的黑木耳生产基地县地位,被授予中国黑木耳之乡。市场同时拉动了外贸加工、交通运输、餐饮服务、信息服务等相关产业发展。作为产业化龙头企业,极大地促进黑龙江省食用菌、中药材及山特产品产业快速发展。对加速农业产业结构调整,促进农民增收,以及加快新农村建设发挥了十分重要的作用。

3. 海林农产品综合交易大市场

海林农产品综合交易大市场地处东北黑木耳产地版图的核心区域,交通便捷,滨绥、图佳铁路和201、301 国道穿越全境,距国际空港牡丹江民航机场 20 km,是集商服区、交易区、仓储区、物流区、餐饮区为一体的综合性物流园区。占地面积 7.75 hm²,建有交易门市 380 户,商服 100 户,入住率达到 98%,主要以经营黑木耳、蘑菇等山产品为主,经营旺季每天交易量在 150 t 左右,日成交额 1 000 多万元。大市场的建立对推动海林周边食用菌产业发展起到助力器的作用,解决了农户销售的难题。

物流区的建立实现了集农产品交易、存储、保鲜、加工、物流、展销、质量安全检测、信息服务、结算汇兑等为一体,成为管理高效、竞争有序、具有很强集散力、辐射力和竞争力的黑木耳产业及农产品集散中心,吸引黑龙江省乃至全国的客商来海林农产品交易大市场采购、销售、交流。依托交通运输便利的地理优势,物流区还设立了物流部门,为市场交易的商户提供最快捷的配送服务,目前已联合牡丹江、哈尔滨等各大物流公司建立了庞大的物流体系,以快捷、便利、安全为准则,保障货物安全准时到达,保障业户利益。海林农产品综合交易大市场,整合了产业资源和流通链条,开启了新的商业模式,缔造了新的商业格局,开启了海林市食用菌产业发展的新篇章。